rapid inventories

biological and social

T0138561

Informe/Report No. 23

Perú: Yaguas-Cotuhé

Nigel Pitman, Corine Vriesendorp, Debra K. Moskovits,
Rudolf von May, Diana Alvira, Tatzyana Wachter, Douglas F. Stotz,
y/and Álvaro del Campo

editores/editors

Junio/June 2011

Instituciones Participantes/Participating Institutions

 The Field Museum

 Instituto del Bien Común (IBC)

 Proyecto Especial Binacional Desarrollo Integral de la Cuenca del Río Putumayo (PEDICP)

 Herbario Amazonense de la Universidad Nacional de la Amazonía Peruana (AMAZ)

 Museo de Historia Natural de la Universidad Nacional Mayor de San Marcos

*Nuestro nuevo nombre, Inventarios Biológicos y Sociales Rápidos (informalmente, "Inventarios Rápidos") es en reconocimiento al papel fundamental de los inventarios sociales rápidos. Nuestro nombre anterior era "Inventarios Biologicos Rápidos"/Rapid Biological and Social Inventories (informally, "Rapid Inventories") is our new name, to acknowledge the critical role of rapid social inventories. Our previous name was "Rapid Biological Inventories."

LOS INVENTARIOS RÁPIDOS SON PUBLICADOS POR/
RAPID INVENTORIES REPORTS ARE PUBLISHED BY:

THE FIELD MUSEUM

Environment, Culture, and Conservation
1400 South Lake Shore Drive
Chicago, Illinois 60605-2496, USA
T 312.665.7430, F 312.665.7433
www.fieldmuseum.org

Editores/Editors

Nigel Pitman, Corine Vriesendorp, Debra K. Moskovits,
Rudolf von May, Diana Alvira, Tatzyana Wachter,
Douglas F. Stotz, y/and Álvaro del Campo

Diseño/Design

Costello Communications, Chicago

Mapas y gráficas/Maps and graphics

Jon Markel

Traducciones/Translations

Álvaro del Campo (English-Castellano), Nigel Pitman
(Castellano-English), Rudolf von May (English-Castellano),
y/and Patricia Álvarez (English-Castellano)

ISBN NUMBER 978-0-9828419-1-4

Esta publicación ha sido financiada en parte por Betty and Gordon Moore
Foundation y The Boeing Company./This publication has been funded in part
by the Betty and Gordon Moore Foundation and The Boeing Company.

Cita sugerida/Suggested citation

Pitman, N., C. Vriesendorp, D.K. Moskovits, R. von May, D. Alvira,
T. Wachter, D.F. Stotz, y/and Á. del Campo, eds. 2011. Perú:
Yaguas-Cotuhé. Rapid Biological and Social Inventories Report 23.
The Field Museum, Chicago.

Fotos e ilustraciones/Photos and illustrations

Carátula/Cover: Una selección de la riquísima diversidad de peces
de los ríos Yaguas y Cotuhé. Fotos de Max Hidalgo y Álvaro del
Campo./A sampling of the astounding fish diversity of the Yaguas
and Cotuhé rivers. Photos by Max Hidalgo and Álvaro del Campo.

Carátula interior/Inner cover: Una vista aérea del bosque
megadiverso en las propuestas áreas de conservación en las
cuencas de los ríos Yaguas y Cotuhé, en el noreste del Perú.
Foto de Álvaro del Campo./An aerial view of megadiverse forest
in the proposed conservation areas in the Yaguas and Cotuhé
watersheds of northeastern Peru. Photo by Álvaro del Campo.

Láminas a color/Color plates: Figs. 11D–F, 11H, 11K, 11N–O,
D. Alvira; Figs. 1, 3F, 4A–B, 4E–G, 5B–E, 6D, 6M, 6O, 7B, 7D, 7M,
7Q–S, 8D, 8G, 9A, 9D, 9H, 9K–L, 10A–B, 10G–H, 10J–K, 11G,
12A–B, Á. del Campo; Figs. 8E–F, J. Díaz; Figs. 4D, 6K, R. Foster;
Fig. 6G, R. García; Figs. 7A, 7C, 7E–F, 7H, 7J–L, 7N–P, 7T–U,
M. Hidalgo; Figs. 6A–C, 6E–F, 6G (inset), 6H, 6J, 6L, 6N,
I. Huamantupa; Figs. 8A–B, D. F. Lane; Figs. 2A, 2B, 2C, J. Markel;
Fig. 8C, L. B. McQueen; Figs. 5A, 10C–E, 10L–M, O. Montenegro;
Figs. 9B–C, 9E, 9J, J. J. Mueses; Figs. 7G, 9M, 11C, 11M, 11P–R,
12C, M. Pariona; Fig. 11A, R. Pinedo; Figs. 11B, 11J, 11L,
A. R. Sáenz; Figs. 3A–E, 4C, 4J, R. Stallard; Fig. 4H, US Fish and
Wildlife Service; Figs. 9F–G, 10F, R. von May.

 Impreso sobre papel reciclado. Printed on recycled paper.

CONTENIDO/CONTENTS

EQUIPO DE CAMPO

Diana (Tita) Alvira Reyes (*caracterización social*)
Environment, Culture, and Conservation
The Field Museum, Chicago, IL, EE.UU.
dalvira@fieldmuseum.org

Gonzalo Bullard (*logística de campo*)
Consultor independiente
Lima, Perú
gonzalobullard@gmail.com

Andrea Campos Chu (*logística en Iquitos*)
Instituto del Bien Común
Iquitos, Perú
acampos@ibcperu.org

Zaleth Cordero-P. (*plantas*)
Herbario Amazónico Colombiano (COAH)
Instituto Amazónico de Investigaciones Científicas (SINCHI)
Bogotá, Colombia
zalethcordero@yahoo.com

Álvaro del Campo (*logística de campo, fotografía, video*)
Environment, Culture, and Conservation
The Field Museum, Chicago, IL, EE.UU.
adelcampo@fieldmuseum.org

Juan Díaz Alván (*aves*)
Instituto de Investigaciones de la Amazonía Peruana (IIAP)
Iquitos, Perú
jdiazalvan@gmail.com

Freddy Ferreyra (*logística en Iquitos*)
Instituto del Bien Común
Iquitos, Perú
frefeve76@gmail.com

Robin B. Foster (*plantas*)
Environment, Culture, and Conservation
The Field Museum, Chicago, IL, EE.UU.
rfoster@fieldmuseum.org

Jorge Gallardo (*logística en Iquitos*)
Instituto del Bien Común
Iquitos, Perú
jugdiaz@gmail.com

Roosevelt García Villacorta (*plantas*)
Centro Peruano para la Biodiversidad y Conservación
Iquitos, Perú
roosevelg@hotmail.com

Julio Grández (*logística de campo*)
Universidad Nacional de la Amazonía Peruana
Iquitos, Perú
jmgr_19@hotmail.com

Max H. Hidalgo (*peces*)
Museo de Historia Natural
Universidad Nacional Mayor de San Marcos
Lima, Perú
maxhhidalgo@yahoo.com

Isau Huamantupa (*plantas*)
Herbario Vargas (CUZ)
Universidad Nacional San Antonio de Abad
Cusco, Perú
andeanwayna@gmail.com

Dario Hurtado (*coordinación, logística de transporte*)
Policía Nacional del Perú
Lima, Perú

Guillermo Knell (*logística de campo*)
Ecologística Perú
Lima, Perú
atta@ecologisticaperu.com
www.ecologisticaperu.com

Jonathan A. Markel (*cartografía*)
Environment, Culture, and Conservation
The Field Museum, Chicago, IL, EE.UU.
jmarkel@fieldmuseum.org

Italo Mesones (*logística de campo*)
Universidad Nacional de la Amazonía Peruana
Iquitos, Perú
italoacuy@yahoo.es

Olga Montenegro (*mamíferos*)
Instituto de Ciencias Naturales
Universidad Nacional de Colombia
Bogotá, Colombia
olmontenegrod@unal.edu.co

Debra K. Moskovits (*coordinación, aves*)
Environment, Culture, and Conservation
The Field Museum, Chicago, IL, EE.UU.
dmoskovits@fieldmuseum.org

Luis Alberto Moya Ibáñez (*mamíferos*)
Proyecto Especial Binacional Desarrollo Integral
    de la Cuenca del Río Putumayo (PEDICP)
Iquitos, Perú
luchomoya75@hotmail.com

Jonh Jairo Mueses-Cisneros (*anfibios y reptiles*)
Corporación para el Desarrollo Sostenible del
    Sur de la Amazonía (CORPOAMAZONIA)
Mocoa, Colombia
jjmueses@gmail.com

Armando Ortega-Lara (*peces*)
Fundación para la Investigación y el
    Desarrollo Sostenible (FUNINDES)
Cali, Colombia
ictiologo@hotmail.com

Mario Pariona (*caracterización social*)
Environment, Culture, and Conservation
The Field Museum, Chicago, IL, EE.UU.
mpariona@fieldmuseum.org

Ricardo Pinedo Marín (*caracterización social*)
Proyecto Especial Binacional Desarrollo Integral
    de la Cuenca del Río Putumayo (PEDICP)
Iquitos, Perú
rickypm2004@yahoo.es

Nigel Pitman (*plantas*)
Center for Tropical Conservation
Nicholas School of the Environment
Duke University, Durham, NC, EE.UU.
ncp@duke.edu

Manuel Ramírez Santana (*caracterización social*)
Organización Regional de los Pueblos Indígenas
    del Oriente (ORPIO)
Iquitos, Perú
santana_yagua@hotmail.com

Ana Rosa Sáenz Rodríguez (*caracterización social*)
Instituto del Bien Común
Iquitos, Perú
anarositasaenz@gmail.com

Richard Chase Smith (*coordinación*)
Instituto del Bien Común
Lima, Perú
rsmith@ibcperu.org

Robert F. Stallard (*geología*)
Instituto Smithsonian de Investigaciones Tropicales
Panamá, República de Panamá
stallard@colorado.edu

Douglas F. Stotz (*aves*)
Environment, Culture, and Conservation
The Field Museum, Chicago, IL, EE.UU.
dstotz@fieldmuseum.org

Aldo Villanueva (*logística de campo*)
Ecologística Perú
Lima, Perú
atta@ecologisticaperu.com
www.ecologisticaperu.com

Rudolf von May (*anfibios y reptiles*)
Florida International University
Miami, FL, EE.UU.
rvonmay@gmail.com

Corine Vriesendorp (*coordinación, plantas*)
Environment, Culture, and Conservation
The Field Museum, Chicago, IL, EE.UU.
cvriesendorp@fieldmuseum.org

Tyana Wachter (*logística general*)
Environment, Culture, and Conservation
The Field Museum, Chicago, IL, EE.UU.
twachter@fieldmuseum.org

Alaka Wali (*asesora del equipo social*)
Environment, Culture, and Conservation
The Field Museum, Chicago, IL, EE.UU.
awali@fieldmuseum.org

COLABORADORES

Comunidad Nativa de Huapapa
Río Putumayo, Loreto, Perú

Comunidad Nativa de Puerto Franco
Río Putumayo, Loreto, Perú

Comunidad Nativa de Santa Rosa de Cauchillo
Río Yaguas, Loreto, Perú

**Federación de Comunidades Indígenas
 del Bajo Putumayo (FECOIBAP)**
Río Putumayo, Loreto, Perú

Policía Nacional del Perú

**Centro de Conservación, Investigación y Manejo
 de Áreas Naturales (CIMA-Cordillera Azul)**
Lima, Perú

**Dirección General de Flora y Fauna Silvestre
 Ministerio de Agricultura**
Lima, Perú

Instituto Amazónico de Investigaciones Científicas (SINCHI)
Bogotá, Colombia

Instituto Smithsonian de Investigaciones Tropicales (STRI)
Panamá, República de Panamá

Centro Peruano de la Biodiversidad y Conservación
Iquitos, Perú

**Instituto de Ciencias Naturales de la
 Universidad Nacional de Colombia**
Bogotá, Colombia

The Field Museum

The Field Museum es una institución de educación e investigación, basada en colecciones de historia natural, que se dedica a la diversidad natural y cultural. Combinando las diferentes especialidades de Antropología, Botánica, Geología, Zoología y Biología de Conservación, los científicos del museo investigan temas relacionados a evolución, biología del medio ambiente y antropología cultural. Una división del museo—Environment, Culture, and Conservation (ECCo)—está dedicada a convertir la ciencia en acción que crea y apoya una conservación duradera de la diversidad biológica y cultural. ECCo colabora estrechamente con los residentes locales para asegurar su participación en conservación a través de sus valores culturales y fortalezas institucionales. Con la acelerada pérdida de la diversidad biológica en todo el mundo, la misión de ECCo es de dirigir los recursos del museo—conocimientos científicos, colecciones mundiales, programas educativos innovadores—a las necesidades inmediatas de conservación en el ámbito local, regional e internacional.

The Field Museum
1400 S. Lake Shore Drive
Chicago, IL 60605–2496 EE.UU.
312.665.7430 tel
www.fieldmuseum.org

Instituto del Bien Común (IBC)

El Instituto del Bien Común es una asociación civil peruana sin fines de lucro, fundada en 1998, cuya preocupación central es la gestión óptima de los bienes comunes. De ella depende nuestro bienestar común para hoy y para el futuro como pueblo y como país. De ella también depende el bienestar de la numerosa población que habita a las zonas rurales, boscosas y litorales, así como la salud y continuidad de la oferta ambiental de los diversos ecosistemas que nos sustentan. De ella depende, finalmente, la viabilidad y calidad de la vida urbana de todos los sectores sociales. Entre los proyectos realizados por el Instituto está el Programa Pro-Pachitea, enfocado en la gestión local de cuencas, del agua y de los peces; el Programa Sistema de Información sobre Comunidades Nativas, enfocado en la defensa de los territorios indígenas; el proyecto ACRI, enfocado en el estudio del manejo comunitario de recursos naturales; y el Programa Gestión de Grandes Paisajes. Este último busca la creación de un mosaico de áreas de uso y conservación en las cuencas de los ríos Ampiyacu, Apayacu, Yaguas y Putumayo que incluya la ampliación de los territorios comunales, la creación de áreas de conservación regional y un área natural protegida.

Instituto del Bien Común
Av. Petit Thouars 4377
Miraflores, Lima 18, Perú
51.1.421.7579 tel
51.1.440.0006 tel
51.1.440.6688 fax
www.ibcperu.org

Proyecto Especial Binacional Desarrollo Integral de la Cuenca del Río Putumayo (PEDICP)

El PEDICP es un órgano público descentralizado adscrito al Ministerio de Agricultura, perteneciente al gobierno peruano y creado en 1991 en base al Tratado de Cooperación Amazónica Peruano-Colombiano (TCA). El Proyecto Especial constituye el principal instrumento del gobierno peruano para implementar los acuerdos binacionales que desde 1989 vienen desarrollando las repúblicas del Perú y Colombia en un área fronteriza compartida de 160,500 km². La finalidad del PEDICP es impulsar el desarrollo integral y sostenible de la selva baja ubicada entre las cuencas de los ríos Putumayo, Napo, Amazonas y Yavarí, mediante la ejecución de proyectos de desarrollo que buscan el aprovechamiento sostenible de los recursos naturales, la preservación del medio ambiente y el mejoramiento de la calidad de vida de la población. El Proyecto Especial tiene como uno de sus objetivos promover el desarrollo armónico y sostenido de los pueblos asentados en la cuenca del río Putumayo, identificando el uso de los recursos naturales y determinando modelos de producción adecuados a la realidad ecológica de la Amazonía y orientados a mejorar el nivel de vida de la población, en especial de las comunidades nativas asentadas en su ámbito.

PEDICP
Calle Brasil No. 355
Iquitos, Perú
51.65.24.24.64 tel/fax
51.65.24.25.91 tel/fax
pedicp@yahoo.es

Organización Regional de los Pueblos Indígenas del Oriente (ORPIO)

La Organización Regional de los Pueblos Indígenas del Oriente (ORPIO, antes ORAI) es una institución con personería jurídica, inscrita en la Oficina Registral de Loreto en la cuidad de Iquitos. Agrupa a 13 federaciones indígenas y está compuesta por 16 pueblos etnolingüistas. Dichos pueblos están distribuidos geográficamente en los ríos Putumayo, Algodón, Ampiyacu, Amazonas, Nanay, Tigre, Corrientes, Marañón, Samiria, Ucayali, Yavarí y Tapiche del departamento de Loreto.

ORPIO es una organización indígena de segundo nivel y está representada por un consejo directivo compuesto por cinco miembros elegidos cada tres años. Por ser un órgano con categoría de ámbito regional, dispone de autonomía para tomar decisiones en el marco del contexto regional y sobre la base de su estatuto. Su misión es trabajar por la reivindicación de los derechos colectivos y el acceso a territorio por un desarrollo económico autónomo sobre la base de los valores propios y conocimiento tradicional que cada pueblo indígena posee.

La organización desarrolla actividades de comunicaciones de informaciones para que sus bases tomen decisiones acertadas. En los temas de género realiza actividades de unificación de roles y motiva la participación de las mujeres en la organización comunal. También tramita la titulación de comunidades nativas. La participación de ORPIO es amplia en los espacios de consulta y grupos de trabajo con las instituciones del Estado y la sociedad civil, tanto para el desarrollo como para la conservación del medio ambiente en el departamento de Loreto.

ORPIO
Av. del Ejército 1718
Iquitos, Perú
51.65.227345 tel
orpio_aidesep@yahoo.es

Herbario Amazonense de la Universidad Nacional de la Amazonía Peruana

El Herbario Amazonense (AMAZ) pertenece a la Universidad Nacional de la Amazonía Peruana (UNAP), situada en Iquitos, Perú. Fue creado en 1972 como una institución abocada a la educación e investigación de la flora amazónica. En él se preservan ejemplares representativos de la flora amazónica del Perú, considerada una de las más diversas del planeta. Además, cuenta con una serie de colecciones provenientes de otros países. Su amplia colección es un recurso que brinda información sobre la clasificación, distribución, temporadas de floración y fructificación, y hábitats de los Pteridophyta, Gymnospermae y Angiospermae. Las colecciones permiten a estudiantes, docentes e investigadores locales y extranjeros disponer de material para sus actividades de enseñanza, aprendizaje, identificación e investigación de la flora. De esta manera, el Herbario Amazonense busca fomentar la conservación y divulgación de la flora amazónica.

Herbario Amazonense (AMAZ)
Esquina Pevas con Nanay s/n
Iquitos, Perú
51.65.222649 tel
herbarium@dnet.com

Museo de Historia Natural de la Universidad Nacional Mayor de San Marcos

El Museo de Historia Natural, fundado en 1918, es la fuente principal de información sobre la flora y fauna del Perú. Su sala de exposiciones permanentes recibe visitas de cerca de 50,000 escolares por año, mientras sus colecciones científicas—de aproximadamente un millón y medio de especímenes de plantas, aves, mamíferos, peces, anfibios, reptiles, así como de fósiles y minerales—sirven como una base de referencia para cientos de tesistas e investigadores peruanos y extranjeros. La misión del museo es ser un núcleo de conservación, educación e investigación de la biodiversidad peruana, y difundir el mensaje, en el ámbito nacional e internacional, que el Perú es uno de los países con mayor diversidad de la Tierra y que el progreso económico dependerá de la conservación y uso sostenible de su riqueza natural. El museo forma parte de la Universidad Nacional Mayor de San Marcos, la cual fue fundada en 1551.

Museo de Historia Natural
Universidad Nacional Mayor de San Marcos
Avenida Arenales 1256
Jesús María, Lima 11, Perú
51.1.471.0117 tel
www.museohn.unmsm.edu.pe

AGRADECIMIENTOS

Durante este inventario registramos más de 2,000 especies, pero el número de personas e instituciones que lo hicieron posible parece ser aún mayor, ya que contamos con innumerables fuentes de apoyo.

Estamos muy agradecidos y sobretodo inspirados por el trabajo del Proyecto Especial Binacional de Desarrollo Integral de la Cuenca del Río Putumayo (PEDICP), un programa del Ministerio de Agricultura del Perú que ha venido trabajando por 20 años en la promoción del desarrollo sostenible y en la mejora de la calidad de vida de los habitantes de las regiones mas remotas del país, ubicadas en las fronteras con Colombia, Ecuador y Brasil. El PEDICP viene promoviendo desde hace muchos años la conservación binacional de áreas ubicadas tanto en la región de Yaguas-Cotuhé como en otros lugares ubicados en las fronteras amazónicas del Perú, y nos honra contribuir a este esfuerzo de muchos años. Dentro del PEDICP agradecemos especialmente el fuerte liderazgo y colaboración entre Nilo Alcides Zumaeta Ramírez y Mauro Vásquez Ramírez. Luis Alberto Moya Ibáñez del PEDICP participó en el inventario biológico como mastozoólogo y como un experto sobre todo lo relacionado al área ubicada en la frontera entre el Perú y Colombia, y Ricardo Pinedo Marín formó parte del equipo social. También agradecemos al PEDICP por prestarnos sus botes y a sus excelentes motoristas Anselmo Sánchez y Saúl Cahuaza para nuestras exploraciones de avance y para los equipos biológico y social. El PEDICP también nos facilitó numerosos libros escritos por el programa acerca del Putumayo y otras cuencas en Loreto, los que fueron de gran ayuda durante la preparación de este informe.

Otro socio esencial en este inventario fue la organización peruana no gubernamental Instituto del Bien Común (IBC), el cual ha trabajado incansablemente en los últimos diez años con las comunidades indígenas de la región Napo-Amazonas-Putumayo, facilitándoles herramientas de trabajo para planear su futuro compartido a largo plazo en la región. Agradecemos profundamente a Richard Chase Smith, Margarita Benavides Matarazzo, Pedro Tipula Tipula, Maria Rosa Montes de Delgado, Karina Sifuentes Sotomayor y Luis Murgía Flores. Nuestros inventarios no hubieran sido posibles sin el apoyo, coordinación logística y constante ayuda del personal del IBC en Iquitos: Jomber Chota Inuma, Ana Rosita Saénz, Genoveva Freitas Gómez, Andrea Campos Chung, Freddy Ferreyra Vela, Jorge Gallardo Díaz, Rolando Gallardo Gonzáles, Billy Murayari Arévalo y Francisco Nava Rodríguez. Melody Linares Pereira también nos dio su apoyo en el proceso del embalaje de la comida para el equipo del inventario. Estamos especialmente agradecidos a todo el personal del IBC que trabaja en la región del bajo Putumayo, incluyendo a Ana Rosita Sáenz, Jackson Coquinche Butuna, Rolando Gallardo Gonzáles, Francisco Nava, y Luis Salas Martínez.

Conjuntamente con el PEDICP, varias otras organizaciones del gobierno peruano también ayudaron en la realización de este inventario. El Servicio Nacional de Áreas Naturales Protegidas por el Estado (SERNANP), el cual inicialmente estableció el valle del río Yaguas como prioridad nacional de conservación en el plan maestro del INRENA en 1993, acompañó el proceso del inventario constantemente y nos dio consejos necesarios y valiosa información en cada momento. Estamos especialmente agradecidos con Luis Alfaro, Channy Barrios y Jenny Fano. Julio Ocaña del Ministerio del Ambiente del Perú también jugó un papel importante en las varias reuniones sobre las oportunidades para la conservación en la región Yaguas-Cotuhé. Agradecemos también al Ministerio de Relaciones Exteriores, que ha dado una atención especial a la región del Putumayo en los años recientes. Estamos especialmente agradecidos con la colaboración de Gladys M. García Paredes (en Lima) y Carlos Manuel Reus (en Iquitos).

El equipo del inventario está sumamente agradecido con la Policía Nacional del Perú, cuyo personal con su eficiencia y profesionalismo hizo que los viajes entre nuestros remotos campamentos—algunos ubicados a 400 km de Iquitos—fueran seguros y sin percance alguno. Muchas personas no se percatan del gran servicio que presta la policía del Perú y sus pilotos de helicóptero a las personas e instituciones que se esfuerzan por estudiar y proteger la gran biodiversidad de este país. Agradecemos en especial al General PNP Tomás Guibert Sagastegui y al Coronel PNP Dario Hurtado Cárdenas. También agradecemos al Comandante SPNP Gustavo Toro Ramírez, Mayor PNP Freddy Quiroz Guerrero, Mayor PNP Víctor Ascue Tello, Capitán PNP Freddy Chávez Díaz, Mayor Ma. PNP Luis Rubin Alva, Sob. PNP Gregorio Mantilla Cáceres, SOT1 PNP Segundo Sánchez Quispe, SOT3 PNP Elio Padilla Bernabé, y al SOT1 PNP Jesús Loayza Borda. En Pucaurquillo estamos profundamente agradecidos a los residentes Bora y Huitoto que nos apoyaron durante las operaciones en helicóptero. También agradecemos a Ángel Yaicate Murayari, René Vásquez Andrade, Santiago Arévalo Tamani y Jorge Gallardo del IBC por su apoyo logístico en la comunidad, y a Franco Quevare García y Catia Quevare García por su ayuda con el combustible del helicóptero.

Nos sentimos honrados de haber recibido la invitación de la Federación de Comunidades Indígenas del Bajo Putumayo (FECOIBAP) para presentar los resultados preliminares del equipo social y biológico en el congreso anual de la Federación en Huapapa, y apreciamos profundamente la cálida bienvenida ofrecida a nuestro equipo. No podríamos haber realizado este trabajo sin el apoyo de las 13 comunidades nativas del bajo Putumayo: Puerto Franco, Pesquería, Betania, Remanso, Corbata, Curinga, Puerto Nuevo, San Martín, Tres Esquinas, Huapapa, Primavera, Santa Rosa del Cauchillo y El Álamo. Nuestros agradecimientos especiales a las autoridades y residentes de Puerto Franco, Santa Rosa de Cauchillo y Huapapa por invitarnos a sus casas y convivir por cuatro días con nuestro equipo social en cada una de esas comunidades. Agradecemos también toda la coordinación de ORPIO durante los inventarios, especialmente el apoyo de Edwin Vásquez y Manuel Ramírez.

El equipo social quisiera también agradecer a los oficiales de la Policía Nacional del Perú ubicados en los puestos policiales de Bergheri y Curinga, por ayudarnos a resolver numerosos obstáculos durante el inventario. Merecen una mención especial la SO1 PNP Gersy García Garcés y el SO3 PNP Cesar Augusto García Fernández del puesto Bergheri. Estamos profundamente agradecidos con Eber Mashacuri y Ludeño Gonzáles, nuestros guías de campo en Puerto Franco; Marcos y Alvin Valles en Santa Rosa de Cauchillo; y Francisco Gaitán y Carlos Gonzáles en Huapapa. Dentro de las comunidades estamos profundamente agradecidos con las familias que nos dieron la bienvenida en su hogar durante la realización del inventario social: Don Josué en Puerto Franco, la familia Gonzáles Prada en Santa Rosa de Cauchillo y las familias Gaitán Gonzáles y Gonzáles Zevallos en Huapapa. Estamos más que agradecidos con Doña Ernestina Velásquez y Ludeño Gonzáles en Puerto Franco, Dennis Valles y Patricia Vargas en Santa Rosa de Cauchillo, e Irazema Zeballos y Esmith Gonzáles en Huapapa por la generosidad al preparar y compartir deliciosas comidas con el equipo social. También agradecemos a Ricardo Pinedo Marín del PEDICP, Ana Rosa Sáenz del IBC, y a Manuel Ramírez Santana, vice presidente de ORPIO, por unirse al equipo social y compartir su conocimiento y experiencia de la región.

Los residentes locales, quienes construyeron los tres campamentos remotos, más de 60 km de trocha y docenas de puentes para facilitar el trabajo del equipo biológico, sin duda realizaron el trabajo más difícil de todo el inventario. Ellos son: Joel Arévalo Velásquez, Pedro Arimuya, Abelino Dos Santos Ahuanari, Neyton Enocaisa Cachique, Rubén España Yurimachi, Rubén Espinoza Ahuanari, Ludeño Gonzáles Dahua, Segundo López Gonzáles, Sixto Hauxwell Mariño, Anderson Machoa Sandi, Leandrito Machoa Sandi, Ever Mashacuri Noteno, William Monihuari Mozombite, Rucel Noa Romañol, Josué Pacaya Hilorio, Néstor Pinedo Canayo, Wagner Pinedo, Luis Pucutuy Andoque, César Rodríguez Pinedo, Jorge Ruiz Cahuachi, Juan Sánchez Velásquez, Remberto Sosa Gutiérrez, Jorge Sosa Pérez, Rodolfo Sosa Pérez, Andrés Tananda Asipali, Lorenzo Torres Flores, Joyner Tuanama, Ney Tuanama, Aliardo Ushiñahua Gonzáles, Alvis Valles, Gerardo Valles Quiroz, Marcos Valles Souza, Jhonny Vargas Martínez, Felipe Vargas Saven y Mariano Vega Torres. El trabajo de estos 'tigres' dentro de estas áreas remotas fue coordinado expertamente por Álvaro del Campo, Guillermo Knell Alegría, Aldo Villanueva Zaravia, Italo Mesones Acuy, Julio Grandez Ríos y Gonzalo Bullard Gonzáles, y el resultado fue un trío de campamentos cómodos, eficientes y agradables. El trabajo de todos fue aún más eficiente gracias a la milagrosa cocina de Luz Angélica Lucano, Ernestina Velásquez Romaina, Magaly García y Jessica Aruna Bico. A todos estamos muy agradecidos.

El equipo geológico quisiera agradecer a Felix Rodríguez por haber medido en el laboratorio la conductividad, acidez y concentraciones de sedimento de las muestras de agua.

El equipo biológico ofrece un reconocimiento especial al Museo de Historia Natural de la Universidad Mayor de San Marcos, la cual por años les ha ofrecido a los científicos de inventarios una excelente base en Lima. Nuestro inventario botánico no se hubiera podido realizar sin el apoyo de otro excelente museo peruano, el Herbario AMAZ de la Universidad Nacional de la Amazonía Peruana, así como el apoyo de César Grández y el curador Juan S. Ruiz. El equipo de botánica agradece en especial a Josué Pacaya y Lorenzo Torres en el campo, y la ayuda de los estudiantes de la UNAP Clara Sandoval, Danna Isabel Flores, Julio Grández, Marcos Ríos, Claire Tuesta y Edward Jimmy Alarcón en el herbario. Agradecemos a Dairon Cárdenas del Instituto Amazónico de Investigaciones Científicas de Colombia (SINCHI) por proveer de valiosa información, publicaciones, y datos no publicados de las plantas de las regiones de Colombia cerca de nuestra área de estudio. Los siguientes taxónomos especialistas proporcionaron identificaciones rápidas a nuestros especímenes: Mac Alford (Univ. of Southern Mississippi), Bil Alverson (The Field Museum),

Paul Berry (Univ. of Michigan), Julio Betancur (Universidad Nacional de Colombia), Michael Calonje (Montgomery Botanical Center), Laura Clavijo (Univ. of Alabama), Stefan Dressler (Senckenberg Research Institute), Hans-Joachim Esser (Botanische Staatssammlung Munich), Günter Gerlach (Munich Botanical Garden), Nancy Hensold (The Field Museum), Bruce Holst (Selby Botanical Gardens), Pierre Ibisch (FH Eberswalde), Adolfo Jara (Universidad Nacional de Colombia), Peter Jørgensen (Missouri Botanical Garden), Jackie Kallunki (New York Botanical Garden), Lucia Lohmann (Universidade de São Paulo), Lucinda McDade (Rancho Santa Ana Botanical Garden), Rosa Ortiz-Gentry (Missouri Botanical Garden), Alessandro Rapini (Universidade Estadual de Feira de Santana), Nelson Salinas, Stella Suárez (Universidad Nacional de Colombia), Charlotte Taylor (Missouri Botanical Garden), Bruno Walnöfer (Naturhistorisches Museum), Dieter Wasshausen (Smithsonian Institution) y Kenneth Wurdack (Smithsonian Institution).

El equipo de ictiología quisiera agradecer a Joel Arévalo Velásquez y Anderson Machoa Sandi por su invaluable asistencia en la colecta de miles de especímenes de peces en el campo. Los siguientes especialistas en taxonomía ayudaron a confirmar las identificaciones: Carlos Donascimiento, Javier Alejandro Maldonado Ocampo, Oscar Akio Shibatta, Donald Thaphorn y Giannina Trevejo. Linda Flores, la administradora de la compañía Stingray Aquarium en Iquitos, amablemente nos informó sobre el negocio de peces ornamentales.

El equipo de herpetología quisiera agradecer a Giuseppe Gagliardi-Urrutia por ayudarnos a examinar los especímenes en el Museo de Historia Natural de la UNAP. Los siguientes colegas también nos ayudaron con las identificaciones herpetológicas: Jason Brown (Duke University), Rancés Caicedo, Juan Manuel Padial, Paulo Passos, Lily Rodríguez, Evan Twomey (East Carolina University) y Pablo Venegas (Centro de Ornitología y Biodiversidad). Agradecemos especialmente a Guillermo Knell, Aldo Villanueva, Álvaro del Campo, Gonzalo Bullard, Bob Stallard y Olga Montenegro por darnos varias fotografías que nos ayudaron a incrementar la lista de herpetofauna, y a Armando Ortega y a otros miembros del equipo por ayudarnos a colectar especímenes en el campo. Jonh Jairo Mueses-Cisneros quisiera agradecer a José Ignacio Muñoz, director de CORPOAMAZONIA, y a William Mauricio Rengifo, director de la oficina en Putumayo de CORPOAMAZONIA, por permitirle y haberlo alentado a participar en este inventario.

El equipo de mastozoología quisiera agradecer a Pedro Vásquez de la oficina en Iquitos de Wildlife Conservation Society y a Rolando Aquino por proporcionar libros e información bibliográfica sobre los mamíferos de la Amazonía. Olga Montenegro quisiera agradecer a la Universidad Nacional de Colombia y en particular al Instituto de Ciencias Naturales y al Grupo de Conservación y Manejo Animal por proveernos con el equipo de campo usado durante el inventario (especialmente las cámaras trampa y mallas).

Las novedades de cada día en el campo fueron publicadas en el blog 'Scientist At Work' en el website del *New York Times* (*http://scientistatwork.blogs.nytimes.com*). Este avance tecnológico nos permitió compartir lo que veíamos en Yaguas-Cotuhé con miles de personas que sin el blog nunca hubieran sabido de la existencia del inventario (o de estos ríos). Quisiéramos agradecer a Jim Gorman y Thomas Lin del *New York Times* por esta grandiosa oportunidad. Agradecemos a todos los lectores que se dieron el tiempo de comentar nuestras entradas, y especialmente a los más jóvenes. Álvaro del Campo, Zaleth Cordero y Bob Stallard proporcionaron increíbles fotos para el blog y Jon Markel configuró el modem satelital en tiempo récord.

El personal del Hotel Marañón en Iquitos fue de gran ayuda a lo largo de toda la expedición, así como durante los trabajos de avanzada. Agradecemos a Moisés Campos Collazos y a Maritza Chavel Vigay de Telesistemas EIRL por su ayuda en mantener el contacto radial entre Iquitos y los lugares del inventario. Tyana Watcher y Álvaro del Campo manifestaron una paciencia y dedicación increíble en transmitir, noche tras noche, las noticias de nuestras familias, a través de truenos y estática, hasta nuestros campamentos. También en Iquitos, Diego Lechuga Celis y el Vicariato Apostólico de Iquitos nos proporcionaron un lugar de trabajo excelente para escribir el informe y un auditorio para presentar nuestros resultados preliminares. El Centro Peruano de Biodiversidad y Conservación, un grupo de conservación loretano, nos dio consejos inspiradores y valiosa información bibliográfica mientras duró nuestra permanencia en Iquitos.

Adicionalmente, el personal de CIMA en Lima nos ayudó enormemente con la obtención de la autorización de investigación. Jorge "Coqui" Aliaga, Lotty Castro, Yesenia Huamán, Alberto Asin, José Luis Martínez, Tatiana Pequeño y Manuel Vásquez fueron como siempre de gran ayuda con los asuntos administrativos y de contabilidad antes, durante y después del inventario. Estamos profundamente agradecidos con todos ellos.

Como ya es costumbre, Jim Costello y su equipo de imprenta en Chicago se mostraron extremadamente rápidos y eficientes en la conversión de nuestro trabajo escrito y fotográfico en un elegante volumen impreso. Agradecemos su creatividad, compañerismo y paciencia durante el proceso intensivo de edición, re-edición y re-re-edición de los textos. Los errores que quedan son nuestros.

También agradecemos a Jorge Ruiz Pinedo de Alas del Oriente en Iquitos por pilotar el importantísimo vuelo de reconocimiento antes de nuestro inventario y por habernos prestado sus cilindros de gasolina para el helicóptero. Estamos agradecidos también a la Serigrafía y Confecciones Chu, el Hotel Señorial, y Francisco Grippa.

Jonathan Markel fue de gran ayuda antes, durante y después de la expedición, en la preparación rápida de mapas y datos geográficos. Adicionalmente, su ayuda en general durante la escritura y el proceso de presentación fue fabulosa. Una vez más, Tyana Wachter jugó un papel irremplazable en el inventario, yendo mas allá de su deber todos los días, asegurándose de que el inventario y todos los participantes no tuvieran algún percance, y solucionando los problemas donde estuvieran: en Chicago, Lima, Iquitos y Pebas. De su lado, Royal Taylor, Meganne Lube, Dawn Martin y Sarah Santarelli hicieron un trabajo increíble en resolver varios problemas desde Chicago.

Este inventario fue posible sólo gracias al apoyo de la Fundación Gordon y Betty Moore, The Boeing Company y The Field Museum.

La meta de los inventarios rápidos—biológicos y sociales—
es de catalizar acciones efectivas para la conservación en
regiones amenazadas, las cuales tienen una alta riqueza y
singularidad biológica.

Metodología

En los inventarios biológicos rápidos, el equipo científico se
concentra principalmente en los grupos de organismos que sirven
como buenos indicadores del tipo y condición de hábitat, y que
pueden ser inventariados rápidamente y con precisión. Estos
inventarios no buscan producir una lista completa de los organismos
presentes. Más bien, usan un método integrado y rápido (1) para
identificar comunidades biológicas importantes en el sitio o región
de interés y (2) para determinar si estas comunidades son de
excepcional y de alta prioridad en el ámbito regional o mundial.

En los inventarios rápidos de recursos naturales y fortalezas
culturales y sociales, científicos y comunidades trabajan juntos para
identificar el patrón de organización social, el uso de los recursos
naturales, y las oportunidades de colaboración y capacitación.
Los equipos usan observaciones de los participantes y entrevistas
semi-estructuradas para evaluar rápidamente las fortalezas de las
comunidades locales que servirán de punto de partida para
programas extensos de conservación.

Los científicos locales son clave para el equipo de campo.
La experiencia de estos expertos es particularmente crítica para
entender las áreas donde previamente ha habido poca o ninguna
exploración científica. A partir del inventario, la investigación y
protección de las comunidades naturales y el compromiso de las
organizaciones y las fortalezas sociales ya existentes, dependen
de las iniciativas de los científicos y conservacionistas locales.

Una vez terminado el inventario rápido (por lo general en
un mes), los equipos transmiten la información recopilada a las
autoridades locales y nacionales, responsables de las decisiones,
quienes pueden fijar las prioridades y los lineamientos para las
acciones de conservación en el país anfitrión.

Fechas del trabajo de campo

15–31 de octubre de 2010*

*Este resumen también incluye datos de un campamento de la cuenca del río Yaguas visitado por un inventario rápido de The Field Museum en agosto de 2003 (ver pag. 69).

PERÚ

○ Sitio Biológico
● Sitio Social
▨ Propuesta Yaguas-Cotuhé
▨ Propuesta Yaguas-Putumayo
▨ Comunidades Nativas
▨ Otras Áreas

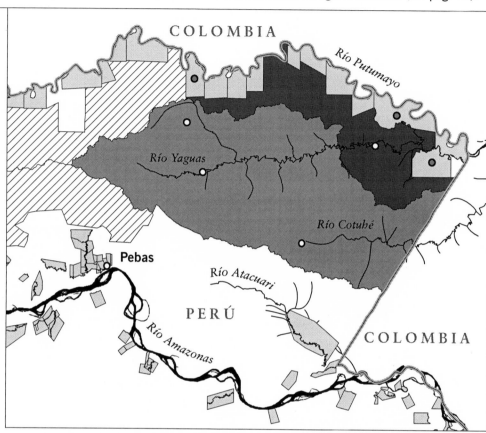

Región

Trabajamos en las cuencas de dos grandes tributarios del Putumayo—los ríos Yaguas y Cotuhé—y en tres comunidades nativas a lo largo del bajo río Putumayo, en el extremo noreste de Loreto. La meta del inventario fue describir las comunidades biológicas y humanas dentro y alrededor de dos áreas propuestas de conservación: un núcleo de protección estricta de aproximadamente 1.1 millones de ha que abarca la cuenca del río Cotuhé y gran parte de la cuenca del río Yaguas, y un área de uso sostenible de aproximadamente 350,000 ha ubicada en el bajo río Yaguas y el río Putumayo, cerca de las comunidades.

Sitios muestreados

El equipo biológico visitó dos sitios en la cuenca del río Yaguas—uno en las cabeceras y otro cerca de su confluencia con el Putumayo—y un sitio en las cabeceras del río Cotuhé. Complementamos nuestras observaciones en esos campamentos con datos de un tercer sitio en la cuenca del río Yaguas, el cual fue visitado por el equipo de inventarios rápidos en 2003.

Sitios muestreados (continuación)	**Cuenca del río Yaguas:**	Campamento Choro, 15–20 de octubre de 2010
		Campamento Yaguas, 3–9 de agosto de 2003
		Campamento Cachimbo, 25–31 de octubre de 2010

Cuenca del río Cotuhé: Campamento Alto Cotuhé, 20–25 de octubre de 2010

El equipo social trabajó en tres comunidades: dos ubicadas en el río Putumayo (Puerto Franco, 16–19 de octubre, y Huapapa, 25–31 de octubre) y una en el río Yaguas (Santa Rosa de Cauchillo, 21–24 de octubre). El 31 de octubre ambos equipos participaron en el 1° Congreso de la Federación de Comunidades Indígenas del Bajo Putumayo (FECOIBAP) en Huapapa.

Enfoques geológicos y biológicos

Geología, hidrología y suelos; vegetación y plantas; peces; anfibios y reptiles; aves; mamíferos grandes y medianos y murciélagos

Enfoques sociales

Fortalezas sociales y culturales; historia y patrones de asentamiento; demografía, infraestructura, economía y prácticas de uso y manejo de recursos naturales

Resultados biológicos principales

El inventario rápido confirmó que las comunidades biológicas en el área estudiada tienen un valor de conservación excepcional en el ámbito regional, nacional y mundial. Estas cuencas probablemente representan la región más diversa en peces en el Perú. De igual forma, la diversidad de plantas y otros vertebrados ubica sus bosques entre los más diversos del planeta.

	Especies registradas en el inventario	Especies estimadas para la región
Plantas	>948	3,000–3,500
Peces	337	550
Anfibios	75	110
Reptiles	53	100
Aves	393	500
Mamíferos	71	160

Las cuencas de los ríos Yaguas y Cotuhé abarcan una enorme variedad de hábitats terrestres y acuáticos, con la excepción de bosques de arenas blancas. Hábitats especialmente importantes para la conservación incluyen las terrazas altas de suelos antiguos en las cabeceras del río Yaguas y una gran variedad de pantanos mixtos y bosques enanos similares a chamizales creciendo en turbas (pantanos de gran acumulación de materia orgánica, representando un hábitat poco conocido para la Amazonía). El área también alberga una rica diversidad de especies de uso—tanto maderables como de caza y pesca—y sirve de fuente para áreas adyacentes.

Geología	Las interacciones entre elevación, calidad del suelo e inundaciones producen una extraordinaria variedad de hábitats que albergan la gran biodiversidad de las cuencas de los ríos Yaguas y Cotuhé. La región fue alguna vez una vasta planicie aluvial compuesta de dos depósitos sedimentarios: por debajo la Formación Pebas, rica en nutrientes y depositada en el Mioceno, hace más de seis millones de años; y por encima una capa de sedimentos pobres en nutrientes y depositados en el Plio-Pleistoceno, hace aproximadamente dos millones de años. Desde entonces, esta planicie ha sido elevada ligeramente y erosionada hasta dejar un paisaje de colinas y valles.

Como resultado de esta historia, la elevación está muy relacionada a la fertilidad del suelo y la química del agua en el paisaje que vemos hoy en día. Las mayores elevaciones (aproximadamente 190 m) representan los viejos y desgastados restos de la planicie aluvial del Plio-Pleistoceno, y tienen los suelos más pobres. Las elevaciones intermedias contienen una mezcla de suelos más ricos derivados de la Formación Pebas (a menudo asociados con collpas) y suelos más pobres sobre sedimentos más jóvenes. Las quebradas en estas elevaciones tienen las conductividades más bajas del paisaje. A las menores elevaciones (65 m), la erosión ha expuesto más sedimentos de la Formación Pebas, resultando en quebradas más ricas y suelos más fértiles, pero muchos de estos suelos han quedado enterrados bajo sedimentos aluviales más jóvenes y menos fértiles.

En el bajo Yaguas observamos inusuales pantanos de turbas pobres en nutrientes, donde crece una vegetación enana similar a los chamizales conocidos al sur del Napo-Amazonas en Loreto. Las turbas tropicales sólo han sido reportadas recientemente para ambientes similares en la planicie aluvial amazónica. Si éstas se formaran rápidamente, como aparenta ser el caso, podrían representar un sumidero de carbono atmosférico importante así como una potencial fuente de metano. |
| **Vegetación** | El equipo botánico identificó 11 tipos de bosques en el área: 1) terrazas altas de edad pleistocena inferior, 2) bosques de colinas medias en arcillas medianamente pobres, 3) bosques de colinas medias en arcillas ricas de la Formación Pebas, 4) bosques de colinas medias en arcillas pobres dominados por *Lepidocaryum tenue* (irapay), 5) bosques de quebradas y cochas, 6) bosques de planicie inundable con topografía plana, 7) bosques de planicie inundable con topografía ondulada, 8) bosques de planicie inundable en cabeceras, 9) aguajales mixtos asociados con los ríos grandes, 10) aguajales mixtos en áreas de tierra firme pobremente drenadas, y 11) bosques enanos (chamizales) creciendo en turbas tropicales sin arena blanca. El número de bosques encontrados es alto y refleja la heterogeneidad en suelos, geología y topografía encontrada en el área. Nuestros hallazgos más inesperados incluyeron: a) los extensos bosques de tierra firme sobre suelos antiguos en terrazas del Pleistoceno inferior (aproximadamente 2.4 millones de años de antigüedad) de las cabeceras del río Yaguas, con una flora que no vimos en alguna otra parte de estas cuencas, b) los bosques sobre terrazas del Pleistoceno superior (aproximadamente 120,000 años |

Vegetación (continuación)	de antigüedad) en las cabeceras del río Cotuhé, con una composición distintiva de suelos pobres y c) los chamizales en la planicie inundable del río Yaguas asociados a turbas de edad holocena (4,000–5,000 años de antigüedad) con varias especies de plantas restringidas a este hábitat dentro de esta cuenca pero compartidas con chamizales al sur del Napo-Amazonas. Nuestras observaciones apoyan el consenso emergente que la mayor diversidad de plantas leñosas en el planeta a la escala de una hectárea ocurre en un corredor que se extiende desde la Amazonía ecuatoriana en el oeste hasta Manaos en el este, abarcando las cuencas de los ríos Yaguas y Cotuhé.
Flora	Colectamos 811 especímenes de plantas representando más de 109 familias y más de 948 especies. Por la alta heterogeneidad de hábitats encontrados estimamos que el área podría contener 3,000–3,500 especies de plantas, incluyendo mucha de la diversidad florística del departamento de Loreto. Encontramos diez especies posiblemente nuevas para la ciencia. Se han confirmado siete registros nuevos para la flora del Perú y este número sin duda se incrementará con revisión adicional de las colecciones. El área es rica en especies útiles, tanto maderables como otras. No observamos grandes poblaciones de *Cedrela odorata* (cedro), pero en las terrazas antiguas de suelos pobres fue posible encontrar la importante especie maderable *Cedrelinga cateniformis* (tornillo). El estado de conservación de estos bosques es bueno, especialmente en las cabeceras de las cuencas, por lo cual sin duda sirven como una fuente importante de semillas y frutos para las comunidades humanas asentadas en los ríos Putumayo y Amazonas.
Peces	El área estudiada es probablemente la región más diversa en peces en el Perú. En tres semanas registramos 337 especies, de las cuales 11 son posibles nuevos registros y siete pueden ser especies no descritas para la ciencia. Estimamos 550 especies de peces para la región, un número que representa un 65% de las especies de peces continentales del Perú. Esta alta diversidad parece obedecer a la gran heterogeneidad de hábitats acuáticos, marcados por gradientes fisicoquímicos, altitudinales y de tamaño de los cuerpos de agua. La distribución de las especies sigue la gradiente elevacional esperada, observándose un número menor de especies en las cabeceras, que se incrementa a medida que se desciende. Encontramos algunas especies típicas de pequeñas quebradas (*Centromochlus, Ituglanis, Microrhamdia*) que pudieran estar restringidas a esta zona, y otras especies típicas de los canales centrales de los ríos (*Pseudoplatystoma, Ageneiosus, Brachyplatystoma, Paratrygon*) y de las lagunas del río Yaguas (*Cichla, Astronotus, Osteoglossum*). Registramos por lo menos 93 especies de peces de importancia económica dentro de las áreas propuestas, entre ornamentales y de consumo. Éstas incluyen arahuana (*Osteoglossum bicirrhosum*), quizás la especie de mayor valor ornamental en el

Perú, sábalos (*Brycon* spp.), lisas (*Leporinus* spp.), pirañas (*Serrasalmus* spp.) y bagres migratorios—como la doncella (*Pseudoplatystoma punctifer*) y la manitoa (*Brachyplatystoma vaillantii*)—que surcan el río en busca de hábitats propicios para reproducirse. Esta región debe ser un área importante de desove de estos bagres migratorios. El número de rayas también es alto en la zona (cinco especies registradas), incluyendo especies de *Potamotrygon* que presentan alto valor en la pesquería ornamental, y *Paratrygon aiereba,* la especie más grande de la familia.

Anfibios y reptiles	Reportamos la presencia de 128 especies: 75 anfibios y 53 reptiles. Estimamos que en el área existen cerca de 110 especies de anfibios y 100 de reptiles. Los números encontrados son bastante altos, considerando que la mayor parte del muestreo se realizó durante una sequía fuerte. Las especies halladas corresponden a una fauna típica de bosques de colinas altas, medias, y bajas, así como de terrazas inundables de la Amazonía, caracterizada por tener una alta riqueza de especies. Esta alta diversidad está asociada a la existencia de diversos hábitats y microhábitats en el área de estudio. Resaltamos el hallazgo de dos especies de ranas nuevas para la ciencia (un *Osteocephalus* y un *Pristimantis*); la extensión del rango de distribución geográfica de una rana arbórea, *Osteocephalus heyeri*; y el hallazgo de una especie de hábito subterráneo del género *Synapturanus* asociada al microhábitat de turbas tropicales. Registramos la presencia de la tortuga motelo (*Chelonoidis denticulata*), el caimán negro (*Melanosuchus niger*) y el caimán de frente lisa (*Paleosuchus trigonatus*), especies que se encuentran amenazadas en el ámbito nacional e internacional. Estas especies, junto a la rana hualo (*Leptodactylus pentadactylus*), son utilizadas como alimento o con fines comerciales por parte de las poblaciones aledañas, razón por la cual algunas de ellas se encuentran listadas en los apéndices I y II de CITES.
Aves	Registramos 393 especies de las 500 que estimamos para la región. La avifauna es típica de la región noroeste de la Amazonía y muy semejante a la encontrada en la región del Área de Conservación Regional (ACR) Ampiyacu-Apayacu y de la propuesta ACR Maijuna. Los tres sitios visitados fueron distintos. El campamento Choro mostró una avifauna típica de tierra firme. Alto Cotuhé mostró una avifauna de tierra firme un poco menos diversa que en Choro, pero con más especies de bosques inundables. Cachimbo mostró pocas especies de tierra firme, pero con una buena representación de aves de bosques inundables y aves acuáticas.

Como en Maijuna, los registros más importantes de aves fueron un grupo registrado exclusivamente en las colinas sobre suelos arcillosos pobres en todos los campamentos: *Lophotriccus galeatus, Percnostola rufifrons* y *Herpsilochmus* sp. (este último recién descubierto en Apayacu y actualmente en proceso de descripción). Estas aves fueron más frecuentes en Choro, donde las colinas con suelos pobres son más extensas, pero aún allí fueron menos comunes que en Maijuna. También encontramos *Neopipo cinnamomea*

Aves
(continuación)

y *Heterocercus aurantiivertex*, especialistas de suelos pobres, en el campamento Cachimbo. Observamos el reemplazamiento de las dos especies de paujiles diurnos presentes en la Amazonía peruana: *Mitu salvini* estuvo presente en Choro, mientras que *M. tuberosa* estuvo en Cachimbo y Alto Cotuhé. Los objetos de conservación para aves incluyen especies de suelos pobres; poblaciones saludables de aves de caza y de guacamayos; ocho especies endémicas de la Amazonía noroccidental y 17 especies adicionales presentes en el Perú sólo al norte del río Amazonas, de las cuales seis solamente habitan al este del río Napo.

Mamíferos medianos y grandes

Registramos 71 especies de mamíferos grandes y medianos durante los inventarios. Estimamos que estas áreas deben contener cerca de 160 especies, incluyendo a los mamíferos pequeños.

Se destaca la alta diversidad de murciélagos (23 especies), primates (12 especies) y carnívoros (9 especies). Entre los primates se resalta la presencia de *Saguinus nigricollis*, una especie que en el Perú sólo se encuentra en el interfluvio Napo-Amazonas-Putumayo. Además se destaca una alta abundancia del mono choro (*Lagothrix lagotricha*) en las cabeceras del río Yaguas. Fue común encontrar señales y huellas de grandes felinos (puma y jaguar), sachavaca (*Tapirus terrestris*), huangana (*Tayassu pecari*) y sajino (*Pecari tajacu*), y durante el inventario avistamos estos tres últimos y un puma. En la cuenca baja del río Yaguas fue notoria la presencia de las dos especies de delfines de río (*Inia geoffrensis* y *Sotalia fluviatilis*), y grupos de *I. geoffrensis* de hasta nueve individuos.

Siete de las especies registradas—principalmente primates grandes, felinos, cetáceos y ungulados—se encuentran amenazadas en el ámbito nacional o mundial. Algunas especies se encontraron en abundancias más bajas (*Lagothrix lagotricha*) o exhibieron comportamiento mucho más huidizo (*Cebus apella* y *Pithecia monachus*) en la cuenca baja del río Yaguas, en donde son objeto de caza, dada la cercanía a las comunidades humanas. Se resalta la necesidad de manejar la cacería de aquellas especies con algún potencial aprovechable (sajinos) y desincentivar la caza de primates grandes y sachavacas en las áreas aledañas a las áreas protegidas propuestas para asegurar su uso sostenible a largo plazo.

Comunidades humanas

La zona baja de la cuenca del río Putumayo comprende 13 comunidades indígenas (10 tituladas y 3 en proceso de titulación) con una población de 1,100 habitantes. Once de estas comunidades están localizadas en el río Putumayo y dos en la desembocadura del río Yaguas. Estas poblaciones, consideradas entre las más aisladas de la región Loreto, están conformadas por diversos grupos étnicos, incluyendo Huitoto, Bora, Quichua, Tikuna y Yagua, y también mestizo.

La economía del Bajo Putumayo ha estado caracterizada por bonanzas de extracción de recursos naturales. En sus primeros años esta bonanza se basó en la explotación del caucho (*Hevea brasiliensis*) y leche caspi (*Couma macrocarpa*), continuando con la obtención de pieles de felinos, ungulados y reptiles, la extracción de palo de rosa (*Aniba rosaeodora*) y látex de balata (*Manilkara bidentata*), siguiendo con la hoja de coca. Actualmente la extracción es forestal (cedro, *Cedrela odorata*, y azúcar huayo, *Hymenaea* spp.) y pesquera (paiche, *Arapaima gigas*, y alevines de arahuana, *Osteoglossum bicirrhosum*).

Estos ciclos extractivos han sido y continúan siendo manejados por el sistema de patronazgo y endeude (habilitación o peonaje por deuda), causando impactos negativos en las poblaciones locales como desplazamiento, desvinculación de su lugar de origen, desigualdad social y recientemente conflictos entre comunidades por el acceso a los recursos naturales. Asimismo, estas economías extractivistas han impactado y siguen impactando negativamente la abundancia y sostenibilidad a largo plazo de los recursos naturales de la zona. Esa economía está directamente vinculada al mercado internacional, ya que el cedro y el azúcar huayo son vendidos a comerciantes colombianos, mientras los alevines de arahuana son vendidos a intermediarios que venden a acuarios en Iquitos, los cuales los exportan a Japón y China.

La economía de subsistencia se presenta en la mayoría de las comunidades, donde está basada en la extracción de peces, madera, fibras, animales de caza, y agricultura de tumba y quema a pequeña escala. Gran parte de las comunidades de la zona también participa en la economía extractivista de recursos madereros y pesqueros, pero a diferentes escalas.

En las comunidades visitadas encontramos fortalezas sociales tales como una dinámica y capacidad de organización y toma de decisiones, fuertes redes de apoyo familiar y mecanismos de reciprocidad, conocimiento biológico y de técnicas de extracción que contribuyen al manejo de la arahuana y de recursos acuáticos, iniciativas de vigilancia y control comunal de las áreas de pesca, conocimiento ecológico tradicional de uso de los recursos del bosque (frutos, maderas, plantas medicinales) y chacras diversificadas. Estas fortalezas podrían ser utilizadas para generar un espacio de intercambio de conocimientos y de información que contribuirían a una visión de manejo y conservación de los recursos naturales a largo plazo.

Fortalezas principales para la conservación	01	**Interés antiguo de conservar el área como un complejo de cuencas enteras,** incluyendo el interés cultural local de conservar la sacha mama (área sagrada), el hecho del área haber sido priorizada en el Plan Director (1993 y 2009), y una propuesta antigua de un parque binacional (PEDICP/INADE)
	02	**Dinamismo en las comunidades para organizarse e iniciativas de manejo de recursos naturales**

Fortalezas principales para la conservación (continuación)	03	**Presencia del Instituto del Bien Común (IBC) y del Proyecto Especial Binacional de Desarrollo Integral de la Cuenca del río Putumayo (PEDICP) en la región** y sus conocimientos para la implementación efectiva de iniciativas de conservación y calidad de vida
	04	**Iniciativas para compatibilizar normas entre el Perú y Colombia a través de las cancillerías**

Principales objetos de conservación

01 **Unidades geológicas y biológicas raras y alta heterogeneidad de hábitats**

- Antiguas terrazas altas del Pleistoceno inferior

- Pantanos (chamizales) en turbas tropicales

- Collpas comunes por toda la región por los afloramientos de la Formación Pebas

02 **Cuenca entera del río Yaguas en buen estado de conservación**

- Bosques intactos en las cabeceras

- Cochas grandes

- Áreas inundables

- Sistema de túneles subterráneos como red de drenaje

03 **Alta diversidad biológica en buen estado de conservación**

- Comunidades de flora y fauna en buen estado, incluyendo especies con distribuciones restringidas y especies nuevas para la ciencia

- Fauna excepcionalmente diversa de peces en la región

- Poblaciones saludables de especies amenazadas en el ámbito nacional o global

- Poblaciones saludables de flora y fauna de uso

- Fuentes de flora y fauna para áreas aledañas de uso directo

04 **Áreas de importancia cultural, cementerios y otros espacios sagrados**

05 **Sistema de chacras diversificadas**

06 **Captura y almacenamiento de carbono**

Amenazas principales

01 **Una percepción de abundancia inagotable de los recursos naturales** y consecuentemente la falta de una visión sobre su uso sostenible a largo plazo

02 **El uso libre y descontrolado de los recursos naturales,** tanto en la pesquería como en la caza y la tala de madera y otras actividades extractivas

03 **La ubicación del área en una zona fronteriza poco poblada y de difícil acceso,** con una alta tolerancia de actividades ilegales

Recomendaciones principales

01 **Establecer un área de protección estricta abarcando la mayor parte de las cuencas de los ríos Yaguas y Cotuhé (Fig. 2A),** e incluyendo muestras representativas de los principales hábitats naturales de la región. Nuestro inventario apunta a una protección estricta en el ámbito nacional.

02 **Establecer un área de conservación con uso bajo manejo—en el ámbito regional o nacional—en el bajo río Yaguas, adyacente al área de protección estricta (Fig. 2A),** donde las comunidades vecinas tienen una larga historia de usar los recursos naturales.

03 **Manejar ambas áreas de conservación de forma integrada e involucrar a las comunidades locales estrechamente en el manejo y control de las áreas.**

04 **Identificar oportunidades prácticas de cooperación transfronteriza entre las áreas propuestas en el lado peruano del río Cotuhé y el Parque Nacional Natural Amacayacu en el lado colombiano.**

05 **Concluir el saneamiento legal del paisaje en las cuencas de los ríos Yaguas, Cotuhé y bajo Putumayo.**

¿Por qué Yaguas-Cotuhé?

El amanecer viaja rápidamente a través del valle del río Yaguas en la Amazonía norte del Perú. Segundos después de tocar los techos de hoja de las comunidades nativas en la desembocadura del río, los primeros rayos de sol ingresan al amplio valle y empiezan a iluminar los tramos bajos de su terraza inundable, la cual los pobladores locales han usado por siglos. Continuando hacia el oeste, la luz del nuevo día va iluminando las playas y cochas del bajo Yaguas, despertando aguajales y delfines rosados, surcando el majestuoso río hasta que el amanecer finalmente se abre paso en las antiguas terrazas altas en las cabeceras, a más de 200 km al oeste de su desembocadura.

Bajo la luz de un nuevo día, los bosques del río Yaguas son impresionantes. La asombrosa diversidad de plantas, animales y el paisaje en este valle poco explorado lo hace una vitrina de la megadiversa vida silvestre entre los ríos Napo, Amazonas y Putumayo. Se estima que sólo las comunidades acuáticas en las cuencas de los ríos Yaguas y Cotuhé albergan alrededor del 65% de las especies de peces continentales conocidas en el Perú.

Estas cuencas también representan una oportunidad cada vez más rara: la de preservar la totalidad de una vasta e intacta cuenca amazónica. Para complementar un área de protección estricta en el alto y medio Yaguas, las comunidades locales han propuesto un área de conservación y uso en los tramos más bajos del río, donde ellos puedan cosechar pescado y otros recursos naturales bajo planes de manejo sostenibles. Este enfoque a escala de cuenca simplifica el manejo y reduce los costos, ya que el río es la única vía de acceso al interior de las áreas propuestas.

Bordeando el valle del río Yaguas por el sur se encuentra la cuenca binacional del río Cotuhé, la cual ofrece una oportunidad paralela para solidificar los planes gubernamentales que desde hace tiempo proponen la creación de un área protegida transfronteriza entre el Perú y Colombia. Protegiendo el lado peruano del Cotuhé, que de por sí ya es una joya biológica con un impacto mínimo, conectaría ambos valles al Parque Nacional Natural Amacayacu en Colombia, uniendo así los países vecinos con un corredor de bosque ecuatorial megadiverso y espectacular.

FIG. 1 Vista aérea de la cuenca del río Yaguas en la Amazonía peruana, una de las áreas silvestres más ricas de la Tierra/ An aerial view of the Yaguas River watershed in Amazonian Peru, one of the richest wilderness areas on Earth.

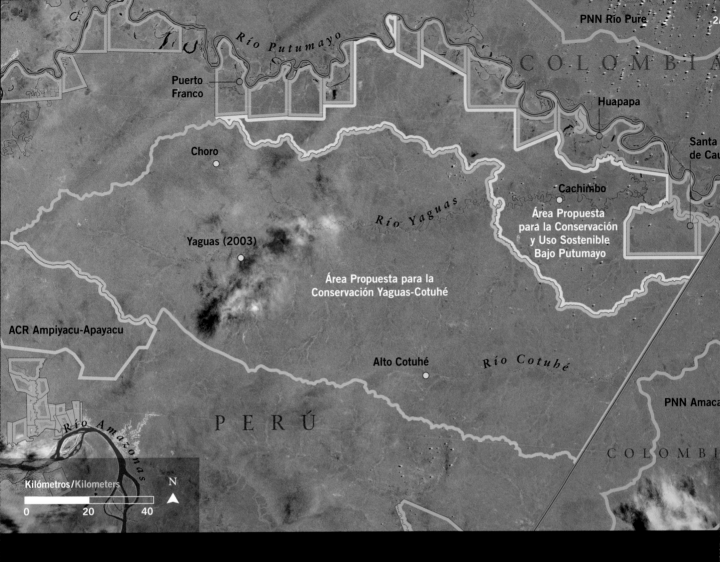

COLOMBIA

Río Putumayo

Puerto Franco

Huapapa

Choro

Santa de Cau

Río Yaguas

Cachimbo

Yaguas (2003)

Área Propuesta para la Conservación y Uso Sostenible Bajo Putumayo

Área Propuesta para la Conservación Yaguas-Cotuhé

ACR Ampiyacu-Apayacu

Alto Cotuhé

Río Cotuhé

PNN Amaca

PERÚ

Río Amazonas

COLOMBI

Kilómetros/Kilometers

0   20   40

N

PERÚ: Yaguas-Cotuhé

FIG. 2A Comunidades indígenas, sitios del inventario, y las dos áreas de conservación propuestas en la esquina nororiental de la Amazonía del Perú/Indigenous communities, inventory sites, and the two proposed conservation areas in the northeastern corner of Amazonian Peru.

Sitios visitados/Inventory sites

- Inventario social/ Social inventory

- Inventario biológico/ Biological inventory

- Área de conservación propuesta/Proposed conservation area

- Área de uso sostenible propuesta/Proposed sustainable use area

- Comunidades nativas peruanas/Peruvian indigenous communities

- Parques colombianos/ Colombian parks

- Parques peruanos/ Peruvian parks

= Frontera Perú-Colombia/ Peru-Colombia border

FIG. 2B Un mapa de áreas de conservación existentes y propuestas en el noreste del Perú y la vecina Colombia ilustra el potencial para un corredor internacional de conservación/ A map of existing and proposed conservation areas in northeastern Peru and adjacent Colombia illustrates the potential for a binational conservation corridor.

- Áreas de conservación propuestas en el río Yaguas/ Proposed conservation areas in the Yaguas watershed

- Concesión para la conservación/Conservation concession

- Áreas y propuestas de conservación adyacentes/ Adjacent conservation areas and proposals

:::: Resguardos indígenas de Colombia/Colombian indigenous territories

● Ciudades/Cities

= Fronteras internacionales/ International borders

FIG. 2C Un mapa regional topográfico resalta un archipiélago de terrazas antiguas de suelos pobres en las cabeceras del Yaguas y el territorio Maijuna/ A regional topographic map highlights an archipelago of ancient, poor-soil terraces in the Yaguas headwaters and Maijuna territory.

Elevación sobre el nivel del mar/ Elevation above sea level:

- 170 m +

- 150–169 m

- 130–149 m

- 110–129 m

- 90–109 m

- 70–89 m

- < 70 m

- Sitios del inventario biológico/ Biological inventory sites

- Áreas y propuestas de conservación en el Perú/ Existing and proposed conservation areas in Peru

= Fronteras internacionales/ International borders

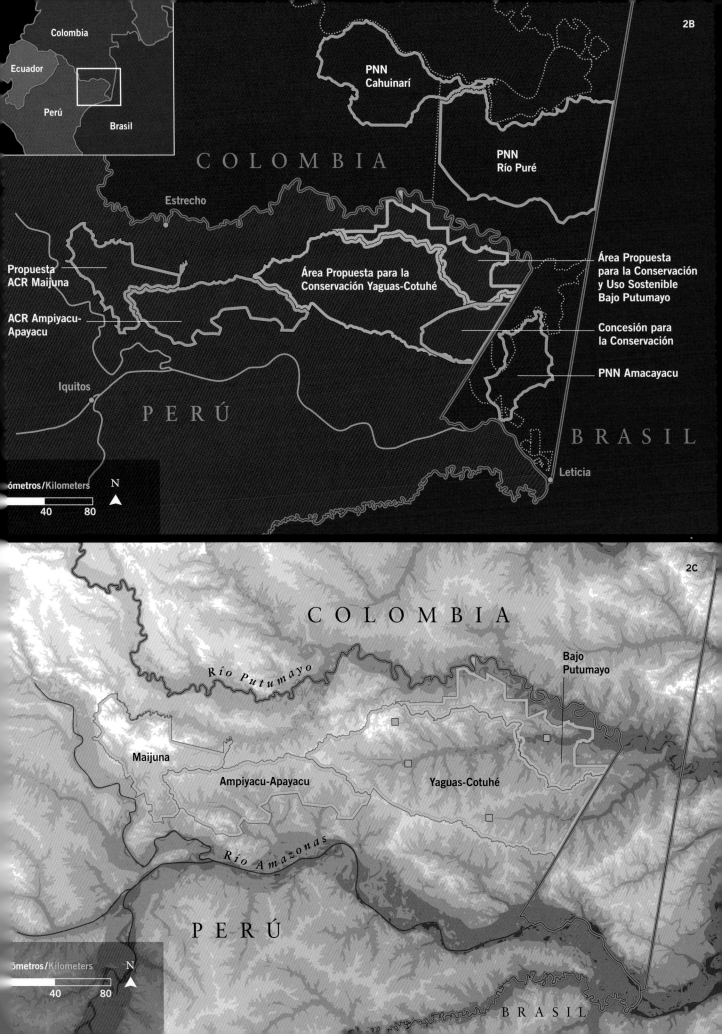

2B

Colombia

Ecuador

Perú

Brasil

PNN
Cahuinarí

PNN
Río Puré

COLOMBIA

Estrecho

Propuesta
ACR Maijuna

ACR Ampiyacu-
Apayacu

Área Propuesta para la
Conservación Yaguas-Cotuhé

Área Propuesta
para la Conservación
y Uso Sostenible
Bajo Putumayo

Concesión para
la Conservación

PNN Amacayacu

Iquitos

PERÚ

BRASIL

Leticia

ómetros/Kilometers

N

40   80

2C

COLOMBIA

Río Putumayo

Bajo
Putumayo

Maijuna

Ampiyacu-Apayacu

Yaguas-Cotuhé

Río Amazonas

PERÚ

ómetros/Kilometers

N

40   80

BRASIL

FIG. 3 Los suelos en la región Yaguas-Cotuhé varían de extremadamente pobres en nutrientes hasta relativamente fértiles, y albergan una gran variedad de tipos de vegetación y comunidades acuáticas./ Soils in the Yaguas-Cotuhé region vary from extremely nutrient-poor to relatively fertile, supporting a diverse array of vegetation types and aquatic communities.

3A Suelos de turba, profundos y pobres en nutrientes, albergan bosques de pantanos únicos en el bajo Yaguas./Deep, nutrient-poor peat soils harbor unique swamp forests on the lower Yaguas floodplain.

3B Algunos afloramientos de la Formación Pebas son tan ricos en nutrientes que los animales los consumen por sus sales./ Some Pebas Formation outcrops are so rich in nutrients that animals gnaw them for salts.

3C Un afloramiento de la Formación Pebas en la ribera del río Yaguas./A Pebas Formation outcrop on the banks of the Yaguas River.

3D Un detalle de 3C demuestra los huesos y material vegetativo fosilizados que hacen que estos suelos sean tan ricos en nutrientes./A detail of 3C shows the fossilized bone and plant material that makes these soils rich in nutrients.

3E Los suelos más meteorizados del paisaje son protegidos por una alfombra gruesa de raicillas./ The most weathered soils on the landscape are carpeted with a thick, springy root mat.

3F El geólogo Robert Stallard revisa sus notas después de una larga jornada de trabajo de campo./ Geologist Robert Stallard checks his notes after a long day of field work.

4A Una gran variedad de vegetación de turberas crece en la planicie inundable del río Yaguas./A rich assortment of peat swamp vegetation carpets the Yaguas floodplain.

4B Las comunidades locales aprecian las cochas del bajo Yaguas por su abundancia de peces./ Local communities prize the oxbow lakes on the lower Yaguas for their abundant fish stocks.

4C Las terrazas antiguas de suelos pobres ocupan las partes más elevadas del paisaje./ Forests on ancient, poor-soil terraces occupy the highest elevations on the landscape.

4D El río Yaguas cerca de un campamento visitado durante el inventario de 2003./The Yaguas River near a campsite visited during the 2003 inventory.

4E Nuestro inventario de 2010 fue la primera exploración científica de las cabeceras del río Cotuhé./Our 2010 inventory was the first scientific exploration of the Cotuhé headwaters.

4F–G En las nacientes del Cotuhé y Yaguas las inusuales quebradas con lechos de piedritas ofrecen condiciones únicas para los peces de cabeceras./Unusual pebbly streams in the headwaters of the Cotuhé and Yaguas rivers provide a unique habitat for headwater fish species.

4H–J Las turberas de la planicie inundable del río Putumayo (4J) muestran características muy parecidas a las de Minnesota, EE.UU. (4H)./Peatlands of the Putumayo River floodplain (4J) show features remarkably similar to those in Minnesota, USA (4H).

5A El fotógrafo Álvaro del Campo busca el ángulo perfecto./ Photographer Álvaro del Campo positions himself for the best angle.

5B El equipo del inventario biológico exploró dos sitios en el río Yaguas en octubre de 2010./ The biological inventory team explored two sites on the Yaguas River in October 2010.

5C Sólo con la ayuda de un helicóptero se pudo acceder a estos sitios remotos ubicados cerca a la frontera Colombia-Perú./ Located near the Colombia-Peru border, the remote sites were accessed by helicopter.

5D Los pilotos de la Policía Nacional del Perú hicieron posible muestrear estos sitios./

Pilots of the Peruvian National Police made inventorying these sites possible.

5E Decenas de residentes de las comunidades indígenas locales participaron en los inventarios./ Dozens of residents from local indigenous communities participated in the field inventories.

FIG. 6 Diez especies de plantas colectadas durante el inventario de 2010, incluyendo la primera planta que vimos en el campamento Choro, aparentemente son nuevas para la ciencia. Ocho especies adicionales son registros nuevos para el Perú./Ten plant species collected during the 2010 inventory, including the first plant

5D

we saw at the Choro campsite, are likely new to science. Eight more are new records for Peru.

6A *Calathea* sp. nov.

6B *Carpotroche* sp. nov.

6C *Aphelandra* sp. nov. 1

6D *Aphelandra* sp. nov. 2

6E Gesneriaceae sp. nov.

6F *Palmorchis* sp. nov.

6G Esta especie nueva de *Pausandra*, colectada en las cabeceras del Cotuhé, está en proceso de descripción./ This undescribed species of *Pausandra*, collected in the Cotuhé headwaters, is currently being described.

6H Encontramos una población grande de *Zamia* aff. *hymenophyllidia* en el bajo Yaguas./We found a large population of this cycad, *Zamia* aff. *hymenophyllidia*, on the lower Yaguas River.

6J Antes sólo conocida de Brasil, *Rapatea undulata* es un registro nuevo para el Perú./ Previously known from Brazil, *Rapatea undulata* is a new record for Peru.

6K El ubicuo árbol de pantano *Mauritia flexuosa* fue común en las áreas húmedas./The quintessential Amazonian swamp tree *Mauritia flexuosa* was common in wetlands.

6L La palmera de sotobosque *Astrocaryum ciliatum* fue registrada apenas por segunda vez en el Perú./The understory palm *Astrocaryum ciliatum* was recorded for just the second time in Peru.

6M Los botánicos estiman una flora regional que supera las 3,000 especies./Botanists estimate the regional flora at more than 3,000 species.

6N El arbusto *Diospyros micrantha* es una nueva adición a la flora megadiversa del Perú./The shrub *Diospyros micrantha* is a new addition to Peru's megadiverse flora.

6O El botánico Isau Huamantupa muestra un espécimen del árbol *Remijia pacimonica*./Botanist Isau Huamantupa holds a specimen of the tree *Remijia pacimonica*.

7A

7H

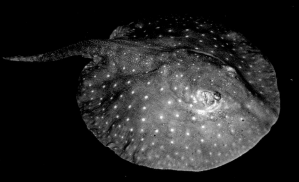

├──────── 80 cm ────────┤

7J

├──────── 100 cm ────────┤

FIG. 7 Los inventarios sugieren que las cuencas del Yaguas y Cotuhé podrían albergar las comunidades de peces más diversas del Perú. El equipo descubrió 8 especies no descritas y 11 otras especies nuevas para el Perú./Our survey suggests that the Yaguas and Cotuhé watersheds may harbor Peru's most diverse fish communities. The team found 8 undescribed species and 11 other species never before recorded in Peru.

7A *Centromochlus* sp. nov.

7B *Ancistrus hoplogenys*

7C *Ituglanis* sp. nov.

7D *Centromochlus* sp. nov.

7E *Synbranchus* sp. nov.

7F *Pseudoplatystoma punctifer*

7G *Osteoglossum bicirrhosum*

7H *Potamotrygon* cf. *scobina*

7J *Paratrygon aiereba*

7K *Potamotrygon motoro*

7L *Potamotrygon* sp.

7M Los ictiólogos estiman que estas cuencas podrían albergar más de 550 especies de peces./Ichthyologists believe these watersheds may contain more than 550 fish species.

7N *Melanocharacidium dispilomma*

7O *Ancistrus* sp. nov.

7P *Belonion* cf. *dibranchodon*, nuevo para el Perú/new for Peru

7Q *Batrochoglanis* sp. nov.

7R *Phenacogaster* con el parásito crustáceo *Argulus*/ *Phenacogaster* with the crustacean parasite *Argulus*

7S *Leporinus fasciatus*

7T *Rhabdolicops* sp.

7U *Cichla monoculus* (tucunaré/peacock bass)

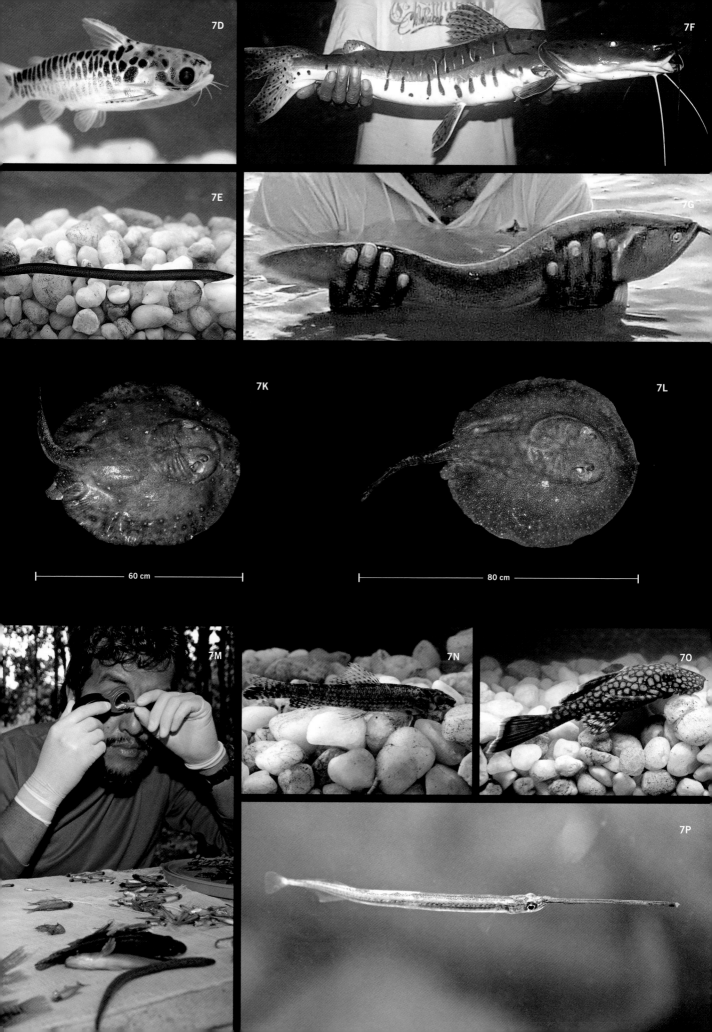

7D

7F

7E

7G

7K

7L

60 cm

80 cm

7M

7N

7O

7P

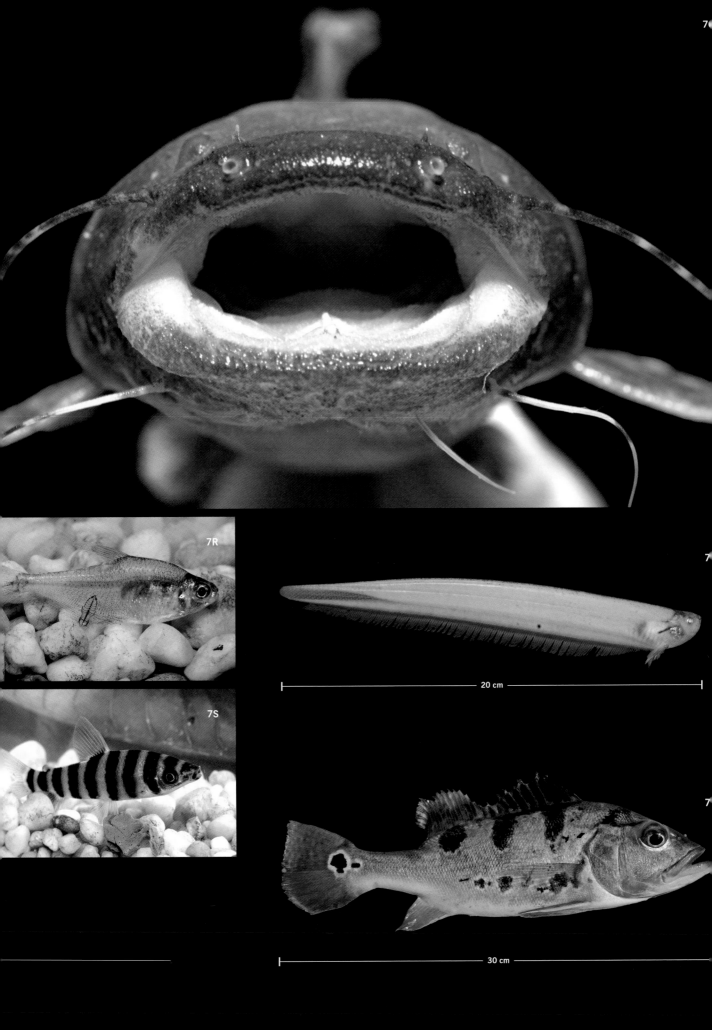

7R

7S

20 cm

30 cm

FIG. 8 Los inventarios de aves registraron 393 de las 500 especies esperadas para la región, incluyendo por lo menos 17 especies que carecen de protección estricta en el Perú./ Bird surveys revealed 393 of the 500 species expected to occur in the area, including at least 17 species that are not strictly protected anywhere in Peru.

8A, B *Mitu tuberosum* (A) y *M. salvini* (B) se reemplazaron el uno al otro en las áreas visitadas./ *Mitu tuberosum* (A) and *M. salvini* (B) replaced one another in the areas surveyed.

8C *Herpsilochmus dugandi*

8D *Chloroceryle inda*

8E, F *Neopipo cinnamomea* (E) y *Heterocercus aurantiivertex* (F) son especialistas en bosques de suelos pobres en la región./ *Neopipo cinnamomea* (E) and *Heterocercus aurantiivertex* (F) specialize on poor-soil forests in the region.

8G El equipo del inventario biológico incluyó científicos del Perú, Colombia, Estados Unidos y Brasil./The biological inventory team included Peruvian, Colombian, American, and Brazilian scientists.

8A

8B

8C

8D

8E

8F

8G

9B

9C

9D

FIG. 9 En apenas 20 días de inventario fueron registradas 128 especies de anfibios y reptiles. Los expertos creen que la diversidad herpetológica supera las 220 especies, lo que hace que ésta sea una de las faunas herpetológicas más diversas del planeta./ Twenty days of inventory uncovered 128 amphibian and reptile species. Experts believe total diversity exceeds 220 species in the area surveyed, making this one of the most diverse herpetological faunas in the world.

9A *Pristimantis padiali*, recientemente descrita/ recently described

9B *Osteocephalus* sp.

9C *Hypsiboas microderma*

9D *Phyllomedusa bicolor*

9E *Synapturanus* sp.
(adulto/adult)

9F *Synapturanus* sp.
(juvenil/juvenile)

9G Hábitat en suelos de turba
de *Synapturanus* sp./Peat soil
habitat of the burrowing
Synapturanus sp.

9H *Ranitomeya duellmani*

9J *Caiman crocodilus*

9K *Micrurus langsdorffi*

9L *Oxyrhopus formosus*

9M *Podocnemis expansa*

11A

11

11D   11E

FIG. 11 Las 13 comunidades indígenas en el bajo Putumayo y el bajo Yaguas dependen de los abundantes recursos naturales de la región./The 13 indigenous communities on the lower Putumayo and lower Yaguas depend on the region's abundant natural resources.

11A El paiche (*Arapaima gigas*) es un recurso pesquero importante pero sobreexplotado./*Arapaima gigas* is an important but overharvested fish resource.

11B Los alevines de arahuana de estos ríos son exportados a compradores de Ásia./Silver arawana fry from these rivers are exported to buyers in Asia.

11C Cientos de pescadores locales dependen del río Putumayo y del bajo río Yaguas./The Putumayo and lower Yaguas rivers support hundreds of local fishermen.

11D Los comités de pescadores son activos en varias comunidades locales./Fishermen's committees are active in several local communities.

11E Los peces componen gran parte de la dieta tradicional en Santa Rosa de Cauchillo./Fish comprise much of the traditional diet at Santa Rosa de Cauchillo.

11F Mujeres preparan el tradicional masato con tres variedades de yuca en Santa Rosa de Cauchillo./Women prepare traditional *masato* with three varieties of manioc at Santa Rosa de Cauchillo.

11G Con 348 habitantes, Huapapa es la mayor comunidad peruana en el bajo Putumayo./Huapapa, population 348, is the largest Peruvian community on the lower Putumayo.

11H La mayoría de las familias cultiva plantas medicinales y comestibles en huertos familiares./Most families tend garden plots for medicinal and food plants.

11J Las tradiciones Tikuna continúan fuertes en Santa Rosa de Cauchillo./Tikuna traditions remain strong in Santa Rosa de Cauchillo.

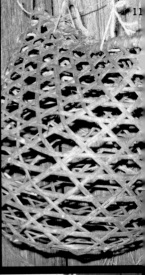

11K El ejercicio de mapear en Puerto Franco reveló los detallados conocimientos que los habitants tienen de sus recursos naturales./A mapping exercise in Puerto Franco shows residents' detailed knowledge of their natural resources.

11L Los alumnos revisan las guías rápidas a color elaboradas por The Field Museum sobre las plantas y animales de la región./Schoolchildren review Field Museum rapid color guides to the region's plants and animals.

11M Las canoas viejas sirven de huertos elevados./An old canoe makes a perfect elevated herb garden.

11N Las *mingas* siguen teniendo un significado importante en la vida communal./Communal work parties remain an important part of community life.

11O Los productos del bosque satisfacen una sustancial proporción de las necesidades básicas diarias de las familias./Forest products satisfy a large proportion of families' daily needs.

11P, R La artesanía tradicional indígena sigue siendo transmitida de generación a generación./Traditional indigenous crafts are still passed down from generation to generation.

11Q Las mujeres juegan un papel activo en cada aspecto de la vida comunal./Women play an active role in every aspect of community life.

12A

12B

FIG. 12 La rica flora y fauna de la región se encuentra amenazada por la cosecha insostenible de peces, madera y otros recursos, lo cual hace necesaria una nueva visión de su uso sostenible y equitativo a largo plazo./The region's rich plant and animal communities are threatened by unsustainable harvests of fish, timber, and other resources, requiring a new long-term vision of sustainable and equitable resource use.

12A Indicios de cacería insostenible han comenzado a aparecer en el bajo Yaguas./ Signs of unsustainable hunting are beginning to appear in the lower Yaguas.

12B La tala ilegal que abastece el mercado colombiano sigue siendo común en la cuenca del Yaguas./Illegal logging for the Colombian market remains a common activity in the Yaguas watershed.

12C La sobreexplotación de los huevos es una amenaza grave a las poblaciones de tortugas de río./Overharvesting of eggs is a serious threat to river turtle populations.

12C

PERÚ

Loreto

Áreas de Conservación de Loreto y de la Amazonía Peruana/Conservation Areas in Loreto and the Peruvian Amazon

	Loreto	Amazonía Peruana/Peruvian Amazon
Parques Nacionales/National Parks	0.4%	7.4%
* Santuarios Nacionales/National Sanctuaries	0.0%	0.0001%
Reservas Nacionales/National Reserves	9.1%	6.1%
Reservas Comunales/Communal Reserves	0.0%	1.0%
Zonas Reservadas/Reserved Zones	5.0%	4.1%
* Bosques de Protección/Forest Refuges	0.0%	0.02%
Áreas de Conservación Regional/Regional Conservation Areas	2.3%	1.7%
* Áreas de Conservación Privada/Private Conservation Areas	0.0001%	0.001%
Concesiones para la Conservación/Conservation Concessions	0.8%	0.8%
Concesiones para Ecoturismo/Ecotourism Concessions	0.03%	0.1%
:::: Propuesta/Proposed ANP Yaguas-Cotuhé	3.1%	1.9%
:::: Propuesta/Proposed ANP Yaguas-Bajo Putumayo	1.0%	0.6%
Cobertura de Conservación Actual/Current Conservation Coverage	**17.6%**	**21.2%**

Loreto < 500 m

Áreas de conservación/
Conservation areas

Otras áreas/Other areas **82.4%**

Amazonía Peruana/Peruvian Amazon < 500 m

Áreas de conservación/
Conservation areas

Otras áreas/Other areas **78.8%**

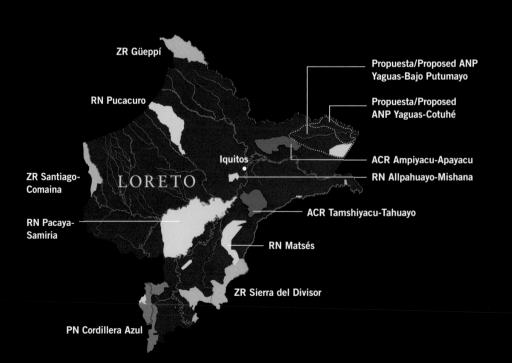

ZR Güeppí

RN Pucacuro

ZR Santiago-
Comaina

RN Pacaya-
Samiria

Iquitos

LORETO

Propuesta/Proposed ANP
Yaguas-Bajo Putumayo

Propuesta/Proposed
ANP Yaguas-Cotuhé

ACR Ampiyacu-Apayacu
RN Allpahuayo-Mishana

ACR Tamshiyacu-Tahuayo

RN Matsés

ZR Sierra del Divisor

PN Cordillera Azul

¿Por qué una Nueva Área Protegida en la Amazonía Peruana?

Autores: Nigel Pitman, Matt Finer, Clinton Jenkins y Corine Vriesendorp

Cuando planteamos esta pregunta en 2003 (Pitman et al. 2004), las respuestas fueron sencillas. En esa época, la proporción de la selva baja peruana que se encontraba dentro de las áreas protegidas—un 14.9% del territorio amazónico del Perú por debajo de los 500 m—era mucho menor que el promedio sudamericano, las áreas de protección estricta estaban concentradas en el sur de la región, y los parques nacionales protegían menos del uno por ciento del departamento amazónico más diverso, Loreto.

Hoy en día, ocho años más tarde, dos de estos hechos preocupantes siguen vigentes. La cobertura actual de todas las diferentes clases de áreas protegidas en la selva peruana ha aumentado bastante desde 2003—ahora es 21.2%—y ya está cerca al promedio sudamericano (Fig. 13; Jenkins y Joppa 2009). Pero la mayor parte de las nuevas áreas protegidas establecidas durante los últimos ocho años se encuentra en el sur del Perú, y la proporción de Loreto bajo protección estricta sigue siendo exactamente la misma que en 2003: 0.4%. Todo esto sugiere que las áreas protegidas de la Amazonía peruana aún no albergan una representación adecuada de la diversidad biológica de la región.

Uno de los pasos más alentadores durante los últimos ocho años ha sido el creciente uso de herramientas alternativas de conservación. Hoy las concesiones para la conservación o para el turismo, áreas de conservación privada, y áreas de conservación municipales y regionales (Monteferri y Coll 2009) protegen el 2.6% de la selva baja peruana. Ha sido especialmente exitoso el Programa de Conservación, Gestión y Uso Sostenible de la Diversidad Biológica en la Región Loreto (PROCREL), cuyas áreas de conservación regionales formalmente establecidas ya protegen un 2.3% del departamento (Fig. 13).

Estas buenas noticias, sin embargo, llegan en un momento en que las amenazas a la región están en auge. Las tasas de destrucción de hábitat relacionada a la minería de oro, la construcción de carreteras, la prospección de hidrocarburos y la tala ilegal son cuantitativamente más altas hoy que en 2003 (Killeen 2007, Oliveira et al. 2007, Finer et al. 2008, Asner et al. 2010, Finer y Orta-Martínez 2010), y los grandes proyectos de infraestructura amenazan con aumentar la presión sobre los bosques amazónicos del Perú en el corto y mediano plazo (Dourojeanni et al. 2009).

Los parques no resolverán estos problemas por sí mismos, pero una red sólida y representativa de áreas naturales protegidas sigue siendo una parte crucial de la solución. Además de asegurar la protección a largo plazo de la flora y fauna hiperdiversa del norte del Perú, las dos áreas protegidas propuestas para la región Yaguas-Cotuhé aumentarán la proporción protegida de bosques loretanos al 21.7% y la de los bosques amazónicos del Perú al 23.7%.

Conservación en Yaguas-Cotuhé

Paisajes, Cuencas y Stocks de Carbono

- Un corredor biológico continuo de bosques transfronterizos que facilita el flujo genético en la cuenca del río Putumayo, desde el PNN Amacayacu (Colombia) en el este hasta la Zona Reservada Güeppí (Perú) y la Reserva de Producción Faunística Cuyabeno (Ecuador) en el oeste

- Geología altamente variada resultando en un mosaico de suelos ricos y pobres, así como un amplio gradiente químico en los cuerpos de agua

- Alta diversidad de hábitats representativos del interfluvio Napo-Amazonas-Putumayo, los cuales actualmente carecen de protección estricta en el Perú

- La cuenca entera del río Yaguas con todos sus hábitats característicos, incluyendo cabeceras, zonas inundables, cochas grandes y sitios de reproducción de especies de peces locales y migratorias

- Bosques intactos en las cabeceras de los ríos Yaguas y Cotuhé que regulan los ciclos hidrológicos en las dos cuencas y que las protegen contra procesos erosivos

- Terrazas de tierra firme en las cabeceras del río Yaguas—con suelos antiguos, frágiles y especialmente pobres en nutrientes—formadas en el pleistoceno inferior, hace dos millones de años

- Quebradas con fondos predominantemente de grava y arena, atípicas para la Amazonía peruana tan distante de los Andes

- Stock de carbono subterráneo potencialmente enorme en los pantanos que acumulan turba (turberas)

- Gran stock de carbono en los árboles y hojarasca, típico de un bosque tropical en buenas condiciones

Especies nuevas para la ciencia

- Plantas: diez especies en los géneros *Aphelandra* (Acanthaceae), *Calathea* (Marantaceae), *Calyptranthes* (Myrtaceae), *Carpotroche* (Achariaceae), *Cyclanthus* (Cyclanthaceae), *Eugenia* (Myrtaceae), *Mayna* (Achariaceae), *Palmorchis* (Orchidaceae) y *Pausandra* (Euphorbiaceae)

- Peces: siete especies de los géneros *Ituglanis*, *Centromochlus*, *Mastiglanis*, *Batrochoglanis*, *Ancistrus*, *Characidium* y *Synbranchus*

- Anfibios: dos especies en los géneros *Osteocephalus* y *Pristimantis*, encontradas en la parte central de la propuesta área de conservación de protección estricta

- Aves: una especie en el género *Herpsilochmus*, descubierta anteriormente en las áreas adyacentes (las terrazas antiguas en Maijuna y los ríos Apayacu y Ampiyacu) pero aún no descrita

Especies de rango restringido

- Aves: cuatro especies restringidas a suelos pobres en terrazas altas, ocho especies endémicas del noroeste amazónico y 25 especies limitadas en el Perú al norte del río Amazonas

- Mamíferos: *Saguinus nigricollis*, un primate que en el Perú sólo ocurre en el interfluvio Napo-Amazonas-Putumayo y que actualmente no se encuentra en alguna área de protección estricta peruana

- Diecisiete especies aparentemente nuevas para la ciencia (ver arriba), muchas de las cuales probablemente tienen rangos geográficos restringidos

Registros nuevos para el Perú

- Plantas: siete nuevos registros para la flora peruana, incluyendo hierbas, palmeras y árboles de dosel; este número probablemente se incrementará con una revisión más profunda de las colecciones

- Peces: 11 especies previamente conocidas sólo en Brasil, Colombia y Venezuela

- Reptiles: *Atractus gaigeae*, una serpiente sólo conocida de Ecuador hasta ahora

Especies amenazadas según la UICN o el gobierno peruano

- Árboles: cedro (*Cedrela odorata*, VU), quinilla (*Manilkara bidentata*, VU) y cashimbo caspi (*Couratari guianensis*, VU)

- Otras plantas: poblaciones saludables de las especies ornamentales *Zamia ulei* y *Z.* aff. *hymenophyllidia* (Zamiaceae; CITES Apéndice II)

- Peces: *Paratrygon aiereba* y *Potamotrygon* spp., rayas de la familia Potamotrygonidae clasificadas como amenazadas por la UICN, y paiche (*Arapaima gigas*, CITES Apéndice II)

- Reptiles: tortuga motelo (*Chelonoidis denticulata*, VU) y caimán negro (*Melanosuchus niger*, VU)

- Aves: Guacamayo Rojo y Verde (*Ara chloropterus*, VU), Guacamayo Escarlata (*Ara macao*, VU) y Paujil de Salvin (*Mitu salvini*, VU)

- Mamíferos: lobo de río (*Pteronura brasiliensis*, EN), ocelote (*Leopardus pardalis*, VU), tigrillo pequeño (*Leopardus tigrinus*, VU), carachupa mama (*Priodontes maximus*, VU), oso hormiguero grande (*Myrmecophaga tridactyla*, VU), mono choro (*Lagothrix lagotricha*, VU), sachavaca (*Tapirus terrestris*, VU), tocón negro (*Callicebus torquatus*, VU) y bufeo rosado (*Inia geoffrensis*, VU)

Flora y Fauna de Uso

- Poblaciones saludables de especies maderables importantes como tornillo (*Cedrelinga cateniformis*), marupá (*Simarouba amara*), catahua (*Hura crepitans*), pashaca (*Parkia nitida*), lupuna (*Ceiba pentandra*), machimango (*Eschweilera* spp.), charapillo (*Hymenaea oblongifolia*), azúcar huayo (*Hymenaea courbaril*), leche huayo (*Lacmellea peruviana*), quinilla (*Manilkara bidentata*) y polvillo (*Qualea* spp.)

- Poblaciones reducidas de especies maderables importantes como el cedro (*Cedrela odorata*) que podrían ser recuperadas con manejo adecuado

- Poblaciones saludables de otras plantas útiles incluyendo irapay (*Lepidocaryum tenue*), shapaja (*Attalea insignis*) y ungurahui (*Oenocarpus bataua*), especialmente bien conservadas en las colinas medias de la zona

- Reptiles y anfibios utilizados como alimento o con fines comerciales por parte de las comunidades nativas aledañas, incluyendo caimán blanco (*Caiman crocodilus*), hualo (*Leptodactylus pentadactylus*), tortuga motelo (*Chelonoidis denticulata*) y caimán de frente lisa (*Paleosuchus trigonatus*)

- Poblaciones saludables de otros animales de pesca y caza, incluyendo por lo menos 67 especies de peces que tienen importancia en las pesquerías comercial y ornamental

- Poblaciones saludables de peces ornamentales (con la excepción de arahuana, *Osteoglossum bicirrhosum*)

Flora y Vegetación

- Bosques intactos y poco alterados en la mayor parte de las cuencas de los ríos Yaguas y Cotuhé

- Cientos de especies de plantas características del interfluvio Napo-Amazonas-Putumayo que carecen de protección estricta en el Perú

- Una comunidad de plantas distintiva en las terrazas de edad pleistocena inferior de las cabeceras del río Yaguas

- Bosques enanos (chamizales) y una tremenda variedad de vegetación creciendo en las turberas (depósitos de turba) de la planicie inundable del río Yaguas

- Flora característica asociada con cochas y quebradas en la parte baja del río Yaguas

- Especies raras, amenazadas, de uso comercial y nuevas para la ciencia (ver arriba)

Peces

- Dos de las especies comerciales más importantes para los habitantes del río Putumayo que presentan un alto grado de amenaza: arahuana (*Osteoglossum bicirrhosum*), la principal especie ornamental en el Perú, y paiche (*Arapaima gigas*), especie de consumo masivo

- Doncella (*Pseudoplatystoma punctifer*) y manitoa (*Brachyplatystoma vaillantii*), especies migratorias de alto valor comercial

- Pequeñas quebradas que albergan una fauna característica de estos ambientes (como los peces de los géneros *Hemigrammus*, *Knodus* y *Rivulus*, y especies de interés ornamental)

- Especies de interés ornamental en los géneros *Gymnotus*, *Ancistrus*, *Apistogramma*, *Bujurquina* y *Corydoras*

- Especies raras, amenazadas y nuevas para la ciencia (ver arriba)

Anfibios y Reptiles

- Una especie de rana de hábito subterráneo del género *Synapturanus* asociada al microhábitat de turberas

- Una fauna de serpientes muy rica, la mayoría de ellas especies no venenosas, que por precaución o por desconocimiento son sacrificadas por los habitantes de la región

- Especies raras, amenazadas, de uso comercial y nuevas para la ciencia (ver arriba)

Aves

- Poblaciones saludables de especies de caza, especialmente el Paujil de Salvin (*Mitu salvini*) y el Paujil Común (*Mitu tuberosum*)

- Poblaciones saludables de guacamayos grandes

- Un pequeño grupo de especies de aves restringidas a suelos pobres

- Especies raras, amenazadas y nuevas para la ciencia (ver arriba)

Mamíferos Grandes y Medianos, y Murciélagos

- Especies casi amenazadas como la huangana (*Tayassu pecari*) y el jaguar (*Panthera onca*), así como otros felinos cuyas poblaciones muestran tendencia a decrecer en muchas partes de su distribución, como puma (*Puma concolor*) y ocelote (*Leopardus pardalis*)

- Especies de caza que en muchos lugares tienen poblaciones decrecientes, como mono coto (*Alouatta seniculus*), machín negro (*Cebus apella*) y machín blanco (*Cebus albifrons*), así como especies cuyo estado es desconocido, como mono huapo (*Pithecia monachus*)

- Comunidades diversas y complejas de murciélagos que cumplen una función importante como dispersores de semillas (los frugívoros) o como controladores de insectos (insectívoros), y por lo tanto contribuyen a mantener la estructura de los bosques y el equilibrio de las poblaciones

- Especies raras, amenazadas y de uso comercial (ver arriba)

Culturales

- Relaciones de parentesco y vecindad que fortalecen las raíces culturales y la identidad como grupo, así como la reciprocidad, equidad y solidaridad social en las comunidades

- Transmisión de conocimientos de técnicas de manejo y uso de los recursos naturales (bosque, agua y cultura) de generación a generación

- Técnicas de manejo tradicional compatibles con la conservación, como chacras y huertos familiares diversificados y rotación de bosque secundario

- Amplio conocimiento y uso de plantas del bosque con fines alimenticios y medicinales y para la construcción de viviendas

- Profundo conocimiento de los ecosistemas acuáticos (cochas, quebradas y ríos) y sus recursos

01 **Una percepción de abundancia inagotable de los recursos naturales** y la falta de una visión sobre su uso sostenible a largo plazo, las cuales están asociadas con:

- Prácticas insostenibles de extracción de ciertos recursos (relacionado al mercado)

- Algunas reacciones negativas a propuestas de manejo o conservación que no permiten la libre explotación de los recursos

- Desconocimiento y desconfianza frente al sistema formal de conservación en el Perú

02 **El uso libre y descontrolado de los recursos naturales, tanto en la pesquería como en la caza y la tala de madera y otras actividades extractivas,** lo cual genera:

- Concentración de riqueza en grupos minoritarios e influyentes (especialmente los que poseen mayor capacidad de extracción, p. ej., los patrones)

- Conflictos entre comunidades

- Alta tolerancia de actividades ilegales

03 **La ubicación del área en una zona fronteriza poco poblada y de difícil acceso,** donde:

- La presencia institucional del Estado puede ser escasa o débil, especialmente en cuanto al manejo de recursos naturales y la fiscalización de reglamentos ambientales

- Las autoridades peruanas y colombianas manejan normas diferentes y en varios casos incompatibles, lo cual genera confusión entre pobladores y dificultades en el control

- Las oportunidades de trabajo son escasas y las actividades ilegales como el narcotráfico y el contrabando de recursos naturales suelen ser comunes

- El combustible y los bienes comerciales son escasos y caros

04 **Una historia de sobreexplotación de animales de caza y árboles maderables en las cuencas adyacentes a la del río Yaguas,** especialmente en su larga frontera sur, incluyendo concesiones forestales en los ríos Atacuari, Shishita y Ampiyacu

05 **Una larga y continua historia de migración y pérdida de identidad cultural,** la cual provoca:

- Vínculos débiles entre pobladores recientes y su lugar
- Falta de conocimiento de los aspectos socioculturales de la región

06 **Posibles lotes petroleros u otros grandes proyectos de extracción o infraestructura (posible carretera y canales) a establecerse en el futuro.** Según los geólogos la presencia de petróleo u oro es poco probable en la región, pero los rumores sobre oro podrían desatar una inmigración desordenada hacia la región y el uso de mercurio en la cuenca.

07 **La falta de saneamiento en partes de la región,** incluyendo pedidos de titulación pendientes de algunas comunidades, la superposición del Predio Putumayo con las comunidades nativas y partes importantes de la cuenca del río Yaguas, y la presencia de una concesión de conservación en gran parte de la cuenca del río Cotuhé que necesitaría protección estricta

08 **Formas de patronazgo (de enganche y endeude) relacionadas con la economía extractivista** que causan impactos negativos en las poblaciones locales como desplazamiento, desvinculación de su lugar de origen, desigualdad social y recientemente conflictos entre comunidades por el acceso a los recursos naturales

Culturales

01 Interés antiguo de conservar la región Yaguas-Cotuhé como un complejo de cuencas enteras

- Interés cultural local de conservar la sacha mama

- Área priorizada en el Plan Director del 1993 y en el Plan Director del 2009

- Propuesta antigua de un parque binacional (PEDICP/INADE)

02 Dinamismo para organizarse e iniciativas de manejo de recursos en las comunidades nativas de la región

- Reciente creación de la Federación de Comunidades Indígenas del Bajo Putumayo (FECOIBAP)

- Varias comunidades que cuidan de sus cochas y otros recursos naturales a través de comités de pesca, planes de manejo pesquero para paiche y arahuana, y otros mecanismos

03 Conocimiento local del bosque y de los ecosistemas acuáticos, y el uso cultural de varias especies nativas

03 Prácticas locales de manejo de cultivos

Biológicas

05 Comunidades biológicas intactas y extremadamente diversas

- Una comunidad de plantas leñosas que se ubica entre las más diversas de la Amazonía

- Probablemente la región más diversa en peces en todo el Perú, con una ictiofauna estimada en más de 550 especies

- Una fauna de anfibios y reptiles que figura entre las más diversas a nivel mundial

- Una avifauna estimada en 500 especies, entre las más diversas del mundo

- Una fauna de mamíferos en buen estado, entre las más diversas de la Amazonía

Regionales

06 **La presencia actual y la larga historia del Instituto del Bien Común (IBC) y del Proyecto Especial Binacional de Desarrollo Integral de la Cuenca del Río Putumayo (PEDICP) en la región** y los conocimientos de estas organizaciones para la implementación efectiva de iniciativas de conservación y calidad de vida, así como posibles alianzas binacionales con instituciones similares colombianas

07 **Ausencia actual de lotes petroleros y mineros, e indicaciones geológicas de que no existe petróleo u oro en el área**

08 **Iniciativas para compatibilizar normas entre el Perú y Colombia a través de las cancillerías**

   ▪ Mesas de trabajo activas en la actualidad con una larga agenda para tratar el manejo y comercio de recursos naturales, aspectos sociales y otros temas

09 **Los límites naturales del área de interés para la conservación corresponden a cuencas hidrográficas,** lo cual facilitaría el manejo de eventuales áreas protegidas

10 **Ordenanza regional para proteger las cabeceras de cuencas (020-2009-GRL-CR)**

Protección y manejo

01 **Establecer un área de protección estricta que abarca la mayor parte de las cuencas de los ríos Yaguas y Cotuhé (Fig. 2A)** e incluye muestras representativas de los principales hábitats naturales de la región. Nuestro inventario apunta a una protección estricta a nivel nacional, ya que el área:

- Viene siendo señalada por el Estado peruano como área prioritaria para la conservación desde los años 1990 (Plan Director 1993, 2009) y figura en planes aún más antiguos de protección transfronteriza (INADE/PEDICP);

- Contiene formaciones raras y hábitats diversos, incluyendo terrazas pleistocenas y bosques enanos (chamizales) creciendo en turberas;

- Alberga una diversidad excepcional de peces, incluyendo por lo menos siete especies nuevas para la ciencia;

- Abriga una diversidad extremadamente alta de plantas, anfibios, reptiles, aves y mamíferos grandes, incluyendo un número considerable de especies aparentemente endémicas a esta región de la Amazonía;

- Es suficientemente grande para asegurar la supervivencia a largo plazo de miles de especies características del interfluvio Napo-Amazonas-Putumayo que todavía no figuran en un área de protección estricta en el Perú;

- Sirve como fuente de especies usadas por las comunidades y áreas de uso sostenible aledañas (p. ej., árboles maderables, animales de pesca y caza);

- Históricamente ha sido considerado como un lugar sagrado (la 'sacha mama') por grupos indígenas en las comunidades vecinas;

- Actualmente no tiene poblaciones asentadas, lotes petroleros o mineros, o proyectos de infraestructura; y

- No contiene petróleo u oro, según estudios y mapas geológicos de la región.

02 **Establecer un área de conservación con uso bajo manejo—a nivel regional o nacional—en la cuenca baja del río Yaguas, adyacente al área de protección estricta (Fig. 2A),** donde las comunidades vecinas tienen una larga historia de usar los recursos naturales. El éxito de esta área dependerá en gran parte de:

- La participación integral de las comunidades vecinas en el manejo del área (ver abajo);

- Planes adaptativos de manejo para la extracción de recursos naturales;

- Una colaboración estrecha entre comunidades locales y el área protegida para implementar un programa de recuperación de las cochas grandes del bajo río Yaguas, donde algunas especies de peces económicamente importantes ya han sido sobreexplotadas (p. ej., arahuana y paiche); y

- Una zonificación minuciosa que proporcione protección especial a los hábitats y especies vulnerables del área, como los depósitos de turba, monos y lobos del río.

03 **Manejar ambas áreas de conservación de forma integrada e involucrar a las comunidades locales estrechamente en el manejo y control de las áreas,** a través de mecanismos como:

- La capacitación de moradores en el manejo de recursos naturales, buscando replicar modelos exitosos en algunas comunidades del bajo Putumayo (p. ej., Porvenir y Primavera) y en otras partes de Loreto (p. ej., el Área de Conservación Regional Ampiyacu-Apayacu y el ACR Tamshiyacu-Tahuayo);

- La priorización de actividades de manejo y control en áreas críticas estratégicas y puntos de entrada (p. ej., la comunidad Santa Rosa de Cauchillo en la boca del río Yaguas);

- El mapeo participativo de recursos naturales (ya realizado por IBC con las comunidades) y el mapeo socio-cultural de las comunidades vecinas, como insumos importantes para informar la zonificación, implementación y manejo de las dos áreas propuestas; y

- Un respaldo de las organizaciones estatales, regionales y no-gubernamentales, y de la cooperación internacional.

04 **Manejar las dos áreas propuestas de manera integrada con las áreas adyacentes de conservación al oeste (el ACR Ampiyacu-Apayacu y la propuesta ACR Maijuna),** formando y fortaleciendo así un amplio complejo de áreas de conservación manejadas en colaboración con comunidades indígenas en la región norte de Loreto (Fig. 2B).

05 **Identificar oportunidades prácticas de cooperación transfronteriza entre las áreas propuestas en el lado peruano del río Cotuhé y el Parque Nacional Natural Amacayacu en el lado colombiano.** Esto se puede hacer a través de iniciativas binacionales existentes (p. ej., el Plan Colombo-Peruano para el Desarrollo Integral de la Cuenca del Río Putumayo, la Mesa de Trabajo Binacional y las respectivas cancillerías) con la meta de desarrollar una visión binacional de las áreas de conservación y estrategias para implementarlas.

06 **Concluir el saneamiento legal del paisaje en las cuencas de los ríos Yaguas, Cotuhé, y bajo Putumayo,** dándose prioridad a:

- Los límites y la titulación de las comunidades con pedidos pendientes;

- Una superposición del Predio Putumayo con varias comunidades indígenas y áreas de conservación propuestas en la región; y

- Una superposición entre el área propuesta de protección estricta y una concesión para la conservación existente en la cuenca del río Cotuhé.

07 **Empoderar y responsabilizar a las comunidades como cuidadoras del área,** usando estrategias como:

- Fortalecer las organizaciones ya existentes mediante una clara definición de sus roles y potencialidades relacionados con la conservación de los recursos naturales y la calidad de vida en las comunidades;

- Involucrar a las federaciones nativas de la zona y en particular a la FECOIBAP como bases organizativas que pueden gestionar juntas las propuestas áreas protegidas;

- Reflexionar y construir con los pobladores locales una visión de conservación y uso de los recursos a largo plazo, trabajando con las fortalezas sociales y culturales de las comunidades;

- Buscar formas con los pobladores y autoridades locales para reemplazar la economía 'boom' con oportunidades económicas estables que proporcionan una vida digna;

- Elaborar materiales nuevos basados en el mapeo participativo para expresar una visión a largo plazo, ilustrar conceptos de conservación, y combatir rumores y percepciones erróneas en la región (p. ej., la supuesta existencia de oro, la idea que los lobos del río son una amenaza para la pesca); y

- Elaborar materiales didácticos para los estudiantes locales sobre temas específicos de conservación y manejo de recursos naturales a largo plazo, promoviendo la participación de los mayores y adultos en la transmisión de conocimientos locales.

08 **Desarrollar una colaboración eficiente entre las fuerzas armadas peruanas fronterizas y las autoridades peruanas responsables por la fiscalización del uso de recursos naturales,** consultando como modelos experiencias exitosas en Colombia.

09 **Implementar la prohibición de exploraciones mineras en la región.**

Monitoreo participativo y comunicación	01 **Involucrar a las poblaciones locales en la recuperación y monitoreo de la fauna en las cochas grandes del bajo río Yaguas.** 02 **Involucrar a las poblaciones locales en el desarrollo e implementación de planes de monitoreo para especies vulnerables de uso comercial** (p. ej., cedro, arahuana, paiche), así como para especies comúnmente utilizadas (p. ej., charapa, taricaya, motelo, animales de caza). 03 **Involucrar a las poblaciones locales en el desarrollo e implementación de planes de control y aprovechamiento sostenible** de los recursos madereros, pesqueros y de caza de la zona, con el fin de reducir la extracción ilegal o insostenible. 04 **Difundir y concientizar a todos los niveles (local, regional, nacional) los estudios geológicos que demuestran que no hay petróleo ni oro en la región.**

Investigación	01	**Mapear la distribución geográfica de los suelos en estas cuencas,** ya que la heterogeneidad edáfica entre suelos ricos y pobres determina en gran parte la distribución de plantas y animales en la zona.
	02	**Estudiar con mayor detalle los bosques asociados con turberas** y pantanos ombrotróficos para entender aspectos relacionados con su origen, estabilidad y dinámica de nutrientes.
	03	**Cuantificar el stock de carbono y las tazas de acumulación de carbono en los depósitos de turba en la cuenca del río Yaguas,** y determinar la extensión de las turberas en la región.
	04	**Estudiar más detalladamente la flora y fauna de las terrazas altas en las antiguas planicies pleistocenas** que ocupan las cabeceras norteñas del río Yaguas.
	05	**Llevar a cabo un inventario social en la comunidad de Buenos Aires,** ubicada en el punto donde el río Cotuhé atraviesa la frontera Perú-Colombia, en colaboración con científicos sociales colombianos y organizaciones indígenas de la región.
	06	**Consultar los movimientos históricos de los Yagua y otros grupos indígenas en estas cuencas.**
Inventarios adicionales	01	**Organizar una expedición binacional al río Cotuhé,** en la cual expertos peruanos y colombianos puedan estudiar su geología, plantas y animales. La cuenca alta, la zona fronteriza y la franja entre la frontera y el PNN Amacayacu son prioridades especialmente altas para inventarios adicionales. Otra región que merece una expedición binacional es el bajo Putumayo, cuyas islas y bosques en ambos lados de la frontera han sido muy poco estudiados por los científicos. Un buen primer paso hacia estas expediciones sería un taller binacional en Iquitos, Tarapacá o Leticia que reúna los varios científicos peruanos y colombianos quienes han trabajado en estas cuencas con representantes de las comunidades indígenas.
	02	**Enfocar inventarios biológicos adicionales en los grupos taxonómicos que no pudimos muestrear** de manera representativa (p. ej., los árboles grandes, mamíferos pequeños e invertebrados), en los hábitats y microhábitats poco estudiados hasta la fecha (p. ej., pantanos con vegetación tipo sabana, el canal central del cauce del río Yaguas, los canales subterráneos), y en otras épocas del año (enero-julio).
	03	**Mapear los stocks de carbono a través de Loreto,** para así optimizar el valor de los bosques y áreas protegidas del departamento en un eventual mercado de carbono. Un estudio reciente elaboró un mapa de los stocks de carbono actuales e históricos en 4.3 millones de ha en el departamento de Madre de Dios, Perú (Asner et al. 2010).

Informe Técnico

PANORAMA REGIONAL Y SITIOS VISITADOS

Autor: Nigel Pitman

PANORAMA REGIONAL

En el extremo norte del Perú y en el corazón de la Amazonía occidental yace una vasta extensión de bosque amazónico (7 millones de ha) limitada al norte por el río Putumayo y al sur por los ríos Napo y Amazonas. Más del 90% de este paisaje está recubierto por bosque de dosel cerrado creciendo en colinas y terrazas bajas, las cuales son drenadas hacia el norte y sur por cientos de arroyos y ríos. El mayor de ellos es el río Yaguas, que constituye el tributario peruano más oriental del río Putumayo y una prioridad para la conservación peruana desde por lo menos 1994 (Rodríguez y Young 2000). Junto al río Cotuhé al sur, este remoto, majestuoso y poco explorado río fue el punto focal de nuestro inventario rápido (Figs. 1–2).

La cuenca del río Yaguas mide 1,086,300 ha, casi igual que la del río Manu en el sudeste del Perú. En contraste al Manu, el cual drena las estribaciones orientales de los Andes hasta elevaciones de 3,800 m, la cuenca entera del río Yaguas se encuentra en la selva baja. La elevación más alta es apenas 190 m sobre el nivel del mar, mientras que el punto más bajo es de aproximadamente 65 m. Tan pequeña es esta gradiente y tan grande el valle del Yaguas que desde el aire la primera impresión es la de un paisaje plano que se extiende hasta el horizonte.

La boca del río Yaguas—el punto más nororiental del Perú—se ubica aproximadamente 390 km al este-noreste de Iquitos, casi la misma distancia entre Lima y Pucallpa. Debido a la ausencia de caminos entre Iquitos y el valle del Yaguas, y debido al hecho de que los dos lugares se ubican en afluentes amazónicos diferentes, trasladarse de uno al otro requiere de un viaje en barco que demora 14 días (ver el capítulo Comunidades Humanas Visitadas).

Pero si la cuenca del río Yaguas es remota, la cuenca adyacente al sur es más remota aún. El río Cotuhé nace en las mismas colinas bajas que el río Yaguas, pero a la mitad de su trayectoria hacia el Putumayo sale del Perú y entra al territorio colombiano. (La cuenca entera del Cotuhé mide 637,045 ha, pero sólo el 45% de esa extensión se encuentra en el Perú.) Esto hace del Cotuhé uno de los tres grandes ríos peruanos que son prácticamente inaccesibles desde el resto del territorio peruano, excepto por vía aerea. A diferencia del Cotuhé, los otros dos ríos de este tipo—el Alto Purús y el Yuruá en el sur del Perú—cuentan con comunidades peruanas y pistas de aterrizaje activas. Ya que no existe alguna comunidad, base militar ni algún otro tipo de presencia peruana, la porción peruana del río Cotuhé ha sido por años tierra de nadie, visitada a veces por los habitantes de las comunidades colombianas entre Buenos Aires y Tarapacá. Desde 2008 existe en la cuenca del río Cotuhé una enorme concesión para la conservación recientemente establecida y aún desocupada (ver abajo; Monteferri y Coll 2009).

Geología y topografía

La geología, suelos y cuerpos de agua de esta región son descritos en detalle en el capítulo Procesos Paisajísticos (ver también el Apéndice 1). En esta sección se menciona apenas una reseña de la geología regional. Al oeste de las cuencas de los ríos Yaguas y Cotuhé, la mayoría de los suelos parecen ser derivados de sedimentos con pocos nutrientes, depositados desde hace 2.35 y 5.7 millones de años (las formaciones Nauta 1 y 2). Al este y al sur, aparecen afloramientos de varios tamaños de sedimentos más antiguos y más ricos en nutrientes, depositados hace más de ocho millones de años (la Formación Pebas), y los suelos en algunas de esas áreas parecen ser tan ricos como los encontrados al pie de la cordillera andina (p. ej., Barreto Silva et al. 2010). Hace falta mucho más trabajo de campo para determinar cuál de estos dos paisajes edáficos es dominante en las cuencas de los ríos Yaguas y Cotuhé. Mientras tanto, nuestra impresión es que la región se ubica en una zona de transición caracterizada por un mosaico complejo de suelos de diferentes fertilidades. Entre otras cosas, una posible predominancia de suelos más fértiles derivados de la Formación Pebas en la cuenca del río Yaguas podría explicar porque los arroyos de aguas negras son raros o están ausentes allí, y porque su cuenca baja no posee la extensa vegetación de aguas negras presente en el bajo río Algodón, el próximo gran tributario del Putumayo al oeste (Pitman et al. 2004).

El terreno más alto en el paisaje Yaguas-Cotuhé corresponde a un complejo de terrazas en las cabeceras norteñas del río Yaguas. Estas terrazas son probablemente los últimos vestigios de una vasta planicie aluvial depositada en el Pleistoceno inferior (hace aproximadamente 2 millones de años), la cual desde entonces ha sido erosionada hasta formar el paisaje moderno de colinas y valles (ver el capítulo Procesos Paisajísticos). Hoy estas terrazas altas forman la divisoria entre las cuencas de los ríos Yaguas y Algodón y presentan la mayor elevación (aproximadamente 190 m) de todo el interfluvio Putumayo-Amazonas al este de la propuesta Área de Conservación Regional Maijuna (Fig. 2C). Este complejo de terrazas tuvo una prioridad especialmente alta para el inventario de 2010, ya que algunos de los bosques más interesantes visitados durante el inventario del territorio Maijuna en 2009 crecían en terrazas de suelos pobres de una elevación similar a aproximadamente 150 km al oeste de las terrazas de Yaguas (Gilmore et al. 2010). Las terrazas en Yaguas y Maijuna bien podrían ser vestigios de la misma planicie aluvial antigua (ver el capítulo Procesos Paisajísticos), lo cual hace posible que estas pequeñas terrazas esparcidas en el interfluvio Putumayo-Napo-Amazonas pudieran constituir un archipiélago de hábitat de suelos pobres para varias especies de plantas y animales que son raras en otros sectores del paisaje.

Clima regional y la sequía de 2010

Mientras no existan datos meteorológicos de las cuencas estudiadas, no encontramos razón para creer que su clima sea muy diferente al documentado en las estaciones circundantes de Iquitos, Pebas y Tarapacá. El clima regional es lluvioso, cálido y no estacional; el promedio anual de precipitación supera los 3,000 m y los promedios mensuales superan los 100 mm. La temperatura fluctúa entre máximos promedio de 30–33°C y mínimos promedio de 20–23°C, y el promedio anual está ligeramente por encima de 25°C (INADE y PEDICP 2002; Marengo 1998).

Nuestro trabajo de campo (15–31 de octubre de 2010) coincidió con una sequía prolongada durante un año especialmente seco en varias regiones de la Amazonía. Octubre no suele ser un mes seco en el norte del Perú (Marengo 1998), pero durante las dos semanas que pasamos en el campo experimentamos 12 días sin lluvia y apenas un aguacero fuerte. Los niveles de los ríos fueron extremadamente bajos, muchos arroyos en la tierra firme se encontraban estancados, y el agua del tributario del río Yaguas en el campamento Cachimbo estaba tan caliente que era casi desagradable tomar un baño. Durante el mismo período el tiempo en Iquitos también fue muy cálido y seco. En octubre de 2010 la ciudad recibió menos de la mitad de la lluvia típicamente esperada para ese mes (132 vs. 270 mm) y registró un promedio de temperatura máxima diaria 3°C más alto que el promedio histórico (34 vs. 31°C; Marengo 1998, Servicio Nacional de Meteorología e Hidrología, datos no publicados).

Períodos secos así no son raros en la Amazonía peruana, donde a veces llevan el nombre de 'veranillos' (Marengo 1998), pero éste fue claramente un fenómeno más continental que regional. Mientras estábamos en el campo, el canal principal del río Amazonas alcanzó su nivel más bajo en la historia tanto en Tabatinga (28 años de registros) como en Manaos (108 años). En Manaos, el nivel del río llegó a caer hasta <10 m sobre el nivel del mar (R. H. Meade, com. pers.). De igual forma, el nivel más alto alcanzado por el río Amazonas en Iquitos en octubre de 2010 fue menor que cualquier otro máximo desde por lo menos 1968 (Servicio Nacional de Meteorología e Hidrología, datos no publicados). Estos datos indican que la precipitación había sido inusualmente escasa en grandes áreas de la Amazonía occidental (y probablemente en la región Yaguas-Cotuhé) por varios meses anteriores, y sugieren que el año 2010 será recordado junto con el año 2005 como una sequía excepcionalmente fuerte en toda la cuenca amazónica (Marengo et al. 2008, Lewis et al. 2011).

El hecho de que dos años excepcionalmente secos hayan ocurrido en un período de seis años aumenta las preocupaciones sobre los impactos a largo plazo del aumento de temperaturas globales en el clima y la biodiversidad de la Amazonía en general (Malhi et al. 2008) y de Loreto en especial. Por ejemplo, en octubre de 2010 se registró por primera vez en la región de Iquitos un incendio forestal que escapó de un campo agrícola y destruyó un área significativa de bosque intacto adyacente (J. Álvarez, com. pers.). Si bien esto es un acontecimiento común en las regiones de la Amazonía que poseen una marcada época seca (Nepstad 2007), representa una amenaza nueva para los bosques no-estacionales de Loreto, los cuales antes habían sido

considerados demasiado húmedos para incendiarse, incluso durante sequías fuertes.

Comunidades humanas

Afligidas desde hace más de un siglo por migraciones forzadas, guerra y otros abusos, las poblaciones humanas de la región son todavía pequeñas (ver el capítulo Comunidades Humanas Visitadas; INADE y PEDICP 2002, Chirif y Cornejo Chaparro 2009). Las 13 comunidades indígenas ubicadas en la cuenca baja del río Putumayo (11 comunidades en el río Putumayo y dos en la boca del río Yaguas; Fig. 2A) comprenden cinco grupos indígenas diferentes así como colonos y mestizos, y cuentan con una población total de apenas 1,100 habitantes. No existen otras comunidades en la porción peruana de la cuenca del río Cotuhé, por lo cual la densidad poblacional de estas cuencas y del bajo Putumayo es menos de una persona por 10 km² — baja incluso para la Amazonía. La deforestación alrededor de estas comunidades es muy reducida y la que existe está concentrada en áreas pequeñas cerca de las comunidades, donde los residentes practican agricultura a pequeña escala. Según un estudio reciente, la proporción de las cuencas de los ríos Yaguas y Cotuhé que se encuentra alterada por actividades humanas es menos de la mitad de uno por ciento (INADE y PEDICP 2002).

Contamos con muy poca información sobre la comunidad de Buenos Aires, un asentamiento colombiano en el río Cotuhé, ubicado justo en la frontera colombo-peruana, pero las imágenes satelitales y las fotos aéreas sugieren una población mucho menor a 1,000 habitantes. Buenos Aires forma parte del resguardo indígena Tikuna de los ríos Cotuhé y Putumayo que incluye una gran parte del trapecio amazónico de Colombia (242,227 ha) y que forma una franja muy delgada entre la frontera colombo-peruana al oeste y el Parque Nacional Natural Amacayacu al este.

Áreas de conservación

Las cuencas de los ríos Yaguas y Cotuhé están situadas cerca de tres áreas protegidas establecidas (Fig. 2B). Al oeste, la cuenca del río Yaguas es adyacente al Área de Conservación Regional Ampiyacu-Apayacu (433,099 ha; Perú), establecida por el gobierno regional de Loreto en

2007 y aprobada por el gobierno nacional en diciembre de 2010 (Álvarez et al. 2010). Apenas a 5 km al este del punto donde el Cotuhé atraviesa la frontera colombo-peruana se encuentra el Parque Nacional Natural Amacayacu (293,500 ha; Colombia), establecido en 1975. Tan corta es esta distancia que un complejo transfronterizo de áreas protegidas con manejo colaborativo entre los dos países ha sido un meta para los gobiernos del Perú y Colombia desde hace muchos años (IBC 2010). Asimismo, a pocos kilómetros al norte del punto donde el río Yaguas desemboca en el Putumayo se encuentra el límite sur del Parque Nacional Natural Río Puré (999,880 ha; Colombia), establecido en 2002. Si bien pudimos comparar nuestras observaciones en la región Yaguas-Cotuhé con los inventarios realizados en la región Ampiyacu-Apayacu (Pitman et al. 2004) y en el PNN Amacayacu (p. ej., Rudas y Prieto 2005, Peña et al. 2010, Cárdenas-López et al. [en prensa]), encontramos muy poca información sobre las comunidades biológicas del PNN Río Puré, un parque remoto y recien establecido. También existe un área protegida en la porción peruana de la cuenca del río Cotuhé. Establecida en 2008, la Concesión para Conservación Río Cotuhé es la más grande de las 17 concesiones para conservación establecidas hasta la fecha en el Perú. Las 224,633 ha de la concesión representan un 77% de la porción peruana de la cuenca (Monteferri y Coll 2009). Sin embargo, la concesión todavía no ha mostrado avances claros hacia la meta de consolidar una presencia peruana en el área, y existe muy poca información sobre los planos y actividades de la misma. Durante nuestro sobrevuelo de la concesión observamos algunas plantaciones ilegales activas; las imágenes satelitales sugieren que tal actividad no es rara en la porción peruana de la cuenca.

SITIOS VISITADOS POR EL EQUIPO SOCIAL

El equipo social visitó tres de las 13 comunidades nativas ubicadas a lo largo del límite norte de las áreas propuestas de conservación en la región llamada cuenca baja del río Putumayo (Fig. 2A). Santa Rosa de Cauchillo, poblada mayormente por los pueblos Tikuna y Yagua, se ubica cerca de la confluencia de los ríos Yaguas y Putumayo. La comunidad más grande, Huapapa (348 habitantes), está ubicada más arriba

de Santa Rosa en el río Putumayo y tiene una población importante de colonos mestizos. La comunidad de Puerto Franco, ubicada en la cuenca del río Putumayo, cerca al afluente menor del río Mutúm, es la comunidad ubicada más río arriba y conformada mayormente por miembros de la etnia Huitoto. Estas comunidades son descritas en detalle en el capítulo Comunidades Humanas Visitadas.

SITIOS VISITADOS POR EL EQUIPO BIOLÓGICO

Choro (15–20 de octubre de 2010; 02°36'38.2"S 71°29'08.7"O, 130–180 m)

Elegimos este sitio por su proximidad a un complejo de terrazas que abarca las elevaciones más altas en las cabeceras del río Yaguas (Figs. 2A–C). El sitio más cercano al que pudimos llegar en helicóptero fue un claro natural aproximadamente 11 km al sudeste del punto más alto del complejo de terrazas. Este claro, así como nuestro campamento ubicado en el mismo lugar, se encuentra aproximadamente 25 km al sur-sudoeste de la comunidad de Puerto Franco y aproximadamente 29 km al norte-noroeste del lugar visitado en la cuenca del río Yaguas durante el inventario de Ampiyacu-Apayacu-Yaguas-Medio Putumayo en 2003 (AAYMP, Pitman et al. 2004).

El equipo de avanzada estableció el campamento en una terraza baja en la ribera norte de la quebrada Lobo, un tributario de la quebrada Lupuna. Esta primera siguió un cauce de paredes verticales de aproximadamente 5 m de ancho y 3–4 m de profundidad. Ambos lados de la quebrada estaban rodeados por un bosque maduro de planicie inundable con manchas pequeñas e infrecuentes de pantanos mixtos de *Mauritia flexuosa*. La quebrada tenía muchos meandros activos y en muchos lugares de su planicie inundable habían antiguos cursos del río de aproximadamente 2 m de profundidad, los cuales se llenaban de agua antes de que la quebrada Lobo llegara a desbordar.

Esta quebrada se encontraba aproximadamente 3 m por debajo de su planicie inundable cuando llegamos, y subió unos 2.5 m después de una lluvia intensa. Aunque ese episodio indicó que la quebrada debe salir de su cauce con frecuencia en los períodos lluviosos, la composición de la vegetación riparia sugiere que esas inundaciones no son muy profundas ni duran más de unos días.

En el propio campamento encontramos dos elementos del paisaje muy interesantes y hasta cierto punto misteriosos. Uno fue el sector usado como helipuerto, donde originalmente había un claro natural de 0.25 ha dominado por hierbas (ver el capítulo Flora y Vegetación). No pudimos observar algo similar durante los sobrevuelos. El otro elemento interesante fue un pequeño hueco en el suelo, aproximadamente 1 m de profundidad y a más de 30 m de la quebrada Lobo, en el fondo del cual una corriente de abundante agua clara pasaba por lo que aparentemente era un túnel natural subterráneo (ver el capítulo Procesos Paisajísticos). Un hueco y túnel muy parecidos, pero sin agua, fueron encontrados en el campamento Cachimbo.

En el campamento Choro nuestro acceso a los bosques y quebradas aledaños fue a través de cuatro trochas que partieron del campamento en las direcciones cardinales, sumando 21.3 km. Una trocha se dirigió hacia el norte, cruzando una serie de lomas y terrazas hasta llegar a la terraza alta de edad pleistocena inferior, distinguida por una capa gruesa y esponjosa de raicillas. Aunque la elevación de esa terraza fue tan sólo 50 m más alta que la de nuestro campamento, la trocha de acceso fue tan accidentada que todas las subidas a lo largo de su trayecto sumaron más de 600 m verticales. Cerca de la base de las colinas más bajas se encontraba una *collpa* de mamíferos de aproximadamente 10 x 10 m.

Otras dos trochas salieron del campamento en los sentidos occidental y oriental, pasando por el bosque de planicie inundable a lo largo de la quebrada Lobo y luego visitando colinas y terrazas bajas y pequeños pantanos mixtos de *M. flexuosa* a ambos lados de la quebrada. La última trocha tuvo su inicio en los 1,500 m de la trocha oriental, dirigiéndose por 5.5 km al noreste hasta llegar a la terraza aluvial de la quebrada Lupuna. Esta trocha atravesó un paisaje de colinas bajas separadas por arroyos pequeños; el terreno y la vegetación dieron la impresión de que los suelos poseen una fertilidad intermedia.

La quebrada Lupuna es el mayor tributario de la orilla norte del Yaguas, naciendo justamente en las terrazas de edad pleistocena inferior cerca de nuestro campamento. Esto resulta en una gradiente relativamente alta para un río de la selva baja

(1.4 m/km). Como resultado, la quebrada Lupuna tiene características comúnmente asociadas con los ríos del piedemonte andino: un lecho firme y arenoso con abundantes piedrecillas redondas, pequeños rápidos en los tramos rectos, y aguas que estaban tan claras que los ictiólogos consiguieron hacer parte de su muestreo con máscara de buceo. En el lugar donde la visitamos, la quebrada Lupuna tenía aproximadamente 10 m de ancho y una profundidad que variaba desde los 25 cm (antes de la lluvia) hasta >1 m (después).

La planicie inundable de la quebrada Lupuna, una franja delgada, presentaba un contraste fuerte con el paisaje relativamente fértil bosque adentro. Los suelos eran pobres, la flora indicadora de baja fertilidad, y el lugar alfombrado con la misma capa esponjosa de raicillas observada en la terraza de edad pleistocena inferior. Esta similitud, tan sorprendente en el campo, resultó obvia después cuando recordamos que el material transportado por la quebrada y depositado en sus orillas proviene justamente de las terrazas antiguas.

Yaguas (3–9 de agosto de 2003; 2°51'53.5"S 71°24'54.1"O, 120–150 m)

Durante un inventario rápido de 2003 un equipo de The Field Museum estudió un sitio en la cuenca del río Yaguas, denominado el campamento Yaguas en el informe respectivo (Pitman et al. 2004). La descripción presentada aquí es una versión abreviada de la publicada en ese informe.

El campamento se ubicó en la parte alta de la cuenca del Yaguas, a unos cinco días de viaje en deslizador, río arriba, desde su confluencia con el Putumayo y 21 km en línea recta de la confluencia de la quebrada Lupuna con el Yaguas (Fig. 2A). Este campamento se encuentra a aproximadamente 29 km del campamento Choro en las cabeceras del Yaguas, pero la elevación es sólo unos 10 m más baja.

Ninguno de los guías locales que trabajaron con el equipo había estado en el área previamente. Ni en 2003 ni en 2010 se reportó algún tipo de uso en un mapeo del uso de los recursos naturales por parte de las comunidades locales (Pitman et al. 2004). El único indicio de actividad humana observado en 2003 fue la presencia de dos grandes árboles en la planicie inundable del Yaguas, los cuales habían sido tumbados y parcialmente cortados en planchas por lo menos 10 años antes.

Por un período de seis días el equipo exploró los bosques que rodeaban el campamento, establecido en una terraza baja en la orilla norte del río Yaguas. Al norte y al oeste del campamento un imponente bosque maduro cubría la amplia planicie inundable. Hacia el este se encontraba un antiguo canal ribereño, cubierto mayormente por vegetación baja y albergando una pequeña laguna de agua negra, aparentemente formada por las lluvias. Esta interesante laguna, demasiado pequeña como para aparecer en los mapas topográficos de la zona, resaltaba debido a que estaba a tan sólo 10 m de distancia del borde del río Yaguas pero su nivel de agua era por lo menos 10 m más alto que el nivel del río.

El canal ribereño del río Yaguas en este sitio medía aproximadamente 30 m de ancho (durante la visita el caudal era bajo y el río tenía aproximadamente 15 m de ancho), pero su planicie inundable era bastante amplia (Fig. 4D). Desde el campamento hacia las primeras colinas en tierras altas había que caminar 1.5 km, atravesando diques de contención de baja elevación, canales ribereños abandonados y pantanos, todos los cuales se inundan al incrementarse los niveles del río. Gran parte del bosque estudiado en este sitio estuvo influenciado de una u otra manera por el río, ya que el sistema de trochas recorría diferentes hábitats en la planicie inundable del Yaguas: las riberas escarpadas del río, un pantano mixto de *M. flexuosa*, una isla en medio de la corriente, y el lago de aguas negras.

Las tierras altas en este sitio estaban compuestas de colinas bajas ondulantes. Las colinas adyacentes a la planicie inundable del Yaguas bien pudieron haber sido viejas terrazas ribereñas, ya que se encontraban a tan sólo 10–20 m por encima de la planicie inundable y su suelo contenía un 60% de limo. A menos de 1 km más al interior, se levantaban colinas mucho más escarpadas.

Cachimbo (25–31 de octubre de 2010; 02°43'05.9"S 70°31'45.1"O, 70–100 m)

Este fue el único lugar que visitamos en la cuenca baja del río Yaguas. Nuestro campamento se encontraba ubicado a 44 km en línea recta de la boca del río y a unas tres horas de viaje en deslizador desde las comunidades

más cercanas en el Putumayo (Fig. 2A). Este campamento se encuentra aproximadamente 100 km distante de los otros dos lugares visitados en la cuenca del Yaguas (los campamentos Choro y Yaguas).

A esta altura, el río Yaguas mide aproximadamente 100 m de ancho en promedio, siendo comparable en tamaño al río Madre de Dios en el sur del Perú. El río sigue un curso sinuoso a través de una planicie inundable que mide 3–5 km de ancho y dentro de la cual las migraciones históricas del río han dejado varias cochas grandes. A pesar de ser un río dinámico con meandros activos, el Yaguas no tiene las grandes playas y bosques sucesionales asociados con el dinamismo fluvial observado en ríos como el Madre de Dios o el Ucayali. Al contrario, el Yaguas corre por un cauce de orillas arcillosas inclinadas, las cuales forman una 'V' distintiva cuando el nivel de agua está bajo.

El equipo de avanzada estableció el campamento en una franja delgada de planicie inundable entre el río Yaguas y un tributario de la orilla sur, la quebrada Cachimbo. Durante nuestra visita ambos ríos se encontraban unos 7–8 m por debajo de esta terraza, pero los rastros de inundaciones anteriores (i.e., sedimento aluvial en los troncos de los árboles) indicaban que la terraza probablemente llega a estar debajo de 2 m de agua en época de creciente. No existen datos históricos del nivel del río Yaguas, pero la presencia de especies de árboles típicas de bosques inundados en las terrazas más bajas de la planicie inundable (ver abajo) nos hace sospechar que las inundaciones aquí puedan durar varios meses, como es el caso de la cuenca del bajo Ucayali.

La quebrada Cachimbo parecía especialmente afectada por las condiciones secas. Cerca de su confluencia con el Yaguas, el ancho de la quebrada (5–7 m) contrastaba dramáticamente con el ancho de su cauce (>15 m). Un poco más arriba, donde la quebrada se dividía en varios subcauces y corría por un complejo de pequeñas islas, el agua había desparecido casi por completo. Fue posible caminar por largos trechos de estos cauces secos, entre pequeñas islas dominadas por árboles típicos de áreas estacionalmente inundadas (p. ej., *Macrolobium acaciifolium* y *Campsiandra angustifolia*).

La planicie inundable en esta zona era topográficamente compleja, tanto a escalas pequeñas como a escalas grandes. En algunas secciones bien drenadas de la planicie, el terreno se encontraba recubierto por montículos pequeños, los cuales aparentemente son generados por una corriente fuerte de agua que corre por esas zonas durante los períodos de inundación (ver el capítulo Procesos Paisajísticos). Caminar por este terreno era difícil, ya que con cada paso uno subía o bajaba un montículo. A escalas más amplias, los antiguos canales de la quebrada y las terrazas aluviales más antiguas aumentaron la variación topográfica. Ya que pequeñas variaciones en elevación dentro de las planicies inundables implican diferencias marcadas en la frecuencia y duración de las inundaciones, esta complejidad topográfica se reflejaba en un mosaico diverso de tipos de bosque y microhábitats en el área atravesada por los 15 km de trochas.

Las trochas en este campamento también pasaron por varios sitios con poco drenaje, siendo lo más interesante un bosque de arbolitos bajos (<3 m) creciendo en un depósito de turba (turbera) y adyacente a un bosque mixto de *M. flexuosa*. Aunque este fue el único lugar donde vimos este tipo de bosque, los sobrevuelos e imágenes satelitales sugieren que probablemente existe en manchas esparcidas por toda la planicie inundable del medio y bajo Yaguas, así como a lo largo de muchos de los tributarios al sur de ese río. Desde el aire también observamos dos tipos de pantanos que no pudimos visitar. Uno parecía una sabana tropical de vegetación muy baja, con excepción de unos cuantos individuos dispersos de *M. flexuosa* (parecida con la Figura 3c en Lähteenoja y Roucoux 2010). En el otro, *M. flexuosa* coexistía con un árbol dicotiledóneo no identificado pero muy común, el cual tenía una copa plana, extensa y muy llamativa (ver el capítulo Flora y Vegetación). A pesar de su vegetación variada, asumimos que la mayoría de estos pantanos también crecen en turberas.

Nuestras visitas a la tierra firme en este sitio fueron pocas. Algunos tramos de las trochas pasaron por colinas medias con poblaciones grandes de la palmera de sotobosque *Lepidocaryum tenue* (irapay), una especie indicadora de suelos pobres. También visitamos brevemente dos lugares donde la tierra firme se encontraba en la margen del río Yaguas: uno a 5.3 km en línea recta río arriba del campamento, en la orilla sur, y el otro a una distancia similar río abajo, en la orilla norte.

Asimismo visitamos dos cochas ubicadas a aproximadamente 2 y 3 km río arriba del campamento y aproximadamente 0.5 km bosque adentro desde la orilla del río Yaguas. La mayor de éstas (cocha Águila) medía aproximadamente 4 ha y la menor (cocha Centro, también conocida como Achichita) <1 ha.

Los bosques en este lugar son usados con frecuencia por las comunidades nativas en el bajo Putumayo, así como por otras personas (ver el capítulo Comunidades Humanas Visitadas), y era común encontrar antiguas trochas, campamentos y algunos árboles cortados. Durante nuestra visita vimos tres botes surcando el río Yaguas, aparentemente rumbo a uno de los 20 campamentos de madereros trabajando en la cuenca del río Yaguas en ese momento (ver el capítulo Comunidades Humanas Visitadas). La densidad relativamente baja de primates grandes y su comportamiento arisco en este campamento nos hacían sospechar que el lugar podría haber sufrido una caza reciente, mientras las poblaciones saludables de ungulados y paujiles grandes sugerían que tal cacería habría sido dirigida hacia los monos (ver los capítulos Aves y Mamíferos).

Alto Cotuhé (20–25 de octubre de 2010; 03°11'55.6"S 70°53'56.5"O, 130–190 m)

Acampamos en las cabeceras del río Cotuhé, a aproximadamente 70 km de los campamentos más cercanos en la cuenca del río Yaguas (Yaguas y Cachimbo). Nuestro campamento se encontraba aproximadamente 63 km al oeste en línea recta de Buenos Aires (y la frontera colombo-peruana) y probablemente a varios días de viaje surcando el río en deslizador desde ese pueblo (Fig. 2A). La comunidad de El Sol en la cuenca del Atacuari al sur se encuentra a la misma distancia. No conocemos algún camino o trocha permanente en las cabeceras del Cotuhé, y este inventario rápido parece representar la primera exploración científica del trecho peruano del río.

Acampamos en la margen sur del río, en una colina baja entre el Cotuhé y un pequeño tributario sin nombre. Cuando llegamos, el río medía 7–10 m de ancho y el tributario aproximadamente 4 m. Durante los cuatro días que pasamos en el lugar (sin lluvia), el nivel del Cotuhé cayó casi 2 m y el ancho del tributario se redujo a la mitad. Tanto la planicie inundable como los antiguos canales del río se encontraban bien drenados, pero los pantanos seguían saturados. En períodos lluviosos es probable que gran parte de la planicie inundable del río Cotuhé (aprox. 1 km de ancho) se inunda ocasionalmente por algunos días (pero no meses), con la excepción de las ocasionales colinas bajas de tierra firme cerca del río.

Las trochas en el campamento Alto Cotuhé sumaron 20 km y pasaron por varios hábitats de planicie inundable y tierra firme en ambos lados del río. Una trocha siguió el río hacia el este, atravesando bosque maduro de planicie inundable, bosque de colinas bajas y un gran pantano, y cruzando varios tributarios pequeños. Esta trocha también pasó por algunas franjas delgadas de vegetación de sucesión primaria asociada con los meandros dinámicos del río, así como áreas bajas con una vegetación riparia más especializada (p. ej., poblaciones de la palmera *Bactris riparia*).

Otra trocha se dirigía río arriba, atravesando terreno similar a la primera antes de pasar a la orilla norte del Cotuhé, en donde cruzaba varios hábitats parecidos a los de la primera trocha, así como una cocha pequeña y colinas ondulantes de tierra firme adyacentes a la planicie inundable.

La última trocha se dirigió hacia el sur desde el campamento, pasando por un complejo de colinas bajas de tierra firme separadas por franjas delgadas de pantano o por pequeñas quebradas—un paisaje algo parecido al del campamento Yaguas. Las colinas más altas en esta trocha eran aproximadamente 40 m más altas que el campamento y se distinguían por suelos arcillosos llenos de piedritas de cuarzo. Las quebradas que drenaban esas colinas tenían lechos compuestos casi enteramente por estas blancas piedritas, dándoles una apariencia sorprendente en el medio del sotobosque verde y marrón (Figs. 4F–G). Esta trocha también pasó por un parche de bosque que aparentemente fue destruido por un viento fuerte unos 10–15 años antes de nuestra visita—un acontecimiento relativamente común en los bosques de la planicie amazónica (Nelson et al. 1994). Este parche, visible en las imágenes Landsat de la zona, es ahora dominado por árboles típicos de sucesión primaria.

Aunque las colinas ondulantes en las orillas norte y sur del Cotuhé tienen una apariencia parecida en las imágenes satelitales, y sus suelos y vegetación parecen superficialmente similares en el campo, tanto los datos botánicos como los datos de química de agua indican que el paisaje es mucho más rico en nutrientes en la orilla norte (ver los capítulos Flora y Vegetación y Procesos Paisajísticos). Nuestro trabajo en el área fue demasiado limitado como para poder afirmar si este patrón se repite a escalas mayores en el alto Cotuhé.

PROCESOS PAISAJÍSTICOS: GEOLOGÍA, HIDROLOGÍA Y SUELOS

Autor: Robert F. Stallard

Objetos de conservación: Geología variada y suelos—desde pobres hasta ricos en nutrientes—desarrollados dentro de la cuenca más grande y más oriental al norte del río Amazonas y fuera de los Andes; suelos y lecho rocoso fácilmente erosionables, incluyendo los vestigios más orientales de un llano aluvial antiguo a aproximadamente 200 m de elevación con suelos especialmente pobres en nutrientes; turberas tropicales; arroyos con fondo de grava y con características hidrológicas similares a los arroyos del piedemonte andino; la llanura inundable del bajo río Yaguas, ancha y bien desarrollada, la cual contiene un amplio rango de tipos de suelo y ambientes terrestres y acuáticos

INTRODUCCIÓN

Los estudios publicados sobre la geología de esta región y las áreas circundantes están enfocados en las rocas del Mioceno tardío de la Formación Pebas. No existen estudios sobre las formaciones rocosas o suelos más jóvenes. La geología del área ha sido mapeada en base a la vegetación y topografía visibles en imágenes satelitales con resolución de 30 m, incluyendo el grado de disección y estilo de ramificación de las redes de canales (INADE y PEDICP 2002). Ese mapa muestra la Formación Pebas ocupando las partes más bajas de las cuencas de los ríos Yaguas y Cotuhé, con sedimentos más jóvenes en las terrazas altas de las cabeceras y depósitos aluviales de varias edades en las tierras bajas. Sin embargo, sin un mapeo del terreno realizado en el campo tal como el descrito en este capítulo, los mapas preparados en base a imágenes satelitales son una aproximación. Por ejemplo, en mis observaciones de campo noté que la cobertura aluvial sobre la Formación Pebas parece ser más extensa a elevaciones medias que lo que indican las imágenes satelitales. Los afloramientos de rocas y las características biológicas asociadas, tales como capas sedimentarias ricas en minerales asociadas a la Formación Pebas y que son consumidas por aves y mamíferos (localmente conocidas como *collpas*) así como los depósitos de grava derivados de sedimentos más jóvenes, sólo pueden ser identificados en base a mapeo del terreno realizado en el campo.

En este capítulo presento un panorama general de la geología y el paisaje de la región, en base a estudios previos y a nuestro inventario rápido. También presento descripciones detalladas de los sitios que visitamos y los rasgos importantes del paisaje.

MÉTODOS

Las unidades geológicas y geomórficas pueden ser diferenciadas, y su calidad de nutrientes puede ser evaluada, estudiando diferentes características como forma topográfica, textura y color del suelo, geología, conductividad, color y pH del agua.

Suelos, topografía y disturbios

Las trochas en cada campamento fueron mapeadas usando un GPS Garmin GPSMAP 60CSx, el cual funciona bien incluso bajo el dosel más denso. Para cada trocha, hice un mapa de la posición y elevación a cada 50 m en los marcadores instalados previamente por el equipo de avanzada y registré los cruces de quebradas, cimas y afloramientos. Dentro de lo posible, intenté corregir la desviación en las medidas de elevación causadas por el barómetro del GPS; en este capítulo, las diferencias de elevación relativas son más precisas que las elevaciones absolutas. Usé el programa Garmin MapSource para revisar los datos y los examiné usando Google Earth y Sistemas de Información Geográfica (SIG).

A lo largo de algunas trochas en cada campamento, evalué visualmente el color del suelo usando la escala de Munsell (Munsell Color Company 1954) y la textura del suelo con el tacto (ver Apéndice 1B en Vriesendorp et al. 2006). También anoté la actividad de organismos causantes de bioturbación (tales como cigarras, lombrices de tierra, hormigas corta-hojas y mamíferos), la frecuencia de árboles caídos con sus raíces, la presencia de indicadores de erosión rápida (cortes, derrumbes, fallas), la importancia de indicadores de flujo de agua

superficial (escorrentía, vegetación alrededor de tallos indicando flujo superficial), la evidencia de inundación (sedimento depositado sobre troncos caídos, suelos *gley*), los canales subterráneos, la ausencia o grado de desarrollo de una capa de raíces y otros indicadores de suelos pobres a muy pobres.

Además de evaluar visualmente los suelos, intenté describir cualitativamente las pendientes de las colinas y los disturbios a gran escala. Para las pendientes de colinas esto incluyó 1) un estimado del relieve topográfico, 2) la distancia entre colinas, 3) cuán planas eran las cimas, 4) la presencia de terrazas y 5) cualquier evidencia de control del lecho rocoso. Los tipos predominantes de disturbios naturales que se espera encontrar en la Amazonía occidental son caídas de árboles masivas (Etter y Botero 1990, Duivenvoorden 1996, Foster y Terborgh 1997), pequeños huaicos (Etter y Botero 1990, Duivenvoorden 1996), migración de canales de los ríos aluviales (Kalliola y Puhakka 1993) y un levantamiento o subsidencia tectónica rápida que cambia la hidrología (Dumont 1993).

Ríos y arroyos

Evalué todos los cuerpos de agua a lo largo del sistema de trochas, de manera visual y mediante mediciones de acidez y conductividad. La caracterización visual de los arroyos incluyó 1) el tipo de agua (color y turbidez), 2) el ancho aproximado, 3) el flujo de volumen aproximado, 4) el tipo de canal (derecho, meandros, pantanos, canales trenzados), 5) la altura de bancos, 6) evidencia de eventos de inundación, 7) la presencia de terrazas y 8) evidencia de control del lecho rocoso en la morfología del canal. Bajas conductividades (<10 μS cm^{-1}) indicaron aguas muy diluidas y un bajo nivel de nutrientes. Las aguas ácidas (pH <5) también son muy diluidas y pobres en nutrientes, pero tienen conductividades más altas debido a los ácidos orgánicos en el agua. No encontré aguas bien diluidas o aguas negras en este inventario. De las aguas con un pH >5 al oeste de la cuenca amazónica, las conductividades intermedias (10–30 μS cm^{-1}) están asociadas a sedimentos plio-pleistocenos como Nauta 1 y Nauta 2, mientras que conductividades más altas (>30 μS cm^{-1}) usualmente indican la presencia de minerales inestables en el lecho rocoso, tales como calcita ($CaCO_3$), aragonita ($CaCO_3$), yeso ($CaSO_4 \cdot 2H_2O$) y pirita (FeS_2). La conductividad elevada es característica de aguas que drenan la Formación Pebas. De todos los afloramientos que han sido descritos de la Formación Pebas, el que presenta la mayor evidencia de antiguas condiciones salinas se encuentra a lo largo del río Cotuhé y cerca de la localidad de Buenos Aires en el lado colombiano de la frontera Perú-Colombia (Vanhof et al. 2003). Se esperaría encontrar todos los minerales mencionados arriba en las rocas formadas bajo estas condiciones.

Para medir el pH, utilicé el sistema ORION Modelo Portátil 250A con un electrodo de pH Ross. Para la conductividad, usé un conductímetro digital Amber Science Modelo 2052 con una celda de conductividad de platino. Para la temperatura, usé un termómetro portátil pequeño. El uso de pH y conductividad para la clasificación de aguas superficiales de manera sistemática no es común, en parte debido a que la conductividad es una medida agregada de la amplia variedad de iones disueltos. Sin embargo, los gráficos de pH vs. conductividad (ver Winkler 1980) son herramientas útiles para agrupar las muestras de agua tomadas a lo largo de la región en asociaciones que nos dan una idea de la geología superficial (Stallard y Edmond 1983, 1987; Stallard 1985, 1988, 2005, 2007; Stallard et al. 1991).

RESULTADOS

Unidades geológicas principales

Las unidades geológicas en las cuencas de los ríos Yaguas y Cotuhé son similares a las que existen en la región bien estudiada alrededor de Iquitos y Nauta en el Perú y a las de pozos experimentales perforados en áreas cercanas en Brasil. Ordenadas de más antigua a más joven, estas formaciones son:

- La Formación Pebas (conocida como la Formación Solimões superior en Brasil, con sedimentos azules frecuentemente ricos en fósiles, colinas ondulantes, suelos intermedios y aguas de alta conductividad);
- Nauta 1 (también conocida como Unidad B), con sedimentos de color amarillo-marrón, un poco de grava, colinas ondulantes, suelos de fertilidad intermedia y aguas de baja conductividad, frecuentemente con ligera turbidez marrón-amarilla;

- Nauta 2 (también conocida como Unidad C), con sedimentos de color amarillo-marrón, abundante grava, colinas empinadas y algunas veces de cimas planas, suelos pobres y aguas claras y negras (ácidas) de baja conductividad;
- Terrazas del Pleistoceno tardío (o superior), con superficies planas, algunas con rasgos de planicie inundable pero actualmente no inundadas, con pantanos y muchos tipos de aguas;
- Planicies inundables modernas, con superficies planas, actualmente inundadas, con pantanos y muchos tipos de aguas.

La parte superior de la Formación Pebas de edad miocena (localmente, Mioceno superior medio a Mioceno tardío, finalizando hace aproximadamente ocho millones de años), la unidad geológica más antigua y profunda expuesta en la región, es de importancia biológica debido a que está notablemente enriquecida por minerales que proporcionan varios nutrientes (cloruro, calcio, magnesio, fósforo, potasio, sodio) requeridos por plantas y animales.

Por encima de la Formación Pebas están las unidades Nauta 1 y Nauta 2, las cuales son depósitos de sedimentos aluviales cuyo rango de edad está entre el Plioceno temprano y el Pleistoceno temprano (más jóvenes que 5.7 millones de años pero mayores a 2.35 millones de años). Estas unidades incluyen areniscas amarillas a marrones, lodolitas y conglomerados. Estos depósitos son típicamente canalizados y empobrecidos en los minerales listados en el párrafo anterior. A pesar de que elementos de Nauta 1 y Nauta 2 fueron encontrados en el campo, no hubo una clara demarcación entre ambos. Las conductividades más altas ($10-20$ µS cm^{-1}) de los ríos en los campamentos Choro y Alto Cotuhé están en concordancia con Nauta 1, mientras que la abundancia de piedritas incluyendo cuarzo, fragmentos de roca y pizarra en la quebrada Lupuna y las colinas altas cerca al campamento Alto Cotuhé está en concordancia con Nauta 2. En este capítulo, me refiero a ambas unidades como sedimentos plio-pleistocenos.

Hace aproximadamente 120,000 años, en el Pleistoceno tardío, se formó una enorme terraza a lo largo del río Amazonas y sus afluentes principales. Los sedimentos en esta terraza se parecen mucho a los de Nauta 2, pero por ser más joven esta terraza todavía mantiene rasgos aluviales antiguos y es fácilmente distinguible en imágenes satelitales y de radar. Esta terraza está bien desarrollada en los ríos Amazonas y Putumayo, en ambos lados de la cuenca del Yaguas.

Los depósitos sedimentarios más jóvenes en el paisaje Yaguas-Cotuhé son sedimentos aluviales depositados por los ríos modernos, desde el Holoceno al presente (es decir, durante los últimos 12,000 años). Estos sedimentos son típicamente más pobres en nutrientes que los depósitos a partir de los cuales fueron erosionados, los cuales incluirían todos los depósitos sedimentarios aguas arriba. El valle del bajo río Yaguas alrededor del campamento Cachimbo muestra algunos rasgos de la terraza del Pleistoceno tardío en las imágenes y es probable que estos sedimentos también estén contribuyendo a los depósitos aluviales más jóvenes.

No encontré evidencia de que en la región haya unidades de arena de cuarzo como las conocidas para las cumbres de colinas en las cabeceras del río Nanay, cerca a Iquitos (Stallard 2007), y al sur y este a lo largo del río Blanco (Stallard 2005).

Elevación, suelos e inundación

La región fue una vez una vasta llanura aluvial desarrollada sobre los dos depósitos sedimentarios más antiguos descritos arriba: la Formación Pebas, del Mioceno, en la parte inferior y los sedimentos fluviales más jóvenes del Plio-Pleistoceno en la parte superior. La edad de esta llanura es probablemente alrededor de 2.35 millones de años. El paisaje moderno es el resultado de años de erosión en esta llanura y de la re-deposición del material erosionado. El único vestigio actual de la llanura aluvial antigua (es decir, la única parte que aún no ha sido erosionada) corresponde a las cimas planas de las colinas más altas, las cuales son descritas en mayor detalle en la discusión. Los depósitos más jóvenes en la región son sedimentos aluviales de los ríos modernos y las turberas tropicales.

Como resultado, la elevación absoluta está inversamente relacionada a la fertilidad del suelo en el paisaje moderno. Las elevaciones más bajas tienden a poseer suelos ricos donde los sedimentos

Pebas están expuestos, pero grandes regiones son inundadas estacionalmente y han sido cubiertas por sedimentos aluviales jóvenes. Estos suelos aluviales son moderadamente ricos y los pantanos dominados por *Mauritia* son rasgos dominantes de la planicie inundable. Los suelos más pobres aquí están asociados a depósitos aluviales más antiguos. Los animales son atraídos a lamederos de minerales (*collpas*) en los afloramientos de la Formación Pebas, ricos en nutrientes, los cuales vimos en colinas que emergen por encima de los sedimentos aluviales (Fig. 3B).

Las elevaciones intermedias tienen una mezcla de suelos ricos sobre los sedimentos Pebas y suelos más pobres sobre sedimentos más jóvenes. Los suelos más pobres, aquellos relacionados a la llanura aluvial antigua, son ausentes. La inundación y las planicies inundables sostienen una variedad de pantanos, incluyendo aquellos dominados por *Mauritia flexuosa*. Los suelos más pobres parecen estar sobre depósitos aluviales antiguos de arcilla limosa, tal vez diques antiguos que no han sido erosionados tan rápido como los sedimentos adyacentes. Los arroyos de conductividad más baja están asociados a las tierras altas de los sedimentos plio-pleistocenos ricos en grava y arena. Todavía se encuentran *collpas* de la Formación Pebas.

Las partes más altas de la cuenca del río Yaguas equivalen a los sedimentos del Pleistoceno inferior y son dominadas por suelos pobres. Las cimas planas en las colinas más altas corresponden a la terraza pleistocena inferior de amplia distribución que probablemente alguna vez fue una ancha llanura aluvial. Aquí los suelos tienen edad considerable, tan antiguos como la terraza, con probablemente más de dos millones de años, y son fuertemente meteorizados. A pesar de la dominancia de suelos pobres a estas elevaciones, algunos afloramientos de rocas Pebas están presentes, a veces como *collpas*. Una pequeña porción del paisaje es afectada por inundación.

El Apéndice 1 muestra los análisis de agua de los arroyos.

Otras características importantes

Cerca al campamento Cachimbo en la cuenca del bajo Yaguas identificamos una turbera pequeña en lo que desde el aire parece ser un pequeño aguajal dominado por *M. flexuosa* y desarrollado sobre una planicie inundable ligeramente elevada cerca a una terraza aluvial considerablemente más antigua (Figs. 3A, 4A). La turba tenía un grosor de al menos 1 m y estaba completamente saturada de agua a pesar de que en la región prevalecieron condiciones severas de sequía (ver el capítulo Panorama Regional y Sitios Visitados). La vegetación asociada—achaparrada y similar a la que crece sobre arenas de cuarcita en otras partes de Loreto, donde localmente es conocida como chamizal—indica un sustrato extremadamente pobre en nutrientes. Estas características sugieren que es una turba ombrotrófica (oligotrófica) cuya agua proviene principalmente de la lluvia.

En nuestros vuelos entre el campamento Cachimbo y Huapapa, entre Huapapa y Pebas, y entre Pebas e Iquitos vimos muchos rasgos del paisaje que se asemejan a las turberas cerca a los campamentos. Los sitios normalmente tuvieron algunos árboles de *M. flexuosa*, pero estas palmeras fueron menos numerosas que en los aguajales dominados por *Mauritia* que vimos en el sobrevuelo entre Pebas e Iquitos. Entre las palmeras *Mauritia* en estas supuestas turberas había una densa cobertura de árboles y arbustos más pequeños; muchas de las áreas tuvieron parches de matorral bajo, quizás un chamizal. En el vuelo desde Cachimbo hasta Huapapa, cruzamos y fotografiamos un paisaje parecido a un pantano labrado (*patterned fen*), con una topografía característica ondulada con crestas y depresiones superficiales (*strings* y *flarks*; Fig. 4; Glaser et al. 1981, Glaser 1985). Este tipo de turbera es sólo conocida en regiones boreales o semi-boreales con una vegetación completamente diferente (Fig. 4H), por lo cual se requieren más investigaciones.

Las planicies inundables en todos los sitios que visitamos tuvieron una red bien desarrollada de canales subterráneos (túneles o macroporos) que facilitan el drenaje rápido de agua a través de los suelos y proporcionan un hábitat relativamente inexplorado y parecido a cuevas que es utilizado por peces y otros animales. Estos túneles subterráneos también están desarrollados en las pendientes de colinas, donde los suelos tienen buen drenaje.

Campamento Choro

Este sitio estaba ubicado a una elevación de aproximadamente 135 m en la margen izquierda de un arroyo que denominamos quebrada Lobo. El arroyo tiene fuertes meandros, pero también está profundamente canalizado con paredes de 3–4 m de altura. Los meandros no parecían estar activos (no cortaban en el lado externo de las curvas ni depositaban playas en el lado interior). Tal como experimentamos en nuestro último día en el campamento, la planicie inundable puede ser inundada en la época lluviosa, llenándose primero los canales antiguos en la planicie inundable antes de que el río se desborde. La planicie inundable baja tiene una capa de raíces muy delgada o ausente. Varios canales antiguos, cochas y pantanos (llenos de *Heliconia* y palmeras, especialmente *M. flexuosa*) están presentes y probablemente relacionados a la dinámica histórica de rasgos de la planicie inundable tales como diques y barras de desplazamiento. A aproximadamente 1–3 m de elevación sobre la planicie inundable actual hay una planicie inundable más antigua, también con pantanos, y con una topografía accidentada y suelos pobres con una capa de raíces más gruesa, hasta de 5 cm.

Más allá de la planicie inundable antigua se elevan las colinas. Estas colinas también presentan una serie de dos a cuatro terrazas que se vuelven más antiguas conforme aumenta la elevación. A diferencia de los dos niveles de planicie inundable, que son depósitos de sedimento acarreados por ríos contemporáneos, las terrazas en las colinas son principalmente de origen erosivo. Ellas podrían corresponder a los sitios donde planicies inundables más antiguas limitaban con las colinas. Estas terrazas están siendo formadas, una a la vez, a través de ciclos erosivos repetitivos. A una escala amazónica, grandes terrazas regionales son formadas a causa de cambios climáticos o tectónicos. A la escala de estos arroyos pequeños, los ciclos de erosión están en cambio frecuentemente asociados a cambios de canales aguas abajo. Las pendientes y terrazas en este paisaje típicamente tienen una capa de raíces de 5–10 cm.

La terraza más alta, que forma las cimas de las colinas más altas (185–190 m), es una superficie muy plana que probablemente fue formada por la deposición de sedimentos desde hace cientos de miles hasta más de dos millones de años (ver abajo para una discusión detallada de la edad de la terraza). Este nivel tiene una capa de raíces gruesa y esponjosa (10–15 cm; Fig. 3E) y un suelo especialmente pobre formado a través de un largo proceso de meteorización de sedimentos aluviales.

En una *collpa* en el valle al norte del campamento encontré afloramientos de lutita gris-azul característicos de la Formación Pebas. Este afloramiento tiene fósiles de moluscos y madera (lignita). El afloramiento podría estar ubicado aquí a causa de una falla o plegamiento menor (algunas fallas son visibles en las fotos satelitales). Alternativamente, podría ser una veta de lutita en una parte de la Formación Pebas sin lutita. La Formación Pebas es conocida por tener una gran variación lateral en facies. Los suelos en esta área tuvieron poco o nada de raíces.

La mayoría de los ríos y arroyos en el área, incluyendo las quebradas Lobo y Lupuna, tenían valores de pH entre 5 y 6 y una conductividad entre 6 y 10 µS cm^{-1}. Estos valores son similares a los de arroyos que drenan la Formación Nauta 1. El arroyo que drenaba el valle al norte de nuestro campamento, incluyendo la *collpa*, tuvo una conductividad de 17 µS cm^{-1}, mientras que de la *collpa* filtraba agua con una conductividad de 385 µS cm^{-1}. Las lutitas de la Formación Pebas claramente influencian este arroyo cerca al campamento. Debido a que el flujo de la *collpa* es tan pequeño, debe haber un área mucho más grande de la Formación Pebas en este valle.

Campamento Alto Cotuhé

Este sitio estaba ubicado en una colina de tierra firme cerca a un arroyo pequeño que desemboca en el río Cotuhé. Este río, a diferencia de la quebrada Lobo, está formando activamente su planicie inundable, con meandros que cortan su parte externa y sedimentos que son depositados en playas en la parte interna. La sucesión primaria en las playas incluye una combinación de vegetación leñosa y no leñosa. El lecho del Cotuhé está compuesto principalmente de piedritas y guijarros de lutita suave, probablemente de la Formación Pebas, mezclados con piedritas de cuarzo.

Diques bajos de arcilla limosa son formados en las riberas estables del río Cotuhé y de sus afluentes más grandes. Detrás de estos diques hay bosques y pantanos extensos en una planicie cuyo terreno está salpicado con montículos y que debe experimentar inundación frecuentemente. En áreas donde hay pantanos con montículos cerca al río, parece probable que el dique haya desaparecido por la erosión. La capa de raíces en diques más jóvenes estaba más delgada (<5 cm), mientras que la capa en las áreas con montículos tenía un grosor de 5–10 cm.

Hay una diferencia significativa entre los lados norte (margen izquierdo) y sur (margen derecho) del río Cotuhé. En ambos lados hay planicies inundables extensas a lo largo de los afluentes más grandes. Estas planicies inundables están formadas a partir de sedimentos acarreados desde las tierras altas y de materia orgánica depositada en los pantanos, y se juntan para formar lo que podría denominarse una pequeña planicie aluvial. Dentro de esta planicie aluvial se levantan varias pequeñas colinas de tierra firme. Estas colinas están formadas por partes de la Formación Pebas del Mioceno tardío y por sedimentos más jóvenes del Plio-Pleistoceno, derivados del levantamiento de los Andes. En el lado norte del río Cotuhé, los sedimentos de la Formación Pebas están asociados a 1) conductividades más altas en los arroyos y en el mismo río Cotuhé (10–20 µS cm^{-1}), 2) clastos de sedimentos parecidos a los de la Formación Pebas formando parte del lecho de algunos arroyos, 3) una capa de raíces muy fina o incluso ausente en las colinas, indicador de que los suelos son más ricos, y 4) pequeñas *collpas*. En la parte sur del río Cotuhé, sedimentos plio-pleistocenos son indicados por las bajas conductividades de los arroyos (6–10 µS cm^{-1}). Estos sedimentos también incluyen gravas de cuarzo, algunos fragmentos líticos y arena de cuarzo color crema que son típicos del Plio-Pleistoceno, y tenían una capa de raíces mucho más gruesa (5–10 cm). En algunos puntos de la margen sur, el sustrato fue tan rico en piedritas de cuarzo que el lecho de los arroyos estaba cubierto de grava de cuarzo y arena y el agua tenía baja conductividad (6 µS cm^{-1}; Figs. 4F–G).

Los indicadores más sureños de la Formación Pebas fueron un afloramiento en un barranco del arroyo más cercano al campamento y una *collpa* cerca al río en el camino al este del campamento. La mejor explicación para esta variación norte-sur es que los estratos inferiores están ligeramente inclinados hacia el sur, de tal manera que los sedimentos de la Formación Pebas están expuestos a lo largo del río Cotuhé y al norte de éste, mientras que los sedimentos plio-pleistocenos están expuestos al sur.

Campamento Cachimbo

Este sitio estuvo ubicado en una pequeña península de sedimentos en un dique ubicado entre la quebrada Cachimbo y el río Yaguas, en la confluencia de ambos. El dique se extendió aproximadamente 400 m en dirección aguas arriba de la margen derecha de la quebrada Cachimbo, antes de cambiar a un terreno extremadamente ondulado.

El 28 de octubre, cuando el río Yaguas estuvo en su nivel más bajo durante nuestra visita, la superficie del río estuvo a 8 m por debajo del nivel del campamento (76 m). A juzgar por los depósitos de arcilla en la corteza de árboles y raíces colgantes, las inundaciones aquí llegan a 3 m sobre el campamento. La mayor elevación en las trochas alrededor del campamento fue de aproximadamente 92 m, en una terraza aluvial, mientras que la mayor elevación visitada en las cercanías a este campamento (aproximadamente 100 m) estuvo en un área elevada de tierra firme ubicada al lado de la margen derecha del río Yaguas a 8 km río arriba del campamento.

A diferencia de los campamentos anteriores, no hubo agua con conductividad baja en este sitio. Las mediciones más bajas fueron de aproximadamente 13 µS cm^{-1}; en la quebrada Cachimbo fue 17 µS cm^{-1}, mientras que en el Yaguas fue 21 µS cm^{-1}. Todos estos valores indican que las aguas están interactuando con sedimentos y suelos más ricos que en los dos campamentos anteriores. Esta interacción incluye contacto directo con la Formación Pebas y con sedimentos de planicie inundable derivados de la erosión de la Formación Pebas. Estudié ambos tipos de paisaje. La tierra firme que visité 8 km río arriba fue Formación Pebas (un afloramiento de sedimentos Pebas en la base, grava de cuarzo en un canal en tierras altas y una *collpa* bien desarrollada), mientras que la mayoría de trochas exploradas tuvieron sedimentos de planicie inundable recientes.

En este paisaje, la elevación controla mucho de lo que encontramos. Cuando el río Yaguas es bajo,

el paisaje funciona como se esperaría, con suelos, arroyos, bosques, pantanos y lagos. Las elevaciones más bajas están en los canales de los ríos más grandes y en los lagos de la planicie inundable. Las partes bajas del paisaje que se encuentran fuera de los canales forman pantanos con vegetación típica algunas veces dominada por *M. flexuosa* y drenadas por pequeños arroyos. Las partes más altas del paisaje, por encima de la inundación estacional, son como las tierras altas en otros lugares de la región Yaguas-Cotuhé y en otras partes de la Amazonía. En la planicie inundable, los rasgos más altos son probablemente vestigios de diques antiguos o planicies inundables erosionadas más antiguas. Los suelos más pobres están asociados a estas características de planicies inundables antiguas; estos suelos tienen más limo y a veces arena, y tienen mejor drenaje. Asimismo, han sido meteorizados al menos una vez antes en el proceso de convertirse en sedimento fluvial. Los suelos más ricos son las tierras altas de la Formación Pebas. La capa de raíces en los diques más jóvenes y en las planicies inundables más planas tienden a tener <5 cm de grosor, mientras que la capa de raíces en los montículos en las áreas ondulantes es de 5–10 cm.

Dos tipos de paisaje aparentaban tener suelos pobres y tenían una capa de raíces de >10 cm de espesor. Una parte de tierra firme cerca al campamento tuvo marañas densas de la palmera de sotobosque *Lepidocaryum tenue* (conocidas en el Perú como irapayales) y una capa de raíces gruesa, y parece estar formada sobre una generación más antigua de grandes planicies inundables. Estas son caracterizadas por tener cimas aplanadas en el campo y rasgos de una planicie inundable erosionada en las imágenes satelitales. Si usamos otras partes de la Amazonía como referencia, éstas podrían ser del último período interglaciar, hace aproximadamente 120,000 años. Hay un irapayal similar ubicado sobre una cresta baja más cerca del campamento, el cual quizás es un dique antiguo o una planicie inundable interglaciar. El otro paisaje pobre en nutrientes es una pequeña turbera pantanosa con vegetación achaparrada (descrita en detalle en la discusión).

Durante la inundación anual, la mayor parte de la planicie inundable aquí está cubierta por agua. Hay cuatro fuentes de agua durante la época anual de inundación: el río Yaguas, la quebrada Cachimbo, los arroyos que drenan las partes altas adyacentes y la lluvia. Durante las inundaciones, el movimiento del agua ya no es guiado por los rasgos pequeños del paisaje sino por el flujo de los ríos, fuera de sus canales, sobre el paisaje. Asimismo, la inundación de los ríos grandes incrementa la inundación de los tributarios. Por lo tanto, la profundidad del río Amazonas influencia la profundidad del río Putumayo, el Putumayo influencia la profundidad del Yaguas, el Yaguas influencia la profundidad de la quebrada Cachimbo y la quebrada Cachimbo influencia la profundidad de los arroyos en las partes altas.

La mayor parte del sedimento en la planicie inundable proviene del río Yaguas. Las áreas con acumulación rápida tienden a ser más planas y tienen suelos arcillo-limosos. Todas las trochas tuvieron segmentos sobre estas formaciones, pero su mejor desarrollo se observó en las dos trochas pequeñas dirigidas hacia las cochas, donde el movimiento del agua no involucró los efectos de un gran afluente. Los paisajes pantanosos con áreas de montículos y aguajales mixtos no reciben aguas ricas en sedimentos, debido a que estos reciben agua rebalsada del Yaguas, o agua rebalsada de Cachimbo, o aguas de las áreas altas, o agua de lluvia, o una combinación de estos cuatro. Al sur del campamento, especialmente cerca de la turbera, las aguas de la parte alta son represadas por la quebrada Cachimbo. Esta quebrada, cuando se encuentra bloqueada por el Yaguas, parece desarrollar un nuevo curso a través del terreno extremadamente ondulado cerca del campamento. La parte más baja de la quebrada Cachimbo tiene muchos meandros, hasta un kilómetro aguas arriba de su confluencia con el Yaguas, lo cual tal vez también se relacione con el cambio de su curso. Esta misma abundancia de meandros y canales es observada en el río Yaguas cerca de su desembocadura con el Putumayo.

DISCUSIÓN

Varias características geológicas contribuyen al carácter único de la región Yaguas-Cotuhé. Primero, sus turberas tropicales son tal vez las primeras a ser descritas fuera de las planicies inundables activas de los ríos más grandes (Ucayali, Marañón y Amazonas). Como tales, éstas podrían ser reservas más estables

de turba y alimentadas por agua de lluvia (ombrotróficas). Segundo, esta región parece ser el vestigio más oriental de una gran terraza del Pleistoceno tardío por encima de sedimentos plio-pleistocenos. Esta fue formada al mismo tiempo que otras terrazas formadas a lo largo de la Amazonía. Debido a su edad e historia, la cima de la terraza tiene suelos especialmente pobres en nutrientes, mientras que los sedimentos por debajo son pobres en nutrientes comparados con la Formación Pebas (ubicada más abajo). Finalmente, la ubicación de la región en la parte más oriental de la cuenca deposicional, la cual fue sujeta a intrusiones marinas en el Mioceno, parece haber contribuido a la alta riqueza de nutrientes de los afloramientos Pebas que forman algunas de las *collpas* en el área. La estabilidad del paisaje a largo plazo y la existencia de grandes parches de paisaje diferentes contribuyen a una gran variación edáfica, que en conjunto son responsables por la tremenda biodiversidad del paisaje. Estos tres factores se discuten a continuación.

Turberas tropicales

Nuestras observaciones durante los sobrevuelos sugieren que turberas similares a la que visitamos cerca al campamento Cachimbo podrían estar frecuentes en la parte media y baja de la cuenca del Yaguas y dentro de las áreas propuestas de conservación Yaguas-Putumayo (Fig. 4A). Estas formaciones se encuentran fuera de sistemas fluviales grandes, donde serían susceptibles a la acción de los ríos. Por ejemplo, los datos derivados de la misión espacial Space Shuttle Synthetic-Aperture Radar Topographic Mission (SRTM) sugieren que estas turberas están asociadas a un gran vestigio de la enorme terraza de 120,000 años del Pleistoceno tardío, mencionada previamente y descrita a continuación.

Hasta hace poco, se creía que los depósitos de turba eran raros dentro de la cuenca amazónica. Por ejemplo, en un reporte para la Organización de la Agricultura y la Alimentación (FAO) de las Naciones Unidas, Andriesse (1998) no asignó turberas tropicales al Perú. En base a observaciones limitadas, Schulman et al. (1999) y Ruokolainen et al. (2001) estimaron que en el Perú existen 50,000 km² de turberas y que en la Amazonía existen 150,000 km² de turberas. Los estudios de Lähteenoja et al. (2009a,b) y Lähteenoja y

Roucoux (2010) confirman la existencia de varios tipos de depósitos de turba en las planicies inundables de los ríos Ucayali, Marañón y Amazonas cercanas de Iquitos. Estas turberas tienen una amplia gama de vegetación, frecuentemente asociada a la palmera *M. flexuosa*. Algunas son dominadas por *M. flexuosa* mientras que algunas tienen cobertura boscosa y otras tienen la apariencia de sabanas con extensos matorrales (p. ej., algunas de las fotos en Lähteenoja y Roucoux [2010] parecen chamizal).

Las turberas más antiguas identificadas en estos estudios tuvieron menos de aproximadamente 4,000 años de edad, que fue el final de un período más seco; sin embargo, la planicie inundable es muy dinámica y esto podría reflejar la edad de una depresión en la planicie inundable en la cual las turberas fueron formadas. Las turberas identificadas a lo largo del río Amazonas en el Perú acumulan turba ($0.94-4.88$ mm año^{-1}) y carbono ($26-195$ g C m^{-2} año^{-1}) en tasas comparables con las del sudeste de Asia y mayores a las de las turberas boreales. El río Amazonas afecta su planicie inundable (Meade 2007) y los depósitos de turba allí podrían ser estables por sólo $1,000-2,000$ años. Las turberas que han evolucionado lo suficiente y son suficientemente gruesas para convertirse en puntos topográficamente altos y alimentados por agua (ombrotróficas) son importantes debido a que sus condiciones ombrotróficas normalmente se desarrollan después de un tiempo y estabilidad considerables.

En el ámbito global, las turberas son grandes reservas de carbono en el suelo. Si bien la mayoría de depósitos de turba están en zonas templadas y boreales, las turberas tropicales almacenan entre el 11 y 14% de todo el carbono de turba (Page et al. 2010) y son especialmente frecuentes en Indonesia y Malasia. Page et al. (2010: p. 18) indicaron que "las turberas amazónicas requieren de una investigación y evaluación más detalladas, a pesar de que, debido a ser poco profundas... sólo representarían una pequeña contribución adicional a la cantidad de carbono de turba tropical—a menos que se descubran extensos y gruesos depósitos ombrogénicos" [cita original en inglés]. La asociación de estas turberas con una planicie inundable de 120,000 años en la cuenca del río Yaguas podría cumplir estos requerimientos, por lo cual es esencial realizar más investigaciones.

Las turberas son vulnerables al cambio climático (particularmente las sequías) y cambios de uso de tierras (particularmente el drenaje del agua). La desecación conduce a que se pierda la turba a través de la descomposición o los incendios. Por ejemplo, la sequía causada por El Niño en el sudeste de Asia condujo a que hayan grandes incendios en Indonesia y Malasia y un incremento significativo en el dióxido de carbono atmosférico (Page et al. 2002). Si las turberas se están formando rápido, tal como parece suceder en la cuenca del río Yaguas, éstas podrían ser un sumidero significativo de carbono atmosférico y una fuente potencial de metano. La inclusión de la conservación de turba como parte de REDD está siendo considerada actualmente (ver referencias en Page et al. [2010]).

Nivel del mar y la edad de varias características de la región Yaguas-Cotuhé

A través de la cuenca amazónica se encuentran terrazas, ya sea como tierras altas con cimas planas o como plataformas en pendientes de colinas. En una escala amazónica, grandes terrazas regionales son formadas debido a cambios climáticos o tectónicos. Para el valle amazónico en el Perú, el nivel del mar es el causante principal de la formación de terrazas. Cuando el nivel del mar es bajo, el río Amazonas y sus afluentes cortan dentro de sus canales, formando valles profundos. Cuando el nivel del mar es alto, estos valles son rellenados con sedimento, formando una vasta llanura aluvial (una penillanura), y las tierras altas son erosionadas hasta llegar al mismo nivel, formando un *pediplain*. Algunas de las características más importantes en la región Yaguas-Cotuhé están asociadas a estas terrazas. Gracias a que tenemos una idea razonable sobre la historia del nivel del mar en el ámbito global (eustático; Miller et al. 2005), las edades de estas terrazas pueden ser estimadas.

El río Amazonas, con su fuente de sedimentos andinos, rápidamente rellena valles que fueron erosionados durante episodios de bajo nivel del mar. La última terraza grande fue formada hace 120,000 años, durante el último período interglaciar, cuando los niveles del mar eran 24 m más altos que hoy y los más altos desde un registro de 25 m de hace 2.39

millones de años. Este fue seguido por el tercer nivel del mar más bajo, hace 20,000 años, -122 m, registrado en muchos millones de años (los otros niveles más bajos eran -124 m hace 630,000 años y -123 m hace 440,000 años). El nivel del mar se elevó rápidamente y en 20,000 años el río Amazonas rellenó su valle con sedimento. Los grandes afluentes que no tienen mucho sedimento, como los ríos Xingú, Tapajós y Negro, todavía no han rellenado sus valles y tienen lagos—llamados rías—en sus desembocaduras.

Klammer (1984) argumentó que las terrazas a lo largo del valle del Amazonas aguas abajo de Manaos corresponden a los niveles del mar en el Pleistoceno y Holoceno. Esta terraza más alta y grande está aproximadamente 200 m por encima del nivel del mar y forma una gran parte de la tierra firme de la región. Esta corresponde a un nivel del mar excepcionalmente alto en el Pleistoceno, de 23 m, hace aproximadamente 2.35 millones de años. Stallard (1988) usó varias fechas de los niveles altos y la elevación de las terrazas para calcular la tasa de levantamiento de la región amazónica. La tasa de levantamiento regional relativa al nivel eustático del mar es menor a aproximadamente 100 m por cada millón de años. Una parte significativa de esto es una reducción a largo plazo en el nivel eustático del mar y lo que queda es un levantamiento regional lento (epirogénico). Es completamente razonable asumir que las cimas planas de la región desde la cuenca del río Yaguas hasta Iquitos, que también están a aproximadamente 200 m, corresponden a la misma terraza regional. Esto indica que esta región ha estado tectónicamente estable por al menos dos millones de años.

Las fluctuaciones del nivel del mar también habrían afectado la deposición de la Formación Pebas y, a pesar de que actualmente no existen terrazas de la edad de Pebas, es probable que los niveles altos del mar influenciaron su deposición durante el Mioceno. El Mioceno tardío tuvo un nivel del mar alto de 40 m hace 9.015 millones de años. Este nivel alto fue seguido por niveles del mar generalmente más bajos pero oscilantes, hasta -46 m hace 5.715 millones de años, hasta después del inicio del Plioceno hace 5.7 millones de años.

El Plioceno se inició con dos niveles del mar particularmente altos: 49 m hace 5.33 millones de

años y 38 m hace 5.475 millones de años. El nivel alto de 49 m fue el más alto en muchos millones de años y probablemente tuvo un profundo impacto sobre la deposición de sedimento a través de las tierras bajas amazónicas. Estos niveles altos fueron seguidos de numerosas oscilaciones del nivel del mar, con el nivel más bajo de -67 m hace 3.305 millones de años. Poco tiempo después del inicio del Pleistoceno hace 2.6 millones de años hubo dos niveles del mar altos, uno de 25 m hace 2.39 millones de años y otro de 23 m hace 2.35 millones de años. Habría habido suficiente tiempo entre los niveles altos del Plioceno y Pleistoceno para que suceda erosión considerable.

El crecimiento de las capas de hielo y el inicio de las glaciaciones en el Hemisferio Norte trajeron grandes oscilaciones del nivel del mar que con el tiempo crecieron en amplitud. Cada uno de estos niveles altos pudo haber formado terrazas grandes a lo largo del valle del Amazonas. Sin embargo, en regiones lejos del levantamiento de los Andes muchas de estas terrazas habrían sido borradas por la erosión durante los numerosos niveles bajos o enterradas nuevamente por los niveles altos subsecuentes. Donde los Andes se están elevando, algunas de estas terrazas podrían haber sido preservadas por no haber sido enterradas nuevamente.

La interpretación más conservadora de estos datos y nuestras observaciones de campo es que la cima de la terraza más alta en el campamento Choro es del Pleistoceno temprano (o inferior) y tiene entre 2.35 y 2.39 millones de años. Las terrazas aluviales antiguas con irapayales en el campamento Cachimbo son mayormente del último período interglaciar, hace 120,000 años, que tuvo un nivel del mar excepcionalmente alto. Las terrazas más jóvenes (todos los campamentos) probablemente reflejan cambios locales en la hidrología, tales como la descarga, fuentes de sedimentos y un nivel base que pudieron ser afectados por el clima y tectónica local. Es tentador pensar que la unidad Nauta 1 o las unidades Nauta 1 y Nauta 2 fueron creadas durante los dos niveles del mar del Plioceno temprano, pero efectos tectónicos que ocurrieron durante el levantamiento de los Andes, tales como la profundización de la cuenca del antepaís, probablemente complicaron los patrones de deposición durante el Plioceno.

Implicaciones para la paleogeografía de la Amazonía occidental

La larga historia del levantamiento de los Andes ha dado forma a la geología, geomorfología y biogeografía de la cuenca amazónica. La región Yaguas-Cotuhé está ubicada justo al este del levantamiento principal de los Andes en una amplia área denominada cuenca del antepaís que se ha hundido ligeramente para compensar las presiones tectónicas del oeste. A causa de esta ubicación, todos los sedimentos clásticos (granos hechos de minerales conteniendo silicio, aluminio y hierro) en la región Yaguas-Cotuhé son por último derivados de los Andes.

En la zona inmediatamente al oeste de la región Yaguas-Cotuhé se encuentra un basamento anticlinal secundario demarcado claramente en los mapas geofísicos de anomalías de gravedad (Roddaz 2005b, Leite et al. en Leite 2006). Si bien esta anomalía es una de varias estructuras que han sido referidas como el Arco de Iquitos, este rasgo particular parece ser el límite oriental de lotes petroleros activos, lo cual corresponde a que este pliegue hacia arriba o falla tiene rocas asociadas a petróleo únicamente a su lado oeste. Al este de la región Yaguas-Cotuhé hay otros basamentos anticlinales, siendo el más importante de ellos el Arco de Purús, aproximadamente 800 km al este y que fue el límite oriental de la sedimentación clástica hasta hace diez millones de años. Hacía el este del Arco de Purús está la Cuenca Intracratónica del Amazonas, una estructura geológica antigua, probablemente una hendidura, que ahora define el valle del Amazonas.

Una recopilación recientemente publicada por Hoorn et al. (2010) añade considerablemente al entendimiento de la historia de la región comprendida entre los Andes y el Arco de Purús, mediante la aplicación de un método de datación de fisión de apatita usando rocas ígneas y metamórficas de profundidades de la corteza para estimar los tiempos de levantamiento (exposición erosiva) en diferentes partes de los Andes y el Escudo de Brasil. Las cordilleras occidentales de los Andes peruanos han sido sujeto de un levantamiento continuo pero episódico durante 35 millones de años, con tasas de exposición reducidas desde hace cinco millones de años e indicando un levantamiento más lento (las cordilleras orientales no tienen el tipo de roca requerido para la datación).

El levantamiento y la reciente exposición del lecho rocoso continúan hoy en Ecuador y Colombia. Cada uno de los grandes ríos que alimentan la región Yaguas-Cotuhé—el Amazonas, el Napo y el Putumayo—drena partes de los Andes con diferentes estilos tectónicos.

La formación más antigua y profunda en la región Yaguas-Cotuhé, la Formación Pebas (corolario de la Formación Solimões en Brasil), es notablemente enriquecida en minerales que proporcionan nutrientes (cloruro, calcio, magnesio, fósforo, potasio y sodio) requeridos por plantas y animales. De acuerdo a Hoorn (1994) y Vanhof et al. (2003), los afloramientos Pebas en esta región son de partes más jóvenes de la formación (Mioceno medio superior a Mioceno tardío inferior). El afloramiento de Buenos Aires en el lado colombiano de la frontera a lo largo del río Cotuhé se distingue por tener una variedad de indicadores que sugieren alguna influencia marina. Estos incluyen la presencia de polen de mangle (Hoorn 1994), la presencia de crustáceos y moluscos con afinidades marinas fuertes (Vermeij y Wesselingh 2002) y la presencia de isótopos de carbono y estroncio en la concha de moluscos indicando que los sedimentos fueron depositados bajo condiciones ligeramente salinas, más que cualquier otro sedimento estudiado del Mioceno tardío (Vanhof et al. 2003). La ausencia de muchos organismos fácilmente fosilizados, tales como ostras, que son típicos de ambientes de manglar neotropicales y los datos isotópicos indican salinidades bajas (menos de cinco unidades de salinidad práctica o menos de una parte de agua de mar por seis de agua dulce). Incluso a esta salinidad baja, estos sedimentos con influencia marina deberían estar fuertemente enriquecidos en minerales nutritivos.

Las partes de la Formación Pebas con influencia marina son raras. Latrubesse et al. (2010) analizó la paleogeografía del Mioceno tardío de la Formación Solimões en Brasil usando datos paleontológicos detallados cubriendo muchos taxones (mamíferos, reptiles, moluscos, foraminíferos, polen y semillas) junto a la datación de la edad en base a estos taxones, además del carbono 14. Usando un argumento en base a estructuras sedimentarias y fósiles, ellos demostraron que "el registro de vertebrados de Acre es compatible con un ambiente que incluye pampas y pantanos fluviales, así como bosques ribereños al lado de lagos que fueron sujetos a un nivel de agua fluctuante en un clima tropical estacionalmente inundable a un clima subtropical húmedo-seco" [cita original en inglés].

Es totalmente razonable suponer que existió una conexión al océano a través del valle amazónico durante el período con niveles del mar especialmente altos del Mioceno tardío (40 m hace 9.015 millones de años). Hoorn et al. (2010) propusieron la hipótesis de que la marea jugó un papel importante durante el Mioceno tardío, así como un sistema fluvial-mareal de Acre, conectado al océano a través de la Cuenca Intracratónica del Amazonas y no a través de los Llanos colombianos como se propuso en publicaciones previas (ver sus figuras 1D y S5). Sin embargo, las mareas son un problema. En el río Amazonas de hoy, las mareas sólo se extienden 700 km tierra adentro (Meade 2007). Latrubesse et al. (2010) y Leite et al. (no publicado, en Leite 2006) también muestran que tanto los supuestos depósitos mareales a lo largo del río Madre de Dios como los cercanos a Iquitos son del Plio-Pleistoceno y no del Mioceno tardío. Asimismo, Latrubesse et al. (2010) demuestran que los sedimentos a lo largo del río Madre de Dios no son siquiera depósitos mareales sino "sedimentos fluviales arcillosos y de arena fina que fueron depositados en un meandro abandonado" [cita original en inglés]. Por lo tanto, la influencia mareal a varios miles de kilómetros del océano en un cuerpo de agua poco profundo adyacente a los Andes parece improbable. Desafortunadamente, Latrubesse et al. (2010) ignoran los argumentos más convincentes de una influencia marina del Mioceno tardío, vista en el afloramiento de Buenos Aires, al no citar la mayoría de estudios de ese sitio. Debido a su ubicación cercana a la Cuenca Intracratónica del Amazonas, los sedimentos de la Formación Pebas en la región Yaguas-Cotuhé y hacia el este en Colombia podrían estar dentro de los sedimentos con mayor influencia marina y los sedimentos más ricos en nutrientes en las tierras bajas de la cuenca del antepaís.

La deposición Solimões/Pebas terminó con el levantamiento de las cordilleras orientales de los Andes peruanos al final del Mioceno, correspondiendo aproximadamente a la cima paleontológica de la formación (6.3 millones de años) y con un flujo realzado

de sedimento aguas abajo por el río Amazonas hacia el océano (6.5 millones de años; Latrubesse et al. 2010, Hoorn et al. 2010). El levantamiento concomitante de la Cordillera Sierra del Divisor cortó el suministro de sedimento al área de deposición al este y reorganizó los ríos al oeste, formando el río Madre de Dios que fluye hacia el sur y el río Ucayali que fluye hacia el norte.

Los múltiples levantamientos subsecuentes habrían producido grandes pulsos erosivos en los sistemas ancestrales de los ríos Ucayali, Marañón, Napo y Putumayo, todos contribuyendo a la región Yaguas-Cotuhé. Desde el Plioceno temprano hasta el Pleistoceno temprano, los ríos depositaron areniscas, lodolitas y conglomerados encima de la Formación Pebas. Estos depósitos típicamente están intensamente canalizados. Las partes más antiguas de esta unidad, referida como Nauta 1, cerca de Iquitos, parecen estar compuestas por arcillas menos meteorizadas que la parte más joven, Nauta 2 (Stallard 2007). Cerca de Iquitos, la Nauta 2 frecuentemente se inicia con un horizonte de conglomerático con pizarra, fragmentos de roca y cuarzo. Los sedimentos Post-Pebas están empobrecidos de minerales nutritivos. Leite et al. (no publicado, en Leite 2006) usan señales químicas e isotópicas para emparejar sedimentos de un pozo perforado en la Formación Solimões en Brasil, aproximadamente a 300 km al sur de la cuenca del río Yaguas, con la estratigrafía de Iquitos. Tanto Nauta 1 como Nauta 2 están en el Plioceno. Roddaz et al. (2005b) añaden una formación adicional a la región de Iquitos, la Formación Amazonas, depositada encima de Nauta 1 y Nauta 2. Dado el análisis de los depósitos a lo largo del río Madre de Dios por parte de Latrubesse et al. (2010), la Formación Amazonas podría ser tan joven como el Pleistoceno, quizás un depósito vestigial de una de las muchas oscilaciones del nivel del mar.

La distinción entre los sedimentos de Nauta 1 y Nauta 2, y quizás luego, de la Formación Amazonas, no es obvia en la cuenca del río Yaguas. Las conductividades más altas ($10-20$ µS cm^{-1}) de los ríos en los campamentos Choro y Alto Cotuhé son consistentes con Nauta 1, mientras que la abundancia de piedritas, que incluyen cuarzo, fragmentos de roca y pizarra en la quebrada Lupuna y las colinas más altas cerca al campamento Alto Cotuhé es consistente con una fuente de Nauta 2. Debido a la erosión, la extensión de los depósitos de sedimento plio-pleistocenos decrece con la disminución de la elevación y de oeste a este, mientras que se incrementa la exposición relativa de la Formación Pebas.

La deposición post-miocena culminó con la formación de una vasta llanura aluvial que probablemente se extendía desde el Océano Atlántico hasta los Andes con un nivel del mar alto hace aproximadamente 2.35 millones de años. Hoy, tanto los suelos de arena de cuarzo como los suelos pobres en nutrientes pero ricos en arcilla son formados en este escenario. Si consideramos los llanos de Venezuela como una analogía de las llanuras aluviales antiguas, la erosión y reelaboración de los sedimentos fluviales pueden producir arenas de cuarzo casi puras (Johnsson et al. 1988). Los ríos salen de los Andes de Venezuela cargados con arenas conteniendo una mezcla de cuarzo, feldespato y fragmentos líticos. Estas arenas son depositadas y movilizadas repetidamente en meandros de río mientras son movidas a lo largo del paisaje de los llanos. Los sedimentos se convierten en suelo cada vez que son depositados y la meteorización convierte algunos de los fragmentos de feldespato y rocas a arcilla. Eventualmente, las arenas se convierten en cuarzo casi puro, colorido de color amarillo, naranja y rojo por los óxidos e hidróxidos de hierro. Las arcillas son depositadas a mayores distancias aguas abajo o en cochas en forma de sedimentos finos pobres en nutrientes. Si el sistema llega a estancarse, tal como cuando se forma una superficie de deposición final, si los sedimentos son mayormente arena y si las condiciones son húmedas todo el año, en el suelo pueden desarrollarse condiciones que promueven la disolución de los óxidos e hidróxidos de hierro y el limo y arcilla restante, causando el blanqueo de las arenas (Johnsson et al. 1988, Stallard 1988). En sitios más distantes con menos arena, tal como en la región Yaguas-Cotuhé, los suelos resultantes serían más ricos en arcilla y pobres en nutrientes.

Los depósitos sedimentarios más jóvenes en la región Yaguas-Cotuhé son sedimentos aluviales depositados por los ríos modernos desde el Pleistoceno tardío al presente. Estos sedimentos están típicamente más empobrecidos en minerales con nutrientes que los depósitos a partir de los cuales fueron erosionados. En la región Yaguas-Cotuhé, todos los sedimentos provienen de las tierras altas locales.

RESUMEN

Las interacciones entre elevación, calidad de sustrato e inundaciones producen una variedad extraordinaria de ambientes que promueven la gran biodiversidad de las cuencas de los ríos Yaguas y Cotuhé. En esta región, dos factores asociados a la elevación contribuyen al tipo de hábitat. Primero, la elevación absoluta está cercanamente relacionada a la calidad del sustrato, de la manera siguiente: 1) Las elevaciones bajas equivalen a los suelos y sedimentos de la Formación Pebas y a planicies inundables compuestas por sedimentos parcialmente derivados de la Formación Pebas. 2) Las elevaciones altas equivalen a los sedimentos plio-pleistocenos, mientras que los depósitos de planicie inundable adyacentes son derivados de esos sedimentos. 3) Las cimas planas de las colinas más altas corresponden a una terraza de edad pleistocena inferior que probablemente una vez fue una vasta llanura aluvial; los suelos en ellas son tan antiguos como la terraza, posiblemente de dos millones de años, y fuertemente meteorizados. Segundo, la elevación por encima de los ríos cercanos también se relaciona a la susceptibilidad a inundación. La amplitud de la inundación llega a su punto máximo en la confluencia Putumayo-Yaguas (aprox. 10 m) y decrece sostenidamente aguas arriba. El cambio en amplitudes de inundación anual y la contribución más pequeña de sedimento de mayor calidad derivado de la Formación Pebas causa un cambio en el carácter de los humedales, desde pobres en nutrientes y distantes del río en las partes altas de la cuenca hasta ricos en nutrientes y próximos al río en las partes bajas. A pesar de estos patrones generales, el paisaje está salpicado con afloramientos de la Formación Pebas especialmente ricos en nutrientes y que forman las *collpas*. Algunos de los rasgos del paisaje más pobres en nutrientes podrían ser las turberas que observamos cerca al campamento Cachimbo y en nuestros sobrevuelos en helicóptero.

RECOMENDACIONES PARA LA CONSERVACIÓN

Manejo

- Proporcionar protección estricta a las colinas de cima plana en las cabeceras del río Yaguas y a la quebrada Lupuna, las cuales tienen suelos antiguos pobres en nutrientes coronados por una gruesa capa de raíces. La deforestación y la presencia de caminos y carreteras activas podría desestabilizar la capa de raíces, conduciendo a la erosión y destrucción irreversible de este hábitat, el cual probablemente es producto de millones de años de estabilidad.

- Regular el acceso a los hábitats de suelos pobres en nutrientes desarrollados en antiguos depósitos aluviales a elevaciones más bajas, tales como el bosque del campamento Alto Cotuhé y la terraza aluvial cerca al campamento Cachimbo. Estos también son vulnerables a los efectos de la deforestación, o a la construcción de caminos y carreteras, y deberían ser utilizados con cuidado.

- Proveer protección estricta a las turberas. Los depósitos de turba son inherentemente inestables, debido a que la vegetación de chamizal prospera en condiciones pobres en nutrientes y probablemente se recuperan lentamente de los disturbios. Asimismo, las turberas son fácilmente destruidas por drenaje o desecación. En el ámbito global, las turberas almacenan grandes cantidades de carbono. Si la turba es incendiada (o si se incendiase naturalmente a causa de un rayo), un depósito entero de carbono puede ser fácilmente destruido.

Investigación

- Más trabajo es necesario para caracterizar los suelos y el agua de las cuencas de los ríos Yaguas y Cotuhé. Las preguntas clave incluyen: ¿Dónde están las áreas pobres en nutrientes? ¿Dónde hay afloramientos de la Formación Pebas? ¿Dónde están las *collpas*? ¿Dónde están las turberas? La química del agua de los arroyos, la observación geológica, la descripción geomorfológica, la caracterización de suelos y simples mediciones de la calidad del agua son adecuadas para mapear este paisaje usando las características descritas en los Apéndices 1B–1F de Vriesendorp et al. (2006). Con guías de color del suelo y una herramienta poco costosa de extracción de suelo, los suelos y el material parental expuestos en los canales de las quebradas pueden ser fácilmente mapeados de una forma que sea suficiente para caracterizar la mayor parte de este paisaje. El mapeo consistiría en la extracción de suelos y el registro de 1) la localidad, 2) la presencia

y grosor de una capa de raíces, 3) el color y la textura de la superficie edáfica, 4) el color y la textura del fondo de la muestra de suelos, 5) el tipo de los arroyos, 6) la forma de los canales, 7) la forma de las colinas, 8) la descripción del material de las riberas y el lecho de los ríos y arroyos (Pebas/no Pebas, con piedritas/sin piedritas). Los únicos instrumentos caros requeridos son un GPS (Garmin GPSMAP 60CSx) para medir la ubicación en regiones sin mapas adecuados e instrumentos apropiados para medir el pH y la conductividad para caracterizar la calidad del agua (los aparatos para medir la conductividad tienen un precio y un mantenimiento costoso).

- Estudiar las diferencias geológicas entre la región Yaguas-Cotuhé y áreas adyacentes en el trapecio colombiano. Una característica especialmente interesante en la región es la cuenca al sudeste de la cuenca del río Cotuhé, que es inusualmente elevada, indicando que se ha erosionado menos que otras áreas en el mapa. Extensas tierras altas implican una causa regional para una erosión disminuida. Este tipo de erosión más lenta sucede frecuentemente cuando los sedimentos son casi perfectamente horizontales y tienen una capa dura (tal como un alio desarrollado bajo suelos de arena). Capas gruesas podrían estabilizar algunas de las colinas coronadas por arenas de cuarzo cerca de Iquitos y quizás las colinas de cima plana en Maijuna. Otra posibilidad es una tierra alta de la Formación Pebas, porque esta formación es considerablemente más resistente que los sedimentos plio-pleistocenos. Esta última interpretación estaría en concordancia con una flora de suelos ricos, que parece ser dominante en el Parque Nacional Natural Amacayacu, a diferencia de la cuenca del río Yaguas (Rudas y Prieto 2005, Barreto Silva et al. 2010). Se necesita estudiar la región entre los sitios del presente inventario y Amacayacu en Colombia para caracterizar esta transición.

- Se necesita una cantidad considerable de investigación para describir las extensas turberas en la cuenca del río Yaguas, para evaluar su estabilidad y para evaluar los inventarios de carbono y las tasas de captura de carbono en el área. Las turberas del Hemisferio Norte pueden ser sujetas a identificación y clasificación mediante imágenes satelitales apropiadas, con calibración en campo (Poulin et al. 2002), por lo cual anticipo que este enfoque también debería funcionar en la Amazonía peruana.

- Para los futuros inventarios rápidos, los mapas de la región a ser estudiada primero deberían ser generados usando los datos de elevación de la misión Space Shuttle SRTM combinados con datos satelitales de cobertura terrestre. En el presente inventario, reuní suficientes datos de GPS para desarrollar protocolos de mapeo para futuros sitios de estudio y que podrían presentar mejor las redes de ríos, la topografía y los rasgos distintivos del paisaje antes de seleccionar sitios y establecer un sistema de trochas.

FLORA Y VEGETACIÓN

Autores: Roosevelt García-Villacorta, Isaú Huamantupa, Zaleth Cordero, Nigel Pitman y Corine Vriesendorp

Objetos de conservación: Alta heterogeneidad de hábitats representativos del interfluvio Napo-Amazonas-Putumayo y que actualmente carecen de protección estricta en Loreto; terrazas de tierra firme con flora distintiva formadas por antiguas planicies de inundación de edad pleistocena inferior (aprox. 2 millones de años de antigüedad) en la zona norte de las cabeceras del río Yaguas; terrazas de tierra firme con flora asociada a suelos pobres creciendo sobre antiguas planicies de edad pleistocena superior (con aprox. 120,000 años de antigüedad); bosques de planicie inundable intactos y poco alterados; flora característica asociada con cochas y quebradas en la parte baja del río Yaguas; extensos bosques enanos (chamizales) asociados a depósitos de turba en la planicie inundable del Yaguas y sin conexión a suelos arenosos de cuarzo; un stock de carbono subterráneo potencialmente enorme en los pantanos que acumulan turba; bosques de cabeceras que regulan los ciclos hidrológicos en las dos cuencas y que los protegen contra procesos erosivos; poblaciones saludables y bien conservadas de plantas útiles en las colinas medias de estas cuencas, incluyendo tamshi (*Heteropsis* spp.) irapay (*Lepidocaryum tenue*), shapaja (*Attalea maripa, A. insignis, A.* cf. *microcarpa*), espintana (*Oxandra major*) y ungurahui (*Oenocarpus bataua*); poblaciones saludables de las especies ornamentales *Zamia ulei* y *Zamia* aff. *hymenophyllidia* (Zamiaceae), incluidas en CITES Apéndice II; poblaciones saludables de especies maderables importantes como tornillo (*Cedrelinga cateniformis*), marupá (*Simarouba amara*), catahua (*Hura crepitans*), pashaco (*Parkia nitida*), lupuna (*Ceiba pentandra*), machimango (*Eschweilera* spp.), charapillo (*Hymenaea oblongifolia*), azúcar huayo (*Hymenaea courbaril*), leche huayo (*Lacmellea peruviana*), quinilla o balata (*Manilkara bidentata*) y polvillo (*Qualea* spp.); poblaciones reducidas de especies maderables importantes como cedro (*Cedrela odorata*) que pueden ser recuperadas con manejo adecuado; por lo menos siete nuevos registros para la flora peruana; diez especies de plantas que podrían ser nuevas para la ciencia

INTRODUCCIÓN

Los bosques visitados durante el inventario rápido se encuentran ubicados en el extremo noreste de Loreto, en el interfluvio Napo-Amazonas-Putumayo, e incluyen una amplia variedad de hábitats de tierra firme, bosques inundables, pantanos, cochas y vegetación riparia. Sólo existen dos estudios previos de las plantas del área. Uno fue un inventario rápido de la vegetación en los alrededores de un campamento en el alto río Yaguas por un equipo de The Field Museum en 2003 (Vriesendorp et al. 2004); como esos datos provienen de la misma cuenca y tienen el mismo formato que los colectados durante nuestro trabajo de campo en 2010, están incluidos en los resultados presentados aquí.

El segundo estudio fue un inventario forestal en el cual se elaboraron mapas de vegetación para toda la región a través del análisis de imágenes satelitales y se llevaron a cabo estudios florísticos cuantitativos en el bajo río Yaguas (INADE y PEDICP 2002). Todavía no ha sido posible comparar nuestros datos de forma detallada con los de INADE y PEDICP (2002), ya que ese estudio abarcó un área mucho mayor (incluyendo no solamente las cuencas de los ríos Yaguas y Cotuhé sino también las del bajo Putumayo, Atacuari y Yavarí) y el informe no especifica cuáles resultados del trabajo de campo corresponden a nuestra región de interés. Si bien en este capítulo ofrecemos algunas observaciones preliminares sobre estos dos estudios previos—los inventarios rápidos y el trabajo de INADE y PEDICP (2002)—una comparación más profunda sigue siendo una prioridad para futuras investigaciones.

Otros estudios relativamente cercanos son evaluaciones florísticas de los ríos Ampiyacu, Apayacu y Yaguasyacu (Grández et al. 1999, Vriesendorp et al. 2004), un inventario de la flora leñosa en el sector colombiano del bajo Cotuhé (Duque et al. 2009), un inventario forestal en el río Algodón (Pacheco et al. 2006) y un inventario de la flora leñosa en los bosques colombianos al norte del Putumayo, cerca de la boca del río Yaguas (Cárdenas López et al. 2004). El presente estudio complementa el conocimiento de la flora en el paisaje del río Putumayo acumulado en tres inventarios rápidos previos en el área: la región Ampiyacu-Apayacu-Yaguas-Medio Putumayo (AAYMP; Vriesendorp et al. 2004), la propuesta Área de Conservación Regional Maijuna (García-Villacorta et al. 2010) y la Zona Reservada de Güeppí (Vriesendorp et al. 2008). Una aproximación a la diversidad regional en esta parte de la cuenca amazónica puede encontrarse en las flórulas de Iquitos (Vásquez-Martínez 1997) y Amacayacu (Rudas y Prieto 2005).

MÉTODOS

Utilizamos una combinación de métodos que consistió principalmente en el registro visual de especies conocidas, colectas intensivas de especímenes fértiles en todos los estratos del bosque y una descripción detallada de la fisonomía, la estructura y las especies más comunes en los tipos de bosques encontrados. También registramos especies útiles, maderables y no maderables, así como su estado poblacional.

Se caracterizaron los tipos de bosques de acuerdo a la topografía, calidad de drenaje, tipo de suelo y especies comunes mediante recorridos diarios en las trochas de cada campamento (15–20 km). En el campamento Cachimbo colectamos intensivamente en tres lugares fuera del sistema de trochas: la cocha Águila y dos bosques de tierra firme en la ribera del río Yaguas (ver el capítulo Panorama Regional y Sitios Visitados).

Adicionalmente se establecieron transectos para estudiar en forma cuantitativa la flora leñosa de los diferentes tipos de bosques. Para caracterizar la flora arbustiva con >5 cm de diámetro a la altura del pecho (DAP), R. García y N. Pitman establecieron siete transectos de 100 x 5 m en algunos de los principales tipos de hábitat encontrados en los tres campamentos visitados en 2010. Asimismo, en el campamento Yaguas (el sitio visitado en 2003) se inventariaron los árboles ≥10 cm DAP en un transecto de 2 km x 5 m (Vriesendorp et al. 2004).

R. Foster organizó y coordinó con los especialistas taxonómicos la identificación de más de 3,200 fotografías de especímenes tomadas por I. Huamantupa, Z. Cordero, R. García y N. Pitman en el campo en 2010. Estas fotos y fotos similares del inventario de 2003 estarán disponibles junto con su identificación taxonómica contactándose a rrc@fieldmuseum.org. Las muestras colectadas fueron depositadas en el Herbario Amazonense (AMAZ) de la Universidad Nacional de la Amazonía Peruana. Cuando habían especímenes disponibles, estos también fueron distribuidos al herbario de la Universidad Nacional de San Antonio Abad del Cusco, Perú (CUZ) a The Field Museum en Chicago, Estados Unidos (F) y al Herbario Amazónico Colombiano, Bogotá (COAH).

RESULTADOS

Riqueza y composición

En total se colectaron >811 especímenes de plantas, así como cientos de vouchers esteriles, totalizando 109 familias y >948 especies de plantas (Apéndice 2). Todavía no ha sido posible integrar nuestra lista con la lista de 1,102 especies reportada por INADE y PEDICP (2002), ya que no queda claro cuáles de las especies de ese estudio fueron registradas en nuestra área.

Por la alta heterogeneidad de hábitats encontrados estimamos que el área podría contener 3,000–3,500 especies de plantas. Si bien estas cifras son basadas más en la experiencia de los autores que en análisis cuantitativos, un estimado independiente del tamaño de la flora de esta región de la Amazonía publicado recientemente ofrece un rango muy parecido: entre 3,000 y 4,000 especies (Bass et al. 2010). Ese y otros estudios han demostrado que estos números son muy altos para la cuenca amazónica, lo cual sugiere que esta región alberga mucha de la diversidad florística de la Amazonía loretana (ter Steege et al. 2003, 2006).

En base a los registros y colecciones realizados en los tres sitios visitados en 2010, los bosques del campamento Choro (en las cabeceras del río Yaguas) fueron más similares en su composición florística a los bosques del campamento Alto Cotuhé (en las cabeceras del río Cotuhé), y ambos algo más diferentes a los bosques encontrados en los alrededores del campamento Cachimbo (en el bajo río Yaguas). Estas diferencias con el campamento Cachimbo se deben a la presencia allí de los bosques más distintivos florística y estructuralmente encontrados en todo el inventario de 2010: bosques enanos de chamizales, bosques dominados por la palmera de sotobosque *Lepidocaryum tenue* (irapayales) y bosques inundables y riparios propios de la cuenca baja del río Yaguas, todos ellos no encontrados en algún otro lugar del inventario. Por las especies reportadas y los tipos de bosque encontrados (bosques ribereños, planicies inundables, bosques de pantano con *Mauritia flexuosa* y colinas bajas de tierra firme), los bosques del campamento Yaguas visitados en 2003 serían más similares a los bosques encontrados en las cabeceras del río Cotuhé que a los otros dos sitios visitados en 2010 (Vriesendorp et al. 2004).

Tipos de vegetación

Nuestros hallazgos más inesperados fueron: 1) extensos bosques de tierra firme sobre terrazas de edad pleistocena inferior (aprox. 2 millones de años de antigüedad) en las cabeceras del río Yaguas, con una flora que no vimos en alguna otra parte de estas cuencas, 2) bosques sobre terrazas de edad pleistocena superior (aprox. 120,000 años de antigüedad) en las cabeceras del río Cotuhé e incluyendo los 'irapayales' del campamento Cachimbo, con una composición distintiva de suelos pobres, y 3) bosques enanos o chamizales en la planicie inundable del río Yaguas asociados a depósitos de turba (turberas), sin conexión con suelos de arenas blancas cuarzosas, y con varias especies de plantas restringidas a este hábitat.

Al menos ocho otros tipos de bosques diferentes en composición, dominancia y estructura pueden ser distinguidos en el área: 1) bosques de colinas medias en arcillas medianamente pobres, 2) bosques de colinas medias en arcillas ricas de la Formación Pebas, 3) bosques de quebradas y cochas, 4) bosques de planicie inundable con topografía plana, 5) bosques de planicie inundable con topografía ondulada, 6) bosques de planicie inundable en cabeceras, 7) aguajales mixtos en las planicies inundables de ríos grandes, y 8) aguajales mixtos en áreas pobremente drenadas de la tierra firme.

El número de bosques encontrados es alto y refleja la heterogeneidad en suelos, geología y topografía encontrada en el área. Asimismo, nuestra lista de tipos de vegetación es bastante parecida a la de INADE y PEDICP (2002), siendo la diferencia más contrastante la presencia en ese estudio de algunos hábitats asociados con las riberas del río Putumayo, donde nosotros no trabajamos. Sin embargo, mucho más estudio es necesario para clarificar cómo nuestros tipos de bosque corresponden con los tipos de bosque mapeados por INADE y PEDICP (2002).

Terrazas altas de edad pleistocena inferior
(aprox. 2 millones de años; Fig. 4C)

Los bosques en las antiguas planicies inundables de edad pleistocena inferior (las elevaciones más altas del paisaje) tuvieron suelos arcillosos bien drenados y muy pobres en nutrientes debajo de un tejido de raicillas superficiales de hasta 15 cm de grosor (Fig. 3E). Estos bosques estuvieron representados por especies, géneros y familias de plantas que tienen hojas muy duras (coriáceas), látex y/o alta densidad de madera, especialmente Chrysobalanaceae, Sapotaceae, Lecythidaceae y Elaeocarpaceae. Los árboles comunes en estos bosques incluyeron *Oenocarpus bataua* (ungurahui, Arecaceae), *Brosimum utile* (Moraceae), *Iryanthera elliptica* (Myristicaceae), *Duroia saccifera* (Rubiaceae) y varias especies de *Eschweilera* (machimango, Lecythidaceae). En el sotobosque fueron comunes *Marmaroxylon basijugum* (Fabaceae) y *Astrocaryum ciliatum* (Arecaceae; Fig. 6L). Las familias de hierbas más representativas fueron Marantaceae (especialmente los géneros *Calathea* y *Monotagma*) y Arecaceae (*Geonoma* y *Bactris*), destacándose entre las palmeras *Bactris bifida*. Entre los arbustos destacan las familias Myrtaceae, Euphorbiaceae y Rubiaceae.

Sólo en este tipo de bosque pudimos hallar *Rapatea undulata* (Rapateaceae), que constituye el primer registro para el Perú (Fig. 6J). En las colinas de suelos pobres un poco por debajo de estas terrazas fue común encontrar manchales del arbusto monocaule *Conchocarpus toxicarius* (Rutaceae) y *Miconia* cf. *lepidota* (Melastomataceae), un arbolito con hojas rojizas y corteza desprendiéndose en placas delgadas.

Terrazas de edad pleistocena superior (aprox. 120,000 años de antigüedad)

Estos bosques ocupan áreas colinosas ondulantes con una gruesa capa de raicillas y materia orgánica (2–5 cm). Aunque son más jóvenes que las terrazas altas de edad pleistocena inferior descritas en el párrafo anterior (ver el capítulo Procesos Paisajísticos), estas terrazas también tuvieron Chrysobalanaceae y Lecythidaceae como familias importantes en la comunidad de árboles. Entre las especies interesantes en estos bosques figuran *Remijia pacimonica* (Fig. 6O) y *Pagamea plicata* (ambas Rubiaceae), conocidas por ser especialistas de bosques de arena blanca (Vicentini 2007, García-Villacorta et al. 2003).

Un transecto en este bosque en la orilla sur del río Cotuhé encontró como dominantes una especie de *Mabea angularis* (Euphorbiaceae) de hojas grandes, así como varios individuos gigantes del árbol maderable *Cedrelinga cateniformis* (tornillo). Este bosque también presentó la más alta densidad de tallos de todos los sitios estudiados, con un total de 90 tallos >5 cm DAP en 500 m². En el sotobosque fue bastante frecuente hallar especies de las familias Euphorbiaceae, Annonaceae y Violaceae (especialmente el género *Rinorea*). Fue también en este bosque que se halló por primera vez en el Perú el arbusto pequeño *Diospyros micrantha* (Ebenaceae; Fig. 6N). A diferencia del campamento Choro, no se observó una clara dominancia de Marantaceae en el sotobosque, sino en cambio una mayor frecuencia de las familias Cyclanthaceae y Arecaceae. En estos bosques también fue común encontrar en el sub-dosel poblaciones saludables de la palmera *Attalea maripa* (shapaja). En un sector pequeño del área encontramos también *Phenakospermum guyannense* (platanillo, Strelitziaceae).

Bosques de colinas medias en arcillas amarillentas medianamente pobres

Estos bosques fueron muy extensos en la zona estudiada. Generalmente se ubicaron en colinas con pendientes suaves intercalados con zonas bajas o quebradas angostas que drenan el terreno. En el campamento Alto Cotuhé un sector de estas colinas presentaba quebradas con lecho compuesto completamente de piedrecillas de cuarzo redondeadas (Figs. 4F–G). Algunos árboles caídos de raíz en estos bosques mostraban que los suelos estaban constituidos por una mezcla de arcilla y piedras de cuarzo menudas, legado de algún río pleistoceno y probablemente correspondiente a la Formación Nauta 2 (ver el capítulo Procesos Paisajísticos).

La familia Euphorbiaceae fue muy importante en número y diversidad, probablemente debido a su forma explosiva de dispersión y su preferencia por esta calidad de suelos. Especies importantes incluían *Pseudosenefeldera inclinata*, *Pausandra* sp. nov. (ver abajo), *Micrandra spruceana* y *Mabea* spp. Un transecto en este bosque del campamento Alto Cotuhé mostró que *P. inclinata* representó más del 20% de todos los tallos encontrados. El árbol de dosel *Clathrotropis macrocarpa* (Fabaceae) fue uno de los más característicos de estos bosques, aunque sin la alta densidad reportada en el inventario rápido Maijuna (García-Villacorta et al. 2010). Otras especies comunes incluyeron *Qualea trichanthera* (Vochysiaceae), *Pourouma herrerensis* (Urticaceae), *Cyathea* sp. (Pteridophyta), *Vochysia stafleui* (Vochysiaceae), *V. biloba* (Vochysiaceae),

Virola loretensis (Myristicaceae) y *Potalia coronata* (Gentianaceae). El sotobosque estuvo dominado por especies de Marantaceae y en algunos tramos por poblaciones de *Heliconia velutina* (Heliconiaceae).

Una franja delgada a lo largo de la quebrada Lupuna en el campamento Choro también correspondió a este tipo de bosque y tuvo las siguientes especies: *Oenocarpus bataua* (Arecaceae), *Clathrotropis macrocarpa, Crepidospermum rhoifolium* (Burseraceae), *Brosimum utile* (Moraceae), *Conceveiba guianensis* (Euphorbiaceae), *Couma macrocarpa* (Apocynaceae), *Scleronema praecox* (Malvaceae), *Hevea brasiliensis* (Euphorbiaceae) y *Eschweilera coriacea* (Lecythidaceae). En el campamento Cachimbo encontramos también este tipo de bosque en una colina alta a la margen izquierda del río Yaguas y con las siguientes especies características: *Clathrotropis macrocarpa, Oenocarpus bataua, Pouteria torta* var. *torta* (Sapotaceae), *Virola calophylla* var. *calophylloidea* (Myristicaceae), *Brosimum rubescens* (Moraceae), *Rinorea lindeniana* (Violaceae) e *Iryanthera macrophylla* (Myristicaceae).

Un área de este tipo de bosque en el campamento Alto Cotuhé estaba dominada por árboles grandes de especies sucesionales como *Cecropia sciadophylla, Pourouma cecropiifolia, P. minor* (todas Urticaceae) y *Vismia amazonica* (Hypericaceae). Por el tamaño de las especies sucesionales y las especies acompañantes, este bosque tendría 10–15 años de antigüedad y se habría formado por una caída de árboles a gran escala provocada por un viento fuerte en el área.

Bosques de colinas medias en arcillas ricas de la Formación Pebas

Los bosques de tierra firme asociados a la Formación Pebas tuvieron una composición diferente y más diversa que todos los demás tipos de bosques encontrados en el inventario rápido. El terreno fue ligeramente ondulado y disectado por canales angostos, usualmente con piedrecillas de cuarzo, y en el sotobosque fue común encontrar especies de *Calathea* y *Monotagma* (Marantaceae).

Al caminar por estos bosques uno no podía decidir si alguna de las especies de árboles presentes era más dominante que las otras, como era posible

en los otros bosques visitados durante el inventario. Estos bosques fueron observados cerca a un lamedero de minerales (*collpa*) en el campamento Choro, y en unas colinas altas a la orilla del río Yaguas cerca del campamento Cachimbo.

Myristicaceae fue una de las familias más importantes, con varias especies de *Iryanthera* y *Virola* y árboles grandes de *Otoba glycycarpa*, una especie indicadora de suelos ricos (Ruokolainen y Tuomisto 1998). También encontramos aquí *Pseudolmedia laevis* (Moraceae), *Warszewiczia coccinea* (Rubiaceae), *Astrocaryum murumuru* (Arecaceae), *Iriartea deltoidea* (Arecaceae), *Turpinia occidentalis* (Staphyleaceae), *Brownea grandiceps* (Fabaceae), *Jacaratia digitata* (Caricaceae), *Apeiba tibourbou* (Malvaceae), *Matisia obliquifolia*, (Malvaceae), *Capirona decorticans* (Rubiaceae), *Calycophyllum megistocaulum* (Rubiaceae), *Guarea kunthiana* (Meliaceae), *Nealchornea yapurensis* (Euphorbiaceae), *Sapium marmieri* (Euphorbiaceae) y *Crepidospermum rhoifolium* (Burseraceae). A orillas del río Yaguas también fue llamativa la abundancia en el sotobosque de *Zamia* aff. *hymenophyllidia* (Zamiaceae; Fig. 6H), así como el gran número de árboles emergentes de *Ficus insipida* (Moraceae). A ser confirmada la identificación de esta *Zamia* como *Z. hymenophyllidia*, ésta sería la cuarta y mayor población conocida para la especie, considerada críticamente amenazada por la UICN (IUCN 2010).

Bosques de colinas medias en arcillas pobres dominados por *Lepidocaryum tenue*

Estos bosques los encontramos bastante extensos en las terrazas medias del bajo río Yaguas, cerca del campamento Cachimbo. Se encuentran creciendo sobre una antigua planicie de inundación de edad pleistocena superior (aprox. 120,000 años de antigüedad). El suelo es arcilloso-limoso con una capa densa de raicillas de hasta 5 cm de grosor. Algo muy característico de estos bosques es la dominancia de la pequeña palmera *L. tenue* (irapay) que cubre el sotobosque y puede llegar hasta los 3 m. Un transecto en estos bosques encontró varias especies con asociación a suelos pobres, entre ellas varias especies de *Sloanea* (Elaeocarpaceae), *Eschweilera* (Lecythidaceae), *Tovomita* (Clusiaceae) y *Guarea* (Meliaceae), así como *Micrandra spruceana* (Euphorbiaceae), *Anisophyllea guianensis* (Anisophylleaceae) y *Oenocarpus bataua* (Arecaceae). En el sotobosque también fue frecuente hallar palmeras pequeñas del género *Bactris*, así como varias especies arbustivas de *Miconia* (Melastomataceae) y de la familia Rubiaceae.

Bosques de quebradas y cochas
Estos bosques fueron encontrados en los afluentes del bajo río Yaguas y en el caudal seco de la quebrada Cachimbo. Presentaban una vegetación muy similar entre si, con *Macrolobium acaciifolium* y *Campsiandra angustifolia* (Fabaceae), *Annona hypoglauca* y *Duguetia* sp. (Annonaceae), *Buchenavia oxycarpa* (Combretaceae), *Eschweilera albiflora* (Lecythidaceae), *Bactris riparia* (Arecaceae), *Triplaris americana* (Polygonaceae), *Tococa coronata* (Melastomataceae) y varias especies epifíticas de Bromeliaceae.

Estas mismas especies son comunes alrededor de las cochas grandes en la baja cuenca del Yaguas, junto con los árboles *Couepia chrysocalyx* (Chrysobalanaceae), *Nectandra* sp. (Lauraceae), *Combretum laxum* (Combretaceae) y el primer registro para el Perú de *Vochysia floribunda* (Vochysiaceae), especie especialista de áreas inundadas de aguas negras. En las zonas frecuentemente inundadas fueron comunes hierbas como *Lindernia crustacea* (Scrophulariaceae), *Rhynchospora* y *Fimbristylis* (Cyperaceae), y otras plantas semi-leñosas del género *Ludwigia* (Onagraceae).

Bosques de planicie inundable con topografía plana
Este tipo de bosque estuvo ubicado a lo largo del río Cotuhé y en la confluencia de la quebrada Cachimbo con el río Yaguas. Los bosques de la planicie inundable del Cotuhé son bastante representativos de estos hábitats en las dos cuencas. Un transecto allí mostró que la familia más diversa es Annonaceae y las especies arbóreas más importantes *Ceiba pentandra* (Malvaceae), *Hura crepitans* (Euphorbiaceae), *Socratea exorrhiza* (Arecaceae), *Parkia igneiflora* (Fabaceae) y *Parkia velutina* (Fabaceae). Estos bosques se caracterizan por tener una hojarasca húmeda. En los sitios mal drenados de los campamentos Choro y Alto Cotuhé fue común un árbol no identificado de la familia Rubiaceae que tenía zancos (raíces aéreas) prominentes.

El bosque de planicie inundable con topografía plana del bajo río Yaguas tuvo una vegetación arbórea bien desarrollada en la cual destacaron los árboles *Virola elongata* (Myristicaceae), *Vochysia lomatophylla* (Vochysiaceae), *Garcinia madruno* (Clusiaceae), *Sterculia colombiana* (Malvaceae), *Buchenavia amazonia* (Combretaceae), *Simarouba amara* (Simaroubaceae), *Oenocarpus mapora* (Arecaceae), *Euterpe precatoria* (Arecaceae) e *Himatanthus sucuuba* (Apocynaceae). En el sotobosque fue frecuente hallar *Didymochlaena truncatula* y helechos del género *Trichomanes*, siendo menos frecuentes especies de Commelinaceae, Cyclanthaceae y Cyperaceae.

Bosques de planicie inundable con topografía ondulada
Sólo vimos este tipo de bosque en el campamento Cachimbo, donde la quebrada Cachimbo está retomando un antiguo cauce (ver el capítulo Procesos Paisajísticos). En época de creciente las aguas acumulan tierra y materia orgánica en las raíces de los árboles y arbustos, formando una gran cantidad de montículos pequeños separados por canales interconectados que le confieren al área un aspecto accidentado. Este bosque no presenta una comunidad arbórea muy desarrollada, aunque es posible encontrar *Coussapoa trinervia* (Urticaceae), *Micrandra spruceana* y *Mabea nitida* (Euphorbiaceae), así como *Ficus guianensis* (Moraceae) y varias especies de Annonaceae. Helechos en los géneros *Adiantum*, *Lindsaea* y *Trichomanes* fueron comunes en el sotobosque, y en algunos tramos habían colonias de *Heliconia juruana* (Heliconiaceae), *Cyclanthus bipartitus* (Cyclanthaceae) y varias especies arbustivas de Rubiaceae.

Bosques de la planicie inundable en cabeceras
Este tipo de bosque fue encontrado en las quebradas menores y afluentes de la quebrada Lupuna en el campamento Choro, localizado en las cabeceras del río Yaguas. Ya que estas quebradas sólo se inundan por períodos breves, su composición florística es una mezcla de especies de tierra firme y de planicie inundable. Por ejemplo, varias palmeras que usualmente se encuentran en tierra firme se encontraban en la orilla de la quebrada Lupuna, como *Oenocarpus bataua*, *Iriartea deltoidea* y

Astrocaryum murumuru. Otras especies que son más características de las planicies inundables de Loreto también fueron encontradas: *Simarouba amara* (Simaroubaceae), *Euterpe precatoria* y *Attalea insignis* (Arecaceae), e *Hymenaea oblongifolia* y *Parkia nitida* (Fabaceae). En las partes pobremente drenadas fue común encontrar el mismo árbol con zancos de la familia Rubiaceae mencionado anteriormente, *Piper* sp. (Piperaceae) y un árbol bajo del género *Neea* (Nyctaginaceae).

En la planicie inundable de la quebrada Lobo también encontramos un herbazal del tamaño de una cancha de fútbol, sin árboles grandes y dominado por tres especies en los géneros *Renealmia* (Zingiberaceae), *Heliconia* (Heliconiaceae) y *Calathea* (Marantaceae). El bosque en los alrededores de este herbazal era bien drenado y típico de la planicie inundable, sin ninguna evidencia de disturbio antropogénico reciente y con muchos individuos altos del palmito *Euterpe precatoria*. Este fue el único lugar abierto y sin árboles visto durante los sobrevuelos en la zona del campamento Choro y su origen sigue siendo un misterio.

Aguajales bosques de pantano con Mauritia flexuosa
En los campamentos visitados observamos varios bosques de pantano dominados por *M. flexuosa* y otras palmeras. A pesar de ser comúnmente agrupados bajo el nombre aguajal, estas comunidades son excepcionalmente heterogéneas en la composición florística y en la abundancia de *M. flexuosa*, a veces dentro de un área pequeña. Por ejemplo, cerca del campamento Alto Cotuhé observamos un pantano de varias hectáreas dominado por *M. flexuosa* y otro del mismo tamaño en el cual *M. flexuosa* estaba casi ausente. En el segundo pantano la palmera *Socratea exorrhiza* era tan abundante que fue difícil abrir un camino entre sus largas raíces zancos. Ya que el primer pantano estaba ubicado en la orilla norte del río Cotuhé (donde los suelos eran más fértiles) y el segundo en la orilla sur (donde los suelos eran más pobres), esto podría ser otro indicio de una diferencia geológica marcada entre las dos orillas (ver el capítulo Procesos Paisajísticos).

Esta variabilidad entre pantanos era especialmente evidente en los sobrevuelos de la región. En grandes extensiones de las planicies inundables del bajo río Yaguas y sus afluentes, por ejemplo, vimos pantanos con vegetación leñosa de no más de 5 m de altura, en los cuales los únicos árboles altos eran individuos dispersos de *M. flexuosa*. Algunos de estos pantanos sin duda corresponden a los chamizales descritos en la próxima sección, pero otros probablemente cuentan con vegetación que no pudimos estudiar en el campo. Así fue el caso de los pantanos sin árboles que observamos desde el helicóptero, en donde crecía una vegetación baja y aparentemente herbácea, dándoles un aspecto de sabana (Fig. 4A). Lo que hace especialmente fascinante esta variabilidad en la planicie inundable del río Yaguas es que varios de estos diferentes tipos de pantanos se encontraban juntos en la misma región, en parches entremezclados entre sí, intercalados con pequeños cuerpos de agua, y a veces atravesados por delgadas franjas de bosque bien drenado. Estos hábitats sin duda merecen más estudio.

Mientras tanto, consideramos en este informe dos tipos de bosque de palmera en suelos pantanosos dominados por *M. flexuosa*: aguajales de planicie inundable y aguajales de la tierra firme. Ambos tipos fueron aguajales mixtos, sin una clara dominancia de *M. flexuosa*. Otros árboles a veces comunes en estos aguajales incluyeron las palmeras *Socratea exorrhiza* y *Euterpe precatoria*, *Symphonia globulifera* (Clusiaceae), *Sterculia colombiana* y *Pachira aquatica* (Malvaceae), *Virola pavonis* y *Virola minutiflora* (Myristicaceae), *Cespedesia spathulata* (Ochnaceae), *Coccoloba densifrons* (Polygonaceae) y *Caraipa* sp. (Calophyllaceae). En el sotobosque destacaban las heliconias y una gran variedad de marantáceas (especialmente *Calathea* y *Monotagma*), *Rapatea ulei* (Rapateaceae), *Rhynchospora* (Cyperaceae) y *Pontederia rotundifolia* (Pontederiaceae), así como algunos arbustos de la familia Rubiaceae.

Los aguajales de la tierra firme ocupaban sectores mal drenados entre las colinas en todos los sectores estudiados. Son visibles en las imágenes satelitales Landsat TM de un color rojizo entre las colinas a lo largo de las quebradas menores (Fig. 2A). La composición de los aguajales mixtos de la tierra firme fue similar a la encontrada en las planicies inundables.

Bosques de chamizales asociados a turbas sin arena blanca

Los chamizales son bosques enanos de 5–10 m de altura, con una alta densidad de tallos delgados, que crecen en las márgenes pobremente drenadas de los depósitos de arena blanca cerca de Iquitos, encima de una capa de abundante materia orgánica a veces de varios metros de grosor (Encarnación 1985, García-Villacorta et al. 2003). En las márgenes de las terrazas y colinas con suelos medianamente pobres en la planicie inundable del bajo río Yaguas, encontramos bosques muy parecidos en estructura y composición, creciendo sobre abundante materia orgánica (turba). A pesar de no haber en el área arena blanca, especies características de bosques de arenas blancas de Iquitos fueron encontradas aquí, tales como *Byrsonima stipulina* (Malpighiaceae), *Tococa bullifera* (Melastomataceae), *Graffenrieda limbata* (Melastomataceae), *Mauritiella aculeata* (Arecaceae), *Macrolobium limbatum* var. *limbatum* (Fabaceae) y *Doliocarpus dentatus* (Dilleniaceae). En el sotobosque una de las especies dominantes fue *Rapatea ulei* (Rapateaceae), junto con una especie del género *Fimbristylis* de hojas moradas (Cyperaceae). Árboles adultos de *M. flexuosa* se encontraban dispersos en el área sin ser dominantes.

Especies de valor económico

El área es rica en especies útiles como *L. tenue* (irapay, Arecaceae), una importante especie para la construcción de los techos de las casas. Otras especies más comunes en las colinas medias fueron las palmeras *Oenocarpus bataua*, *Attalea insignis*, *A. microcarpa* y *A. maripa*. En las planicies inundables encontramos poblaciones saludables de *Ceiba pentandra* (lupuna, Malvaceae), *Lacmellea peruviana* (chicle huayo, Apocynaceae), *Couma macrocarpa* (leche huayo, Apocynaceae), *Hura crepitans* (catahua, Euphorbiaceae), *Eschweilera* spp. (machimango, Lecythidaceae), *Simarouba amara* (marupá, Simaroubaceae), *Garcinia macrophylla* (charichuelo, Clusiaceae) y *Parkia nitida* (pashaco, Fabaceae).

También encontramos poblaciones saludables de *Heteropsis* spp. (tamshi, Araceae), usado en la construcción de casas, y de *Zamia* aff. *hymenophyllidia* y

Z. ulei (Zamiaceae), especies ornamentales amenazadas cuyo comercio está regulado por la convención CITES (Apéndice II). No observamos grandes poblaciones de *Cedrela odorata* (cedro, Meliaceae), aunque en las terrazas antiguas de suelos pobres encontramos *Cedrelinga cateniformis* (tornillo, Fabaceae).

Especies nuevas

Encontramos diez especies, entre hierbas, arbustos y arbolitos, que son aparentemente nuevas para la ciencia:

Aphelandra sp. nov. 1 (Acanthaceae). Esta hierba terrestre de aproximadamente 1 m con flores blanco-cremosas y brácteas amarillas fue colectada en el campamento Choro en bosque de la planicie inundable en las cabeceras del río Yaguas. N° Col. IH 14078, Fig. 6C.

Aphelandra sp. nov. 2 (Acanthaceae). Este arbusto de 2–3 m con flores morado-lilas intensas, brácteas rojas y ápice de la corola morado-blanquecino fue colectado en el campamento Alto Cotuhé en los bosques de planicie inundable con topografía ondulada. N° Col. IH 14380, 14517, Fig. 6D.

Carpotroche sp. nov. (Achariaceae). Este árbol de hasta 6 m fue colectado en los bosques de colinas medias en arcillas medianamente pobres. Se caracteriza por presentar frutos cremosos, globosos y bullados en el ápice de las ramitas. N° Col. IH 14069, 14493, Fig. 6B.

Cyclanthus sp. nov. (Cyclanthaceae). Esta hierba con hojas enteras ha sido avistada en un inventario rápido anterior en Loreto (Vriesendorp et al. 2004). *Voucher* fotográfico.

Gesneriaceae sp. nov. Esta hierba de 20 cm, colectada en los bosques de la planicie inundable en el campamento Choro, presenta flores blanco-cremosas con el cáliz desarrollado y rodeando a la flor casi por completo. N° Col. IH 14299, Fig. 6E.

Pausandra sp. nov. (Euphorbiaceae). Este arbolito de 3–5 m, colectado en las colinas medias del campamento Alto Cotuhé, se caracteriza por presentar domacios formados por las brácteas y tricomas en los ápices de las ramas, y látex rojo. Actualmente viene siendo descrita (K. Wurdack, com. pers.). N° Col. IH 14392, Fig. 6G.

Calathea sp. nov. (Marantaceae). Esta hierba terrestre de aprox. 40 cm con frutos marrones, haz verde con líneas blancas, y envés morado pubescente fue colectada en los bosques de planicie inundable con topografía plana en el campamento Choro. N° Col. IH 14258, Fig. 6A.

Calyptranthes sp. nov. (Myrtaceae) Este arbolito fue colectado en el campamento Choro. Tiene ramitas con tomentosidad ferruginosa y hojas de tamaño mediano con el envés pálido. *Voucher* fotográfico.

Eugenia sp. nov. (Myrtaceae) Este arbolito fue colectado en el campamento Choro. Tiene hojas de tamaño mediano con el envés pálido. *Voucher* fotográfico.

Palmorchis sp. nov. (Orchidaceae). Esta hierba terrestre hasta 1 m, colectada en los bosques de colinas medias en arcillas ricas de la Formación Pebas en el campamento Choro, presenta los sépalos y pétalos amarillo-cremosos, el labelo con líneas moradas y con abundantes cilios. *Voucher* fotográfico, Fig. 6F.

Nuevos registros para el Perú

Hallamos siete especies que son nuevos registros para la flora peruana:

Astrocaryum ciliatum (Arecaceae). Nuestra colección de esta palmera acaule de aproximadamente 5 m de altura con los frutos ciliados amplía su rango desde el extremo sur de Caquetá, Colombia. La especie fue reportada en el inventario de Maijuna (García-Villacorta et al. 2010), pero sin un *voucher*. N° Col. IH 14700, Fig. 6L.

Diospyros micrantha (Ebenaceae). Este arbolito de aproximadamente 1.5 m, colectado en las colinas altas arcillosas del campamento Alto Cotuhé, se diferencia de las demás especies del género por estar cubierta de tricomas puberulos rojos finos en las ramitas, hojas y cáliz de la flor. N° Col. IH 14371, Fig. 6N.

Rapatea undulata (Rapateaceae). Esta hierba terrestre de 40 cm con hojas corrugadas fue colectada en las terrazas altas de edad pleistocena inferior. Se caracteriza por presentar flores y frutos marrón-rojizos y mucilaginosos, así como venas color marrón a rosado en el envés de las hojas. Esta especie anteriormente sólo se conocía de Brasil, pero había sido avistada en estado esteril en otros inventarios rápidos en Loreto (e.g., Vriesendorp et al. 2004). N° Col. IH. 14126, Fig. 6J.

Tachigali vaupesiana (Fabaceae). Este árbol de gran tamaño, observado en las colinas medias del campamento Alto Cotuhé, se caracteriza por presentar un color dorado en el envés de los foliolos y pequeños domacios en la base del pecíolo. Anteriormente sólo estaba conocida para Brasil y Colombia. *Voucher* fotográfico.

Eugenia anastomosans (Myrtaceae). Este arbolito fue colectado en el campamento Choro. La inflorescencia es ramiflora. Ampliamente distribuida en la parte alta amazónica. *Voucher* fotográfico.

Vochysia floribunda (Vochysiaceae). Esta especie, un árbol típico de bosques de quebrada y cochas inundables, fue anteriormente conocida sólo para los bosques inundables de Brasil. Presenta flores amarillas vistosas con olor fragrante. N° Col. IH 14801.

Vochysia inundata (Vochysiaceae). Este árbol de hasta 20 m de altura fue anteriormente conocido de bosques inundables y de tierra firme en Brasil. Lo colectamos en los bosques de planicie inundable con topografía ondulada y plana. N° Col. IH 14359.

DISCUSIÓN

La gran diversidad de bosques encontrada en las dos cuencas es un reflejo de la geomorfología compleja del área, la cual incluye formaciones geológicas de edad y origen diferentes, así como una gran variabilidad en calidad del suelo, drenaje y niveles de inundación (ver el capítulo Procesos Paisajísticos). La composición de estos bosques es representativa de la Amazonía de Loreto, mostrando una similitud especialmente alta a otros bosques estudiados hasta la fecha en el norte y este del departamento (INADE y PEDICP 2002, Vriesendorp et al. 2004, García-Villacorta et al. 2010). Entre los pocos tipos de bosque loretanos que no parecen existir en la región de Yaguas-Cotuhé son: 1) bosques en suelos de arena blanca de cuarzo (varillales, protegidos en la Reserva Nacional Allpahuayo-Mishana; García-Villacorta et al. 2003), 2) bosques sobre suelos franco-arenosos, más comunes hacia el sur de Loreto, en el sector de la cuenca del Yavarí y Jenaro Herrera (protegidos parcialmente por el Área de Conservación Regional Tamshiyacu-Tahuayo y la Reserva Nacional Matsés; Honorio et al. 2008, Álvarez et al. 2010), y 3) pantanos casi monodominantes de *M. flexuosa* (protegidos en la Reserva Nacional Pacaya-Samiria; Kvist y Nebel 2001).

Bosques de tierra firme en suelos ricos de la Formación Pebas

Los bosques más ricos en especies fueron encontrados en estos suelos fértiles y bien drenados de tierra firme, con especies características como *Iriartea deltoidea* y *Astrocaryum murumuru* (Arecaceae), *Pourouma bicolor* (Urticaceae), *Brownea grandiceps* (Fabaceae), *Apeiba membranacea* y *Sterculia tessmannii* (Malvaceae), *Caryodendron orinocense* y *Nealchornea yapurensis* (Euphorbiaceae), y *Otoba glycycarpa* y *Otoba parvifolia* (Myristicaceae). Estas especies también han sido reportadas como dominantes en otras regiones amazónicas con suelos ricos, como Madre de Dios, Perú, y Yasuní, Ecuador (Gentry 1988a, b; Pitman et al. 1999, 2001, 2008).

Una evaluación de la geología del área realizada por el Proyecto Especial Binacional Desarrollo Integral de la Cuenca del Putumayo (PEDICP; ver el capítulo Procesos Paisajísticos) estimó que gran parte de la vegetación de tierra firme en las cuencas de los ríos Yaguas y Cotuhé crece sobre depósitos geológicos de la Formación Pebas, los cuales son ricos en nutrientes (INADE y PEDICP 2002). Nosotros sólo encontramos dos lugares con vegetación típica de suelos ricos en todo el inventario (uno en el campamento Choro y otro en Cachimbo; un tercer lugar con afloramiento Pebas fue observado por el equipo geológico en el campamento Alto Cotuhé, pero no fue observado por el equipo botánico). Una explicación para los pocos lugares con

suelos de la Formación Pebas encontrados sería que las trochas que exploramos no incluyeron áreas dominadas por esa formación. Alternativamente, los suelos de la Formación Pebas podrían haber sido enterrados por suelos derivados de las Formaciónes Nauta, tal como ocurre en algunas zonas del área de Iquitos (Räsänen et al. 1998; ver el capítulo Procesos Paisajísticos). Por consiguiente, la flora dominante en suelos medianamente pobres encontrada en el inventario podría ser representativa para la zona estudiada. Una evaluación florística más extensiva del área, especialmente en áreas definidas como Formación Pebas, es necesaria para determinar la correlación entre nuestros resultados y el mapa geológico de PEDICP (INADE y PEDICP 2002).

Bosques en terrazas de edad pleistocena inferior (aprox. 2 millones de años)

Estos bosques antiguos se encuentran ubicados en las partes más elevadas y menos erosionadas del paisaje, en las divisorias de agua entre cuencas. Albergan una comunidad de plantas (y animales) asociadas a los suelos arcillosos pobres, y configuran un archipiélago extenso que se conectaría y mantendría conectado por dispersión con áreas similares de la Amazonía loretana y colombiana. Los mapas topográficos del norte de Loreto permiten inferir que estas áreas más altas se extienden hacia el oeste, pasando por el territorio Maijuna (García-Villacorta et al. 2010), hasta la Zona Reservada Güeppí (Alverson et al. 2008), configurando en la práctica un extenso corredor de bosques en suelos antiguos, únicos para esta parte de la cuenca amazónica. Estas comunidades biológicas están pobremente estudiadas en el Perú, lo que ha resultado en su pobre representación en las áreas de conservación actuales.

Chamizales en turberas sin asociación con arenas blancas de cuarzo

Hasta antes de este inventario, los chamizales sólo se conocían asociados a áreas con pobre drenaje en los mismos lugares donde ocurren los bosques de arena blanca (conocidos como 'varillales' en el Perú o 'caatinga amazonica' en Brasil). Estos bosques enanos son visibles en imágenes satelitales Landsat con una tonalidad más oscura, tanto en los varillales de la antigua planicie inundable del río Nanay cerca de Iquitos (Maki y Kalliola 1998) como en el bajo río Yaguas (Fig. 2A). Estudios florísticos en estos bosques asociados con arenas blancas muestran que los chamizales son dominados por un puñado de especies que pueden ser encontradas en los varillales a través de Loreto (García-Villacorta et al. 2003, Fine et al. 2010). Varias de las especies asociadas a esos bosques de arena blanca también estaban presentes en los chamizales de Yaguas: *Loreya umbellata* (Melastomataceae), *Macrolobium limbatum* var. *limbatum* (Fabaceae) y *Mauritiella aculeata* (Arecaceae).

El hallazgo de chamizales asociados a terrazas antiguas en suelos arcillosos pobres en la planicie de inundación reciente del río Yaguas aumenta nuestro conocimiento regional de estos bosques únicos, pero al mismo tiempo genera nuevas preguntas sobre cómo estos bosques se han originado. Ante la ausencia de bosques en suelos de arena blanca en la región, hipotetizamos que los chamizales del río Yaguas se habrían formado por deposición de turba en una superficie pantanosa y con escorrentía de nutrientes muy pobres viniendo desde los irapayales a los que son contiguos. Un requisito para la formación de chamizales en turberas (pantanos ombrotróficos) sería su cercanía a suelos arcillosos antiguos y pobres (donde crecen los irapayales). En conjunto con la lluvia, estos suelos saturarían las turberas de los chamizales con agua muy pobre en sales y minerales, proveyendo así las condiciones necesarias para el origen y mantenimiento de los chamizales. El ingreso de nutrientes en estos pantanos ombrotróficos está fuertemente influenciado por el agua de lluvia, a diferencia de los pantanos minerotróficos que reciben nutrientes por las inundaciones estacionales de los ríos.

La presencia de especies asociadas a suelos pobres en estos chamizales extiende el rango de distribución de estas especies y ayuda a entender cómo estas comunidades de plantas y animales se mantienen en el tiempo. Ciertamente un estudio más detallado del grado de conectividad de estos chamizales en pantanos ombrotróficos con los bosques de terrazas antiguas de edad pleistocena inferior y los bosques de arena blanca de cuarzo (varillales) en Loreto ayudará a entender el origen y el mantenimiento de estos ecosistemas. Los chamizales en turberas encontrados en este inventario

son ecosistemas frágiles. Junto con los pantanos minerotróficos, podrían representar un importante sumidero de carbono atmosférico, brindando así invaluables servicios ambientales al hombre y mereciendo protección estricta (Lähteenoja y Roucoux 2010, Lähteenoja et al. 2009a, b).

Comparación con otros bosques en la región amazónica

A unos 66 km en línea recta al este de nuestro campamento sobre el río Cotuhé, y abarcando un área de 293,500 ha en la Amazonía colombiana, se ubica el Parque Nacional Natural Amacayacu, cuya flora ha sido ampliamente estudiada en los últimos 20 años (p. ej., Rudas y Prieto 2005, Duque et al. 2009, Barreto Silva et al. 2010, Peña et al. 2010, Cárdenas-López et al. [en prensa]). En el extremo sur del parque, en tierra firme sobre suelos ricos en la cuenca del Amazonas, se ha establecido una parcela permanente de 25 ha para estudiar la flora leñosa. La cercanía y similitud de las formaciones geológicas presentes en Amacayacu (Rudas y Prieto 2005) con nuestros sitios de muestreo (ver el capítulo Procesos Paisajísticos) hacen presumir una similitud en las comunidades vegetales.

A pesar de la limitada información con que contamos sobre la vegetación de la región Yaguas-Cotuhé, una comparación rápida entre las especies dominantes en estos bosques sugiere que los bosques sobre suelos ricos en afloramientos de la Formación Pebas encontrados en nuestro estudio (colinas medias en campamento Choro) son similares a aquellos estudiados en la parcela permanente en Amacayacu, y que se encuentran en la misma formación (Barreto Silva et al. 2010, Peña et al. 2010). En ambos bosques apreciamos la importancia de las familias Myristicaeae, Moraceae y Lecythidaceae entre los árboles del dosel, con especies comunes a ambos bosques y típicos de suelos ricos como *Otoba parvifolia* (Myristicaceae), *Astrocaryum murumuru* (Arecaceae), *Nealchornea yapurensis* (Euphorbiaceae), *Eschweilera coriacea* (Lecythidaceae) e *Iriartea deltoidea* (Arecaceae).

Por otro lado, los bosques hacia el norte del parque, ya en la cuenca del río Cotuhé, son más asociados a nuestros bosques de colinas medias sobre suelos medianamente pobres, donde se comparten especies más típicas de suelos pobres, tales como

Pseudolmedia laevigata y *P. laevis* (Moraceae),
Oenocarpus bataua (Arecaceae), *Iryanthera ulei* y *Virola
calophylla* (Myristicaceae), *Clathrotropis macrocarpa*
(Fabaceae) y *Eschweilera coriacea* (Lecythidaceae).
Este grupo de especies, y en especial *C. macrocarpa*,
ha sido reportado como abundante en la tierra firme de
muchos sectores de la Amazonía colombiana, brasileña,
nor-peruana y del Escudo Guyanés (Duque et al. 2009,
Pitman et al. 2008).

Nuestro inventario no fue lo suficientemente
exhaustivo como para responder a la pregunta de cuál
de estos bosques (de suelos ricos y pobres) ocupa una
mayor extensión dentro de la región Yaguas-Cotuhé.
Sin embargo, vimos mucho más bosque de suelos pobres
en los cuatro sitios visitados, lo cual sugiere una mayor
afinidad florística con el sector norte del PNN Amacayacu.

RECOMENDACIONES PARA LA CONSERVACIÓN

Manejo y monitoreo

- Implementar un programa de recuperación de
  poblaciones de especies maderables como cedro
  (*Cedrela odorata*, Meliaceae), que han sido
  fuertemente explotadas en el área. Este programa
  deberá desarrollarse usando plántulas del área
  para evitar el ingreso de material genético foráneo
  en las poblaciones locales.

- Desarrollar e implementar de manera participativa
  con las comunidades locales un programa de control y
  aprovechamiento sostenible de la madera en la zona,
  con el fin de reducir la extracción ilegal.

- Implementar un programa de manejo y monitoreo
  de las poblaciones de plantas de amplio uso en la zona
  como *Lepidocaryum tenue* (irapay), *Heteropsis* spp.
  (tamshi) y *Attalea insignis* (shapaja), para garantizar
  la disponibilidad local del recurso en el mediano y
  largo plazo.

Investigación

- Estudiar con mayor detalle los bosques enanos de
  chamizales asociados a las turberas en pantanos
  ombrotróficos para entender aspectos relacionados
  con su origen, estabilidad y dinámica de nutrientes.

- Realizar estudios de stock de carbono en las turberas
  que permitan estimar las tasas de acumulación de
  carbono, así como la cantidad del mismo almacenado.
  Otra prioridad es determinar la extensión de las
  turberas en la región, dado el valioso servicio ecológico
  que prestan estos ecosistemas y su potencial impacto
  sobre el calentamiento global.

- Estudiar la vegetación de la parte baja del río Cotuhé,
  así como aquella ubicada en la desembocadura del
  río Yaguas, ya que éstas no fueron visitadas durante
  este inventario.

- Estudiar con más detalle la flora que se encuentra
  asociada a los suelos ricos de la Formación Pebas, que
  de acuerdo al mapa geológico de la zona ocupa un gran
  porcentaje del área.

- Estudiar más detalladamente la flora de las terrazas
  altas de edad pleistocena inferior (aproximadamente
  2 millones de años) que ocupan las cabeceras
  norteñas del río Yaguas. Terrazas antiguas con una
  vegetación algo similar fueron también encontradas
  en el inventario rápido del territorio Maijuna (García-
  Villacorta et al. 2010). Será importante entender si
  estos bosques conforman un archipiélago de islas en
  suelos pobres sobre las zonas más altas y antiguas del
  interfluvio Napo-Amazonas-Putumayo.

- Enfocar inventarios adicionales en los grupos
  taxonómicos que no pudimos muestrear de manera
  representativa en nuestros inventarios (p. ej., árboles
  grandes y lianas), en hábitats poco estudiados (p. ej.,
  pantanos con vegetación tipo sabana), y en otras
  épocas del año (enero–julio)

- Comparar en mayor detalle los tipos de bosques
  encontrados en nuestros inventarios con los mapeados
  por INADE y PEDICP (2002), para elaborar un
  mapa más actualizado de las formaciones vegetales en
  estas cuencas.

PECES

Autores: Max H. Hidalgo y Armando Ortega-Lara

Objetos de conservación: Dos de las especies comerciales más importantes para los habitantes del río Putumayo que presentan un alto grado de amenaza: *Osteoglossum bicirrhosum* (arahuana), principal especie ornamental en el Perú, y *Arapaima gigas* (paiche), especie de consumo masivo; las rayas *Paratrygon aiereba* y *Potamotrygon* spp. (y otras especies potenciales de Potamotrygonidae en la zona), que actualmente están siendo categorizadas como especies amenazadas por la UICN; especies migratorias con alto valor comercial, como *Pseudoplatystoma punctifer* (doncella) y *Brachyplatystoma vaillantii* (manitoa); especies singulares probablemente no descritas de los géneros *Ituglanis, Centromochlus, Mastiglanis, Batrochoglanis* y *Ancistrus*; pequeñas quebradas que albergan peces característicos de estos ambientes, como *Hemigrammus* spp., *Knodus* spp. y *Rivulus* spp., y especies de interés ornamental como *Gymnotus* spp., *Ancistrus* spp., *Apistogramma* spp., *Bujurquina* spp. y *Corydoras* spp.; la cuenca entera del río Yaguas y las cabeceras del río Cotuhé, que incluirían sitios de reproducción de especies tanto locales como migratorias

INTRODUCCIÓN

Los ríos Yaguas y Cotuhé nacen en la región interfluvial entre los ríos Putumayo y Amazonas, en terrazas de edad pleistocena inferior (aproximadamente 2 millones de años de antigüedad) lejos del cinturón montañoso de los Andes, y fluyen hacia el noreste hasta desembocar en el río Putumayo. La variada geología y topografía de estas dos cuencas (ver el capítulo Procesos Paisajísticos) permiten la existencia de una alta diversidad de ambientes acuáticos, los que incluyen quebradas, ríos, lagunas y aguas subterráneas. Debido a esta ubicación geográfica y por la falta de vías de acceso directas, estas cuencas están aisladas de los grandes centros urbanos, no habiendo grandes asentamientos humanos ni colonización masiva. Por ello, presentan aguas libres de contaminación antropogénica, generando condiciones muy buenas para el establecimiento de una fauna acuática exuberante.

Sin embargo, es un área casi inexplorada ictiológicamente en el Perú. Hasta ahora el conocimiento sobre los peces de la zona ha sido limitado a estudios de las especies de uso pesquero (consumo y ornamental) en el Putumayo mismo y en áreas bajas de algunos tributarios (Agudelo et al. 2006), y a los datos obtenidos en un sitio de la cuenca del río Yaguas durante el inventario rápido de la región Ampiyacu-Apayacu-Yaguas-Medio Putumayo (AAYMP; Hidalgo y Olivera 2004).

Nuestro estudio complementa esta información y recoge más datos de áreas no exploradas previamente. Nuestros objetivos fueron determinar la composición de especies y evaluar el valor para la conservación de las comunidades de peces de los ríos Yaguas y Cotuhé.

MÉTODOS

Trabajo de campo

Durante el inventario rápido de octubre de 2010 evaluamos durante 14 días efectivos de campo la mayor parte de ambientes acuáticos distintos en los alrededores de los tres campamentos visitados, y este reporte se enfoca en ese trabajo de campo. Para el análisis general de la diversidad de peces se incluye también lo registrado en el campamento Yaguas del inventario rápido de agosto de 2003. Una descripción detallada de los hábitats de ese inventario se encuentra en el respectivo reporte (Hidalgo y Olivera 2004).

En total evaluamos 23 sitios de muestreo formales (es decir, que incluyeron colectas dirigidas muy intensivas) a los que se añadieron algunos hábitats particulares con muestreos esporádicos y muy cortos (como los canales subterráneos). Todos los sitios de muestreo fueron ubicados en las cabeceras de los ríos Yaguas y Cotuhé a 120–140 m de elevación o en las zonas inundables en la cuenca baja del Yaguas a aproximadamente 70 m (ver el capítulo Panorama Regional y Sitios Visitados). Para los campamentos Choro y Alto Cotuhé empleamos las trochas establecidas para acceder a los hábitats acuáticos, mientras que en el campamento Cachimbo también nos desplazamos en bote por el río Yaguas buscando playas que pudiéramos evaluar y para llegar hasta las lagunas o cochas grandes más cercanas. Los muestreos fueron tanto diurnos como nocturnos.

En general, encontramos un gradiente fisicoquímico marcado entre los hábitats, con conductividades y temperaturas que variaron entre bajos y altos valores, y corrientes con velocidades mayores aguas arriba y menores aguas abajo. De la misma forma, los ambientes acuáticos fueron de menor tamaño aguas arriba (en las cabeceras) y de mayor tamaño en las planicies de inundación aguas abajo (ver Apéndice 1). Encontramos distintos tipos de ecosistemas acuáticos, los cuales incluyen quebradas de primero y segundo orden < 2 m de ancho (10 sitios muestreados), quebradas y ríos mayores (7), lagunas de inundación (1), cochas (3), pantanos dominados por la palmera *Mauritia flexuosa* (1) y aguas que fluyen por canales subterráneos (1). En estos ecosistemas predominaron las aguas claras (13) sobre aguas oscuras con tendencia a negras (4) y blancas (6), ambientes lóticos (18) sobre lénticos (5), y los de corriente lenta (12) sobre los de corriente nula (4) y moderada (7). En cuanto al sustrato, se encontró una proporción similar de ambientes limo-arenosos (13) y arenosos con gravas finas (10; Apéndice 3). Incluyendo la información previa recopilada para el alto río Yaguas (Hidalgo y Olivera 2004), en total contamos con información de 32 sitios evaluados para estimar la riqueza de peces de los ríos Yaguas y Cotuhé.

Colecta y análisis del material biológico

El método principal que empleamos para las capturas de los peces fueron las redes de arrastre, una de 10 x 2 m con ojo de malla de 6 mm y otra de 4 x 1.5 m con ojo de malla de 5 mm. El número de arrastres estuvo limitado por la dificultad de aplicar este método y por la ocurrencia de nuevas especies. Si no se capturaban especies distintas se concluía el muestreo y se consideraba que la muestra obtenida era representativa. De esta forma realizamos entre 5 y 25 arrastres por sitio. Para la captura de especies de tallas grandes en las quebradas y ríos mayores, empleamos una red agallera de 7 x 2.5 m y ojo de malla de 5 cm, y líneas y anzuelos de diferente tamaño cuyas carnadas eran lombrices de tierra, larvas de coleópteros y pescado. En las pequeñas quebradas además utilizamos una red de mano y realizamos búsquedas en los troncos huecos sumergidos. Cuando la transparencia del agua lo permitió, usamos máscara de buceo y snorkel para hacer registros visuales de especies no capturadas. Finalmente, también empleamos una atarraya de 8 kg. En el río Cotuhé se usó poco la atarraya por la gran cantidad de palos bajo el agua; en el río Yaguas fue empleada en las lagunas grandes.

Los peces colectados fueron preservados en formol al 10% durante aproximadamente 24 horas para luego ser almacenados en gasas humedecidas con alcohol etílico al 70%. La determinación taxonómica preliminar se realizó directamente en el campo, apoyada en los libros de peces de la Amazonía y Orinoquía colombianas (Galvis et al. 2006), los listados de peces de la porción colombo-peruana del río Putumayo (Ortega et al. 2006) y nuestro conocimiento de la ictiofauna en áreas aledañas. La gran mayoría de las especies fueron determinadas a nivel de especies. Algunas especies que quedaron como morfoespecies (p. ej., *Hemigrammus* sp. 1, *Hemigrammus* sp. 2) fueron fotografiadas para facilitar su revisión posterior en Iquitos, con la colaboración de especialistas de los distintos grupos y literatura especializada. Esta metodología ha sido aplicada en otros inventarios rápidos cercanos a esta área, tales como los de la región AAYMP (Hidalgo y Olivera 2004) y del territorio Maijuna (Hidalgo y Sipión 2010). El material biológico colectado fue depositado en la colección del Departamento de Ictiología del Museo de Historia Natural de la Universidad Nacional Mayor de San Marcos en Lima.

RESULTADOS

Riqueza y composición

Encontramos 294 especies de peces durante el inventario rápido de 2010. Este número se incrementa hasta 337 especies adicionando los datos del campamento Yaguas levantados en 2003 (Hidalgo y Olivera 2004). Estas especies representan 11 órdenes, 39 familias y 166 géneros (Apéndice 4). La composición muestra una dominancia de peces del superorden Ostariophysi (i.e., peces que presentan el complejo de Weber, una adaptación ósea única entre los vertebrados que les permite captar mejor el sonido y hasta producirlo). El 87% de las especies son distribuidas en los órdenes Characiformes (peces con escamas sin espinas en las aletas), con 181 especies y el 54% del total, Siluriformes (bagres armados y de cuerpo desnudo o de 'cuero') con 88 especies (26%), y Gymnotiformes (peces eléctricos) con 23 especies (7%).

Completando la composición por grupos mayores, peces de origen ancestral marino estuvieron representados por Perciformes (peces con espinas en las aletas) con 28 especies (8%), Myliobatiformes (rayas de agua dulce) con cinco especies, y Beloniformes (peces lápices) y Clupeiformes (anchovetas) con tres especies cada uno. Finalmente, Cyprinodontiformes (peces anuales), Osteoglossiformes (arahuana y paiche) y Synbranchiformes (atingas) completan el listado de órdenes con dos especies cada uno.

La gran diversidad específica observada en los ríos Yaguas y Cotuhé sigue un patrón de dominancia de Characiformes y Siluriformes (80% de las 337 especies), lo cual es recurrente en gran parte de la Amazonía peruana. En esta área la familia Characidae (que incluye las pequeñas mojarras de los géneros *Hemigrammus*, *Knodus*, *Moenkhausia* y *Hyphessobrycon*; pirañas del género *Serrasalmus*; palometas del género *Mylossoma*; y sábalos del género *Brycon*, entre otros) fue la más diversa, con 120 especies (36%).

La mayoría de especies de Characidae son peces pequeños (menos de 10 cm de longitud total), lo que es típico de los géneros de mojarras mencionados. Esos géneros fueron los que más colectamos en conjunto (el 74% de los 7,400 individuos colectados durante el inventario de 2010). Los individuos más grandes de Characidae que registramos en este inventario corresponden a sábalos y pirañas (15–30 cm) que son de importancia para el consumo local, siendo más abundantes en las quebradas mayores como Lupuna y Lobo (campamento Choro), el río Cotuhé, el río Yaguas y las cochas grandes.

En el orden de los bagres (Siluriformes), las carachamas o cuchas (familia Loricariidae) fueron las más numerosas en especies. Registramos 27 especies de loricáridos (8% de las especies del inventario), lo cuál es un número alto. Probablemente pudiéramos haber registrado más con mayor tiempo para muestrear en el Yaguas (principalmente) y en el Cotuhé. La mayoría de especies de Loricariidae que registramos fueron peces pequeños (menos de 15 cm de longitud), siendo el género *Ancistrus* el que tuvo mayor número de especies, incluyendo una posible especie no descrita. Las especies más grandes de carachamas en nuestro estudio fueron

observadas en las cochas del río Yaguas, y éstas corresponden al género *Glyptoperichthys* (dos especies en nuestros registros). Los loricarinae (especies de carachamas alargadas y planas) fueron también numerosos, con 10 especies, destacándose *Sturisoma nigrirostrum* por su abundancia en las playas arenosas del río Yaguas.

La segunda familia con mayor número de especies en el inventario fue Pimelodidae, que incluye a los grandes bagres migradores. Registramos 13 especies de pimelódidos, desde peces de hasta 60 cm de longitud en los géneros *Calophysus*, *Cheirocerus*, *Leiarius*, *Hemisorubim*, *Megalonema* y *Pimelodus* hasta grandes bagres que pueden alcanzar 90–150 cm de longitud, como *Pseudoplatystoma punctifer* (doncella; Fig. 7F) y *Brachyplatystoma* cf. *vaillantii* (manitoa). De estas dos últimas especies, doncella fue más común en el inventario de 2010, siendo capturada en los tres campamentos. Destaca especialmente el registro en la quebrada Lobo del campamento Choro (un individuo de casi 80 cm de longitud), ya que es un hábitat pequeño con mucha fluctuación del nivel del agua ubicado en las cabeceras del río Yaguas, a tan solo 11 km del punto más alto de la cuenca. La presencia de *Pseudoplatystoma punctifer* en esta zona de la cuenca puede indicar que hay alimento disponible para bagres grandes que de esta forma pudieran usar la zona como área de desove.

Brachyplatystoma cf. *vaillanti* es una de las especies de grandes bagres que realizan las migraciones más largas conocidas para peces continentales del mundo. Consideramos que otras especies de *Brachyplatystoma* que realizan migraciones similares (p. ej., saltón y dorado) probablemente también ocurren en el río Yaguas, a pesar de no haber sido registradas durante los inventarios. Estos bagres desovan en las cabeceras de la cuenca amazónica, desde donde las larvas viajan río abajo hasta alcanzar el estuario amazónico en el Océano Atlántico. Allí la rica concentración planctónica y de nutrientes en el agua les sirve de alimento hasta que los juveniles regresan al medio Amazonas donde permanecen un tiempo para luego iniciar la migración para desove en las cabeceras (Barthem y Goulding 1997). Es muy probable que las cuencas de los ríos Yaguas y Cotuhé sean área de desove de estas especies, considerando la alta diversidad de peces encontrada (alimento potencial) y la presencia de otros bagres grandes como doncella en áreas muy altas de las cuencas.

Otro orden de peces bien representado en el área Yaguas-Cotuhé fue Perciformes, del cual los cíclidos (Cichlidae) fueron la familia más diversa (27 especies). La mayor cantidad de especies de esta familia correspondió a los géneros *Apistogramma* y *Crenicichla*. *Apistogramma* son peces pequeños (<5 cm de longitud), la mayoría de los cuales son explotados en la pesquería ornamental. El género *Crenicichla* incluye especies medianas y grandes (de las que observamos cercanas a los 25 cm de longitud), las cuales tienen uso comercial de consumo y ornamental. También a esta familia pertenecen tucunaré (*Cichla monoculus*; Fig. 7U) y acarahuazú (*Astronotus ocellatus*), especies de alto valor comercial para consumo y ornamental (la segunda especie) que registramos solamente en las lagunas grandes del bajo río Yaguas.

Peces eléctricos también estuvieron bien representados, con 23 especies. Entre ellos, los géneros *Gymnotus*, *Brachyhypopomus* y *Eigenmannia* fueron los que más especies presentaron (cinco especies en el primero, cuatro especies en cada uno de los otros). Es interesante mencionar que de la mayoría de especies de este grupo, ninguna estuvo en los tres campamentos visitados en 2010. Los peces eléctricos fueron más frecuentes y diversos en el río Yaguas (especialmente en los muestreos nocturnos), seguidamente el río Cotuhé y en menor abundancia y variedad en las cabeceras del río Yaguas. Este resultado coincide con el gradiente de conductividad observado entre los cuerpos de agua de los tres sitios. Considerando que la sensibilidad del campo eléctrico de estos peces es mayor en aguas con mayores conductividades, podría haber una relación directa. Si bien no hemos evaluado esta tendencia estadísticamente, sería interesante estudiarla como parte de la ecología de estas especies.

Otro resultado resaltante es el número alto de especies de rayas y la gran frecuencia con que las observamos, principalmente en el río Yaguas. Identificamos en estas cuencas cinco de las ocho especies de rayas registradas para las aguas continentales del Perú, incluyendo una de las especies más grandes de la familia, *Paratrygon aiereba* (Figs. 7H–L). De esta especie capturamos un individuo adulto de aproximadamente 70 cm de ancho de disco en el río Yaguas, siendo la raya más grande que vimos en el inventario. Registramos cuatro especies del género *Potamotrygon*, entre las que destaca *P.* cf. *scobina* por su patrón de coloración llamativo (disco oscuro con puntos pequeños claros). Esta especie es exportada como pez ornamental con el nombre común de 'raya estrella,' a pesar de no tener confirmada la especie por parte de los acuaristas de Iquitos. (Si bien esto es un hecho común en el comercio de los peces ornamentales, lo resaltamos porque son pocas las especies de rayas válidas descritas y hay varias especies no descritas.) La ecología de elasmobranquios de agua dulce en el Perú no ha sido estudiada a la fecha, a pesar de que toda la familia Potamotrygonidae entrará a formar parte de los apéndices CITES (M. Hidalgo, obs. pers.), los cuales tienen por finalidad velar por que el comercio internacional de especímenes de animales y plantas silvestres no constituya una amenaza para su supervivencia (CITES 2010).

En general para los ríos Yaguas y Cotuhé, tanto la diversidad específica (especies) como por grupos mayores (órdenes) fueron muy altas para un área pequeña. Por lo tanto, es posible que otros grupos que no fueron registrados en este inventario pero que son comunes en otras áreas de la Amazonía de Loreto estén presentes aquí. Por ejemplo, la especie muy común boquichico (*Prochilodus nigricans*) no fue registrada en la zona, pero otras especies de detritívoros semejantes sí (p. ej., *Semaprochilodus* y todas las especies de Curimatidae).

Complementariamente, registramos 67 especies de peces que tienen importancia en las pesquerías comercial y ornamental (Apéndice 4). De éstas sólo arahuana (*Osteoglossum bicirrhosum*; Figs. 7G, 11B) es capturada masivamente en el bajo Putumayo y la parte baja del río Yaguas (Agudelo et al. 2006; ver también el capítulo Comunidades Humanas Visitadas).

Campamento Choro

Identificamos 104 especies en este lugar, en las cabeceras del río Yaguas. El grupo con mayor cantidad de especies a nivel de familias fueron los carácidos con 45 especies (43% del total). Siguieron los cíclidos y loricáridos con siete especies cada uno, los crenúchidos con seis, y entre una y cinco especies para las restantes 21 familias de peces. En este lugar registramos menor número de individuos en comparación con los otros campamentos (1,458 vs. >2,200 en Alto Cotuhé y Cachimbo), lo cual puede estar relacionado a la ausencia de áreas de inundación considerables, menor cantidad de nutrientes disponibles en el agua (medido indirectamente por la baja conductividad) y la rápida fluctuación de los niveles de agua con las lluvias, lo cual genera microhábitats más temporales.

La mayor cantidad de especies correspondió a omnívoros oportunistas que agrupan a la mayoría de carácidos pequeños y algunos bagres. Pocos depredadores grandes estuvieron presentes en este campamento. De igual forma, pocos peces detritívoros fueron registrados (principalmente curimátidos), lo que estaría relacionado a la escasez de ambientes lénticos (lagunas, pozas, pantanos) o aguas lóticas de muy lenta corriente en donde la materia orgánica pudiera acumularse en el sustrato.

De los hábitats evaluados en este sitio, destaca en primer lugar la quebrada Lupuna porque resultó el hábitat con mayor número de especies (47) y que presentaba mayor variedad de microhábitats (rápidos con fondo de grava, troncos sumergidos, pequeñas pozas). Estos troncos sumergidos albergaban varias especies de bagres que incluyeron tres posibles especies no descritas para la ciencia. De estas, *Batrochoglanis* sp. (familia Pseudopimelodidae) y *Microrhamdia* sp. (Heptapteridae) no fueron registradas en ningún otro hábitat en todo el inventario, mientras *Centromochlus* sp. (Aunchenipteridae), que en este sitio solo estuvo en la quebrada Lupuna, fue registrada en el río Cotuhé.

Además de las mencionadas, otras dos especies registradas en este campamento son desconocidas para la ciencia, y estarían restringidas a esta área de la cuenca del Yaguas. Estas son *Ituglanis* sp. nov. (Trichomycteridae, ya confirmada como nueva) y *Characidium* sp. 1 (Crenuchidae).

Campamento Cachimbo

Este campamento se ubicó en el bajo río Yaguas y fue el lugar con mayor diversidad del inventario.

Identificamos 178 especies, que representan el más alto número de especies para un solo campamento de los ocho inventarios rápidos realizados por The Field Museum en el Perú en pocos días de muestreo (4 días). La familia Characidae fue la más diversa de este campamento con 53 especies (30% del total), destacándose como los más frecuentes los géneros pequeños de *Hemigrammus*, *Hyphessobrycon*, *Microschemobrycon* y *Moenkhausia* (en total 27 especies entre los cuatro géneros). Entre estas, *Hemigrammus pulcher* y *Hemigrammus* cf. *rhodostomus* son particularmente conocidas por ser ornamentales (comunes en Loreto, pero en este inventario solo registradas en este campamento).

Otras especies de carácidos resaltantes incluyeron dos especies de palometas del género *Mylossoma*. Una de ellas, no identificada hasta especie, resultó inusualmente larga de cuerpo (un individuo subadulto de 20 cm), característica que nos hace sospechar que podría tratarse de una variación morfométrica no usual de alguna de las especies de palometa. También registramos otras especies ornamentales conocidas como *Thayeria oblicua* y *Chalceus macrolepidotus*.

Registramos 15 especies de cíclidos, la segunda familia mejor representada en Cachimbo. De estas, *Cichla monoculus* (tucunaré) y *Astronotus ocellatus* (acarachuazú) son registros de importancia pesquera, que sólo observamos en las cochas Águila y Centro. El resto de especies de cíclidos son medianas y pequeñas e incluyen especies ornamentales como *Apistogramma agassizii*. Los detritívoros escamados fueron mucho más diversos en este sitio, destacándose entre ellos la familia Curimatidae con 12 especies (más del doble de lo observado en los otros dos sitios) y yaraqui (*Semaprochilodus insignis*, Prochilodontidae). Esta mayor abundancia estaría relacionada al mayor número de hábitats con gran cantidad de materia orgánica (lagunas grandes y áreas inundables).

En este sitio destacó además el número alto de bagres pimelódidos grandes encontrados (10 especies), de los que tres estuvieron en los otros dos campamentos del inventario de 2010. Las restantes 29 familias de peces presentaron entre una y ocho especies, incluyendo ocho especies de Loricariidae y cuatro especies de rayas (Potamotrygonidae).

El número de individuos registrados fue alto en el campamento Cachimbo (2,220), e intermedio entre los campamentos Choro (1,458) y Alto Cotuhé (3,711). De los hábitats que evaluamos en este campamento, las lagunas presentaron la mayor abundancia (1,134 ejemplares, 51% de todas las capturas en Cachimbo). La cocha Águila fue el hábitat más diverso con 70 especies entre los dos muestreos que realizamos (nocturno y diurno), y el hábitat en que observamos las especies de mayor interés pesquero (arahuana, tucunaré, acarahuazú y yaraqui). Es posible que hubiera tenido en algún momento una población de paiche debido al gran tamaño de la cocha y su cercanía al río Putumayo, pero nosotros no observamos alguno.

En el caso del río Yaguas, la abundancia no fue tan grande mas sí el número de especies. Sin embargo, notamos destacables diferencias en la composición entre las especies que capturamos de día con aquellas de los muestreos nocturnos. Durante los muestreos de día las especies más comunes fueron carácidos pequeños (principalmente *Moenkhausia* y *Aphyocharax*). En las noches los peces eléctricos fueron más abundantes (*Eigenmannia* sp. 1, de manera preponderante). Asimismo, los bagres hematógafos del género *Vandellia* fueron abundantes en el río Yaguas en la noche, y podrían estar indicando la presencia de peces grandes migradores, en especial bagres pimelódidos sobre los que parasitarían preferentemente, como ha sido observado en otras regiones de la Amazonía (Sabaj, com. pers.).

En Cachimbo encontramos un mayor número de gremios alimenticios, entre ellos omnívoros (*Moenkhausia*, *Hemigrammus* y *Bryconops*, entre otros carácidos pequeños), planctófagos (*Chaetobranchus*, *Anchoviella* y *Belonion*), piscívoros (*Brachyplatystoma*, *Pseudoplatystoma*, *Boulengerella* y *Cichla*), detritívoros (Curimatidae, Loricariidae y Prochilodontidae) y otras especies que se alimentan de mucus de la piel de otros peces (*Parastegophilus* y *Ochmacanthus*).

Identificamos siete nuevos registros para el Perú en este campamento: un pequeño engraulido (*Amazonsprattus scintilla*), un pez aguja (*Belonion* cf. *dibranchodon*), dos curimátidos (*Cyphocharax* cf. *nigripinnis*, *Cyphocharax* cf. *spilurus*), un carácido (*Hemigrammus* cf. *rhodostomus*), un cíclido

(*Mikrogeophagus* cf. *altispinosus*) y un pequeño bagre dorádido (*Scorpiodoras*). Las posibles especies no descritas corresponden a una carachama (*Ancistrus* sp. 2) y un bagre heptaptérido (*Mastiglanis*).

Campamento Alto Cotuhé

Identificamos 123 especies en las cabeceras del río Cotuhé. Similar a lo observado en el campamento Choro, el grupo con mayor cantidad de especies a nivel de familias fueron los carácidos con 48 especies (39% del total). En comparación con Choro esto es ligeramente menor en proporción pero mayor en número de especies. Con similar tendencia, los cíclidos y loricáridos fueron los siguientes grupos con mayor riqueza, cada uno con 11 especies. Las restantes 22 familias de peces fueron representadas por entre una y cinco especies (Apéndice 4).

El número de individuos registrados fue el más alto de todo el inventario con 3,711 (vs. <2,300 en Choro y Cachimbo). Una pequeña laguna (cocha Motelito) a menos de 50 m del cauce principal del río Cotuhé fue el hábitat con mayor abundancia (1,887 ejemplares), con un número moderado de especies (28), de las cuales dos especies pequeñas de carácidos (*Hemigrammus* cf. *bellottii* y *Hemigrammus* sp. 1) representaron el 80% de todos los individuos capturados. No tenemos una idea precisa de por qué estas dos especies fueron tan abundantes en ese hábitat. Quizás se reproduzcan más en este tipo de aguas lénticas que en quebradas (ya que también las registramos en quebradas pero en menor cantidad).

El río Cotuhé fue el segundo hábitat con mayor abundancia (1,080 individuos) pero el de mayor riqueza (55 especies en un muestreo de tres horas). Añadiendo las especies obtenidas de capturas esporádicas (anzuelo y red trampera) en el área del campamento, el número de especies específicamente para el río Cotuhé supera las 65. Esta alta riqueza debe estar asociada a un número mayor de microhábitats que posee el cauce de este río en su cabecera, a diferencia de las quebradas más grandes del campamento Choro (en especial la quebrada Lupuna). Estos hábitats incluyen pozas de mediana profundidad (hasta 3 m) y poca corriente, zonas de rápidos de fondo duro (grava, cuarzos), muchos troncos sumergidos huecos o con hendiduras o surcos (refugio para peces), vegetación ribereña herbácea sumergida, raíces (en especial de pequeñas lianas que bajan desde los árboles), entre otros. A diferencia del campamento Choro, hay mayores áreas de inundación, mayor cantidad de nutrientes disponibles en el agua (conductividad mediana), y microhábitats más estables o permanentes.

Si bien se observó gran número de especies omnívoras oportunistas en este sitio, principalmente de los pequeños carácidos, el número de especies depredadoras fue alto y mayor que en Choro. Así, identificamos hasta cuatro especies de bagres pimelódidos medianos y grandes (tres especies de *Pimelodus* y *Pseudoplatystoma punctifer*), una especie de aucheniptérido grande (*Ageneiosus inermis*) y una abundancia y frecuencia alta de pirañas (tres especies de *Serrasalmus* spp., capturadas casi a diario con los anzuelos). Este número alto de carnívoros medianos y grandes indica que existe disponibilidad de alimento en estas cabeceras para este grupo de peces, lo que se comprueba con la abundancia poblacional de varias especies pequeñas. Estas cabeceras del río Cotuhé deben ser también áreas de desove de bagres grandes.

El número de peces eléctricos fue también alto: 10 especies en cuatro familias (Gymnotidae, Sternopygidae, Hypopomidae y Rhamphichthyidae). Esto pudiera estar relacionado a una mayor complejidad de microhábitats de mediana conductividad. Finalmente, los peces detritívoros presentaron una riqueza ligeramente mayor que en el campamento Choro (cinco vs. cuatro especies respectivamente) pero las abundancias fueron mayores en Alto Cotuhé (80 vs. 26 individuos), debido a la presencia de más ambientes lénticos (en especial la cocha Motelito).

El número de especies potencialmente desconocidas para la ciencia fue de cuatro, y el número de nuevos registros para el Perú fue dos. Las especies nuevas incluyen dos especies de bagres en los géneros *Centromochlus* e *Ituglanis*, una especie de pequeño crenúchido (*Characidium* sp. 1) y una especie de atinga (*Synbranchus* sp.). Los nuevos registros incluyen una especie de curimátido distribuida para la cuenca del río Madeira (*Cyphocharax* cf. *spilurus*) y una especie de pez eléctrico del río Negro (*Eigenmannia* cf. *nigra*).

DISCUSIÓN

Consideramos que el registro de 337 especies de peces en los ríos Yaguas y Cotuhé representa el más notable hallazgo de los últimos siete años en cuanto a inventarios de peces en el Perú. Comparativamente con estudios que demandaron esfuerzos de colecta similares (aproximadamente 15 días de muestreos intensivos) en áreas de alta diversidad (por encima de 200 especies), la región Yaguas-Cotuhé supera a estos inventarios entre un 30% hasta 40%, siendo más rico en especies que Yavarí (240 especies, Ortega et al. 2003) y la región AAYMP (207 especies, Hidalgo y Olivera 2004). El último inventario mencionado incluyó un sitio evaluado en el alto río Yaguas, pero aún si excluyéramos de ambos inventarios los datos del campamento Yaguas, los ríos Yaguas y Cotuhé siguen siendo mucho más diversos.

Con estos antecedentes en Loreto, y con lo que ha sido documentado en el río Putumayo entre el Perú y Colombia (296 especies, basada en compilación histórica de ambos países de las muestras depositadas en colecciones científicas; Ortega et al. 2006) esperábamos una diversidad alta en la región Yaguas-Cotuhé, del orden de unas 200 especies. Pese a ello, la diversidad registrada superó tremendamente nuestras expectativas iniciales.

Sin embargo, a pesar de la alta diversidad registrada, es muy probable que el número verdadero de especies en estas cuencas sea significativamente mayor si tenemos en cuenta la cercanía al río Putumayo. Así, nuestro número estimado para el presente inventario asciende a 452 especies basado en cálculos hechos con la matriz de abundancia por los sitios de muestreo de 2010 en el programa EstimatesS (Colwell 2005). Cuando incluimos en el análisis los datos registrados en 2003 en el campamento Yaguas, el estimado llega a un total de 557 especies, muy por encima de las 470 especies registradas en la estrella fluvial del Inírida entre Colombia y Venezuela, sitio que es considerado el más diverso de la cuenca del Orinoco (Lasso Alcalá et al. 2009), y casi el doble de las 296 especies reportadas para el río Putumayo en la frontera colombo-peruana (Ortega et al. 2006).

Estos resultados colocarían las áreas de conservación propuestas en la región Yaguas-Cotuhé como la zona más diversa en peces continentales del Perú, y se destaca más considerando que la unidad de área evaluada fue pequeña (comparado con grandes cuencas como la del Ucayali con aproximadamente 700 especies; Ortega e Hidalgo 2008). Por la magnitud de la diversidad ictiológica de la región Yaguas-Cotuhé, consideramos que ésta merece una protección estricta.

Diversidad de peces en los ríos Yaguas y Cotuhé

¿Por qué es tan diversa la comunidad de peces en la región Yaguas-Cotuhé? La ubicación de esta área en la región del interfluvio entre los ríos Amazonas y Putumayo, sus características geológicas (gradientes de riqueza de nutrientes, aislamiento), y los usos hasta ahora dados de los recursos pesqueros (explotación selectiva de algunas pocas especies) son algunos factores que pensamos explicarían en parte esta alta diversidad. Aún así, lo que registramos en Yaguas-Cotuhé es cuantitativamente mayor en riqueza que lo observado en otras áreas recientemente inventariadas de la cuenca del Putumayo (p. ej., 184 especies en la Zona Reservada Güeppí [Hidalgo y Rivadeneira-R. 2008]; 132 especies en la propuesta Área de Conservación Regional Maijuna [Hidalgo y Sipión 2010]) y en los estudios previamente mencionados de Yavarí y la región AAYMP, surgiendo otra posible explicación que estaría relacionada a la heterogeneidad de las regiones evaluadas.

A diferencia de los otros estudios mencionados, la región Yaguas-Cotuhé presenta una gradiente completa de hábitats acuáticos que no se presentarían en las otras áreas estudiadas. Esta gradiente incluye: 1) cabeceras con cuerpos de agua de primeros órdenes (campamento Choro), 2) cabeceras intermedias con mixturas de zonas inundables (campamento Alto Cotuhé), y 3) áreas bajas inundables con hábitats acuáticos grandes tanto lóticos como lénticos (campamento Cachimbo), y que primordialmente sí pudimos muestrear. Prueba de esta gradiente completa es que casi toda la cuenca del río Yaguas está dentro de las áreas propuestas para conservación (Fig. 2C). Entonces, el hecho de haber evaluado en ambos extremos de las distintas gradientes ha ayudado a obtener una vista rápida de la composición de la comunidad de peces en las zonas más distintas dentro de estas cuencas. Con todo lo expuesto, sigue siendo posible que otros factores no evaluados en este inventario rápido (p. ej., biogeográficos, ecológicos) pudieran también explicar esta alta diversidad.

Especies en los apéndices CITES

Actualmente existe una propuesta en el ámbito mundial para incluir en los apéndices CITES a toda la familia Potamotrygonidae (rayas), que incluye 20 especies válidas y varias no descritas. La sustentación de la inclusión está basada en el incremento tremendo del comercio de estas especies en el mercado ornamental mundial en los últimos 10 años, que probablemente está ejerciendo una presión muy fuerte que puede llegar a niveles de extracción insostenibles para la mayoría de especies. Por esta razón, su comercio ornamental requiere con urgencia de medidas de manejo (Charvet-Almeida et al. 2005). En el Perú, las áreas de conservación propuestas para la región Yaguas-Cotuhé representan una oportunidad excelente para proteger estas especies altamente amenazadas.

En Colombia la comercialización de rayas se incrementó de 23,216 unidades (individuos) en el año 1999 a 61,934 en 2008 (INCODER 2010). En el Perú, sólo entre los años 2000 y 2004 la comercialización de rayas se multiplicó por 10, pasando de 3,000 a 30,000 unidades que se comercializaron y exportaron principalmente al mercado asiático (Ruíz 2005). Se asume que esta tendencia se mantiene hacia el incremento. Si tenemos en cuenta que casi todos los ejemplares comercializados provienen del medio natural y el nivel de sobrevivencia promedio durante el cautiverio de las especies capturadas (rayas y otros), varía entre 50% y 100% en casos específicos, esta actividad no es compatible con un aprovechamiento sostenible de la biodiversidad íctica amazónica.

La biología de las rayas también justifica plenamente su protección y su inclusión como objetos de conservación. El número de embriones que producen es bajo (3–15) comparado con los peces óseos (cientos a miles), y la edad de madurez sexual puede tardar hasta 35 años en el caso de *Paratrygon aiereba* (Charvet-Almeida et al. 2005). Asimismo, en agosto de 2010 se publicó el Plan de Acción Nacional para la Conservación y Manejo de Tiburones, Rayas y Quimeras de Colombia, en donde se definió que las especies *Paratrygon aiereba* y *Potamotrygon motoro*, capturadas por nosotros en este inventario, tienen prioridad alta para la conservación (Caldas-Aristizabal et al. 2010). *P. aiereba* está catalogada como vulnerable en el estado de Pará, Brasil (Rosa y de Carvalho 2007), y su aprovechamiento como ornamental está reglamentado en ese país. Por estas razones, por la alta variedad (cinco especies) y por la frecuencia con que observamos rayas en las áreas propuestas Yaguas-Cotuhé (una vez en el campamento Yaguas, una vez en Choro y varias veces en Cachimbo), creemos que esta área podría funcionar como un posible refugio de estas especies en el Perú.

En cuanto a especies ya incluidas en los apéndices CITES, sólo tenemos paiche (*Arapaima gigas*), registrado en el campamento Yaguas durante el inventario de 2003. Durante el inventario de 2010 no registramos esta especie directamente en alguno de los hábitats donde fue registrado en el campamento Yaguas (canal principal y lagunas), a pesar de que la especie tiene un comportamiento conspicuo (boyada) y a pesar de que los pescadores de la zona informan que sí se encuentra en algunas de las cochas del bajo Yaguas. La poca presencia (o ausencia) de esta especie en la zona podría indicar que las poblaciones son muy bajas. Según varios informantes en las comunidades del río Putumayo, esto estaría relacionado a la sobreexplotación de esta especie como recurso pesquero a lo largo de la cuenca del Yaguas, incluyendo el río Putumayo (ver el capítulo Comunidades Humanas Visitadas).

Para el caso de arahuana (*Osteoglossum bicirrhosum*) y paiche, la legislación peruana establece el Plan de Manejo Pesquero en los sectores del medio y bajo Putumayo, que contiene lineamientos de carácter técnico enfocados al aprovechamiento sostenible y a la protección de dichas especies (PEDICP 2007). Asimismo, para Colombia se cuenta con el Acuerdo 005 de enero de 1997 que establece las épocas de veda de arahuana en los ríos Putumayo y Caquetá entre el primero de noviembre y el 15 de marzo. Teniendo en cuenta estas iniciativas en cada país que podrían ser complementarias, se hace imperativa la necesidad de orientar procesos de negociación binacional encaminados a conciliar y homologar este tipo de medidas de ordenación pesquera (Agudelo et al. 2006).

Registros nuevos y especies no descritas

Encontramos 18 especies de peces que son probables nuevos registros para la ictiofauna continental peruana: 11 por ampliación de rango de distribución y siete posibles especies no descritas. Las primeras corresponden a especies cuyas distribuciones originales en la mayoría de casos corresponden al río Amazonas central, a tributarios en Brasil como los ríos Negro y Madeira, y a las cuencas de los ríos Orinoco y Essequibo.

Las especies que corresponden a los probables nuevos registros son *Amazonsprattus* cf. *scintilla* de la familia Engraulidae, *Belonion* cf. *dibranchodon* (Belonidae; Fig. 7P), *Crenicichla* aff. *wallacei* y *Mikrogeophagus* cf. *altispinosus* (Cichlidae), *Cyphocharax* cf. *nigripinnis* y *Cyphocharax* cf. *spilurus* (Curimatidae), *Eigenmannia* cf. *nigra* (Sternopygidae), *Hemigrammus* cf. *rhodostomus* (Characidae), *Mastiglanis* sp. y *Microrhamdia* sp. (Heptapteridae), y *Scorpiodoras* sp. (Doradidae). Las especies que corresponden a posibles especies no descritas son *Characidium* sp. 1 (Crenuchidae), *Ancistrus* sp. 2 (Loricariidae; Fig. 7O), *Batrochoglanis* sp. (Pseudopimelodidae; Fig. 7Q), *Centromochlus* sp. (Auchenipteridae; Fig. 7A), *Ituglanis* sp. (Trichomycteridae; Fig. 7C), *Mastiglanis* sp. (Heptapteridae) y *Synbranchus* sp. (Synbranchidae; Fig. 7E).

Aquellas que corresponden a nuevos registros figuran en su mayoría como 'confrontar' o 'affinis' (cf. y aff.) pero no descartamos que se pueda tratar en algunos casos de especies no descritas. La mayor probabilidad la tienen los bagres pequeños de los géneros *Mastiglanis* y *Microrhamdia*. En este último caso, este género ha sido propuesto recientemente como válido, pero originalmente correspondía a algunas especies de *Imparfinis* (Bockmann 1998).

En cuanto a las especies potencialmente nuevas, a la fecha de este informe técnico, *Ituglanis* sp. ha sido ya confirmada como especie nueva por un especialista (C. Donascimiento, com. pers.). Dado que la región Yaguas-Cotuhé no ha sido explorada por ictiólogos, salvo el inventario rápido de la región AAYMP de 2003, el número total de nuevos registros y especies no descritas pudiera ser mayor de lo que preliminarmente hemos determinado.

RECOMENDACIONES PARA LA CONSERVACIÓN

Protección

Consideramos que los ríos Yaguas y Cotuhé merecen una protección estricta por los altos valores de diversidad de peces que encontramos. Esta diversidad incluye especies migratorias, especies CITES y amenazadas, especies probablemente restringidas a las cabeceras y especies altamente explotadas por las pesquerías que no cuentan en el Perú con un área de alta protección hacia el norte del eje fluvial Amazonas-Marañón. Por poseer una gradiente completa de hábitats acuáticos totalmente dentro de Loreto (desde cabeceras hasta áreas inundables bajas) y no relacionada a los Andes, ésta sería una zona de importancia biológica y evolutiva para muchas especies (bagres migradores, arahuana, paiche, tucunaré y especies de cabeceras, entre otras). Es una gran oportunidad para la conservación proteger estas gradientes completas ya que no están protegidas en alguna otra parte de la Amazonía peruana.

Además, un área de protección estricta en la región Yaguas-Cotuhé se convertiría en fuente de recursos pesqueros directos para el área propuesta de uso Bajo Putumayo-Yaguas, e indirectos para el Medio Putumayo-Algodón (por estar en la cuenca del Putumayo). Aunado a ello y fomentando el manejo adecuado de las poblaciones de peces más empleadas en la zona, la propuesta área de protección estricta permitirá la recuperación poblacional en el mediano a largo plazo de especies como paiche y arahuana que ya presentan signos de disminución (en primer lugar *Arapaima* y en segundo lugar *Osteoglossum*).

La existencia de una norma regional de protección de cabeceras de cuencas en Loreto (Ordenanza Regional 020-2009-GRL-CR) ya reconoce el valor de los procesos ecológicos y servicios ambientales de estas áreas, por lo que destinar para la protección estricta el área propuesta Yaguas-Cotuhé se armoniza con esta iniciativa.

Manejo y Monitoreo

- Evaluar las poblaciones de arahuana y paiche y otras especies de peces de consumo y de uso ornamental. Esto permitirá establecer los volúmenes aprovechables (rendimiento máximo sostenible) y la distribución espacial y temporal del recurso en las áreas de uso. Esta información será la base para proponer medidas de manejo como vedas, cuotas de extracción o rotación de zonas de pesca. Cuando se tenga este insumo nuestra recomendación es establecer acuerdos de pesca en donde se definan las medidas de manejo adicional como el uso de artes de pesca amigables, establecimiento de horas, fechas y zonas de pesca y definición de áreas de refugio y crecimiento de juveniles. Los acuerdos deberán estar avalados por el gobierno regional o nacional, por medio de un acto administrativo que permita a las autoridades ejercer el control efectivo.

- Ninguna medida de control es factible sin un monitoreo sistemático. Por eso, nuestra recomendación es que se debe implementar un sistema de toma de información pesquera que involucre la toma de datos de volúmenes de captura por especie, tallas, captura por unidad de esfuerzo y datos económicos como costos fijos y costos variables, que permitan inferir sobrepesca y la adaptación de las medidas de manejo establecidas. Esta recomendación involucra tanto a las especies de consumo como las especies de uso ornamental.

- Para definir si el área de protección estricta propuesta en la cuenca de los ríos Yaguas y Cotuhé se constituye en una fuente de peces para las áreas en donde se puede hacer aprovechamiento, recomendamos realizar un monitoreo que permita determinar la salud de las poblaciones que ahí habitan y cuánto y cómo pasan hacia la zona de uso. Esta información permitirá realizar variaciones en las medidas de manejo tomadas para la extracción en las pesquerías.

Investigación

Estudiar la factibilidad, tanto técnica como económica y social, para el establecimiento de cultivos de especies nativas como gamitana (*Colossoma macropomum*) y paco (*Piaractus brachypomus*). Esto permitirá establecer si la región tiene vocación para la acuicultura, antes de iniciar la implementación de ensayos de cultivo. Este tipo de proyecto puede evitar innecesarias inversiones en tiempo y dinero.

Inventarios adicionales

- Inventarios adicionales en pequeños ecosistemas acuáticos aislados, como lagunas de inundación y la red de canales subterráneos, son requeridos para complementar los inventarios con registros de peces temporales y peces asociados a aguas freáticas, como es el caso de las especies del género *Ituglanis*.

- De igual forma, la evaluación del canal central del cauce del río Yaguas, utilizando redes de arrastre de fondo, permitirá registrar distintas especies de peces eléctricos y carachamas poco conocidas y que sólo se encuentran en este tipo de ambiente.

- Realizar inventarios nocturnos permitirá registrar especies de peces que sólo son activas en la noche y que no son fácilmente atrapadas durante el día, ya que permanecen escondidas en cuevas y troncos sumergidos o en el fondo del río. Esta información servirá para incrementar el conocimiento de la historia natural de las especies, insumo de gran ayuda en la implementación de programas de conservación específicos.

ANFIBIOS Y REPTILES

Autores: Rudolf von May y Jonh Jairo Mueses-Cisneros

Objetos de conservación: Una fauna diversa de anfibios y reptiles que viven en una gran variedad de hábitats y microhábitats propios de la Amazonía, algunos de ellos únicos en la parte oriental de Loreto (terrazas altas de edad pleistocena inferior, chamizales formados sobre turberas); dos especies nuevas (una rana en el género *Osteocephalus* y una en el género *Pristimantis*) encontradas en la parte central del área propuesta para protección estricta; tres especies de reptiles amenazadas: la tortuga motelo (*Chelonoidis denticulata*), especie Vulnerable según la Unión Internacional para la Conservación de la Naturaleza (IUCN 2010), el caimán negro (*Melanosuchus niger*), especie Vulnerable según el gobierno peruano (INRENA 2004), y el caimán de frente lisa (*Paleosuchus trigonatus*), especie Casi Amenazada según el gobierno peruano (INRENA 2004); especies utilizadas como alimento o con fines comerciales por parte de las comunidades nativas aledañas, como caimán blanco (*Caiman crocodilus*), hualo (*Leptodactylus pentadactylus*), motelo y caimán de frente lisa; una fauna de serpientes, la mayoría especies no venenosas, que por precaución o por desconocimiento son sacrificadas por los habitantes de la región

INTRODUCCIÓN

Una de las regiones más biodiversas del planeta se encuentra en las tierras bajas amazónicas comprendidas entre el este de Ecuador, el norte del Perú y el sur de Colombia (ter Steege et al. 2003, Bass et al. 2010). El departamento de Loreto está en la parte central de esta región e incluye al menos diez áreas consideradas como prioritarias para la conservación de la biodiversidad (Rodríguez y Young 2000). La alta diversidad de especies de anfibios y reptiles en Loreto ha sido caracterizada durante las últimas décadas (Dixon y Soini 1986, Rodríguez y Duellman 1994, Duellman y Mendelson 1995). Más recientemente, este conocimiento se ha incrementado gracias a ocho inventarios rápidos realizados en la región (Rodríguez et al. 2001, Rodríguez y Knell 2003, Rodríguez y Knell 2004, Barbosa de Souza y Rivera 2006, Gordo et al. 2006, Catenazzi y Bustamante 2007, Yáñez-Muñoz y Venegas 2008, von May y Venegas 2010), inventarios adicionales (p. ej., Contreras et al. 2010, Rivera y Soini 2002) y el descubrimiento y descripción de nuevas especies (p. ej., Faivovich et al. 2006, Funk y Cannatella 2009,

Lehr et al. 2009, Moravec et al. 2009). Sin embargo, aún no se conoce la diversidad herpetológica de varias cuencas en Loreto.

El objetivo de nuestro inventario fue determinar la riqueza y composición de la herpetofauna en las cuencas de los ríos Yaguas y Cotuhé. Nuestra investigación está orientada a resaltar la singularidad de la comunidad de anfibios y reptiles en estas cuencas cuyas cabeceras se encuentran exclusivamente en las tierras bajas de Loreto. En este contexto, los inventarios realizados en el Área de Conservación Regional Ampiyacu-Apayacu (Rodríguez y Knell 2004) y la propuesta ACR Maijuna (von May y Venegas 2010), así como un inventario realizado en Leticia, Colombia (Lynch 2005), son los más cercanos al área Yaguas-Cotuhé y los más relevantes para nuestra evaluación. Aquí presentamos los resultados de nuestro trabajo en tres campamentos en 2010 junto a los resultados del único otro trabajo herpetológico existente para la cuenca del río Yaguas: un inventario de un campamento en la parte alta del río Yaguas en 2003 (Rodríguez y Knell 2004).

MÉTODOS

Nuestro estudio reúne la información obtenida en cuatro campamentos: Choro (15–19 de octubre de 2010), Yaguas (3–9 de agosto de 2003), Cachimbo (25–29 de octubre de 2010) y Alto Cotuhé (20–24 de octubre de 2010). La información obtenida para el campamento Yaguas fue colectada por Rodríguez y Knell (2004). Nuestra visita a cada campamento en el inventario de 2010 tuvo una duración de cinco días, mientras que en 2003 el muestreo duró seis días.

En cada campamento realizamos dos o tres búsquedas diurnas y cinco búsquedas nocturnas (es decir, muestreamos todas las noches disponibles en cada campamento). Las búsquedas diurnas tomaron 4–5 horas cada una y fueron iniciadas en la mañana (a partir de las 08:00 horas) o en la tarde (a partir de las 15:00 horas). No realizamos muestreo diurno todos los días en cada campamento debido a que usualmente los primeros días en cada campamento tuvimos que identificar, medir, fotografiar y preservar especímenes testigo (*vouchers*). Las búsquedas nocturnas tomaron entre cuatro y siete horas y fueron iniciadas generalmente entre las 18:00 y 19:30

horas. El esfuerzo de muestreo se cuantificó calculando el tiempo (en horas) por persona invertido en la búsqueda, captura o avistamiento de ejemplares.

Para el trabajo de campo utilizamos varios métodos de muestreo, principalmente la búsqueda libre con el método de captura manual (Heyer et al. 1994) a lo largo de las trochas establecidas en cada uno de los campamentos y en algunos lugares fuera de este sistema de trochas. Para la búsqueda nocturna utilizamos linternas de cabeza y ganchos para serpientes y rastrillos para remover la hojarasca y otros sustratos. También utilizamos parcelas de hojarasca de 5 x 5 m (ocho parcelas en total), las cuales revisamos con la ayuda de rastrillos. En un sitio (campamento Alto Cotuhé) usamos trampas de caída y cercas para detectar especies presentes en el suelo y la hojarasca.

La mayor parte de nuestro muestreo cubrió los estratos más bajos (suelo y sotobosque) en diferentes tipos de bosque y cuerpos de agua como charcas estacionales, cochas o lagunas y las riberas de quebradas y ríos. Para maximizar el número de registros, muestreamos todos los hábitats y microhábitats potencialmente diferentes en cada sitio. Esta selección de hábitats estuvo inicialmente basada en la revisión de mapas e imágenes satelitales y en consultas con los demás miembros de equipo, especialmente botánicos e ictiólogos. De este modo, logramos reducir el tiempo de búsqueda en hábitats donde esperaríamos encontrar pocas especies adicionales luego de dos días de búsqueda y enfocamos el muestreo en hábitats diferentes que ofrecían una mayor probabilidad de encontrar especies adicionales para la lista.

Nuestra búsqueda libre también incluyó la inspección de microhábitats como bromelias (hasta 3 m de altura), troncos caídos, hojarasca, el subsuelo y los bordes de quebrada, así como los registros auditivos de vocalizaciones de anuros escuchados. Verificamos nuestros registros auditivos con la ayuda de un reproductor de sonido (MP3) llevado durante los recorridos, con las guías sonoras *Frogs of Tambopata, Perú* (Cocroft et al. 2001), *Frogs and toads of Bolivia* (Márquez et al. 2002) y *Frogs of the Ecuadorian Amazon* (Read 2000), registros auditivos de R. von May realizados principalmente en la Amazonía del centro y sur del Perú, y una compilación de cantos de ranas venenosas disponible en internet (*www.dendrobates.org*). En algunos casos para los cuales sólo tuvimos registros auditivos (dos especies; ver resultados), grabamos el canto de los machos utilizando una grabadora digital (Zoom H2, la cual utiliza un formato no comprimido '.wav').

La mayoría de los ejemplares fueron determinados en el campo con base en nuestra experiencia de trabajo con la herpetofauna de la Amazonía peruana y colombiana, y con la ayuda de guías fotográficas, claves y literatura disponible para la herpetofauna de la región. Sin embargo, la identificación de algunos ejemplares fue verificada en Iquitos mediante la comparación directa con material depositado en la colección de la Universidad de la Amazonía Peruana y con la colaboración de un herpetólogo local (Giuseppe Gagliardi-Urrutia). Confirmamos otros registros con la ayuda de otros herpetólogos peruanos y extranjeros quienes revisaron fotografías y datos adicionales que hemos suministrado. La nomenclatura taxonómica, patrones de distribución y estado de conservación de las especies fueron verificados en las siguientes bases de datos: Amphibian Species of the World (Frost 2010), The IUCN Red List of Threatened Species (IUCN 2010), Global Amphibian Assessment (IUCN 2010) y Reptile Database (Uetz 2010).

Hicimos una comparación de abundancias relativas de las especies de anfibios encontradas en cada campamento, con el propósito de evaluar si la estructura de los ensamblajes varía con respecto a la ubicación en el área Yaguas-Cotuhé. Estas abundancias relativas estuvieron basadas en el número de individuos de cada especie detectados visualmente en cada sitio. No utilizamos registros auditivos para hacer comparaciones de abundancia relativa debido a que el sesgo implícito en este tipo de registro es que sólo incluye a los anuros machos activamente vocalizando en el momento del muestreo y no toma en cuenta a machos que no están vocalizando, así como individuos juveniles y hembras, ni tampoco especies de reptiles.

Nuestras comparaciones entre sitios estuvieron enfocadas en el número de especies de cada grupo presentes en cada campamento y las abundancias relativas de las especies más comunes (es decir, aquellas con diez o más individuos registrados en total).

Además, listamos el número de especies para las cuales sólo observamos un individuo o dos individuos (*singletons* y *doubletons*, respectivamente) durante todo el inventario.

Para la verificación de las identificaciones taxonómicas en el futuro, depositamos 331 especímenes *voucher* con la serie de números de campo de Jonh Jairo Mueses-Cisneros (JJM) en la colección del Departamento de Herpetología del Museo de Historia Natural de la Universidad Nacional Mayor de San Marcos (MHNSM), en Lima, Perú.

RESULTADOS

Riqueza y composición de la herpetofauna

Registramos 612 individuos pertenecientes a 128 especies (75 anfibios y 53 reptiles) en los cuatro campamentos estudiados (Apéndice 5), resultado de un esfuerzo de muestreo de 187 horas/persona. Dentro de los anfibios, encontramos representantes de los tres órdenes conocidos (Anura, Caudata y Gymnophiona) y se agrupan en 12 familias y 28 géneros. Hylidae con 27 especies (36% del total para anfibios) y Strabomantidae con 15 especies (20%) son las familias mejor representadas en este inventario. Igualmente, Hylidae es la familia que contiene el mayor número de géneros (siete). Estimamos que la región podría albergar hasta 110 especies de anfibios.

Por su parte, los reptiles están representados por los órdenes Crocodylia, Testudines y Squamata con tres, cuatro y 46 especies respectivamente. Dentro de Squamata, encontramos 21 especies (12 géneros y siete familias) de lagartijas, de las cuales la familia Polycrotidae es la mejor representada con siete especies. Detectamos 25 especies (19 géneros y cuatro familias) de serpientes, siendo Colubridae la familia mejor representada con 19 especies. De las 25 especies de serpientes halladas, sólo cinco son venenosas (tres *Micrurus*, una *Bothrops* y una *Bothriopsis*). Nuestro estimado de la diversidad total de reptiles en estas cuencas es 100 especies.

La herpetofauna encontrada corresponde a una fauna típica de bosques amazónicos de colinas altas y medias, así como de terrazas inundables, caracterizada por tener una alta riqueza de especies. La herpetofauna de colinas altas fue observada principalmente en el campamento Choro y en uno de los sitios de muestreo del campamento Cachimbo. Esta fauna se caracteriza por la abundancia de ranas con desarrollo directo del género *Pristimantis* así como de algunos dendrobátidos y leptodactylidos. Varias especies de sapos del género *Rhinella* estuvieron asociadas a este tipo de bosque. La herpetofauna de colinas medias se observó principalmente en el campamento Alto Cotuhé, una fauna caracterizada por una riqueza de hylidos y por la abundancia de algunas especies de bufónidos como *Rhinella* sp. 1. La herpetofauna de terrazas inundables se observó principalmente en el campamento Cachimbo. A pesar de que nuestro muestreo se realizó en época seca, en época de lluvias las aguas en este sitio suben hasta 3 m por encima del nivel del suelo por donde hicimos nuestros recorridos (ver el capítulo Procesos Paisajísticos). Esta fauna se compone principalmente de ranas arborícolas de la familia Hylidae, así como de otras especies típicas de zonas inundadas, como por ejemplo algunas *Leptodactylus*.

Campamento Choro

Este fue el campamento en el que encontramos el mayor número de especies (73), de las cuales 49 fueron anfibios y 24 reptiles. Sobresale una alta diversidad de ranas terrestres con desarrollo directo pertenecientes al género *Pristimantis* (con nueve especies), seguida de los sapos del género *Rhinella* (con seis especies). Detectamos dos especies probablemente nuevas y que sólo fueron registradas en este campamento: una del género *Pristimantis* y una del género *Osteocephalus*. *Teratohyla midas* e *Hyalinobatrachium* sp. son dos especies de ranas de cristal que registramos durante el inventario y que utilizan quebradas con cursos de agua permanentes como sitio de reproducción. *Scinax cruentommus* con 27 individuos y *Osteocephalus planiceps* con 18 fueron las dos especies de anfibios más abundantes en el campamento, mientras que *Anolis trachyderma* con nueve individuos y el caimán de frente lisa (*Paleosuchus trigonatus*) con seis fueron los reptiles más abundantes. Detectamos además una especie de serpiente (*Atractus gaigeae*) que representa el primer registro de la especie para el Perú. Es interesante el hallazgo de una

hembra adulta de *Rhinella marina* de gran tamaño, que encontramos en una de las trochas, ya que esta especie frecuentemente se encuentra asociada a hábitats perturbados y/o con presencia de humanos.

Campamento Yaguas

Rodríguez y Knell (2004) reportan 57 especies (32 anfibios y 25 reptiles) para este campamento, 14 de las cuales (cinco anfibios y nueve reptiles) no fueron detectadas durante el inventario de 2010. De acuerdo con Rodríguez y Knell (2004), este fue el lugar con el mayor número de registros de reptiles y de anfibios típicos de bosque inundable durante el inventario rápido de la región Ampiyacu-Apayacu-Yaguas-Medio Putumayo (AAYMP) de 2003. Asimismo, fueron abundantes los bufónidos del complejo *Rhinella margaritifera*, así como las especies *Allobates trilineatus*, *Hypsiboas calcaratus*, *Leptodactylus petersi*, *L. pentadactylus* y *Pristimantis altamazonicus*. Dentro de los registros notables resaltan el hallazgo de una especie de *Oscaecilia* (no identificada al nivel de especie, pero que podría representar una especie nueva), la serpiente *Xenopholis scalaris*, dos especies de corales del género *Micrurus* y cinco especies de lagartijas del género *Anolis*.

Campamento Cachimbo

En este campamento encontramos 55 especies (28 anfibios y 27 reptiles). *Hypsiboas* y *Osteocephalus* con cinco especies, seguido de *Leptodactylus* con cuatro, fueron los tres géneros de anfibios mejor representados en este campamento, mientras que los géneros *Anolis*, *Plica* y *Micrurus* (con dos especies cada uno) fueron los géneros de reptiles mejor representados. *Rhinella* sp. 1 con 26 individuos y *Osteocephalus deridens* con 22 fueron las dos especies de anfibios más abundantes en el campamento. *Caiman crocodilus* (Fig. 9J), con 75 individuos, fue el reptil más abundante (casi todos hallados a orillas del río Yaguas). *Kentropyx pelviceps*, con 15 individuos, fue la lagartija más común en el campamento. Asimismo, encontramos cuatro individuos de serpientes venenosas del género *Micrurus*—un número significativo para tan pocos días de muestreo.

Dentro de los registros notables resalta el hallazgo de una especie de rana de hábito subterráneo del género

Synapturanus, encontrada principalmente en un chamizal formado sobre turberas (ver el capítulo Flora y Vegetación). Detectamos esta especie luego de excavar varios puntos en donde habíamos detectado machos vocalizando (Figs. 3A, 9G). En una sección de aproximadamente 100 m de largo a través de este chamizal pudimos escuchar 30–40 machos vocalizando alrededor de las 21:30 horas. Aparte de esta ocasión, sólo escuchamos algunos machos adicionales (<10) vocalizando en otras áreas con chamizal y en bosque de terraza inundable a lo largo de otra trocha. El interior de la turba donde hallamos los individuos de *Synapturanus* sp. contenía agua a poca profundidad (15–20 cm), lo cual proporciona condiciones favorables para el establecimiento (y probablemente la reproducción) de ranas de hábito subterráneo o 'minadoras.' El hallazgo de un individuo juvenil de *Synapturanus* sp. dentro de la turba indica que este singular microhábitat es importante para la reproducción y desarrollo de este anfibio poco conocido.

Campamento Alto Cotuhé

En este campamento detectamos 57 especies, de las cuales 39 son anfibios y 18 reptiles. *Hypsiboas* con nueve especies y *Osteocephalus* con cinco fueron los dos géneros de anfibios encontrados con el mayor número de especies. *Anolis* (con tres especies) fue el género de reptil con el mayor número de especies encontradas. *Rhinella* sp. 1 con 38 individuos y *Osteocephalus deridens* con 17 fueron las dos especies de anfibios más abundantes en el campamento. Sin embargo, otras especies de *Osteocephalus* (*O. planiceps* y *O. yasuni*, con 13 individuos cada una) también fueron abundantes. *Gonatodes humeralis* y *Anolis trachyderma* (con seis y cinco individuos respectivamente) fueron los reptiles más abundantes en este campamento. Dentro de los registros notables resaltan *Osteocephalus heyeri* e *Hypsiboas nympha*, cuyos rangos de distribución geográfica han sido extendidos en cada caso. El registro de *O. heyeri* representa una extensión de más de aproximadamente 150 km hacia el norte, mientras que el registro de *H. nympha* representa una extensión de aproximadamente 100 km hacia el noreste. Igualmente es interesante el hallazgo de la tortuga motelo (*Chelonoidis denticulata*), una especie incluida en la categoría de Vulnerable según la Unión Internacional para la Conservación de la Naturaleza (IUCN 2010).

Abundancia relativa en los campamentos estudiados

Encontramos 174 individuuos en el campamento Choro, 230 individuos en el campamento Cachimbo y 208 individuos en el campamento Alto Cotuhé. El número de individuos registrados en el campamento Yaguas no pudo ser determinado dado que los datos de abundancia relativa en ese inventario fueron cualitativos (bajo, medio, alto; Rodríguez y Knell [2004]). Nuestro muestreo nos permitió determinar la abundancia relativa de especies en un período determinado de la época seca (15–30 de octubre de 2010), en donde las especies de anfibios más abundantes (con 10 o más observaciones visuales directas) fueron *Rhinella* sp. 1, *Osteocephalus deridens*, *O. planiceps*, *Scinax cruentommus*, *O. yasuni*, *Hypsiboas calcaratus*, *Leptodactylus petersii*, *Allobates* sp. y *Leptodactylus pentadactylus*. Nuestro registro de abundancia relativa no incluyó registros auditivos de anfibios, pero las especies que presentaron más actividad de vocalización fueron *Allobates femoralis*, *Allobates* sp., *Hypsiboas boans*, *H. cinerascens*, *H. lanciformis*, *Leptodactylus petersii*, *L. pentadactylus*, *Osteocephalus deridens* y *Synapturanus* sp. Los reptiles más abundantes fueron *Caiman crocodilus*, *Anolis trachyderma*, *Kentropix pelviceps* y *Gonatodes humeralis*. También cabe resaltar que la serpiente que observamos con mayor frecuencia fue *Micrurus lemniscatus* (seis individuos).

El número de especies para las cuales sólo observamos uno o dos individuos (*singletons* y *doubletons*, respectivamente) durante todo el inventario de 2010 fue extremadamente alto: 44 especies fueron registradas en base al avistamiento de un sólo individuo observado, mientras que 23 especies fueron registradas en base a dos. De las 12 especies más abundantes (con diez o más individuos observados en total), sólo siete estuvieron presentes en los tres campamentos (Fig. 14) mientras que cuatro estuvieron en dos campamentos y una estuvo en un solo campamento. Estas 12 especies, con 345 individuos en total, representaron el 56.4% del total de individuos avistados durante el inventario de 2010.

Fig. 14. Número de individuos registrados de las 12 especies más abundantes en tres campamentos visitados durante el inventario rápido de las cuencas de los ríos Yaguas y Cotuhé en octubre de 2010.

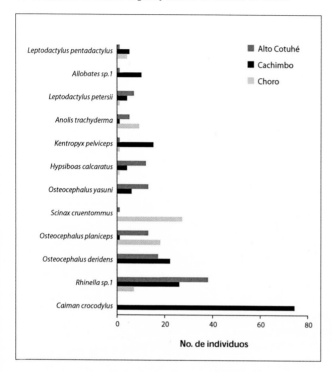

No. de individuos

(Leyenda: ■ Alto Cotuhé ■ Cachimbo ▨ Choro)

Especies: Leptodactylus pentadactylus, Allobates sp.1, Leptodactylus petersii, Anolis trachyderma, Kentropyx pelviceps, Hypsiboas calcaratus, Osteocephalus yasuni, Scinax cruentommus, Osteocephalus planiceps, Osteocephalus deridens, Rhinella sp.1, Caiman crocodylus

Comparación con inventarios realizados en zonas cercanas

Los inventarios de herpetofauna realizados en el Área de Conservación Regional Ampiyacu-Apayacu (Rodríguez y Knell 2004) y la propuesta ACR Maijuna (von May y Venegas 2010), así como en un área cercana a Leticia, Colombia (Lynch 2005), son los más cercanos a la región Yaguas-Cotuhé. Algunas similitudes y diferencias relevantes en cuanto a la composición de especies en los otros sitios con respecto a nuestro inventario en Yaguas-Cotuhé son las siguientes. En Ampiyacu-Apayacu, Rodríguez y Knell (2004) encontraron una diversidad alta de ranas de los géneros *Osteocephalus* (ocho especies) y *Pristimantis* (=*Eleutherodactylus* en la lista de 2004; 13 especies). La diversidad de estos géneros en Yaguas-Cotuhé fue exactamente la misma: ocho especies y 13 especies, respectivamente (nuestra lista incluye 12 *Pristimantis* y un *Hypodactylus* [=*Eleutherodactylus* anteriormente]). Sin embargo, la diversidad de anfibios y reptiles en Yaguas-Cotuhé fue más alta que en Ampiyacu-Apayacu.

Incluso si no se tomara en cuenta el campamento Yaguas para este informe, el número de especies registradas en conjunto en Yaguas-Cotuhé es mayor. En el territorio Maijuna, von May y Venegas (2010) registraron una diversidad de anfibios y reptiles comparable a la de Ampiyacu-Apayacu y ligeramente menor a la del presente inventario. Sin embargo, el número de *Osteocephalus* (cinco especies) fue menor en el territorio Maijuna que en Ampiyacu-Apayacu y Yaguas-Cotuhé. En cambio, el número de *Pristimantis* (14 especies; 15 contando a un *Hypodactylus* [=*Eleutherodactylus* anteriormente]) en el territorio Maijuna fue más alto que en Ampiyacu-Apayacu y Yaguas-Cotuhé. El registro de *Atelopus spumarius* en el territorio Maijuna fue notable, dado que es una especie Vulnerable (IUCN 2010) y hasta el momento sólo ha sido registrada en dos de los nueve inventarios rápidos realizados por The Field Museum en Loreto. *A. spumarius* es una especie con desarrollo acuático (es decir, tiene larvas con desarrollo acuático) asociada a quebradas de aguas claras y fondo arenoso y fue encontrada en bosques intactos y cabeceras de cuenca en el territorio Maijuna. Dado que en Yaguas-Cotuhé encontramos varias quebradas con estas características, no descartamos la posibilidad de que *A. spumarius* se encuentre en algunos hábitats de cabecera de cuenca en la región Yaguas-Cotuhé.

DISCUSIÓN

La singularidad de la herpetofauna de la región Yaguas-Cotuhé está asociada a una alta heterogeneidad de las formaciones geológicas y tipos de vegetación. Estas cuencas concentran una gran variación de hábitats y microhábitats, los cuales, junto a la gradiente topográfica a pequeña escala, proporcionan elementos importantes para la coexistencia de muchas especies. Se puede argumentar que la mayor parte de esta variación de tipos de suelo, hábitats y topografía también puede ser observada en áreas cercanas como la propuesta Área de Conservación Regional Maijuna (Gilmore et al. 2010). Sin embargo, la región Yaguas-Cotuhé reúne elementos adicionales: un bosque enano parecido a los chamizales pero asociado a turberas en vez de arenas blancas, terrazas altas de suelos con poca fertilidad asociados a formaciones de edad pleistocena inferior (aproximadamente 2 millones de años) y una comunidad muy diversa de anfibios, incluyendo dos especies nuevas para la ciencia. Adicionalmente, algunas especies parecen ser más abundantes en estos hábitats (p. ej., *Synapturanus* sp. fue más abundante en bosques creciendo sobre turba y varias especies de *Pristimantis* fueron más abundantes en los suelos de terrazas antiguas de edad pleistocena inferior). Estas especies no son especialistas con respecto al tipo de bosque, puesto que habitan otros tipos de bosque en otras localidades, pero exhiben una asociación singular con algunos hábitats.

Los ensamblajes de anfibios y reptiles en la región Yaguas-Cotuhé varían de acuerdo a su ubicación geográfica y a la historia geológica de los sitios muestreados en las dos cuencas. El ensamblaje de anfibios que encontramos en el campamento Choro, el cual forma parte del núcleo del área propuesta de protección estricta (Fig. 2A), fue más diverso que los ensamblajes observados en los otros campamentos. La diversidad de especies de sapos (Bufonidae) y ranas terrestres de desarrollo directo (Strabomantidae) fue particularmente alta y estuvo asociada a las terrazas de edad pleistocena inferior existentes en el lugar. En cambio, los ensamblajes de anfibios y reptiles encontrados en el río Cotuhé tuvieron algunas especies asociadas a bosques de terraza inundable. Los ensamblajes de anfibios y reptiles encontrados en la parte baja del río Yaguas (campamento Cachimbo) estuvieron asociados a diferentes tipos de bosque. A pesar de que no encontramos tantas especies en este último sitio, predecimos que la diversidad de anfibios y reptiles es igualmente alta (o incluso más alta) que en el campamento Choro. Las condiciones de sequía durante nuestra visita a este sitio no nos permitió detectar más especies debido a que muchas de ellas no presentaron actividad.

Especies nuevas y nuevos registros para el Perú

Osteocephalus sp. (Fig. 9B). Esta es una de las ocho especies de ranas arborícolas del género *Osteocephalus* que encontramos durante el inventario. Los cuatro ejemplares de esta especie nueva encontrada en el campamento Choro presentan varias caracteríaticas del grupo *O. buckleyi*.

Pristimantis sp. Durante nuestro inventario encontramos una nueva especie de rana del género *Pristimantis*, la cual presenta algunas características asociadas al grupo *P. unistrigatus* (p. ej., el primer dedo de la mano es más corto que el segundo y la piel dorsal es áspera y tiene pocos tubérculos). Esta especie fue detectada en el Campamento Choro.

Rhinella sp. Dos de las seis especies de *Rhinella* detectadas durante nuestro inventario, y que están asociadas al complejo *R. margaritifera*, se encuentran aún sin describir. Una de ellas ha sido anteriormente detectada por Vélez (1994) en su trabajo sobre este grupo de especies en Colombia. Sin embargo, aún no se ha procedido a la descripción formal de la especie.

Atractus gaigeae. Descrita por Savage (1955) de las provincias de Morona-Santiago o Zamora-Chinchipe, Ecuador. Anteriormente, Dixon y Soini (1986) propusieron la sinonimia de *A. collaris* con *A. gaigeae* y relegaron a esta última como una subespecie de *A. collaris*. Hasta la fecha, la distribución geográfica de *A. gaigeae* sólo abarcaba parte de la Amazonía ecuatoriana (Uetz 2010). Sin embargo, luego de consultar con un especialista (P. Passos) y de revisar datos sobre el conteo de escamas, medidas del cuerpo y fotografías de otras especies de *Atractus*, confirmamos que este hallazgo representa el primer registro de *A. gaigeae* en el Perú.

Otros registros notables

Osteocephalus heyeri. Descrita originalmente en base a ejemplares encontrados en Leticia, Colombia, y cerca de la unión de los ríos Sucusari y Napo en Loreto, Perú, por Lynch (2002). Rodríguez y Knell (2004: Fig. 7E) reportan esta especie con el nombre de *Osteocephalus* sp. para el campamento Maronal del inventario rápido de la región AAYMP. Los nueve ejemplares que encontramos en Alto Cotuhé representan el tercer registro reportado para esta especie en el Perú.

Hypsiboas nympha. Descrita por Faivovich et al. (2006) de Cuyabeno, Sucumbíos, Ecuador. Conocida de la Amazonía ecuatoriana, noroeste del Perú y de Leticia, Colombia. Nuestro registro en el campamento Alto Cotuhé representa el registro más al noreste conocido hasta el momento para la especie.

Pristimantis padiali (Fig. 9A). Detectamos esta especie en el Campamento Choro. Esta especie fue recientemente descrita por Moravec et al. (2010), en base a especímenes colectados en los alrededores de Mazán, Loreto, 30 km al noreste de Iquitos, y en las cercanías de Requena, Loreto. Nuestro registro representa una extensión del rango geográfico hacia al este-noreste para esta especie.

Synapturanus sp. (Figs. 9E–F). Nuevamente mencionamos a esta especie, la cual es abundante en bosques creciendo sobre turba en la región Yaguas-Cotuhé. Aunque existe un registro de *Synapturanus* cf. *rabus* para Loreto (Gordo et al. 2006), es posible que el taxon observado durante el inventario de 2010 se trate de una especie nueva. Actualmente existen tres especies descritas de *Synapturanus* (*S. rabus*, en Ecuador y Colombia; *S. mirandaribeiroi*, en Colombia, el norte de Brasil y Guyana; y *S. salseri*, en Colombia, Venezuela, el norte de Brasil y Guyana; Frost 2010). Una especie adicional viene siendo descrita en base a especímenes colectados del sur de Colombia y es probable que la especie en el Perú sea la misma. El microhábitat y comportamiento subterráneo de *Synapturanus* sp. ya habían sido observados anteriormente en el Perú por Gordo et al. (2006), quienes encontraron la especie en el campamento Choncó durante el inventario de lo que es hoy la Reserva Nacional Matsés en Loreto. *Synapturanus* sp. es una especie que vive en galerías subterráneas y es activa durante la noche; además utiliza cámaras subterráneas como sitio de reproducción y desarrollo (Gordo et al. 2006). Sin embargo, el hallazgo de *Synapturanus* sp. en un chamizal y ocupando suelo de turba es nuevo y resalta la importancia que este microhábitat pueda tener para la conservación de esta especie en el ámbito regional.

Tortugas de río (Fig. 9M). A pesar de que no registramos las tortugas charapa (*Podocnemis expansa*) y taricaya (*Podocnemis unifilis*) durante los inventarios biológicos de la región Yaguas-Cotuhé, logramos obtener datos importantes sobre la presencia de estas especies en el área de influencia. El equipo social observó que ambas especies son utilizadas como alimento por parte de algunas comunidades a orillas del río Putumayo (p. ej., en Huapapa; M. Pariona y A. R. Sáenz, com. pers.). En particular, logramos el registro fotográfico (M. Pariona) de adultos y huevos de *P. expansa* fuera de las propuestas áreas de conservación Yaguas-Cotuhé. El uso de la carne y huevos de charapa y taricaya es común en la región, pero aún no hay un programa de manejo exitoso en la parte baja del río Putumayo. Pobladores locales en Huapapa explicaron que durante la época seca pueden observarse adultos de charapa y taricaya en playas y cerca a cochas asociadas a afluentes del Putumayo.

AMENAZAS

La destrucción de los diversos hábitats y microhábitats existentes en las cuencas de los ríos Yaguas y Cotuhé a causa de la extracción intensiva de madera puede afectar negativamente la alta diversidad de anfibios y reptiles encontrada. La extracción indiscriminada de especies de consumo, principalmente tortugas (huevos, juveniles y adultos) y caimanes, sumada al desconocimiento que los habitantes locales tienen sobre la biología reproductiva y ecología de estas especies, pone en peligro el futuro de estas poblaciones (Vogt 2009). El temor a 'especies peligrosas' por parte de pobladores locales podría afectar negativamente a especies de serpientes (la gran mayoría no venenosas) y el caimán negro, disminuyendo sus poblaciones en el ámbito local. A pesar de que actualmente no existe un mercado de pieles de boas y caimanes, potencialmente puede ser una amenaza, ya que el comercio de pieles es una actividad que se realiza ocasionalmente en las ciudades cercanas del Perú y Colombia.

RECOMENDACIONES PARA LA CONSERVACIÓN

Manejo y monitoreo

- Implementar un plan de conservación de las tortugas charapa, taricaya y motelo, similar al Plan de Manejo para *Podocnemis unifilis* en la Reserva Nacional Pacaya-Samiria (GOM 2005) y en base a manuales similares desarrollados para la región (Soini 1998). El plan debe incluir estudios sobre su ecología y biología reproductiva, el control de la extracción de huevos y adultos, la creación de playas de desove y la liberación y monitoreo de juveniles.

- Elaborar material didáctico, tendiente a educar sobre el reconocimiento y diferenciación de serpientes venenosas y no venenosas, las medidas preventivas para evitar accidentes por mordedura de serpientes o el caimán negro, y qué hacer en caso de accidentes.

Investigación

- Dentro de las oportunidades para la conservación de la región Yaguas-Cotuhé se incluye una gradiente altitudinal que aunque es pequeña (cerca de 110 m entre el punto de muestreo más alto y el más bajo) permite el establecimiento de una diversa composición de herpetofauna. Dado que existen pocos estudios sobre este tema (Menin et al. 2007), el área ofrece una oportunidad única para estudiar el efecto de la topografía y composición del suelo a pequeña escala.

- Recomendamos el inventario de la herpetofauna de la región Yaguas-Cotuhé en época de lluvia, ya que seguramente esto puede permitir el hallazgo de especies que no detectamos durante nuestros inventarios.

AVES

Autores: Douglas F. Stotz y Juan Díaz Alván

Objetos de conservación: Aves de terrazas altas con suelos pobres (cuatro especies, incluyendo un hormiguerito no descrito del género *Herpsilochmus*); poblaciones viables de aves de presa, especialmente el Paují de Salvin (*Mitu salvini*) y el Paují Común (*Mitu tuberosum*); poblaciones viables de guacamayos; ocho especies endémicas del noroeste amazónico; 17 otras especies que en el Perú sólo ocurren al norte del río Amazonas; comunidades diversas de aves de bosque

INTRODUCCIÓN

Los bosques peruanos ubicados al norte del río Amazonas y al este del río Napo no han sido bien evaluados en cuanto a sus aves; Stotz y Díaz Alván (2010) ofrecieron detalles de las pocas evaluaciones ornitológicas realizadas en el área con anterioridad. Las cuencas de los ríos Yaguas y Cotuhé, en particular, han sido muy poco estudiadas. Un lugar ubicado en la parte superior del río Yaguas visitado durante el inventario rápido de la región Ampiyacu-Apayacu-Yaguas-Medio

Putumayo de 2003 (AAYMP; Stotz y Pequeño 2004) todavía constituye la única información disponible para las comunidades de aves de estas cuencas. Los resultados de ese lugar están incluidos en este capítulo y en la lista de especies de aves adjunta (Apéndice 6).

Los estudios llevados a cabo durante los inventarios rápidos en las cuencas de los ríos Ampiyacu y Apayacu (Stotz y Pequeño 2004) y en el territorio Maijuna (Stotz y Díaz Alván 2010) también son importantes puntos de referencia. Aunque los sitios estudiados en el inventario Maijuna están localizados a >160 km al oeste de los campamentos más occidentales del inventario Yaguas-Cotuhé, son similares ecológicamente.

La región del Perú que evaluamos durante este inventario colinda hacia el norte y este con la frontera colombo-peruana. En Colombia, el área cercana a Leticia en el río Amazonas, al sureste del área de este inventario, ha sido bien estudiada en cuanto a sus aves. Al este, el Parque Nacional Natural Amacayacu de Colombia es prácticamente contiguo al área propuesta de conservación evaluada durante este inventario. La frontera norte del parque está formada por la orilla derecha del río Cotuhé, el cual nosotros evaluamos en este estudio a aproximadamente 80 km al oeste de Amacayacu. Se ha desarrollado una lista de aves para el PNN Amacayacu basada mayormente en el trabajo de campo realizado durante las expediciones de la Unión de Ornitólogos Británicos en los años ochenta (Kelsey et al., datos no publicados).

MÉTODOS

Realizamos el inventario de aves de las cuencas de los ríos Yaguas y Cotuhé durante cuatro días enteros en el campamento Choro (16–19 de octubre de 2010), cuatro días enteros en el campamento Alto Cotuhé (21–24 de octubre) y cinco días en el campamento Cachimbo (26–30 de octubre). Stotz y Díaz Alván observaron aves por un período de tiempo de 81 horas en Choro, 86 horas en Alto Cotuhé y 88.5 horas en Cachimbo. También hemos incluido en este capítulo y en el Apéndice 6 las especies registradas en el campamento Yaguas, ubicado en la parte alta del río Yaguas, el cual fue evaluado por Stotz y Pequeño (2004) durante cinco días en el inventario rápido de la región AAYMP (4–8 de agosto de 2003).

Nuestro protocolo consistió en caminar las trochas en cada campamento para observar y escuchar las aves. Realizamos nuestros inventarios por separado para así aumentar el esfuerzo del observador independiente. Típicamente salíamos de los campamentos antes del alba y permanecíamos en el campo hasta media tarde. Algunos días retornábamos al campo por una o dos horas antes de la puesta del sol. Recorrimos independientemente todas las trochas en cada campamento, tratando así de visitar todos los hábitats presentes. El total de distancia recorrido por cada observador cada día varió de 8 a 14 km dependiendo del largo de la trocha, hábitat y densidad de aves.

Díaz Alván llevaba una grabadora y un micrófono para documentar las especies y confirmar las identificaciones con *playback*. Mantuvimos registros diarios de los números observados de cada especie, los cuales compilamos cada noche. Las observaciones realizadas por otros miembros del equipo del inventario, en especial las de D. Moskovits, complementaron nuestros registros.

En el Apéndice 6 estimamos las abundancias relativas de cada especie basadas en nuestros registros diarios de aves. Debido a que nuestras visitas a estos sitios fueron cortas, nuestros estimados son preliminares y no reflejan necesariamente la abundancia o presencia de aves durante otras estaciones del año. Para los tres sitios visitados en 2010 usamos cuatro clases de abundancia. La clase 'común' incluye las especies observadas (vistas o escuchadas) diariamente y con frecuencia (en promedio diez o más aves por día). La clase 'relativamente común' se aplica a las especies que fueron vistas diariamente pero que estuvieron representadas por menos de diez individuos al día. La clase 'poco común' incluye las aves que fueron encontradas más de dos veces en un campamento pero que no fueron vistas diariamente. Por último, la clase 'rara' está compuesta por las aves que fueron observadas sólo una o dos veces en un campamento, como un individuo o en pares.

RESULTADOS

Diversidad

Registramos 375 especies durante el inventario de las cuencas de los ríos Yaguas y Cotuhé en 2010. Durante el inventario rápido de la región AAYMP en 2003 registramos 271 especies en el campamento Yaguas, ubicado en la parte superior del río Yaguas. Diecinueve de esas especies no fueron registradas durante el inventario de 2010, dando como resultado un total de 393 especies conocidas actualmente para estas dos cuencas.

En el campamento Choro registramos 254 especies, predominantemente una avifauna de tierra firme. En el campamento Alto Cotuhé registramos 277 especies, las cuales incluían la mayoría de las especies de tierra firme registradas en Choro y un conjunto adicional de especies asociadas a los hábitats ribereños y bosques inundados. Las 275 especies encontradas en el campamento Cachimbo constituyen una avifauna mucho más distintiva, con un pequeño conjunto de especies de tierra firme y un componente ribereño mucho más grande, incluyendo un número de especies acuáticas que estuvieron ausentes de los dos campamentos anteriores.

El campamento Alto Cotuhé compartió un número igual de especies con Choro y Cachimbo (208), mientras los campamentos Choro y Cachimbo compartieron entre ellos sólo 182 especies. Durante el inventario de 2010, 28 especies fueron registradas sólo en el campamento Alto Cotuhé, 31 sólo en Choro, y 52 sólo en Cachimbo. De estas 52 especies, 24 fueron registradas en el campamento Yaguas en 2003, un indicador de que ese campamento tenía un componente ribereño más significativo que el de Alto Cotuhé.

Registros notables

Los registros más importantes durante el inventario de 2010 fueron algunas aves especialistas de suelos pobres encontradas en los bosques de colinas. Estas especies—Neopipo Acanelado (*Neopipo cinnamomea*; Fig. 8E), Hormiguero de Cabeza Negra (*Percnostola rufifrons*), Tirano Pigmeo de Casquete (*Lophotriccus galeatus*) y una especie no descrita de hormiguerito en el género *Herpsilochmus*—fueron encontradas también en las terrazas altas visitadas en el inventario Maijuna (Stotz y Díaz Alván 2010). Encontramos *Neopipo* sólo en el campamento Cachimbo, pero las otras tres especies se encontraron en todos los campamentos del inventario de 2010. Ninguna de estas especies fue encontrada en el campamento Yaguas del inventario de 2003, pero los ornitólogos no visitaron los bosques de colinas de ese sitio. Otro especialista de suelos pobres, el Saltarín de Corona Naranja (*Heterocercus aurantiivertex*), se encontraba en la vegetación de chamizal del campamento Cachimbo (ver el capítulo Flora y Vegetación; Fig. 8F). Esta especie es más típica de áreas inundables de suelos pobres y no tanto en las cimas de colinas donde encontramos las otras especies.

Otro registro notable fue el reemplazo del Paujil de Salvin (*Mitu salvini*) por el Paujil Común (*Mitu tuberosum*) entre la cuenca superior del río Yaguas, donde *M. salvini* fue observada tanto en el campamento Choro como en el campamento Yaguas, y más lejos hacia el este, donde *M. tuberosum* fue observada en el campamento Alto Cotuhé y el campamento Cachimbo (Figs. 8A–B). Se esperaba este reemplazo, ya que *M. tuberosum* ocurre al norte del río Amazonas en Colombia, a lo largo del río Putumayo y en el Parque Nacional Natural Amacayacu (Hilty y Brown 1986), pero no existían registros anteriores de *M. tuberosum* en el Perú al norte del río Amazonas.

Observamos pocas aves migratorias que cubren largas distancias durante el inventario de 2010, pero dos registros fueron significativos: las bandadas grandes de Aguilucho de Ala Ancha (*Buteo platypterus*) que sobrevolaron por lo menos tres días en el campamento Choro, y la observación por Stotz de un macho de Reinita de Canadá (*Wilsonia canadensis*) en el campamento Cachimbo, dentro de una bandada mixta.

Otros registros significativos incluyen un conjunto de especies que en el Perú sólo ocurren al este del río Napo. Encontramos seis de estas especies, dos de las cuales han sido mencionadas previamente como especialistas de suelos pobres (*Percnostola rufifrons* y *Herpsilochmus* sp. nov.). Las otras cuatro fueron el Pico-Guadaña de Pico Curvo (*Campylorhamphus procurvoides*), Hormiguerito de Ala Ceniza (*Terenura spodioptila*), Tororoi Variegado (*Grallaria varia*), y Soterillo Acollarado (*Microbates collaris*).

Aves de caza

Tanto el número de especies de aves de caza como el número de individuos fueron relativamente altos. En todos los campamentos tuvimos múltiples observaciones de paujiles (*Mitu* spp.). La Pava de Spix (*Penelope jacquacu*) y la Pava de Garganta Azul (*Pipile cumanensis*) fueron relativamente comunes, y el número de perdices observadas fue relativamente alto. Escuchamos al Paujil Nocturno (*Nothocrax urumutum*) en los campamentos Choro y Alto Cotuhé; la falta de registros en Cachimbo probablemente refleja más la falta de tierra firme cercana a ese campamento que los efectos de cacería. De igual manera, la rareza relativa de la Chachalaca Jaspeada (*Ortalis guttatus*) indica la falta de áreas extensas de hábitat secundario cerca de nuestros campamentos. Los trompeteros (*Psophia crepitans*) estaban presentes en números razonables en todos los campamentos. Inclusive en Cachimbo, donde hubo indicios de cacería de monos (ver el capítulo Mamíferos), no se encontró algún signo de que las aves de caza habían disminuido en números o que se habían vuelto ariscas, como se espera de las poblaciones afectadas por la cacería.

Bandadas mixtas

Las bandadas de especies mixtas son una característica común de la avifauna de los bosques amazónicos. Estas fueron poco comunes y más pequeñas que lo usual en todos los campamentos, y especialmente en Cachimbo. Esto se puede deber a la falta relativa de bosque de tierra firme en Cachimbo, y en menor grado en Alto Cotuhé.

En el campamento Choro, las bandadas del sotobosque fueron relativamente típicas. La mayoría contenía ambas especies de batarás (*Thamnomanes*), tres o cuatro hormigueritos de sotobosque, varios furnáridos, Tangara Hormiguera de Corona Roja (*Habia rubica*), y otros miembros típicos de estas bandadas. En el campamento Choro, Stotz registró la composición de 18 bandadas de sotobosque y encontró un promedio de 20.1 individuos y 12.7 especies. En el campamento Alto Cotuhé, las bandadas encontradas a lo largo de la única trocha con extensas áreas de tierra firme tenían composición y tamaños similares (promedio de 19.5 individuos y 13 especies en cuatro bandadas), aunque *Habia* no fue registrada en este sitio. Las bandadas de las áreas bajas del campamento Alto Cotuhé y en el campamento Cachimbo fueron más pequeñas (promedio de 10.4 especies en las áreas inundadas de Alto Cotuhé y 9.5 especies en Cachimbo). También carecían de numerosas especies típicas, tales como el Hormiguerito de Ala Larga (*Myrmotherula longipennis*), los hormigueritos del género *Epinecrophylla*, el Hoja-Rasquero de Dorso Olivo (*Automolus infuscatus*) y el Pico Ancho de Ala Amarilla (*Tolmomyias assimilis*). Las bandadas separadas de dosel fueron casi inexistentes en todos los campamentos, aunque la mayoría de las especies típicas de estas bandadas estaban presentes. Estas especies se unían a las bandadas de sotobosque en números variables en los tres campamentos visitados en 2010.

DISCUSIÓN

Campamento Choro

En Choro había pocos indicios de disturbio humano, ya sea de extracción de madera o cacería, y las comunidades intactas de aves del bosque reflejaron esa ausencia. En este campamento se encontró principalmente aves de tierra firme. Aunque se observó áreas de bosque inundado, muchas de las especies de aves típicas de estos hábitats estuvieron ausentes, sugiriendo que había muy poca área de bosque inundable para mantener una avifauna viable en estas áreas bajas. Las bandadas mixtas de sotobosque estaban en general en buenas condiciones (ver abajo). El número de frugívoros y especialmente de frugívoros de dosel fue bajo, en general y en comparación a otros inventarios realizados en esta región. Observamos pocos loros grandes (*Pionus* y *Amazona*), pero relativamente bastantes guacamayos, especialmente el Guacamayo Azul y Amarillo (*Ara ararauna*) y el Guacamayo Escarlata (*Ara macao*).

La aparente falta de cacería resultó en números altos de Pava de Spix (*Penelope jacquacu*), Pava de Garganta Azul (*Pipile cumanensis*), perdices, trompeteros, y codornices. Encontramos dos paujiles, el Paujil de Salvin (*Mitu salvini*) y el Paujil Nocturno (*Nothocrax urumutum*), en pequeños números, como es típico en los bosques de tierras bajas sin una fuerte presencia humana.

El campamento Choro se parecía al campamento Maronal del inventario rápido de la región AAYMP de 2003 por muchas razones (Stotz y Pequeño 2004). Los hábitats estaban dominados por bosques de tierra firme, los arroyos eran pequeños, había poca evidencia de disturbio humano y esencialmente no estuvieron las especies que usualmente se encuentran en hábitats disturbados. La única clara excepción fue una sola Tangara de Pico Plateado (*Ramphocelus carbo*) observada en el helipuerto.

Campamento Yaguas

Stotz y Pequeño (2004) realizaron el inventario de este campamento en la parte alta del río Yaguas, aproximadamente 100 km río arriba del campamento Cachimbo, durante el inventario rápido de la región AAYMP de 2003. Este río es de tamaño similar al río Cotuhé en el campamento Alto Cotuhé; los pájaros acuáticos estuvieron ausentes a pesar del tamaño mediano del río y la presencia de una pequeña cocha. El campamento Yaguas se parecía al campamento Cachimbo al cual también le faltaba un área extensiva de bosque de tierra firme accesible desde el campamento. Como resultado, la avifauna en este campamento fue una combinación intermedia entre las avifaunas del Alto Cotuhé y Cachimbo. De las 271 especies observadas en el campamento Yaguas, 208 fueron compartidas con Cachimbo y 206 con Alto Cotuhé. Sólo 192 de las especies registradas en el campamento Yaguas fueron compartidas con Choro, debido a la falta de áreas extensivas de tierra firme en este primero.

Campamento Cachimbo

El campamento Cachimbo tuvo la avifauna más distintiva de los tres lugares estudiados durante el inventario de 2010. Estuvo dominado por bosques inundados y tenía un río grande y una cocha de buen tamaño, y no tenía mucho bosque de tierra firme cerca al campamento. Las pocas áreas de tierra firme tenían un sotobosque dominando por la palmera *Lepidocaryum tenue* (irapay), una planta indicadora de suelos pobres. Como resultado, no encontramos varias especies típicas de tierra firme encontradas en Choro y en Alto Cotuhé. Aunque los parches de suelos pobres de tierra firme eran pequeños en este sitio, fueron suficiente como para mantener pequeñas poblaciones de aves especialistas de suelos pobres encontradas en los otros campamentos durante el inventario de 2010, lo cual fue una sorpresa para nosotros. La riqueza de especies en general en Cachimbo fue similar a la que encontramos en Alto Cotuhé (275 vs. 277). El mayor número de especies de aves encontradas en bosque inundado, bosque ripario y en hábitats acuáticos compensó la poca diversidad de aves de tierra firme.

Las poblaciones de monos grandes en este campamento mostraron indicadores obvios de cacería, pero las aves de caza se encontraron todavía en buenos números, con poblaciones viables de Pava de Spix (*Penelope jacquacu*), Pava de Garganta Azul (*Pipile cumanensis*), perdices, trompeteros y codornices. Hubo varios avistamientos del Paují Común (*Mitu tuberosum*), el cual mostraba una frecuencia igual a la encontrada en los bosques bajos que no sufren de presión de cacería. Estas condiciones se parecen a las encontradas en Curupa durante el inventario del territorio Maijuna (Stotz y Díaz Alván 2010). Parece claro por estos resultados que una presión alta de cacería para las aves de caza sucede sólo después de que los grandes mamíferos han disminuido sustancialmente, lo cual aún no había ocurrido en Cachimbo.

Una especie de bosque inundado que se anticipó ver en Cachimbo no fue encontrada: el Pico Ancho de Ojo Naranja (*Tolmomyias traylori*). Esta es una especie recientemente descrita para las orillas del norte del río Amazonas (Schulenberg y Parker 1997) y encontrada exclusivamente al norte del Amazonas y en las islas ribereñas localizadas a lo largo del río Amazonas en el Perú, en el este de Ecuador y en Colombia. Parece que la especie no se encuentra en la cuenca del río Putumayo, contrariando nuestras expectativas y los mapas de rango publicados (Schulenberg et al. 2010).

Campamento Alto Cotuhé

La avifauna de Alto Cotuhé fue intermedia entre las encontradas en Choro y en Cachimbo. Habían extensiones grandes de bosque de tierra firme y encontramos aquí casi todas las especies encontradas en la tierra firme del campamento Choro. Sin embargo, Alto Cotuhé tenía áreas inundadas más extensas que Choro y también albergaba un gran río. Mientras estos cuerpos de agua sostenían un

hábitat para más especies ribereñas que en Choro, esos componentes de la avifauna no fueron tan diversos como en Cachimbo.

Un árbol de *Symphonia globulosa* en floración que se encontraba en un pantano de palmeras en Alto Cotuhé atraía numerosas especies de picaflores, incluyendo Topacio de Fuego (*Topaza pyra*) y Brillante de Garganta Negra (*Heliodoxa schreibersii*), así como Bolsero Moriche (*Icterus chrysocephalus*). Esta fue la única *Symphonia* que encontramos en floración. Esto se diferencia con el inventario rápido de la regíon AAYMP de 2003, donde los árboles de *Symphonia* eran un recurso importante para un conjunto mayor de loros, picaflores y tangaras (Stotz y Pequeño 2004). No sabemos si *Symphonia* era menos común en los sitios que visitamos en el inventario de 2010 o si simplemente florecía menos. El inventario de la región AAYMP se realizó en agosto y pudo haber correspondido con el período pico de floración.

Comparación con los inventarios rápidos de Maijuna y AAYMP y con otros lugares adyacentes

Las aves encontradas en el inventario de Yaguas-Cotuhé de 2010 son similares a aquellas encontradas en el inventario rápido de la región AAYMP de 2003 (Stotz y Pequeño 2004) y el inventario rápido del territorio Maijuna de 2009 (Stotz y Díaz Alván 2010). De las 375 especies de aves encontradas durante el inventario de 2010, sólo 26 no fueron encontradas en los otros inventarios anteriores. Estas 26 especies estaban distribuidas entre los tres campamentos y no se registró algún patrón de hábitats. La mayoría era rara. Sólo el Paují Común (*Mitu tuberosum*), reemplazado por el Paují de Salvin (*Mitu salvini*) más hacia el oeste, el Mosquerito Silbador (*Camptostoma obsoletum*), encontrado en la vegetación arbustiva de los bordes ribereños, y el Tororoí Moteado (*Hylopezus macularius*), una especie muy poco conocida encontrada en los bosques a lo largo de los ríos grandes del Perú, fueron considerados más que raros en algún campamento.

Así como se mencionó con anterioridad, el campamento Yaguas era tan similar a los campamentos Alto Cotuhé y Cachimbo como fueron estos entre sí. Similarmente, el campamento Choro compartió una avifauna muy similar con el campamento Maronal del inventario AAYMP de 2003. Stotz y Díaz Alván (2010) registraron una gran similitud entre las avifaunas de AAYMP y Maijuna. Sólo 58 especies encontradas en el territorio Maijuna no fueron registradas en el inventario de la región AAYMP. De éstas, 24 fueron encontradas en el inventario Yaguas-Cotuhé de 2010. De las especies restantes, seis son aves migratorias de Norte América y 18 están asociadas a los ríos grandes o áreas grandes de bosque secundario y fueron encontradas en áreas cercanas a las aldeas Maijuna visitadas en ese inventario. Sospechamos que todas estas especies serían fácilmente encontradas cerca de las comunidades humanas en la parte baja del río Putumayo, las cuales no fueron incluidas en el inventario de 2010.

Asimismo, sólo 22 especies registradas en el inventario rápido de la región AAYMP no fueron encontradas en los inventarios del territorio Maijuna y de la región Yaguas-Cotuhé. De éstas, siete fueron encontradas en el campamento Yaguas dentro de la propuesta área de protección estricta Yaguas-Cotuhé. La mayoría de las especies encontradas sólo en el inventario AAYMP son especies de bosque y todas excepto tres de ellas fueron consideradas raras en los campamentos donde fueron encontradas.

En total 446 especies de una avifauna regional estimada de 500 especies han sido encontradas en los inventarios rápidos de estos tres sitios contiguos (Stotz y Pequeño 2004, Stotz y Díaz Alván 2010, y el presente estudio). Usamos los mapas de distribución del libro *Aves del Perú* (Schulenberg et al. 2010) para identificar cuáles especies probablemente se encuentran en esta región pero no fueron encontradas en estos inventarios. Las especies que aún no han sido registradas incluyen un cierto número de aves migratorias de Norte América que podrían existir en el río Yanayacu en la propuesta Área Regional de Conservación Maijuna o a lo largo del bajo Putumayo, algunas especies de aves acuáticas asociadas especialmente con hábitats pantanosos que no han sido inventariados, y varias especies de bosque raras que podrían aparecer en cualquier momento y en cualquier lugar.

El Parque Nacional Natural Amacayacu de Colombia, al este del área visitada en el inventario

de 2010, ha sido bien estudiado en cuanto a aves. La parte sur del parque casi alcanza el río Amazonas y es fácilmente accesible desde Leticia. Esta porción del parque es mucho más conocida que las de más al norte, las cuales representan una comparación más relevante a nuestro inventario. Unas 500 especies de aves son conocidas para Amacayacu (Birdlife International 2010), y las avifaunas del parque y de las áreas que visitamos son bastante similares. La diferencia más aparente es que la lista de Amacayacu incluye varias especies asociadas al río Amazonas y sus islas. Estos hábitats no fueron estudiados durante el inventario Yaguas-Cotuhé, pero las islas ribereñas a lo largo del bajo Putumayo podrían potencialmente tener algunas de estas especies.

El Parque Nacional Natural Amacayacu se considera como un Área Importante para la Conservación de las Aves (*Important Bird Area*), basándose en la presencia de nueve especies de aves consideradas globalmente amenazadas, restringidas en rango o representando a un bioma específico (Birdlife International 2010). Seis de estas especies fueron encontradas durante nuestro inventario, y otras dos, el Águila Crestada (*Morphnus guianensis*) y el Jacamar de Oreja Blanca (*Galbalcyrhynchus leucotis*), podrían estar en las cuencas de los ríos Yaguas y Cotuhé. Solo el Colibrí Blanco y Olivo (*Leucippus chlorocercus*), un especialista de áreas ribereñas, esté probablemente ausente en el área que visitamos. Debido a que la región Yaguas-Cotuhé sostiene especies adicionales con rangos restringidos, tales como *Herpsilochmus* sp. nov., el Saltarín de Corona Naranja (*Heterocercus aurantiivertex*), y el Topacio de Fuego (*Topaza pyra*), es muy probable que un día llegue a ser calificado como un Área Importante para la Conservación de las Aves.

Avifauna de suelos pobres

En los hábitats de arena blanca al oeste de Iquitos se encuentra un grupo grande de aves especialistas restringidas a estos hábitats (Álvarez y Whitney 2003, Stotz y Díaz Alván 2010). Así como en el inventario del territorio Maijuna, no encontramos evidencia alguna de esta avifauna altamente especializada, ni en la cuenca del Yaguas ni en la del Cotuhé. Sin embargo, así como en el territorio Maijuna, sí se encontró un pequeño conjunto de especies asociadas a los suelos pobres. En cada campamento que se estudió durante el inventario de 2010 se encontraron terrazas con suelos pobres. Estas terrazas forman un complejo de colinas altas, como aquellas encontradas en el inventario del territorio Maijuna (Gilmore et al. 2010). Las terrazas más altas y de mayor extensión estaban en el campamento Choro, en las cabeceras norteñas del río Yaguas. Los suelos de estas colinas están conformados por arcillas muy erosionadas y de baja fertilidad. Las terrazas de Choro se parecen a las terrazas observadas en el campamento Piedras del inventario Maijuna, pero las otras encontradas en otros campamentos fueron más bajas y más erosionadas (ver el capítulo Procesos Paisajísticos). Un tipo distintivo de bosque de suelos pobres fue encontrado en Cachimbo, con una estructura y composición de plantas similar a aquellas encontradas en los bosques de arena blanca llamados chamizales. Este lugar fue investigado cuidadosamente en cuanto a avifauna.

Se encontraron cuatro especies que estaban claramente relacionadas con este tipo de bosque en terrazas de suelos pobres: *Percnostola rufifrons jensoni*, *Herpsilochmus* sp. nov., *Lophotriccus galeatus* y *Neopipo cinnamomea*. También encontramos *Schiffornis turdina*, mayormente en las áreas de suelos pobres, incluyendo el chamizal. Sin embargo, esta especie no es un especialista de suelos pobres, sino parece que se relaciona con áreas accidentadas. Estas especies mostraron un patrón similar de ocurrencia relativa a las terrazas de suelos pobres en el inventario del territorio Maijuna (Stotz y Díaz Alván 2010). Dos especies de nictibios ampliamente distribuidas en áreas de suelos pobres y encontradas en Maijuna—Nictibio Rufo (*Nyctibius bracteatus*) y Nictibio de Ala Blanca (*N. leucopterus*)—no fueron encontradas en el inventario de Yaguas-Cotuhé. Como estas especies son nocturnas, podría ser que estén presentes pero no fueron registradas. Sin embargo, *N. bracteatus* ha sido encontrado en la mayoría de los inventarios rápidos realizados a la fecha en Loreto, y las condiciones para escuchar nictibios fueron óptimas para el inventario de 2010.

La especie no descrita de *Herpsilochmus* (originalmente descubierta por Lars Pomara a lo largo del río Ampiyacu; ver Stotz y Díaz Alván [2010] para

más detalles) fue muy común en las terrazas altas del campamento Piedras en el inventario del territorio Maijuna. Estuvo presente en todos los campamentos del inventario de Yaguas-Cotuhé en 2010 pero de modo mucho menos común, con no más de dos pares en cualquier campamento. Era mucho más común y ampliamente distribuida en las terrazas del campamento Choro. Los registros de este inventario son los más orientales para esta especie, pero podría extenderse más al este, hasta Colombia, en las terrazas de suelos pobres de la cuenca del río Cotuhé.

Heterocercus aurantiivertex es un saltarín poco común típico de hábitats de suelos pobres, tales como varillales, bosques inundados de aguas negras y pantanos de palmeras. Un sólo individuo fue localizado en el chamizal del campamento Cachimbo. Esto constituye una ampliación al este para el rango geográfico de esta especie, previamente no registrada al este del río Napo en el Perú. Aún no ha sido registrada en Colombia.

Percnostola rufifrons jensoni forma parte del complejo *Percnostola rufifrons* (Hormiguero de Cabeza Negra) del cual se habla en el reporte de Maijuna (Stotz y Díaz Alván 2010). Sólo se encuentra al este del río Napo y es reemplazado al oeste por el Hormiguero de Allpahuayo (*Percnostola arenarum*). La subespecie *jensoni* fue descrita de Sucusari a lo largo del río Amazonas, al sur de nuestra área de estudio (Capparella 1987). En esa publicación, esta subespecie fue separada, junto con la subespecie *P. r. minor* de Colombia, de la más ampliamente distribuida *rufifrons* del noreste de la Amazonía. Estas subespecies fueron agrupadas nuevamente con la *rufifrons* en la descripción del especialista de arenas blancas *P. arenarum* (Isler et al. 2001). Nos parece claro que la *jensoni* no pertenece junto a la especie *rufifrons*, pero la falta de información en cuanto a la *minor* hace imposible determinar un mejor curso de acción en cuanto a la taxonomía de estas formas.

El Tirano Pigmeo de Casquete (*Lophotriccus galeatus*) está también relacionado con áreas de suelos pobres en el norte de Loreto, pero su distribución se extiende en parches al este hacia Guayana Francesa. El Neopipo Acanelado (*Neopipo cinnamomea*) es una especie distribuida en parches a lo largo de toda la

Amazonía, siendo tal vez más común en áreas de suelos pobres en la Amazonía occidental. Nuestros registros constituyen extensiones de rango oriental tanto para *Percnostola rufifrons jensoni* como para *Neopipo cinnamomea*.

En el inventario AAYMP de 2003 los ornitólogos encontraron *Lophotriccus galeatus* y *Percnostola rufifrons* en el campamento Apayacu, pero no encontraron al *Herpsilochus* no descrito (Stotz y Pequeño 2004). Basándonos en lo que sabemos de estos especialistas de suelos pobres, parece probable que estas tres especies estuvieron presentes en los campamentos Apayacu y Maronal, donde habían colinas de suelos pobres. No sabemos con certeza si existe el hábitat apropiado en los alrededores del campamento Yaguas.

Reproducción

Se encontró poca evidencia de actividad reproductiva en el inventario de 2010. Por lo general, el mes de octubre no es un período de apareamiento en esta región. En los inventarios anteriores realizados por estas mismas fechas se ha registrado escasa evidencia de reproducción (p. ej., Stotz y Díaz Alván 2010). En el inventario de 2010 no encontramos nidos y no se observó la construcción de nidos, y la evidencia de reproducción se limitó a tres casos en los cuales se vio a juveniles grandes. Stotz vio a un juvenil independiente pero con cola corta de Hormiguero Tiznado (*Myrmeciza fortis*) en Choro el 19 de octubre, Stotz y Díaz Alván encontraron un juvenil independiente de Monja de Frente Negra (*Monasa nigrifrons*) en Cachimbo el 28 de octubre, y Stotz y Moskovits observaron una hembra del Carpintero Anillado (*Celeus torquatus*) alimentando a un juvenil grande en Cachimbo el 30 de octubre.

Sospechamos que la actividad reproductiva excepcionalmente limitada observada durante este inventario se debió en parte a las condiciones extremadamente secas de la región que se dio en meses previos (ver el capítulo Panorama Regional y Sitios Visitados). Estas condiciones secas probablemente también contribuyeron a los bajos niveles de canto que se dio en especies territoriales de sotobosque durante el inventario.

Migración

Encontramos pocas aves migratorias en este inventario. Tuvimos registros de ocho o nueve especies migratorias de Norte América: Águila Pescadora (*Pandion haliaetus*), *Buteo platypterus*, Chotacabras Migratorio (*Chordeiles minor*), Cuclillo de Pico Amarillo (*Coccyzus americanus*), Pibí Oriental (*Contopus virens*), Golondrina Tijereta (*Hirundo rustica*), *Wilsonia canadensis*, y Piranga Roja (*Piranga rubra*). Los pocos Víreos de Ojo Rojo (*Vireo olivaceus*) observados durante este inventario podrían haber sido migratorios, pero también existen poblaciones residentes de la región.

En tres días observamos grandes grupos de *Buteo platypterus* en el campamento Choro. Díaz Alván vio más de 100 el 15 de octubre, y unos 20 el 19 de octubre, mientras que Stotz contabilizó 72 el 17 de octubre. Estos datos complementan los 26 individuos de *B. platypterus* registrados por Stotz en el inventario del territorio Maijuna en octubre de 2009 (Stotz y Díaz Alván 2010). Es obvio que grandes números de esta especie se mueven a través de la región durante la migración hacia el sur. Un estudio con radio transmisores ha demostrado que el Aguilucho de Swainson (*B. swainsoni*), otro *Buteo* que migra en bandadas, aparentemente se mueve en grandes números por medio de un estrecho corredor al este del río Napo en el Perú durante la migración hacia los sitios de invierno al sur de Sudamérica (Fuller et al. 1998), pero no hemos encontrado a esta especie en alguno de nuestros inventarios en esta área a la fecha.

El registro de la Reinita de Canadá (*Wilsonia canadensis*) en Cachimbo el 28 de octubre fue inesperado. Mientras la especie vive en las colinas bajas de los Andes tropicales durante el invierno boreal, Stotz encontró numerosos individuos en el 2007 en las tierras bajas de la Amazonía, a lo largo de la frontera Perú-Ecuador en el inventario del Güeppí (Stotz y Mena Valenzuela 2008). Esto nos sugiere que la especie se podría mover regularmente a través de la Amazonía occidental mientras se dirige a sus territorios del invierno boreal en el sur del Perú o Bolivia. Un patrón similar ha sido observado en una especie de ave más abundante, el Zorzal de Swainson (*Catharus ustulatus*), que también pasa el invierno boreal en las estribaciones andinas.

Encontramos sólo un pequeño porcentaje de las 35–40 especies de aves migratorias de Norte América que se dan generalmente en esta área del norte de la Amazonía peruana. Sin embargo la región de Yaguas-Cotuhé no tiene un hábitat apropiado para la mayoría de estas especies. La mayoría de las aves migratorias terrestres están asociadas con extensas áreas de hábitat secundario, mientras que las aves acuáticas se encuentran usualmente a lo largo de grandes ríos con extensas playas. Aunque el río Yaguas es lo suficientemente grande para sostener aves ribereñas que migran a través de la Amazonía, la falta de playas grandes significa que hay hábitat muy reducido para estas especies de aves migratorias. Parece ser poco probable que esta área sea un refugio de invierno boreal importante para las poblaciones de aves migratorias de Norte América. Por otro lado, la parte baja del río Putumayo (la cual no fue incluida en nuestro inventario) parece poseer áreas extensas de hábitats secundarios y grandes playas, y podría albergar poblaciones significativas de aves migratorias de Norte América.

Las fechas de este inventario fueron tardías para la mayoría de las aves migratorias australes que pasan por la Amazonía, y sólo encontramos una especie: el Mosquero-Pizarroso Coronado (*Empidonomus aurantioatrocristatus*). El norte de la Amazonía está al norte de los territorios de invierno de casi todas las especies de aves migratorias australes, así que aun si se las observara en el pico de migración (junio y julio) probablemente habría menos de diez especies de aves migratorias australes en el área de estudio.

Bandadas mixtas

Con la excepción de Choro, las bandadas mixtas de sotobosque que se encontraron durante este inventario fueron generalmente pequeñas y no se encontraron ciertas especies que se esperaban encontrar. La explicación por estas bandadas atípicas parece ser que hemos estudiado más bosques inundables que bosques de tierra firme. Otros estudios (Munn y Terborgh 1979, Stotz 1993) han encontrado que estas bandadas tienden a ser menos desarrolladas en bosques inundados. Esta tendencia fue más fuerte en el campamento Cachimbo. Normalmente hay dos especies de batarás del género *Thamnomanes*

dirigiendo las bandadas de sotobosque. En Cachimbo, el Batará de Garganta Oscura (*T. ardesiacus*) era muy raro, pero el Batará Cinéreo (*T. caesius*) fue común. La composición de las bandadas en Cachimbo fue más bien inusual, con pocas especies típicas que se encuentran en las bandadas e incluyendo regularmente especies de sotobosque que generalmente no se asocian a las bandadas, tales como Hormiguero de Cara Negra (*Myrmoborus myotherinus*), *Hypocnemis* spp., Hormiguero de Ala Moteada (*Schistocichla leucostigma*), Hormiguero de Barbilla Negra (*Hypocnemoides melanopogon*), Hormiguero de Hombro Blanco (*Myrmeciza melanoceps*), y Cucarachero Coraya (*Thryothorus coraya*).

Así como en Maijuna (Stotz y Díaz Alván 2010), las bandadas de dosel fueron escasas y la mayoría de especies de bandadas de dosel se unían a las bandadas de sotobosque. Las tangaras fueron poco comunes, así como lo fueron en Maijuna, por lo que sospechamos que hay muy pocas especies de bandadas de dosel como para mantener bandadas de dosel por separado. Igual como ocurrió con las bandadas de sotobosque, algunas especies típicas de bandadas de dosel estuvieron presentes en Choro, pero no se presentaron en las áreas inundadas de Alto Cotuhé y Cachimbo. Estas incluían el Trepador Lineado (*Lepidocolaptes albolineatus*), Hormiguerito de Ala Ceniza (*Terenura spodioptila*), y Tangara Leonada (*Lanio fulvus*).

AMENAZAS

La principal amenaza para la avifauna dentro y alrededor de las áreas propuestas de conservación Yaguas-Putumayo es la pérdida de cobertura boscosa. La cacería es una amenaza secundaria en la región, afectando sólo a un reducido número de especies, y es más un problema para las áreas accesibles por río por las comunidades que viven a lo largo del río Putumayo. Debido a que la boca del río Cotuhé se adentra hasta Colombia, parecería improbable que la presión de caza en la forma de cacería comercial a lo largo del río sea significativa a corto plazo.

RECOMENDACIONES

Protección y manejo

El mantenimiento de la cobertura boscosa será una estrategia más que suficiente para preservar los objetos de conservación para las aves. Para las aves de caza, será necesario manejar la presión de caza dentro del área de uso. Las poblaciones de aves pescadoras podrían ser afectadas por la sobrepesca en los lagos y ríos grandes, pero la fuente de alimento de estas aves son peces pequeños que no son de interés para el consumo humano. La sobrepesca no se considera todavía un gran problema a menos que se empiecen a realizar prácticas no sostenibles de pesca tales como pesca con tóxicos.

La propuesta área de protección estricta en las cuencas de los ríos Yaguas y Cotuhé podría proveer de un bosque lo suficientemente intacto para mantener las comunidades de aves del bosque, con la posible excepción de las especies asociadas con los bosques inundables. Muchos de estos hábitats a lo largo del río Yaguas están fuera del límite del área de protección estricta.

Las aves son obviamente un objeto de caza de menor prioridad para los cazadores de subsistencia de la zona, en comparación con los mamíferos. En Cachimbo, donde las poblaciones de monos habían sido impactadas por la caza, no había evidencia obvia de los impactos de cacería en las poblaciones de aves de caza. La reducción de la presión de caza debería permitir que las poblaciones de aves de caza se recuperen en casi todas las áreas, a excepción de aquellas muy disturbadas por las poblaciones humanas. Las cuencas de los ríos Yaguas y Cotuhé pueden actuar como poblaciones fuente para ayudar a mantener las poblaciones de aves actualmente cazadas no sólo por las comunidades de la región sino también en el Área de Conservación Regional Ampiyacu-Apayacu y las propuestas ACR Medio Putumayo y Maijuna que rodean a esta región.

El área estudiada tiene una diversa avifauna con poblaciones viables de aves grandes y relativamente poco comunes, lo que podría atraer al ecoturismo. Sin embargo, la dificultad de acceso para los turistas internacionales nos sugiere que sólo hay un limitado potencial en la región para un ecoturismo enfocado en actividades de observación de aves.

Inventarios adicionales

Los inventarios adicionales dentro de la cuenca del río Yaguas y a lo largo del adyacente río Putumayo deberían enfocarse en los bosques bajos ubicados a lo largo de estos ríos. Los bosques de tierra firme en esta área del Perú han sido bien estudiados durante los tres inventarios rápidos en esta región (Stotz y Pequeño 2004, Stotz y Díaz Alván 2010, este estudio). Por el contrario, los bosques inundables, las cochas y las islas ribereñas ubicadas a lo largo del río Putumayo y sus tributarios del banco derecho son casi completamente desconocidos y deberían ser estudiados. El Paujil Carunculado (*Crax globulosa*), Críticamente Amenazado, podría todavía ocupar estos hábitats en la cuenca del Putumayo. Adicionalmente, las islas ribereñas del río Amazonas y la parte baja del río Napo tienen un conjunto especializado de aves. El río Putumayo tiene un número grande de islas ribereñas que nunca han sido estudiadas en cuanto a aves, y éstas son de alta prioridad para los estudios futuros. Finalmente, el lado colombiano del bajo Putumayo ha recibido poca atención ornitológica, por lo que los inventarios de los bosques de tierras altas podrían ser también de interés.

MAMÍFEROS

Autores: Olga Montenegro y Luis Moya

Objetos de Conservación: Seis especies amenazadas de grandes mamíferos que mantienen poblaciones saludables en las cuencas de los ríos Yaguas y Cotuhé, incluyendo el mono choro *Lagothrix lagotricha* (VU), muy afectado por la cacería en muchas localidades de la Amazonía peruana; el lobo de río (*Pteronura brasiliensis*), en peligro de extinción a través de todo su rango de distribución que parece tener poblaciones razonables en los ríos Yaguas y Cotuhé; varias otras especies cuyas poblaciones muestran tendencia a decrecer en muchas partes de su distribución, como huangana (*Tayassu pecari*), jaguar (*Panthera onca*), puma (*Puma concolor*) y tigrillo (*Leopardus pardalis*); poblaciones saludables de especies que aunque actualmente no están categorizadas como en peligro o vulnerables son a menudo objeto de cacería y tienen poblaciones decrecientes, como los monos *Alouatta seniculus*, *Cebus apella*, *Cebus albifrons*, o estado desconocido, como *Pithecia monachus* o *Lontra longicaudis*; poblaciones saludables de delfines de río (*Sotalia fluviatilis* e *Inia geoffrensis*), la última considerada amenazada en el Perú; comunidades diversas y complejas de murciélagos, que cumplen una función importante como dispersores de semillas (los frugívoros) o como controladores de insectos (insectívoros) y por lo tanto contribuyen a mantener la estructura de los bosques y el equilibrio de las poblaciones

INTRODUCCIÓN

El Perú tiene una alta diversidad de mamíferos, siendo el cuarto país con mayor número de especies (508) en el ámbito mundial, según la lista más actualizada disponible para el país (Pacheco et al. 2009). Mucha de esta diversidad se encuentra en la selva baja del departamento de Loreto, el cual, junto con las selvas ecuatorianas en el Parque Nacional del Yasuní, conforma una de las regiones más ricas no solo en mamíferos, sino en vertebrados, en el mundo (Bass et al. 2010). A pesar de esto, la información sobre la composición y riqueza de mamíferos a nivel de cuencas dentro de este departamento todavía no es completa. Mucha de la información generada sobre mamíferos de Loreto se concentra en grupos específicos como los primates (Aquino y Encarnación 1994, Aquino et al. 2008) y las especies que son objeto de caza (Bodmer et al. 1994, Aquino et al. 2001, Fang et al. 2008).

Para el interfluvio Napo-Putumayo-Amazonas, la información disponible sobre los mamíferos se ha generado principalmente gracias a algunos trabajos de evaluación de poblaciones de primates en el río Yubineto (Encarnación et al. 1990), estudios de evaluación y valorización de la fauna silvestre en el río Algodón (Aquino et al. 2007) y varios inventarios rápidos en los ríos Ampiyacu y Apayacu (Montenegro y Escobedo 2004), Güeppí (Bravo y Borman 2008) y Yanayacu, Algodón y Sucusari (Bravo 2010). Aunque en el inventario de los ríos Ampiyacu y Apayacu también se levantó información para un punto en las cabeceras del río Yaguas, la fauna del resto de esta cuenca, así como de la porción peruana del río Cotuhé, no había sido evaluada. Por otra parte, en áreas cercanas en Colombia existe alguna información sobre los mamíferos en el norte del Parque Nacional Natural Amacayacu (mamíferos cazados, Bedoya 1999), y en el río Ayo, cerca al Parque Nacional Natural Río Puré (Mesa 2002). A pesar que los trabajos que se han llevado a cabo en el interfluvio Napo-Putumayo-Amazonas junto con la información del lado colombiano dan una idea de la gran diversidad de mamíferos en esta región de la Amazonia occidental, es todavía muy poco lo que se conoce regionalmente para las cuencas de los ríos Yaguas, Cotuhé y bajo Putumayo.

En este inventario aportamos información sobre la fauna de mamíferos de la cuenca alta y baja del río Yaguas y las cabeceras del río Cotuhé en territorio peruano. Analizamos tanto la información obtenida en los tres puntos de muestreo de nuestro inventario de 2010, como la obtenida en las cabeceras del río Yaguas en 2003 (Montenegro y Escobedo 2004), para tener un panorama a nivel de cuencas. Comparamos la composición de especies entre los sitios y resaltamos los hallazgos más importantes en términos de conservación.

MÉTODOS

Evaluamos los mamíferos entre el 15 y 30 de octubre de 2010, en tres puntos de muestreo: las cabeceras del río Yaguas (campamento Choro), las cabeceras del río Cotuhé (campamento Alto Cotuhé) y el sector bajo del río Yaguas (campamento Cachimbo). En cada campamento tuvimos cinco días efectivos de muestreo. Para evaluar los mamíferos utilizamos cuatro métodos complementarios, descritos a continuación.

Tabla 1. Esfuerzo de muestreo de mamíferos en tres sitios de las cuencas de los ríos Yaguas y Cotuhé entre el 15 y 30 de octubre de 2010.

Método	Campamento			Total
	Choro	Cachimbo	Alto Cotuhé	
Avistamientos directos (km recorridos)	36.9	32.6	42.6	112.1
Huellas y otros rastros (km recorridos)	18.5	16.3	21.3	56.1
Cámaras trampa (cámara/24-h)	13.0	26.0	12.0	51.0
Redes de niebla (red/noche)	12.0	12.0	12.0	36.0

(1) *Avistamientos directos*: En cada campamento hicimos recorridos diarios por las trochas previamente establecidas por el equipo de avanzada. Caminamos entre 32 y 42 km por campamento (Tabla 1) para un total acumulado de 112.13 km recorridos. En cada campamento iniciamos los recorridos entre las 05:30 y las 07:00 horas y continuamos hasta las 14:00 a 15:00 horas, con un promedio de 8–9 horas de recorrido por día. Caminamos por las trochas a una velocidad promedio de 0.5–1 km por hora. Adicionalmente, durante algunas noches también hicimos caminatas, para un total de 3.6 km acumulados en los tres campamentos. Además, en el bajo río Yaguas realizamos un recorrido fluvial nocturno de aproximadamente 2 km aguas arriba de la quebrada Cachimbo. Cuando avistamos un mamífero durante un recorrido, registramos la especie detectada, el número de individuos, y la distancia perpendicular a la trocha a la que se encontraba el animal.

(2) *Huellas y otros rastros*: Durante los recorridos en las trochas registramos la presencia de huellas, rasguños en árboles, heces y cualquier otro signo de la actividad de mamíferos (Tabla 1). En algunos casos hicimos un molde con yeso de aquellas huellas difíciles de identificar o de especies de interés, como los felinos. Los moldes fueron comparados con guías de rastros de mamíferos de distribución posible en la zona (Emmons y Feer 1999, Tirira 2007, Navarro y Muñoz 2000). La información se presenta como frecuencia de rastros por 100 km recorridos.

(3) *Cámaras trampa*: Utilizamos entre tres y seis cámaras trampa digitales Bushnell con un sistema de monitoreo pasivo. Ubicamos estas cámaras fuera de las trochas en lugares con evidencia de actividad de mamíferos, tales como *collpas*, caminos, cercanías a cuevas y orillas de quebrada. Las trampas estuvieron activas entre tres y cinco días por campamento. Los esfuerzos de muestreo en cada campamento se ilustran en la Tabla 1.

(4) *Redes de niebla*: Para la captura de murciélagos, utilizamos cuatro redes de niebla de 6 y 9 m de longitud durante tres noches en cada campamento. El esfuerzo de muestreo total y por campamento se ilustran en la Tabla 1. Abrimos las redes entre las 17:30 y 21:00 horas. Los murciélagos capturados fueron pesados, medidos, identificados, fotografiados y luego liberados.

Adicionalmente, registramos los avistamientos de los otros investigadores que estuvieron con nosotros en el campo y aquellos hechos por el equipo de avanzada durante la apertura de las trochas y la construcción de los campamentos en las semanas inmediatamente anteriores. Para facilitar las comparaciones entre sitios, para cada uno de los métodos estimamos el éxito del muestreo como el número de especies registradas por unidad de esfuerzo (número de especies o huellas avistadas por kilómetro recorrido, trampas/día y redes/noche, según el caso).

RESULTADOS

Durante el inventario de 2010 registramos 63 especies de mamíferos, distribuidas en diez órdenes y 21

Tabla 2. El número de especies de mamíferos por orden taxonómico registradas en cuatro puntos de muestreo en las cuencas de los ríos Yaguas y Cotuhé.

| | Río Yaguas | | | Río Cotuhé | |
Orden	Choro	Yaguas	Cachimbo	Alto Cotuhé	Total
Didelphimorphia	–	–	3	2	4
Cingulata	2	2	2	2	3
Pilosa	–	1	1	1	3
Chiroptera	7	9	7	7	23
Primates	10	10	9	9	12
Carnivora	3	5	6	4	9
Cetacea	–	2	2	–	2
Perissodactyla	1	1	1	1	1
Artiodactyla	3	3	3	4	4
Rodentia	2	5	7	6	10
TOTAL	28	38	41	36	71

familias (Apéndices 7 y 8). Los órdenes representados fueron Didelphimorphia (4 especies), Cingulata (2), Pilosa (2), Chiroptera (18), Primates (12), Carnivora (8), Cetacea (2), Perissodactyla (1), Artiodactyla (4) y Rodentia (9). Adicionando las especies registradas en 2003 en el campamento Yaguas (Montenegro y Escobedo 2004), localizado a tan solo 29 km del campamento Choro, tenemos un total de 71 especies registradas para las cuencas del río Yaguas y del alto río Cotuhé (Tabla 2).

Teniendo en cuenta que para la cuenca del río Yaguas se ha estimado que la riqueza total de especies de mamíferos es de 160 especies (INADE et al. 1995), nuestros registros corresponden a cerca del 40% de las especies esperadas para la zona. La mayoría de las especies esperadas no registradas corresponden a roedores y otros mamíferos pequeños, los cuales no muestreamos por limitaciones de tiempo. Sin embargo, registramos la mayoría de las especies de mamíferos grandes y medianos esperadas en esta región.

Aunque no encontramos especies endémicas, sí registramos una especie de distribución restringida que sólo se encuentra en el Perú y algunas zonas de Colombia. Es el caso del pichico (*Saguinus nigricollis*), una especie de primate cuya distribución en el Perú se encuentra sólo en el interfluvio Napo-Putumayo-Amazonas (Aquino y Encarnación 1994).

De las especies registradas, el lobo de río (*Pteronura brasiliensis*) se encuentra en peligro de extinción (EN), tanto en la categorización global de la UICN (IUCN 2010) como en la legislación nacional peruana (INRENA 2004). Además encontramos cinco especies en categoría vulnerable (VU) según la UICN (IUCN 2010): tigrillo pequeño (*Leopardus tigrinus*), carachupa mama (*Priodontes maximus*), oso hormiguero grande (*Myrmecophaga tridactyla*), mono choro (*Lagothrix lagotricha*; Fig. 10G) y sachavaca (*Tapirus terrestris*; Fig. 10A). Otras especies como huangana (*Tayassu pecari*) y jaguar (*Panthera onca*) se consideran casi amenazadas en el ámbito global. Además, encontramos otros felinos grandes como *Puma concolor* y *Leopardus pardalis*, cuyas poblaciones muestran tendencia a decrecer en muchas partes de su distribución, aunque no están actualmente en una categoría de amenaza (IUCN 2010).

Campamento Choro

Durante cinco días (15–20 de octubre de 2010) registramos 28 especies de mamíferos en los órdenes Cingulata (2), Chiroptera (7), Primates (10), Carnivora (3), Perissodactyla (1), Artiodactyla (3) y Rodentia

Tabla 3. Frecuencia de observaciones directas y huellas registradas de los mamíferos más frecuentes en tres puntos de muestreo en las cuencas de los ríos Yaguas y Cotuhé.

Especie	Nombre común	Campamento		
		Choro	Cachimbo	Alto Cotuhé
Observaciones directas (no. grupos/100 km recorridos)				
Alouatta seniculus	Coto	5.42	3.07	7.04
Callicebus torquatus	Tocón negro	2.71	15.34	7.04
Cebus albifrons	Machín blanco	5.42	0.00	14.08
Lagothrix lagotricha	Choro	18.97	3.07	4.69
Pithecia monachus	Huapo negro	5.42	9.20	11.74
Saguinus nigricollis	Pichico	5.42	21.47	16.43
Saimiri sciureus	Fraile	5.42	12.27	7.04
Saguinus fuscicollis	Pichico	2.71	0.00	0.00
Aotus vociferans	Musmuqui	2.71	0.00	2.35
Callithrix pygmaea	Leoncito	0.00	3.07	0.00
Cebus apella	Machín negro	0.00	21.47	0.00
Huellas y otros rastros (no. rastros/100 km recorridos)				
Dasypus sp.	Armadillo	5.42	12.27	65.73
Priodontes maximus	Carachupa mama	10.84	6.13	4.69
Mazama americana	Venado rojo	10.84	6.13	4.69
Tapirus terrestris	Sachavaca	37.94	85.89	32.86
Pecari tajacu	Sajino	5.42	6.13	9.39
Tayassu pecari	Huangana	5.42	30.67	9.39

(2). El grupo más diverso correspondió a los primates, de los cuales registramos 10 de las 12 especies totales encontradas en todo el inventario. En este campamento fue muy notoria la frecuencia de observaciones de monos choro (18.97 observaciones/100 km recorridos; Tabla 3). La mayoría de las tropas tuvo un tamaño promedio de 10–12 individuos y en muchas observamos crías. En este campamento fue también común encontrar tropas del mono machín blanco (*Cebus albifrons*), cuyos tamaños de grupo variaron entre 5 y 10 individuos. Muchas veces encontramos a este primate asociado con monos frailes (*Saimiri sciureus*), en grandes grupos de 10–50 individuos. También fue interesante una observación de tocón rojo o colorado (*Callicebus cupreus*), el cual no es muy común en la zona. Adicionalmente, encontramos frecuentes huellas de sachavaca, principalmente asociadas a una *collpa* localizada en la zona. La frecuencia de observaciones de huanganas y sajinos fue relativamente baja. En este campamento, destacamos los hábitats de bosques altos sobre las terrazas de edad pleistocena inferior (aproximadamente 2 millones de años de antigüedad), importantes para los primates, y los aguajales (bosques de pantano) y *collpas*, muy importantes para los ungulados.

Campamento Cachimbo

Este fue el campamento con mayor número de especies, siendo de nuevo los primates los más diversos. Durante cinco días (26–30 de octubre de 2010) registramos 41 especies de mamíferos en los órdenes Didelphimorphia

(3), Cingulata (2), Pilosa (1), Chiroptera (7), Primates (9), Carnivora (6), Cetacea (2), Perissodactyla (1), Artiodactyla (3) y Rodentia (7). En este lugar destacamos el avistamiento del mono leoncito (*Callithrix pygmaea*) en las orillas de la quebrada Cachimbo y la ausencia del machín blanco (*Cebus albifrons*), el cual fue frecuente en los campamentos anteriores; en su lugar, destacamos la presencia del machín negro (*Cebus apella*) y su asociación con el mono fraile (*Saimiri sciureus*), siempre en grandes manadas (>30 individuos). Fueron frecuentes los avistamientos de las dos especies de delfines de río (*Inia geoffrensis* y *Sotalia fluviatilis*; Figs. 10D–E), debido a que el río Yaguas en este campamento conduce mayor volumen de agua en comparación con los campamentos anteriores. Respecto al delfín rosado (*Inia geoffrensis*), observamos grupos de hasta nueve individuos. Los rastros de sachavaca y huangana fueron más frecuentes en este campamento, observación probablemente relacionada con la presencia de aguajales (Tabla 3). También fue notoria la frecuencia de rastros (huellas y marcas en los árboles) de grandes felinos y un avistamiento directo de un *Puma concolor* adulto. En este campamento, sin embargo, fue evidente la escasez del mono choro y un comportamiento huidizo y tímido de la mayoría de los primates.

Entre los hábitats, destacamos la importancia de las cochas y quebradas para especies semi-acuáticas, como los lobos de río, los cuales fueron avistados en varias ocasiones, y la importancia del río Yaguas como hábitat de los delfines amazónicos.

Campamento Alto Cotuhé

Durante cinco días (21–25 de octubre de 2010) registramos 36 especies de mamíferos en los órdenes Didelphimorphia (2), Cingulata (2), Pilosa (1), Chiroptera (7), Primates (9), Carnivora (4), Perissodactyla (1), Artiodactyla (4) y Rodentia (6). Esta localidad agrega varias especies al inventario, entre las que se destacan dos marsupiales y cuatro especies de murciélagos (Apéndices 7 y 8). Destacamos el avistamiento de *Leopardus tigrinus*, una especie de felino que es generalmente difícil de observar. Además, en este campamento tuvimos una frecuencia de avistamientos más alta del machín blanco (*Cebus albifrons*) y del huapo negro (*Pithecia monachus*),

y observamos un mayor número de cuevas del armadillo mediano (*Dasypus* sp.; Tabla 3). Los hábitats importantes para los mamíferos en este campamento fueron los aguajales, los bosques de colina y los bosques inundables alrededor del río Cotuhé.

Collpas

En esta zona de la Amazonía peruana las *collpas* son muy importantes para los ungulados y algunos primates. Aunque debido al corto tiempo de muestreo fue imposible conocer la abundancia de las *collpas* en los sitios estudiados, encontramos al menos una activa en el campamento Choro. Nuestra impresión, dada la abundancia de rastros de ungulados en los tres sitios, es que existen muchas otras *collpas* en estas cuencas, como ocurre en otras regiones de Loreto, como la cuenca alta del río Yaguas (Montenegro y Escobedo 2004), el río Blanco (Puertas 1999) y la cuenca del río Yavarí-Mirín (Montenegro 2004).

DISCUSIÓN

Diversidad de mamíferos en los ríos Yaguas y Cotuhé en el contexto nacional e internacional

Las cuencas de los ríos Yaguas y Cotuhé albergan una alta diversidad de mamíferos. A pesar del corto tiempo del inventario, por lo cual no incluimos a los roedores y otros mamíferos pequeños, registramos cerca del 40% de la fauna esperada para la región. Nuestros registros corresponden a 48 especies de mamíferos grandes y medianos y a 23 especies de murciélagos (Apéndices 7 y 8). Esta fauna representa el 24% de la fauna reportada para toda la selva baja peruana y el 14% de toda la fauna de mamíferos del Perú (Pacheco et al. 2009). De las 84 especies de murciélagos esperadas para la cuenca del río Yaguas y el bajo Putumayo (INADE et al. 1995), alcanzamos a registrar el 27% en este corto inventario.

Una estimación de la diversidad total de mamíferos para la región del río Putumayo hecha por César Ascorra (INADE et al. 1995) indicó que para la cuenca del Yaguas habría unas 160 especies, es decir cerca del 32% de todas las especies de mamíferos del Perú. Consideramos que esta estimación es una buena aproximación a la fauna de mamíferos de esta región, pues coincide bastante con los mapas de distribución de especies de mamíferos en el Perú presentadas en Emmons y Feer (1999) y Eisenberg y Redford (1999) y es cercana a las estimaciones para la región vecina en Colombia (Montenegro 2007), basada en material de museo y trabajos de campo en la zona. Sin embargo, estas estimaciones no incluyen posibles especies nuevas o extensiones de distribución entre los roedores y pequeños marsupiales. Por lo tanto, se recomienda en el futuro realizar inventarios de esta otra fauna, y así tener un panorama completo de la gran diversidad de mamíferos que existe en las cuencas de los ríos Yaguas y Cotuhé.

Comparando este inventario con información de áreas fronterizas cercanas, tales como el río Algodón (Aquino et al. 2007) y la cuenca baja del río Putumayo en la margen colombiana, encontramos que existe bastante similitud, tanto en el número de especies como en su composición, particularmente entre los mamíferos grandes y medianos (Alberico et al. 2000, Mesa 2002, Montenegro 2007). En Colombia, parte de esta fauna se encuentra protegida dentro del sistema nacional de áreas protegidas, en el Parque Nacional Natural Amacayacu, cuyo límite norte es el río Cotuhé, y en el PNN Río Puré, en la cuenca del río Caquetá. Sin embargo, dados los requerimientos de hábitat de especies de gran porte, como felinos grandes y ungulados, es necesario que existan áreas protegidas de tamaño considerable para asegurar la supervivencia a largo plazo de estas especies. En Loreto no existen hasta la fecha áreas de protección estricta que dieran continuidad a los ecosistemas protegidos en los parques nacionales de la región vecina de Colombia. Por estas razones, la protección de las cuencas de los ríos Yaguas y Cotuhé reforzaría los esfuerzos de conservación de esta fauna tan rica en esta región de la Amazonia occidental.

Comparación entre los diferentes sectores de las cuencas de los ríos Yaguas y Cotuhé

Las principales diferencias entre los sitios muestreados están no tanto en la composición de especies sino en la abundancia de algunas de las mismas. El caso más resaltante es el mono choro (*Lagothrix lagotricha*), el cual fue muy abundante en las cabeceras de ambos ríos y menos abundante en la parte baja del río Yaguas.

Una alta abundancia del mono choro también fue reportada para el río Algodón (Aquino et al. 2007). En la cuenca alta del río Yaguas, además de abundantes estos primates eran mansos y no tuvieron miedo de los observadores en los campamentos de cabeceras. Por el contrario, en muchas ocasiones, las manadas tuvieron comportamientos de curiosidad e incluso agresión hacia los investigadores. Estas observaciones sugieren poblaciones saludables de choros en las cabeceras del río Yaguas. En contraste, en la parte baja de este río no tuvimos avistamientos de este primate y lo registramos sólo por escasos avistamientos del grupo de avanzada. De acuerdo con la información de los asistentes de campo, en este sector del río Yaguas existe presión de cacería por parte de algunos moradores de las comunidades asentadas en la desembocadura de este río y de otras comunidades del río Putumayo. Debido a que este es un primate frugívoro, su disminución en la parte baja del Yaguas puede con el tiempo afectar la estructura de los bosques, al reducirse su papel como dispersor de semillas (Peres y Palacios 2007).

La mayoría de las especies de primates encontradas para todo el inventario fue común en los tres campamentos, con las siguientes excepciones. El tocón colorado o rojo (*Callicebus cupreus*) lo encontramos sólo en el campamento Choro. Este primate no es tan común en esta zona de la Amazonía, en donde es difícil de observar, como ya se había indicado también para el interfluvio Napo-Putumayo (Bravo y Borman 2008). También fue poco frecuente (raro) el leoncito (*Callithrix pygmaea*), el cual es ampliamente distribuido pero difícil de avistar en esta zona de la Amazonía, y lo registramos únicamente en el campamento Cachimbo. El mono fraile (*Saimiri sciureus*) fue común en los tres sitios, pero en los campamentos Choro y Alto Cotuhé estuvo asociado con el machín blanco (*Cebus albifrons*) y en Cachimbo con el machín negro (*Cebus apella*). De hecho, éste último sólo lo encontramos en el campamento Cachimbo. Aunque normalmente estas dos especies de *Cebus* suelen ser simpátricas, no lo fueron en este inventario. Se sugieren estudios a largo plazo para verificar si esto es un patrón constante en estas dos cuencas.

Diferencias y afinidades con otras localidades de la región de Loreto

La fauna de mamíferos encontrada en las cuencas de los ríos Yaguas y Cotuhé muestra bastante afinidad con aquella del sector de Cuyabeno-Güeppí en la Amazonía ecuatoriana y peruana (Bravo y Borman 2008), y con aquellas de los ríos Yanayacu, Algodón, Sucusari, Ampiyacu y Apayacu en la Amazonía peruana (Montenegro y Escobedo 2004, Bravo 2010). Entre las especies que no registramos pero esperábamos encontrar en Yaguas-Cotuhé está el perro de orejas cortas (*Atelocynus microtis*), el cual sí fue registrado en los inventarios antes mencionados. Sin embargo, tenemos un registro fotográfico tomado por Ricardo Pinedo hace un año en el río Putumayo, en frente de la comunidad de Huapapa, de un ejemplar de esta especie que había sido capturado mientras cruzaba el río. Por lo tanto, consideramos que la distribución de esta especie también debe incluir al menos la cuenca del río Yaguas, el cual es afluente del Putumayo. Es probable también que esta especie esté en el río Cotuhé, pues está reportado para el bajo Putumayo en Colombia (Alberico et al. 2000, Montenegro 2007).

Otra especie de cánido que esperábamos encontrar en la región Yaguas-Cotuhé es el perro de monte (*Speothos venaticus*). Esta especie fue reportada en Cuyabeno-Güeppí (Bravo y Borman 2008) y en el bajo río Putumayo en Colombia (Alberico et al. 2000), y debe estar presente en toda la región, según los mapas de distribución de Eisenberg y Redford (1999) y Emmons y Feer (1999).

El mismo caso encontramos con el felino *Herpailurus yagouroundi*, el cual fue registrado en Cuyabeno-Güeppí (Bravo y Borman 2008) y en el bajo río Putumayo en Colombia (Alberico et al. 2000) pero no fue registrado en este inventario. Tanto *Speothos* como *Herpailurus* pueden estar presentes en las cuencas de los ríos Yaguas y Cotuhé, pero son necesarios más esfuerzos de muestreo para encontrarlos.

AMENAZAS

Las principales amenazas para los mamíferos en la zona de estudio son la cacería y la extracción maderera, particularmente en la parte baja del río Yaguas. La cacería, aunque parece ser de subsistencia, ya muestra efectos sobre algunas poblaciones, principalmente de primates. La actividad maderera es más frecuente en la parte baja del río Yaguas, pero también ocurre con regular frecuencia (en menor escala) en la cuenca alta de este río y en el río Cotuhé. Esta actividad, además de generar una perturbación en el hábitat, facilita la cacería alrededor de los campamentos madereros. En la cuenca baja del río Yaguas, por ejemplo, encontramos restos óseos de huanganas cazadas en un campamento abandonado unos pocos kilómetros aguas arriba de la desembocadura de la quebrada Cachimbo.

Adicionalmente, aunque la extracción de pieles de animales como felinos y lobos de río en la región amazónica se redujo después de su auge en los años setenta, todavía ocurre de forma ocasional. Por ejemplo, en la cuenca del río Putumayo el comercio ilegal de pieles de tigrillo (*Leopardus pardalis*), huamburusho (*Leopardus wiedii*) y jaguar (*Panthera onca*) ocurre esporádicamente, aunque los niveles de extracción de estas y otras especies de valor comercial son desconocidos pues no se llevan registros oficiales al respecto (INADE et al. 1995). La única estimación sobre los valores de comercialización de mamíferos en el río Putumayo disponible hasta la fecha es de Aquino et al. (2007). Estos autores indican que el comercio de mamíferos en el río Putumayo ocurre en localidades como San Antonio del Estrecho y con los cacharreros (comerciantes colombianos y peruanos) que recorren el río. Esta comercialización involucra principalmente a cuatro especies de ungulados (huangana, sajino, sachavaca y venado colorado), junto con aves grandes. Su valoración económica en el año 2007 fue estimada en US$194,860.00 (Aquino et al. 2007).

Además de la cacería asociada a los campamentos madereros, la extracción misma de madera representa una amenaza para las poblaciones de mamíferos, por sus efectos en la calidad del hábitat. Los primates podrían experimentar reducción en sus abundancias debido a la explotación forestal, como ha sido reportado en otros bosques neotropicales (Bicknell y Peres 2010). Asimismo, los pequeños mamíferos podrían aumentar sus poblaciones, incrementando a su vez la depredación de semillas, como se ha encontrado en otras regiones de la Amazonía en donde existe extracción de especies maderables como la caoba (Lambert et al. 2005), y a largo plazo, afectar la estructura de los bosques.

En la cuenca del Yaguas, a medida que se agoten las especies maderables actualmente explotadas (principalmente cedro) la tendencia será a continuar con la explotación de otras especies maderables de valor comercial. Esta extracción genera una alteración del hábitat que irá en incremento con el tiempo si el área no es protegida. En general, una prolongada presión de cacería combinada con la extracción de madera puede resultar en distorsiones marcadas en las comunidades de mamíferos, como ya se ha reportado en otras regiones amazónicas (Lopes y Ferrari 2000).

RECOMENDACIONES PARA LA CONSERVACIÓN

Protección

- Establecer el área propuesta de protección estricta en las cuencas de los ríos Yaguas y Cotuhé, de manera que las poblaciones de mamíferos se mantengan a largo plazo. De esta forma se protegerían por lo menos seis especies que están en peligro, así como algunas especies que tienen distribución restringida, como es el caso del pichico (*Saguinus nigricollis*). Adicionalmente, el área de protección estricta actuaría como una zona núcleo que servirá de fuente para el re-poblamiento de especies que actualmente son escasas en áreas adyacentes donde existe cacería. Por ejemplo, las poblaciones escasas del mono choro (*Lagothrix lagotricha*) en la parte baja del río Yaguas podrían recuperarse por migración desde las cabeceras de este río, en donde sus poblaciones están en mejor estado. Además, un área de protección estricta ayudaría en la conservación de especies menos estudiadas en el área, tales como mamíferos pequeños (roedores y murciélagos), muchos de los cuales ayudan a mantener la estructura de los bosques por su función en la dispersión de semillas.

- Establecer un área de uso directo en los alrededores de las poblaciones humanas del bajo río Putumayo y el bajo río Yaguas. Esta área permitiría a los pobladores hacer un uso razonable de sus recursos, bajo esquemas de manejo sostenible.

Manejo y monitoreo

- Elaborar planes de manejo de las especies de potencial aprovechable. Se debería empezar por una evaluación de la magnitud de la cacería y de la sostenibilidad de la misma según la biología reproductiva e historia de vida de las especies. De esta forma se evaluarían las especies que tienen algún potencial de aprovechamiento sostenible (majaz o sajino, por ejemplo) bajo planes de manejo y aquellas que deben excluirse de la extracción (como primates grandes y sachavaca, entre otras). Esto reforzaría los esfuerzos que ya se vienen adelantando con otros recursos, como especies priorizadas de la pesca (paiche y arahuana), bajo un esfuerzo binacional con Colombia (Agudelo et al. 2006).

- Realizar estudios de dinámica poblacional, particularmente de las especies objeto de caza, como una forma de apoyar los esfuerzos de manejo mencionados en la recomendación anterior.

- Fortalecer en el área de uso programas de educación ambiental incluyéndolos en el sistema oficial educativo dirigido a las escuelas, entre otras opciones.

Inventarios adicionales

- Complementar el inventario en la zona de protección estricta, para tener una idea completa del número de especies de mamíferos, enfocándose en este caso en los mamíferos pequeños, tales como murciélagos, roedores pequeños y marsupiales. Estos estudios podrían revelar sorpresas taxonómicas, particularmente en los roedores, o podrían aportar ampliaciones de distribución de especies poco conocidas.

COMUNIDADES HUMANAS VISITADAS: FORTALEZAS SOCIALES Y CULTURALES Y USO DE RECURSOS

Autores: Diana Alvira, Mario Pariona, Ricardo Pinedo Marín, Manuel Ramírez Santana y Ana Rosa Sáenz (en orden alfabético)

Objetos de Conservación: Transmisión de conocimientos de técnicas de manejo y uso de los recursos naturales (bosque, agua y cultura) de generación a generación; técnicas de manejo tradicional compatibles con la conservación, como chacras y huertos familiares diversificados y rotación de bosque secundario; amplio conocimiento y uso de plantas con fines alimenticios y medicinales, y para la construcción de viviendas; profundo conocimiento de los ecosistemas acuáticos (cochas, quebradas y ríos) y sus componentes; relaciones de parentesco y vecindad que fortalecen la reciprocidad, equidad y solidaridad social

INTRODUCCIÓN

La zona baja de la cuenca del río Putumayo comprende 13 comunidades indígenas (diez tituladas y tres en proceso de titulación) con una población de 1,100 habitantes. Once de estas comunidades están localizadas en el río Putumayo y dos en la desembocadura del río Yaguas. Estas poblaciones son consideradas entre las más aisladas de la región Loreto, debido a la gran distancia y dificultad en el acceso desde Iquitos. Estas comunidades están conformadas por diversos grupos étnicos, como Huitoto, Bora, Kichwa, Tikuna y Yagua, y también por población mestiza.

La zona baja de la cuenca del río Putumayo comprende la parte norte del gran paisaje indígena del Putumayo, la cual es una propuesta consensuada por las comunidades locales y que propone el establecimiento en el norte de Loreto de un mosaico de áreas naturales protegidas bajo diferentes categorías de conservación, tales como áreas de uso sostenible de los recursos naturales y un área núcleo de protección estricta (IBC 2010, Pitman et al. 2004, Smith et al. 2004). Este inventario rápido social en la cuenca baja del río Putumayo se suma a los previos inventarios en la región Ampiyacu-Apayacu-Yaguas-Medio Putumayo (AAYMP; Pitman et al. 2004) y en el territorio Maijuna (Gilmore et al. 2010) realizados para la propuesta de conservación en las cuencas de los ríos Apayacu, Ampiyacu, Algodón, Yaguas, Medio Putumayo y Bajo Putumayo.

El inventario social se llevó a cabo del 15 de octubre al 8 de noviembre de 2010 por un equipo intercultural y multidisciplinario conformado por un biólogo, un socio-ecólogo, un ingeniero agrónomo, un ingeniero forestal y un dirigente indígena. El inventario social tuvo varios objetivos, entre ellos: 1) analizar las principales fortalezas y oportunidades socioculturales de las comunidades en la zona, 2) conocer las tendencias de uso de recursos naturales en el área de estudio, 3) determinar las posibles amenazas para las poblaciones humanas y los ecosistemas del área, 4) informar a las comunidades sobre las actividades desarrolladas por el equipo biológico en los sitios de muestreo, y 5) informar a las comunidades acerca de la propuesta de conservación en la zona.

Visitamos dos comunidades (Puerto Franco y Huapapa) ubicadas en el río Putumayo y una comunidad (Santa Rosa de Cauchillo) en la boca del río Yaguas. Escogimos estas comunidades por su representatividad del patrón social, cultural y económico de la región y por su localización estratégica en relación a las áreas de conservación propuestas (Fig. 15). En esta región el Instituto del Bien Común (IBC) y el Proyecto Especial Binacional Desarrollo Integral de la Cuenca del Río Putumayo (PEDICP) han trabajado con las comunidades y recopilado bastante información socio-económica. Sin embargo, aún existe poca información y entendimiento acerca del funcionamiento interno de las organizaciones sociales en estas comunidades, lo cual dificulta el relacionamiento y planificación en conjunto entre el Estado, las instituciones de apoyo y las comunidades nativas en pro de un desarrollo social y económico sostenible en la región.

MÉTODOS

El inventario social rápido tiene un enfoque participativo basado en las fortalezas de las comunidades. La identificación de las fortalezas es esencial porque estas características sociales y culturales servirán de punto de partida para implementar programas de conservación en la zona. Cuando analizamos las fortalezas y validamos patrones culturales y prácticas locales que apoyan una manera de vivir con bajo impacto en los recursos naturales, empoderamos a la gente a tomar acciones a

Fig. 15. Comunidades visitadas por el equipo científico-social durante el inventario rápido.

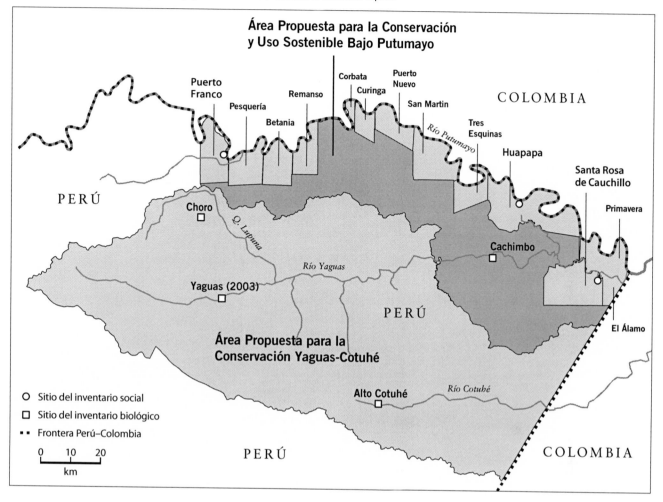

favor de la conservación y el manejo sostenible de sus recursos naturales.

Para el inventario social seguimos una metodología similar a las empleadas en los inventarios previos realizados por The Field Museum (p. ej., Vriesendorp et al. 2006). En esta ocasión adicionamos dos nuevas herramientas: el análisis de la brecha de recursos y las relaciones sociales (sociogramas). Estuvimos cuatro días visitando cada comunidad, en donde utilizamos los siguientes métodos: 1) talleres de intercambio de información, 2) dinámica 'el hombre/la mujer de la buena vida,' 3) entrevistas semi-estructuradas a hombres y mujeres, informantes claves y autoridades, y conversaciones con grupos focales, 4) participación en las actividades de la vida cotidiana de una familia o

varias familias (mingas), 5) análisis de la economía familiar mediante la brecha de recursos, en la que se cuantificó la diferencia o 'brecha' entre la suma de los recursos familiares mensuales y la suma de los gastos mensuales, 6) análisis de las relaciones de parentesco y redes de apoyo e intercambio que las personas tienen para desarrollar diferentes actividades (sociogramas), y 7) la elaboración de un mapa de uso de recursos naturales (en Huapapa) o la validación de los mapas elaborados previamente por el programa Ampiyacu-Algodón, ejecutado por el equipo del IBC (en Puerto Franco y Santa Rosa de Cauchillo).

Aprovechamos los talleres de intercambio de información para elaborar y/o validar mapas sobre uso de recursos y el croquis de las comunidades, y para aplicar la dinámica 'el hombre/la mujer de la buena vida.' Esta dinámica es útil porque nos permite investigar la percepción de los comuneros sobre los diferentes aspectos de la vida (recursos naturales, aspectos culturales, condiciones sociales, la vida política y la situación económica) y de reflexionar con ellos sobre cuál es la relación entre el medio ambiente y la calidad de vida (ver Wali et al. [2008] para más detalles). No podemos tomar los resultados de la dinámica como una medida objetiva de la calidad de vida, pero sí es un indicador de las actitudes de la gente y de hasta qué punto ellos mismos valoran lo que ellos son y lo que tienen.

Para el taller informativo empleamos materiales visuales, como cartillas (p. ej., mapas de las comunidades del bajo Putumayo, de las comunidades a visitar, y de los campamentos de muestreo donde se desarrolló el inventario biológico rápido) y guías de fotos de animales y plantas. Además de las actividades en el campo, para escribir este capítulo consultamos varios documentos, bases de datos, informes y material bibliográfico (p. ej., Agudelo et al. 2006, Gilmore et al. 2010, IBC 2010, INADE y PEDICP 2002, PEDICP 2007, Pitman et al. 2004).

DESCRIPCIÓN DE LAS COMUNIDADES

Historia y patrón de asentamiento

La zona entre los ríos Putumayo, Cotuhé, Atacuari y Amazonas ha sido territorio ancestral de las etnias Omagua, Tikuna y Yagua. Los procesos de colonización europea y exploración de la Amazonía desde el siglo XVI, la esclavización española y portuguesa y evangelización en el siglo XVII, las guerras por la independencia en los siglos XVIII y XIX, y las epidemias de enfermedades tales como el sarampión obligaron a estos pueblos a reubicarse en busca de protección. Los Tikuna la buscaron en la zona del interfluvio, mientras los Yagua la buscaron con las misiones jesuitas y los Omagua fueron reducidos a la extinción. En el siglo XIX, con la revolución industrial y el desarrollo del capitalismo, se dio una búsqueda de nuevas regiones abastecedoras de recursos naturales, lo cual afectó directamente a esta región (Camacho González 2004, Smith et al. 2004).

La región fue y es hasta la fecha escenario para la extracción de recursos naturales con destino a los mercados internacionales y nacionales. En el pasado se utilizó la mano de obra de los pueblos indígenas (Tikuna, Yagua, Huitoto, Bora, Maijuna, Kichwa y otros) lo cual provocó grandes olas de migración interétnica, ya que ellos fueron arrastrados por los patrones de la época a los diferentes lugares de extracción. La historia de explotación de recursos naturales comenzó con la extracción de la quina (*Cinchona* sp.). Luego vino el auge del caucho (*Hevea brasiliensis*) junto a un nefasto proceso esclavista colonizador que sacudió muchas etnias en la Amazonía entre 1880 y 1930. En la cuenca del Putumayo, el fundo cauchero sobresaliente fue la tristemente célebre Casa Julio C. Arana y hermanos, más adelante The Peruvian Amazon Rubber Company (Smith et al. 2004, Chirif y Cornejo Chaparro 2009).

De 1930 a 1970 se dio la explotación de palo de rosa (*Aniba rosaeodora*), látex de balata (*Manilkara bidentata*) y leche caspi (*Couma macrocarpa*), y el comercio de pieles de felinos, ungulados y reptiles. En 1970 comenzó la explotación de cedro (*Cedrela odorata*) y paiche (*Arapaima gigas*; Fig. 11A). Los pobladores entrevistados en la zona mencionaron la existencia en esa época de un aserradero ubicado donde actualmente está la comunidad nativa de El Álamo, donde se procesaba la madera que venía principalmente de la cuenca del río Yaguas. Ellos también recuerdan la presencia de mestizos dedicados a la pesca del paiche a lo largo del río Putumayo.

Luego de 1980 a 2000, vino la bonanza de la coca, con la cual también llegaron nuevos pobladores mestizos e indígenas, especialmente de la cuenca del río Napo. Actualmente en la zona la economía extractivista está relacionada con la extracción de recursos pesqueros, principalmente paiche y alevinos de arahuana (*Osteoglossum bicirrhosum*; Figs. 7G, 11B), y recursos madereros, principalmente cedro y polvillo o azúcar huayo (*Hymenaea courbaril*).

Las comunidades asentadas en la margen derecha del río Putumayo son en su mayoría de origen indígena y guardan un vínculo más estrecho con la época de la explotación de pieles y látex. Los pobladores más antiguos o fundadores nos informaron haber llegado desde sus territorios ancestrales arrastrados por sus patrones desde el río Cotuhé hasta el río Yaguas. Ellos mencionaron que luego de la caída del mercado de

Tabla 4. Demografía y etnias representativas en la cuenca baja del río Putumayo, en el área de influencia de las propuestas áreas de conservación. Nota: Aunque las 13 comunidades son nativas, sólo tres de ellas (El Álamo, Huapapa y Corbata) cuentan con resolución de reconocimiento como comunidad nativa, quedando pendiente la demarcación de sus territorios, titulación e inscripción en registros públicos. Las fechas de titulación van desde el año 1975 a 1995 (IBC 2010).

Nombre de la comunidad	Población	Área total titulada (ha)	Étnia con que fue reconocida
Curinga	39	8,788	Quechua
Pesquería	8	12,004	Huitoto
Primavera	67	9,392	Peba-Yagua
Puerto Franco	105	15,266	Huitoto
Puerto Nuevo	47	6,819	Quechua
Remanso	122	8,314	Huitoto-Bora
San Martín	55	13,354	Quechua
Santa Rosa de Cauchillo	68	9,462	Tikuna
Tres Esquinas	48	14,898	Huitoto
Betania	21	15,462	Huitoto
El Álamo	136		Yagua
Huapapa	348		Kichwa
Corbata	46		Kichwa
TOTAL	**1,110**	**113,759**	

pieles y látex los patrones abandonaron la zona dejando libres a los indígenas que los acompañaban. A partir de este hecho varios pobladores indígenas salieron del río Yaguas hacia el río Putumayo, donde se establecieron formando comunidades hasta la fecha existentes. Estas comunidades tienen una fundación no mayor de 40 años y la mayoría cuenta con territorio titulado (Tabla 4).

Demografía e infraestructura

En la cuenca baja del río Putumayo habitan aproximadamente 1,100 personas (Tabla 4). En esta cuenca existen 13 comunidades nativas, diez tituladas entre los años 1975 y 1995 y tres aún sin titular (Corbata, Huapapa y El Álamo). La mayor concentración poblacional se encuentra en la comunidad de Huapapa (348 habitantes) y la menor en Pesquería (8). En su mayoría la población es descendiente de diferentes grupos étnicos, principalmente Kichwa, Yagua, Bora, Huitoto y Tikuna. En particular, en la comunidad de Huapapa predomina la población mestiza. Huapapa

es una comunidad que está en continuo crecimiento poblacional, ya que por la oferta de trabajo en el sector maderero varias familias de otras comunidades vecinas, en particular San Martín, se han trasladado a vivir allí. También existe una población flotante de colombianos solteros que vienen a trabajar en la madera (IBC 2010, INADE y PEDICP 2002).

En la mayoría de las comunidades el patrón de asentamiento es semi-nucleado alrededor de una cancha de fútbol y/o a lo largo del borde del río o cocha. En contraste en Remanso y El Álamo las viviendas están ubicadas a lo largo de veredas peatonales de concreto y hay una organización tipo barrios alrededor de canchas de fútbol y/o plazas. En Huapapa, la comunidad más poblada, las viviendas están localizadas a lo largo de dos pistas o calles. La mayoría de las viviendas en las comunidades están construidas con materiales de la zona (madera, hoja de palmera, tamshi y otras) y en una minoría el material es mixto, incluyendo material industrial (calamina, concreto y clavos). En las áreas donde se inunda el terreno, las casas están elevadas a 1–2 m del suelo (Puerto Franco, Tres Esquinas, Huapapa, Corbata, San Martín y Puerto Nuevo).

Tres comunidades cuentan con escuela de nivel inicial (Remanso, Huapapa, El Álamo), 11 con nivel primario y dos con nivel secundario (El Álamo y Remanso). De estas escuelas, seis son reconocidas como escuelas bilingües pero en realidad en ninguna se imparte educación intercultural bilingüe. Esto se debe a varios factores que también se presentan en todas las comunidades rurales indígenas de la Amazonía peruana. Primero, se ha dado una pérdida paulatina del lenguaje ancestral en la zona debido a los matrimonios mixtos entre indígenas y mestizos, y entre indígenas de diferentes etnias, y debido a un constante predominio del idioma castellano en los hogares y en las comunidades. Segundo, algunos docentes, a pesar de ser indígenas, no enseñan la lengua de sus ancestros. Además, la educación en general en la zona (así como en la mayoría de las zonas rurales de la Amazonía) es deficiente, ya que las clases no comienzan ni terminan a tiempo con el calendario escolar oficial y los profesores abandonan las aulas con frecuencia (Chirif 2010).

Sólo cuatro comunidades (Puerto Franco, Remanso, Huapapa y El Álamo) cuentan con postas médicas equipadas, pero con escasa medicina. El resto de las comunidades sólo tiene un botiquín comunal poco abastecido, a cargo del promotor de salud comunal. Once comunidades cuentan con equipos de radiofonía en buen estado, cinco de ellas con telefonía rural (empresa Mi Fono) y en dos comunidades hay señal satelital de internet (empresa Gilat) de uso exclusivo para las fuerzas armadas. Cabe mencionar que Colombia muchas veces tiene a su cargo satisfacer las necesidades de salud de los peruanos en estas comunidades, quienes frecuentemente prefieren acudir a centros colombianos por considerarlos mejor equipados y con mayor asistencia en comparación con las postas y centros de salud del Perú.

Las comunidades cuentan con vías de comunicación terrestre a través de trochas, varaderos y rutas antiguas usadas principalmente en épocas de vaciante. También la zona es accesible por vía aérea con hidroaviones que acuatizan en los ríos y cochas. Hasta la fecha este servicio sólo se presta para el transporte de alevinos de arahuana

de marzo hasta abril. El medio de comunicación más importante es el fluvial. Las embarcaciones más usadas son las canoas y botes individuales impulsados por motores peque-peque y fuera de borda. Esta es una zona relativamente aislada y con poca frecuencia de embarcaciones comerciales (cada 15 días hasta un mes). Se utilizan las embarcaciones colombianas con las rutas de Puerto Asís a Leticia (recorrido que dura 13 días), y peruanas con las rutas de Iquitos a San Antonio del Estrecho (con mayor frecuencia) y de Iquitos a Soplín Vargas (con menor frecuencia; el recorrido es de aproximadamente 15 días).

La mayoría de las comunidades en la zona cuentan con alumbrado de energía fotovoltaica, implementado por un programa de cooperación internacional entre el Fondo Ítalo-Peruano y el PEDICP. Los módulos en cada vivienda constan de un panel solar, batería y conversor de energía. Observamos tendido eléctrico y generador comunal en Huapapa y Remanso, pero estos no funcionaban por falta de un sistema adecuado de recaudación de fondos para el combustible y mantenimiento. Las comunidades no cuentan con servicio de agua potable ni desagüe. El agua de lluvia que se utiliza viene de ríos, quebradas, cochas y agua de lluvia.

Algunas comunidades cuentan con canchas deportivas, locales comunales construidos con material de la zona y letrinas. Es importante destacar que algunas de estas estructuras han sido construidas debido a la capacidad organizativa de los pobladores. Tal es el caso del apoyo financiero del comité de madereros de Huapapa, con el que se construyó el local comunal, el colegio de nivel inicial y las galerías deportivas.

Instituciones, organizaciones y nodos de poder

La cuenca baja del río Putumayo está bajo la jurisdicción del Distrito Putumayo, el cual tiene sede en la ciudad de San Antonio del Estrecho y es administrado por el alcalde y sus regidores, elegidos democráticamente. Las autoridades en las comunidades indígenas del distrito o municipio son el cacique, el agente municipal y la mujer líder. En algunas comunidades existen las figuras de vice-cacique, joven líder y teniente gobernador. La máxima autoridad es el cacique, quien coordina junto con el agente municipal, la autoridad ligada al municipio.

Estas autoridades son elegidas en asamblea por un período de dos años y tienen a su cargo representar a la comunidad, velar por sus intereses, gestionar beneficios y organizar a los pobladores para los trabajos comunales, festividades y otros. En nuestra visita observamos una carencia de liderazgo y roles cruzados entre el agente municipal y el cacique por falta de coordinación y definición de roles. A la vez encontramos un desconocimiento por parte de los comuneros de las funciones que desempeñan las diferentes autoridades y por ende una falta de coordinación entre estas autoridades y la población. Las 13 comunidades indígenas de la cuenca baja del río Putumayo están agrupadas bajo la reciente creada Federación de Comunidades Indígenas del Bajo Putumayo (FECOIBAP; tratado en detalle abajo en la sección de fortalezas sociales y culturales).

Actualmente existe una oficina de registro civil en la comunidad de Remanso, bases de la Policía Nacional del Perú en Curinga, Remanso y El Álamo, una base del Ejército del Perú en Remanso y una base de la Marina de Guerra en El Álamo.

En las comunidades visitadas encontramos varios tipos de organizaciones. Estas incluyen el comité de Vaso de Leche, que depende del gobierno municipal y provee de leche y productos alimenticios a las madres gestantes, niños de hasta seis años y ancianos; clubes deportivos de fútbol; y la Asociación de Padres de Familias de las Escuelas (APAFA). En algunas comunidades se encuentran el Programa de Alfabetización dirigido a adultos y otros programas de asistencia social derivados del sistema de salud, como la atención a madres con una bolsa de víveres compuesta de aceite, frijoles, leche y arroz (esto donde existen postas médicas). También existen cinco comités formalizados de pesca ornamental de arahuana con fines de exportación, ocho de pesca artesanal por iniciativa local y nueve directivas formalizadas para el aprovechamiento forestal que reciben constante apoyo por parte del PEDICP (PEDICP 2007).

Como mencionamos anteriormente, las instituciones con constante presencia en la zona y apoyo a las comunidades en cuanto a la conservación y manejo sostenible de los recursos naturales son el IBC y el PEDICP.

Los nodos de poder se concentran en las familias extendidas de las comunidades visitadas, las cuales presentan una gran fuerza organizacional (Figs. 16–17). Estas familias por lo general son descendientes de los fundadores de estas comunidades. Otro nodo de poder es relacionado con el poder económico y representado por los patrones madereros, tratado en detalle en la sección de las principales actividades económicas. Otro nodo de poder son las iglesias, tanto católica como evangélica, esta última con mayor número de seguidores e influencia en los moradores.

FORTALEZAS SOCIALES Y CULTURALES

Como mencionamos anteriormente en la definición de fortalezas, éstas consisten en aspectos socioculturales de la comunidad que son compatibles con la conservación. Por lo tanto, identificar las fortalezas y trabajar con ellas facilita el diseño y la implementación de intervenciones de conservación, ya que contribuye a involucrar a las comunidades en la gestión y vigilancia de los recursos naturales. En las comunidades de la cuenca baja del río Putumayo hemos identificado las siguientes fortalezas: 1) dinámica y capacidad de organización y toma de decisiones, 2) fuertes redes de apoyo familiar y mecanismos de reciprocidad, 3) mujeres con un rol importante en la toma de decisiones en el ámbito familiar y comunal, y 4) amplio conocimiento del área, del manejo y uso de los recursos naturales (bosque, agua y cultura) por parte de las comunidades locales y transferencia generacional de este conocimiento tradicional ecológico.

Dinámica y capacidad de organización y toma de decisiones

En la zona baja de la cuenca del río Putumayo encontramos que existe un dinamismo y gran capacidad de las personas para organizarse formal e informalmente. Por ejemplo, encontramos la existencia de organizaciones relacionadas con actividades productivas (comités de pescadores y madereros); organizaciones de apoyo a la mujer gestante, los niños y ancianos (Vaso de Leche); iniciativas de apoyo a la comunidad (p. ej., el comedor comunal en Huapapa); instituciones educativas y de formación y asociaciones relacionadas con éstas (escuelas

Fig. 16. Redes de apoyo en las comunidades de la cuenca baja del río Putumayo.

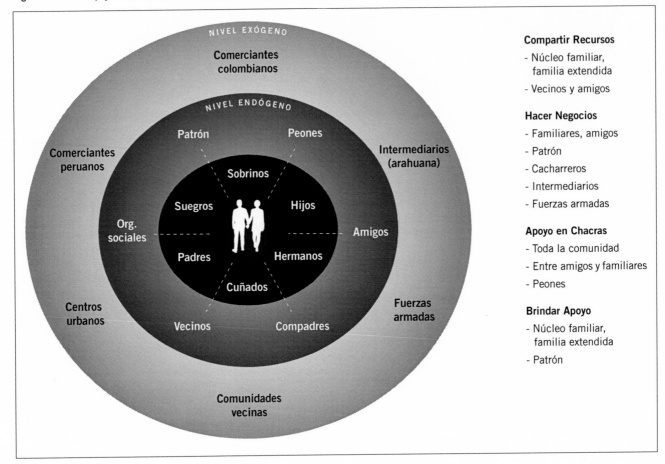

inicial, primaria e internados de secundaria, iglesias evangélicas y católica, APAFA); y comités deportivos.

A la vez, la FECOIBAP agrupa a las 13 comunidades del bajo Putumayo (11 en el río Putumayo y 2 en la boca del río Yaguas). Esta federación fue fundada en 2008 y reconocida oficialmente por sus bases a finales de octubre de 2010. Dichas comunidades pertenecían anteriormente a la Federación de Comunidades Nativas Fronterizas del Río Putumayo (FECONAFROPU) con sede en la ciudad de San Antonio del Estrecho; crearon su propia federación para poder darle un mayor enfoque y gestión a las comunidades de la cuenca baja del río Putumayo.

Los objetivos de la FECOIBAP, así como los de todas las federaciones indígenas, son velar por los derechos consuetudinarios, garantizar el desarrollo de las bases mediante el uso y conservación de los recursos naturales y gestionar recursos económicos para mejorar la calidad

de vida de sus afiliados. Por lo tanto, la FECOIBAP y las otras federaciones indígenas alrededor de las propuestas áreas de conservación como son la Federación de Comunidades Nativas del Ampiyacu (FECONA), la Federación de Pueblos Yaguas del Orosa y Apayacu (FEPYROA), FECONAFROPU y la Federación de Pueblos Maijuna (FECONAMAI) representan las bases organizativas que pueden gestionar acciones conjuntas para la conservación y en particular las áreas protegidas propuestas (ver del Campo et al. 2004 y Chirif 2010 para más detalle de estas organizaciones).

Los miembros del equipo social pudimos participar en parte del primer congreso de la FECOIBAP, en el cual se reunieron las autoridades de las comunidades que la conforman, y se eligió la nueva directiva y definieron sus estatutos para hacer que esta federación tenga reconocimiento legal. Durante este congreso, el

Fig. 17. Ejemplo de familias extendidas en la Comunidad Nativa de Puerto Franco, cuenca bajà del río Putumayo.

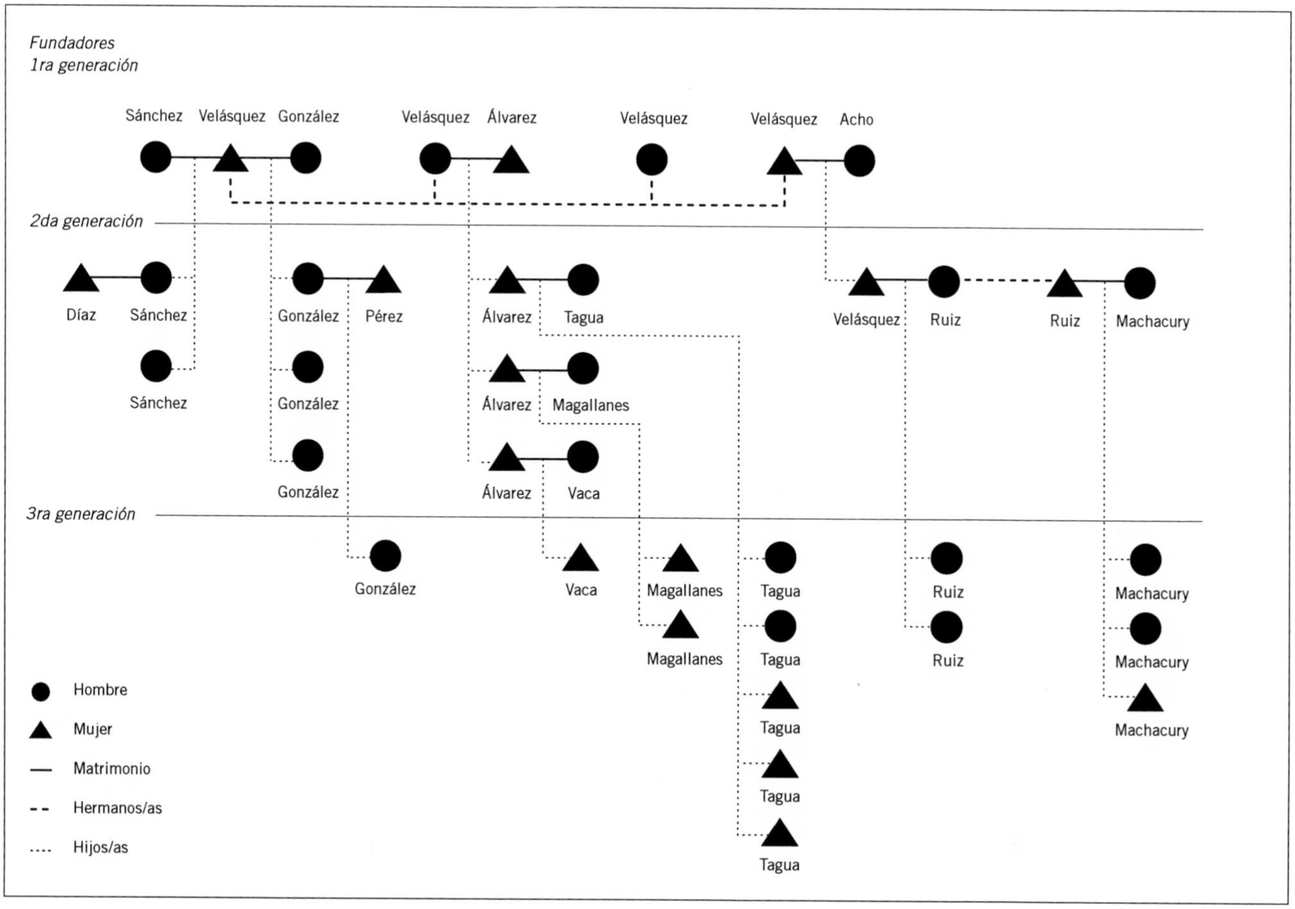

31 de octubre de 2010, todo el equipo del inventario biológico y social tuvimos la oportunidad de presentar los resultados preliminares de nuestro trabajo y generar un espacio de discusión de las áreas propuestas de conservación.

En las comunidades del bajo Putumayo también encontramos organizaciones relacionadas con el manejo, control y vigilancia de los recursos naturales. Ya que los recursos pesqueros como paiche y arahuana son tan importantes para la economía de las poblaciones, y existe una fuerte presión hacia estos recursos, desde 2005 se ha dado una iniciativa por parte del PEDICP de implementar un sistema de manejo y aprovechamiento de paiche y arahuana con miras a la sostenibilidad ecológica y económica de estos recursos, vinculando así a los pescadores organizados con instituciones de investigación y producción. De esta manera se ha promovido la creación de comités de pescadores y cursos de capacitación, y facilitado el proceso para formalizar en cinco comunidades estos comités mediante la obtención del permiso de pescador por parte del Ministerio de Pesquería y constancia de pescador de la Dirección Regional de la Producción de Loreto (DIREPRO-L; PEDICP 2007). A la vez se está incentivando a todas las comunidades para establecer comités de pescadores, para que de esta manera puedan estar organizados como grupo, controlar y manejar el territorio donde pescan y utilizar técnicas de pesca adecuadas que no dañen el recurso. Estas iniciativas de organización de los pescadores son muy valiosas y tienen una gran potencialidad de ser una plataforma exitosa para el intercambio de conocimientos entre los investigadores de las diferentes instituciones y los pescadores, para así poder mantener los recursos hidrobiológicos a largo plazo. Sin embargo, estas iniciativas necesitan ser fortalecidas. Debe haber una mayor participación e involucramiento de los pescadores (tanto hombres como mujeres) en el proceso, y debe haber un constante compromiso que implica el acompañamiento y seguimiento por parte de los técnicos responsables, así como un mayor análisis y auto-evaluación del proceso para poder superar las dificultades y empoderar a los pescadores.

En las comunidades también hay comités formales e informales de madereros cuya función es regular la cuota de extracción a nivel familiar y en algunos casos establecer los vínculos con el mercado, que puede ser la lancha remolcadora o un habilitador o patrón local. En algunos casos particulares, estos comités son fortalecidos y organizados y han logrado suplir las funciones del estado y apoyar varias iniciativas en beneficio de la comunidad. Es tal el ejemplo del comité de madereros de Huapapa que regulaba y controlaba las cuotas de madera por cada comunero, y a la vez generaba una gran cantidad de recursos económicos que eran invertidos en obras para el beneficio de la comunidad. A pesar de ser estas actividades generadas con dinero que viene de la extracción ilegal de la madera, lo importante es rescatar la capacidad organizativa de las comunidades para generar beneficios comunes. Con un trabajo consensuado y de involucramiento y reflexión acerca del estado de los recursos naturales, estos comités podrían ser parte de una estrategia para gestionar actividades de conservación y manejo sostenible de los recursos naturales.

A pesar de existir este dinamismo para organizarse y tomar decisiones en relación con el uso y manejo de los recursos naturales, existen amenazas tanto internas como externas a estos recursos. Observamos que se necesita una mayor coordinación, entendimiento y fortalecimiento de las funciones de los comités, tanto de pescadores como de madereros, ya que en muchas ocasiones algunos miembros de la comunidad no cumplen con los acuerdos comunales y realizan pesca indiscriminada (paiche, arahuana, otras especies comerciales), dañan las arahuanas (sacan alevinos antes del tiempo de maduración y estropean la cosecha), o extraen más madera de la que les es permitida por familia. Por otro lado, agentes externos e internos (p. ej., comerciantes

de las lanchas remolcadoras, ya sean colombianas o peruanas, y los patrones madereros locales o externos) siguen causando impactos negativos en las poblaciones locales, tales como el desplazamiento, la desvinculación de su lugar de origen, la desigualdad social y los conflictos recientes entre comunidades por el acceso a los recursos naturales. De esta manera, estas economías extractivas han impactado y continúan impactando negativamente la abundancia y la sostenibilidad a largo plazo de los recursos naturales de la zona.

Fuertes redes de apoyo familiar y mecanismos de reciprocidad

En todas las comunidades visitadas encontramos que se mantienen fuertes sistemas de colaboración y reciprocidad dentro y entre comunidades, a través de vínculos y redes de parentesco consanguíneo, de alianza matrimonial (familias nucleadas y extendidas), de pseudo-parentesco (compadrazgo), de amistad (vecindad), de la iglesia, y a diferentes niveles (endógeno y exógeno; Figs. 16–17). Estos lazos de parentesco, alianza matrimonial y amistad van más allá de la comunidad y establecen relaciones con otras comunidades y ciudades. Los sistemas de reciprocidad son una forma de redistribución de recursos y de esfuerzos que permite mantener un sistema de igualdad entre los moradores y genera apoyo (mano de obra) para llevar a cabo diferentes actividades necesarias para reproducir socialmente las familias. Estas redes de apoyo fortalecen la vida comunitaria y construyen el tejido social (Gasché y Echeverri 2004). Encontramos que en las tres comunidades visitadas los sistemas de colaboración y reciprocidad están basados en dos o tres grandes familias extendidas que a la vez fueron las familias fundadoras de estas comunidades (ver un ejemplo de esto en la Fig. 17).

En las comunidades visitadas también encontramos la relación social de la habilitación, ya sea para realizar la extracción de alevinos de arahuana o de madera. La habilitación según Gasché y Echeverri (2004) puede ser entendida dentro del contexto de reciprocidad, en el cual el habilitador entrega un bien valioso (motor peque-peque, motosierra), una remesa (víveres), y/o ropas como adelanto. De esta forma el habilitador crea una relación personal de confianza con el habilitado, quien tiene la obligación de devolver el valor recibido en forma de productos de su trabajo (por ejemplo trozas de madera o alevinos de arahuana). En este caso la explotación cuantitativa resulta de la sobre-valoración del bien entregado por parte del habilitador y la sub-valoración del producto recibido por este mismo. De esta manera la habilitación presenta dos aspectos: un aspecto económico en el que el habilitador está favoreciendo su interés explotador, y un aspecto social que expresa en el habilitado los valores sociales inter-personales ligados a la reciprocidad y la solidaridad. Desafortunadamente este sistema de habilitación crea una dependencia económica y social por parte del habilitado y genera una gran presión hacia los recursos pesqueros y madereros.

También encontramos diferentes formas de reciprocidad en las comunidades, incluyendo por ejemplo el apoyo en trabajos comunales (la limpieza de la cancha de fútbol, el mantenimiento de las zonas comunales, la limpieza de los alrededores de las instituciones educativas) donde la mayoría de los miembros de la comunidad participa con su fuerza de trabajo. En particular, encontramos que en Huapapa el sistema de trabajos comunales para limpiar y mantener espacios comunales está muy bien organizado. Las faenas se realizan el último día de cada mes y las hacen los varones en edad activa (si no están los varones, acuden las mujeres a su reemplazo). Si hay incumplimiento a esta obligación la persona incurre en una multa, la cual debe ser pagada con dinero. Asimismo, los padres de familia, profesores y alumnos relacionados con las instituciones educativas de Huapapa realizan un trabajo comunal de limpieza cada fin de mes.

También observamos en las comunidades redes de apoyo para actividades culturales, tales como aniversarios, festividades tradicionales y campeonatos deportivos. Cuando se organizan estos eventos, todos los hogares contribuyen a las prestaciones que se ofrecen a los invitados de otras comunidades del ámbito local y se comparten bebidas (masato y chicha) y comidas típicas. De esta manera, estas fiestas crean vínculos de reciprocidad que van más allá de los límites de las comunidades, representado así una red de compromisos ceremoniales que vinculan comunidades locales entre ellas (Gasché y Echeverri 2004). Los comuneros también

mencionaron que las redes de parentesco intercomunal les han facilitado el flujo de información e incluso las relaciones con el mercado, ya que en general las familias tienen parientes en las diferentes comunidades, así como en San Antonio del Estrecho, Tarapacá, Leticia e Iquitos, y esto les permite tener sitios a donde llegar cuando ellos viajan a estas ciudades a realizar diligencias personales.

Otra práctica característica que observamos en las comunidades es la minga, que significa trabajo comunitario entre familiares, vecinos y amigos. Estas mingas sirven para trabajar en las chacras y realizar otras actividades para suplir una necesidad básica (por ejemplo construir una casa, canoa, etc.) y pueden realizarse ya sea por una jornada completa o media mañana. El desarrollo de esta actividad permite el ahorro del tiempo y dinero y podría minimizar el impacto al medio ambiente. Nosotros tuvimos la oportunidad de participar en dos mingas: una para extraer palma de hoja de shapaja (*Attalea* sp.) para techar una casa en Puerto Franco y otra para construir la canoa del profesor de Santa Rosa de Cauchillo. En estas mingas pudimos ver el patrón de solidaridad laboral presente en las diferentes comunidades amazónicas, que está abastecido principalmente por la producción doméstica del dueño de la minga, quien provee de masato de yuca y de comida. Comuneros de Santa Rosa de Cauchillo comentaron que anteriormente tenían un sistema de mingas planificado por el cacique anterior en el cual cada semana se realizaba la minga en la chacra de una familia diferente, y lamentaron que este sistema no se lleva a cabo hoy en día.

Unos comuneros también comentaron que en ciertas ocasiones se reúnen entre familiares y/o vecinos o miembros de la iglesia para ir a pescar, cazar y recolectar frutos. Asimismo, también se juntan entre amigos y socios para hacer negocios o vender. En momentos de crisis como enfermedades o muerte de algún familiar, también se comparten recursos apoyando a la familia que está sufriendo. Estos patrones sociales de reciprocidad y relaciones de parentesco más extendidas conducen a una forma colectiva de realizar actividades de extracción y consumo y ayudan a disminuir la presión humana sobre los recursos naturales.

Mujeres con un rol importante en la toma de decisiones en el entorno familiar y comunal

En las comunidades visitadas encontramos que hay una amplia participación de la mujer en la toma de decisiones en el entorno familiar y comunal. Como mencionamos anteriormente, una autoridad en la comunidad es la mujer líder. A la vez en todas las comunidades de la cuenca baja del río Putumayo observamos una amplia participación de las mujeres en las asambleas y en la federación indígena, donde hay una mujer líder representando a todas las mujeres de las comunidades asociadas. Asimismo, observamos que tanto en Puerto Franco como en Huapapa el comité del Vaso de Leche—organización liderada por mujeres—juega un papel muy importante para organizar y apoyar a mujeres, hombres y niños. Particularmente en Huapapa este apoyo está siendo re-distribuido equitativamente entre todas las madres, incluyendo así madres que todavía no han sido empadronadas para recibir este beneficio.

En las comunidades más ligadas a las actividades de extracción de madera las mujeres nos comentaron que ellas también trabajan en esta actividad como cocineras, pasando dificultades y peligros en el monte por largos períodos de tiempo. Al mismo tiempo comentaron que varias veces ellas no van al monte con sus esposos y se quedan en la comunidad tomando las riendas del hogar por bastante tiempo y también pasando dificultades. Nosotros consideramos que la participación de la mujer es una fortaleza social que representa una gran ventaja para trabajos de conservación y fortalecimiento organizativo de las poblaciones. Tanto mujeres como hombres tienen una diferente perspectiva y manejo de los recursos naturales. Las mujeres en particular juegan un papel muy importante, ya que ellas controlan y manejan una gran cantidad de recursos naturales para el mantenimiento y reproducción social del hogar. Ellas son responsables de manejar/proveer el agua y la leña para cocinar, cultivar en las chacras, manejar los huertos alrededor de las casas, pescar y cuidar de animales pequeños que son fuente de alimento de la familia. Por lo tanto, tener la perspectiva de la mujer enriquece y amplía el diálogo y la visión sobre el manejo de los recursos naturales.

Amplio conocimiento del área y del manejo y uso de los recursos naturales (bosque, agua y cultura) por parte de las comunidades locales y transferencia generacional de este conocimiento tradicional ecológico

Observamos que en todas las familias de las comunidades visitadas existe un amplio conocimiento de su entorno. Los comuneros conocen bien el territorio que utilizan y saben dónde están los recursos naturales y el estado en el que estos se encuentran de acuerdo a los ritmos climáticos (invierno, verano), hidrográficos (vaciante, creciente) y biológicos (épocas de floración y fructificación, de gordura de los animales, de desove de los peces, etc.). Esto lo pudimos corroborar en las distintas conversaciones, visitas a las chacras, bosques y cochas en el ejercicio de mapeo de los recursos naturales y al revisar con ellos las guías de fotos de plantas y animales. Además fue mencionado y discutido durante la dinámica de la calidad de vida en cada una de las comunidades visitadas, en donde los comuneros calificaron su vida cultural con valores de 4 para Huapapa y Santa Rosa de Cauchillo y 3 en Puerto Franco (en una escala de 0 a 5; Tabla 5).

En particular encontramos que hay un profundo conocimiento de los ecosistemas acuáticos (cochas, quebradas y ríos) y de los organismos que allí habitan (Apéndices 9 y 10). Específicamente, la mayoría de los adultos y jóvenes, tanto hombres como mujeres, conocen bien la biología reproductiva y la ecología tanto de arahuana como de paiche, ya que estos representan los dos recursos pesqueros que brindan mayores beneficios económicos para las familias. Tener este conocimiento y difundirlo a las nuevas generaciones y a las personas que no lo saben es muy importante para el manejo sostenible de estos organismos a largo plazo. A la vez encontramos un gran conocimiento de técnicas de manejo tradicional compatible con la conservación, como chacras y huertos familiares diversificados y rotación de bosque secundario. También observamos un amplio conocimiento y uso de frutos y plantas del bosque con fines alimenticios y medicinales (Apéndice 9).

Existe en estas comunidades una constante transferencia de estos conocimientos ecológicos tradicionales de padres a hijos, ya sean indígenas o mestizos. Por ejemplo, observamos que los hijos acompañan a sus padres durante las actividades cotidianas como la pesca, la caza, la recolección de frutos y plantas medicinales, la extracción de madera y hojas para la construcción de sus casas, y el trabajo en las chacras y huertas. El desarrollo de estas actividades les permite conocer su entorno y manejar sus recursos naturales. En particular en Santa Rosa de Cauchillo, que es en la mayoría una comunidad indígena de las etnias Tikuna y Yagua, se conservan bastante las tradiciones y formas de vivir indígenas. La mayoría de la población tanto adulta como joven e infantil sabe y habla Tikuna o Yagua, y estas lenguas son utilizadas corrientemente en los hogares y en las interacciones cotidianas. Los jóvenes y niños elaboran arcos y flechas para entretenimiento o cacería. Las personas aprovechan bastante los productos no maderables del bosque como fibras y colorantes para hacer objetos de primera necesidad en las casas como hamacas, canastas, molinillos, escobas y recipientes.

Asimismo, en nuestro análisis socio-económico de la brecha de recursos encontramos que hay una gran dependencia de los recursos naturales para la subsistencia de estas familias. En esta economía local el 58% al 78% de las necesidades básicas vienen del bosque (caza, pesca, recolecta, agricultura a pequeña escala, artesanías, materiales para viviendas; ver abajo la sección 'El subsidio del bosque'). También las aguas de los ríos y quebradas tienen importancia obvia en la economía de subsistencia. Esta base de recursos, necesaria para una buena calidad de vida, está complementada por mercancías de primera necesidad (machetes, sal, azúcar, kerosén, jabón, cartuchos, ropa, materiales escolares, etc.) y artículos de consumo (pilas, radios, juguetes, etc.). En particular, en Santa Rosa de Cauchillo los comuneros mencionaron que el bienestar para ellos significa mantenerse en constante contacto con el bosque ya que de ahí provienen los servicios ambientales y las condiciones necesarias para alimentarse, protegerse de enfermedades, tener tranquilidad, libertad y la posibilidad de compartir en comunidad. En el análisis que realizamos de percepción de calidad de vida por parte de las comunidades, encontramos que las personas calificaron su calidad de vida en un rango de 2.8 a 3.4 (Tabla 5). En general todas las personas manifestaron que vivir rodeado de la naturaleza y vivir del bosque

les permitía vivir bien. Por ejemplo, el grupo focal con mujeres de Huapapa calificó su calidad de vida como buena, con un valor de 3.4. Calificaron los componentes de cultura y economía con valores más altos que los otros y consideraron que se necesita trabajar duro y en comunidad para mejorar su calidad de vida. A su vez, un morador de Santa Rosa de Cauchillo expresó que vivir en la ciudad no era bueno, ya que uno siempre tiene que comprar lo que se va a comer, tiene que buscar un empleo y lo que se gana no es suficiente para poder vivir bien.

En resumen encontramos que las fortalezas socioculturales de la cuenca baja del río Putumayo están relacionadas con un amplio conocimiento del entorno; con un reconocimiento del valor del bosque, ya que del 58 al 78% de su subsistencia viene del bosque; con el mantenimiento y transmisión de prácticas tradicionales de uso y manejo de los recursos naturales de generación en generación; y con el mantenimiento de sistemas de colaboración y reciprocidad y la capacidad para organización para manejar y proteger sus recursos naturales. Estas fortalezas podrían ser utilizadas para generar un espacio de intercambio de conocimientos y de información que podrían contribuir a construir una visión de manejo y conservación de los recursos naturales a largo plazo.

ECONOMÍA, USO DE RECURSOS Y VÍNCULOS CON EL ENTORNO

Observamos que existen dos patrones económicos en las comunidades visitadas: la economía de subsistencia y la economía extractivista directamente vinculada al mercado. La economía de subsistencia se presenta en la mayoría de las comunidades y está basada en la extracción de los recursos naturales, principalmente peces, madera, fibras, animales de caza, y agricultura de tumba y quema a pequeña escala. En la economía extractivista también participa gran parte de las comunidades de la zona pero a diferentes intensidades de extracción de recursos y es mayormente bajo el sistema de patronaje y endeude. Esta economía está directamente vinculada al mercado internacional para cedro y polvillo o azúcar huayo (vendidos a comerciantes colombianos) y para los alevinos de arahuana (vendidos a intermediarios

Tabla 5. Resultados de la dinámica de Calidad de Vida en las comunidades visitadas

Comunidad	Recursos naturales	Relaciones sociales	Política	Economía	Cultura	Promedio
Puerto Franco	3	2.5	2.5	3	3	2.8
Santa Rosa de Cauchillo	3	3	2	3	4	3
Huapapa	3	3	3	4	4	3.4
Promedio	**3**	**2.8**	**2.5**	**3.3**	**3.7**	**3.1**

que venden a acuarios en Iquitos, los cuales los exportan a Japón y China). En contraste, el paiche es vendido a acopiadores los cuales comercializan el pescado en Iquitos.

El subsidio del bosque

En las comunidades visitadas encontramos que tanto la economía de subsistencia como la economía extractivista están basadas en el subsidio del bosque. Nosotros definimos el subsidio del bosque como la capacidad que tiene el bosque, la chacra y los ecosistemas acuáticos para satisfacer las necesidades básicas. Los componentes que utilizamos en el análisis del subsidio fueron: alimentación, salud, educación, vivienda y otros (recreación, vestido, combustible, bebidas, etc.). Encontramos resultados diferentes en las comunidades visitadas. Huapapa presentó el menor porcentaje del subsidio del bosque (58%), seguido por Puerto Franco (67%) y Santa Rosa de Cauchillo (77%). Encontramos que en Huapapa existe un mayor vínculo con el mercado y una mayor intensidad de extracción pesquera y maderera. Estas actividades brindan un ingreso significativo en la economía familiar y también oportunidades laborales para los pobladores. Otro es el escenario en Santa Rosa de Cauchillo, cuyos pobladores dependen en un 78% del bosque para satisfacer sus necesidades básicas. Debido a su ubicación geográfica (sobre el río Yaguas y alejado del Putumayo), esta comunidad tiene un menor vínculo con el mercado, baja densidad poblacional y gran cantidad de recursos naturales que le permiten satisfacer sus necesidades básicas con productos provenientes del bosque, cochas y chacras. Además parece no haber un significativo interés de acumulación de bienes por los pobladores. En Puerto

Franco y Santa Rosa de Cauchillo el vínculo con el mercado comercial es menor, incrementándose durante el período de extracción de alevinos de arahuana de marzo a mayo. La venta de pescado salado (especialmente de paiche y peces grandes) es baja, y en la producción de madera aserrada los comuneros casi siempre participan como prestadores de servicios o mano de obra, sobre todo los Tikuna.

También encontramos que el mayor porcentaje de subsidio del bosque está en la alimentación, con un promedio del 64%, ya que ésta es una necesidad básica diaria, comparada con un promedio del 13% para educación. Es importante notar que la comunidad de Huapapa presentó un 28% en la categoría 'otro' que incluye combustible, transporte, recreación y los ingresos y gastos relacionados con la extracción maderera, lo cual refleja el tipo de economía predominante en esa comunidad (Fig. 18). Por lo tanto podemos decir que el bosque satisface en gran medida las necesidades básicas diarias de las poblaciones de la cuenca, quienes perciben una calidad de vida buena. Esto se puede corroborar en los resultados de otro ejercicio aplicado, denominado La Calidad de Vida (Tabla 5).

Principales actividades económicas y relaciones con el mercado

Economía de subsistencia

Las actividades más importantes son la agricultura de tumba y quema con chacras y huertos diversificados, la pesca, la recolección a pequeña escala de los productos no maderables, especialmente para la artesanía y construcción de viviendas, la caza y la extracción de recursos maderables (IBC 2010, INADE y PEDICP

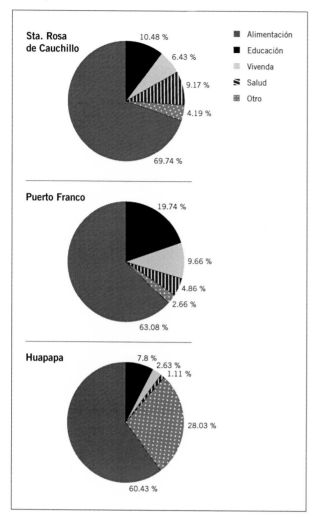

Fig. 18. Distribución de los porcentajes del subsidio del bosque en las comunidades visitadas.

Sta. Rosa de Cauchillo
- 10.48 %
- 6.43 %
- 9.17 %
- 4.19 %
- 69.74 %

Leyenda:
- Alimentación
- Educación
- Vivenda
- Salud
- Otro

Puerto Franco
- 19.74 %
- 9.66 %
- 4.86 %
- 2.66 %
- 63.08 %

Huapapa
- 7.8 %
- 2.63 %
- 1.11 %
- 28.03 %
- 60.43 %

2002). Hay una reducida actividad ganadera (aprox. 100 animales) distribuida en Corbata, Curinga y Tres Esquinas y la mayoría de estos animales le pertenecen a una sola persona. La actividad agrícola abarca superficies de 1–3 ha por familia. En las chacras se cultivan principalmente yuca dulce y amarga, diferentes variedades de plátano, maíz, camote, piña, papaya, cocona, pijuayo y caimito. También encontramos que en casi todas las viviendas se realizan cultivos de verduras como la cebolla china, ají picante, ají dulce y pimentón. Para asegurar el éxito de dichos cultivos, los comuneros utilizan varios soportes de madera y sobre estos colocan cajas de madera o canoas en desuso, donde colocan abundante tierra orgánica fértil y luego las

plantas de hortalizas (Fig. 11M). Esta construcción tiene la finalidad de proteger las plantas de la creciente del río y de los ataques de animales, y para controlar plagas. Los productos que provienen de las chacras y plataformas elevadas son principalmente para el consumo familiar y muy poco para la venta, debido a que estas comunidades están lejos de los centros poblados grandes y tampoco hay un flujo constante de embarcaciones para vender sus productos. En algunos casos se realiza el intercambio de productos, o la venta a comerciantes itinerantes (cacharreros colombianos y peruanos) o a las bases militares en aquellas comunidades ubicadas cerca de éstas.

Observamos en todas las comunidades un amplio manejo de purmas (bosques secundarios), esto con la finalidad de no abrir nuevas áreas de bosque primario y recuperar el suelo, dejando descansar de tres a cinco años las áreas ya trabajadas. El manejo de purmas es una práctica ampliamente realizada por todas las comunidades rurales de la región amazónica. Como dijimos anteriormente, todas las comunidades de la cuenca baja del río Putumayo utilizan las mingas y corta mañana (mañaneo) para la instalación y mantenimiento de las chacras, sistemas de trabajo en los que hacen uso de las redes de reciprocidad, principalmente familiar, permitiendo el ahorro del tiempo y dinero y minimizando el impacto al medio ambiente.

Economía extractivista

Encontramos que la economía de mercado en la cuenca baja del río Putumayo y frontera con Colombia está regida principalmente por la dinámica del mercado colombiano. La moneda que más circula es el peso colombiano y la mayoría de los productos de primera necesidad son traídos por los barcos colombianos. Esta situación genera un incremento exorbitante en los precios de los artículos de primera necesidad, lo que hace que estos artículos sean de difícil acceso. La economía de mercado está regida principalmente por la venta de madera aserrada, alevinos de arahauna, pescado salado y carne de monte.

Extracción de madera (cedro y polvillo). Esta actividad es dirigida principalmente por patrones colombianos, quienes también habilitan a extractores de madera en las comunidades, y facilitan con insumos (gasolina, aceites, aceite quemado, víveres, medicinas, ropa, motosierras, espada, cadenas, soguillas, etc.). Los patrones forman 'combos' (grupos conformados por cinco a siete personas) quienes identifican los árboles, talan, asierran, transportan y entregan madera aserrada al patrón o habilitador. Estos grupos permanecen en los lugares de extracción de cuatro a seis meses, y durante este tiempo logran producir un promedio de 6,000 piezas de cedro o polvillo. Dicha actividad se realiza en toda la cuenca del río Yaguas a aproximadamente 500 m en ambas márgenes.

El traslado de la madera es por tres rutas, la principal siendo vía El Álamo. Las otras rutas son por el caño Agua Negra (Huapapa) y por la zona de Islayo (Primavera). Durante nuestra visita el precio por pieza de cedro o polvillo fluctuaba de 6,000 a 7,000 pesos colombianos. En años anteriores cada pieza llegaba a valer entre 10,000 y 12,000 pesos colombianos. El pago a los trabajadores se hace en ropa, calzados y víveres, siendo mínima la transacción en efectivo. La madera aserrada es vendida a las lanchas colombianas y comercializada en Puerto Leguízamo y Puerto Asís (Colombia).

Durante nuestra estadía en Huapapa, los comuneros nos comentaron que en la cuenca del río Yaguas existe actualmente un promedio de 100,000 piezas de madera aserrada de cedro (una pieza mide 2.5 x 25 x 305 cm) y por lo menos 20 combos laborando en el bosque. También pronosticaron que existen volúmenes de madera en pie en los bosques del río Yaguas para trabajar por dos años más, continuando al ritmo actual de aprovechamiento. Además muchos extractores mencionaron que el aprovechamiento es sólo de árboles maduros, mientras que los árboles jóvenes quedan en el bosque. Reconocen que el comercio de madera aserrada de cedro y polvillo es ilegal. Para "legalizar" este negocio utilizan los permisos otorgados por las autoridades colombianas, los cuales falsamente indican que estas maderas vienen de territorio colombiano.

Extracción de alevinos de arahuana. Esta actividad es desarrollada por la mayoría de las familias en la cuenca baja del río Putumayo y representa los mayores ingresos económicos que las familias reciben en todo el año. Se desarrolla de marzo a mayo. La pesca es individual y mayormente nocturna, utilizando botes con motor peque-peque, una canoa auxiliar y bolsas arahuaneras, cajas y ligas para almacenar. Los alevinos extraídos son estabulados en la casa del pescador generalmente por un día y luego vendidos al que ofrece el mejor precio. Muchas veces los compradores ingresan a las cochas y compran de inmediato al pescador y acopian los alevinos en acuarios temporales.

El costo por alevino varía de 1 a 3.50 nuevos soles peruanos, presentándose el precio más bajo casi al final de la campaña (mayo). El pago es en efectivo y algunas veces funciona el sistema de trueques. Con dicha venta, los pescadores adquieren artefactos eléctricos, motores peque-peque, motosierras, guadañas y costean los gastos previos de educación escolar (útiles, uniformes y calzados) de sus hijos. En una semana los compradores reúnen un promedio de 12,000 alevinos, cantidad recomendada para fletar un hidroavión para transportarlos a Iquitos. Los lugares principales de acuatizaje son Puerto Franco, Primavera, Tres Esquinas y Huapapa (PEDICP 2007). Las zonas de extracción de los alevinos de arahuana son lagos y cochas tanto en el lado peruano como colombiano. Existen acuerdos comunales binacionales para el control de la pesca de arahuana en las comunidades San Martín Libertador y Tres Esquinas en el Perú y en Puerto Ezequiel en Colombia.

Comercio de paiche seco salado. Esta actividad es practicada al inicio de las épocas de vaciante y creciente (diciembre y junio, respectivamente). Los pescadores utilizan redes de malla de 25–31 cm x 60 m, así como arpones. La zona de mayor extracción es la cuenca del río Yaguas, siendo varias de las cochas de ese río presionadas por esta actividad (ver el capítulo Peces). Los pescadores mayormente son de Huapapa, El Álamo, Santa Rosa de Cauchillo y Primavera. La pesca se hace en grupos de tres personas, de acuerdo al lugar a donde se desplazan y dependiendo del tipo de material de pesca.

El PEDICP registró en 2009 una producción de 15,545 kg de carne seca salada de paiche. Actualmente el precio del paiche fresco es 5 nuevos soles/kg y del seca salada 8 nuevos soles/kg. El mercado principal es Iquitos, siendo pocas las veces que se vende a los comerciantes colombianos. Actualmente en la cuenca no existe una medida regulatoria sectorial como una veda reproductiva que podría ser una norma que ayude en la conservación de esta importante especie. El dinero obtenido por la venta de paiche seco salado es invertido en la compra de equipos electrodomésticos, generadores eléctricos, motores peque-peque y útiles escolares. Los pescadores también reciben una pequeña suma de dinero en efectivo.

Venta de pescado seco salado. Los grandes bagres (doncella y tigre zungaro, entre otros), así como gamitana, paco, tucunaré, palometa y otras especies (Apéndice 10) son procesados a seco salado y vendidos a Puerto Asís (Colombia) e Iquitos (Perú). Para dicha pesca se utilizan mallas selectivas de 13–20 cm, así como flechas y arpones. El precio promedio por cada kilogramo de pescado seco salado es de 4.50 nuevos soles o 3,000 pesos colombianos.

Carne de monte (fresca, ahumada y fresca salada). La caza se realiza con escopetas, armadillas (trampas) y lanzas artesanales. Entre las especies más cazadas son majaz (*Cuniculus paca*), huangana (*Tayassu pecari*), sajino (*Pecari tajacu*), sachavaca (*Tapirus terrestris*) y venado (*Mazama* spp.; Apéndice 10). La carne es comercializada ya sea fresca, fresca salada o ahumada, con precios que fluctúan entre 3 y 6 nuevos soles/kg. Los compradores son comerciantes colombianos y peruanos, así como la comunidad de El Álamo, donde existe una buena demanda por parte del internado escolar, comerciantes, fuerzas armadas y policiales.

*Comercio de huevos de las tortugas cupiso (*Podocnemis sextuberculata*), taricaya (*P. unifilis*) y charapa (*P. expansa*).* La captura de los especímenes hembras y recolección de los huevos se hace manualmente en las playas naturales u ocasionalmente con redes. La venta se hace en las embarcaciones peruanas y colombianas, y en algunas ocasiones en los puertos de Brasil. Durante nuestra visita, el precio en las comunidades por cada 100 huevos de taricaya y cupiso era de 20 nuevos soles y por cada 100 huevos de charapa de 30 nuevos soles. Ejemplares de cupiso llegaron a

costar 10 nuevos soles, las taricayas alrededor de 20 nuevos soles y las charapas más de 100 nuevos soles.

Esta actividad genera un impacto negativo en las poblaciones de quelonios, por lo cual urge dar las iniciativas para la conservación mediante la incubación de los huevos en playas artificiales (p. ej., Townsend et al. 2005). Actualmente existe una iniciativa de experimentar en playas de Huapapa y Puerto Franco, con la finalidad de sensibilizar y conservar estas especies.

Acceso y aprovechamiento de los recursos naturales
Los diversos mapas elaborados y validados con los grupos de trabajo con las comunidades locales muestran extensas áreas de aprovechamiento y un amplio conocimiento del entorno. Sin embargo, debemos resaltar que en ciertas áreas el acceso al bosque es puntual, y está dirigido principalmente a los productos maderables como cedro y polvillo, mientras que las actividades agrícolas tradicionales (cultivos diversificados), manejo de purmas, pesca y caza son relativamente cercanas a los centros poblados. Los comuneros utilizan tierras para cultivos en tierras de altura, áreas no inundables, en suelos con abundante materia orgánica y con buen drenaje, tanto del lado peruano como colombiano. También nos informaron y dibujaron en los mapas que en algunos casos se realiza la extracción de madera polvillo, extracción de alevinos de arahuana y pesca en áreas circundantes u orillas de la margen izquierda del río Putumayo en el territorio colombiano. Asimismo, notamos un alto relacionamiento o vínculo con su entorno, especialmente con los ecosistemas acuáticos (quebradas, ríos, cochas), *collpas*, sitios de madera, suelos para las chacras y zonas de caza y pesca. Los pobladores mencionaron brevemente acerca de lugares míticos o zonas sagradas. Por ejemplo, en Huapapa un poblador mencionó que en un lago grande de la zona habita una inmensa boa y que cuando las personas van al lago se nubla el cielo y se escucha el sonido del animal (Fig. 19).

La mayoría de los pobladores han detallado las potencialidades y hábitats de las especies hidrobiológicas presentes en ríos y cochas. Por ejemplo, conocen a detalle las áreas de distribución de paiche, arahuana, lobos de río (*Pteronura brasiliensis*), lagarto blanco (*Caiman crocodilus*), lagarto negro (*Melanosuchus niger*) y manatí o vaca marina (*Trichechus inunguis*; Apéndice 10).

Fig. 19. Mapa de uso de recursos naturales de las comunidades de la cuenca baja del río Putumayo.

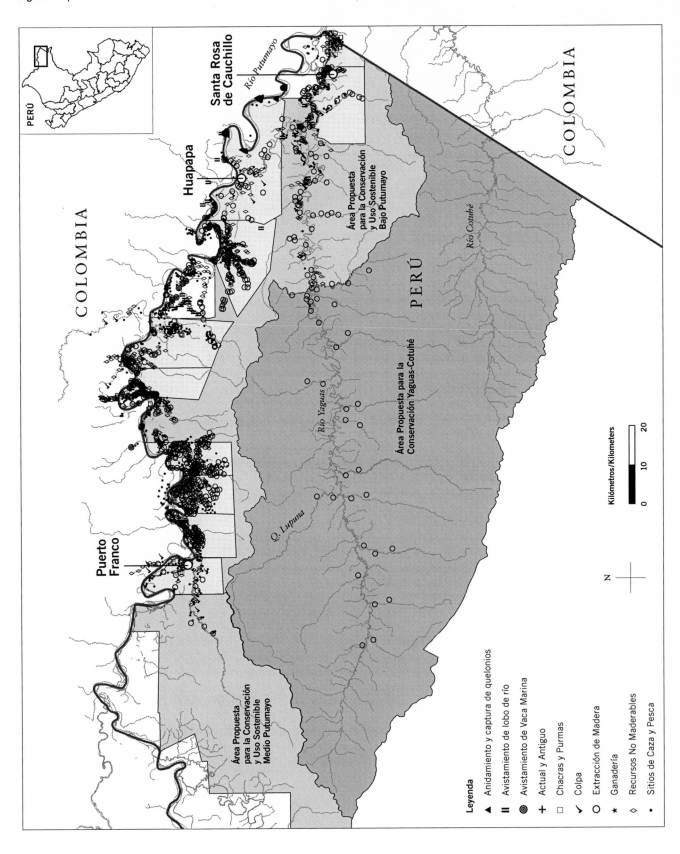

Leyenda

▲ Anidamiento y captura de quelonios

= Avistamiento de lobo de río

◉ Avistamiento de Vaca Marina

+ Actual y Antiguo

☐ Chacras y Purmas

✔ Colpa

○ Extracción de Madera

★ Ganadería

◇ Recursos No Maderables

• Sitios de Caza y Pesca

Kilómetros/Kilometers

0   10   20

Identificaron fácilmente la distribución de las poblaciones de cedro y polvillo, así como de muchas especies de madera blanda (lupuna, cumala, marupá, etc.), otras especies maderables y palmeras para la construcción de sus viviendas (Apéndice 9). Para los pobladores la caza de animales silvestres es un componente importante de la dieta alimenticia y en pequeña escala para el comercio, como la carne de huangana, venado, majaz, sajino, algunos primates y aves (Apéndice 10). Los pobladores conocen una gran diversidad de especies, así como la ubicación de las *collpas*, el ámbito de distribución de los animales, etc. Asimismo, el conocimiento de las poblaciones de palmeras de aguaje (*Mauritia flexuosa*) y huasaí (*Euterpe precatoria*) es amplio.

Los comuneros acceden a los recursos del bosque fundamentalmente por medio de las alianzas familiares, conformando grupos de apoyo que son especialmente importantes para desarrollar las actividades en las chacras. Asimismo, forman grupos más pequeños para acceder a las cochas y pescar o extraer alevinos de arahuana. El acceso al bosque con fines de extracción de madera aserrada es mediante la influencia de los patrones, quienes conforman los grupos de trabajo (combos) descritos anteriormente.

Los lugares de acceso prioritario por las comunidades locales son las cochas, ríos y quebradas, seguidos por los bosques donde existen poblaciones de cedro y polvillo aptas para su extracción. La actividad maderera es aún artesanal, por lo que su impacto al bosque es bajo. Podríamos considerar que en las comunidades visitadas los impactos, tanto al bosque como a los sistemas acuáticos, son aún bajos. De hecho, la incidencia es mayor por la presencia de actividades extractivistas en un radio más o menos a 6 km de los asentamientos humanos.

Las actividades con fines comerciales de producción de madera aserrada se realizan mayormente en toda la cuenca del río Yaguas. En la margen derecha incluye las quebradas Cachimbo, Hipona, Huacachina, Grillo, Casamuel, Agua Blanca, Lupuna, Sábalo y Yahuillo, y en la margen izquierda la quebrada Pava.

Vemos con preocupación que, al igual que otras regiones del Perú, en el río Putumayo está emergiendo la extracción de otras especies de madera dura con fines de exportación, como azúcar huayo (*Hymenaea* spp.),

quinilla (*Pouteria* o *Manilkara* spp.) y shihuahuaco (*Dipteryx* sp.), así como granadillo (*Brosimum rubescens*) y cahuiche (denominación local de la cual desconocemos la especie). También notamos que la población involucrada en los trabajos de extracción de madera es en su mayoría dependiente de los patrones y habilitadores, y que los que se involucran con esta activad son en su mayoría jóvenes solteros, debido a la falta de oportunidades de trabajo.

Uso de técnicas en el manejo de los recursos naturales
Instalación de chacras, diversificación de cultivos y uso de purmas con frutales. Observamos en todas las comunidades el manejo de técnicas tradicionales de uso de suelos para la instalación de chacras. Se usan los suelos de bosques primarios y secundarios (purmas). El tiempo de aprovechamiento de los cultivos fluctúa entre 12 y 18 meses (cultivos anuales), siendo luego aprovechados en la modalidad de 'purmas' por un tiempo más largo, de hasta más de seis años. Luego de este proceso el comunero nuevamente reutiliza el suelo, una vez que éste ha recuperado su fertilidad y es considerado 'purma madura,' apto para la instalación de chacras.

En Huapapa la mayoría de las chacras están instaladas en suelos de bosque primarios inundables una vez terminado el período de creciente de los ríos. También se instalan las chacras en el lado colombiano en los terrenos de altura. Tanto en Puerto Franco como en Santa Rosa de Cauchillo las chacras están en terrenos que no se inundan. El proceso de chacras se inicia con la tumba, roza, junta (shunteo), quema y siembra. La mano de obra empleada mayormente es mediante 'mingas' familiares, pero en Huapapa algunos utilizan mano de obra pagada. Durante el cuidado de los cultivos no usan algún tipo de insumos químicos (insecticidas ni fertilizantes), no tumban los árboles más altos, no utilizan semillas mejoradas, y cultivan una gran diversidad de plantas alimenticias, frutales y medicinales.

Técnicas de captura de paiche, arahuana, otros peces y vaca marina. Mencionamos algunas de estas técnicas a continuación:

- *Tapaje para la captura de paiche.* Consiste en un cerco construido artesanalmente en las entradas estratégicas de las cochas (lagos). Los pescadores utilizan madera dura como pona (*Iriartea deltoidea*) o shungos (varas) de huacapu para construir un cerco con una altura de aproximadamente 1 m sobre el nivel del agua. Son utilizados para la captura principalmente de paiche y vaca marina.

- *Arpones y flechas.* Arpones construidos artesanalmente de metal y madera son usados para la captura de paiche y vaca marina. Asimismo, se usan flechas construidas artesanalmente de madera y caña brava (*Gynerium sagitattum*) para la captura de arahuana, doncella, tigre zúngaro y otros peces.

- *Redes selectivas y volantines.* Estas redes son de tipo agalleras con medidas que van de 8 a 30 cm de abertura de malla. La faena de pesca la ejecutan fijando las redes en la orilla y soltando hacia el centro de la cocha, capturándose arahuana, paiche y otros peces de consumo. Para capturar arahuana, doncella, tucunaré y otros peces, a excepción de paiche, se usan líneas de pesca.

Manejo de arahuana. Los comuneros tienen conocimientos y habilidad para identificar a las arahuanas cuando éstas son aún larvas o alevinos y se encuentran en la boca del padrote progenitor. Utilizan linternas para identificar el estado óptimo de las larvas y alevinos para ser capturados. Como se dijo anteriormente, los comuneros utilizan dos tipos de técnicas para capturar los padrotes progenitores: con flecha y con escopeta. Desafortunadamente al utilizar estas técnicas en la captura de alevinos de arahuana se hiere y en la mayoría de los casos se mata al padrote progenitor, generando consecuencias negativas en las poblaciones. También se utilizan redes agalleras, siendo la mejor técnica para capturar alevinos, ya que una vez que se captura el padrote progenitor se procede a liberar los alevinos y luego se devuelve el padrote al agua. Desafortunadamente no todos los pescadores utilizan esta técnica. También se requiere de un adecuado manejo sanitario durante la estabulación de larvas y alevinos de arahuana. En años anteriores se presentaba una alta mortalidad debido a enfermedades durante el acopio de las larvas y alevinos. Hoy en día los pescadores están mejor preparados para manejarlos sanitariamente, haciendo uso de diversos insumos como la tetraciclina, furoxona y cloruro de sodio. También controlan la calidad del agua y la densidad de alevinos por caja, entre otras acciones que los protegen hasta su comercialización.

Uso de lanza para la caza de animales grandes. En Santa Rosa de Cauchillo todavía se viene usando lanzas para la captura de algunas especies como huangana y sachavaca. Los comuneros han creído por conveniente el uso de lanzas debido al alto costo de los cartuchos y a la falta de escopetas en esta comunidad.

AMENAZAS

- Formas de patronazgo (de enganche y endeude) relacionadas con la economía extractivista que causan impactos negativos en las poblaciones locales como desplazamiento, desvinculación de su lugar de origen, desigualdad social y recientemente conflictos entre comunidades por el acceso a los recursos naturales. Asimismo, estas economías extractivistas están impactando negativamente la abundancia y la sostenibilidad a largo plazo de los recursos naturales de la zona.

- Falta de conciencia ambiental y autoridad (control) por parte de las fuerzas militares en la zona (Policía y Marina de Guerra).

- Presión al cedro y recientemente a las maderas duras (polvillo y charapilla) por los comerciantes colombianos.

- Libre comercialización de especies silvestres acuáticas sin algún tipo de control ni certificado de origen, lo cual contribuye a la continua sobreexplotación del recurso pesquero.

- Posible pérdida de germoplasma a través del comercio de arahuana en el mercado asiático.

- Empleo de técnicas inadecuadas durante la captura de alevinos de arahuana y muerte de sus progenitores.

- Pesca indiscriminada de paiche en casi todos los ecosistemas acuáticos de la cuenca baja del Putumayo, disminuyendo las poblaciones viables de esta especie.

- Extracción excesiva de taricayas y charapas y de sus huevos, así como invasiones antrópicas a los lugares de anidación o reproducción.

RECOMENDACIONES

- Construir con las comunidades del bajo Putumayo una visión de conservación y uso de los recursos naturales a largo plazo entendiendo y trabajando con los diferentes medios de vida que hay en la zona y las fortalezas sociales y culturales de las comunidades.

- Coordinar estos trabajos especialmente con la comunidad nativa de Santa Rosa de Cauchillo, la cual está ubicada en una posición estratégica en la desembocadura del río Yaguas (sitio de entrada y salida de madereros y pescadores) y que podría ser un aliado estratégico en el manejo y gestión de las áreas de conservación propuestas en la región. Es importante trabajar con las fortalezas que los pobladores de Santa Rosa de Cauchillo tienen (fuerte identidad cultural indígena Tikuna y Yagua, fuerte vínculo con el entorno, profundo conocimiento de los ecosistemas acuáticos y terrestres y prácticas locales que apoyan una manera de vivir con bajo impacto en los recursos naturales) y empoderar a la población para tomar acciones a favor de la conservación y manejo sostenible de los recursos.

- Para mantener la diversidad de especies alimenticias y medicinales utilizadas, las chacras y huertos diversificados de la zona y las prácticas amigables con el medio ambiente, promover la participación de los mayores/adultos en la transmisión de conocimientos de los recursos naturales y su sistematización en documentos y actividades que se pueden incorporar en los currículos de las escuelas locales. También es importante promover el intercambio de conocimientos sobre estrategias para proteger y manejar los recursos naturales entre las diferentes comunidades (p. ej., reforestación de cedro, iniciativas de control y vigilancia de cochas, acuerdos de pesca de arahuana).

- Validar y utilizar los mapas participativos de uso de recursos existentes para entender la relación entre los pobladores con su entorno y sus planes de vida a futuro en la región. Los mapas también deben utilizarse como un insumo para la zonificación y el involucramiento de las comunidades en el manejo y vigilancia de eventuales áreas de conservación.

- Desarrollar el mapeo histórico y cultural para entender la relación histórica entre las poblaciones y los usos del área.

- Fortalecer las organizaciones ya existentes mediante una clara definición de sus roles y potencialidades relacionados con la conservación de los recursos naturales y la calidad de vida de las comunidades. Involucrar a las federaciones nativas de la zona y en particular a la FECOIBAP como bases organizativas que pueden gestionar juntas las áreas protegidas propuestas.

- Visibilizar el papel que la mujer desempeña en manejar las riendas del hogar cuando su esposo participa en el trabajo de la madera y se ausenta por varios meses. Generar en particular con las mujeres espacios de discusión y de intercambio de ideas para el mejoramiento de las formas de vida tradicionales, entendiendo las diferentes alternativas para fortalecer la capacidad productiva, conservando las potencialidades culturales y medioambientales.

- Buscar iniciativas de capacitación a través del gobierno regional con los artesanos de las comunidades, quienes producen tallados, canastas, bolsas, shicras, hamacas, pulseras y otros productos.

- Empoderar a las comunidades para que puedan autodeterminar sus ritmos de cambio, guardando los diferentes valores y prácticas culturales.

- Promover y fortalecer las iniciativas existentes en cuanto al control, vigilancia y manejo de recursos pesqueros. En particular fortalecer los comités de pescadores existentes en la administración organizativa y la gestión de planes de manejo de cochas.

- Promover y fortalecer las iniciativas existentes relacionadas con la reforestación de especies maderables, en particular de cedro.

- Evaluar la norma que regula el aprovechamiento del cedro para ampliar la veda.

- Regular mediante ordenanza regional las épocas de extracción de alevinos de arahuana y promover la difusión y el cumplimiento de esta ordenanza (desde el 20 de marzo hasta finales de mayo).

- Mejorar los mecanismos de comercialización entre extractores de alevinos de arahuana y los acuaristas exportadores.

- Recomendar que el gobierno regional evalúe la norma que regula la extracción de paiche y ampliar la veda en la zona del Putumayo de acuerdo a su dinámica. Una veda reproductiva para arahuana también es recomendada.

- Iniciar los trabajos para la implementación de los planes de manejo de los quelonios acuáticos (cupiso, taricaya y charapa) que vienen agotándose en la cuenca baja del río Putumayo.

- Fortalecer las alianzas institucionales trinacionales (Colombia, Perú y Brasil) para compatibilizar normas y aunar esfuerzos para la sostenibilidad ecológica y social de la región, disminuyendo así los impactos de actividades extractivistas ilegales y facilitando la implementación de acciones conjuntas de control y vigilancia de los recursos.

(for Color Plates, see pages 25–48)

FIELD TEAM

Diana (Tita) Alvira Reyes (*social inventory*)
Environment, Culture, and Conservation
The Field Museum, Chicago, IL, USA
dalvira@fieldmuseum.org

Gonzalo Bullard (*field logistics*)
Independent consultant
Lima, Peru
gonzalobullard@gmail.com

Andrea Campos Chu (*Iquitos logistics*)
Instituto del Bien Común
Iquitos, Peru
acampos@ibcperu.org

Zaleth Cordero-P. (*plants*)
Herbario Amazónico Colombiano (COAH)
Instituto Amazónico de Investigaciones Científicas (SINCHI)
Bogotá, Colombia
zalethcordero@yahoo.com

Álvaro del Campo (*field logistics, photography, video*)
Environment, Culture, and Conservation
The Field Museum, Chicago, IL, USA
adelcampo@fieldmuseum.org

Juan Díaz Alván (*birds*)
Instituto de Investigaciones de la Amazonía Peruana (IIAP)
Iquitos, Peru
jdiazalvan@gmail.com

Freddy Ferreyra (*Iquitos logistics*)
Instituto del Bien Común
Iquitos, Peru
frefeve76@gmail.com

Robin B. Foster (*plants*)
Environment, Culture, and Conservation
The Field Museum, Chicago, IL, USA
rfoster@fieldmuseum.org

Jorge Gallardo (*Iquitos logistics*)
Instituto del Bien Común
Iquitos, Peru
jugdiaz@gmail.com

Roosevelt García Villacorta (*plants*)
Peruvian Center for Biodiversity and Conservation
Iquitos, Peru
roosevelg@hotmail.com

Julio Grández (*field logistics*)
Universidad Nacional de la Amazonía Peruana
Iquitos, Peru
jmgr_19@hotmail.com

Max H. Hidalgo (*fishes*)
Museo de Historia Natural
Universidad Nacional Mayor de San Marcos
Lima, Peru
maxhhidalgo@yahoo.com

Isau Huamantupa (*plants*)
Herbario Vargas (CUZ)
Universidad Nacional San Antonio de Abad
Cusco, Peru
andeanwayna@gmail.com

Dario Hurtado (*coordination, transportation logistics*)
Peruvian National Police
Lima, Peru

Guillermo Knell (*field logistics*)
Ecologística Perú
Lima, Peru
atta@ecologisticaperu.com
www.ecologisticaperu.com

Jonathan A. Markel (*cartography*)
Environment, Culture, and Conservation
The Field Museum, Chicago, IL, USA
jmarkel@fieldmuseum.org

Italo Mesones (*field logistics*)
Universidad Nacional de la Amazonía Peruana
Iquitos, Peru
italoacuy@yahoo.es

Olga Montenegro (*mammals*)
Instituto de Ciencias Naturales
Universidad Nacional de Colombia
Bogotá, Colombia
olmontenegrod@unal.edu.co

Debra K. Moskovits (*coordination, birds*)
Environment, Culture, and Conservation
The Field Museum, Chicago, IL, USA
dmoskovits@fieldmuseum.org

Luis Alberto Moya Ibáñez (*mammals*)
Proyecto Especial Binacional Desarrollo Integral
   de la Cuenca del Río Putumayo (PEDICP)
Iquitos, Peru
luchomoya75@hotmail.com

Jonh Jairo Mueses-Cisneros (*amphibians and reptiles*)
Corporación para el Desarrollo Sostenible del
   Sur de la Amazonía (CORPOAMAZONIA)
Mocoa, Colombia
jjmueses@gmail.com

Armando Ortega-Lara (*fishes*)
Fundación para la Investigación y el
Desarrollo Sostenible (FUNINDES)
Cali, Colombia
ictiologo@hotmail.com

Mario Pariona (*social inventory*)
Environment, Culture, and Conservation
The Field Museum, Chicago, IL, USA
mpariona@fieldmuseum.org

Ricardo Pinedo Marín (*social inventory*)
Proyecto Especial Binacional Desarrollo Integral
   de la Cuenca del Río Putumayo (PEDICP)
Iquitos, Peru
rickypm2004@yahoo.es

Nigel Pitman (*plants*)
Center for Tropical Conservation
Nicholas School of the Environment
Duke University, Durham, NC, USA
ncp@duke.edu

Manuel Ramírez Santana (*social inventory*)
Organización Regional de los Pueblos Indígenas
   del Oriente (ORPIO)
Iquitos, Peru
santana_yagua@hotmail.com

Ana Rosa Sáenz Rodríguez (*social inventory*)
Instituto del Bien Común
Iquitos, Peru
anarositasaenz@gmail.com

Richard Chase Smith (*coordination*)
Instituto del Bien Común
Lima, Peru
rsmith@ibcperu.org

Robert F. Stallard (*geology*)
Smithsonian Tropical Research Institute
Panama City, Panama
stallard@colorado.edu

Douglas F. Stotz (*birds*)
Environment, Culture, and Conservation
The Field Museum, Chicago, IL, USA
dstotz@fieldmuseum.org

Aldo Villanueva (*field logistics*)
Ecologística Perú
Lima, Peru
atta@ecologisticaperu.com
www.ecologisticaperu.com

Rudolf von May (*amphibians and reptiles*)
Florida International University
Miami, FL, USA
rvonmay@gmail.com

Corine Vriesendorp (*coordination, plants*)
Environment, Culture, and Conservation
The Field Museum, Chicago, IL, USA
cvriesendorp@fieldmuseum.org

Tyana Wachter (*general logistics*)
Environment, Culture, and Conservation
The Field Museum, Chicago, IL, USA
twachter@fieldmuseum.org

Alaka Wali (*social inventory advisor*)
Environment, Culture, and Conservation
The Field Museum, Chicago, IL, USA
awali@fieldmuseum.org

COLLABORATORS

Comunidad Nativa de Huapapa
Putumayo River, Loreto, Peru

Comunidad Nativa de Puerto Franco
Putumayo River, Loreto, Peru

Comunidad Nativa de Santa Rosa de Cauchillo
Yaguas River, Loreto, Peru

Federación de Comunidades Indígenas
del Bajo Putumayo (FECOIBAP)
Putumayo River, Loreto, Peru

Peruvian National Police

Centro de Conservación, Investigación y Manejo
de Áreas Naturales (CIMA-Cordillera Azul)
Lima, Peru

Dirección General de Flora y Fauna Silvestre
Ministry of Agriculture
Lima, Peru

Instituto Amazónico de Investigaciones Científicas (SINCHI)
Bogotá, Colombia

Smithsonian Tropical Research Institute (STRI)
Panama City, Panama

Peruvian Center for Biodiversity and Conservation
Iquitos, Peru

Instituto de Ciencias Naturales,
Universidad Nacional de Colombia
Bogotá, Colombia

The Field Museum

The Field Museum is a collections-based research and educational institution devoted to natural and cultural diversity. Combining the fields of Anthropology, Botany, Geology, Zoology, and Conservation Biology, museum scientists research issues in evolution, environmental biology, and cultural anthropology. One division of the Museum—Environment, Culture, and Conservation (ECCo)—is dedicated to translating science into action that creates and supports lasting conservation of biological and cultural diversity. ECCo works closely with local communities to ensure their involvement in conservation through their existing cultural values and organizational strengths. With losses of natural diversity accelerating worldwide, ECCo's mission is to direct the Museum's resources—scientific expertise, worldwide collections, innovative education programs—to the immediate needs of conservation at local, national, and international levels.

The Field Museum
1400 S. Lake Shore Drive
Chicago, IL 60605-2496 U.S.A.
312.665.7430 tel
www.fieldmuseum.org

Instituto del Bien Común (IBC)

The Instituto del Bien Común is a Peruvian non-profit organization devoted to promoting the best use of shared resources. Sharing resources is the key to our common well-being today and, in the future, as a people and as a country; to the well-being of the large number of Peruvians who live in rural areas, in forests and, on the coasts; to the long-term health of the natural resources that sustain us; and to the sustainability and quality of urban life at all social levels. Among the projects led by IBC are Pro Pachitea, which focuses on local management of fish and aquatic ecosystems; the Indigenous Community Mapping project, which aims to defend indigenous territories; the ACRI project, which studies the communal use of natural resources; and the Large Landscapes Management Program, which aims to create a mosaic of sustainable use and protected areas in the Ampiyacu, Apayacu, Yaguas, and Putumayo watersheds. The proposed mosaic includes enlarged community lands, various regional conservation areas, and a national protected area.

Instituto del Bien Común
Av. Petit Thouars 4377
Miraflores, Lima 18, Peru
51.1.421.7579 tel
51.1.440.0006 tel
51.1.440.6688 fax
www.ibcperu.org

Proyecto Especial Binacional Desarrollo Integral de la Cuenca del Río Putumayo (PEDICP)

PEDICP is a decentralized agency of the Peruvian Ministry of Agriculture created in 1991 by the Peruvian-Colombian Amazonian Cooperation Treaty (TCA). The agency leads the Peruvian government's efforts to implement binational agreements since 1989 regarding the countries' shared border area of 160,500 km². PEDICP promotes the sustainable, integrated development of forests in the Putumayo, Napo, Amazon, and Yavarí watersheds through projects that support the responsible use of natural resources, protect the environment, and improve the quality of life of local residents. One of the agency's primary objectives is to encourage the peaceful, sustained development of towns in the Putumayo watershed—and especially indigenous communities there—by optimizing natural resource use and developing economic opportunities that are in harmony with Amazonian ecosystems.

PEDICP
Calle Brasil No. 355
Iquitos, Peru
51.65.24.24.64 tel/fax
51.65.24.25.91 tel/fax
pedicp@yahoo.es

Organización Regional de Pueblos Indígenas del Oriente

The Organización Regional de Pueblos Indígenas del Oriente (ORPIO, previously ORAI) is registered in the Oficina Registral de Loreto in Iquitos. It includes 13 indigenous federations representing 16 ethnolinguistic indigenous groups along the Putumayo, Algodón, Ampiyacu, Amazon, Nanay, Tigre, Corrientes, Marañón, Samiria, Ucayali, Yavarí, and Tapiche rivers, all in the Peruvian department of Loreto.

ORPIO is a regional indigenous organization represented by an executive council of five elected members, each with a three-year term. As a regional organization, it makes regional-level decisions as determined by its statutes. ORPIO's mission is to work in support of indigenous rights, access to lands, and autonomous economic development based on the values and traditional knowledge of each indigenous community.

The organization facilitates communication in order to enable its members to make informed decisions. It encourages the participation of women in community organizations, and works to title indigenous lands. ORPIO works closely with the Peruvian government and other stakeholders interested in development and environmental protection in the department of Loreto.

ORPIO
Av. del Ejército 1718
Iquitos, Peru
51.65.227345 tel
orpio_aidesep@yahoo.es

Herbario Amazonense de la Universidad Nacional de la Amazonía Peruana

Founded in 1972, the Herbario Amazonense (AMAZ) is an educational and research museum administered by the Universidad Nacional de la Amazonía Peruana (UNAP) in Iquitos, Peru. While the herbarium houses specimens from several countries, the bulk of collections showcase Peru's Amazonian flora, considered one of the most diverse on the planet. These collections serve as a valuable resource for understanding the classification, distribution, phenology, and habitat preferences of thousands of species of ferns, gymnosperms, and flowering plants. Since its establishment, students, teachers, and researchers from around the world have used the herbarium to study, identify, and teach about Amazonian plants, and in this way the Herbario Amazonense contributes to the conservation of the diverse Amazonian flora.

Herbarium Amazonense (AMAZ)
Esquina Pevas con Nanay s/n
Iquitos, Peru
51.65.222649 tel
herbarium@dnet.com

Museo de Historia Natural de la Universidad Nacional Mayor de San Marcos

Founded in 1918, the Museo de Historia Natural is the principal source of information on the Peruvian flora and fauna. Its permanent exhibits are visited each year by 50,000 students, while its scientific collections—housing a million and a half plant, bird, mammal, fish, amphibian, reptile, fossil, and mineral specimens—are an invaluable resource for hundreds of Peruvian and foreign researchers. The museum's mission is to be a center of conservation, education, and research on Peru's biodiversity, highlighting the fact that Peru is one of the most biologically diverse countries on the planet, and that its economic progress depends on the conservation and sustainable use of its natural riches. The museum is part of the Universidad Nacional Mayor de San Marcos, founded in 1551.

Museo de Historia Natural
Universidad Nacional Mayor de San Marcos
Avenida Arenales 1256
Jesús María, Lima 11, Peru
51.1.471.0117 tel
www.museohn.unmsm.edu.pe

We recorded more than 2,000 species during this rapid inventory, but it was done with so much support from so many different directions that it feels as though the number of people and institutions who helped us do it may be even higher.

We are especially grateful for and inspired by the work of the Special Binational Project for the Integrated Development of the Putumayo River Basin (PEDICP), a program of the Peruvian Ministry of Agriculture which has been working for 20 years to promote sustainable development and improve the quality of life along the country's remote borders with Colombia, Ecuador, and Brazil. PEDICP has long been a proponent of binational conservation areas both in the Yaguas-Cotuhé region and elsewhere on Peru's Amazonian borders, and we are honored to contribute to that long history. At PEDICP we especially appreciated the strong leadership and collaboration of Nilo Alcides Zumaeta Ramírez and Mauro Vásquez Ramírez. Luis Alberto Moya Ibáñez of PEDICP participated in the biological inventory both as a mammalogist and as an all-around expert on the Peru-Colombia border area, while Ricardo Pinedo Marín was part of the social inventory team. We also thank PEDICP for lending us their boats and excellent boat drivers Anselmo Sánchez and Saúl Cahuaza for the advance, social, and biological teams. PEDICP also presented the team with several books written by the program about the Putumayo and other watersheds in Loreto, which were a great help in writing this report.

Another essential partner in this inventory was the Peruvian non-governmental organization Instituto del Bien Común (IBC), which over the last ten years has worked tirelessly to give indigenous communities in the Napo-Amazonas-Putumayo region the tools to plan their long-term, shared future in the region. Our deepest thanks go to Richard Chase Smith, Margarita Benavides Matarazzo, Pedro Tipula Tipula, Maria Rosa Montes de Delgado, Karina Sifuentes Sotomayor, and Luis Murgía Flores. These inventories would not have been possible without the logistical support and constant help of the Iquitos IBC staff: Jomber Chota Inuma, Ana Rosita Saénz, Genoveva Freitas Gómez, Andrea Campos Chung, Freddy Ferreyra Vela, Jorge Gallardo Díaz, Rolando Gallardo Gonzáles, Billy Murayari Arévalo, and Francisco Nava Rodríguez. Melody Linares Pereira was a great help in packing food supplies for the team. We are especially grateful to all the IBC staff who work in the Bajo Putumayo region, including Ana Rosita Sáenz, Jackson Coquinche Butuna, Rolando Gallardo Gonzáles, Francisco Nava, and Luis Salas Martínez.

In addition to PEDICP, several other branches of the Peruvian government also helped make the inventory possible. Peru's National Protected Areas Service (SERNANP), which first established the Yaguas River valley as a national conservation priority in INRENA's 1993 master plan, followed the inventory's progress every step of the way and provided critical advice and information throughout. We are especially grateful to Luis Alfaro, Channy Barrios, and Jenny Fano. Julio Ocaña of Peru's Ministry of the Environment was also a key player in meetings to discuss conservation opportunities in the Yaguas-Cotuhé region. We also thank the Ministry of Foreign Affairs, which has been actively involved in the Putumayo region in recent years. We are especially thankful for our collaboration with Gladys M. García Paredes (in Lima) and Carlos Manuel Reus (in Iquitos).

Most of all, we owe an enormous thanks to the Peruvian National Police, whose efficiency and professionalism made traveling between our remote campsites—some of them nearly 400 km from Iquitos—safe and reliable. Not enough people are aware of the great service that Peru's police force and helicopter pilots have done for their country's astonishing biodiversity. We owe special thanks to General PNP Tomás Guibert Sagastegui and Coronel PNP Dario Hurtado Cárdenas. We also thank Comandante SPNP Gustavo Toro Ramírez, Mayor PNP Freddy Quiroz Guerrero, Mayor PNP Víctor Ascue Tello, Capitán PNP Freddy Chávez Díaz, Mayor Ma. PNP Luis Rubin Alva, Sob. PNP Gregorio Mantilla Cáceres, SOT1 PNP Segundo Sánchez Quispe, SOT3 PNP Elio Padilla Bernabé, and SOT1 PNP Jesús Loayza Borda. In Pucaurquillo we are deeply grateful to the Bora and Huitoto residents who supported us throughout the helicopter operations. We also thank Ángel Yaicate Murayari, René Vásquez Andrade, Santiago Arévalo Tamani, and Jorge Gallardo from IBC for their logistical support in that community, and Franco Quevare García and Catia Quevare García for their help with helicopter fuel.

We were honored to receive an invitation from the Federation of Indigenous Communities of the Lower Putumayo (FECOIBAP) to present the preliminary results of the biological and social teams at the federation's annual congress in Huapapa, and we are deeply appreciative of the warm welcome we received there. We could not have done this work without the support of the 13 native communities along the Bajo Putumayo River: Puerto Franco, Pesquería, Betania, Remanso, Corbata, Curinga, Puerto Nuevo, San Martín, Tres Esquinas, Huapapa, Primavera, Santa Rosa de Cauchillo, and El Álamo. Our special thanks go to the authorities and residents of Puerto Franco, Santa Rosa de Cauchillo, and Huapapa, for inviting us into their homes and sharing four days of their lives with our social team. We also appreciate all of ORPIO's crucial coordination during the inventories, and especially the support of Edwin Vásquez and Manuel Ramírez.

The social team would also like to thank the officers at the Peruvian National Police outposts in Bergheri and Curinga for overcoming several obstacles to get us to our sites. Deserving special thanks are SO1 PNP Gersy García Garcés and SO3 PNP Cesar Augusto García Fernández of the Bergheri outpost. We are also deeply grateful to Eber Mashacuri and Ludeño Gonzáles, our field guides in Puerto Franco; Marcos and Alvin Valles in Santa Rosa de Cauchillo; and Francisco Gaitán and Carlos Gonzáles in Huapapa. In the communities we are especially indebted to the families that welcomed us into their homes during the social team's inventory: Don Josué in Puerto Franco, the Gonzáles Prada family in Santa Rosa de Cauchillo, and the Gaitán Gonzáles and Gonzáles Zevallos families in Huapapa. We are sincerely grateful to Doña Ernestina Velásquez and Ludeño Gonzáles in Puerto Franco, Dennis Valles and Patricia Vargas in Santa Rosa de Cauchillo, and Irazema Zeballos and Esmith Gonzáles in Huapapa for their generosity in preparing and sharing delicious meals with the social team. We are also grateful to Ricardo Pinedo Marín of PEDICP, Ana Rosa Saénz of IBC, and to Manuel Rodríguez Santana, vice president of ORPIO, for joining the social team and sharing their knowledge and experience of the region.

Local residents built three remote campsites, more than 60 km of trails, and dozens of bridges to facilitate the biological team's work. Indeed, they probably did more work—and harder work—than anyone else involved in the inventory. They are: Joel Arévalo Velásquez, Pedro Arimuya, Abelino Dos Santos Ahuanari, Neyton Enocaisa Cachique, Rubén España Yurimachi, Rubén Espinoza Ahuanari, Ludeño Gonzáles Dahua, Segundo López Gonzáles, Sixto Hauxwell Mariño, Anderson Machoa Sandi, Leandrito Machoa Sandi, Ever Mashacuri Noteno, William Monihuari Mozombite, Rucel Noa Romañol, Josué Pacaya Hilorio, Néstor Pinedo Canayo, Wagner Pinedo, Luis Pucutuy Andoque, César Rodríguez Pinedo, Jorge Ruiz Cahuachi, Juan Sánchez Velásquez, Remberto Sosa Gutiérrez, Jorge Sosa Pérez, Rodolfo Sosa Pérez, Andrés Tananda Asipali, Lorenzo Torres Flores, Joyner Tuanama, Ney Tuanama, Aliardo Ushiñahua Gonzáles, Alvis Valles, Gerardo Valles Quiroz, Marcos Valles Souza, Jhonny Vargas Martínez, Felipe Vargas Saven, and Mariano Vega Torres. The work of these 'tigres' was expertly coordinated in remote wilderness by Álvaro del Campo, Guillermo Knell Alegría, Aldo Villanueva Zaravia, Italo Mesones Acuy, Julio Grández Ríos, and Gonzalo Bullard Gonzáles, and the result was a trio of comfortable, efficient, and pleasant campsites. Everyone's work was powered in the field by the miraculous culinary skills of Luz Angélica Lucano, Ernestina Velásquez Romaina, Magaly García, and Jessica Aruna Bico. We thank all of them deeply.

The geology team would like to thank Felix Rodríguez for measuring water sample conductivity, pH, and sediment concentrations in the laboratory.

The biological team offers a special salute to the Natural History Museum of the San Marcos Nacional University, which for years has offered a home away from home for rapid inventory scientists in Lima. Our botanical inventory could not have been done without the support of another Peruvian museum— the AMAZ herbarium at the Universidad Nacional de la Amazonía Peruana—as well as its director César Grández and curator Juan S. Ruiz. The botany team greatly appreciated the help of Josué Pacaya and Lorenzo Torres in the field, and the help of UNAP students Clara Sandoval, Danna Isabel Flores, Julio Grández, Marcos Ríos, Claire Tuesta and Edward Jimmy Alarcón in the herbarium. We thank Dairon Cárdenas of Colombia's Amazonian Institute for Scientific Research (SINCHI) for providing valuable information, publications, and unpublished data on Colombian plant communities near our study area. The following taxonomic specialists provided on-the-fly identifications of our specimens, and we salute their many other contributions to Amazonian plant science: Mac Alford (Univ. of Southern Mississippi), Bil Alverson (The Field Museum), Paul Berry (Univ. of Michigan), Julio Betancur (Universidad Nacional de Colombia), Michael Calonje (Montgomery Botanical Center), Laura Clavijo (Univ. of Alabama), Stefan Dressler (Senckenberg Research Institute), Hans-Joachim Esser (Botanische Staatssammlung Munich), Günter Gerlach (Munich Botanical Garden), Nancy Hensold (The Field Museum),

Acknowledgments (continued)

Bruce Holst (Selby Botanical Gardens), Pierre Ibisch (FH Eberswalde), Adolfo Jara (Universidad Nacional de Colombia), Peter Jørgensen (Missouri Botanical Garden), Jackie Kallunki (New York Botanical Garden), Lucia Lohmann (Universidade de São Paulo), Lucinda McDade (Rancho Santa Ana Botanical Garden), Rosa Ortiz-Gentry (Missouri Botanical Garden), Alessandro Rapini (Universidade Estadual de Feira de Santana), Nelson Salinas, Stella Suárez (Universidad Nacional de Colombia), Charlotte Taylor (Missouri Botanical Garden), Bruno Walnöfer (Naturhistorisches Museum), Dieter Wasshausen (Smithsonian Institution), and Kenneth Wurdack (Smithsonian Institution).

The ichthyological team would like to thank Joel Arévalo Velásquez and Anderson Machoa Sandi for their valuable assistance collecting thousands of fish specimens in the field. The following taxonomic specialists helped confirm identifications: Carlos Donascimiento, Javier Alejandro Maldonado Ocampo, Oscar Akio Shibatta, Donald Thaphorn, and Giannina Trevejo. Linda Flores, manager of the Stingray Aquarium company in Iquitos, graciously provided information about the ornamental fish business.

The herpetological team would like to thank Giuseppe Gagliardi-Urrutia for helping us examine specimens in the Natural History Museum of the Universidad Nacional de la Amazonía Peruana. These colleagues also helped with identifications: Jason Brown (Duke University), Rancés Caicedo, Juan Manuel Padial, Paulo Passos, Lily Rodríguez, Evan Twomey (East Carolina University), and Pablo Venegas (Centro de Ornitología y Biodiversidad). We are especially grateful to Guillermo Knell, Aldo Villanueva, Álvaro del Campo, Gonzalo Bullard, Bob Stallard, and Olga Montenegro for providing photographs that helped us add species to the herp list, and to Armando Ortega and the other team members for helping collect herpetological specimens in the field. Jonh Jairo Mueses-Cisneros would like to thank José Ignacio Muñoz, director of CORPOAMAZONIA, and William Mauricio Rengifo, director of the Putumayo branch of CORPOAMAZONIA, for allowing and encouraging his participation in the inventory.

The mammalogy team would like to thank Pedro Vásquez of the Wildlife Conservation Society's Iquitos office and Rolando Aquino for providing books and bibliographic information on Amazonian mammals. Olga Montenegro would like to thank the National University of Colombia, and in particular the Natural Science Institute and the Wildlife Conservation and Management Group there for providing field equipment (especially camera traps and mistnets) used during the inventory.

Updates from the field were posted to the Scientist At Work blog on the *New York Times* website (*http://scientistatwork.blogs.nytimes.com*). This rewarding technological advance allowed us to share what we were finding (and seeing) with thousands of people who might never have known about the inventory otherwise. We would like to thank Jim Gorman and Thomas Lin of the *New York Times* for this wonderful opportunity. We appreciate all the readers who took the time to comment on our entries, especially the young readers who we really do hope will grow up to be tropical biologists. Álvaro del Campo, Zaleth Cordero, and Bob Stallard provided stunningly professional photos for the blog, while Jon Markel configured the tricky field modem on short notice.

The staff of the Hotel Marañón were a tremendous help throughout the expedition and the advance campaign. We thank Moisés Campos Collazos and Maritza Chavel Vigay of Telesistemas EIRL for their help maintaining radio contact between Iquitos and the field sites. Tyana Watcher and Álvaro del Campo showed extraordinary patience and dedication in helping transmit news from the team's families, through thunder and static, to our field camps. Also in Iquitos, Diego Lechuga Celis and the Vicariato Apostólico de Iquitos furnished us with an excellent workspace where we wrote the report and the auditorium where we presented our preliminary results. The Peruvian Center for Biodiversity and Conservation, a young conservation group, also provided us inspiring advice and valuable bibliographic information while in Iquitos.

In addition, CIMA staff in Lima helped enormously in obtaining the research permit on time. Jorge "Coqui" Aliaga, Lotty Castro, Yesenia Huamán, Alberto Asin, José Luis Martínez, Tatiana Pequeño, and Manuel Vásquez were extremely helpful as usual with administrative issues and accounting before, during, and after the inventory. We are deeply indebted to all of them.

As they have been many times before, Jim Costello and his team at Costello Communications in Chicago were extremely quick and efficient in converting our written and photographic work into an elegant printed volume. We appreciate their creativity, support, and patience during the intensive process of editing, re-editing, and re-re-editing the proofs. Any remaining errors are ours alone.

We also want to thank Jorge Ruiz Pinedo from Alas del Oriente in Iquitos for the outstanding reconnaissance overflight prior to the inventory and for lending us his fuel cylinders for the helicopter. We are grateful, too, to Chu Serigrafía y Confecciones, the Hotel Señorial, and Francisco Grippa.

Jonathan Markel was a huge help to the expedition both before we entered the field and after we returned to Iquitos, preparing maps and providing geographical data under impossibly short deadlines. He was also a big help during the writing and presentation stages. Once again, Tyana Wachter played an irreplaceable role in the inventory, going above and beyond the call of duty every day to ensure that the inventory and everyone on it was in top shape, and solving problems in Chicago, Lima, Iquitos, and Pebas. Royal Taylor, Meganne Lube, Dawn Martin, and Sarah Santarelli were wonderful in solving problems from Chicago.

From start to finish, this inventory was funded through the generous support of the Gordon and Betty Moore Foundation, The Boeing Company, and The Field Museum.

The goal of rapid inventories—biological and social—
is to catalyze effective action for conservation in threatened
regions of high biological diversity and uniqueness.

Approach

During rapid biological inventories, scientific teams focus primarily on groups of organisms that indicate habitat type and condition and that can be surveyed quickly and accurately. These inventories do not attempt to produce an exhaustive list of species or higher taxa. Rather, the rapid surveys (1) identify the important biological communities in the site or region of interest, and (2) determine whether these communities are of outstanding quality and significance in a regional or global context.

During social asset inventories, scientists and local communities collaborate to identify patterns of social organization, natural resource use, and opportunities for capacity building. The teams use participant observation and semi-structured interviews to evaluate quickly the assets of these communities that can serve as points of engagement for long-term participation in conservation.

In-country scientists are central to the field teams. The experience of local experts is crucial for understanding areas with little or no history of scientific exploration. After the inventories, protection of natural communities and engagement of social networks rely on initiatives from host-country scientists and conservationists.

Once these rapid inventories have been completed (typically within a month), the teams relay the survey information to local and international decisionmakers who set priorities and guide conservation action in the host country.

Dates of field work	14–31 October 2010*
	*This report also includes data from a site visited in the Yaguas watershed during the Field Museum rapid inventory in August 2003 (see p. 196).

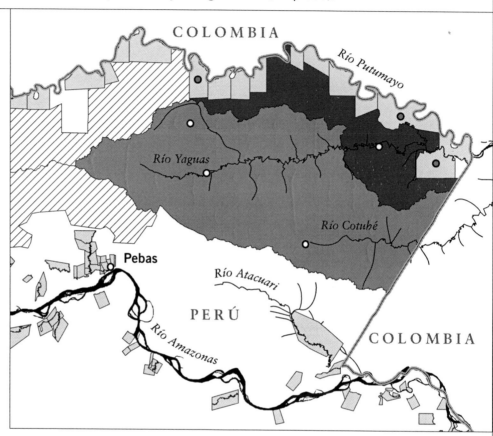

Legend:

- ○ Biological Site
- ● Social Site
- ▨ Proposed Yaguas-Cotuhé Area
- ■ Proposed Yaguas-Putumayo Area
- ▨ Native Communities
- ▨ Other Areas

PERÚ

COLOMBIA

Río Putumayo

Río Yaguas

Río Cotuhé

Pebas

Río Atacuari

PERÚ

Río Amazonas

COLOMBIA

Region	We worked in the northeastern corner of Peru's Amazonian department of Loreto, in the remote watersheds of the Yaguas and Cotuhé rivers and in three indigenous communities along the lower Putumayo. Our goal was to describe human and biological communities in and around two proposed conservation areas: a 1.1 million-ha strictly protected area encompassing the entire Peruvian portion of the Cotuhé watershed and most of the Yaguas watershed, and a ~350,000-ha sustainable use area in the lower Yaguas and Putumayo watersheds, close to the communities.
Inventory sites	The biological team visited two sites in the Yaguas watershed—one in the headwaters and one close to its juncture with the Putumayo—and one site in the headwaters of the Cotuhé River. Complementing observations from these sites are data from an additional site in the Yaguas watershed, which the rapid inventory team visited in 2003.

	Yaguas watershed:	Choro, 15–20 October 2010
		Yaguas, 3–9 August 2003
		Cachimbo, 25–31 October 2010
	Cotuhé watershed:	Alto Cotuhé, 20–25 October 2010

The social team worked in three communities: two on the banks of the Putumayo (Puerto Franco, 16–19 October, and Huapapa, 25–31 October) and one on the Yaguas (Santa Rosa de Cauchillo, 21–24 October). On 31 October both teams participated in the first annual congress of the Federation of Indigenous Communities of the Lower Putumayo (FECOIBAP) in Huapapa.

Biological and geological surveys	Geology, hydrology, and soils; vegetation and plants; fishes; amphibians and reptiles; birds; medium to large mammals and bats
Social survey	Social and cultural assets; history of the settlement process; demography, infrastructure, economics, and resource use and management practices
Principal biological results	The rapid inventory confirmed that biological communities in these watersheds have an exceptional value for conservation at regional, national, and global scales. These two rivers appear to possess the most diverse fish communities in all of Peru. Likewise, the diversity of plants and other vertebrates places these forests among the most diverse on Earth.

	Species recorded during the inventory	Species estimated for the region
Plants	>948	3,000–3,500
Fishes	337	550
Amphibians	75	110
Reptiles	53	100
Birds	393	500
Mammals	71	160

The Yaguas and Cotuhé watersheds harbor a bewildering variety of terrestrial and aquatic habitats, with the notable exception of white-sand forests. Two habitats are especially important for conservation: high, ancient, poor-soil terraces in the Yaguas headwaters, and diverse vegetation, including savannas and dwarf forests similar to *chamizales*, growing on peatlands. The region also maintains large populations of economically important timber, fish, and mammal species, and should serve as an effective source area for sustainable logging, fishing, and hunting in adjacent areas.

Geology

Interactions between elevation, soil fertility, and flooding produce an extraordinary patchwork of habitats underlying the biodiversity of the Yaguas and Cotuhé watersheds. The region was once a vast alluvial plain composed of two sedimentary deposits: the nutrient-rich, Miocene-age Pebas Formation below (six million years old), and nutrient-poor Plio-Pleistocene-age sediments above (two million years old). Over the last two million years, this ancient plain has been slightly elevated and heavily eroded, leading to the present-day landscape of low hills and valleys.

Because of this history, elevation in these watersheds is today strongly related to soil fertility and water chemistry. The highest elevations (~190 m) represent the old, highly-weathered remains of the Plio-Pleistocene plain and have the poorest soils. Intermediate elevations feature a mix of richer soils derived from the Pebas Formation (these often associated with mineral licks or *collpas*) and poorer soils on younger sediments, and streams there show the lowest conductivities of the region. At the lowest elevations (65 m) erosion has exposed more sediments of the Pebas Formation, producing richer streams and more fertile soils, but many of these soils have been buried beneath younger, less fertile alluvial sediments.

In the lower Yaguas watershed we discovered unusual, low-nutrient peat swamps with dwarf vegetation similar to that of *chamizal* forests located south of the Napo and Amazon rivers in Loreto. Tropical peatlands have only recently been reported for similar environments in the Amazonian basin. If these peats form rapidly, which appears to be the case, they could potentially be important sinks of atmospheric carbon and sources of methane.

Vegetation

The botanical team identified 11 forest types in the area: 1) forests on high, lower Pleistocene terraces; 2) forests on hills of relatively poor clay soils; 3) forests on hills of rich, Pebas Formation-derived soils; 4) forests on hills of nutrient-poor clay soils, dominated by the understory palm *Lepidocaryum tenue* (*irapay*); 5) stream and lakeside forests; 6) floodplain forests on flat terrain; 7) floodplain forests on uneven terrain; 8) floodplain forests in the headwaters; 9) mixed *Mauritia flexuosa* swamps associated with large rivers; 10) mixed *M. flexuosa* swamps in poorly drained upland areas; and 11) dwarf forests (*chamizales*) growing on tropical peats and not associated with white sands.

This long list of forest types reflects the region's highly heterogeneous soils, geology, and topography. Our most unexpected findings included: a) extensive upland forests growing on the ancient soils of lower Pleistocene (~2.4 million years old) terraces in the headwaters of the Yaguas River, with a flora that we did not see anywhere else in the region; b) upland forests on younger Pleistocene terraces (~120,000 years old) in the headwaters of the Cotuhé River, with a distinctive, poor-soil flora; and c) the dwarf forests growing on Holocene-age (4,000–5,000 years old) peat deposits in the

Yaguas River floodplain, with various plant species unique to this habitat but shared with white-sand *chamizal* forests south of the Napo and Amazon rivers. Our observations support the emerging consensus that the highest diversity of woody plants on the planet is located in a swath of forest stretching from the Ecuadorean Amazon in the west to Manaus in the east, and including the Yaguas and Cotuhé watersheds.

Flora

We collected 811 plant specimens representing >109 families and >948 species. Based on the region's high habitat diversity we estimate that it harbors 3,000–3,500 plant species, including much of the floristic diversity of the department of Loreto. Specialists have indicated ten species as probably new to science and seven species as new records for the Peruvian flora, and these numbers will likely increase with additional study. The region is rich in timber species and other useful plants. We did not find large populations of tropical cedar (*Cedrela odorata*), but on the old, poor-soil terraces we observed the important timber species *Cedrelinga cateniformis*. Forests throughout these watersheds are in good condition, especially in the headwaters, and they undoubtedly serve as an important source of seeds and fruits for the nearby human settlements on the Putumayo and Amazon rivers.

Fishes

The Cotuhé and Yaguas rivers may have the most diverse fish communities in all of Peru. In three weeks we recorded 337 species, of which 11 are potentially new to Peru and seven potentially new to science. We estimate that 550 fish species and up to 65% of Peru's freshwater fish fauna could inhabit these watersheds. This extraordinary diversity appears to be the result of the great variety of aquatic habitats and environmental gradients: water chemistry, altitude, and river size.

Species distributions track elevation, with fewer species in the headwaters and increasing numbers lower in the watersheds. We found some species typical of small streams (*Centromochlus, Ituglanis, Microrhamdia*) which may be restricted to such habitats, and other species typical of main river courses (*Pseudoplatystoma, Ageneiosus, Brachyplatystoma, Paratrygon*) and of large oxbow lakes (*Cichla, Astronotus, Osteoglossum*).

The preliminary list of fish species from these proposed protected areas includes at least 93 species that are economically important, either as food fish or as ornamentals. These include silver arawana (*Osteoglossum bicirrhosum*)—perhaps the most valuable ornamental species in Peru—*Brycon* spp., *Leporinus* spp., piranhas (*Serrasalmus* spp.) and migratory catfish like *Pseudoplatystoma punctifer* and *Brachyplatystoma vaillantii*. These catfish travel up Amazonian rivers in search of spawning sites, which we believe are frequent in the Cotuhé and Yaguas. Stingrays are very diverse in the area (we recorded five species) and include sought-after ornamental species of *Potamotrygon* as well as *Paratrygon aiereba,* the largest species in the family.

Amphibians and reptiles	The herpetological inventory revealed 128 species: 75 amphibians and 53 reptiles. We expect that the region's total herpetofauna includes some 110 amphibian species and 100 reptiles. These are very high numbers, considering that our inventory coincided with a strong drought, and are likely the result of high habitat and microhabitat diversity in these watersheds. The species we recorded are typical of hilly Amazonian uplands and floodplains. Especially notable finds include two species that appear to be new to science (one *Osteocephalus* and one *Pristimantis*); range extensions for the frogs *Osteocephalus heyeri*, *Hypsiboas nympha*, and *Pristimantis padiali*, and the snake *Atractus gaigeae*; and the discovery of a fossorial species in the genus *Synapturanus*, associated with peatlands. Our list includes three species that are threatened both in Peru and globally: yellow-footed tortoise (*Chelonoidis denticulata*), black caiman (*Melanosuchus niger*), and smooth-fronted caiman (*Paleosuchus trigonatus*). Together with the *hualo* frog (*Leptodactylus pentadactylus*), these species are hunted for food or trade by local communities and are classified in CITES Appendices I and II.
Birds	We recorded 393 of the 500 bird species believed to occur in the region. The avifauna of these watersheds is typical of northwestern Amazonia and very similar to that observed in the Ampiyacu-Apayacu Regional Conservation Area (RCA) and the proposed Maijuna RCA. The Choro campsite had a typical uplands bird community. The Alto Cotuhé campsite had a slightly less diverse uplands avifauna than Choro, but more floodplain species. The Cachimbo campsite had few uplands species but a good suite of floodplain and aquatic birds.
	As in the Maijuna region, the most important sightings were of a group that was restricted to poor-clay hills in all of our campsites: *Lophotriccus galeatus*, *Percnostola rufifrons* and *Herpsilochmus* sp. (this last species recently discovered along the Apayacu River and currently being described). These birds were most frequent in Choro, where poor-soil hills were more extensive, but even there they were less common than in the Maijuna region. At the Cachimbo campsite we also recorded the poor-soil specialists *Neopipo cinnamomea* and *Heterocercus aurantiivertex*. We observed the turnover of the two diurnal curassows present in Amazonian Peru: *Mitu salvini* was present at Choro, while *M. tuberosa* was present at Cachimbo and Alto Cotuhé. Conservation targets for birds include poor-soil species; healthy populations of game birds and macaws; eight species that are endemic to the northwestern Amazon; and 17 additional species that are only present in Peru north of the Amazon, six of which are only found east of the Napo River.
Medium and large mammals	We recorded 71 species of medium and large mammals during the rapid inventory. When small mammal species are included, these watersheds likely harbor approximately 160 different kinds of mammals.
	Highlights of the inventory include 23 bat species, 12 primates, and 9 carnivores. We recorded the black-mantled tamarin (*Saguinus nigricollis*), a primate only found

in Peru between the Napo, Amazon, and Putumayo rivers. Woolly monkey (*Lagothrix lagotricha*) densities were especially high in the headwaters of the Yaguas River. We found abundant tracks and signs of large cats (puma and jaguar), tapirs (*Tapirus terrestris*), white-lipped peccaries (*Tayassu pecari*) and collared peccaries (*Pecari tajacu*), and had direct observations of these last three and a puma. In the lower Yaguas watershed two river dolphins (*Inia geoffrensis* and *Sotalia fluviatilis*) were common, and we observed groups of up to nine *I. geoffrensis*.

At least seven of the species on the mammal list—mostly large primates, cats, cetaceans, and ungulates—are threatened at the Peruvian or global level. In the lower Yaguas some species were rarer (*Lagothrix lagotricha*) or more easily spooked (*Cebus apella* and *Pithecia monachus*) than at the upriver campsites, indicating that they have been hunted by nearby communities. We recommend managing the hunting of species that can be harvested sustainably (such as peccaries) and discouraging the hunting of large primates and tapirs in surrounding areas, in order to assure their long-term persistence and sustainable use.

Human communities	Peru's lower Putumayo watershed is home to 13 indigenous communities (ten with titled lands and three in the process of titling) and a total population of 1,100. Eleven of these communities are located on the southern banks of the Putumayo and two are at the juncture of the Yaguas and Putumayo. These towns, which are among the most remote in the Peruvian Amazon, are composed of a mix of ethnic groups including Huitoto, Bora, Quichua, Tikuna, Yagua, and non-indigenous immigrants.

The economy of this region has long been dominated by boom-and-bust cycles of natural resource extraction, beginning with the rubber boom (*Hevea brasiliensis*, *Couma macrocarpa*) a century ago. When the rubber trade collapsed, there followed successive booms in cat, peccary, and reptile pelts; rosewood (*Aniba rosaeodora*); latex (*Manilkara bidentata*); and coca. The most valuable natural resources at present are timber (especially tropical cedar, *Cedrela odorata*, and *Hymenaea* spp.) and fish (arapaima, *Arapaima gigas*, and silver arawana fry, *Osteoglossum bicirrhosum*).

These booms have historically been associated with patron-client relationships based on a debt-peonage system or "*habilito*," which have a history of negative impacts on local populations, including forced migrations, the loss of traditional territories, social inequality, and, more recently, conflicts between communities over access to natural resources. Likewise, these extractive economies have had a damaging effect on the region's natural resource stocks and their long-term sustainability. Today's economy has direct connections to international markets; timber is sold to Colombian brokers, while arawana fry are sold to intermediaries for the ornamental fish trade in Iquitos, from whence the fish are exported to Japan and China.

Human Communities (continued)	A subsistence economy is present in most communities, characterized by small-scale harvests of fish, timber, plant fibers, and game animals, as well as small-scale slash-and-burn agriculture. Most communities also participate in the extractive economy of timber and fish harvests, but at differing intensities. The communities we visited showed a variety of assets, including a dynamic capacity for organizing and decision-making; strong networks of family support and reciprocity mechanisms; a rich knowledge of biology, including harvest methods for managing arawana and other aquatic resources; community initiatives to monitor and protect fishing sites; traditional ecological knowledge regarding the use of forest products (fruits, timber, and medicinal plants); and garden plots with a diverse range of crops. Together, these assets can provide the crucial knowledge and information needed to build a shared vision for managing and protecting the natural resources of the region over the long term.
Principal assets for conservation	01 **A long-standing interest in conserving a network of watersheds in the Putumayo-Amazon interfluvium,** reflected in local communities' interest in preserving their forests, the area's inclusion as a conservation priority in Peru's 1993 and 2009 conservation priority planning, and PEDICP's repeated calls for a binational park in the region 02 **Local communities' talent for self-organization, especially communal initiatives to manage natural resources** 03 **The long-term presence in the region of the Instituto del Bien Común (IBC) and the Proyecto Especial Binacional Desarrollo Integral de la Cuenca del Río Putumayo (PEDICP),** and both organizations' experience in implementing initiatives to improve quality of life and the conservation of natural resources 04 **Existing initiatives in the Peruvian and Colombian governments aimed at making the two countries' laws in this border region more consistent and compatible**
Principal conservation targets	01 **High habitat heterogeneity and rare geological and biological features,** including: ▪ High, ancient, early Pleistocene terraces in the Yaguas headwaters ▪ Peat swamps with unique dwarf forests (*chamizales*) ▪ Pebas Formation-derived mineral licks (*collpas*) scattered throughout the region 02 **A vast Amazonian watershed—the Yaguas—with intact ecosystems from its headwaters to its mouth,** including: ▪ Diverse forests in its headwaters ▪ Large oxbow lakes

- Flooded habitats

- Underground tunnels and soil pipes

03 **Extraordinarily diverse plant and animal communities in good condition,** including:

- An intact flora and fauna that includes restricted-range species and species new to science

- Exceptionally diverse fish communities

- Healthy populations of nationally or globally threatened species

- Extensive populations of useful or commercially valuable species

- A source of plants and animals for neighboring human communities

04 **Culturally important areas, cemeteries, and other sacred sites**

05 **Diversified garden plots**

06 **Significant carbon stocks and sinks**

Principal threats	01	**The perception of endlessly abundant natural resources** and a consequent lack of vision concerning their sustainable use over the long term
	02	**The free and unregulated use of natural resources** in fishing, hunting, logging, and other extractive activities
	03	**The region's location in a remote, sparsely populated border area** with a high tolerance for illegal activities
Principal recommendations	01	**Establish a strictly protected conservation area that encompasses most of the Yaguas watershed and all of the Peruvian Cotuhé (Fig. 2A)** and includes representative samples of the principal natural habitats in the region. Our inventory results favor the establishment of a national-level strictly protected area.
	02	**In the lower Yaguas watershed, adjacent to the proposed area of strict protection, establish a second conservation area—either regional or national in character— that encourages the sustainable use of natural resources,** especially by communities of the lower Putumayo (Fig. 2A).
	03	**Manage both conservation areas under an integrated administration model and closely involve local communities in their management and protection.**
	04	**Identify practical opportunities for cross-border cooperation between proposed areas in Peru and existing protected areas in Colombia, especially Amacayacu National Park.**
	05	**Complete the legal land-titling of the landscape in the Yaguas, Cotuhé, and lower Putumayo watersheds.**

Why Yaguas-Cotuhé?

Dawn breaks fast over the Yaguas River valley of northern Amazonian Peru. Seconds after touching the thatch roofs of the native communities just outside the river's mouth, the first rays enter the broad valley and begin lighting up the lower stretches of its floodplain, which locals have used for centuries but no longer inhabit. Racing westward, the slanting morning light brightens the beaches and oxbow lakes of the lower Yaguas on its journey up the valley, waking up palm swamps and pink dolphins and the canopy of majestic upland forest before dawn finally breaks on the high, ancient terraces in the river's headwaters, more than 200 km to the west of its mouth.

Fully awake, the Yaguas is a sight to behold. The astonishing plant, animal, and landscape diversity of this little-explored valley make it an ideal showcase of Peru's megadiverse wilderness between the Napo, Amazon, and Putumayo rivers. In the Yaguas and neighboring Cotuhé watersheds, the aquatic communities alone are estimated to harbor some 65% of the continental fish species known to occur in Peru.

The Yaguas also represents an increasingly rare opportunity to preserve a vast, intact Amazonian watershed in its entirety. To complement a strictly protected core area in the upper and middle Yaguas, local communities are proposing an adjacent buffer area in its lower stretches where they can harvest timber, fish, and other resources under sustainable management plans. This watershed focus simplifies management and reduces costs, since the river is the only point of entry to the roadless interior.

Bordering the Yaguas valley to the south, the binational Rio Cotuhé watershed offers a parallel opportunity to solidify longstanding plans for a cross-border protected area in this corner of Peru and Colombia. Protecting the Peruvian Cotuhé, itself a biological gem with minimal impact, would link both valleys to Colombia's Amacayacu National Park, creating a spectacular corridor of megadiverse equatorial forest in the two countries.

Why a New Protected Area in the Peruvian Amazon?

Authors: Nigel Pitman, Matt Finer, Clinton Jenkins, and Corine Vriesendorp

When we first asked this question in 2003, the answers were simple (Pitman et al. 2004). The proportion of Peru's Amazonian lowlands then inside conservation areas—14.9% of land below 500 m elevation—was well below the South American average, strictly protected areas were overwhelmingly concentrated in the south, and national parks covered less than one percent of the region's most diverse department, Loreto.

Eight years later, two of the three findings remain true. Current protected areas coverage in Amazonian Peru is higher than in 2003—21.2%—and now just above the South American mean (Fig. 13; Jenkins and Joppa 2009). But most of the new conservation land established over the last seven years is located in southern Peru, and the proportion of Loreto that enjoys strict protection remains exactly the same as in 2003: 0.4%. In other words, the protected areas of Amazonian Peru still do not contain an adequate representation of the region's world-record biological diversity.

One of the most encouraging developments in the region over the last seven years has been the spread of alternative conservation tools: conservation concessions, ecotourism concessions, municipal conservation areas, and regional conservation areas (Monteferri and Coll 2009), which together now cover 2.6% of Amazonian Peru. Especially promising is Loreto's Program for the Conservation, Management, and Sustainable Use of the Biological Diversity of Loreto (PROCREL), whose officially established regional conservation areas now protect 2.3% of that department (Fig. 13).

This good news is offset, however, by the accelerating threats facing the region. Rates of habitat destruction caused by gold mining, highway construction, hydrocarbon prospecting, and illegal logging are quantitatively higher now than they were in 2003 (Killeen 2007, Oliveira et al. 2007, Finer et al. 2008, Asner et al. 2010, Finer and Orta-Martínez 2010), and large-scale infrastructure projects appear likely to increase pressure on Peru's Amazonian forests in the short and medium term (Dourojeanni et al. 2009).

Parks alone will not solve these problems, but a strong, representative protected-areas network remains a crucial part of the solution. In addition to securing long-term protection for the astonishing plant and animal life in the Yaguas and Cotuhé river basins, establishing the two new proposed conservation areas described in this book will boost conservation coverage of Loreto's forests to 21.7%, and coverage of Peru's Amazonian lowlands to 23.7%.

Conservation in Yaguas-Cotuhé

CONSERVATION TARGETS

Landscapes, Watersheds, Biological Communities, and Carbon Stocks

- A continuous, trinational biological corridor that facilitates genetic flow among plant and animal populations across the Putumayo watershed, from the Amacayacu National Park (Colombia) in the east to the Zona Reservada Güeppí (Peru) and the Reserva de Producción Faunística Cuyabeno (Ecuador) in the west

- Highly variable geology resulting in a mosaic of rich and poor soils, and diverse water chemistry in streams and lakes

- A high diversity of habitats representative of the Amazon-lower Putumayo interfluvium and currently not strictly protected anywhere in Loreto

- The entire Yaguas watershed, with all the habitats typical of a major river in the Amazonian lowlands (headwaters, flooded forests, large oxbow lakes), including spawning sites for local and migratory fish species

- Intact forests in the headwaters of the Yaguas and Cotuhé rivers, which regulate hydrological cycles and minimize erosion

- High upland terraces in the headwaters of the Yaguas River—with ancient, fragile, and especially nutrient-poor soils—dating to the lower Pleistocene (~2 million years old)

- Creeks with pebbly, sandy beds, atypical substrates for the Peruvian lowlands so far from the Andes

- A potentially enormous stock of underground carbon in the peat deposits associated with swamp forests

- A vast above-ground carbon stock in trees and leaflitter, typical of an intact tropical forest

Species new to science

- Plants: 10 species in the genera *Aphelandra* (Acanthaceae), *Calathea* (Marantaceae), *Calyptranthes* (Myrtaceae), *Carpotroche* (Achariaceae), *Cyclanthus* (Cyclanthaceae), *Eugenia* (Myrtaceae), *Mayna* (Achariaceae), *Palmorchis* (Orchidaceae), and *Pausandra* (Euphorbiaceae)

- Fishes: seven species in the genera *Ituglanis*, *Centromochlus*, *Mastiglanis*, *Batrochoglanis*, *Ancistrus*, *Characidium*, and *Synbranchus*

- Amphibians: two species in the genera *Osteocephalus* and *Pristimantis*, found in the center of the proposed Yaguas-Cotuhé strictly protected area

- Birds: one species in the genus *Herpsilochmus*, discovered previously in adjacent areas (old terraces in the Maijuna region and on the Apayacu and Ampiyacu rivers) but not yet described

Restricted-range species

- Birds: four poor-soil specialist species on high terraces, eight species endemic to northwestern Amazonia, and 25 species that in Peru are only found north of the Amazon River

- Mammals: *Saguinus nigricollis* (black-mantled tamarin), a primate that in Peru is only found in the Napo-Amazon-Putumayo interfluvium and that does not occur in any strictly protected conservation area in Peru

- Seventeen species apparently new to science (see above), many of which likely have restricted geographic ranges

New records for Peru

- Plants: seven new records for the Peruvian flora, including herbs, palms, and canopy trees; this number will likely increase as collections are reviewed by more specialists

- Fishes: 11 species previously known from Brazil, Colombia, and Venezuela

- Reptiles: *Atractus gaigeae*, a snake previously only known from Ecuador

Nationally or globally threatened species

- Trees: Tropical cedar (*Cedrela odorata*, VU), *Manilkara bidentata* (VU), and *Couratari guianensis* (VU)

- Other plants: healthy populations of the ornamental cycads *Zamia ulei* and *Z.* aff. *hymenophyllidia* (Zamiaceae; CITES Appendix II)

- Fishes: *Paratrygon aiereba* and *Potamotrygon* spp., stingrays in the family Potamotrygonidae classified as threatened by the IUCN; arapaima (*Arapaima gigas*, CITES Appendix II)

- Reptiles: yellow-footed tortoise (*Chelonoidis denticulata*, VU) and black caiman (*Melanosuchus niger*, VU)

- Birds: Red-and-green Macaw (*Ara chloropterus*, VU), Scarlet Macaw (*Ara macao*, VU), and Salvin's Curassow (*Mitu salvini*, VU)

- Mammals: giant otter (*Pteronura brasiliensis*, EN), ocelot (*Leopardus pardalis*, VU), oncilla (*Leopardus tigrinus*, VU), giant armadillo (*Priodontes maximus*, VU), giant anteater (*Myrmecophaga tridactyla*, VU), woolly monkey (*Lagothrix lagotricha*, VU), tapir (*Tapirus terrestris*, VU), yellow-handed titi monkey (*Callicebus torquatus*, VU), and pink river dolphin (*Inia geoffrensis*, VU)

Commercially important flora and fauna

- Healthy populations of important timber species like *Cedrelinga cateniformis*, *Simarouba amara*, *Hura crepitans*, *Parkia nitida*, *Ceiba pentandra*, *Eschweilera* spp., *Hymenaea oblongifolia*, *Lacmellea peruviana*, *Manilkara bidentata,* and *Qualea* spp.

- Diminished populations of important timber species like tropical cedar (*Cedrela odorata*), which can be recovered with careful management

- Extensive populations of other useful plants, including *irapay* (*Lepidocaryum tenue*), *shapaja* (*Attalea insignis*), and *ungurahui* (*Oenocarpus bataua*), in the Yaguas and Cotuhé uplands

- Reptiles and amphibians hunted for food or trade by local communities, including white caiman (*Caiman crocodilus*), the *hualo* frog (*Leptodactylus pentadactylus*), yellow-footed tortoise (*Chelonoidis denticulata*), and smooth-fronted caiman (*Paleosuchus trigonatus*)

- Healthy populations of other game and fishery species, including at least 67 fish species that are valuable as food or ornamentals

- Healthy populations of ornamental fish species (with the exception of silver arawana, *Osteoglossum bicirrhosum*)

Flora and vegetation

- Intact and mostly undisturbed forests throughout the Yaguas and Cotuhé watersheds

- Hundreds of plant species that are characteristic of the Napo-Amazonas-Putumayo interfluvium and lack strict protection in Peru

- Distinctive plant communities on the high early Pleistocene terraces in the Yaguas headwaters

- Dwarf forests (*chamizales*) and a tremendous variety of other swamp vegetation growing on peat deposits in the Yaguas floodplain

- A characteristic riparian and lakeside flora associated with small rivers and oxbow lakes in the lower Yaguas River

- Rare, threatened, commercially valuable, and undescribed plant species (see above)

Fishes

- Two of the most commercially important fish species for residents of the lower Putumayo, both facing serious threats: silver arawana (*Osteoglossum bicirrhosum*, the leading ornamental fish species in Peru) and arapaima (*Arapaima gigas*, a valuable food fish)

- *Pseudoplatystoma punctifer* and *Brachyplatystoma vaillantii*, commercially valuable migratory catfish

- Small streams with a unique, specialized ichthyofauna (e.g., *Hemigrammus*, *Knodus*, *Rivulus*, and other ornamental fish species)

- Ornamental and potentially ornamental species in the genera *Gymnotus*, *Ancistrus*, *Apistogramma*, *Bujurquina*, and *Corydoras*

- Rare, threatened, and undescribed fish species (see above)

Amphibians and reptiles

- A fossorial frog species in the genus *Synapturanus* associated with tropical peatlands

- A diverse community of snakes comprising mostly non-venomous species but killed by residents out of fear or misunderstanding

- Rare, threatened, commercially valuable and undescribed amphibian and reptile species (see above)

Birds

- Large populations of game birds, especially Salvin's Curassow (*Mitu salvini*) and Razor-billed Curassow (*Mitu tuberosum*)

- Healthy populations of large macaws

- A small group of bird species restricted to poor-soil habitats

- Rare, threatened, and undescribed bird species (see above)

Medium and large mammals, and bats

- Near-threatened species like white-lipped peccary (*Tayassu pecari*), jaguar (*Panthera onca*), and other cats whose populations are descreasing in portions of their ranges, like puma (*Puma concolor*) and ocelot (*Leopardus pardalis*)

- Game species with declining populations in various portions of their ranges (IUCN 2010), like red howler monkey (*Alouatta seniculus*), brown capuchin monkey (*Cebus apella*), and white-fronted capuchin monkey (*Cebus albifrons*), and species with a poorly known conservation status, like monk saki monkey (*Pithecia monachus*)

- Diverse, complex bat communities that provide crucial environmental services like seed dispersal (frugivorous species) and insect control (insectivores) and thus help maintain forest structure and population equilibria
- Rare, threatened, and commercially valuable mammal species (see above)

Cultural

- Kinship and neighbor relationships that strengthen cultural roots and group identity, as well as social reciprocity, equality, and solidarity in communities
- Intergenerational transfer of traditional practices to manage and harvest natural resources
- Traditional management techniques compatible with conservation, such as diversified garden plots and the sequential re-use of secondary forests in slash-and-burn agriculture
- Long experience using forest plants for food, medicine, and building materials
- Deep knowledge of aquatic ecosystems (lakes, streams, and rivers) and resources

01 **The perception of endlessly abundant natural resources** and a consequent lack of vision regarding their sustainable use over the long term, which is associated with

- Unsustainable, market-driven harvests of some natural resources;

- Skepticism regarding management and/or conservation models that do not allow the free, unregulated use of resources;

- Misunderstanding and mistrust of conservation legislation and agencies

02 **The free and unregulated use of natural resources in fishing, hunting, logging, and other extractive activities**, which leads to

- Concentrated economic power in the hands of small influential groups (especially those with the greatest extraction capacity, e.g., *patrones*)

- Conflicts among communities

- A high tolerance for illegal activities

03 **The region's location in a remote, sparsely populated border area,** where

- Government institutions are weak or absent, especially those charged with natural resource mangement and the enforcement of environmental laws

- Peruvian and Colombian authorities apply different and sometimes conflicting laws, which generates confusion in the region and complicates enforcement

- Job opportunities are scarce and illegal activities such as drug traffic and natural resource smuggling are common

- Fuel and other goods are scarce and expensive

04 **A history of unsustainable hunting and logging in adjacent watersheds,** especially in the logging concessions in the Atacuari, Shishita, and Ampiyacu drainages to the south

05 **A long, ongoing history of migration and loss of cultural identity,** which results in

- Weak ties between recently arrived residents and the place they live

- A poorly understood sociocultural landscape in the region

06 **Possible future oil and gas concessions in the region, or the arrival of other large-scale infrastructure or extractive projects (e.g., highways, canals).** Neither petroleum nor gold are likely to occur in the region, given its geology, but unfounded rumors about their presence could potentially cause a large influx of small-scale miners and mercury pollution in the watershed

07 **Pending or overlapping land claims in some of the region,** including pending title petitions of some communities, the overlap of the historical "Predio Putumayo" with indigenous community lands and a large portion of the Yaguas watershed, and a conservation concession that includes most of the Cotuhé watershed, proposed here as a strictly protected area

08 **Debt-peonage systems related to the extractive economy,** which cause negative impacts on local populations. These include displacement, the loss of local ties, social inequity, and recent conflicts between communities over access to natural resources

ASSETS

Cultural

01 **A long-standing interest in conserving the Yaguas-Cotuhé region in a way that protects entire watersheds**

- Local community interest in preserving sacred forest sites (*sacha mama*)

- A priority conservation area in the Peruvian park service's 1993 and 2009 master plans

- A long-standing proposal for a cross-border protected area uniting Peru and Colombia (PEDICP/INADE)

02 **Local communities' talent for self-organization, especially communal initiatives to manage natural resources**

- Recent establishment of the Federation of Indigenous Communities of the Lower Putumayo (FECOIBAP)

- Various community initiatives to protect nearby oxbow lakes and other natural resources through fishermen's committees, fishery management plans for arapaima and silver arawana, and other measures

03 **Local knowledge of the forest and aquatic ecosystems, and the long historical use of various native species**

04 **Sustainable local agricultural practices**

Biological

05 **Intact and extremely diverse biological communities**

- One of the most diverse woody plant communities in the Amazon basin

- Probably the most diverse fish communities in all of Peru, with a total ichthyofauna estimated at more than 550 species

- Some of the most diverse amphibian and reptile faunas in the world

- A bird community of ~500 species, among the world's most diverse

- An intact mammal fauna, among the most diverse in Amazonia

Regional

06 **The current presence and long history in the region of the Instituto del Bien Común (IBC) and the Proyecto Especial Binacional Desarrollo Integral de la Cuenca del Río Putumayo (PEDICP),** and both organizations' experience in implementing initiatives to improve the quality of life and the conservation of natural resources. Possible bilateral alliances between Peruvian and Colombian institutions

07 **The current absence of oil and gas or mining concessions, and geological evidence indicating that oil and gold are unlikely to occur in the region**

08 **Existing initiatives in the Peruvian and Colombian governments aimed at making the two countries' laws in this border region more consistent and compatible**

- Working groups examining an extensive list of social, economic, and other topics of bilateral interest

09 **Borders of the proposed conservation areas that correspond to watersheds,** which will facilitate management

10 **Regional laws that protect headwaters areas (Ordenanza Regional 020-2009-GRL-CR)**

Protection and management

01 **Establish a strictly protected area encompassing most of the Yaguas and Cotuhé watersheds (Fig. 2A)** and including representative samples of the principal natural habitats in the region. The results of our inventory support the establishment of a national-level strictly protected area, because the region

- Has been a high conservation priority for Peru since the 1990s, having been included as such in the Peruvian park service's 1993 and 2009 master plans, and was recommended even earlier for a cross-border protected area by PEDICP/INADE;

- Contains rare landscape features and diverse habitats, including high Pleistocene terraces and dwarf forests (*chamizales*) on extensive peatlands;

- Harbors exceptionally diverse fish communities, including at least seven species new to science;

- Protects extraordinarily diverse communities of plants, amphibians, reptiles, birds, and large mammals, including several species apparently endemic to this area of the Amazon;

- Is large enough to ensure the long-term survival of thousands of species characteristic of the Napo-Amazon-Putumayo interfluvium, which are not currently inside a strictly protected conservation area in Peru;

- Serves as a source of species for fishing, hunting, and logging in adjacent local communities and sustainable use areas (e.g., the Ampiyacu-Apayacu Regional Conservation Area);

- Has historically been considered a sacred site (*sacha mama*) by indigenous groups in nearby communities;

- Currently has no settled populations, uncontacted indigenous populations, mining or hydrocarbon concessions, or infrastructure projects;

- Contains neither petroleum nor gold, based on geological studies and maps of the region.

02 **Establish a second conservation area—either regional or national in character—that encourages the sustainable use of natural resources in the lower Yaguas watershed, adjacent to the proposed area of strict protection,** where communities of the lower Putumayo have a long history of natural resource use (Fig. 2A). The success of this area will largely depend on

- The active participation of nearby communities in its management (see below);

- Adaptive management plans to regulate natural resource extraction;

- A close collaboration between local communities and the protected area to restore the large oxbow lakes on the lower Yaguas, where some economically important fish species have been overexploited (e.g., silver arawana, arapaima); and

- Careful zoning that affords special protection to vulnerable habitats and species in the region (e.g., peat forests, primates, giant river otters).

03 **Manage both conservation areas under an integrated administration model and closely involve local communities in their management and protection,** via mechanisms including

- Training of local residents in natural resource management, replicating successful models in the lower Putumayo (e.g., the communities of Porvenir and Primavera) and elsewhere in Loreto (e.g., the Ampiyacu-Apayacu and Tamshiyacu-Tahuayo Regional Conservation Areas);

- Focusing management and enforcement efforts in strategic locations and entry points (e.g., the Santa Rosa de Cauchillo community at the mouth of the Yaguas River);

- Participatory mapping of natural resources (already carried out by IBC for community territories) and sociocultural mapping of neighboring communities, to help inform zoning and management decisions regarding the two proposed areas and to facilitate their implementation;

- Support from governmental and non-governmental organizations, and international cooperation agencies.

04 **Manage the two proposed conservation areas in partnership with adjacent protected areas to the west (the Ampiyacu-Apayacu Regional Conservation Area and the proposed Maijuna RCA),** thereby establishing and strengthening a large complex of protected forest in northern Loreto that is managed in collaboration with local indigenous communities (Fig. 2B).

05 **Identify practical opportunities for cross-border cooperation between the proposed conservation area in the Peruvian portion of the Cotuhé River and Amacayacu National Park in the Colombian portion.** This can be done in part through existing bilateral initiatives (e.g., the Colombia-Peru Plan for the Integrated Development of the Putumayo Watershed, the Bilateral Working Group, the countries' respective foreign ministries) with the goal of developing a shared vision of the region's protected areas and shared strategies to ensure their success.

06 **Complete the legal land titling of the landscape in the Yaguas, Cotuhé, and lower Putumayo watersheds,** with a special focus on

- Titling indigenous communities with pending claims;

- Resolving the overlap of the "Predio Putumayo" (a historical land claim dating to the rubber boom) with various indigenous communities and proposed conservation areas in the region;

- Re-examining the conservation concession in the Cotuhé watershed, which overlaps with the proposed strictly protected conservation area.

07 **Empower local communities to serve as long-term conservation stewards of the area,** via strategies that include

- Strengthening existing organizations by clarifying their roles and potential regarding the conservation of natural resources and the improvement of communities' quality of life;

- Involving the indigenous federations of the area and especially FECOIBAP in opportunities for co-management of the proposed protected areas;

- Helping local residents construct a vision of sustainable, long-term resource use, based on the communities' social and cultural assets;

- Developing strategies with local residents and authorities to replace the extractive boom-and-bust cycle with stable economic opportunities;

- Creating new communication tools based on the participatory mapping exercise to express a long-term conservation vision, illustrate conservation concepts, and counter unwarranted rumors (e.g., the presence of gold deposits, the threats posed by giant otters to fisheries); and

- Designing educational materials for local students focused on specific topics in conservation and the sustainable management of natural resources, and encouraging adults and older residents to pass on their accumulated knowledge of the area to younger generations.

08 **Develop more efficient collaboration between the Peruvian armed forces stationed in this border region and the Peruvian authorities responsible for enforcing environmental laws,** based on successful experiences in Colombia and elsewhere.

09 **Enforce the existing prohibition of mining activity in the region.**

Participatory monitoring and communications	01	**Involve local populations in the restoration and monitoring of the fauna in the large oxbow lakes of the lower Yaguas floodplain.**
	02	**Involve local populations in the development and implementation of monitoring plans for vulnerable commercially valuable species** (e.g., tropical cedar, silver arawana), as well as for commonly used species (e.g., river turtles and other game animals).
	03	**Involve local populations in the development and implementation of sustainable management plans for timber and fishery resources,** with the aim of ending illegal or unsustainable harvests.

	04	Communicate at the local, regional, and national levels geological evidence indicating the absence of oil and gold in the region.
Research	01	**Mapping soils across the region** is a high priority because rich and poor soil heterogeneity is a strong driver of plant and animal distributions in the area.
	02	**Study ombrotrophic swamps and other forests growing on peat deposits in greater detail** to better understand their origin, stability, and nutrient dynamics.
	03	**Quantify the carbon stock and carbon accumulation rates in the peat deposits of the Yaguas watershed** and map the distribution of peat deposits in the region.
	04	**Study the flora and fauna of the high, early Pleistocene terraces in the Yaguas headwaters in greater detail.**
	05	**Carry out a social inventory of the town of Buenos Aires,** located where the Cotuhé River crosses the Peru-Colombia border. The survey should be carried out in partnership with Colombian researchers and indigenous organizations.
	06	**Reconstruct the historical movements of the Yagua peoples and other indigenous groups known to have inhabited the region in the past**

Technical Report

REGIONAL PANORAMA AND SITES VISITED

Author: Nigel Pitman

REGIONAL PANORAMA

At the northern tip of Peru, in the heart of the western Amazonian lowlands, lies a seven million-ha block of roadless forest bordered by the Putumayo River to the north and the Napo and Amazon Rivers to the south. This wilderness area, more than 90% of it covered by closed-canopy forest on low hills and terraces, is drained to the north and south by hundreds of streams and rivers. The largest of these is the Yaguas River: the easternmost tributary of the Putumayo whose watershed is entirely in Peru, and a leading priority for inventory and conservation in Peru since at least 1994 (Rodríguez and Young 2000). Together with the smaller Cotuhé watershed to the south, this majestic, remote, and poorly explored river was the focal point of our rapid inventory (Figs. 1–2).

Measuring 1,086,300 ha, the Yaguas watershed is nearly as large as that of the Manu in southeastern Peru. Unlike the Manu, which drains the eastern slopes of the Andes up to 3,800 m, the entire Yaguas watershed is in the lowlands. The highest elevation in this shallow basin is just 190 m above sea level, while the lowest point is ~65 m. So modest is this elevational gradient and so vast the Yaguas valley that from the air the initial impression is of flatness stretching to the horizon.

The mouth of the Yaguas River—a geographic feature that is also the northeasternmost point in Peru—is ~390 km east-northeast of Iquitos, roughly the same distance as from Lima to Pucallpa. Because there are no overland routes between Iquitos and the Yaguas valley, and because the two sites are located in different east-flowing drainages, traveling from one to the other requires a 14-day boat trip (see the Communities Visited chapter).

But if the Yaguas is remote, its sister watershed to the south is even more so. The Cotuhé is born in the same low hills as the Yaguas, but leaves Peru and crosses into Colombian territory halfway along its journey towards the Putumayo. (The entire Cotuhé watershed measures 637,045 ha, but only 45% of it is in Peru.) This makes the Cotuhé one of three large east-flowing Peruvian rivers that remain essentially inaccessible from elsewhere in Peru, except by air. And while the two other such rivers—the Alto Purús and the Yuruá in southern Peru—have significant

Peruvian populations and active airstrips, the Cotuhé has neither. In the absence of a Peruvian community, military base, or other presence, the Cotuhé remains a no-man's land, visited occasionally by villagers who travel upriver from the Colombian towns between Buenos Aires and Tarapacá. Indeed, the only Peruvian presence in the Cotuhé drainage at present appears to be an enormous, recently established, and unmanned conservation concession (see below; Monteferri and Coll 2009).

Geology and topography

The geology, soils, and streams of this region are described in detail in the Landscape Processes chapter and Appendix 1 of this volume. Here we limit ourselves to highlighting one large-scale theme of the area's geology. To the west of the Yaguas and Cotuhé basins, most soils appear to be derived from nutrient-poor sediments deposited between 2.35 and 5.7 million years ago (the Nauta 1 and 2 Formations). To the east and south, the landscape is dotted with various-sized outcrops of older nutrient-rich sediments deposited more than eight million years ago (the Pebas Formation), and soils in some of these areas appear to be as rich as those at the base of the Andes (e.g., Barreto Silva et al. 2010). While not enough field work has been done yet in the Yaguas and Cotuhé basins to determine which of these two edaphic landscapes is dominant there, our preliminary impression is that the region lies in a transition zone characterized by a complex patchwork of soils of varying fertility. Among other things, a greater abundance of fertile, Pebas-derived soils in the Yaguas watershed may explain why blackwater streams are scarce to absent there and why its lower floodplain lacks the extensive blackwater vegetation typical of the Algodón River, the next large Putumayo tributary to the west (Pitman et al. 2004).

The highest terrain on the Yaguas-Cotuhé landscape is a complex of terraces in the northern headwaters of the Yaguas River. These terraces are likely the last remaining vestige of a large alluvial plain deposited in the lower Pleistocene (~2 million years ago), which has since eroded away into today's landscape of hills and valleys (see the Landscape Processes chapter). Today the high terraces form the divide between the Yaguas and Algodón watersheds and include the highest elevation (~190 m) of the entire Putumayo-Amazon interfluvium east of the proposed Maijuna Regional Conservation Area (Fig. 2C). These terraces were an especially high priority for the 2010 inventory, since some of the most interesting forests visited during the Maijuna inventory in 2009 were on poor-soil clay terraces of a similar elevation ~150 km to the west of the Yaguas terraces (Gilmore et al. 2010). Since the Yaguas and Maijuna terraces may well be remnants of the same ancient alluvial plain (see the Landscape Processes chapter), a conjecture that we kept in mind during the inventory was that these scattered high terraces in the Putumayo-Napo-Amazon interfluvium may constitute an archipelago of poor-soil habitat for plant and animal species that are rare elsewhere on the landscape.

Regional climate and the drought of 2010

While there are no climate data from the Yaguas and (Peruvian) Cotuhé watersheds, we find no reason to believe that climate there is much different from that recorded at stations in Iquitos, Pebas, and Tarapacá. This is a rainy, warm, aseasonal climate in which mean annual rainfall exceeds 3,000 mm and every month averages >100 mm. Temperature fluctuates between mean maxima of 30–33°C and mean minima of 20–23°C, with an annual average exceeding 25°C (INADE and PEDICP 2002; Marengo 1998).

Our field work (15–31 October 2010) coincided with a prolonged dry stretch in an especially dry year across the Amazon. While October is not typically a dry month in northern Peru (Marengo 1998), during our two weeks in the field we experienced 12 rainless days and just one strong rainstorm. River levels were extremely low, many creeks in the uplands and floodplains were stagnant, and the tributary of the Yaguas River at our Cachimbo campsite was almost unpleasantly warm to bathe in. It was hot and dry in Iquitos as well. During October 2010 the city received less than half of the expected monthly rainfall (132 vs. 270 mm) and logged an average maximum daily temperature that was 3°C higher than the historical mean (34 vs. 31°C; Marengo 1998, Peruvian National Weather and Hydrological Service, unpublished data).

While such dry spells are not uncommon in Amazonian Peru, where they are sometimes called *veranillos* (Marengo 1998), this one was clearly a basin-wide rather than a regional phenomenon. While we were in the field, the Amazon mainstem recorded all-time low water events at Tabatinga (28 years of data-keeping) and at Manaus (108 years). At Manaus, river level dropped to the mind-boggling level of <10 m above sea level (R. H. Meade, pers. comm.). Likewise, the highest level attained by the Amazon River at Iquitos in October 2010 was lower than any recorded since at least 1968 (Peruvian National Weather and Hydrological Service, unpublished data). These records indicate that rainfall had been abnormally low across much of the western Amazon (and probably the Yaguas-Cotuhé region) for several preceding months, and suggest that 2010 will eventually rival 2005 as an especially severe drought year across the Amazon basin (Marengo et al. 2008, Lewis et al. 2011).

The occurrence of two severe drought years in a six-year period in turn raises concerns about the long-term impacts of increasing global temperatures on the climate and biodiversity of the Amazon basin in general (Malhi et al. 2008) and of Loreto in particular. For example, October 2010 saw the first-ever occurrence in the Iquitos region of an agricultural fire that escaped from a farm plot and destroyed significant amounts of adjacent intact forest (J. Álvarez, pers. comm.). While this is a common occurrence in seasonal areas of the Amazon (Nepstad 2007), it had not previously been documented in aseasonal Loreto, where intact forest is typically too wet to burn, even during severe droughts.

Human communities

Buffeted by more than a century of forced migration, war, and other hardships, human populations in the region remain sparse (see the Communities Visited chapter; INADE and PEDICP 2002, Chirif and Cornejo Chaparro 2009). The indigenous communities along the lower Putumayo river basin (11 along the Putumayo and two at the mouth of the Yaguas River; Fig. 2A), home to five different indigenous groups as well as some non-indigenous immigrants, have a total population of just 1,100 inhabitants. There are no other towns in the Peruvian portion of the Cotuhé watershed, which gives a population density for those watersheds of less than one person for every 10 km² —low even by Amazonian standards. Deforestation around these communities is very modest, typically concentrated in a small area near towns, and mostly related to small-scale agriculture; overall, the proportion of the Yaguas and Cotuhé watersheds that is currently altered by human land use is less than one half of one percent (INADE and PEDICP 2002).

We have very little information about the town of Buenos Aires, a Colombian settlement at the Peru-Colombia border on the Cotuhé River, but satellite images and aerial photos suggest a population of well under 1,000. Buenos Aires forms part of a large indigenous territory (*Resguardo Indígena Tikuna de los ríos Cotuhé y Putumayo*), which comprises most of the western half of Colombia's 'Amazonian trapezoid' and totals 242,227 ha. At the Cotuhé River, this territory forms a narrow neck of land between the Peruvian border to the west and Colombia's Amacayacu National Park to the east.

Conservation areas

The Yaguas and Cotuhé watersheds are located in the vicinity of three protected areas (Fig. 2B). To the west, the Yaguas watershed is adjacent to Peru's Ampiyacu-Apayacu Regional Conservation Area (433,099 ha), established by the Loreto regional government in 2007 and gazetted in December 2010 (Álvarez et al. 2010). Just 5 km to the east of the point where the Cotuhé crosses the Peru-Colombia border is Colombia's 293,500-ha Amacayacu National Park, established in 1975. So small is this distance that a cross-border protected area complex with cooperative management between the countries has been an aspiration of the Colombian and Peruvian governments for many years (IBC 2010). Likewise, not far to the north of the point where the Yaguas empties into the Putumayo is the southern border of Colombia's 999,880-ha Río Puré National Park, established in 2002. While we were able to compare our findings in the Yaguas-Cotuhé area with inventories of Ampiyacu-Apayacu (Pitman et al. 2004) and Amacayacu (e.g., Rudas and Prieto 2005, Peña et al. 2010, Cárdenas-López et al., in press), we found very little information about the biological communities of the young and remote PNN Río Puré.

A protected area also exists in the Peruvian portion of the Cotuhé watershed itself. Established in 2008, the Río Cotuhé Conservation Concession is the largest of the 17 such concessions established to date in Peru, its 224,633 ha accounting for 77% of the Peruvian portion of the watershed (Monteferri and Coll 2009). The concession, however, has yet to show clear advances towards the goal of consolidating a Peruvian presence in the area, and a minimum of information is available about its plans and activities. During our overflight of the concession we documented active illegal plantations there, and satellite images suggest that such activity is not uncommon in the Peruvian portion of the river.

SITES VISITED BY THE SOCIAL TEAM

The social team visited three of the 13 native communities along the northern border of the proposed conservation areas (Fig. 2A). Santa Rosa de Cauchillo, largely composed of Tikuna and Yagua peoples, is located at the confluence of the Yaguas and Putumayo rivers. Huapapa, the largest of these communities (population 348), is located farther up the Putumayo River and has a significant non-indigenous colonist population. Puerto Franco, located on the Putumayo near its tributary the Río Mutúm, is the farthest community upriver and largely Huitoto. These communities are described in detail in the Communities Visited chapter.

SITES VISITED BY THE
BIOLOGICAL TEAM

Choro (15 – 20 October 2010; 02°36'38.2"S 71°29'08.7"W, 130 – 180 m)

We selected this site for its proximity to a complex of terraces that contains the highest elevations in the Yaguas watershed (Figs. 2A–C). The closest site accessible by helicopter was a natural clearing ~11 km southeast of the highest point on the terraces. This clearing, next to which we set up camp, is ~25 km south-southwest of the town of Puerto Franco and ~29 km north-northwest of the site visited in the Yaguas watershed during the 2003 Ampiyacu-Apayacu-Yaguas-Medio Putumayo rapid inventory (AAYMP, Pitman et al. 2004).

The advance team set up camp on a low bluff on the northern bank of the Quebrada Lobo (Lobo Stream), a tributary of the Quebrada Lupuna. This small river meandered through the floodplain in an entrenched channel ~5 m wide and 3–4 m deep. On both sides of the stream grows mature floodplain forest, dotted with small and infrequent mixed *Mauritia flexuosa* swamps. The stream meanders actively and its floodplain was scored with old river channels ~2 m deep, which fill with water long before the Quebrada Lobo reaches flood stage.

The stream was ~3 m below flood stage when we arrived and rose ~2.5 m after a heavy rain. While that episode made clear that this small river must overflow its banks on a regular basis in rainy periods, the composition of the riparian vegetation suggests that such floods are neither deep nor long-lasting.

The campsite itself had two very interesting and rather mysterious landscape features. One was the heliport itself, a rare natural clearing measuring ~0.25 ha and dominated by giant herbs (see the Flora and Vegetation chapter). We saw nothing else like it during our overflights of the region. The other was a small hole in the forest floor, ~1-m deep and more than 30 m from the Quebrada Lobo, at the bottom of which a current of abundant clear water coursed through what must have been a rather large natural tunnel (see the Landscape Processes chapter). A very similar hole and tunnel, without water, were found at the Cachimbo campsite.

Access to the surrounding forests and streams was via four trails that departed camp in the compass directions and totaled 21.3 km. One trail headed north, crossing a series of ridges and terraces on its way to a high terrace of early Pleistocene age (~2 million years old) with poor clay soils and a thick, spongy root mat. While that terrace was only 50 m higher than camp, the up-and-down nature of the trail accessing it was such that summing the individual heights of all its ascending portions gave a total of more than 600 vertical m. Near the base of the hills this trail also passed a mammal *collpa*, or salt lick, that measured ~10 x 10 m.

Two other trails led east and west through floodplain forest along the Quebrada Lobo and then climbed into low hills and terraces and small mixed palm swamps on both sides of the stream. The last trail began at the 1,500 m mark on the eastern trail and headed 5.5 km northeast, coming to an end on a bluff overlooking the Quebrada Lupuna. This trail traversed a landscape of low to medium hills which were separated by small and sometimes pebbly streams, which gave the impression of intermediate fertility.

The Quebrada Lupuna is the largest north-bank tributary of the Yaguas, originating in the high terrace complex near camp. This gives it a relatively high gradient for a lowland Amazonian river (1.4 m/km). Perhaps as a result, it has some features more commonly associated with rivers of the Andean foothills: a firm, sandy bed with abundant pebbles, small rapids in the straight stretches, and water that was clear enough when the ichthyologists visited that they did some sampling with mask and snorkel. At the point we visited it the river measured ~10 m across and had an average depth that ranged during our visit from 25 cm (before a heavy rain) to >1 m (afterwards).

The Lupuna's floodplain, a narrow strip of alluvial terrace, contrasted strongly with the relatively fertile landscape farther from the river. Soils were poor, the flora dominated by poor-soil plant species, and the forest floor carpeted with the same spongy root mat we saw on the highest, oldest terraces at this site. This similarity, so unexpected in the field, simply reflects the fact that most of the material transported by the Quebrada Lupuna and deposited along its banks comes from that tall, ancient terrace complex.

Yaguas (3–9 August 2003; 2°51'53.5"S 71°24'54.1"W, 120–150 m)

During the 2003 rapid inventory in the AAYMP region a Field Museum team studied a site in the Yaguas watershed, designated the Yaguas campsite in the respective publication (Pitman et al. 2004). The description here is an abbreviated version of the one published in that book.

The Yaguas camp was located in the upper reaches of the river, some five days' travel in motorized canoe upriver from its junction with the Putumayo and 21 km in a straight line from the juncture of the Quebrada Lupuna

and the Yaguas (Fig. 2A). The campsite was ~29 km from the Choro campsite, but only ~10 m lower in elevation.

None of the local guides who accompanied the team had been in the area previously. No use of this area was recorded by local communities in natural resource use mapping exercises in 2003 or in 2010 (Pitman et al. 2004). The only sign of human presence we encountered in 2003 were two large trees on the Yaguas floodplain that had been felled and partially sawn into planks at least a decade earlier.

For six days the team explored the forests around the campsite, which was located on a low bluff overlooking the Yaguas. To the north and west of camp, majestic old-growth forest covered the broad floodplain. To the east, an abandoned river channel mostly filled in with low vegetation held a tiny blackwater lake, apparently fed by rainwater. This lake, too small to appear in topographic maps of the area, was remarkable in that its border was only 10 m from the river's edge but its water level nearly 10 m above that of the Yaguas.

The channel of the Yaguas was ~30 m wide at this site (during our visit the current was low and only ~15 m wide), but its floodplain is quite broad (Fig. 4D). From our campsite it was a 1.5-km walk inland, through forests that flood when the river rises—a complex of low levees, abandoned river channels, swampy low areas, and palm swamps—to the first hills of the uplands. Most of the forest we studied at this site was influenced by the river in one way or another, as the trail network explored different floodplain habitats: the steep banks of the Yaguas, a *M. flexuosa* palm swamp, an island in the middle of the current, and the blackwater lake.

The uplands at this site were composed of low, gently rolling hills. The first hills above the floodplain may have been old river terraces; they were only 10–20 m higher than the floodplain and their soils 60% silt. Less than a kilometer farther inland, higher hills rose up much more steeply.

Cachimbo (25–31 October 2010; 02°43'05.9"S 70°31'45.1"W, 70–100 m)

This was the only site we visited in the lower portion of the Yaguas watershed. Our campsite was 44 air km from the mouth of the Yaguas and about three hours' travel upriver by speedboat from the closest communities there (Fig. 2A). This site is ~100 km from the other two campsites we visited in the Yaguas watershed (Choro and Yaguas).

The Yaguas River here is comparable in size to the Madre de Dios in southern Peru, averaging ~100 m across and meandering through a broad floodplain that is typically 3–5 km wide and dotted with large oxbow lakes. Although it is a dynamic river, the Yaguas lacks the well-developed beaches and large patches of primary successional forest associated with fluvial dynamism on the Madre de Dios and the Ucayali rivers, running instead between sloping clay banks that give its channel a consistently V-shaped cross-section at low water.

The advance team set up camp on a spit of floodplain between the Yaguas and a south-bank tributary, the Quebrada Cachimbo. While both rivers were 7–8 m below the campsite bluff during our visit, evidence from earlier floods (i.e., alluvial sediment on tree trunks) indicated that the spit of land is probably under 2 m of water when the rivers are high. No historical river level data exist for the Yaguas, but the presence of tree species typical of flooded forest in the lower-lying sections of the floodplain at this site (see below) led us to suspect that floods here can last for months, as in the lower Ucayali drainage.

The Quebrada Cachimbo seemed especially affected by the dry weather conditions. Near its juncture with the Yaguas, the width of the shrunken current (5–7 m) contrasted sadly with the width of its channel (>15 m). A little farther upriver, where the Cachimbo split into several smaller, braided channels dotted with small islands, the water had almost entirely disappeared and it was possible to walk long distances in the dry river bed, among islands dominated by tree species typical of seasonally flooded areas (e.g., *Macrolobium acaciifolium* and *Campsiandra angustifolia*).

The floodplain here was topographically complex at both small and large scales. Some well-drained areas featured fields of low hummocks the size of overturned bathtubs (scablands), apparently generated by strong currents during high water events (see the Landscape Processes chapter). When walking through this terrain, every other step was either up or down. At larger scales, old river channels and levees were abundant on the floodplain. Since small changes in elevation result in large differences in the frequency and duration of flooding events, this topographic complexity was reflected in a diverse mosaic of forest types in the area explored by the 15 km of trails around camp.

The trails at this campsite also passed through some poorly drained areas, most notably a mixed *M. flexuosa* swamp forest that transitioned into a forest of low (<3 m), thin treelets growing on a peat substrate. While this was the only place we saw this forest type, satellite images and overflights suggest that they probably occur as scattered patches throughout the middle and lower Yaguas floodplain, as well as along many of the river's south-bank tributaries. From the air we also spotted two distinctive types of swamps that we did not visit on the ground. One appeared to be a savanna with very low vegetation and scattered *M. flexuosa* palms (similar to Fig. 3c in Lähteenoja and Roucoux 2010). In the other, *Mauritia* was mixed with an unidentified but very common dicotyledonous tree with a distinctive, flat-topped canopy (see the Flora and Vegetation chapter). Despite their very different vegetation, we assume that the majority of these swamps also grow on peat substrates.

Our view of *terra firme* at this site was restricted to short stretches of trail which passed through low hills covered with dense stands of the poor-soil indicator understory palm *Lepidocaryum tenue* (locally known as *irapay*), one uplands site 5.3 air km upriver from camp, where the river cuts into the uplands on its southern bank, and another upland site a similar distance downriver from camp on the northern bank.

We also visited oxbow lakes located ~2 and 3 air km upriver of camp and ~0.5 km inland from the river on its northern floodplain. The larger of these lakes (Cocha Águila) measured ~4 ha and the smaller (Cocha Centro, also known as Achichita) <1 ha.

Forests at this site are used frequently by communities on the Bajo Putumayo, as well as by outsiders (see the Communities Visited chapter), and it was common to encounter old campsites and trails, as well as scattered felled trees. During our visit we saw two boats heading upriver, apparently to supply one of the 20 logging operations that were working in the Yaguas watershed at that moment (see the Communities Visited chapter). The less abundant and more skittish primate community here suggested that some significant hunting had taken place in the recent past, while the relative health of ungulate and gamebird populations indicated that hunters had probably targeted monkeys (see the Birds and Mammals chapters).

Alto Cotuhé (20–25 October 2010; 003°11'55.6"S 70°53'56.5"W, 130–190 m)

We worked at a site in the headwaters of the Cotuhé River, ~70 km from the closest campsites in the Yaguas watershed (Yaguas and Cachimbo). Our campsite was ~63 air km west of the town of Buenos Aires (on the Peru-Colombia border) and probably several days' travel upriver from that town in a speedboat (Fig. 2A). The town of El Sol in the Atacuari watershed to the south was roughly the same distance away. We know of no permanent trails or roads in the Cotuhé headwaters, and this rapid inventory appears to represent the first scientific exploration of the Peruvian Cotuhé.

We established camp on the southern bank of the river, on a low hill overlooking both the Cotuhé and a small, unnamed tributary. The river at this point was 7–10 m wide when we arrived, while the tributary was ~4 m across. In the four rainless days we spent at the site, the Cotuhé dropped almost 2 m and the tributary's width was cut in half. Both the floodplain and the lower-lying old river channels in it were well-drained during our visit, but the swamps were saturated. In rainy periods it is likely that much of the 1-km wide floodplain here is flooded occasionally for several days (but not months) at a time, with the exception of the low *terra firme* hills that dot the Cotuhé floodplain.

Trails at this site totaled 20 km and sampled floodplain and upland habitats on both banks of the Cotuhé. One trail followed the Cotuhé eastwards from camp, passing through mature floodplain forest, small hills, and a large palm swamp, and crossing several tributaries which had cut deep ravines in the floodplain. This trail also visited some narrow fringes of primary successional vegetation associated with river meandering and lower-lying areas with distinct riparian vegetation (e.g., stands of the colonial palm *Bactris riparia*).

Another trail headed upriver through similar terrain before crossing the Cotuhé to the north bank, where it explored habitats similar to those on the south bank trail, in addition to a small oxbow lake and gently rolling hills of upland forest adjacent to the floodplain.

The last trail headed south from camp, passing through a series of gentle hills typically separated by narrow strips of swampy habitat or small streams—a landscape similar to that at the Yaguas campsite. The tallest of these hills were ~40 m higher than camp and distinguished by clay soils that were littered with small quartz pebbles. The streams draining this section of the forest had beds mostly composed of these pebbles, giving them a striking white appearance in the otherwise brown and green understory (Figs. 4F–G). This trail also passed through a patch of forest that was apparently destroyed by a large blowdown event ~10–15 years earlier—a relatively common occurrence in Amazonian wilderness (Nelson et al. 1994). Now dominated by early successional tree species, this patch is visible in Landsat images of the region.

While the rolling hills on the northern and southern banks of the Cotuhé have a similar appearance in satellite images, and their soils and vegetation may appear similar to a casual observer, both floristic and streamwater data indicate that the landscape is significantly richer in nutrients to the north of the river (see the Flora and Vegetation and Landscape Processes chapters). Our work in the area was too limited to say whether this pattern holds at broader scales in the upper Cotuhé.

LANDSCAPE PROCESSES: GEOLOGY, HYDROLOGY, AND SOILS

Author: Robert F. Stallard

Conservation targets: Varied geology and associated poor-to-rich soils developed within the easternmost and largest river basin north of the Amazon and outside of the Andes; easily erodible soils and bedrock, including the easternmost remnants of an ancient alluvial plain at ~200 m elevation with especially nutrient-poor soils; tropical peat swamps; gravel-bed streams that provide a hydrologic setting similar to streams in the Andean foothills; the broad, well-developed floodplain of the lower Yaguas River, containing a broad range of soil types and terrestrial and aquatic environments

INTRODUCTION

Published studies of the geology of this region and surrounding areas focus on the Late Miocene rocks of the Pebas Formation. There are no studies of the younger rock formations or of the soils. The area has been geologically mapped based on the vegetation and topography visible in 30-m resolution satellite imagery, including the degree of dissection and branching style of stream-channel networks (INADE and PEDICP 2002). That map shows the Pebas Formation underlying the lower elevations of the Yaguas and Cotuhé watersheds, with younger sediments in headwater uplands and alluvial deposits of various ages in the lowlands. Without ground-based mapping of the sort described in this chapter, however, satellite-based maps are approximate. For example, I observed in the field that alluvial cover on top of the Pebas Formation at middle elevations appears to be more extensive than indicated by imagery. Actual rock exposures and biologically interesting features associated with them, such as localized mineral-rich sedimentary beds associated with the Pebas Formation that are eaten by birds and mammals (locally known as *collpas*) and gravel deposits derived from younger sediments, can only be identified using ground-based mapping.

Based on these studies and our rapid inventory, I provide in this chapter a broad overview of the region's geology and landscape, as well as detailed descriptions of the sites we visited and of especially interesting or important landscape features.

METHODS

Geologic and geomorphic units can be differentiated and their nutrient quality assessed using a range of characteristics including topographic form, soil texture and color, water conductivity, color, and pH, and geology.

Soils, topography, and disturbance

Trails at every campsite were mapped using a Garmin GPSMAP 60CSx, which works well under even the densest canopy. For every trail, I mapped the position and elevation of 50-m trail marks and major features such as stream crossings, summits, and outcrops. I endeavored to correct for drift in elevation measurements due to the GPS's barometer; in this chapter, relative elevation differences are more accurate than absolute elevations. I used the Garmin MapSource computer program to review the data and examine them using Google Earth and in Geographic Information Systems (GIS).

Along selected trails at each camp, I assessed soil color visually using Munsell soil color charts (Munsell Color Company 1954), and soil texture by touch (see Appendix 1B in Vriesendorp et al. 2006). I also noted activities of bioturbating organisms (such as cicadas, earthworms, leaf-cutting ants, and mammals), frequency of treefalls involving roots, presence of rapid-erosion indicators (head cuts, bank failures, landslides), the importance of overland-flow indicators (rills, vegetation wrapped around stems indicating surface flow), evidence for flooding (sediment deposited on fallen tree trunks, extensive gley soils), soil pipes, absence or degree of development of root mat, and other indicators of poor to very poor soils.

In addition to looking at soils, I also made an attempt to qualitatively describe hill slopes and large-scale disturbances. For hill slopes, this included 1) an estimate of topographic relief, 2) spacing of hills, 3) flatness of summits, 4) presence of terraces, and 5) evidence of bedrock control. The major types of natural disturbance expected for western lowland Amazonia are extensive blow-downs (Etter and Botero 1990, Duivenvoorden 1996, Foster and Terborgh 1998), small landslides (Etter and Botero 1990, Duivenvoorden 1996), channel migrations by alluvial rivers (Kalliola and Puhakka

1993), and rapid tectonic uplift or subsidence that changes hydrology (Dumont 1993).

Rivers and streams

I assessed all bodies of water along the trail systems visually and via measurements of acidity and conductivity. Visual characterization of streams included 1) water appearance (color and turbidity), 2) approximate width, 3) approximate flow volume, 4) channel type (straight, meandering, swamp, braided), 5) height of banks, 6) evidence for overbank flow, 7) presence of terraces, and 8) evidence of bedrock control of the channel morphology. Low conductivities ($<$10 µS cm^{-1}) indicate very dilute waters and low nutrient status. Acid waters (pH $<$5) are also very dilute and lacking in nutrients, but have higher conductivities from the organic acids in the water. I found no very dilute or black waters in this inventory. For waters with a pH $>$5 in the western Amazon Basin, intermediate conductivities (10–30 µS cm^{-1}) are associated with Plio-Pleistocene sediments such as Nauta 1 and Nauta 2, while higher conductivities ($>$30 µS cm^{-1}) often indicate the presence of unstable minerals in the bedrock, such as calcite ($CaCO_3$), aragonite ($CaCO_3$), gypsum ($CaSO_4 \cdot 2H_2O$), and pyrite (FeS_2). Elevated conductivity is characteristic of waters that drain the Pebas Formation. Of all the outcrops that have been described for the entire Pebas Formation, the one with the most evidence of ancient saline conditions is along the Cotuhé River, near the town of Buenos Aires on the Colombian side of the Peru-Colombia border (Vonhof et al. 2003), and all these minerals would be expected in rocks formed in such conditions.

To measure pH, I used an ORION Model 250A Portable System with a Ross pH electrode. For conductivity, I used an Amber Science Model 2052 digital conductivity meter with a platinum conductivity dip cell. For temperature, I used a small portable thermometer. The use of pH and conductivity to classify surface waters in a systematic way is uncommon, in part because conductivity is an aggregate measurement of a wide variety of dissolved ions. However, graphs of pH vs. conductivity (see Winkler 1980) are a useful way to classify water samples taken across a region

into associations that provide insights about surface geology (Stallard and Edmond 1983, 1987; Stallard 1985, 1988, 2006, 2007; Stallard et al. 1991).

RESULTS

Principal geologic units

Geologic units in the Yaguas and Cotuhé basins are similar to those in the well-studied region of Peru around Iquitos and Nauta and in experimental wells drilled nearby in Brazil. Ranked from oldest to youngest, these formations are:

- The Pebas Formation (known as the upper Solimões Formation in Brazil, with blue, often fossil-rich sediments, rolling hills, intermediate soils, and higher-conductivity waters);

- Nauta 1 (also Unit B), with yellow-brown sediments, some gravel, rolling hills, intermediate fertility soils, and low-conductivity waters, often with slight brownish-yellow turbidity;

- Nauta 2 (also Unit C), with yellow-brown sediments, abundant gravel, steep and sometimes flat-topped hills, poor soils, and low-conductivity clear and acid black waters;

- Late Pleistocene terraces, with flat surfaces, some with floodplain features, not presently flooded, swamps, many water types; and

- Floodplain, with flat surfaces, currently flooded, floodplain features, swamps, and many water types.

The upper part of the Miocene-age Pebas Formation (locally, Upper Middle to Late Miocene, ending about 8 million years ago), the oldest and deepest geologic unit exposed in the region, is biologically important because it is notably enriched in minerals that provide nutrients (chloride, calcium, magnesium, phosphorus, potassium, sodium) needed by plants and animals.

On top of the Pebas Formation are the Nauta 1 and Nauta 2 units, deposits of river sediments ranging from early Pliocene to early Pleistocene in age (younger than 5.7 million years and older than 2.35 million years). They include yellow to brown sandstones, mudstones, and conglomerates. These deposits are typically intensely channelized and depleted in the minerals listed in the previous paragraph. While elements of both Nauta 1 and Nauta 2 were found in the field, a clear demarcation between them was not obvious. The higher conductivities (10–20 µS cm^{-1}) of rivers at the Choro and Alto Cotuhé campsites are consistent with Nauta 1, while the abundance of pebbles, which included quartz, rock fragments, and chert in the Quebrada Lupuna and the higher hills near the Alto Cotuhé campsite is consistent with a Nauta 2 source. In this chapter, I refer to both units as Plio-Pleistocene sediments.

About 120,000 years ago, in the Late Pleistocene, an enormous terrace formed along the Amazon valley and its major tributaries. The sediments in this terrace look much like those of Nauta 2 but because of its young age, the terrace still preserves old alluvial features and is easily distinguished on satellite and radar images. This terrace is well developed on both the Amazon and Putumayo Rivers on either side of the Yaguas basin.

The youngest sedimentary deposits on the Yaguas-Cotuhé landscape are alluvial sediments deposited by the rivers we see on the landscape today, from the Holocene to the present (i.e., over the last 12,000 years). These sediments are typically more depleted in nutrient-containing minerals than the deposits from which they were eroded, which would include all upstream sediment deposits. The lower Yaguas valley around the Cachimbo campsite shows some of the features of the Late Pleistocene terrace on images, and it is likely that these sediments also are contributing to the youngest alluvial deposits.

I found no evidence in this region of white quartz sand units like those known from hilltops near Iquitos in the headwaters of the Nanay River (Stallard 2007), and to the south and east along the Blanco River (Stallard 2005).

Elevation, soils, and flooding

The region was once a vast alluvial plain developed on the oldest two sedimentary deposits described above: the Miocene-age Pebas Formation below and the younger Plio-Pleistocene fluvial sediments deposited above. The age of this plain is probably about 2.35 million years. The modern landscape is the result of years of erosion of this plain, and redeposition of eroded material. The only remnant of the ancient alluvial plain today (i.e., the only part that has not yet been eroded) corresponds to the flat tops of the tallest hills, which are described in more detail in the discussion. The youngest deposits in the region are alluvial sediments from modern rivers and tropical peats.

As a result, absolute elevation is inversely related to soil fertility on the modern landscape. Lower elevations tend to have rich soils where Pebas sediments are exposed, but large regions are seasonally flooded and have been buried by young alluvial sediments. These alluvial soils are moderately rich, and *Mauritia flexuosa*-dominated swamps are important floodplain features. The poorest soils here are associated with older alluvial deposits that may relate to an early cycle of floodplain development. Animals are attracted to salt licks (*collpas*) in nutrient-rich Pebas outcrops, which we saw in hills that emerge above the alluvial sediments (Fig. 3B).

Intermediate elevations have a mix of rich soils on Pebas sediments and poorer soils on younger sediments. The poorest soils, those related to the ancient alluvial plain, are absent. Flooding and floodplains support a variety of swamps, including those dominated by *M. flexuosa*. The poorest soils appear to be on old alluvial deposits of silty clay, perhaps old levees that have not eroded as fast as adjacent sediments. The lowest conductivity streams are associated with uplands of gravel-rich and sand-rich Plio-Pleistocene sediments. Pebas *collpas* are still encountered.

The high-elevation parts of the Yaguas Basin equate to Lower Pleistocene sediments and are dominated by poor soils. The flat summits of the tallest hills correspond to the widespread Lower Pleistocene terrace that presumably was once a broad alluvial plain. Soils on this are of considerable age, as old as the terrace, likely more than two million years, and are strongly weathered. Despite the generally poor-soil conditions at these higher elevations, occasional outcrops of Pebas rocks are present, sometimes as *collpas*. The portion of the landscape affected by flooding is small.

Stream analyses are provided in Appendix 1.

Other important features

Near the Cachimbo campsite in the lower Yaguas watershed we identified a small peatland in what appears from the air to be a small *M. flexuosa*-dominated swamp developed on a slightly elevated older floodplain near a considerably older alluvial terrace (Figs. 3A, 4A). The peat is at least 1 m thick and was completely waterlogged despite severe drought conditions (see the Regional Overview and Sites Visited chapter). The associated vegetation—stunted and similar to that growing on quartzite sands in other parts of Loreto, where it is known locally as *chamizal*—indicates an extremely-low nutrient substrate. These features suggest that this is a largely rainwater-fed ombrotrophic (oligotrophic) peat.

In our flight between the Cachimbo campsite and Huapapa, between Huapapa and Pebas, and between Pebas and Iquitos, we saw numerous landscape features that resemble the peatland near the camps. The sites normally had some *M. flexuosa*, but those palms were sparser than in *Mauritia* palm swamps seen on the Pebas to Iquitos overflight. Between the *Mauritia* palms in these presumed peatlands was a dense cover of shorter trees and shrubs, and many of the areas had patches of low scrubland, perhaps *chamizal*. On the flight from Cachimbo to Huapapa we crossed and photographed a landscape that looks like a patterned fen, with characteristic string and flark topography (Fig. 4; Glaser et al. 1981, Glaser 1987). Such peatland landscapes are only known in boreal and near-boreal regions with completely different vegetation (Fig. 4H), and further investigation is needed.

The floodplains at all the sites we visited had a well-developed network of connected underground channels (pipes or macropores) that facilitate rapid drainage of water through the soils and provide a relatively unexplored cave-like habitat for fish and other animals. These soil pipes were also developed on hillslopes, where soils are well-drained.

Choro campsite

This site was situated at about 135 m elevation on the left bank of a stream that we designated as Quebrada Lobo. The stream itself is strongly meandering, but it is also deeply entrenched, 3–4 m deep. The meanders did not appear active (not cutting into their outer curves or depositing point bars). As we experienced in our last day at the camp, the floodplain can be inundated in the wet season, with old floodplain features such as old channels filling before the river is overbank. The lower floodplain has a thin-to-absent root mat. Various old channels, oxbow lakes (*cochas*) are present but not common, and swamps (filled with *Heliconia* and palms, especially *M. flexuosa*) are scattered about, likely related to formerly active floodplain features such as levees and scroll bars. At ~1–3 m elevation above the current floodplain is an older floodplain, also with swamps, with a rougher topography and poorer soils with a thicker root mat, up to 5 cm.

Beyond the older floodplain rise the hills. These hills also have a set of two to four terraces that get older with increasing elevation. Unlike the two floodplain levels, which are deposits of sediment carried by the contemporary rivers, the terraces are largely erosional. They may correspond to where considerably older floodplains abutted the hills. These terraces are being formed, one at a time, through repeated cycles of erosion. At an Amazonian scale, large regional terraces are formed due to climatic or tectonic changes. At the scale of these small streams, erosion cycles are instead often associated with channel changes downriver. The slopes and terraces in this landscape typically have 5–10 cm of root mat.

The highest terrace, which forms the tops of the tallest hills (185–190 m), is a very flat surface probably formed by the deposition of sediments hundreds of thousands to more than two million years ago (see below for a detailed discussion of the terrace's age). This level has a thick, spongy root mat (10–15 cm; Fig. 3E) and an especially poor soil formed from long-term weathering of river sediments.

In the valley north of the campsite are outcrops of characteristic gray-blue Pebas shale in a *collpa*. This outcrop has fossil mollusks and wood (lignite). The outcrop may be positioned here because of minor faulting or folding (some faults are visible in the satellite photos). Alternatively, it may be a pocket of shale in an otherwise non-shale part of the Pebas Formation. The Pebas Formation is known to have great lateral facies variation. Soils in this area had little to no root mat.

Most rivers and streams in the area, including the Lobo and the Lupuna, had pH values between 5 and 6 and conductivity between 6 and 10 µS cm^{-1}. These values are similar to streams that drain Nauta 1. The stream that drained the valley north of our campsite, including the *collpa*, had a conductivity of 17 µS cm^{-1}, while water with a conductivity of 385 µS cm^{-1} was seeping out of the *collpa*. The shales of the Pebas Formation clearly influence this stream near the campsite. Because the *collpa* flow is so small, there must be a much larger area of similar Pebas Formation in this valley.

Alto Cotuhé campsite

This site was located on a *terra firme* hill next to a small stream that flows into the Cotuhé River. This river, in contrast to the Quebrada Lobo, is actively working its floodplain, with meanders cutting into their outer banks and sediments being deposited on point bars. The early succession on the point bars includes a mix of woody and non-woody vegetation. The bed of the Cotuhé is composed largely of pebbles and cobbles of soft shale, probably Pebas Formation, mixed with minor quartz pebbles.

Low silty-clay levees form on stable banks of the Cotuhé and the larger tributaries. Behind these levee areas are extensive hummocky forests that must flood frequently, and mixed palm swamps. Where hummocky swamps are next to the river, it seems likely that the levee has been lost to bank erosion. The root mat on younger levees tended to be thin (<5 cm), while the root mat in the hummocky areas was 5–10 cm thick.

There is a significant contrast between the north (left bank) and south (right bank) sides of the Cotuhé River. On both sides there are extensive floodplains along large tributaries. These floodplains are formed from sediments carried from the uplands and from organic matter deposited in the swamps. These floodplains merge into what might be best called a small alluvial plain. Out of this alluvial plain rise numerous small *terra firme* hills. These hills are formed from the Late Miocene parts of the Pebas Formation or from younger Plio-Pleistocene sediments derived from the rising Andes. On the north side of the Cotuhé River, Pebas Formation sediments are indicated by 1) higher stream conductivities, including

the Cotuhé River (10–20 µS cm^{-1}); 2) clasts of Pebas-like sediments forming some stream beds; 3) a thin to absent root mat on the hills, indicating richer soils; and 4) small *collpas*. On the south side of the Cotuhé, Plio-Pleistocene sediments are indicated because stream conductivities are low (6–10 µS cm^{-1}), sediments include quartz gravels, some lithic fragments, and creamy quartz sand that are typically Plio-Pleistocene, and root mats are much thicker (5–10 cm). At some points on the southern bank, the substrate is so rich in quartz pebbles that the streams have beds of quartz gravel and sand, and low conductivities (6 µS cm^{-1}; Figs. 4F–G).

The southernmost indications of the Pebas Formation were an outcrop in a cliff by the stream closest to the campsite, and a *collpa* near the river on the trail east of the campsite. The best explanation for the north-south contrast is that the underlying strata are slightly tilted towards the south, such that Pebas Formation sediments are exposed along the Cotuhé and to the north of it, while Plio-Pleistocene sediments are exposed to the south.

Cachimbo campsite

This site was located on a small peninsula of levee sediments located between the Quebrada Cachimbo and the Yaguas River at the confluence of the two. The levee extended for about 400 m up the right bank of the Cachimbo before transitioning into an extremely hummocky terrain.

On October 28, when the Yaguas was at its lowest level during our visit, the river surface was 8 m below the campsite (76 m). Based on clay deposits in tree bark and hanging roots, floods here regularly rise 3 m above camp. The highest elevation in the trails around camp was about 92 m, on an old alluvial terrace, while the highest elevation visited in the vicinity of this campsite (about 100 m) was in a right-bank *terra firme* upland abutting the Yaguas River 8 km upriver.

In contrast to the previous campsites, there was no low-conductivity water at this site. The lowest measurements were about 13 µS cm^{-1}; the Cachimbo was 17 µS cm^{-1}, while the Yaguas was 21 µS cm^{-1}. All these values indicate that waters are interacting with richer sediments and soils than in the previous two camps. This interaction includes direct contact with the Pebas

Formation and with floodplain sediments derived from the erosion of the Pebas Formation. I studied both types of landscape. The *terra firme* I visited 8 km upriver was Pebas Formation (Pebas sediments outcrop at base, quartz gravel in an upland channel, and a well-developed *collpa*), while most of the trails explored recent floodplain sediments.

In this landscape, elevation controls much of what we encounter. When the Yaguas River is low, the landscape functions much as might be expected, with soils, stream, forests, swamps, and lakes. The lowest elevations are in the channels of the largest rivers and floodplain lakes. Low parts of the landscape outside the channels form wetlands with swamp vegetation sometimes dominated by *M. flexuosa* and drained by small streams. The highest parts of the landscape, above the seasonal inundation, are much like uplands elsewhere in the Yaguas-Cotuhé region and in other parts of the Amazon. On the floodplain itself, the highest features are likely remnants of older levees or older, eroded floodplain terraces. The poorest soils are associated with these old floodplain features; these have more silt, sometimes sand, and drain better. Moreover, they have been weathered at least once before in the process of becoming river sediment. The richest soils are Pebas Formation uplands. The root mat on younger levees and flatter floodplain deposits tend to be <5 cm thick, while the root mat on hummocks in the hummocky areas is 5–10 cm thick.

Two types of landscape were nutrient-poor in the appearance of their soils and had root mats >10 cm thick. One upland near the campsite had dense thickets of the understory palm *Lepidocaryum tenue* (known locally as *irapayales*) and a thick root mat, and appears to be formed on an older generation of large floodplain terraces. These are characterized as having uniform flat tops in the field and eroded floodplain features on satellite imagery. If we use other parts of Amazonia as a guide, these might be from the last interglacial, about 120,000 years ago. A similar *irapayal* nearer the campsite grew on a low ridge, perhaps an old levee or eroded interglacial floodplain. The other nutrient-poor landscape is a small peat swamp with stunted vegetation (described in detail in the discussion).

During the annual floods, most of the floodplain here is covered by water. There are four sources of water during the annual floods: the Yaguas River, the Quebrada Cachimbo, streams draining adjacent uplands, and rainwater. During floods, the movement of water is no longer guided by smaller landscape features such as streams, and instead rivers flow across the landscape, outside of their channels. Moreover, flooding on the big rivers increases flooding on their tributaries. Thus the depth of the Amazon backs up the Putumayo, and the Putumayo backs up the Yaguas, and the Yaguas backs up the Cachimbo, and the Cachimbo backs up the upland streams.

Most of the sediment on the floodplain comes from the Yaguas River. Areas of rapid accumulation tend to be flatter, and have silty clay soils. All the trails had segments on such landforms, but their best development was on the two small trails to the oxbow lakes, where the movement of water did not involve the effects of a large tributary. The swampy landscapes with smaller hummocks and mixed palm swamps are not receiving sediment-rich water, either because these receive decanted Yaguas water, Cachimbo water, upland water, rainwater, or a combination of these four. South of the campsite, especially near the peat swamp, upland waters are ponded by the Cachimbo. The Cachimbo, when blocked by the Yaguas, appears to be developing a new course across the extremely hummocky landscape (scabland) near the camp. The tightly meandering lowest reach of the Cachimbo, for a kilometer above its confluence with the Yaguas, may also relate to this course change. This same complex meandering and branching channel networks are seen in the Yaguas itself when it joins the Putumayo.

DISCUSSION

Several geologic factors contribute to the unique character of the Yaguas-Cotuhé region. First, its tropical peatlands are perhaps the first to be described outside of the active floodplains of the biggest rivers (the Ucayali, Marañón, and Amazon). As such, they may be more stable peat reserves and rainwater fed (ombrotrophic). Second, this region appears to be the easternmost remnant of a large early Pleistocene terrace underlain by Andes-derived Plio-Pleistocene sediments. This was deposited at the same time as terraces formed across Amazonia. Because of its age and history, the terrace top has especially nutrient-poor soils, while the underlying sediments are nutrient-poor compared to the Pebas Formation below. Finally, the region's location in the more eastern part of the depositional basin, subject to Miocene seawater intrusion, appears to have contributed to the especially nutrient-rich nature of the Pebas outcrops that form some of the *collpas* in the area. The long-term stability of the landscape and the large patches of contrasting landscape contribute great edaphic variation and are partly responsible for the tremendous biodiversity of the landscape. These three factors are discussed below.

Tropical peats

Our overflight observations suggest that peatlands like the one we visited near the Cachimbo campsite may be widespread in the broad lower and middle reaches of the Yaguas watershed and in the proposed Yaguas-Putumayo conservation areas (Fig. 4A). These settings are outside of large river systems where they would be susceptible to reworking. For example, topographic data derived from the Space Shuttle Synthetic-Aperture Radar Topographic Mission (SRTM) suggest that this peatland is associated with a large remnant of the enormous Late Pleistocene (120,000 year-old) terrace mentioned above and described below.

Until recently, peat deposits were thought to be rare within the Amazon basin. For example, in a report for the United Nations Food and Agriculture Organization, Andriesse (1988) assigned no tropical peats to Peru. Based on limited observations, Schulman et al. (1999) and Ruokolainen et al. (2001) estimated that 50,000 km^2 of peats exist in Peru and 150,000 km^2 in Amazonia. Studies by Lähteenoja et al. (2009a, b) and Lähteenoja and Roucoux (2010) confirm the existence of varied types of peat deposits in the Ucayali, Marañón, and Amazon floodplains near Iquitos. These peatlands support a wide variety of vegetation, often associated with stands of the palm *M. flexuosa*. Some are dominated by *M. flexuosa*, some are forested, and some have a savanna-like appearance with extensive scrub (e.g., some of the photographs in Lähteenoja and Roucoux [2010] look like *chamizal*).

The oldest peats identified in these studies were less than ~4,000 years old, which was the end of a drier interval; however, the floodplain is quite dynamic and this may reflect the age of the floodplain depression in which the peats are forming. The peatlands identified along the Peruvian Amazon accumulate peat (0.94–4.88 mm yr^{-1}) and carbon (26–195 g C m^{-2} yr^{-1}) at rates comparable to southeast Asia and higher than those in boreal peatlands. The Amazon reworks its floodplain (Meade 2007), and floodplain deposits, such as peat, may only be stable for 1,000 to 2,000 years. Peatlands that have evolved enough and are thick enough to become local topographic highs and largely rainwater fed (ombrotrophic) are important because the ombrotrophic conditions normally develop after considerable time and stability.

Globally, peats are an especially large reserve of soil carbon. While most peat deposits are in temperate and boreal zones, tropical peats store 11% to 14% of all peat carbon (Page et al. 2010), mostly in Indonesia and Malaysia. Page et al. (2010: p. 18) note that "Amazonian peatlands warrant further detailed investigation and assessment, although, owing to their shallow nature… they will likely make only a small additional contribution to the tropical peatland carbon pool unless extensive thick, ombrogenous deposits are discovered." The association of these peats with 120,000 year-old floodplain in the Yaguas watershed may fulfill these requirements, and more research is essential.

Peats are vulnerable to climate change (particularly droughts) and land-use change (particularly draining). Desiccation leads to peat loss through decomposition or fires. For example, the El Niño drought in Southeast Asia led to huge peat fires in Indonesia and Malaysia and a significant increase in atmospheric carbon dioxide (Page et al. 2002). If peats are forming rapidly, as appears likely in the Yaguas watershed, they can be a significant atmospheric-carbon sink and potentially a methane source. The inclusion of peat conservation as part of REDD is being considered (see references in Page et al. [2010]).

Sea level and the ages of various features in the Yaguas-Cotuhé region

Terraces are found throughout the Amazon basin as uplands with uniform flat summits and as shelves on hillslopes. At an Amazonian scale, large regional terraces are formed due to climatic or tectonic changes. For the Amazon Valley extending into Peru, sea level is the primary driver of terrace formation. When sea level is low, the Amazon and its tributaries cut into their channels, forming deep valleys. When sea level is high, these valleys are refilled with sediment, forming a vast alluvial plain (a peneplain), and uplands are eroded down to this same level, forming a pediplain. Some of the most important features in the Yaguas-Cotuhé region are associated with such terraces. Because we have a reasonable idea of global (eustatic) sea level history (Miller et al. 2005), the ages of these terraces can be estimated.

The Amazon River, with its Andean sediment source, rapidly refills valleys that were eroded during low sea level episodes. The last big terrace was formed 120,000 years ago, during the last interglacial, when sea levels were 24 m higher than today, and the highest since a 25-m stand 2.39 million years ago. This was followed, 20,000 years ago, by the third lowest sea level, -122 m, in many millions of years (the other deep lows were -124 m at 630,000 years and -123 m at 440,000 years). Sea level rose rapidly, and in 20,000 years the Amazon had refilled its valley with sediment. Big tributaries that lack much sediment, such as the Xingu, Tapajos, and Negro, have not yet refilled their valleys and have lakes at their mouths called *rias*.

Klammer (1984) argued that the terraces along the Amazon Valley downstream of Manaus correspond to high sea level stands in the Pleistocene and Holocene. This highest and largest terrace is about 200 m above sea level and forms much of the *terra firme* upland. It corresponds to an exceptional early Pleistocene sea level high stand of 23 m at ~2.35 million years ago. Stallard (1988) used the dates of the various high stands and the elevation of the terraces to calculate the uplift rate for the Amazon region. The regional uplift rate relative to eustatic sea level is less than about 100 m per million years. A significant part of this is a long-term drop in eustatic sea level and the remainder is slow regional (epeirogenic) uplift. It is entirely reasonable to assume that the flat hilltops in the region from the Yaguas basin to Iquitos, which are also about 200 m, correspond to the same regional terrace. This indicates that this region has been tectonically quiet for at least 2 million years.

Sea level fluctuations would also have affected deposition of the Pebas Formation, and even though no Pebas-age terraces now exist, it is likely that sea level high stands influenced deposition during the Miocene. The Late Miocene had a sea level high of 40 m at 9.015 million years ago. This high was followed by generally lower but oscillating sea levels, down to -46 m at 5.715 million years ago, until after the beginning of the Pliocene at 5.7 million years ago.

The Pliocene began with two particularly high sea level stands: 49 m at 5.33 million years ago and 38 m at 5.475 million years ago. The 49-m high stand was the highest in many millions of years, and probably had a profound impact on sediment deposition throughout the Amazon lowlands. These highs were followed by numerous sea level oscillations, with the deepest low of -67 m at 3.305 million years ago. Shortly after the beginning of the Pleistocene at 2.6 million years ago were two sea level high stands, one of 25 m at 2.39 million years ago and the other at 23 m at 2.35 million years ago. There would have been enough time between the Pliocene and Pleistocene high stands for considerable erosion.

The beginning of Northern Hemisphere ice caps and glaciations brought huge sea level oscillations that grew in amplitude with time. Each of these highs could have formed major terraces along the Amazon Valley, but away from the Andean uplift, most of these would have been substantially erased by erosion during the numerous deep lows or reburied by the following highs. Where the Andes are rising, some of these terraces could have been preserved by not having been reburied.

The most parsimonious interpretation of these data and our field observations is that the upper flat hilltop terrace at the Choro campsite is from the early Pleistocene and is about 2.35 to 2.39 million years old. The old alluvial terraces at Cachimbo featuring *irapayales* are largely from the last interglacial, 120,000 years ago, which was an exceptional sea level high.

Younger terraces (all camps) probably reflect local changes in hydrology such as discharge, sediment sources, and base level and could be affected by local climate and tectonics. It is inviting to think that Nauta 1 or both Nauta 1 and Nauta 2 units might have been created during the two early Pliocene sea level high stands, but tectonic effects during the Andean uplift, such as foreland basin deepening, likely complicated depositional patterns during the Pliocene.

Implications for western Amazonian paleogeography

The long history of Andean uplift has shaped the geology, geomorphology, and the biogeography of the Amazon basin. The Yaguas-Cotuhé region is located just to the east of the main Andean uplift in a broad area called a foreland basin that has subsided slightly to compensate for tectonic pressures from the west. Because of this location, essentially all of the clastic sediments (grains made of minerals containing silicon, aluminum, and iron) in the Yaguas-Cotuhé region are ultimately derived from the Andes.

To the immediate west of the Yaguas-Cotuhé region is a slight secondary basement upwarp clearly demarked on geophysical maps of gravity anomalies (Roddaz et al. 2005, Leite et al. unpublished, in Leite 2006). While this anomaly is one of several structures that have been referred to as the Iquitos Arch, this particular feature appears to be the eastern limit of active leasing by oil companies, which is consistent with it being an upward fold or fault with oil source rocks only to its west. To the east of the Yaguas-Cotuhé region are other minor basement upwarps, the most important of which is the Purús Arch, about 800 km east, which was the eastern limit of clastic sedimentation until about 10 million years ago. To the east of the Purús Arch is the Amazon Intracratonic Basin, an ancient geologic structure, probably a rift, that now defines the Amazon Valley.

A newly published summary by Hoorn et al. (2010) adds considerably to understanding the history of the region between the Andes and the Purús Arch, by applying apatite fission-track dating of igneous and metamorphic rocks from deep in the crust to establish times of uplift (erosional exposure) in different parts of the Andes as well as the Brazilian Shield.

The western ranges of the Peruvian Andes have been subject to ongoing but probably episodic uplift for 35 million years, with reduced exposure rates starting five million years ago, indicating slowed uplift (the eastern ranges do not have the right type of rocks for dating). Uplift and fresh exposure of bedrock is ongoing in Ecuador and Colombia. The big rivers that feed into the Yaguas-Cotuhé region—the Amazon, Napo, and Putumayo—each drain parts of the Andes having different tectonic styles.

The oldest and deepest formation in the Yaguas-Cotuhé region, the Pebas Formation (corollary with the Solimões Formation in Brazil), is notably enriched in minerals that provide nutrients (chloride, calcium, magnesium, phosphorus, potassium, and sodium) needed by plants and animals. According to Hoorn (1994) and Vonhof et al. (2003), the Pebas outcrops in this region are from younger parts of the formation (upper Middle to lower Late Miocene). The Buenos Aires outcrop on the Colombia side of the border along the Cotuhé River is notable in that a variety of indicators indicate some seawater influence. These include the presence of mangrove pollen (Hoorn 1994), the presence of crustaceans and mollusks with strong marine affinities (Vermeij and Wesselingh 2002), and carbon and strontium isotopes in mollusk shells that indicate the sediments were deposited under slightly saline conditions, more than any other Late Miocene sediments studied (Vonhof et al. 2003). The lack of many easily fossilized organisms, such as oysters, that are typical of Neotropical mangrove environments and the isotopic data indicate quite low salinities (less than 5 practical salinity units or less than one part seawater with six parts freshwater). Even at this low salinity, these marine-influenced sediments should be strongly enriched in nutritive minerals.

The marine-influenced parts of the Pebas Formation are rare. Latrubesse et al. (2010) analyzed the Late Miocene paleogeography of the Solimões Formation in Brazil using detailed paleontological data covering many taxa (mammals, reptiles, mollusks, foraminifera, pollen, and seeds) along with age dating based on these taxa, plus carbon-14. Using an argument based on sedimentary structures and fossils, they demonstrate that "the vertebrate record from Acre is compatible with an environmental model that includes grasslands and river swamps, and lake-side gallery forests which were subject to a fluctuating water level in a seasonally flooded tropical to subtropical wet-dry climate" (Latrubesse et al. 2010: p. 111).

A connection to the ocean through the Amazon valley during the especially high Late Miocene sea level stand (40 m at 9.015 million years ago) is entirely reasonable, and Hoorn et al. (2010) hypothesize a tidally influenced Late Miocene, which they call the Acre fluviotidal system, connected to the ocean through the Amazon Intracratonic Basin, not through the Colombian Llanos as with earlier publications (see their figures 1D and S5). Tides are a problem, however. In the Amazon River of today, tides only extend 700 km inland (Meade 2007). Latrubesse et al. (2010) and Leite et al. (unpublished, in Leite 2006) also show that presumed tidal deposits along the Madre de Dios and near Iquitos are Plio-Pleistocene, not Late Miocene. Moreover, Latrubesse et al. (2010) demonstrate that the sediments along the Madre de Dios River are not even tidal deposits but instead "fluvial clayey and fine sandy sediments that were deposited in an abandoned meander." Thus, tidal influence several thousand kilometers from the open ocean in a shallow body of water adjacent to the Andes seems unlikely. Unfortunately, Latrubesse et al. (2010) ignore the most compelling arguments for Late Miocene marine influence, seen in the Buenos Aires outcrop, by failing to cite most of the studies of that site. Due to their location close to the end of the Amazon Intracratonic Basin, the Pebas Formation sediments in Yaguas-Cotuhé region and eastward into Colombia may be among the most marine-influenced and the most nutrient-rich sediments in the foreland basin lowlands.

Solimões/Pebas deposition ended with the uplift of the eastern ranges of the Peruvian Andes at the end of the Miocene, corresponding roughly to the paleontological top of the formation (6.3 million years) and with enhanced sediment flux down the Amazon to the ocean (6.5 million years; Latrubesse et al. 2010, Hoorn et al. 2010). The concomitant uplift of the Sierra del Divisor Range cut off sediment supply to the eastern depositional area and reorganized the rivers to the west, forming the south-flowing Madre de Dios and north-flowing Ucayali Rivers.

The subsequent multiple uplifts would have produced major erosional pulses into the ancestral Ucayali, Marañón, Napo, and Putumayo systems, all contributing to the Yaguas-Cotuhé region. From the early Pliocene to the early Pleistocene, rivers deposited yellow to brown sandstones, mudstones, and conglomerates on top of the Pebas Formation. These deposits are typically intensely channelized. The older parts of this unit, referred to Nauta 1, near Iquitos appear to be composed of less weathered clays than the younger part, Nauta 2 (Stallard 2007). Near Iquitos, the Nauta 2 often begins with a conglomeratic horizon with chert, rock fragments, and quartz. Post-Pebas sediments are depleted in nutritive minerals. Leite et al. (unpublished, in Leite 2006) use chemical and isotopic signatures to match sediments in a core drilled though the Solimões Formation in Brazil, about 300 km south of the Yaguas Basin, to the Iquitos stratigraphy. Both Nauta 1 and lower Nauta 2 are in the Pliocene. Roddaz et al. (2005) add an additional formation in the Iquitos region, the Amazon Formation, deposited on top of Nauta 1 and Nauta 2. Given the analysis of the deposits along the Madre de Dios River by Latrubesse et al. (2010), the Amazon Formation could be as young as the Pleistocene, perhaps a remnant deposit from one of the many sea level oscillations.

The distinction between Nauta 1, Nauta 2, and perhaps later, Amazon Formation, sediments is not obvious in the Yaguas Basin. The higher conductivities $(10-20 \ \mu S \ cm^{-1})$ of rivers at the Choro and Alto Cotuhé campsites are consistent with Nauta 1, and the abundance of pebbles, which included quartz, rock fragments, and chert in the Quebrada Lupuna and the higher hills near the Alto Cotuhé campsite, is consistent with a Nauta 2 source. Because of erosion, the extent of Plio-Pleistocene sediment deposits diminishes with decreasing elevation from west to east, while the relative exposure of Pebas Formation increases.

Post-Miocene deposition ended with the formation of a vast alluvial plain probably extending from the Atlantic Ocean to the Andes with a sea level high stand at about 2.35 million years ago. Today, both quartz-sand soils and nutrient-poor clay-rich soils form in such settings. If we look at the Llanos of Venezuela as an analogy to the ancient alluvial plain, erosion and reworking of fluvial sediments can produce almost pure quartz sands (Johnsson et al. 1988). Rivers exit the Venezuelan Andes loaded with sands containing a mix of quartz, feldspar, and lithic fragments. These sands are repeatedly deposited and remobilized in river meanders as the sediments move across the Llanos landscape. Sediments become soils each time they are deposited, and weathering converts some of the feldspars and rock fragments to clay. Eventually the sands become almost pure quartz, stained yellow, orange, and red by iron oxides and hydroxides. The clays are deposited farther downstream or in floodplain lakes as nutrient-poor, fine-grained sediments. If the system eventually stagnates, such as when a final depositional surface forms, if sediments are mostly sand, and if the setting is wet year round, then soil conditions can develop that promote the dissolution of the iron oxides and hydroxides and the remaining silt and clays, causing the bleaching of the sands (Johnsson et al. 1988, Stallard 1988). In more distal locations with less sand, such as in the Yaguas-Cotuhé region, the resulting soils would be more clay-rich and nutrient-poor.

The youngest sedimentary deposits in the Yaguas-Cotuhé region are alluvial sediments deposited by the rivers that we see on the landscape today, from the Late Pleistocene to the Present. These sediments are typically more depleted in nutrient-containing minerals than the deposits from which they were eroded, and in the Yaguas-Cotuhé region, all of the sediments come from local uplands.

SUMMARY

The interactions among elevation, substrate quality, and flooding produce an extraordinary variety of environments that foster the great biodiversity of the Yaguas and Cotuhé river basin landscapes. In this region, two factors related to elevation contribute to habitat type. First, absolute elevation is closely related to substrate quality, as follows: (1) Low elevations equate to Pebas Formation soils and sediments and to floodplains composed of sediments partially derived from the Pebas Formation. (2) High elevations equate to Plio-Pleistocene sediments, and adjacent floodplain deposits are derived from the sediments. (3) The flat summits of the tallest

hills correspond to a widespread early Pleistocene terrace that presumably was once a broad alluvial plain; soils on this are of considerable age, as old as the terrace, likely more than two million years, and strongly weathered. Second, elevation above nearby rivers also relates to susceptibility of flooding. Flood amplitude is highest at the Putumayo-Yaguas confluence, about 10 m, and decreases steadily upriver. The change in amplitudes of the annual flooding and the lesser contribution of higher-quality, Pebas Formation derived sediment cause the character of wetlands to change from nutrient-poor to nutrient-rich going upriver to downriver and from distal to the river to proximal to the river. Despite these general trends, the landscape is dotted with especially nutrient-rich outcrops of Pebas Formation sediments that form *collpas*. Some of the most nutrient-poor features of the landscape may be the peatlands that we observed near the Cachimbo campsite and in our helicopter overflights.

RECOMMENDATIONS FOR CONSERVATION

Management

- Provide strict protection for the flat-topped hills in the headwaters of the Yaguas River and the Quebrada Lupuna, which have old, nutrient-poor soils topped by a thick root mat. Deforestation and active trails or roads could destabilize the root mat, leading to erosion and the irreversible destruction of this habitat, which is the product of perhaps millions of years of stability.

- Regulate access to the nutrient-poor soil habitats developed on old alluvial deposits at lower elevations, such as the forest near the Alto Cotuhé campsite and the alluvial terrace near the Cachimbo campsite. These are also quite vulnerable to the effects of deforestation, or trail and road construction, and they should be used with caution.

- Provide strict protection for peatlands. Peat deposits are inherently unstable, both because the *chamizal* vegetation thrives on nutrient-poor conditions and recovery is likely slow, and because peat is easily destroyed by draining or drying. Globally, peat stores vast quantities of carbon. If peat is set on fire (or catches fire naturally via lightning strikes), an entire deposit can easily be destroyed.

Research

- More work is needed to characterize the soils and water of the Yaguas and Cotuhé river basins. Key questions include: Where are the nutrient-poor areas? Where does the Pebas Formation outcrop? Where are the *collpas*? Where are the peatlands? Stream-water chemistry, geologic observation, land-form description, soil characterization, and simple water-quality measurements are adequate to map this landscape using the characteristics described in Appendices 1B-1F of Vriesendorp et al. (2006). With soil-color charts and an inexpensive coring tool, soils and underlying material exposed in stream channels can be easily mapped in a way that is sufficient to characterize much of this landscape. The mapping would involve extracting a soil plug and recording 1) location, 2) presence and thickness of root mat, 3) color and texture of core top, 4) color and texture of texture of core bottom, 5) stream type, 6) channel shape, 7) hill form, and 8) description of bank and bed material (Pebas/not Pebas, pebbles/no pebbles). The only expensive instruments required are a GPS (Garmin GPSMAP 60CSx) for measuring location in regions without suitable maps and suitable pH and conductivity meters (which are costly to purchase and maintain) to characterize stream water.

- Study the geological differences between the Yaguas-Cotuhé region and adjacent areas in the Colombian *trapecio*. One especially interesting feature in the region is the watershed to the southeast of the Cotuhé River basin, which is unusually elevated, indicating that it has eroded less than other areas on the map. Extended elevated uplands imply a regional cause for diminished erosion. Such slower erosion often happens when sediments are almost perfectly horizontal and have a hard layer (such as a hardpan developed under sandy soils). Hard layers may stabilize some of the hills topped by quartz sands near Iquitos and perhaps the flat-topped hills at Maijuna. A Pebas Formation upland is another possibility, because the Pebas Formation is considerably tougher than the Plio-Pleistocene sediments. This latter interpretation would be consistent with a rich-soil flora, which appears to be prevalent in Amacayacu National Park, in contrast with the Yaguas basin (Rudas and Prieto 2005, Barreto Silva et al. 2010). Examination of the region between the present inventory sites and Amacayacu in Colombia is needed to characterize this transition.

- Considerable research is needed to describe the extensive peatlands in the Yaguas watershed, to assess their stability, and to assess carbon inventories and rates of carbon sequestration there. Northern peatlands are amenable to identification and classification using appropriate satellite imagery and ground calibration (Poulin et al. 2002), and I anticipate that this approach should also work in the Peruvian Amazon.

- For future rapid inventories, maps of the region to be studied should be first generated using the Space Shuttle SRTM elevation data combined with satellite-based land-cover data. In the present inventory, I gathered enough GPS data to develop mapping protocols for future study sites that would better present the river networks, topography, and distinctive landscape features before selecting sites and developing a trail system.

FLORA AND VEGETATION

Authors: Roosevelt García-Villacorta, Isau Huamantupa,
Zaleth Cordero, Nigel Pitman, and Corine Vriesendorp

Conservation targets: High habitat heterogeneity emblematic
of the Napo-Amazon-Putumayo interfluvium and currently lacking
strict protection in Loreto; a distinctive flora growing on upland
terraces formed by ancient deposition plains dating to the lower
Pleistocene (~2 million years old) in the northern headwaters of the
Yaguas; a poor-soil flora growing on terraces dating to the upper
Pleistocene (~120,000 years old); intact floodplain forests with
few anthropogenic impacts; plant communities associated with
oxbow lakes and streams in the lower Yaguas watershed; extensive
dwarf forests (*chamizales*) associated with peat deposits in the
Yaguas floodplain and lacking quartz sand soils; a potentially
enormous underground carbon stock in peat swamps; headwater
forests that regulate hydrological cycles in the two watersheds
and reduce erosion; healthy, well-conserved populations of useful
plants, including *tamshi* (*Heteropsis* spp.) *irapay* (*Lepidocaryum
tenue*), *shapaja* (*Attalea maripa, A. insignis, A.* cf. *microcarpa*),
espintana (*Oxandra major*) and *ungurahui* (*Oenocarpus bataua*);
healthy populations of the ornamental cycads *Zamia ulei* and
Zamia aff. *hymenophyllidia* (Zamiaceae), listed in CITES Appendix
II; healthy populations of important timber species, including
tornillo (*Cedrelinga cateniformis*), *marupá* (*Simarouba amara*),
catahua (*Hura crepitans*), *pashaco* (*Parkia nitida*), *lupuna* (*Ceiba
pentandra*), *machimango* (*Eschweilera* spp.), *charapillo* (*Hymenaea*
cf. *oblongifolia*), *azúcar huayo* (*Hymenaea courbaril*), *leche huayo*
(*Lacmellea peruviana*), *quinilla* or *balata* (*Manilkara bidentata*)
and *polvillo* (*Qualea* spp.); reduced populations of important
timber species such as tropical cedar (*Cedrela odorata*), which will
recuperate with proper management; at least seven new records
for the Peruvian flora and 10 plant species which appear to be
new to science

INTRODUCTION

The forests visited during the rapid inventory are
located in the extreme northeastern corner of Peru's
Loreto department, in the Napo-Amazon-Putumayo
interfluvium, and include a broad range of upland
habitats, flooded forests, swamps, oxbow lakes, and
riparian vegetation. We know of only two previous
studies of plants in the region. One is a rapid inventory
of the vegetation at a campsite on the upper Yaguas
river carried out by a Field Museum team in 2003
(Vriesendorp et al. 2004). Since those data are from
the same watershed and in the same format as the data
collected in our 2010 rapid inventory, they are included
in the results presented here.

The second study was a forestry inventory which mapped
vegetation across the region using satellite images and
carried out quantitative field surveys in the lower Yaguas
River (INADE and PEDICP 2002). We have not yet been
able to compare our data effectively with those of INADE
and PEDICP (2002), because that study covered a much
larger region (including not only the Yaguas and Cotuhé
watersheds but also the lower Putumayo, Atacuari, and
Yavarí) and the report does not specify which portions of
the field data were collected in our area. In this chapter
we offer some preliminary observations on these two
previous studies; a more detailed comparison is a high
priority for future studies.

Other plant research relatively close to our study
site includes floristic inventories of the Ampiyacu,
Apayacu, and Yaguasyacu rivers (Grández et al. 1999,
Vriesendorp et al. 2004), an inventory of the woody
flora in the Colombian portion of the lower Cotuhé
(Duque et al. 2009), a forestry inventory at a site along
the Algodón River (Pacheco et al. 2006), and a woody
plant inventory on the Colombian side of the lower
Putumayo, near the mouth of the Yaguas (Cárdenas
López et al. 2004). Our study complements what has
been learned to date about the Putumayo River drainage
in three prior rapid inventories: Ampiyacu-Apayacu-
Yaguas-Medio Putumayo (AAYMP; Vriesendorp et al.
2004), the proposed Maijuna Regional Conservation
Area (García-Villacorta et al. 2010), and the Güeppí
Reserved Zone (Vriesendorp et al. 2008). The regional
flora of this portion of the Amazon basin is treated
in florulas of Iquitos (Vásquez-Martínez 1997) and
Amacayacu (Rudas and Prieto 2005).

METHODS

We used a variety of methods in the field: visual
registers of known species, intensive collections of fertile
specimens in all forest strata, and a detailed description
of the physiognomy, structure, and common species
in all the forest types we encountered. We paid special
attention to the population status of useful plants, both
timber and non-timber species.

Along the trail system at each campsite (15–20 km)
we distinguished different forest types based on variation
in topography, drainage, soil type, and common plant

species. At the Cachimbo campsite we made intensive collections in three places off the trail system: the Cocha Águila and two upland sites along the Yaguas River (see the Regional Panorama and Sites Visited chapter).

We also established transects in various forest types to quantify abundance patterns of the woody flora. To characterize trees and treelets >5 cm diameter at breast height (dbh), R. García-Villacorta and N. Pitman established seven 100 x 5-m transects in the principal forest types at the three campsites visited in 2010. Likewise, trees ≥10 cm dbh were sampled in a 2 km x 5 m transect at the Yaguas campsite in 2003 (Vriesendorp et al. 2004).

R. Foster organized >3,200 photographs taken in the field by I. Huamantupa, Z. Cordero, R. García-Villacorta and N. Pitman in 2010 and coordinated their identification by taxonomic experts. Selections of these photographs and those from the 2003 inventory are available with identifications by contacting rrc@fieldmuseum.org. All specimens collected were deposited at the Herbario Amazonense (AMAZ) of the Universidad Nacional de la Amazonía Peruana. When there were extra duplicates, those were distributed to the herbaria of the Universidad Nacional de San Antonio Abad del Cusco in Cusco, Peru (CUZ), the Field Museum in Chicago, USA (F), and the Herbario Amazónico Colombiano, Bogotá (COAH).

RESULTS

Diversity and composition

We collected 811 herbarium specimens and several hundred sterile vouchers, totaling 109 families and >948 species (Appendix 2). It is not yet possible to integrate our list with that of 1,102 species compiled by INADE and PEDICP (2002), because that list does not indicate which taxa were collected in the Yaguas and Cotuhé watersheds and which were collected outside the region.

Given the high habitat heterogeneity observed in the field, we estimate that the Yaguas and Cotuhé watersheds harbor 3,000–3,500 plant species. While these figures are based more on the authors' experience than on a quantitative analysis, an independent, recently published estimate of the size of the flora in this region of the Amazon is very similar to ours: 3,000–4,000 species (Bass et al. 2010). That and other studies indicate that

these numbers are very high for the Amazon basin, which suggests that our study region contains a large proportion of the plant diversity of the department of Loreto (ter Steege et al. 2003, 2006).

Based on our observations and collections at the three campsites visited in 2010, plant communities at the Choro campsite (in the headwaters of the Yaguas River) were similar in composition to those at the Alto Cotuhé campsite (in the headwaters of the Cotuhé River), while both showed significant differences with the Cachimbo campsite (on the lower Yaguas). These differences with the Cachimbo campsite mostly reflect the presence there of the most floristically distinctive forests encountered during the 2010 inventory: dwarf forests (*chamizales*), forests dominated by the understory palm *Lepidocaryum tenue* (*irapayales*), and flooded and riparian forests along the lower Yaguas River, none of which were found at the other two sites. Based on the species and forest types reported at the Yaguas campsite in 2003 (riparian and floodplain forests, *Mauritia flexuosa* swamps, and low upland hills), the most similar campsite visited in 2010 was Alto Cotuhé (Vriesendorp et al. 2004).

Vegetation types

Our most unexpected findings were: 1) extensive upland forests on terraces dating to the lower Pleistocene (~2 million years old) in the Yaguas headwaters, with a flora that we saw nowhere else, 2) forests growing on terraces dating to the upper Pleistocene (~120,000 years old) in the Cotuhé headwaters and including the *irapayales* at the Cachimbo campsite, with a distinctive community of poor-soil plants, and 3) dwarf forests or *chamizales* in the Yaguas floodplain, growing on peat deposits and not associated with white sands, featuring various plant species seen nowhere else.

We distinguished at least eight other forest types differing in community composition, dominance, and structure: 1) hill forests on moderately poor clay soils, 2) hill forests on rich clay soils of the Pebas Formation, 3) stream and lakeside forests, 4) floodplain forests on flat terrain, 5) floodplain forests on uneven terrain, 6) floodplain forests in headwaters regions, 7) mixed palm swamps in the floodplains of the larger rivers, and 8) mixed palm swamps in poorly-drained areas of the uplands.

This high diversity of forest types reflects the region's high heterogeneity in soils, geology, and topography. Our list of forest types is similar to that of INADE and PEDICP (2002), with the exception of the riparian habitats they identified along the Putumayo River, where we did not study. Much more work is needed, however, to clarify the correspondence between our forest types and those mapped by INADE and PEDICP (2002).

Lower Pleistocene terraces (~2 million years old; Fig. 4C)
Forests growing at the highest elevations on the landscape—high terraces that are the remnants of an ancient, lower Pleistocene-age deposition plain—had well-drained, low-nutrient clay soils under a dense root mat (up to 15 cm thick; Fig. 3E). The dominant species, genera, and families here had thick, coriaceous leaves, latex, and/or high wood density, and many of them belonged to the families Chrysobalanaceae, Sapotaceae, Lecythidaceae, and Elaeocarpaceae. Common trees included *Oenocarpus bataua* (*ungurahui*, Arecaceae), *Brosimum utile* (Moraceae), *Iryanthera elliptica* (Myristicaceae), *Duroia saccifera* (Rubiaceae), and various species of *Eschweilera* (*machimango*, Lecythidaceae). In the understory the treelet *Marmaroxylon basijugum* (Fabaceae) and the trunkless palm *Astrocaryum ciliatum* (Arecaceae) were frequent (Fig. 6L). Herbs were dominated by Marantaceae (especially the genera *Calathea* and *Monotagma*) and Arecaceae (*Geonoma* and *Bactris*), and *Bactris bifida* was an especially common palm. The shrub strata was dominated by Myrtaceae, Euphorbiaceae, and Rubiaceae.

This was the only forest type where we found *Rapatea undulata* (Rapateaceae), a new record for the Peruvian flora (Fig. 6J). In the poor-soil hills a little below these terraces it was common to encounter stands of the tall, unbranched treelet *Conchocarpus toxicarius* (Rutaceae), as well as *Miconia* cf. *lepidota* (Melastomataceae), a treelet with reddish leaves and bark that flakes off in thin plates.

Upper Pleistocene terraces (~120,000 years old)
These forests grow on rolling hills with poor soils and a thick mat of roots and organic matter (2–5 cm). While younger than the terraces described above

(see the Landscape Processes chapter), these terraces had a tree community that was also dominated by the families Chrysobalanaceae and Lecythidaceae. Especially interesting species here included *Remijia pacimonica* (Fig. 6O) and *Pagamea plicata* (both Rubiaceae), known to be specialists in white-sand forests (Vicentini 2007, García-Villacorta et al. 2003).

A transect in this forest type on the southern bank of the Cotuhé River was dominated by *Mabea angularis* (Euphorbiaceae; Fig. 6N) and recorded various enormous individuals of the important timber tree *Cedrelinga cateniformis* (*tornillo*). This forest also had the highest stem density of any we studied, with 90 stems >5 cm dbh in 500 m². Euphorbiaceae, Annonaceae, and Violaceae (especially the genus *Rinorea*) were frequent in the understory. It was in this forest type that we made the first observation in Peru of the shrub *Diospyros micrantha* (Ebenaceae; Fig. 6N). In contrast to the Choro campsite, Marantaceae was not dominant in the understory, its place taken by Cyclanthaceae and Arecaceae. These forests included healthy populations of the palm *Attalea maripa* (*shapaja*), and scattered individuals of the giant herb *Phenakospermum guyannense* (*platanillo*, Strelitziaceae).

Hill forests on yellowish, moderately poor soils
These forests were very extensive at our study sites and generally located on gentle hills separated by narrow streams and low-lying areas. At the Alto Cotuhé campsite, an area of these hills was drained by streams with a bed of rounded quartz pebbles (Figs. 4F–G), and the rootballs of fallen trees showed the same pebbles mixed in with the clay soils: the legacy of some Pleistocene river and probably related to the Nauta 2 Formation (see the Landscape Processes chapter).

Euphorbiaceae was both common and diverse, probably due to its preference for these soils and to its explosively dispersed seeds. Important species included *Pseudosenefeldera inclinata*, *Pausandra* sp. nov. (see below), *Micrandra spruceana*, and *Mabea* spp. More than 20% of the stems in a transect in this forest type at the Alto Cotuhé campsite belonged to *P. inclinata*. The canopy tree *Clathrotropis macrocarpa* (Fabaceae) was one of the most characteristic trees here, but did not grow in dense stands as observed during the Maijuna rapid inventory (García-Villacorta et al. 2010). Other common species included *Qualea trichanthera* (Vochysiaceae), *Pourouma herrerensis* (Urticaceae), *Cyathea* sp. (Pteridophyta), *Vochysia stafleui* (Vochysiaceae), *V. biloba* (Vochysiaceae), *Virola loretensis* (Myristicaceae), and *Potalia coronata* (Gentianaceae). The understory was dominated by Marantaceae species and in some areas by stands of *Heliconia velutina* (Heliconiaceae).

A narrow strip along the Quebrada Lupuna at the Choro campsite also belonged to this forest type and was dominated by the following species: *Oenocarpus bataua* (Arecaceae), *Clathrotropis macrocarpa*, *Crepidospermum rhoifolium* (Burseraceae), *Brosimum utile* (Moraceae), *Conceveiba guianensis* (Euphorbiaceae), *Couma macrocarpa* (Apocynaceae), *Scleronema praecox* (Malvaceae), *Hevea brasiliensis* (Euphorbiaceae), and *Eschweilera coriacea* (Lecythidaceae). At the Cachimbo campsite we found this forest type on a high hill on the left bank of the Yaguas River, where the following species were common: *Clathrotropis macrocarpa*, *Oenocarpus bataua*, *Pouteria torta* var. *torta* (Sapotaceae), *Virola calophylla* var. *calophylloidea* (Myristicaceae), *Brosimum rubescens* (Moraceae), *Rinorea lindeniana* (Violaceae), and *Iryanthera macrophylla* (Myristicaceae).

Part of this forest type at the Alto Cotuhé campsite was dominated by large individuals of primary successional tree species like *Cecropia sciadophylla*, *Pourouma cecropiifolia*, *P. minor* (all Urticaceae), and *Vismia amazonica* (Hypericaceae). Judging by the size of these trees, we estimate that a large area of the original forest was destroyed by a windstorm 10–15 years earlier.

Hill forests on rich clay soils of the Pebas Formation
Upland forests associated with the Pebas Formation had a distinct floristic composition and a more diverse flora than all other forest types studied during the inventory. The terrain was gently rolling and dissected by narrow streams, these usually with quartz pebbles, and *Calathea* and *Monotagma* (Marantaceae) herbs were common in the understory. These forests were observed close to a mineral lick (*collpa*) at the Choro campsite, and on high hills bordering the Yaguas River near the Cachimbo campsite.

In contrast to the other forest types visited during the inventory, it was difficult to decide whether any one tree species was dominant in these forests. Myristicaceae was one of the most important families, with various species of *Iryanthera* and *Virola* and large individuals of *Otoba glycycarpa*, a rich-soil indicator (Ruokolainen and Tuomisto 1998). Other trees found here included *Pseudolmedia laevis* (Moraceae), *Warszewiczia coccinea* (Rubiaceae), *Astrocaryum murumuru* (Arecaceae), *Iriartea deltoidea* (Arecaceae), *Turpinia occidentalis* (Staphyleaceae), *Brownea grandiceps* (Fabaceae), *Jacaratia digitata* (Caricaceae), *Apeiba tibourbou* (Malvaceae), *Matisia obliquifolia* (Malvaceae), *Capirona decorticans* (Rubiaceae), *Calycophyllum megistocaulum* (Rubiaceae), *Guarea kunthiana* (Meliaceae), *Nealchornea yapurensis* (Euphorbiaceae), *Sapium marmieri* (Euphorbiaceae), and *Crepidospermum rhoifolium* (Burseraceae). The patch of rich-soil forest on the banks of the Yaguas River had two striking features: the great abundance of the cycad *Zamia* aff. *hymenophyllidia* (Zamiaceae, Fig. 6H) in the understory, and the large number of emergent *Ficus insipida* (Moraceae) trees. If the cycad is found to be just a variant of *Z. hymenophyllidia*, this will be the fourth and largest population known for the species, which is considered critically endangered by the IUCN (IUCN 2010).

Hill forests on poor clay soils dominated by Lepidocaryum tenue
These forests were extensive on the lower Yaguas River, near the Cachimbo camp, where they grew on an old floodplain that probably dates to the upper Pleistocene (~120,000 years old). Soils are clayey and silty with a dense root mat up to 5 cm thick. The small understory palm *L. tenue* (irapay) grows in dense stands of up to 3 m tall. A transect in these forests recorded various tree species related to poor soils, among them various species of *Sloanea* (Elaeocarpaceae), *Eschweilera* (Lecythidaceae), *Tovomita* (Clusiaceae), and *Guarea* (Meliaceae), as well as *Micrandra spruceana* (Euphorbiaceae), *Anisophyllea guianensis* (Anisophylleaceae), and *Oenocarpus bataua* (Arecaceae). Small *Bactris* palms were frequent in the understory, together with various shrubby *Miconia* (Melastomataceae) and Rubiaceae.

Stream and lakeside forests

These forests were studied along the dry riverbed of the Quebrada Cachimbo and on other tributaries of the lower Yaguas. They showed very consistent vegetation, including *Macrolobium acaciifolium* and *Campsiandra angustifolia* (Fabaceae), *Annona hypoglauca* and *Duguetia* sp. (Annonaceae), *Buchenavia oxycarpa* (Combretaceae), *Eschweilera albiflora* (Lecythidaceae), *Bactris riparia* (Arecaceae), *Triplaris americana* (Polygonaceae), *Tococa coronata* (Melastomataceae) and various species of epiphytic bromeliads.

These same species are common around the large oxbow lakes on the lower Yaguas, together with the trees *Couepia chrysocalyx* (Chrysobalanaceae), *Nectandra* sp. (Lauraceae), *Combretum laxum* (Combretaceae), and the first record for Peru of *Vochysia floribunda* (Vochysiaceae), which specializes in blackwater-influenced flooded forests. In frequently flooded areas common herbs included *Lindernia crustacea* (Scrophulariaceae), *Rhynchospora* and *Fimbristylis* (Cyperaceae), and other semi-woody plants of the genus *Ludwigia* (Onagraceae).

Floodplain forests on flat terrain

This forest type was distributed along the Cotuhé River and at the confluence of the Quebrada Cachimbo and the Yaguas River. The floodplain forests of the Cotuhé are representative of these habitats in both watersheds. In a transect there, Annonaceae was the most diverse family and the most frequent tree species were *Ceiba pentandra* (Malvaceae), *Hura crepitans* (Euphorbiaceae), *Socratea exorrhiza* (Arecaceae), *Parkia igneiflora* (Fabaceae), and *Parkia velutina* (Fabaceae). These forests have wet leaf litter. In poorly drained floodplain sites at the Choro and Alto Cotuhé campsites, an unidentified Rubiaceae tree with prominent stilt roots was common.

The floodplain forests on flat terrain on the lower Yaguas were well-developed and dominated by the trees *Virola elongata* (Myristicaceae), *Vochysia lomatophylla* (Vochysiaceae), *Garcinia madruno* (Clusiaceae), *Sterculia colombiana* (Malvaceae), *Buchenavia amazonia* (Combretaceae), *Simarouba amara* (Simaroubaceae), *Oenocarpus mapora* (Arecaceae), *Euterpe precatoria* (Arecaceae), and *Himatanthus sucuuba* (Apocynaceae). The fern *Didymochlaena truncatula* and terrestrial filmy ferns of the genus *Trichomanes* were common in the understory; Commelinaceae, Cyclanthaceae, and Cyperaceae were less frequent understory elements.

Floodplain forests on uneven terrain

We only saw this forest type at the Cachimbo campsite, where the Quebrada Cachimbo reoccupies an old channel in high-water events (see the Landscape Processes chapter). In flooded periods, running water accumulates earth and organic material around the roots of trees and shrubs, forming fields of small hummocks separated by a network of channels and giving the terrain an uneven aspect in dry periods. The tree community here was not well-developed, but it was possible to find *Coussapoa trinervia* (Urticaceae), *Micrandra spruceana* and *Mabea nitida* (Euphorbiaceae), as well as *Ficus guianensis* (Moraceae) and various species of Annonaceae. Ferns in the genera *Adiantum*, *Lindsaea*, and *Trichomanes* were common in the understory, and in some areas there were stands of *Heliconia juruana* (Heliconiaceae), *Cyclanthus bipartitus* (Cyclanthaceae), and various shrubby Rubiaceae species.

Forests on headwater floodplains

This forest type was located along smaller streams and tributaries of the Quebrada Lobo near the Choro campsite, in the headwaters of the Yaguas. Since these streams only flood for short periods, the floristic composition of the associated forests is a mix of upland and floodplain species. For example, various palms that are usually found in the uplands were present on the Quebrada Lobo floodplain, like *Oenocarpus bataua*, *Iriartea deltoidea*, and *Astrocaryum murumuru*. Species more typical of Loreto floodplains were also present: *Simarouba amara* (Simaroubaceae), *Euterpe precatoria* and *Attalea insignis* (Arecaceae), and *Hymenaea* cf. *oblongifolia* and *Parkia nitida* (Fabaceae). In poorly drained areas the unidentified Rubiaceae tree with stilt roots mentioned above was common, together with *Piper* sp. (Piperaceae) and a low tree in the genus *Neea* (Nyctaginaceae).

On the Quebrada Lobo floodplain we also found an open, treeless, 0.25-ha field of giant herbs in the genera *Renealmia* (Zingiberaceae), *Heliconia* (Heliconiaceae), and *Calathea* (Marantaceae). The forest around this field was a well-drained floodplain with no evidence of prior human disturbance and many tall individuals of the palm *Euterpe precatoria*. This was the only such area seen during the overflights of the region, and its origin remains a mystery.

Palm swamps with Mauritia flexuosa

Around the campsites we visited were various swamp forests dominated by *M. flexuosa* and other palms. While these are commonly grouped in Peru under the single name *aguajal*, the associated plant communities have exceptionally heterogeneous floristic composition and *M. flexuosa* abundances, even within a small area. For example, close to the Alto Cotuhé campsite we visited two swamps measuring various hectares: one in which *M. flexuosa* was dominant and the other in which *M. flexuosa* was practically absent. In the second swamp the palm *Socratea exorrhiza* was so common that its long, spiny stilt roots made walking difficult. Given that the first swamp was located on the northern bank of the Cotuhé (where soils are more fertile) and the second on the southern bank (where soils are poorer), this could be another indication of the marked geological differences between those two banks (see the Landscape Processes chapter).

This variability among swamps was especially obvious during overflights of the region. In large swathes of the floodplains of the lower Yaguas and its tributaries, for example, we observed swamps in which the woody vegetation was no more than 5 m tall and the only tall trees were scattered individuals of *M. flexuosa*. Some of those swamps are undoubtedly similar in character to the *chamizales* described in the next section, but others likely harbor vegetation that we did not study in the field. This was the case of the treeless swamps that we saw from the helicopter, where the low and apparently herbaceous vegetation gave the landscape a savanna-like aspect (Fig. 4A). What makes this variability in the Yaguas floodplain so fascinating is that several of these different swamp types often grow next to each other in the same region, in a patchwork of swamps dotted with small bodies of water and occasionally bounded by thin strips of well-drained forest. These habitats definitely deserve more study.

In the meantime, in this chapter we recognize two types of palm swamp forest dominated by *M. flexuosa*: those located on floodplains and those located in the uplands. Both of the types we saw lacked a consistent dominance by *M. flexuosa*, and other occasionally common trees there included the palms *Socratea exorrhiza* and *Euterpe precatoria*, *Symphonia globulifera* (Clusiaceae), *Sterculia colombiana* and *Pachira aquatica* (Malvaceae), *Virola pavonis* and *Virola minutiflora* (Myristicaceae), *Cespedesia spathulata* (Ochnaceae), *Coccoloba densifrons* (Polygonaceae), and *Caraipa* sp. (Calophyllaceae). The understory was dominated by heliconias and a great variety of Marantaceae (especially *Calathea* and *Monotagma*), *Rapatea ulei* (Rapateaceae), *Rhynchospora* (Cyperaceae), and *Pontederia rotundifolia* (Pontederiaceae), as well as various shrubby species of Rubiaceae.

Upland palm swamps occurred at all campsites in poorly-drained low-lying areas between hills, where they are visible in Landsat TM images as reddish blotches between hills and along the smaller streams (Fig. 2A). The composition of upland palm swamps was similar to that of their floodplain counterparts.

Dwarf forests growing on peat without white sands

Chamizales are dwarf forests 5–10 m tall with a high density of slender treelets which grow in the poorly drained margins of the white sand deposits near Iquitos, on top of a layer of organic matter that is sometimes several meters thick (Encarnación 1985, García-Villacorta et al. 2003). At the edges of the terraces and hills with moderately poor soils in the floodplain of the lower Yaguas, we found forests that were very similar in composition and structure growing on abundant organic material (peat). While there was no white sand in the area, species typical of white-sand forests of Iquitos were present, including *Byrsonima stipulina* (Malpighiaceae), *Tococa bullifera* (Melastomataceae), *Graffenrieda limbata* (Melastomataceae), *Mauritiella aculeata* (Arecaceae), *Macrolobium limbatum* var. *limbatum*

(Fabaceae), and *Doliocarpus dentatus* (Dilleniaceae). Dominant species in the understory included *Rapatea ulei* (Rapateaceae) and a purple-leaved species in the genus *Fimbristylis* (Cyperaceae). Scattered adult *M. flexuosa* were present but never dominant.

Economically valuable species

These two watersheds are rich in useful species like *L. tenue* (*irapay*, Arecaceae), which is commonly used for roofing. Other common species in the hilly uplands were the palms *Oenocarpus bataua*, *Attalea insignis*, *A. microcarpa*, and *A. maripa*. In the floodplains we found healthy populations of *Ceiba pentandra* (*lupuna*, Malvaceae), *Lacmellea peruviana* (*chicle huayo*, Apocynaceae), *Couma macrocarpa* (*leche huayo*, Apocynaceae), *Hura crepitans* (*catahua*, Euphorbiaceae), *Eschweilera* spp. (*machimango*, Lecythidaceae), *Simarouba amara* (*marupá*, Simaroubaceae), *Garcinia macrophylla* (*charichuelo*, Clusiaceae), and *Parkia nitida* (*pashaco*, Fabaceae).

We also found large populations of *Heteropsis* spp. (*tamshi*, Araceae), used in house-building, and *Zamia* aff. *hymenophyllidia* and *Z. ulei* (Zamiaceae), threatened ornamental species whose trade is regulated by the CITES Convention (Appendix II). We did not find large populations of *Cedrela odorata* (tropical cedar, Meliaceae), but in the older, poor-soil terraces we found the timber tree *Cedrelinga cateniformis* (*tornillo*, Fabaceae).

New species

We found ten species of herbs, shrubs, and treelets that appear to be new to science:

Aphelandra sp. nov. 1 (Acanthaceae). This 1-m tall terrestrial herb with cream-white flowers and yellow bracts was collected at the Choro campsite in floodplain forest in the headwaters of the Yaguas River. Col. no. IH 14078, Fig. 6C.

Aphelandra sp. nov. 2 (Acanthaceae). This 2–3 m shrub with bright purple flowers, red bracts, and purple-white corolla apex was collected at the Alto Cotuhé campsite in floodplain forest on uneven terrain. Col. no. IH 14380, 14517, Fig. 6D.

Calathea sp. nov. (Marantaceae). This 40-cm high terrestrial herb with brown fruits, white lines on the green leaf lamina, and pubescent purple underside was collected in floodplain forests on even terrain at the Choro campsite. Col. no. IH 14258, Fig. 6A.

Calyptranthes sp. nov. (Myrtaceae). This treelet, collected at the Choro campsite, has rust-colored hairs on the twigs and medium-sized leaves with a pale undersurface. Photographic voucher.

Carpotroche sp. nov. (Achariaceae). This tree, up to 6 m tall, was collected in hill forests on moderately poor clay soils. It has globose, bullate, cream-colored fruits at the tips of the branches. Col. no. IH 14069, 14493, Fig. 6B.

Cyclanthus sp. nov. (Cyclanthaceae). This entire-leaved terrestrial herb has been sighted in various rapid inventories in Loreto (e.g., Vriesendorp et al. 2004). Photographic voucher.

Eugenia sp. nov. (Myrtaceae). This treelet, collected at the Choro campsite, has medium-sized leaves with a pale undersurface. Photographic voucher.

Gesneriaceae sp. nov. This terrestrial herb to 40 cm was collected in the floodplain forests around the Choro campsite. Its cream-white flowers are almost completely surrounded by the well-developed calyx. Col. no. IH 14299, Fig. 6E.

Palmorchis sp. nov. (Orchidaceae). This terrestrial herb to 1 m was collected on the rich, Pebas Formation-derived soils on the hills surrounding the Choro campsite. It has yellow-cream sepals and petals, and an abundantly fringed labellum decorated with purple lines. Photographic voucher (Fig. 6F).

Pausandra sp. nov. (Euphorbiaceae). This treelet, measuring 3–5 m tall, was collected in the hill forests of the Alto Cotuhé campsite. It is distinguished by domatia formed by the bracts, trichomes at the tips of the branches, and red latex. It is currently in the process of being described (K. Wurdack, pers. com.). Col. no. IH 14392, Fig. 6G.

New records for Peru

We recorded seven species which are new records for the flora of Peru:

Astrocaryum ciliatum (Arecaceae). Our collection of this trunkless palm ~5 m tall with ciliate fruits extends its range from the extreme south of Caquetá, Colombia. The species was recorded but not vouchered in the rapid inventory of Maijuna territory (García-Villacorta et al. 2010). Col. no. IH 14700, Fig. 6L.

Diospyros micrantha (Ebenaceae). This ~1.5 m treelet, collected in the high clay hills of the Alto Cotuhé campsite, is distinguished from other species in the genus by the red fine-puberulous trichomes on the branches, leaves, and calyx. Col. no. IH 14371, Fig. 6N.

Eugenia anastomosans (Myrtaceae). This treelet, collected at the Choro campsite, has a ramiflorous inflorescence and is widely distributed in upper Amazonia. Photographic voucher.

Rapatea undulata (Rapateaceae). This terrestrial herb, measuring 40 cm high and with corrugated leaves, was collected on the high, early Pleistocene terraces. It is distinguished by brown-red mucilaginous flowers and fruits, and brown to pink veins on the undersides of the leaves. This species was previously only known from Brazil, but has been recorded in sterile condition on previous rapid inventories in Loreto (e.g., Vriesendorp et al. 2004). Col. no. IH. 14126. Fig. 6J.

Tachigali vaupesiana (Fabaceae). This large tree was recorded in the hill forests of the Alto Cotuhé campsite. Distinguished by the golden undersides of the leaflets and small domatia at the base of the petiole, the species was previously known only from Brazil and Colombia. Photograph only.

Vochysia floribunda (Vochysiaceae). This species, a characteristic tree of flooded forests around lakes and streams, was previously known only from Brazil. It has showy and fragrant yellow flowers. Col. no. IH 14801.

Vochysia inundata (Vochysiaceae). This tree to 20 m was previously known only from flooded and upland forests in Brazil. We collected it in floodplain forests on both flat and uneven terrain. Col. no. IH 14359.

DISCUSSION

The striking diversity of forests found in these two watersheds reflects the complex geology of the region, which includes formations of different ages and origins, and impressive variation in soil fertility, drainage, and flooding intensity (see the Landscape Processes chapter). The composition of these forests is typical of Loreto, and especially similar to other forests studied to date in the northern and eastern portions of the department (INADE and PEDICP 2002, Vriesendorp et al. 2004, García-Villacorta et al. 2010). Among the few Loreto forest types that do not appear to occur in the Yaguas-Cotuhé region are: 1) forests growing on white sands (*varillales*, protected in the Allpahuayo-Mishana National Reserve; García-Villacorta et al. 2003); 2) forests on sandy-loam soils, more common in southern Loreto, in Jenaro Herrera and the Yavarí basin (partially protected in the Tamshiyacu-Tahuayo Regional Conservation Area and the Matsés National Reserve; Honorio et al. 2008, Álvarez et al. 2010); and 3) nearly monodominant swamps of *M. flexuosa* (protected in the Pacaya-Samiria National Reserve; Kvist and Nebel 2001).

Upland forests on rich soils of the Pebas Formation

The most diverse forests we encountered grew on these fertile and well-drained upland soils, with characteristic species such as *Iriartea deltoidea* and *Astrocaryum murumuru* (Arecaceae), *Pourouma bicolor* (Urticaceae), *Brownea grandiceps* (Fabaceae), *Apeiba membranacea* and *Sterculia tessmannii* (Malvaceae), *Caryodendron orinocense* and *Nealchornea yapurensis* (Euphorbiaceae), and *Otoba glycycarpa* and *Otoba parvifolia* (Myristicaceae). These species have also been reported as dominant in other Amazonian regions with rich soils, like Madre de Dios, Peru, and Yasuní, Ecuador (Gentry 1988a, b; Pitman et al. 1999, 2001, 2008).

A study of the region's geology carried out by the Special Binational Project for the Integrated Development of the Putumayo Watershed (PEDICP; see the Landscape Processes chapter) estimated that a large proportion of the upland vegetation in the Yaguas and Cotuhé watersheds is underlain by geological deposits of the Pebas Formation, which are rich in nutrients (INADE and PEDICP 2002). During the inventory we only encountered two places with a typically rich-soil flora (one at the Choro campsite and one at Cachimbo; a third outcrop of the Pebas Formation was observed by Robert Stallard at the Alto Cotuhé campsite but not studied by the botanical team). One explanation for the few areas we found with Pebas Formation-derived soils is that they were simply not present on the trails we explored. An alternative explanation is that Pebas Formation-derived soils could have been buried underneath reworked Nauta Formation-derived soils, as has been observed in sites near Iquitos (Räsänen et al. 1998; see the Landscape Processes chapter). If that is the case, then the flora found on moderately poor soils in the inventory might be broadly representative of these watersheds. A more complete floristic evaluation of the region, especially in places where Pebas outcrops are believed to occur, is required before we can determine how closely our results agree with those of PEDICP's geological map (INADE and PEDICP 2002).

Forests on lower Pleistocene terraces (~2 million years old)

These ancient forests occur on the highest and least eroded portions of the landscape, in the headwaters that divide adjacent watersheds. They harbor a community of plants (and animals) associated with poor clay soils, and together form an extensive archipelago of habitat that could potentially maintain a connection via dispersal with similar areas in Loreto and Colombia. Topographic maps of northern Loreto indicate that these high terraces extend patchily westward, through Maijuna territory (García-Villacorta et al. 2010) to the Güeppí Reserved Zone (Alverson et al. 2008), thereby forming a large corridor of very old soils that are unique in this part of the Amazon basin. These biological communities remain poorly studied in Peru, which is partly responsible for their inadequate representation in existing protected areas.

Dwarf forests on peat deposits without white sands

Until this inventory, *chamizal* forests were only known from places where they were associated with poorly-drained sectors of white-sand forests (known as *varillales* in Peru and *campinarana* or *caatinga amazonica* in

Brazil). Both in the old floodplain of the Nanay River near Iquitos (Maki and Kalliola 1998) and in the lower Yaguas (Fig. 2A), these dwarf forests appear as dark patches in Landsat images. Floristic studies in these white-sand-associated *chamizales* show them to be dominated by a handful of species present in *varillales* across Loreto (García-Villacorta et al. 2003, Fine et al. 2010). Several of those species were also present in the Yaguas *chamizales*: *Loreya umbellata* (Melastomataceae), *Macrolobium limbatum* var. *limbatum* (Fabaceae), and *Mauritiella aculeata* (Arecaceae).

The discovery of *chamizales* associated with old terraces of poor-soil clay in the Yaguas floodplain augments our understanding of these unique forests, while raising new questions about how they form. Given that there are no white-sand forests in the Yaguas region, our hypothesis is that the chamizales there were formed following the deposition of peat in a swampy area that received rainwater from the adjacent poor-soil *irapayal* forests. Thus, one requirement for the formation of *chamizales* on peat (ombrotrophic swamps) is a close proximity to old, low-nutrient soils (like those underlying the *irapayales*). Together with rainfall, these poor soils saturate the peat deposits with water that is very poor in salts and minerals, thereby establishing the conditions necessary for the formation and maintenance of *chamizales*. Nutrient input in these ombrotrophic swamps is mostly restricted to rainfall, unlike the case of minerotrophic swamps which receive nutrient inputs from seasonal river flooding.

The occurrence of these poor-soil species in the Yaguas River *chamizales* extends their distributional range and improves our understanding of how these patchy plant and animal communities are maintained over long time periods. A more in-depth study of how the ombrotrophic swamp *chamizales* in the Yaguas watershed are connected to the forests growing on the lower Pleistocene poor-soil terraces and to white-sand forests (*varillales*) in Loreto is required to understand the origin and maintenance of these ecosystems. In the meantime, it is worth emphasizing that the peatland *chamizales* found on this inventory are fragile ecosystems. As with minerotrophic swamps, these peatlands may represent an important sink for atmospheric carbon and thus provide an invaluable environmental service at the global scale (Lähteenoja and Roucoux 2010, Lähteenoja et al. 2009a, b). They merit strict protection.

Comparison with other Amazonian forests

Colombia's Amacayacu National Park, located 66 air km east of our campsite on the Cotuhé River and covering 293,500 ha, has been the focus of several plant studies over the last 20 years (e.g., Rudas and Prieto 2005, Duque et al. 2009, Barreto Silva et al. 2010, Peña et al. 2010, Cárdenas-López et al. [in press]). In rich upland soils in the southernmost portion of the park (and in the watershed of the Amazon River itself), researchers have established a permanent 25-ha tree plot to study the woody flora. The proximity and similarity of the geological formations in Amacayacu (Rudas and Prieto 2005) with those in our study region (see the Landscape Processes chapter) lead one to expect similar plant communities.

While the information we have on the vegetation of the Yaguas-Cotuhé region remains limited, a quick comparison of the dominant species there with those in Amacayacu suggest that the forests we visited on rich, Pebas Formation-derived upland soils (especially hill forests at the Choro campsite) are similar to those in the Amacayacu permanent plot, located on the same geological formation (Barreto Silva et al. 2010, Peña et al. 2010). Myristicaeae, Moraceae, and Lecythidaceae are leading canopy tree families in both forests, and common, typically rich-soil species at both sites include *Otoba parvifolia* (Myristicaceae), *Astrocaryum murumuru* (Arecaceae), *Nealchornea yapurensis* (Euphorbiaceae), *Eschweilera coriacea* (Lecythidaceae), and *Iriartea deltoidea* (Arecaceae).

However, forests in the northern portion of Amacayacu National Park (those in the Cotuhé drainage) are more closely associated with the hill forests we visited on moderately poor soils, with which they share various species typical of poor soils, like *Pseudolmedia laevigata* and *P. laevis* (Moraceae), *Oenocarpus bataua* (Arecaceae), *Iryanthera ulei* and *Virola calophylla* (Myristicaceae), *Clathrotropis macrocarpa* (Fabaceae), and *Eschweilera coriacea* (Lecythidaceae). This group of species, and especially *C. macrocarpa*, has been reported as common in the uplands at several sites in the Colombian and Brazilian Amazon, as well as in northern Peru and on the Guyana Shield (Duque et al. 2009, Pitman et al. 2008).

Our inventory was not thorough enough to determine which of these forests (those of rich or poor soils) covers more area in the Yaguas-Cotuhé region. Much more poor-soil forest was observed in the four sites visited to date, a result which suggests a greater affinity with the northern portion of Amacayacu.

RECOMMENDATIONS FOR CONSERVATION

Management and monitoring

- Implement a program to promote the recovery of timber species like tropical cedar (*Cedrela odorata*, Meliaceae), which have been overharvested in the region. The program should make use of locally obtained seedlings in order to avoid introducing exotic genetic material into local populations.

- Involve local populations in the development and implementation of programs to ensure sustainable harvests of timber in the region, with the aim of reducing illegal logging.

- Implement a program to manage and monitor populations of widely-used non-timber species in the region, like *Lepidocaryum tenue* (*irapay*), *Heteropsis* spp. (*tamshi*), and *Attalea insignis* (*shapaja*), in order to guarantee the long-term availability of these resources.

Research

- Carry out detailed studies of the dwarf *chamizal* forests associated with ombrotrophic peat swamps, in order to clarify their origin, stability, and nutrient dynamics.

- Study the peat deposits in order to quantify peat accumulation rates and total carbon stocks. Another priority is to determine the distribution and extent of peat deposits in the region, given the valuable ecological services that these ecosystems provide and their potential impact on global warming.

- Study the vegetation of the lower Cotuhé River and the vegetation near the mouth of the Yaguas

River, important sites which were not visited during this inventory.

- Research in greater detail the flora associated with rich, Pebas Formation-derived soils, which occupy a large portion of geological maps of the region.

- Study the flora of the high, ancient terraces of the lower Pleistocene (~2 million years old) which occupy the northern headwaters of the Yaguas. Old terraces with a somewhat similar vegetation were visited during the rapid inventory of Maijuna territory (García-Villacorta et al. 2010). Determining to what extent these forests form an archipelago of poor-soil habitat in the highest, oldest areas of the Napo-Amazon-Putumayo landscape is a high priority.

- Focus additional inventories on taxonomic groups that we were not able to sample well during our inventory (e.g., large trees and lianas), as well as poorly studied habitats (e.g., swamps with savanna-like vegetation) and carry out inventories in other seasons (especially January–July).

- Make a detailed comparison of the forest types found in our inventories and those mapped by INADE and PEDICP (2002) in order to update the map of vegetation in these watersheds.

FISHES

Authors: Max H. Hidalgo and Armando Ortega-Lara

Conservation targets: Two of the most commercially valuable fish species in the Putumayo River, both of them seriously threatened: *Osteoglossum bicirrhosum* (silver arawana), the most valuable ornamental fish in Peru, and *Arapaima gigas* (arapaima), an important food fish; the stingrays *Paratrygon aiereba* and *Potamotrygon* spp. (and other Potamotrygonidae species potentially present in the region), which are in the process of being classified as threatened by the IUCN; commercially valuable migratory species like the catfish *Pseudoplatystoma punctifer* and *Brachyplatystoma vaillantii*; striking, probably undescribed species in the genera *Ituglanis*, *Centromochlus*, *Mastiglanis*, *Batrochoglanis*, and *Ancistrus*; creeks with specialized fish communities including *Hemigrammus* spp., *Knodus* spp., *Rivulus* spp., and species with ornamental potential like *Gymnotus* spp., *Ancistrus* spp., *Apistogramma* spp., *Bujurquina* spp., and *Corydoras* spp.; the entire watershed of the Yaguas River and the headwaters of the Cotuhé River, which likely include spawning sites for both local and migratory species

INTRODUCTION

The Yaguas and Cotuhé rivers are born in the broad expanse of lowland forest between the Putumayo and Amazon rivers, in Plio-Pleistocene terraces far from the Andean range, and flow eastwards into the Putumayo River. The geologically and topographically diverse landscapes of these two watersheds (see the Landscape Processes chapter) harbor a rich assortment of aquatic habitats, including streams, rivers, lakes, and subterranean tunnels. Remote and difficult to access, these drainages have remained isolated and relatively untouched and lack both large settlements and large-scale immigration. As a result, these rivers remain free of human impacts and have maintained ideal conditions for a diverse aquatic animal community.

The fish communities of these drainages, however, remain almost completely unknown. Until our visit, the only information available was a study of the fisheries (food and ornamental species) in the Putumayo and the lower portions of some of its tributaries (Agudelo et al. 2006) and data collected at a site on the Yaguas River during the 2003 Ampiyacu-Apayacu-Yaguas-Medio Putumayo (AAYMP) rapid inventory (Hidalgo and Olivera 2004).

Our study complements this existing information with new data from previously unstudied sites. Our aims were to determine the species composition of the fish communities of the Yaguas and Cotuhé rivers and to assess their conservation value.

METHODS

Field work

Over 14 days in October 2010 we inventoried fish communities in several aquatic habitats at the three campsites visited during the Yaguas-Cotuhé rapid inventory (see the Regional Overview and Sites Visited chapter). While this chapter focuses on that field work, our analysis of fish diversity in these watersheds also includes data from the Yaguas campsite visited during the 2003 rapid inventory. A detailed description of the habitats at that site is given by Hidalgo and Olivera (2004).

We collected fish at 23 formal sampling stations (i.e., sites where we made intensive, thorough collections) and a handful of other sites where we made sporadic or less-intensive collections (e.g., subterranean tunnels). The sampling stations ranged from the headwaters of the Yaguas and Cotuhé (ca. 160 m) to the lower floodplain of the Yaguas River (67 m; see the Regional Overview and Sites Visited chapter). For the Choro and Alto Cotuhé campsites we used the trail system to access aquatic habitats, while at the Cachimbo campsite we used a motorboat to find suitable sites on the Yaguas River and to access the largest nearby lakes. We sampled both during the day and at night.

We observed great variation in conditions between habitats, with water conductivity and temperature ranging from high to low, and current speed typically decreasing with absolute elevation (see Appendix 1). Likewise, aquatic environments tended to be smaller in the headwaters and larger in the downriver floodplains. We worked in several different kinds of aquatic ecosystems, ranging from first- and second-order streams <2 m wide (10 sites sampled), larger streams and rivers (7), temporary floodplain lakes (1), oxbow lakes (3), swamps dominated by the palm *Mauritia flexuosa* (1), and streams flowing through underground tunnels (1).

Clearwater habitats (13) were more common than blackwater-influenced (4) or whitewater (6) ones, lotic environments (18) outnumbered lentic (5) ones, and slow currents (12) were more common than still water (4) or moderate currents (7). A roughly equal number of sites had silty-sandy substrates (13) or sandy substrates with fine gravel (10; Appendix 3). When we include data reported for the upper Yaguas site by Hidalgo and Olivera (2004), the number of sampling sites for the Yaguas and Cotuhé watersheds totals 32.

Specimen collection and analysis

Most fish were collected with two dragnets: one measuring 10 x 2 m with a 6-mm mesh and the other measuring 4 x 1.5 m with a 5-mm mesh. We made from 5 to 25 sweeps at each sampling station, depending on local conditions and the accumulation of new species. When additional sweeps at a site no longer resulted in new species, sampling was concluded and the sample considered representative.

To capture larger species in larger streams and rivers, we used a gill net measuring 7 x 2.5 m with a 5-cm mesh and handlines with hooks of various sizes baited with earthworms, grubs, and fish. In small streams we also used a handnet and manually searched hollow submerged logs. In the clearest habitats (e.g., the Quebrada Lupuna), we used a mask and snorkel to visually record some species that we did not capture. Finally, we sometimes used an 8-kg circular cast net called an *atarraya*. This was used sparsely in the Cotuhé, where the abundant submerged trunks made it difficult to use, but frequently in the oxbow lakes on the Yaguas floodplain.

Specimens were preserved in 10% formol for ~24 hours and then stored in gauze soaked in 70% alcohol. We identified most specimens to species level in the field, with the help of books on fish of the Colombian Amazon and Orinoco (Galvis et al. 2005), checklists of fish species from the Colombian-Peruvian sector of the Putumayo (Ortega et al. 2006), and our knowledge of the regional ichthyofauna. Species not identified to species but sorted to morphospecies (e.g., *Hemigrammus* sp. 1, *Hemigrammus* sp. 2) were photographed to facilitate later identification in Iquitos, with the help of specialists and the taxonomic literature. This methodology is similar to that used on other rapid inventories in northern Peru, including the AAYMP (Hidalgo and Olivera 2004) and Maijuna regions (Hidalgo and Sipión 2010). All specimens were deposited in the collections of the Ichthyology Department at the UNMSM Natural History Museum in Lima.

RESULTS

Species richness and composition

We recorded 294 fish species during the 2010 rapid inventory. Adding the 2003 rapid inventory data (Hidalgo and Olivera 2004) brings the total number of fish species currently known from the Yaguas and the Peruvian Cotuhé to 337. These species belong to 11 orders, 39 families, and 166 genera (Appendix 4), and are dominated by the superorder Ostariophysi (i.e., fishes possessing the Weberian apparatus, a bony adaptation unique among vertebrates which captures and produces sound). Eighty-seven percent of all species belong to just three orders: Characiformes (scaled fish with spineless fins, 181 species and 54% of the total), Siluriformes (armored and naked catfish, 88 species, 26%), and Gymnotiformes (electric fishes, 23 species, 7%).

Fish of marine origin were represented by the orders Perciformes (fish with spiny fins, 28 species, 8%), Myliobatiformes (freshwater stingrays, five species), and Beloniformes and Clupeiformes, with three species each. The rarest orders were Cyprinodontiformes (toothcarps), Osteoglossiformes (silver arawana and arapaima) and Synbranchiformes (swamp eels), with two species each.

As expected for the Peruvian Amazon, most of the high species diversity in the Yaguas and Cotuhé rivers is concentrated in the orders Characiformes and Siluriformes, which accounted for 80% of the 337 species. The most diverse family was Characidae, whose 120 species (36% of the total) include small *mojarra* fish in the genera *Hemigrammus*, *Knodus*, *Moenkhausia*, and *Hyphessobrycon*, piranhas in the genus *Serrasalmus*, and fish in the genera *Mylossoma* and *Brycon*.

Most Characidae species are small (<10 cm in length), and this is the case of the *mojarra* genera mentioned above. Together, those genera comprised most of the collections made during the 2010 inventory (74% of the 7,400 specimens). The largest characids we recorded

were *sábalos* and piranhas (15–30 cm), important food fish for local communities, which were most common in larger streams like the Lupuna and Lobo as well as in the Cotuhé, Yaguas, and large oxbow lakes.

Among the catfish (Siluriformes) recorded, the most diverse were *carachamas* or *cuchas* in the Loricariidae family (27 species and 8% of the total). While this is a high number, we probably would have registered more with more sampling effort in the Yaguas (primarily) and Cotuhé. Most of the Loricariidae species we recorded were small (<15 cm long). The most diverse genus, including a probably undescribed species, was *Ancistrus*. The largest species of *carachamas* we saw during the inventory were two species of *Glyptoperichthys* recorded in the Yaguas oxbow lakes. Armored catfish (flat, elongated *carachamas*) were also diverse (10 species) and abundant, with *Sturisoma nigrirostrum* especially common near sandy beaches in the Yaguas.

The second most diverse family was Pimelodidae, which includes large migratory catfish. We recorded 13 species of long-whiskered catfish, ranging from fish <60 cm long in the genera *Calophysus*, *Cheirocerus*, *Leiarius*, *Hemisorubim*, *Megalonema*, and *Pimelodus* to large catfish that can grow to lengths of 90–150 cm, like *Pseudoplatystoma punctifer* (locally known as *doncella*; Fig. 7F) and *Brachyplatystoma* cf. *vaillantii* (*manitoa*). Of these last two species, *P. punctifer* was more common and captured at all three campsites in the 2010 inventory. Our record of an individual measuring almost 80 cm long in the Quebrada Lobo at our Choro campsite is especially notable, since the Lobo is a small headwaters stream with greatly fluctuating water levels just 11 km from the highest point in the watershed. The presence of *Pseudoplatystoma punctifer* in this sector of the watershed suggests that there is sufficient food for large catfish in the headwaters, making them potential spawning sites.

Brachyplatystoma cf. *vaillanti* belongs to a group of large catfish that undertake the longest known migrations of any freshwater fish. We believe that other migrating species of *Brachyplatystoma* (e.g., those locally known as *saltón* and *dorado*) probably also occur in the Yaguas, despite the fact that they were not recorded during the inventory. These catfish spawn in the headwaters of the Amazon basin, from which the larvae travel downriver until reaching the estuary at the mouth of the Amazon. After feeding in the plankton- and nutrient-rich waters there, the juveniles return to the central Amazon, where they remain for some time before migrating once more to the spawning sites in the headwaters (Barthem and Goulding 1997). Given the high fish diversity (and thus abundant prey) and the presence of large catfish like *doncella* in the upper portions of the watersheds, it is very likely that the Yaguas and Cotuhé are important spawning sites for these fish.

The order Perciformes was also well represented in these watersheds, and its most diverse family was the cichlids (Cichlidae, 27 species). Most of the species recorded in this family belong to the genera *Apistogramma* and *Crenicichla*. *Apistogramma* are small species (<5 cm long), most of which are harvested for the ornamental fish trade. The genus *Crenicichla* includes medium-sized and large species (up to 25 cm long in this inventory), which are harvested both for food and as ornamentals. This family also includes the peacock bass (*Cichla monoculus*; Fig. 7U) and oscar (*Astronotus ocellatus*), commercially valuable food fish (*A. ocellatus* is also an ornamental) which we observed only in large oxbow lakes on the lower Yaguas.

Electric fish were also well-represented in these watersheds, with 23 species. The most diverse genera were *Gymnotus* (five species), *Brachyhypopomus* (4), and *Eigenmannia* (4). Very few of the electric fish species we recorded were observed in all three 2010 campsites. Electric fish were most diverse and most common in the Yaguas River (especially during nocturnal sampling). They were less common in the Cotuhé and much scarcer in the Yaguas headwaters. This pattern coincides with the gradient of water conductivity between the three campsites. Given that the sensitivity of these fishes' electric fields is higher in higher-conductivity water, there could be a direct relationship. We did not test that relationship statistically, and doing so remains a high priority for ecologists interested in these species.

Another striking result from these watersheds was the high diversity and abundance of stingrays, particularly in the Yaguas River. We recorded five of the eight freshwater stingrays known for Peru, including one of the largest species of the family, *Paratrygon aiereba* (Figs. 7H–L). This species was also the largest stingray we saw during the inventory: an adult with a disk measuring ~70-cm in diameter was caught and released in the Yaguas River. We recorded four species in the genus *Potamotrygon*, including the striking *P.* cf. *scobina*, a dark-colored stingray speckled with light-colored dots. This species is currently exported as an ornamental under the name *raya estrella*, despite lacking a clear species-level identification among the aquarium trade in Iquitos. (While this is commonplace in the ornamental fish industry, we call special attention to this case because stingray taxonomy is characterized by few valid names and several undescribed taxa.) The ecology of freshwater elasmobranchs in Peru has not been studied to date, despite the fact that the entire family Potamotrygonidae will soon be listed in CITES appendices to ensure that international trade does not undermine their conservation status (M. Hidalgo, pers. obs.; CITES 2010).

Both species-level and order-level diversity are very high in the Yaguas and Cotuhé drainages, especially considering their relatively small size. It is thus possible that other groups not recorded in these inventories but commonly found in other areas of Loreto are also present here. For example, we did not register the regionally common black prochilodus (*Prochilodus nigricans*) but did register other similar detritivore species (e.g., *Semaprochilodus* and all the species of Curimatidae).

Our checklist includes 67 fish species that are known to be harvested for food and ornamental use (Appendix 4). Of these, only silver arawana (*Osteoglossum bicirrhosum*; Figs. 7G, 11B) is harvested intensively in the Putumayo and lower Yaguas drainages (Agudelo et al. 2006; see the Communities Visited chapter).

Choro campsite

We identified 104 species at this site in the Yaguas headwaters. Characids were the most diverse family (45 species and 43% of the total), followed by cichlids (7), loricariids (7), crenuchids (6), and 21 other families each represented by 1–5 species. At this site we found fewer individuals than at the other two 2010 campsites (1,458 at Choro vs. >2,200 at Alto Cotuhé and Cachimbo). This could reflect the absence of large flooded areas at this site, lower nutrient availability in the water (inferred from the low conductivities), and the rapid fluctuation of water level and consequently shorter-lived flooded habitats.

Most fish species recorded at Choro were opportunistic omnivores, including small characids and some catfish, and there was a notable lack of large predators. Likewise, few detritivores were recorded at this site (mostly curimatids), which may reflect the local scarcity of both lentic environments (lakes, pools, swamps) and lotic environments with very slow currents and substrates of accumulated organic material.

The Quebrada Lupuna was one of the most interesting habitats sampled at this site, both because we collected the largest number of species there (47) and because it had a great variety of microhabitats (e.g., gravel-bedded rapids, submerged logs, small pools). These submerged logs harbored various catfish species, including three that are possibly new to science. Of these, *Batrochoglanis* sp. (Pseudopimelodidae) and *Microrhamdia* sp. (Heptapteridae) were not seen anywhere else during the inventories, while *Centromochlus* sp. (Auchenipteridae) was registered nowhere else except the Cotuhé.

Two other apparently undescribed species were also recorded at this site, and are potentially restricted to these headwaters: *Ituglanis* sp. nov. (Trichomycteridae, confirmed as new) and *Characidium* sp. 1 (Crenuchidae).

Alto Cotuhé campsite

Our sampling at this site in the headwaters of the Cotuhé River revealed 123 species. As at Choro, the most diverse family was Characidae (48 species and 39% of all species, slightly more species than at Choro but a lower proportion of the total). As at Choro, cichlids and loricariids were the next-richest families, both with 11 species. The remaining 22 families were represented by one to five species apiece (Appendix 4).

The number of individuals collected at this campsite was the highest in the 2010 inventory (3,711 at Alto Cotuhé vs. <2,300 at Choro and Cachimbo). A small lake (Cocha Motelito) <50 m from the Cotuhé River yielded 1,887 individuals, the most of any station. The specimens collected there were sorted to 28 species but were 80% composed of two small characids (*Hemigrammus* cf.

bellottii and *Hemigrammus* sp. 1). We do not know why these two species were so abundant in that habitat. It may be that they reproduce preferentially in lentic habitats; they were present in streams but less common there.

The Cotuhé River was the second most prolific sampling site, yielding 1,080 individuals in three hours, but had a more diverse community than the lake (55 species). When additional species captured with handlines and dipnets are considered, the number of species found in the Cotuhé itself exceeds 65. This high diversity is likely associated with the river's greater microhabitat diversity compared to streams at the Choro campsite (e.g., the Quebrada Lupuna). Microhabitats in the Cotuhé included pools up to 3 m deep where the current was slow, stretches of gravel- or quartz-bedded rapids, abundant submerged trunks whose hollow interiors or other features provided refuge for fish, and submerged riparian vegetation and roots (especially those of small woody vines overhanging the river). Flooded areas were more extensive than at Choro, nutrient availability appeared higher (water conductivity was moderate), and stable or permanent microhabitats were more frequent.

While many species of opportunistic omnivores were observed at this site (especially small characids), the number of predator species was much higher than at Choro. We identified four species of medium- to large-sized pimelodid catfish (three species of *Pimelodus* and *Pseudoplatystoma punctifer*), one large auchenipterid species (*Ageneiosus inermis*), and a high abundance and frequency of piranhas (three species of *Serrasalmus* spp. were captured almost daily with the handlines). The large number of medium- to large-sized carnivores in these headwaters indicates high prey availability, which the abundance of various smaller species confirmed. The headwaters of the Cotuhé are also likely spawning sites for large catfish.

The number of electric fish recorded here was also high: 10 species in four families (Gymnotidae, Sternopygidae, Hypopomidae, and Rhamphichthyidae). This could be due to more microhabitat diversity and intermediate levels of water conductivity. Detritivores showed slightly higher diversity than at Choro (five vs. four species) but were more abundant at Alto Cotuhé

(80 vs. 26 individuals) due to the greater abundance of lentic habitats there (especially the Cocha Motelito).

Four species recorded here are likely new to science, and two are new records for Peru. The new species include two catfish in the genera *Centromochlus* and *Ituglanis*, a small crenuchid (*Characidium* sp. 1) and a swamp eel (*Synbranchus* sp.). The new records include a curimatid known from the Madeira River watershed (*Cyphocharax* cf. *spilurus*) and an electric fish known from the Negro River (*Eigenmannia* cf. *nigra*).

Cachimbo campsite

This site, located in the lower stretches of the Yaguas River, was the most diverse of the 2010 inventory. We identified 178 species—the highest number for a single site (i.e., four days of sampling) of the eight Field Museum rapid inventories carried out to date in Peru. Characidae was the most diverse family with 53 species (30% of the total), and the most frequent genera were *Hemigrammus, Hyphessobrycon, Microschemobrycon*, and *Moenkhausia* (27 species together). *Hemigrammus pulcher* and *Hemigrammus* cf. *rhodostomus* are especially well known as ornamentals; though typically common in Loreto, they were only recorded by us at this site.

Other notable characid species included two *palometa* fish in the genus *Mylossoma*. One of them, which remains unidentified to species, was unusually large (a subadult measuring 20 cm) and perhaps an example of unusual morphometric variation. We also recorded other well-known ornamental species such as *Thayeria oblicua* and *Chalceus macrolepidotus*.

We recorded 15 cichlid species, making Cichlidae the second most diverse family at Cachimbo. Of these, *Cichla monoculus* (peacock bass) and *Astronotus ocellatus* (oscar) are commercially important and were only observed in the Águila and Centro oxbow lakes. The remaining cichlid species were medium-sized or small and included ornamentals like *Apistogramma agassizii*. Scaled detritivores were much more diverse at this site. The family Curimatidae was more than twice as rich as at the other 2010 campsites (12 species), and we also recorded flagtail prochilodus (*Semaprochilodus insignis*, Prochilodontidae). This higher abundance is likely related to a higher number of habitats featuring substrates with abundant organic matter (i.e., large lakes and flooded areas).

Another notable finding at this site was the high diversity of large long-whiskered catfish: ten species, of which three were present at the other sites visited in the 2010 inventory. The remaining 29 families were represented by one to eight species apiece, including eight species of Loricariidae and four stingrays (Potamotrygonidae).

The number of individuals recorded at Cachimbo was high (2,220) and intermediate between Choro (1,458) and Alto Cotuhé (3,711). Of the habitats sampled at this site, the lakes yielded the highest number of individuals (1,134, 51% of the total at Cachimbo). Cocha Águila was the most diverse sampling site, with 70 species recorded in our two samples there (one during the day and the other at night). It was also the site where we saw the most commercially valuable fish species (silver arawana, peacock bass, oscar, and flagtail prochilodus). Considering its large size and proximity to the Putumayo, it is possible that the lake at one time had a population of arapaima, but we did not observe a single individual.

Fish were not especially abundant in the Yaguas River itself, but species diversity was high. However, we noted striking differences in species composition between diurnal and nocturnal communities. During the day, the most common species were small characids (mostly *Moenkhausia* and *Aphyocharax*). At night, electric fish (and especially *Eigenmannia* sp. 1) dominated. Hematophagous catfish in the genus *Vandellia* were also common in the Yaguas at night. This could indicate the presence of large migratory fish, and especially the long-whiskered catfish which they parasitize preferentially, as has been observed in other regions of the Amazon (Sabaj, pers. com.).

We also found a large number of feeding guilds at Cachimbo, including omnivores (*Moenkhausia, Hemigrammus, Bryconops*, and other small characids), plankton-feeders (*Chaetobranchus, Anchoviella*, and *Belonion*), piscivores (*Brachyplatystoma, Pseudoplatystoma, Boulengerella*, and *Cichla*), detritivores (Curimatidae, Loricariidae, and Prochilodontidae), and species which feed on the mucus of other fishes' skin (*Parastegophilus* and *Ochmacanthus*).

We identified seven new records for Peru at this site, including a small engraulid (*Amazonsprattus scintilla*), a needlefish (*Belonion* cf. *dibranchodon*), two curimatids (*Cyphocharax* cf. *nigripinnis*, *Cyphocharax* cf. *spilurus*), a characid (*Hemigrammus* cf. *rhodostomus*), a cichlid (*Mikrogeophagus* cf. *altispinosus*), and a small doradid catfish (*Scorpiodoras*). The possible undescribed species from this site include a *carachama* (*Ancistrus* sp. 2) and a heptapterid catfish (*Mastiglanis*).

DISCUSSION

The discovery of 337 fish species in the Yaguas and Cotuhé rivers may be the most important finding in the last seven years of exploration of Peruvian fish communities. Compared with similar sampling efforts in other highly diverse watersheds (i.e., ~15 days of intensive sampling in watersheds with >200 species), our exploration of the Yaguas-Cotuhé region yielded 30-40% more species, its fauna far outnumbering those of the Yavarí (240 species, Ortega et al. 2003) and AAYMP (207 species, Hidalgo and Olivera 2004) regions. Even if the Yaguas campsite (which is shared by the AAYMP and Yaguas-Cotuhé inventories) is excluded from the comparison, Yaguas and Cotuhé are still much more diverse.

Based on earlier ichthyological inventories in Loreto, and on a checklist of the fishes of the Peruvian/ Colombian portion of the Putumayo River (296 species, summing all museum specimens in both countries; Ortega et al. 2006), we expected high diversity in the Yaguas-Cotuhé region, of ~200 species. What we found greatly exceeded those expectations.

Even so, the true number of species in these watersheds is likely significantly higher than we were able to document, given their proximity to the Putumayo. Using the program EstimateS (Colwell 2005) to extrapolate total diversity from the 2010 inventory data, we estimated that the overall number of species in these watersheds is 452. When we include the data collected in 2003 at the Yaguas campsite, the estimate rises to 557 species. That number is far higher than the 470 species registered to date near the mouth of the Inírida River between Colombia and Venezuela, which is considered

the most diverse site in the entire Orinoco drainage (Lasso et al. 2009), and is almost twice that of the 296 species currently reported for the Peruvian/Colombian portion of the Putumayo River (Ortega et al. 2006).

These results rank Yaguas-Cotuhé as the most diverse region for freshwater fish in Peru. Even more striking is the fact that these numbers come from a relatively small area, compared to immense watersheds like that of the Ucayali (~700 species; Ortega and Hidalgo 2008). Considering their astonishing ichthyological diversity, we believe that the Yaguas and Cotuhé watersheds deserve strict protection.

Fish diversity in the Yaguas and Cotuhé rivers

Why does the Yaguas-Cotuhé region have such diverse fish communities? Part of the answer probably involves this region's location in the Amazon-Putumayo interfluvium, its geology (e.g., soil fertility gradients, isolation), and the limited anthropogenic impacts on the fish communities to date (i.e., selective harvests of very few species). Even so, the ichthyofauna recorded in the Yaguas-Cotuhé region is significantly more diverse than those in other recently inventoried sites in the Putumayo drainage (e.g., 184 species in the Güeppí Reserved Zone [Hidalgo and Rivadeneira-R. 2008]; 132 species in the proposed Maijuna Regional Conservation Area [Hidalgo and Sipión 2010]), as well as the Yavarí and AAYMP inventories, which suggests that the heterogeneity of the study region may feature prominently in the answer.

Unlike the other areas mentioned above, the Yaguas-Cotuhé region harbors a full range of aquatic habitats. This gradient includes: 1) headwaters with first-order streams (Choro campsite); 2) lower-elevation areas with a variety of flooded forests (Alto Cotuhé campsite); and 3) broad floodplains with large expanses of both lotic and lentic habitats (Cachimbo campsite) that we were able to sample well. Furthermore, this entire gradient is present within the proposed conservation areas (Fig. 2C). Our sampling of both extremes of this gradient undoubtedly helped provide a quick overview of fish community composition in the various habitats of these drainages. Even so, it remains possible that factors not studied in this rapid inventory (e.g., biogeographical or ecological reasons) might also explain the high diversity observed.

Species listed in CITES

The family Potamotrygonidae (freshwater stingrays), which contains 20 valid species and various other undescribed taxa, is currently being considered for inclusion in CITES. The proposal is largely sparked by the rapid growth over the last ten years in the trade of these species in the international ornamental fish market, which probably reflects overfishing and unsustainable harvests of most species. For this reason, managing the stingray trade requires urgent measures (Charvet et al. 2005). In Peru, the proposed conservation areas in the Yaguas and Cotuhé watersheds represent an excellent opportunity to protect these highly threatened species.

In Colombia the documented trade in stingrays grew from 23,216 individuals in 1999 to 61,934 in 2008 (Incoder 2010). In Peru, between the years 2000 and 2004 alone the stingray harvest increased by a factor of ten, jumping from 3,000 to 30,000 individuals, which were exported mostly to Asian markets (Ruiz 2005). One can only assume that these trends continue today. Given that almost all of the individuals in the ornamental industry are from natural habitats, and given that mean survival rates of captive fish (rays and others) are 50–100%, current practices do not reflect a sustainable harvest of the Amazonian fish community.

Stingray biology also helps justify stronger protection for the family. Stingrays produce 3–15 embryos compared to the hundreds or thousands produced by bony fish, and can take as long as 35 years to reach sexual maturity, in the case of *Paratrygon aiereba* (Charvet et al. 2005). In August 2010, Colombian institutions published the *National Plan of Action for the Conservation of Colombian Sharks, Rays, and Chimaeras*, which designated the species *Paratrygon aiereba* and *Potamotrygon motoro* (both recorded during our 2010 inventory) a high conservation priority (Caldas-Aristizabal et al. 2010). *P. aiereba* is considered vulnerable in the Brazilian state of Pará (Rosa and de Carvalho 2007) and its use as an ornamental is regulated in that country. For all of these reasons, and given the high diversity (five species) and abundance of the family in the Yaguas-Cotuhé inventory—one record in the Yaguas campsite, one at Choro, and several at Cachimbo—

we believe that these watersheds could easily function as a refuge of these species in Peru.

The only species we recorded which is currently listed in CITES was arapaima (*Arapaima gigas*), observed at the Yaguas campsite in the 2003 inventory. During the 2010 inventory we did not find this species in the habitats where it was observed at the Yaguas campsite (main river channels and lakes), despite the species' conspicuous behavior (air-breathing) and local fishermen's assurances that it still occurred in some lakes on the lower Yaguas. The scarcity of this species in the region could indicate very low populations. According to various informants in the native communities on the Putumayo River, those low populations could be the result of historical overfishing of this species throughout the Yaguas and Putumayo watersheds (see the Communities Visited chapter).

In the case of silver arawana (*Osteoglossum bicirrhosum*) and arapaima, Peruvian regulations include a fisheries management plan for the middle and lower stretches of the Peruvian Putumayo, which lays out technical guidelines for the sustainable harvest and protection of these species (PEDICP 2007). The respective Colombian regulations include *Acuerdo 005* of January 1997, which prohibits any fishing of silver arawana in the Putumayo and Caquetá rivers between 1 November and 15 March every year. It is urgent that these initiatives be consolidated by the two countries, via bilateral negotiations to normalize fishery regulations in the border region (Agudelo et al. 2006).

New records for Peru and new species

We collected 18 fish species that are likely new records for Peru's continental ichthyofauna. Seven of these are apparently undescribed species. The other 11 are range extensions of species previously known from the main Amazon River, Brazilian tributaries such as the Negro and Madeira, and the Orinoco and Essequibo watersheds.

The new records for Peru are *Amazonsprattus* cf. *scintilla* (Engraulidae), *Belonion* cf. *dibranchodon* (Belonidae; Fig. 7P), *Crenicichla* aff. *wallacei* and *Mikrogeophagus* cf. *altispinosus* (Cichlidae), *Cyphocharax* cf. *nigripinnis* and *Cyphocharax* cf. *spilurus* (Curimatidae), *Eigenmannia* cf. *nigra*

(Sternopygidae), *Hemigrammus* cf. *rhodostomus* (Characidae), *Mastiglanis* sp. and *Microrhamdia* sp. (Heptapteridae), and *Scorpiodoras* sp. (Doradidae). The apparently undescribed species are *Characidium* sp. 1 (Crenuchidae), *Ancistrus* sp. 2 (Loricariidae, Fig. 7O), *Batrochoglanis* sp. (Pseudopimelodidae, Fig. 7Q), *Centromochlus* sp. (Auchenipteridae, Fig. 7A), *Ituglanis* sp. (Trichomycteridae, Fig. 7C), *Mastiglanis* sp. (Heptapteridae), and *Synbranchus* sp. (Synbranchidae, Fig. 7E).

Some new records for Peru denoted by "cf." or "aff." could also turn out to be undescribed species. The most likely cases are small catfish in the genera *Mastiglanis* and *Microrhamdia*. The latter genus has recently been proposed as valid, but originally included some species in the genus *Imparfinis* (Bockmann 1998).

As this chapter was going to press, *Ituglanis* sp. was confirmed as a new species by a specialist (C. Donascimiento, pers. com.). Given that the Yaguas-Cotuhé region has not previously been explored by ichthyologists, apart from the 2003 AAYMP inventory, the total number of new records and undescribed species could well exceed our preliminary estimates.

RECOMMENDATIONS FOR CONSERVATION

Protection

We conclude that the Yaguas and Cotuhé watersheds in Peru merit strict protection based on the extremely diverse fish communities we found there (i.e., migratory species, CITES-listed and threatened species, species probably restricted to headwaters areas, and commercially overfished species that lack a strictly protected conservation area north of the Amazon-Marañón juncture).

Comprising a full gradient of aquatic habitats in the Loreto lowlands (from headwaters to broad floodplains), these watersheds are likely a crucial refuge for many species, including migratory catfish, silver arawana, arapaima, peacock bass, and headwaters species. Protecting these rivers will preserve habitats, gradients, and species not currently protected in Loreto or elsewhere in the Peruvian Amazon.

A strictly protected area in the Yaguas-Cotuhé region will also serve as a reliable source of fishery stocks for the proposed sustainable use conservation area in the

lower Yaguas watershed, and even for the Algodón and other upstream tributaries of the Putumayo. With careful management of the most sought-after fish species in the region, both proposed conservation areas will in the medium to long-term help restore populations of species like arapaima and silver arawana, which currently show signs of overfishing.

Recently implemented legislation in Loreto to protect headwater regions (*Ordenanza Regional 020-2009-GRL-CR*) recognizes the value of the ecological processes and environmental services they provide, and provides another argument for the strict protection of the Yaguas and Cotuhé basins.

Management and monitoring

- Quantify current populations of silver arawana, arapaima, and other fish species used for food and in the ornamental trade. This will allow biologists to establish maximum sustainable harvest levels, and to determine the spatial and temporal distribution of the species in fished areas. Such information is fundamental for establishing management guidelines such as seasonal fishing bans, harvest quotas, and rotation of fishing areas. Once these data are available, we recommend establishing agreements that include additional management measures, such as the encouragement of low-impact fishing methods, the designation of certain areas for juveniles, and the drawing up of maps and calendars that define where and when fishing is permitted. These agreements should be formalized by national and regional governments in such a way that authorities can effectively enforce whatever rules are agreed upon.

- Measures to protect fish communities are unlikely to prosper without systematic monitoring. We therefore recommend implementing a data-collection system for the region's fisheries, focused on harvest volumes per species, sizes, harvest-to-effort ratios, economic data such as fixed and variable costs, and other information necessary to detect overfishing and monitor the success of management interventions. This recommendation applies to both food and ornamental fish.

In order to determine the extent to which the proposed strictly protected core area in the Yaguas and Cotuhé watersheds serves as a source of fish for adjacent sustainable use areas, we recommend a monitoring program to track the status of populations in the core area and to document how and when they travel to adjacent areas. Such information will help fine-tune fisheries management in the lower Yaguas and Putumayo.

Research

- Study the technical and socioeconomic feasibility of farming native species such as tambaqui (*Colossoma macropomum*) and paco (*Piaractus brachypomus*). Such a study should help assess whether the region is ready for fish-farming before such initiatives are begun, and thus avoid unnecessary investments in time and money.

Additional inventories

- Carry out additional inventories in small, isolated aquatic habitats, such as flooded lakes and the network of underground soil pipes (see the Landscape Processes chapter). More exploration is needed to record fish that were not active during the season we visited the region, and fish associated with groundwater, such as species in the genus *Ituglanis*.

- Likewise, further inventories should use dragnets to sample fish communities in the deepest parts of the main current of the Yaguas River, which will likely yield additional and poorly known species of electric fish and armored catfish unique to such habitats.

- More nocturnal inventories are also a priority to more completely sample fish species that spend the day hidden in cavities or sunken logs or on the river bottom and are only active at night. Such work will also increase our knowledge of the natural history of these species and allow managers to develop specific conservation actions for them.

AMPHIBIANS AND REPTILES

Authors: Rudolf von May and Jonh Jairo Mueses-Cisneros

Conservation targets: Diverse amphibian and reptile faunas living in a wide array of Amazonian habitats and microhabitats, some of them unique to this part of eastern Loreto (high, ancient terraces dating to the lower Pleistocene, *chamizal* peat forests); two new species (one frog in the genus *Osteocephalus* and one in the genus *Pristimantis*) discovered in the central portion of the proposed strictly protected conservation area; three threatened reptile species: yellow-footed tortoise (*Chelonoidis denticulata*), globally Vulnerable according to the IUCN Red List (IUCN 2010), black caiman (*Melanosuchus niger*), classified as Vulnerable in Peru (INRENA 2004), and smooth-fronted caiman (*Paleosuchus trigonatus*), considered Near Threatened in Peru (INRENA 2004); commercially valuable species and species used for food by nearby native communities, like white caiman (*Caiman crocodilus*), hualo (*Leptodactylus pentadactylus*), yellow-footed tortoise, and smooth-fronted caiman; a rich snake fauna, mostly composed of harmless species, under pressure from local residents who kill snakes out of precaution or lack of familiarity

INTRODUCTION

The Amazonian lowlands of eastern Ecuador, northern Peru, and southern Colombia represent one of the biologically richest regions on Earth (ter Steege et al. 2003, Bass et al. 2010). Located in the center of this region, the department of Loreto includes at least ten areas considered a high priority for biodiversity conservation (Rodríguez and Young 2000). While the high species diversity of Loreto's amphibian and reptile communities has been known for decades (Dixon and Soini 1986, Rodríguez and Duellman 1994, Duellman and Mendelson 1995), herpetological research has been boosted by eight recent rapid inventories in the region (Rodríguez et al. 2001, Rodríguez and Knell 2003, Rodríguez and Knell 2004, Barbosa de Souza and Rivera 2006, Gordo et al. 2006, Catenazzi and Bustamante 2007, Yáñez-Muñoz and Venegas 2008, von May and Venegas 2010), other surveys (e.g., Contreras et al. 2010, Rivera and Soini 2002), and the discovery and description of various new species (e.g., Faivovich et al. 2006, Funk and Cannatella 2009, Lehr et al. 2009, Moravec et al. 2009). The herpetological diversity of several watersheds in Loreto, however, remains unknown.

The aim of our inventory was to determine the richness and composition of the herpetofauna in the Yaguas and Cotuhé watersheds—both of them entirely lowland drainages. Previous inventories carried out in the Ampiyacu-Apayacu Regional Conservation Area (Rodríguez and Knell 2004) and the proposed Maijuna Regional Conservation Area (von May and Venegas 2010), as well as an inventory carried out in Leticia, Colombia (Lynch 2005), are the closest to the Yaguas-Cotuhé region and thus the most appropriate for comparison. In this chapter we present results of field work at three campsites visited in 2010 together with results of the only other herpetological study to date in the Yaguas watershed: a site surveyed on the upper Yaguas River in 2003 (Rodríguez and Knell 2004).

METHODS

Our study includes data collected at four campsites: Choro (15–19 October 2010), Yaguas (3–9 August 2003), Cachimbo (25–29 October 2010), and Alto Cotuhé (20–24 October 2010). Data from the Yaguas campsite were collected by Rodríguez and Knell (2004). During the 2010 inventory we did five days of field work at each campsite; the 2003 Yaguas survey lasted six.

At each campsite we made two or three diurnal surveys and five nocturnal surveys (i.e., we sampled every night at each campsite). Each diurnal survey lasted 4–5 hours and started either in the morning (at 8:00 a.m.) or in the afternoon (at 3:00 p.m.). We did not carry out diurnal surveys every day in every campsite, because during the first days at each campsite we were busy identifying, measuring, photographing, and preserving voucher specimens. Nocturnal surveys lasted 4–7 hours and typically started between 6:00 and 7:30 p.m. Sampling effort values reported here were calculated as the number of person-hours spent searching for, capturing, or spotting animals.

We used various survey techniques in the field, but mostly relied on the "free inventory" method with manual captures (Heyer et al. 1994) along the trails established at each campsite and in some areas outside the trail system. During nocturnal surveys we used headlamps, as well as snake hooks and rakes to search through leaf litter and other substrates. We also

surveyed eight 5 x 5 m leaf litter plots, using rakes to facilitate the search. At one site (the Alto Cotuhé campsite) we used pitfall traps and fences to record species that live in the soil and the leaf litter.

Our sampling focused on the lowest strata (ground-level and understory) of various forest types, as well as seasonal puddles, lakes, and habitat along streams and rivers. To maximize the number of taxa recorded, we explored all the potentially different habitats and microhabitats at each campsite. These were determined based on an initial review of maps and satellite images and subsequent conversations with other members of the inventory team, especially botanists and ichthyologists. In this way we reduced the amount of time spent searching habitats where we were unlikely to encounter additional species after the first two days and focused attention on unexplored habitats where there was a higher probability of encountering not-yet-registered species.

Our free inventories also included microhabitats like bromeliads (up to 3 m), fallen trunks, leaf litter, the subsoil, and streambanks. We also recorded some species of vocalizing frogs by their calls. We cross-checked calls in the field with the help of an MP3 audio player loaded with recordings from *Frogs of Tambopata, Perú* (Cocroft et al. 2001), *Frogs and toads of Bolivia* (Márquez et al. 2002), and *Frogs of the Ecuadorian Amazon* (Read 2000), as well as those of R. von May from the central and southern Peruvian Amazon and a compilation of poison dart frog calls available online at *www.dendrobates.org*. For the two species for which our only records are auditory (see results), we recorded calling males with a digital audio recorder (Zoom H2) which uses the uncompressed '.wav' format.

Most individuals were identified in the field based on our experience with the herpetofauna of the Peruvian and Colombian Amazon, and with the help of various photo guides, keys, and scientific literature relevant to the regional herpetofauna. The identifications of some individuals required subsequent confirmation via direct comparisons of voucher specimens with specimens deposited in the collection of the Universidad de la Amazonía Peruana, and with the help of a locally based herpetologist (Giuseppe Gagliardi-Urrutia). We received help with other identifications from other experienced herpetologists in and outside of Peru who reviewed photographs and other information. Taxonomic nomenclature, distributional patterns, and conservation status were determined from the following databases: Amphibian Species of the World (Frost 2010), the IUCN Red List of Threatened Species (IUCN 2010), the Global Amphibian Assessment (IUCN 2010), and the Reptile Database (Uetz 2010).

For amphibian species encountered at every campsite we compared relative abundances at different sites in order to assess how community structure changes across the Yaguas-Cotuhé region. These relative abundances were calculated based on the number of individuals sighted at each campsite. We did not include auditory records in the relative abundance analysis because calls only provide information on males that are actively calling at the time of sampling, not on quiet males, females, juveniles, or reptiles.

Our between-site comparisons focused on the number of species in each group present at each camp and the relative abundances of the most common species (i.e., those with 10 or more individuals overall). We also kept track of all species that were represented by one or two individuals (referred to here as singletons and doubletons overall).

To facilitate future taxonomic identifications, we deposited 331 voucher specimens from the field work under Jonh Jairo Mueses-Cisneros's (JJM) collection numbers in the Herpetology Department of the Natural History Museum of the Universidad Nacional Mayor de San Marcos (MHNSM) in Lima, Peru.

RESULTS

Richness and composition of the herpetofauna

At the four campsites visited, with a total sampling effort of 187 person-hours, we recorded 612 individuals belonging to 128 species (75 amphibians and 53 reptiles; Appendix 5). Amphibians include representatives of the three known orders (Anura, Caudata, and Gymnophiona) and were classified to 12 families and 28 genera. The best-represented families in the inventory were Hylidae (27 species and 36% of all amphibians) and Strabomantidae (15 species, 20%). Hylidae also yielded the greatest number of genera (seven). Based on

these results, we estimate that the Yaguas-Cotuhé region harbors up to 110 amphibian species.

Reptiles belonged to the orders Crocodylia (three species), Testudines (four), and Squamata (46). Within Squamata we recorded 21 lizard species (12 genera and seven families), and the best-represented family was Polycrotidae (seven species). We detected 25 species (19 genera and four families) of snakes; Colubridae was the best-represented family with 19 species. Only five of the 25 species of snakes we found are venomous (three *Micrurus*, one *Bothrops* and one *Bothriopsis*). We estimate that these watersheds harbor ~100 species of reptiles overall.

The herpetofauna of the Yaguas-Cotuhé region is typical of Amazonian forest with high uplands, floodplains, and hilly areas between the two, and it is very diverse in species. The high uplands herpetofauna was best represented at the Choro campsite and in one sampling site at the Cachimbo campsite. This fauna is known for a high abundance of frogs with direct development, primarily represented by the genus *Pristimantis*, as well as of certain dendrobatids and leptodactylids. Various species of the genus *Rhinella* were associated with this high uplands forest. The intermediate uplands herpetofauna was mostly observed at the Alto Cotuhé campsite, where it was characterized by high hylid diversity and by some abundant bufonid species, such as *Rhinella* sp. 1. The floodplain herpetofauna was mostly observed at the Cachimbo campsite. Although our sampling was done in a dry period, during the rainiest months the river at this site rises to 3 m above the floodplains where we sampled (see the Landscape Processes chapter). The fauna at the Cachimbo campsite was mostly composed of arboreal frogs in the family Hylidae and other species typical of flooded areas, like certain *Leptodactylus*.

Choro campsite

We found more species at this campsite than at any other: 73, composed of 49 amphibians and 24 reptiles. Especially notable were the high diversities of terrestrial frogs with direct development in the genus *Pristimantis* (nine species), and of toads in the genus *Rhinella* (six). We recorded two species that are probably not known to science, both of which were only found at this campsite: one species in the genus *Pristimantis* and one in the genus *Osteocephalus*. Also found at this campsite were *Teratohyla midas* and *Hyalinobatrachium* sp., two species of glass frogs that reproduce in perennial streams. The two most abundant amphibian species at this campsite were *Scinax cruentommus* (27 individuals) and *Osteocephalus planiceps* (18); the most abundant reptiles were *Anolis trachyderma* (nine individuals) and the smooth-fronted caiman (*Paleosuchus trigonatus*; six). Our collection of the snake *Atractus gaigeae* represents the first Peruvian record of the species. We were surprised to find a very large female adult *Rhinella marina* on one of the trails at this campsite, since that species is frequently associated with disturbed habitats and/or human settlements.

Yaguas campsite

Rodríguez and Knell (2004) reported 57 species (32 amphibians and 25 reptiles) for this campsite, 14 of which were not recorded during the 2010 inventory (five amphibians and nine reptiles). According to Rodríguez and Knell (2004), this campsite yielded more reptiles and amphibians typical of flooded forests than the other sites visited during the Ampiyacu-Apayacu-Yaguas-Medio Putumayo (AAYMP) rapid inventory in 2003. Bufonids in the *Rhinella margaritifera* complex were common, as were the species *Allobates trilineatus*, *Hypsiboas calcaratus*, *Leptodactylus petersi*, *L. pentadactylus*, and *Pristimantis altamazonicus*. Among the notable records were a species of *Oscaecilia* (still not identified to species and potentially undescribed), the snake *Xenopholis scalaris*, two species of coral snakes in the genus *Micrurus*, and five lizard species in the genus *Anolis*.

Cachimbo campsite

We found 55 species (28 amphibians and 27 reptiles) at this site. The three most diverse amphibian genera here were *Hypsiboas* and *Osteocephalus* (each with five species), and *Leptodactylus* (four), while the best-represented reptile genera were *Anolis*, *Plica*, and *Micrurus* (two species apiece). The most abundant amphibian species at this campsite were *Rhinella* sp. 1 (26 individuals) and *Osteocephalus deridens* (22).

Caiman crocodilus (Fig. 9J) was the most common reptile species, with most of the 75 individuals sighted on the banks of the Yaguas River, while *Kentropyx pelviceps* was the most common lizard (15 individuals). We found four poisonous snakes in the genus *Micrurus*—a surprisingly high number for such a short sampling period.

One of the most notable findings at this campsite was a species of subterranean frog in the genus *Synapturanus*, mostly recorded in a *chamizal* swamp forest growing on peat (see the Flora and Vegetation chapter). In one ~100-m section of trail in the *chamizal* we heard 30–40 males calling at around 9:30 p.m., and only located the species after digging several holes in the peat (Figs. 3A, 9G). Apart from that occasion, we only heard a few other males (<10) calling in other areas of the *chamizal* and in floodplain forest along a different trail. The peat deposit where we found the *Synapturanus* sp. individuals had a very shallow water table (15–20 cm), offering subterranean or fossorial frogs favorable conditions for colonizing (and probably reproducing). The discovery of a juvenile *Synapturanus* sp. individual inside the peat suggests that this unique microhabitat is important for the reproduction and development of this poorly known amphibian.

Alto Cotuhé campsite

We recorded 57 species at this site: 39 amphibians and 18 reptiles. The two most diverse amphibian genera were *Hypsiboas* (nine species) and *Osteocephalus* (five), while the most diverse reptile genus was *Anolis* (three species). *Rhinella* sp. 1 (38 individuals) and *Osteocephalus deridens* (17) were the most abundant amphibians at this campsite, but two other species of *Osteocephalus* (*O. planiceps* and *O. yasuni*, with 13 individuals each) were also common. The most abundant reptiles were *Gonatodes humeralis* and *Anolis trachyderma* (six and five individuals, respectively). Especially notable sightings include *Osteocephalus heyeri* and *Hypsiboas nympha*, which both represent range extensions. Our record of *O. heyeri* extends its range >150 km north, while that of *H. nympha* extends its range ~100 km to the northeast. At this camp we also observed the yellow-footed tortoise (*Chelonoidis denticulata*), considered Vulnerable by the World Conservation Union (IUCN 2010).

Relative abundances at the campsites visited

Overall we recorded 174 individuals at the Choro campsite, 230 individuals at Cachimbo, and 208 individuals at Alto Cotuhé. Comparable numbers are not available for the Yaguas campsite, since the abundance data collected there were qualitative (low, medium, high; Rodríguez and Knell 2004). Our 2010 field work gave us an idea of relative abundances during a brief stretch of especially dry weather (15–30 October 2010), during which the most abundant amphibian species (with 10 or more direct sightings) were *Rhinella* sp. 1, *Osteocephalus deridens*, *O. planiceps*, *Scinax cruentommus*, *O. yasuni*, *Hypsiboas calcaratus*, *Leptodactylus petersii*, *Allobates* sp., and *Leptodactylus pentadactylus*. Our relative abundance data did not include amphibian calls, but the species we heard calling the most were *Allobates femoralis*, *Allobates* sp., *Hypsiboas boans*, *H. cinerascens*, *H. lanciformis*, *Leptodactylus petersii*, *L. pentadactylus*, *Osteocephalus deridens*, and *Synapturanus* sp. The most abundant reptiles were *Caiman crocodilus*, *Anolis trachyderma*, *Kentropix pelviceps*, and *Gonatodes humeralis*, and the most commonly sighted snake was *Micrurus lemniscatus* (six individuals).

The number of species represented by just one or two individuals in the 2010 inventory was extremely high: 44 singletons and 23 doubletons. Of the 12 most common species (those of which we sighted 10 or more individuals overall), only seven were recorded at all three 2010 campsites (Fig. 20); four were sighted at two sites and one at one. These 12 species accounted for 345 individuals and 56.4% of all individuals sighted during the 2010 inventory.

Comparisons with inventories in neighboring regions

Here we highlight some similarities and differences of the species composition reported above with those reported for herpetological surveys of nearby regions: the Ampiyacu-Apayacu Regional Conservation Area (Rodríguez and Knell 2004), the proposed Maijuna RCA (von May and Venegas 2010), and the vicinity of Leticia, Colombia (Lynch 2005). In the Ampiyacu-Apayacu RCA, Rodríguez and Knell (2004) found especially high diversity of frogs in the genera *Osteocephalus*

Fig. 20. The number of individuals recorded at each campsite of the 12 most common species encountered during a rapid inventory of the Yaguas and Cotuhé watersheds in October 2010.

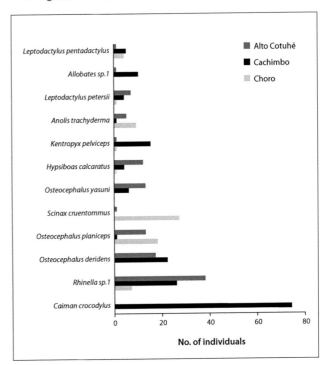

(eight species) and *Pristimantis* (=*Eleutherodactylus* in their 2004 list; 13 species). The diversity of these genera recorded in the Yaguas-Cotuhé inventories was exactly the same: eight and 13 species, respectively (our list includes 12 *Pristimantis* and one *Hypodactylus* [both genera previously placed in *Eleutherodactylus*]). However, amphibian and reptile diversity in the Yaguas-Cotuhé region was higher than that reported for Ampiyacu-Apayacu. Even when the Yaguas campsite is excluded, the number of species recorded in the other three Yaguas-Cotuhé campsites is higher. In Maijuna territory, von May and Venegas (2010) documented amphibian and reptile diversity that is comparable to that of Ampiyacu-Apayacu and slightly lower than that of the Yaguas-Cotuhé inventory. While fewer species of *Osteocephalus* (five) were found in Maijuna territory than in Ampiyacu-Apayacu and Yaguas-Cotuhé, the diversity of *Pristimantis* (14 species; 15 counting an *Hypodactylus* [previously *Eleutherodactylus*]) was higher than in the other two regions. An especially notable record in Maijuna territory was *Atelopus spumarius*, considered globally Vulnerable (IUCN 2010) and recorded on only two of the nine Field Museum rapid inventories carried out to date in Loreto. *A. spumarius* exhibits aquatic development (i.e., larvae develop in water) and is associated with clear-water, sandy-bottomed streams; in Maijuna territory it was found in intact headwaters forests. Given that we saw several such streams in the Yaguas-Cotuhé inventory, it is possible that *A. spumarius* occurs in headwater habitats of the Yaguas and Cotuhé watersheds.

DISCUSSION

The unique character of the Yaguas-Cotuhé herpetofauna is linked with the region's high heterogeneity in geology and vegetation types. The broad array of different habitats and microhabitats present in these watersheds, together with the modest topographic gradient, allow many different species to coexist in the region. While much of this edaphic, habitat, and topographic variation is also present in neighboring areas like the proposed Maijuna RCA (Gilmore et al. 2010), the Yaguas-Cotuhé region offers some additional landscape features: dwarf vegetation similar to *chamizal* forests growing on peat deposits rather than white sands; high terraces with low-nutrient soils derived from geological formations dating to the lower Pleistocene (~2 million years old); and a very diverse amphibian community, including two species new to science. Some species appear to be more common in these habitats (e.g., *Synapturanus* sp. in peat swamp forests and various species of *Pristimantis* on the lower Pleistocene terraces). While these species are not strict habitat specialists, and do inhabit other forest types in other sites, they are associated with certain habitats.

Amphibian and reptile assemblages varied from site to site across the Yaguas-Cotuhé region, largely as a function of the different geological histories of the different sites. The most diverse amphibian assemblage was found at the Choro campsite, in the heart of the proposed strict protection conservation area (Fig. 2A), where the especially high diversities of toads (Bufonidae) and terrestrial frogs with direct development (Strabomantidae) were associated with the lower Pleistocene terraces there. In contrast, a subset of the amphibian and reptile assemblages found on the Cotuhé River was associated with floodplain forests, while those on the lower Yaguas River (Cachimbo campsite) were associated with a variety of forest types. While we did not find as many species at this last site as at the other two, we suspect that amphibian and reptile diversity there is as high as (or even higher than) that of Choro. The severe drought conditions during our visit to Cachimbo made it especially hard to detect species due to low activity levels.

New species and new records for Peru

Osteocephalus sp. (Fig. 9B). This is one of the eight species of arboreal frogs in the genus *Osteocephalus* recorded during the inventory. The four specimens of this new species observed at the Choro campsite show some characteristics of the *O. buckleyi* group.

Pristimantis sp. During the 2010 inventory we found a new species of frog in the genus *Pristimantis*, which shows some characters associated with the *P. unistrigatus* group (e.g., the first finger is shorter than the second and the dorsal skin is rough and has few tubercles).

Rhinella sp. Two of the six *Rhinella* species recorded during the inventory are undescribed members of the *R. margaritifera* complex. One has been previously noted by Vélez-Rodríguez (1995) in her work on this group in Colombia, but more research is required to clarify the status of these taxa.

Atractus gaigeae. Described by Savage (1955) from the Ecuadorean province of Morona-Santiago or Zamora-Chinchipe. Dixon and Soini (1986) proposed synonymizing *A. collaris* and *A. gaigeae*, and treated the latter as a subspecies of the former. Until our Yaguas-Cotuhé sighting, the geographic distribution of *A. gaigeae* was restricted to a region of Amazonian Ecuador (Uetz 2010). After reviewing data on scale counts and body size, comparing photos of other species of *Atractus*, and checking the identification with a specialist (P. Passos), we confirmed that this is the first record of *A. gaigeae* for Peru.

Other notable records

Osteocephalus heyeri. Originally described by Lynch (2002) based on specimens from Leticia, Colombia, and from a site near the confluence of the Sucusari and Napo rivers in Loreto, Peru. Rodríguez and Knell (2004: Fig. 7E) reported this species under the name *Osteocephalus* sp. for the Maronal campsite of the AAYMP inventory. The nine individuals we found at the Alto Cotuhé campsite represent the third record of this species for Peru.

Hypsiboas nympha. Described by Faivovich et al. (2006) from Cuyabeno, Sucumbíos, Ecuador. Known from Amazonian Ecuador, northwestern Peru, and Leticia, Colombia. Our report from the Alto Cotuhé campsite represents the northeasternmost record for this species to date.

Pristimantis padiali (Fig. 9A). We detected this species at the Choro campsite while the description was in press. It was published in December 2010 (Moravec et al. 2010), based on specimens collected at two localities in Loreto (vicinities of Mazán and Requena). Our record represents an east-northeast extension of its geographic range.

Synapturanus sp. (Figs. 9E–F). Here we provide additional details on this species, mentioned above as abundant in the peat swamps of the Yaguas-Cotuhé region. While *Synapturanus* cf. *rabus* has been reported for Loreto (Gordo et al. 2006), it is possible that the taxon we saw during the 2010 inventory is an undescribed species. At present there are three described species of *Synapturanus* (S. *rabus* in Ecuador and Colombia; S. *mirandaribeori* in Colombia, northern Brazil, and Guyana; and S. *salseri* in Colombia, Venezuela, northern Brazil, and Guyana; Frost 2010). A fourth species is currently being described based on specimens from southern Colombia, and it is likely that our Peruvian species is the same. The microhabitat and underground behavior of *Synapturanus* sp. had been reported previously in Peru by Gordo et al. (2006), who recorded the species in the Choncó campsite during a rapid inventory of what is now the Matsés National Reserve in Loreto. *Synapturanus* sp. is a nocturnal species that lives in underground chambers and uses them as a retreat, breeding, and development site (Gordo et al. 2006). However, our observation of *Synapturanus* sp. in a *chamizal* forest on peat soils is new and suggests that this microhabitat may be important for the species at a regional scale.

River turtles (Fig. 9M). While we did not observe the South American river turtle (*Podocnemis expansa*) or the yellow-spotted river turtle (*Podocnemis unifilis*) during the biological inventories of the Yaguas-Cotuhé region, we did receive reports of their presence in the surrounding area. The social inventory team noted that both species are eaten in some communities on the banks of the Putumayo River (e.g., in Huapapa; M. Pariona and A. R. Sáenz, pers. com.). In addition, M. Pariona provided a photograph of *P. expansa* adults and eggs outside the proposed protected areas. While the meat and eggs of both species are commonly eaten in the region, there is not yet a successful monitoring program on the lower Putumayo. Residents of Huapapa explained that during low-water periods adults of both species are observed on beaches and in oxbow lakes on tributaries of the Putumayo.

THREATS

The destruction of various habitats and microhabitats during logging in the Yaguas and Cotuhé watersheds has the potential to negatively impact the high amphibian and reptile diversity we documented. Indiscriminate harvests of food species, especially turtles (eggs, juveniles, and adults) and caimans, together with the lack of information among local residents on the ecology and reproductive biology of these species, also represent a threat to these populations (Vogt 2009). Local residents' fear of 'dangerous' species represents a threat for snakes (most of which are not venomous) and the black caiman, leading to local reductions in population. While there is not currently an active market for caiman and boa skins, this practice is still occasional in nearby towns in Peru and Colombia and remains a potential threat.

RECOMMENDATIONS FOR CONSERVATION

Management and monitoring

- Implement a conservation plan for the South American river turtle, the yellow-spotted river turtle and the yellow-footed tortoise, building on the management plan in the Pacaya-Samiria National Reserve (GOM 2005) and similar manuals developed in the region (Soini 1998). Any such plan should include studies of the species' ecology and reproductive biology, harvest limits (for both eggs and adults), the establishment of egg-laying beaches, and the release and monitoring of juveniles.

- Develop educational materials that teach how to distinguish venomous snakes from harmless ones, how to avoid accidents with snakes and black caimans, and what to do in case of accidents.

Research

- The modest elevational gradient in the Yaguas-Cotuhé region (roughly 110 m between the highest and lowest points) is sufficient to allow the existence of a diverse herpetofauna. Given that few studies have addressed this topic (Menin et al. 2007), the area offers a unique opportunity to study the effects of small-scale variation in topography and soils on diverse amphibian and reptile communities.

- We recommend that the herpetofauna of the Yaguas-Cotuhé region be surveyed during rainy months, as this will undoubtedly result in the discovery of species that we did not detect during our inventories.

BIRDS

Authors: Douglas F. Stotz and Juan Díaz Alván

Conservation targets: Birds of high, poor-soil terraces (four species, including an undescribed *Herpsilochmus* antwren); healthy populations of game birds, especially Salvin's Curassow (*Mitu salvini*) and Razor-billed Curassow (*Mitu tuberosum*); healthy populations of large macaws; eight species endemic to northwestern Amazonia and an additional 17 species limited in Peru to areas north of the Amazon River; diverse forest bird communities

INTRODUCTION

Peruvian forests north of the Amazon River and east of the Napo River have not been well surveyed for birds; Stotz and Díaz Alván (2010) provide details of the few previous ornithological surveys of the area. The basins of the Yaguas and Cotuhé rivers in particular have been almost completely unstudied. A site along the upper Yaguas River studied during the 2003 AAYMP rapid

inventory (Stotz and Pequeño 2004) still represents the only information available on the bird communities of these watersheds. Results from that site are included in this chapter and in the accompanying species list (Appendix 6).

Bird surveys carried out during rapid inventories of the Ampiyacu and Apayacu watersheds (Stotz and Pequeño 2004) and of Maijuna territory (Stotz and Díaz Alván 2010) are also important for comparison. Although the Maijuna inventory sites are located >160 km west of the westernmost campsites visited in the Yaguas-Cotuhé inventory, they resemble them ecologically.

The region of Peru surveyed during this inventory is contiguous to the north and east with the Colombian border. In Colombia, the area around Leticia on the Amazon River, southeast of the current survey area, has been well studied for birds. Colombia's Amacayacu National Park is almost immediately east of the proposed area surveyed during this inventory. Its northern border is formed by the right bank of the Cotuhé River, which we surveyed ~80 km west of Amacayacu. A checklist of the birds of Amacayacu has been developed (Kelsey et al., unpublished) based primarily on field work by British Ornithologists' Union expeditions during the 1980s.

METHODS

We surveyed the birds of the Yaguas and Cotuhé basins during four full days at the Choro campsite (16–19 October 2010), four full days at the Alto Cotuhé campsite (21–24 October), and five days at the Cachimbo campsite (26–30 October). Stotz and Díaz Alván spent 81 hours observing birds at Choro, 86 hours at Alto Cotuhé and 88.5 hours at Cachimbo. We also include in Appendix 6 and the discussion species recorded at the Yaguas campsite along the upper Yaguas River, which Stotz and Pequeño (2004) visited for five days during the AAYMP rapid inventory (4–8 August 2003).

Our protocol consisted of walking trails, looking and listening for birds. We conducted our surveys separately to increase independent-observer effort. Typically we departed camp before first light and remained in the field until mid-afternoon. On some days we returned to the field for one to two hours before sunset. We tried to cover all habitats near camp and both of us covered all of the trail system at least once. Total distances walked by each observer each day varied from 8 to 14 km depending on trail length, habitat, and density of birds.

Díaz Alván carried a tape recorder and microphone to document species and confirm identifications with playback. We kept daily records of numbers of each species observed, and compiled these records during a round-table meeting each evening. Observations by other members of the inventory team, especially D. Moskovits, supplemented our records.

In Appendix 6 we estimate relative abundances using our daily records of birds. Because our visits to these sites were short our estimates are necessarily crude and may not reflect bird abundance or presence during other seasons. For the three 2010 inventory sites we used four abundance classes. 'Common' indicates birds observed (seen or heard) daily in substantial numbers (averaging ten or more birds per day). 'Fairly common' indicates that a species was seen daily but represented by fewer than ten individuals per day. 'Uncommon' birds were those encountered more than twice at a campsite but not seen daily, and 'Rare' birds were observed only once or twice at a campsite as single individuals or pairs.

RESULTS

Diversity

We recorded 375 species during our 2010 inventory of the Yaguas and Cotuhé drainages. During the 2003 AAYMP inventory we recorded 271 species at the Yaguas campsite on the upper Yaguas River. Eighteen of those species were not recorded during the 2010 inventory, resulting in a total of 393 species currently known from the two drainages.

At the Choro campsite we recorded 254 species, predominantly a *terra firme* (upland forest) avifauna. The Alto Cotuhé campsite produced a total of 277 species, with most of the *terra firme* species found at Choro plus a larger set of species associated with riverine habitats and inundated forests. The 275 species found at the Cachimbo campsite constituted a much more distinctive avifauna, with a smaller set of *terra firme* species and a much larger riverine component, including

a number of aquatic species that were largely absent from the first two 2010 campsites.

Alto Cotuhé shared an equal number of species with Choro and Cachimbo (208), while Choro and Cachimbo shared only 182 species. During the 2010 inventory 28 species were only recorded at Alto Cotuhé, 31 only at Choro, and 52 only at Cachimbo. Of those 52 species, 24 were recorded at Yaguas in 2003, an indication that that campsite had a larger riverine component than did Alto Cotuhé.

Notable records

The most significant finds during this inventory were a set of poor-soil specialists found in hill forests. These species—Cinnamon Manakin-Tyrant (*Neopipo cinnamomea*; Fig. 8E), Black-headed Antbird (*Percnostola rufifrons*), Helmeted Pygmy-Tyrant (*Lophotriccus galeatus*), and an undescribed species of *Herpsilochmus* antwren—were found on high terraces on the Maijuna inventory as well (Stotz and Díaz Alván 2010). We found *Neopipo* only at Cachimbo, but the other species occurred at all three 2010 campsites. None of these species were found at the Yaguas campsite in 2003, but the ornithologists did not survey any hill forest at that site. Another poor-soil specialist, Orange-crowned Manakin (*Heterocercus aurantiivertex*), was at Cachimbo in *chamizal* vegetation (see the Flora and Vegetation chapter; Fig. 8F). This species is more typical of poor-soil inundated areas rather than the hilltops on which the other species occurred.

Another notable find was the replacement of Salvin's Curassow (*Mitu salvini*) by Razor-billed Curassow (*Mitu tuberosum*) between the upper Yaguas drainage, where *M. salvini* occurred at both Choro and Yaguas campsites, and farther east, where we found *M. tuberosum* at both Alto Cotuhé and Cachimbo (Figs. 8A–B). This replacement was expected because of the occurrence of *M. tuberosum* north of the Amazon in Colombia along the lower Putumayo and in Amacayacu National Park (Hilty and Brown 1986), but there were no previous records of *M. tuberosum* in Peru north of the Amazon.

Long-distance migrants were in generally small numbers during the 2010 inventory, but two significant finds were large flocks of Broad-winged Hawks (*Buteo platypterus*) passing overhead on at least three days at Choro, and Stotz's observation of a single male Canada Warbler (*Wilsonia canadensis*) at Cachimbo in a mixed-species flock.

Other significant records include a set of species limited in Peru to the region east of the Napo River. We found six of these species, two of which are previously mentioned poor-soil specialists (*Percnostola rufifrons* and *Herpsilochmus* sp. nov.). The other four were Curve-billed Scythebill (*Campylorhamphus procurvoides*), Ash-winged Antwren (*Terenura spodioptila*), Variegated Antpitta (*Grallaria varia*), and Collared Gnatwren (*Microbates collaris*).

Gamebirds

Numbers and diversity of gamebirds were generally good. At all campsites we had multiple observations of curassows (*Mitu* spp.). Spix's Guan (*Penelope jacquacu*) and Blue-throated Piping-Guan (*Pipile cumanensis*) were fairly common, and tinamou numbers seemed generally good. We heard Nocturnal Curassows (*Nothocrax urumutum*) at Choro and Alto Cotuhé; the lack of records at Cachimbo presumably reflects the lack of *terra firme* near camp rather than hunting. Similarly, the relative rarity of Speckled Chachalaca (*Ortalis guttatus*) indicates the lack of extensive areas of secondary habitat near our campsites. Trumpeters (*Psophia crepitans*) were present in reasonable numbers at all camps. Even at Cachimbo, where it appeared there had been significant hunting of monkeys (see the Mammals chapter), there was no sign that gamebirds were either reduced in numbers or had become skittish, as might be expected with hunting.

Mixed flocks

Mixed species flocks are a characteristic feature of forest avifaunas in Amazonia. They were less common and smaller than usual at all campsites, and especially so at Cachimbo. The main issue appears to be the relative lack of *terra firme* forest at Cachimbo, and to a lesser degree at Alto Cotuhé.

At Choro, understory flocks were relatively typical. Most contained both species of *Thamnomanes*

antshrikes, three or four understory antwrens, various furnariids, Red-crowned Ant-Tanagers (*Habia rubica*), and other typical flock members. Eighteen understory flocks whose composition Stotz recorded at Choro averaged 20.1 individuals and 12.7 species. At Alto Cotuhé, the flocks along the one trail that entered relatively extensive *terra firme* forest had similar sizes (averaging 19.5 individuals and 13 species in four flocks) and composition, although *Habia* was not recorded at the site. In comparison, flocks in low-lying areas at Alto Cotuhé and throughout Cachimbo were smaller (averaging 10.4 species in inundated areas at Alto Cotuhé and 9.5 species at Cachimbo). They were also missing several typical species, such as Long-winged Antwren (*Myrmotherula longipennis*), *Epinecrophylla* antwrens, Olive-backed Foliage-gleaner (*Automolus infuscatus*), and Yellow-margined Flycatcher (*Tolmomyias assimilis*). Separate canopy flocks were almost non-existent at all campsites, although most of the typical flocking species were present. These species joined the understory flocks in varying numbers at all three 2010 campsites.

DISCUSSION

Choro campsite

At Choro there was little indication of human disturbance, either in the form of logging or hunting, and the intact forest bird communities reflected this lack of disturbance. In this campsite we principally found *terra firme* birds. Although there were areas of inundated forests, many bird species typical of those habitats were absent, suggesting that there was too little inundated forest to maintain a good avifauna in these low-lying areas. Understory mixed species flocks were in generally good condition (see below). Numbers of frugivores and especially canopy frugivores were low, both in general and compared to other surveys we have done in the region. We observed few large parrots (*Pionus* and *Amazona*), but large macaws, especially Blue-and-Yellow (*Ara ararauna*) and Scarlet (*Ara macao*), were fairly common.

The apparent lack of hunting resulted in good numbers of Spix's Guan (*Penelope jacquacu*), Blue-throated Piping-Guan (*Pipile cumanensis*), tinamous, trumpeters, and quail. We encountered curassows, namely Salvin's Curassow (*Mitu salvini*) and Nocturnal Curassows

(*Nothocrax urumutum*), in small numbers as is typical of lowland forest without a strong human presence.

Choro resembled the Maronal campsite of the 2003 AAYMP inventory in many ways (Stotz and Pequeño 2004). The habitats were dominated by *terra firme* forests, streams were small, and there was little evidence of human disturbance and essentially no species typical of disturbed habitats. The only clear exception was a single Silver-beaked Tanager (*Ramphocelus carbo*) observed at the heliport.

Yaguas campsite

Stotz and Pequeño (2004) surveyed this campsite along the upper part of the Yaguas River, ~100 km above Cachimbo, during the 2003 AAYMP inventory. The river here is similar in size to the Cotuhé River at the Alto Cotuhé campsite; waterbirds were absent despite a moderate-sized river and a small oxbow lake. Yaguas also resembled Cachimbo in that it lacked extensive *terra firme* forest accessible from camp. As a result, the avifauna here was somewhat intermediate between those of Alto Cotuhé and Cachimbo. Of the 271 species observed at Yaguas, 208 were shared with Cachimbo and 206 with Alto Cotuhé. The lack of extensive *terra firme* forest here meant that Yaguas was less similar to Choro than the other two camps, sharing only 192 species with Choro.

Cachimbo campsite

Cachimbo was the campsite with the most distinctive avifauna of the three studied during the 2010 inventory. It was dominated by inundated forests, had a large river and a good-sized oxbow lake that we surveyed, and lacked extensive *terra firme* forest close to camp. The few areas of *terra firme* had an understory dominated by the palm *Lepidocaryum tenue* (*irapay*), an indicator of poor soils. As a result, we did not find a number of typical *terra firme* species found at both Choro and Alto Cotuhé. Although the poor-soil patches of *terra firme* forest at this site were small, they were sufficient to maintain small populations of the poor-soil specialist birds found elsewhere on the 2010 inventory, which was something of a surprise to us. The overall species richness at Cachimbo was similar to that at Alto Cotuhé (275 vs. 277). The greater number of bird

species of inundated forest, riverine forest and aquatic habitats balanced the less diverse *terra firme* avifauna.

There were clear indications among the large monkeys of a history of hunting at the site, but game-birds were in good numbers, with healthy populations of Spix's Guan (*Penelope jacquacu*), Blue-throated Piping-Guan (*Pipile cumanensis*), tinamous, trumpeters, and quail. There were several observations of Razor-billed Curassows (*Mitu tuberosum*) and we would judge this species to be in typical numbers for a lowland forest site without significant hunting pressure. These conditions for gamebirds resemble those found on the Maijuna inventory at Curupa (Stotz and Díaz Alván 2010). It seems clear that significant hunting pressure is placed on large game birds only once large mammals have been hunted sufficiently that hunting success with mammals has diminished substantially. This clearly had not occurred at Cachimbo.

One inundated forest species that we anticipated at Cachimbo was not found there: Orange-eyed Flycatcher (*Tolmomyias traylori*). This is a species recently described from the north bank of the Amazon (Schulenberg and Parker 1997) and found exclusively north of the Amazon and on river islands along the Amazon in Peru, extreme eastern Ecuador and Colombia. It appears that the species might be absent from the Putumayo drainage, contrary to our expectations and to published range maps (Schulenberg et al. 2010).

Alto Cotuhé campsite

Alto Cotuhé had an avifauna intermediate between those found at Choro and Cachimbo. There were extensive areas of *terra firme* forest, and we found almost all of the *terra firme* species of Choro at Alto Cotuhé. However, Alto Cotuhé also had more extensive areas of inundated forests and a larger river than Choro. While these provided habitat for more riverine species than at Choro, these portions of the avifauna were not nearly as diverse as at Cachimbo.

A single flowering *Symphonia globulosa* tree in a palm swamp at Alto Cotuhé attracted several species of hummingbirds, including Fiery Topaz (*Topaza pyra*) and Black-throated Brilliant (*Heliodoxa schreibersii*), as well as Moriche Orioles (*Icterus chrysocephalus*). This was the only flowering *Symphonia* we found. This contrasts with the 2003 AAYMP inventory, where flowering *Symphonia* were a notable resource for a larger set of parrots, hummingbirds and tanagers (Stotz and Pequeño 2004). It is not clear to us whether *Symphonia* was less common at the sites visited in the 2010 inventory, or simply flowering less. The AAYMP inventory occurred in August and may have corresponded better with peak flowering of this species.

Comparison with the AAYMP and Maijuna rapid inventories and other nearby sites

The birds encountered on the 2010 Yaguas-Cotuhé inventory are very similar to those found on both the 2003 AAYMP inventory (Stotz and Pequeño 2004) and the 2009 Maijuna inventory (Stotz and Díaz Alván 2010). Of the 375 species seen during the 2010 Yaguas-Cotuhé inventory, only 26 were not found on either the Maijuna or AAYMP inventories. These 26 species were scattered across the three campsites, and there is not a clear habitat pattern that emerges from them. Most were rare; only Razor-billed Curassow (*Mitu tuberosum*) replaced by Salvin's Curassow (*Mitu salvini*) farther west, Southern Beardless Tyrannulet (*Camptostoma obsoletum*) in river-edge scrub, and Spotted Antpitta (*Hylopezus macularius*), a poorly known species found in forest along larger rivers in Peru, were considered to be more than rare at any campsite.

As noted before, the Yaguas campsite is about equally similar to Alto Cotuhé and Cachimbo as they are to each other. Similarly, the Choro campsite and Maronal of the 2003 AAYMP inventory share very similar avifaunas. Stotz and Díaz Alván (2010) noted the great similarity of the AAYMP and Maijuna avifaunas. Only 58 species found at Maijuna were not recorded in the AAYMP inventory. Of those species, 24 were found on the 2010 Yaguas-Cotuhé inventory. Of the remaining species, six are North American migrants and 18 are associated with big rivers or areas of extensive second-growth and were found near the Maijuna villages visited on that inventory. We suspect that all of these species would be easily found near human communities along the lower Putumayo, which were not surveyed during the 2010 inventory.

Similarly, only 22 species recorded on the AAYMP inventory were not found on either the Maijuna or the 2010 Yaguas-Cotuhé inventories. Of these, seven were found at the Yaguas campsite within the proposed Yaguas-Cotuhé area. Most of the species found only on the AAYMP inventory are forest species and all but three were considered to be rare at the camps where found.

Altogether 446 species of an estimated regional avifauna of 500 species have been found on the rapid inventories of these three contiguous areas (Stotz and Pequeño 2004, Stotz and Díaz Alván 2010, and the current study). We used the distribution maps in *Birds of Peru* (Schulenberg et al. 2010) to identify which species are likely in the region but were not observed during these inventories. The still unrecorded species include a number of migrants from North America that could occur along the Yanayacu River in the proposed Maijuna Regional Conservation Area or along the lower Putumayo, some waterbirds associated especially with marsh habitats that have not been surveyed, and a variety of rare forest species that could turn up at any time in any place.

Colombia's Amacayacu National Park, due east of our survey area, has been fairly well surveyed for birds. The southern portion of the park nearly reaches the Amazon River and is easily accessible from the city of Leticia on the Amazon. This portion of the park is much better known than the more northern reaches of the park, which are a more relevant comparison to our survey. About 500 species of birds are known from Amacayacu (Birdlife International 2010), and the avifaunas of the park and the sites we surveyed are quite similar. The main apparent difference is that the Amacayacu list includes a number of species associated with the Amazon River and river islands. These habitats were not surveyed during the Yaguas-Cotuhé inventory, but river islands along the lower Putumayo could potentially contain some of these species.

Amacayacu National Park is considered an Important Bird Area based on the presence of nine species of birds considered to be globally threatened, restricted in range or representative of a specific biome (Birdlife International 2010). Six of these species were found during our inventory, and two others,

Crested Eagle (*Morphnus guianensis*) and White-eared Jacamar (*Galbalcyrhynchus leucotis*), likely occur in the Yaguas and Cotuhé watersheds. Only Olive-spotted Hummingbird (*Leucippus chlorocercus*), a river island specialist, is likely absent from our survey area. As Yaguas-Cotuhé contains additional species with restricted ranges, such as *Herpsilochmus* sp. nov., Orange-crowned Manakin (*Heterocercus aurantiivertex*), and Fiery Topaz (*Topaza pyra*), it is very likely that it will some day qualify as an Important Bird Area.

Poor-soil avifauna

In white-sand soil habitats west of Iquitos lives a large array of specialized birds restricted to those habitats (Álvarez and Whitney 2003, Stotz and Díaz Alván 2010). As on the Maijuna inventory, we did not find any evidence of this highly specialized avifauna in the Yaguas and Cotuhé watersheds. However, again like Maijuna, we did find a small set of species associated with poor soils. At each of the sites surveyed during the 2010 inventory we encountered terraces with poor soils. These terraces form a complex of higher elevation hills, like those found in the Maijuna inventory (Gilmore et al. 2010). The highest and most extensive terraces were at the Choro campsite in the northern headwaters of the Yaguas River. The soils on these hills are well-weathered clays and are very low in fertility. The terraces at Choro resembled the terraces seen at the Piedras campsite on the Maijuna inventory, but those found at other camps were lower and more eroded (see the Landscape Processes chapter for details on the geology and soils of these hills). A distinct type of poor-soil forest was encountered at the Cachimbo campsite, similar in structure and plant species composition to an extreme type of *varillal* called *chamizal*. We investigated it carefully for birds.

We found four species clearly tied to the forests on poor soil terraces: *Percnostola rufifrons jensoni*, *Herpsilochmus* sp. nov., *Lophotriccus galeatus*, and *Neopipo cinnamomea*. We also encountered *Schiffornis turdina*, primarily in poor-soil areas including the *chamizal*. However, this species is not a specialist on poor soils, but seems to be tied to areas with significant relief. These species showed a similar pattern of occurrence relative to the poor-soil terraces on the Maijuna

inventory (Stotz and Díaz Alván 2010). Two relatively widespread poor-soil potoos found at Maijuna—Rufous Potoo (*Nyctibius bracteatus*) and White-winged Potoo (*N. leucopterus*)—were not encountered on the Yaguas-Cotuhé inventory. As they are nocturnal species, our failure to encounter them does not necessarily mean that they were not present. However, *N. bracteatus* has been found on most rapid inventories done to date in Loreto and conditions were good for calling potoos during the 2010 inventory.

The undescribed *Herpsilochmus* (originally discovered by Lars Pomara along the Ampiyacu River; see Stotz and Díaz Alván [2010] for more details) was very common on the high terraces at the Piedras campsite during the Maijuna inventory. It was present at all sites during the 2010 Yaguas-Cotuhé inventory but much less common, with no more than a few pairs found at any campsite. It was most common and widespread on the terraces at the Choro campsite. The records from this inventory are the easternmost for the species, but it could extend east into Colombia on poor-soil terraces in the Cotuhé drainage.

Heterocercus aurantiivertex is an uncommon manakin known generally from poor-soil habitats such as *varillal*, blackwater inundated forests, and palm swamps. A single individual was located in the *chamizal* vegetation at Cachimbo campsite. This constitutes a range extension to the east for this species, previously unrecorded in Peru east of the Napo River. It remains unrecorded in Colombia.

Percnostola rufifrons jensoni is part of the *Percnostola rufifrons* (Black-headed Antbird) complex discussed in the Maijuna report (Stotz and Díaz Alván 2010). It is found only east of the Napo and is replaced to the west by Allpahuayo Antbird (*Percnostola arenarum*). This subspecies *jensoni* was described from Sucusari along the Amazon, south of our survey area (Capparella 1987). In that publication it was separated along with the subspecies *P. r. minor* of Colombia from the widespread nominate *rufifrons* of northeastern Amazonia. They were returned to *rufifrons* in the description of the white-sand specialist *P. arenarum* (Isler et al. 2001). It appears clear to us that *jensoni* does not belong with nominate *rufifrons*, but the complete lack of information regarding *minor* makes it impossible to determine the best course of action regarding the taxonomy of this form.

Helmeted Pygmy-Tyrant (*Lophotriccus galeatus*) is also tied to poor soils in northern Loreto, but its distribution extends patchily east to the Guianas. Cinnamon Manakin-Tyrant (*Neopipo cinnamomea*) is a patchily distributed species throughout Amazonia, perhaps most common in poor-soil areas of western Amazonia. Our records constitute eastward range extensions for both *Percnostola rufifrons jensoni* and *Neopipo cinnamomea*.

On the 2003 AAYMP inventory the ornithologists encountered *Lophotriccus galeatus* and *Percnostola rufifrons* at the Apayacu campsite, but did not find the undescribed *Herpsilochus* (Stotz and Pequeño 2004). Based on what we now know about these poor-soil specialists, it seems likely that all three species were present at both the Apayacu and Maronal campsites, where poor-soil hills were accessible within the trail system. It remains unclear whether appropriate habitat exists in the vicinity of the Yaguas campsite.

Reproduction

There was very little evidence of reproduction occurring at the time of this inventory. In general, October is not a major breeding period in this region; on previous inventories at this time of year we have seen only scattered evidence of breeding (e.g., Stotz and Díaz Alván 2010). However, even by these limited standards, very little appeared to be breeding during this inventory. We found no nests and observed no nest building, and breeding evidence was limited to three cases in which we saw large juveniles. Stotz saw a short-tailed but independent juvenile of Sooty Antbird (*Myrmeciza fortis*) at Choro on 19 October, Stotz and Díaz Alván found a independent juvenile Black-fronted Nunbird (*Monasa nigrifrons*) at Cachimbo on 28 October, and Stotz and Moskovits observed a female Ringed Woodpecker (*Celeus torquatus*) feeding a large juvenile at Cachimbo on 30 October.

We presume that the unusually limited extent of breeding during this inventory was in part due to the extremely dry conditions found in the region during the previous months (see the Regional Overview and Sites Visited chapter). These dry conditions presumably also contributed to the low levels of calling we found for understory territorial species during the inventory.

Migration

We found only a handful of migrants during this inventory. We had records of eight or nine species of migrants from North America: Osprey (*Pandion haliaetus*), *Buteo platypterus*, Common Nighthawk (*Chordeiles minor*), Yellow-billed Cuckoo (*Coccyzus americanus*), Eastern Wood-Pewee (*Contopus virens*), Barn Swallow (*Hirundo rustica*), *Wilsonia canadensis*, and Summer Tanager (*Piranga rubra*). Small numbers of Red-eyed Vireos (*Vireo olivaceus*) observed during the inventory may have been migrants, but there are resident populations in the region.

We observed large groups of *Buteo platypterus* on three days at Choro. Díaz Alván saw over 100 on 15 October, and about 20 on 19 October, while Stotz counted 72 on 17 October. These data complement the observation of 26 *B. platypterus* by Stotz on the Maijuna inventory in October 2009 (Stotz and Díaz Alván 2010). It is clear that large numbers of this species move through this region during their southbound migration. A radio-tracking study has shown that Swainson's Hawk (*B. swainsoni*), another *Buteo* that migrates in flocks, apparently moves in large numbers through a narrow corridor east of the Napo in Peru during migration to wintering sites in southern South America (Fuller et al. 1998), but we have not found this species on any of our inventories in the area to date.

The record of Canada Warbler (*Wilsonia canadensis*) at Cachimbo on 28 October was unexpected. While the species spends the boreal winter on the lower slopes of the tropical Andes, Stotz found several individuals in October 2007 in the Amazonian lowlands along the Ecuador-Peru border on the Güeppí inventory (Stotz and Mena Valenzuela 2008). This suggests that the species may move regularly through the western Amazonian lowlands on its way to boreal wintering grounds in southern Peru or Bolivia. A similar pattern is known to occur in the far more abundant Swainson's Thrush (*Catharus ustulatus*), which also spends the boreal winter on the slopes of the Andes.

We found only a small percentage of the 35–40 North American migrant species that regularly occur in this area of northern Amazonian Peru. However, the Yaguas-Cotuhé region does not really have appropriate habitat for most of these species. Most of the landbird migrants are associated with extensive areas of secondary habitats, while the waterbirds are usually along large rivers with extensive beaches. Although the Yaguas is large enough to support the shorebirds that migrate through Amazonia, the steeply angled river channel and lack of beaches mean that there is little habitat for most of these migrants. It seems unlikely that the area has important wintering populations of North American migrants. On the other hand, while we did not survey it, the lower Putumayo River appears to have extensive areas of secondary habitats, and extensive beaches scattered along it. It could have significant populations of some North American migrants.

The date of this inventory was late for most austral migrants to be present in Amazonia, and we found only one species: Crowned Slaty Flycatcher (*Empidonomus aurantioatrocristatus*). Northern Amazonia is north of the wintering grounds of all but a handful of austral migrants, so even at the height of their presence in June and July, there are probably fewer than ten species of austral migrants expected in the survey area.

Mixed flocks

With the exception of Choro, the mixed species flocks in the understory during this inventory were generally small and missing some expected species. The cause of these atypical flocks appears to be the fact that we surveyed mainly inundated forests rather than *terra firme*. Other studies (Munn and Terborgh 1979, Stotz 1993) have found that these flocks tend to be less developed in inundated habitats. This tendency was strongest at Cachimbo. Normally there are two species of *Thamnomanes* antshrikes leading the understory flocks. At Cachimbo Dusky-throated Antshrike (*T. ardesiacus*) was quite rare, but Cinereous Antshrike (*T. caesius*) remained common. The makeup of flocks at Cachimbo was unusual, with few typical flocking species and regularly including understory species that usually are not associated with flocks such as Black-

faced Antbird (*Myrmoborus myotherinus*), *Hypocnemis* spp., Spot-winged Antbird (*Schistocichla leucostigma*), Black-chinned Antbird (*Hypocnemoides melanopogon*), White-shouldered Antbird (*Myrmeciza melanoceps*), and Coraya Wren (*Thryothorus coraya*).

As at Maijuna (Stotz and Díaz Alván 2010), canopy flocks were few and most canopy flocking species joined understory flocks. Tanagers were uncommon, as they were at Maijuna, so we suspect there were too few species of canopy flock species to maintain separate canopy flocks. As with the understory flocks, some typical canopy flock species were present at Choro, but missing from the inundated areas of Alto Cotuhé and at Cachimbo. These included Lineated Woodcreeper (*Lepidocolaptes albolineatus*), Ash-winged Antbird (*Terenura spodioptila*), and Fulvous Shrike-Tanager (*Lanio fulvus*).

THREATS

The principal threat to the avifauna in and around the proposed Yaguas-Putumayo conservation areas is loss of forest cover. Hunting is a secondary threat in the region, affecting only a small number of species, and is most likely to be a problem in areas accessible by river travel by communities along the Putumayo River. Because the mouth of the Cotuhé River is well into Colombia, it seems unlikely that hunting pressure in the form of commercial hunting along that river will be significant in the short term.

RECOMMENDATIONS FOR CONSERVATION

Protection and management

Maintaining forest cover will be a sufficient strategy for the most part to preserve conservation targets for birds. For game birds, managing hunting pressure within the direct use area will be necessary. Fish-eating bird populations could be affected by overfishing in lakes and larger rivers, but since small fish not of interest to human consumers constitute the main food source of these birds, there is unlikely to be a major problem unless unsustainable fishing practices, such as the use of toxins, are present.

The strictly protected area proposed for the Yaguas and Cotuhé basins should provide sufficient intact forest to maintain forest bird communities, with the possible exception of species associated with long-term seasonally flooded forests. Much of this habitat along the Yaguas River is outside the boundary of the proposed strictly protected area.

Birds are clearly a lower priority target for subsistence hunters than mammals, so even at Cachimbo, where monkey populations had been impacted by hunting, there was no obvious evidence of hunting impacts on game bird populations. Reductions in overall hunting pressure should allow game bird populations to recover in all but the most disturbed areas close to human populations. The Yaguas and Cotuhé basins can act as source populations to help maintain bird populations currently hunted not just by communities in this region but also in the proposed and existing Ampiyacu-Apayacu, Medio Putumayo and Maijuna Regional Conservation Areas surrounding this region.

The area surveyed has a diverse avifauna with good populations of relatively uncommon, large birds that could be attractive for ecotourism. However, the difficulty of access for international tourists suggests that there is only limited potential in the region for bird-focused ecotourism.

Monitoring

The highest priority is monitoring populations of game birds within areas that are currently used by hunters. We need to understand both the current status of the populations being hunted, and the nature and extent of use. Monitoring populations of fish-eating birds at oxbow lakes where local communities fish is the second-highest priority.

Additional inventories

Additional inventories within the Yaguas watershed and along the adjacent Putumayo should focus on low-lying forests along major rivers. The *terra firme* forests in this area of Peru have been fairly well studied through the three rapid inventories in the region (Stotz and Pequeño 2004, Stotz and Díaz Alván 2010, this study). In contrast, the seasonally flooded forests, oxbow lakes and river islands along the Putumayo River and its right bank tributaries are almost completely unknown and should be inventoried. The Critically Endangered Wattled Curassow (*Crax globulosa*) might still occupy these habitats in the Putumayo drainage. Additionally, the river islands of the Amazon River and the lower part of the Napo have a specialized set of bird species associated with them. The Putumayo River has a number of large river islands that have never been surveyed for birds, and these are a high priority for future studies. Finally, the Colombian side of the lower Putumayo has received almost no ornithological attention, so surveys of upland forests there would also be of interest.

MAMMALS

Authors: Olga Montenegro and Luis Moya

Conservation targets: Healthy populations of six species of threatened large mammals, including woolly monkeys (*Lagothrix lagotricha;* VU), impacted by hunting in much of Amazonian Peru; the globally endangered giant river otter (*Pteronura brasiliensis*), which appears to have reasonable populations in both the Yaguas and Cotuhé rivers; various other species with negative population trends in large portions of their geographic ranges, like white-lipped peccary (*Tayassu pecari*), jaguar (*Panthera onca*), puma (*Puma concolor*), and ocelot (*Leopardus pardalis*); healthy populations of species that are not currently classified as threatened but are frequently targeted by hunters, like the primates *Alouatta seniculus*, *Cebus apella*, and *Cebus albifrons*, or species whose status is unknown, like *Pithecia monachus* or *Lontra longicaudis*; healthy populations of river dolphins (*Sotalia fluviatilis* and *Inia geoffrensis*), the latter considered threatened in Peru; diverse and complex bat communities which provide important ecological services as seed dispersers (frugivorous bats) and insect predators (insectivorous bats), and help maintain forest and population structure

INTRODUCTION

Peru has a very diverse mammal fauna, ranking fourth in the world in number of species (508) according to the most recent Peruvian checklist (Pacheco et al. 2009). Much of this diversity is located in the lowland forests of Loreto department, which, together with Ecuadorean forests in Yasuní National Park, represent one of the richest regions on Earth for both mammals and vertebrates in general (Bass et al. 2010). The information currently available on the richness and composition of Loreto's mammal communities remains incomplete, however, on a watershed-by-watershed basis. Much of the research to date on the department's mammals has focused on specific groups like primates (Aquino and Encarnación 1994, Aquino et al. 2008) and game species (Bodmer et al. 1994, Aquino et al. 2001, Fang et al. 2008).

Most of what is known about the mammal fauna of the Napo-Putumayo-Amazon interfluvium comes from a handful of field surveys: an assessment of primate populations along the Yubineto River (Encarnación et al. 1990), an inventory and economic valuation of wildlife at a site on the Algodón River (Aquino et al. 2007), and various rapid inventories on the Ampiyacu and Apayacu rivers (Montenegro and Escobedo 2004), in the Güeppí Reserved Zone (Bravo and Borman 2008) and on the Yanayacu, Algodón and Sucusari rivers (Bravo 2010). Apart from one site in the headwaters of the Yaguas River visited during the rapid inventory of the Ampiyacu and Apayacu rivers, the fauna of the rest of the Yaguas watershed and of the Peruvian portion of the Cotuhé River had never been studied. Across the border in neighboring areas of Colombia some information exists for the northern portion of Amacayacu National Park (game mammals, Bedoya 1999), and for the Ayo River, near Río Puré National Park (Mesa 2002). While the Peruvian and Colombian research to date has provided a broad view of the high mammal diversity in this area of western Amazonia, much remains unknown about the mammals of the Yaguas, Cotuhé and lower Putumayo watersheds.

In this inventory we present data on the mammal fauna of the upper and lower reaches of the Yaguas River and of the Peruvian headwaters of the Cotuhé River. In order to present a comprehensive summary of what is known to date about these watersheds, our analysis includes both data collected at three sampling sites visited during the 2010 rapid inventory and data collected at the Yaguas headwaters site visited in 2003 (Montenegro and Escobedo 2004). We compare species composition at these different sites and highlight the most important results for conservation.

METHODS

During 15–30 October 2010 we studied the mammal community at three sites: the headwaters of the Yaguas River (Choro campsite), the headwaters of the Cotuhé River (Alto Cotuhé campsite), and the lower watershed of the Yaguas River (Cachimbo campsite). At each site we had five full days of sampling, during which we used the following methods to study the fauna:

(1) *Direct sightings*: At each campsite we made daily surveys along the trails previously established by the advance team. We walked between 32 and 42 km at each campsite (Table 1) for a total 112.13 km surveyed. At each campsite we began surveys between 5:30 and 7:00 a.m., and continued them until 2:00 or 3:00 p.m., for an average of 8–9 hours per day. We walked the trails at an average speed of 0.5–1 km per hour. On some nights we also carried out nocturnal surveys, for a cumulative total of 3.6 km for the three campsites. At the site on the lower Yaguas River we carried out a nocturnal boat survey of a ~2-km stretch of the Yaguas upriver from the Quebrada Cachimbo. Whenever a mammal was sighted during the surveys, we recorded the species, number of individuals, and perpendicular distance from the trail.

2) *Tracks and other signs*: During the trail surveys we also noted tracks, scratches on trees, scat, and any other signs of mammal activity (Table 1). For some tracks that were difficult to identify or of species of interest (e.g., felids), we made plaster casts and compared them to the tracks of mammals potentially present in the area according to field guides (Emmons and Feer 1999, Tirira 2007, Navarro and Muñoz 2000). We quantified these track and sign observations as number of signs encountered per 100 km surveyed.

3) *Camera traps*: We used three to six Bushnell digital camera traps with a passive monitoring system. We stationed the cameras off-trail in places where mammal activity was evident, including mineral licks (*collpas*), animal paths, caves, and streambanks. Traps were active for three to five days at each campsite. Sampling effort for each site is given in Table 1.

4) *Mist nets*: We sampled bats for three nights at each campsite, using four mist nets that measured 6 and 9 m

Table 1. Mammal sampling effort at three sites in the Yaguas and Cotuhé watersheds on 15–30 October 2010.

Method	Campsite			Total
	Choro	Cachimbo	Alto Cotuhé	
Direct sightings (km surveyed)	36.9	32.6	42.6	112.1
Tracks and other sign (km surveyed)	18.5	16.3	21.3	56.1
Camera traps (camera-days)	13.0	26.0	12.0	51.0
Mist nets (net-nights)	12.0	12.0	12.0	36.0

long. Total sampling effort and effort per campsite are given in Table 1. Nets were opened between 5:30 and 9:00 p.m., and all captured bats were weighed, measured, identified, photographed, and released.

We also took note of sightings by other researchers in the field, as well as those made by the advance team during the trail-clearing and the camp-building in the weeks immediately preceding the inventory. In order to facilitate comparisons between campsites, we estimated the success of each of the sampling methods as number of species recorded per unit of sampling effort (e.g., number of species or tracks sighted per kilometer surveyed, trap-days, net-nights).

RESULTS

During the 2010 inventory we recorded 63 mammal species belonging to ten orders and 21 families (Appendices 7 and 8). The orders were Didelphimorphia (4 species), Cingulata (2), Pilosa (2), Chiroptera (18), Primates (12), Carnivora (8), Cetacea (2), Perissodactyla (1), Artiodactyla (4), and Rodentia (9). Adding the species recorded at the Yaguas campsite in 2003 (Montenegro and Escobedo 2004), located just 29 km from the Choro campsite, brings the total number of mammal species recorded to date for the Yaguas and Cotuhé watersheds to 71 (Table 2).

Total mammal diversity of the Yaguas watershed has been estimated at 160 species (INADE et al. 1995), which means that our checklist represents roughly 40% of the species expected for the region. Most of the expected species that we did not record are rodents and other small mammals, which we did not sample due to

time limitations. Our surveys did, however, record most of the large and medium-sized mammals expected for the region.

Although we did not record any endemic species, we did observe one narrowly distributed species that is known only from Peru and some areas of Colombia. This is the black-mantled tamarin (*Saguinus nigricollis*), a primate which in Peru only occurs in the Napo-Putumayo-Amazon interfluvium (Aquino and Encarnación 1994).

Of the species recorded, the giant river otter (*Pteronura brasiliensis*) is considered Endangered (EN) both globally (IUCN 2010) and within Peru (INRENA 2004). We also encountered five species classified as globally Vulnerable (VU; IUCN 2010): oncilla (*Leopardus tigrinus*), giant armadillo (*Priodontes maximus*), giant anteater (*Myrmecophaga tridactyla*), woolly monkey (*Lagothrix lagotricha*; Fig. 10G), and lowland tapir (*Tapirus terrestris*; Fig. 10A). Other species, like white-lipped peccary (*Tayassu pecari*) and jaguar (*Panthera onca*), are considered Near Threatened at the global level. We also recorded other large felids like *Puma concolor* and *Leopardus pardalis* whose populations show negative trends in large areas of their ranges but are not currently considered threatened (IUCN 2010).

Choro campsite

Over five days (15–20 October 2010) we recorded 28 mammal species in the orders Cingulata (2), Chiroptera (7), Primates (10), Carnivora (3), Perissodactyla (1), Artiodactyla (3), and Rodentia (2). Primates were the most diverse group here, and we recorded 10 of the 12 species found in the entire inventory.

Table 2. The number of species in each of ten mammal orders recorded at four sites in the Yaguas and Cotuhé watersheds.

| Order | Yaguas River | | | Cotuhé River | |
	Choro	Yaguas	Cachimbo	Alto Cotuhé	Total
Didelphimorphia	–	–	3	2	4
Cingulata	2	2	2	2	3
Pilosa	–	1	1	1	3
Chiroptera	7	9	7	7	23
Primates	10	10	9	9	12
Carnivora	3	5	6	4	9
Cetacea	–	2	2	–	2
Perissodactyla	1	1	1	1	1
Artiodactyla	3	3	3	4	4
Rodentia	2	5	7	6	10
TOTAL	**28**	**38**	**41**	**36**	**71**

Woolly monkeys were especially frequent (18.97 observations/100 km surveyed; Table 3). Most troops averaged 10–12 individuals and in several troops we observed young juveniles. Troops of white-fronted capuchin (*Cebus albifrons*) were also encountered frequently at this site, with group sizes that varied from five to ten individuals. We often found this primate associated with large groups of squirrel monkeys (*Saimiri sciureus*; 10–50 individuals). Also notable was the sighting of the rare red titi monkey (*Callicebus cupreus*). Tapir tracks were common, especially around a mineral lick near the campsite, but sighting frequencies of white-lipped and collared peccaries were relatively low. The dominant habitats in this campsite were upland forests on the high, early Pleistocene terraces (~2 million years old), which were important for primates, and swamp forests and mineral licks, which were important for ungulates.

Cachimbo campsite

This campsite yielded the highest number of species, with primates again being the most diverse. Over five days (26–30 October 2010) we recorded 41 mammal species in the orders Didelphimorphia (3 species), Cingulata (2), Pilosa (1), Chiroptera (7), Primates (9), Carnivora (6), Cetacea (2), Perissodactyla (1), Artiodactyla (3), and Rodentia (7). Notable at this campsite was the sighting of pygmy marmoset (*Callithrix pygmaea*) on the banks of the Quebrada Cachimbo and the absence of white-fronted capuchin (*Cebus albifrons*), which was frequent at the other campsites; in place of that species, we recorded brown capuchins (*Cebus apella*) in association with large troops of squirrel monkeys (*Saimiri sciureus*; >30 individuals). The two river dolphins (*Inia geoffrensis* and *Sotalia fluviatilis*; Figs. 10D–E) were sighted frequently in the Yaguas River, which is much larger than the rivers at the other campsites, and the pink river dolphin (*Inia geoffrensis*) was observed in groups of up to nine individuals. Tapir and white-lipped peccary tracks were more common in this campsite, probably because of the local presence of palm swamps (Table 3). Also notable were the high frequency of large cat sign (tracks and scratched trees) and a direct sighting of an adult *Puma concolor*. However, we also observed a low density of woolly monkeys and skittish behavior among most primates at this campsite.

At Cachimbo oxbow lakes and streams were important habitats for semi-aquatic species like giant river otters, which were seen on several occasions, while the Yaguas River itself is an important habitat for the Amazonian river dolphins.

Table 3. Sighting and sign frequencies of the most common mammal species at three sites in the Yaguas and Cotuhé watersheds.

Species	Common name	Campsite		
		Choro	Cachimbo	Alto Cotuhé
Direct sightings (no. groups/100 km surveyed)				
Alouatta seniculus	Red howler monkey	5.42	3.07	7.04
Callicebus torquatus	Yellow-handed titi monkey	2.71	15.34	7.04
Cebus albifrons	White-fronted capuchin	5.42	0.00	14.08
Lagothrix lagotricha	Woolly monkey	18.97	3.07	4.69
Pithecia monachus	Monk saki monkey	5.42	9.20	11.74
Saguinus nigricollis	Black-mantled tamarin	5.42	21.47	16.43
Saimiri sciureus	Common squirrel monkey	5.42	12.27	7.04
Saguinus fuscicollis	Saddle-back tamarin	2.71	0.00	0.00
Aotus vociferans	Owl monkey	2.71	0.00	2.35
Callithrix pygmaea	Pygmy marmoset	0.00	3.07	0.00
Cebus apella	Brown capuchin	0.00	21.47	0.00
Tracks and other signs (no. signs/100 km surveyed)				
Dasypus sp.	Armadillo	5.42	12.27	65.73
Priodontes maximus	Giant armadillo	10.84	6.13	4.69
Mazama americana	Red brocket deer	10.84	6.13	4.69
Tapirus terrestris	Lowland tapir	37.94	85.89	32.86
Pecari tajacu	Collared peccary	5.42	6.13	9.39
Tayassu pecari	White-lipped peccary	5.42	30.67	9.39

Alto Cotuhé campsite

Over five days (21–25 October 2010) we recorded 36 mammal species in the orders Didelphimorphia (2 species), Cingulata (2), Pilosa (1), Chiroptera (7), Primates (9), Carnivora (4), Perissodactyla (1), Artiodactyla (4), and Rodentia (6). Observations at this site added various species to our list, most notably two marsupials and four bats (Appendices 7 and 8). We sighted *Leopardus tigrinus*, a cat species that is typically difficult to spot. At this campsite we also observed higher frequencies of white-fronted capuchin (*Cebus albifrons*) and monk saki monkeys (*Pithecia monachus*), and we recorded more burrows of the medium-sized armadillo (*Dasypus* sp.; Table 3). Important habitats for mammals in this campsite were palm swamps, upland forests, and floodplain forests along the Cotuhé River.

Mineral licks (*collpas*)

In this region of the Peruvian Amazon mineral licks are very important for ungulates and some primates. Although our surveys were too short to quantify the abundance of *collpas* at the sites we visited, we found at least one active lick at the Choro campsite. Given the abundance of ungulate tracks at the three sites, our impression is that *collpas* are common in these watersheds, as they are in other regions of Loreto, like the upper Yaguas River (Montenegro and Escobedo 2004), the Blanco River (Puertas 1999) and the Yavarí-Mirín watershed (Montenegro 2004).

DISCUSSION

Mammal diversity in the Yaguas and Cotuhé watersheds

The Yaguas and Cotuhé watersheds have a very rich mammal fauna. Despite the brevity of our inventories, and the fact that we did not survey rodents and other small mammals, we recorded nearly 40% of the mammal species expected to occur in the region. Our checklist includes 48 species of large and medium-sized mammals and 23 species of bats (Appendices 7 and 8). This represents 24% of the mammal fauna of Peru's Amazonian lowlands and 14% of all mammals known from Peru (Pacheco et al. 2009). Likewise, in this short survey we recorded 27% of the 84 bat species expected for the Yaguas and lower Putumayo watersheds (INADE et al. 1995).

César Ascorra has estimated that 160 species of mammals occur in the Yaguas watershed (INADE et al. 1995)—nearly 32% of all mammals known from Peru. We agree that this is a good estimate of the regional mammal fauna, for two reasons. First, it agrees with the distribution maps of Peruvian mammal species provided by Emmons and Feer (1999) and Eisenberg and Redford (1999). Second, it is similar to estimates made for the neighboring regions of Colombia (Montenegro 2007), based on field work and museum collections. But since these estimates do not include potentially undescribed species or range extensions among rodents and small marsupials, focused surveys of those groups are needed to provide a comprehensive picture of the high mammal diversity in the Yaguas and Cotuhé watersheds.

The diversity and composition we documented are quite similar to those found in studies of neighboring areas, like the Algodón River (Aquino et al. 2007) and Colombian forests of the lower Putumayo watershed (Alberico et al. 2000, Mesa 2002, Montenegro 2007), and especially so for large and medium-sized mammals. In Colombia part of this fauna is protected by the protected areas network: Amacayacu National Park, whose northern boundary is the Cotuhé River, and Río Puré National Park, in the Caquetá drainage. However, given the habitat requirements of large species like large cats and ungulates, several large protected areas are needed to ensure the long-term survival of these species. As Loreto does not yet have strictly protected areas to complement the protected ecosystems in neighboring Colombia, protecting the Yaguas and Cotuhé watersheds would greatly boost efforts to conserve the very rich fauna of this region of western Amazonia.

Site-to-site comparisons within the Yaguas and Cotuhé watersheds

The main differences between the mammal communities of the sites we visited were not so much in the composition of species as in their abundances. The most striking example is woolly monkeys (*Lagothrix lagotricha*), which were very abundant in the upper reaches of both rivers and less so at the site on the lower Yaguas. High densities of woolly monkeys have also been reported for the Algodón River (Aquino et al. 2007). At our campsites in the Yaguas headwaters, these primates were not only abundant but also unafraid of people, often showing curiosity and even aggression towards researchers. These observations suggest that there are healthy populations of woollies in the Yaguas headwaters. By contrast, on the lower stretches of the same river we did not personally record the species; our record there is based on rare sightings by the advance team. According to our field assistants, this portion of the Yaguas is sometimes hunted by residents of the communities at the mouth of the Yaguas and along the Putumayo. Because this is a frugivorous primate, reduced densities on the lower Yaguas could eventually affect forest structure via a decline in rates of seed dispersal (Peres and Palacios 2007).

Most primates recorded in the 2010 inventory were common in all three campsites, with the following exceptions. The coppery titi monkey (*Callicebus cupreus*) was only sighted at Choro. This primate is not very common in this region of the Amazon, and other researchers have noted that it is rarely spotted in the Napo-Putumayo interfluvium (Bravo and Borman 2008). The pygmy marmoset (*Callithrix pygmaea*), which is widely distributed but also hard to see in this area of the Amazon, was also rare and only recorded at the Cachimbo campsite. Squirrel monkeys (*Saimiri sciureus*) were common at all three sites, but at Choro and Alto Cotuhé they were associated with white-fronted capuchins (*Cebus albifrons*) and at Cachimbo with brown capuchins (*Cebus apella*). In fact, the latter species was only recorded at Cachimbo. Although these two species of *Cebus* are usually sympatric, that was not the case in this inventory. Further studies are needed to determine whether this is a consistent pattern in these watersheds.

Similarities and differences with other sites in Loreto

The mammal fauna observed in the Yaguas and Cotuhé watersheds is very similar to that reported from the Cuyabeno-Güeppí region of the Ecuadorean and Peruvian Amazon (Bravo and Borman 2008), and to that observed on the Yanayacu, Algodón, Sucusari, Ampiyacu, and Apayacu rivers in the Peruvian Amazon (Montenegro and Escobedo 2004, Bravo 2010). Among the species that we expected to find in the Yaguas-Cotuhé region but did not record is the short-eared dog (*Atelocynus microtis*), a species which was recorded on the inventories cited above. We do have a photograph, taken in 2009 by Ricardo Pinedo near the town of Huapapa on the Putumayo River, of an individual that was captured there while crossing the river. We therefore consider that the species does occur in at least the nearby Yaguas watershed. It is also likely that the species occurs on the Cotuhé River, since it has been reported for the lower Putumayo in Colombia (Alberico et al. 2000, Montenegro 2007).

Another canid species that we expected to find in the Yaguas-Cotuhé region was the bush dog (*Speothos venaticus*). This species has been reported from Cuyabeno-Güeppí (Bravo and Borman 2008) and the lower Putumayo in Colombia (Alberico et al. 2000), and should be present throughout the region according to range maps in Eisenberg and Redford (1999) and Emmons and Feer (1999).

This is also the case for the felid *Herpailurus yagouroundi*, recorded from Cuyabeno-Güeppí (Bravo and Borman 2008) and the lower Putumayo in Colombia (Alberico et al. 2000) but not found on this inventory. Both *Speothos* and *Herpailurus* may be present in the Yaguas and Cotuhé watersheds, but more sampling effort is necessary to confirm their presence.

THREATS

Hunting and logging are the leading threats to mammals in the region, and especially so on the lower stretches of the Yaguas River. While hunting appears to be for subsistence, it is already showing impacts on some populations, mostly those of primates. Logging is most common on the lower Yaguas, but also present at smaller scales on the upper Yaguas and Cotuhé, where it both destroys habitat and generates hunting pressure around logging camps. In the lower Yaguas watershed, for example, we found peccary bones at an abandoned camp a few kilometers upriver of the mouth of the Quebrada Cachimbo.

Likewise, while harvests of Amazonian mammal pelts like those of cats and otters have dropped since the trade's peak in the 1970s, it remains occasional. In the Putumayo watershed, for example, there is an occasional illegal trade of ocelot (*Leopardus pardalis*), margay (*Leopardus wiedii*), and jaguar (*Panthera onca*) skins. The scale of the trade of these and other commercially valuable species are not known, since official numbers are not kept (INADE et al. 1995). The only currently available estimate of the mammal trade in the Putumayo River is that of Aquino et al. (2007). They report that bushmeat is sold in towns like San Antonio del Estrecho and to Colombian riverboat traders (*cacharreros*). The most commonly sold species are four ungulates (white-lipped peccary, collared peccary, tapir, and red brocket deer) and large birds. The economic value of the trade in 2007 was estimated at US$194,860.00 (Aquino et al. 2007).

Logging represents a threat to mammal populations not only due to hunting, but also due to its impact on habitat quality. Primates are especially vulnerable to logging impacts, as has been reported in other Neotropical forests (Bicknell and Peres 2010). Logging can also cause an increase in small mammal populations and consequently in seed predation, as has been shown in other areas of the Amazon following harvests of species like mahogany (Lambert et al. 2005), and this can have long-term impacts on forest structure.

As populations of the most sought-after timber species (mostly tropical cedar) grow scarce in the Yaguas watershed, the tendency will be to shift to other, less valuable species. The resulting impacts to mammal habitat will intensify over time if the area is not protected. In general, long-term hunting pressure associated with logging can generate serious disruptions of mammal communities, as reported for other regions of the Amazon (Lopes and Ferrari 2000).

RECOMMENDATIONS FOR CONSERVATION

Protection

- Establish the strictly protected area proposed for the Yaguas and Cotuhé watersheds to guarantee the long-term maintenance of mammal populations there. The proposed park will protect at least six threatened species, as well as others that have narrow geographic ranges, such as the black-mantled tamarin (*Saguinus nigricollis*). A strictly protected area will also serve as a core source population that will help revitalize populations of species that are impacted by hunting in adjacent areas. For example, the low populations of woolly monkeys (*Lagothrix lagotricha*) on the lower Yaguas can recover thanks to migration from the larger populations in the headwaters. A strictly protected area will also help protect the poorly known species of the area, like small mammals (rodents and bats), many of which play a fundamental role in maintaining forest structure through seed dispersal.

- Establish a sustainable use area near the towns on the lower Putumayo and Yaguas rivers, in which local residents can use and manage their resources in a sustainable fashion.

Management and monitoring

- Develop management plans for mammal species that have the potential to be harvested in a sustainable fashion. The first step is to assess hunting intensity and its sustainability given the reproductive biology and life histories of local game species. This will help identify species that can be sustainably harvested under management plans (paca or collared peccary, for example) and species that should not be hunted (like large primates and tapirs). Such an effort will complement similar initiatives for other natural resources, like commercially valuable fish (arapaima and silver arawana), under binational agreements with Colombia (Agudelo et al. 2006).

- Carry out studies of the population dynamics of mammal species, especially those that are hunted, in order to strengthen the management initiatives mentioned above.

- Reinforce environmental education programs in the area by, for example, incorporating them into the existing curricula of local schools.

Additional inventory

- Complement inventories to date of the proposed strictly protected area with studies focused on small mammals like bats, small rodents, and marsupials. Such studies may well result in taxonomic novelties, particularly among rodents, or range extensions for poorly known species.

COMMUNITIES VISITED: SOCIAL AND CULTURAL ASSETS AND RESOURCE USE

Authors: Diana Alvira, Mario Pariona, Ricardo Pinedo Marín, Manuel Ramírez Santana, and Ana Rosa Sáenz (in alphabetic order)

Conservation targets: Intergenerational transfer of techniques to manage and use natural resources (forest, water, and culture); traditional, conservation-friendly land management strategies, including diversified family garden plots and rotating farm plots in secondary forest; a broad knowledge and use of plants for food, medicine, and house-building; a deep understanding of aquatic ecosystems (lakes, streams, and rivers) and their components; within-family and within-community relationships that strengthen reciprocity, social equity, and solidarity

INTRODUCTION

The lower watershed of the Putumayo River is home to 13 indigenous communities (10 titled and three currently in the process of titling) with a combined population of 1,100. Eleven of these communities are located on the banks of the Putumayo River, while two are at the mouth of the Yaguas River. Far from Iquitos, these are some of the most remote and hard-to-reach communities in all of Loreto. They are home to a diverse variety of ethnic groups, including Huitoto, Bora, Kichwa, Tikuna, and Yagua, in addition to numerous non-indigenous residents.

The lower Putumayo watershed forms part of the Putumayo Indigenous Landscape, a proposal put forward by local communities to establish in northern Loreto a mosaic of different types of conservation land, in which sustainable use areas surround a strictly protected core (IBC 2010, Pitman et al. 2004, Smith et al. 2004). This rapid social inventory of the lower Putumayo complements previous inventories in the Ampiyacu-Apayacu-Yaguas-Medio Putumayo (AAYMP; Pitman et al. 2004) region and in Maijuna territory (Gilmore et al. 2010), carried out in support of the proposed conservation initiative in the Apayacu, Ampiyacu, Algodón, Yaguas, middle Putumayo, and lower Putumayo watersheds.

The social inventory was carried out from 15 October to 8 November 2010 by an intercultural and multidisciplinary team that included a biologist, a socio-ecologist, an agronomist, a forester, and an indigenous leader. The main objectives were: 1) to identify the principal sociocultural assets and opportunities of the communities in the region; 2) to document trends in natural resource use; 3) to determine potential threats to human populations and ecosystems; 4) to inform local residents about the inventory being carried out by the biological team in the Yaguas and Cotuhé watersheds; and 5) to update local residents on the conservation proposal for the region.

We visited two communities located on the Putumayo River (Puerto Franco and Huapapa) and one at the mouth of the Yaguas River (Santa Rosa de Cauchillo). We chose these communities because they are representative of social, cultural, and economic patterns in the region, and because they are strategically located in relation to the proposed conservation areas (Fig. 21). The Instituto del Bien Común (IBC) and the Special Binational Project for the Integrated Development of the Putumayo Watershed (PEDICP) have worked previously in these communities and collected a significant amount of socioeconomic data. However, there is still little information and a limited understanding of the internal mechanisms of the social organizations in these communities, which has been a barrier to the cooperation and joint planning between the Peruvian government,

supporting institutions, and native communities that are needed for sustainable social and economic development in the region.

METHODS

Rapid social inventories are participatory exercises that focus on community social assets. Identifying assets is essential because these social and cultural characteristics represent the foundations on which conservation programs can be implemented. By analyzing assets and identifying cultural patterns and local practices that have a low impact on natural resources, we empower local people to take action to conserve and manage those resources sustainably.

In this social inventory we relied on a methodology similar to those used in previous Field Museum inventories (e.g., Vriesendorp et al. 2006), while adding two new tools: an analysis of households' natural resource income gap and a social network analysis (sociograms). We spent four days visiting each community, where we applied the following methods: 1) information-exchange workshops; 2) a 'quality of life dynamic'; 3) semi-structured interviews with men and women, key informants and community authorities, and conversations with focus groups; 4) participation in the daily activities of a family or families (*mingas*, or communal work parties); 5) an analysis of household economies that quantifies reliance on forest resources and cultural practices to determine the gap (or cash need) between what the forest provides and other needs; 6) a social network analysis that documented systems of resource-sharing and reciprocal relationships essential to community organization and sustainable livelihoods; and 7) participatory natural resource use maps (in Huapapa) or validation of these maps made previously by the Ampiyacu-Algodón program, carried out by the IBC team (in Puerto Franco and Santa Rosa de Cauchillo).

The creation or validation of natural resource use maps and the 'quality of life dynamic' were done during the information-exchange workshops. The 'quality of life dynamic' is useful because it allows a look at residents' perception of different aspects of their lives (natural resources, cultural aspects, social conditions, political life, and economic conditions) and provides an opportunity to

Fig. 21. Communities visited by the social team during the rapid inventory.

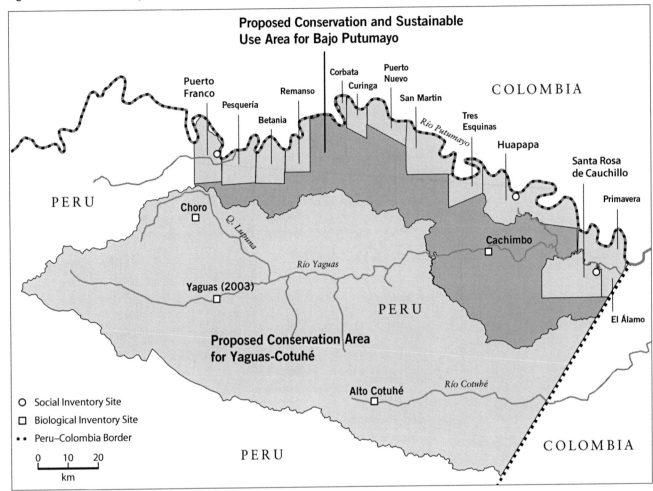

Proposed Conservation and Sustainable Use Area for Bajo Putumayo

COLOMBIA

PERU

Puerto Franco
Pesquería
Betania
Remanso
Corbata
Curinga
Puerto Nuevo
San Martin
Tres Esquinas
Huapapa
Santa Rosa de Cauchillo
Primavera

Río Putumayo

Choro
Q. Lupuna
Río Yaguas

Cachimbo

Yaguas (2003)

PERU

Proposed Conservation Area for Yaguas-Cotuhé

El Álamo

Alto Cotuhé
Río Cotuhé

○ Social Inventory Site
□ Biological Inventory Site
•• Peru–Colombia Border

0   10   20
km

PERU

COLOMBIA

reflect together with residents on the relationship between the natural environment and quality of life (see Wali et al. [2008] for more details). While we cannot consider the results of the exercise as an objective measure of quality of life, they are valuable indicators of attitudes and of the degree to which people value who they are and what they have.

During the workshops we used various visual aids, including posters and pamphlets (e.g., maps of the communities of the lower Putumayo, of the communities we visited, and of the campsites where the rapid biological inventory was taking place) and photographic guides of plants and animals. In writing this chapter we complemented our field data with various databases, reports, and bibliographic material (e.g., Agudelo et al. 2006, Gilmore et al. 2010, IBC 2010, INADE and PEDICP 2002, PEDICP 2007, Pitman et al. 2004).

DESCRIPTION OF THE COMMUNITIES

History of the settlement process

The region between the Putumayo, Cotuhé, Atacuari, and Amazon rivers was historically the ancestral territory of the Omagua, Tikuna, and Yagua peoples. All three were forced to relocate by the European colonization and exploration of the Amazon from the sixteenth century onward, by Spanish and Portuguese slavery and evangelization in the seventeenth century, by the wars of independence in the eighteenth and nineteenth centuries, and by epidemic diseases like smallpox. The Tikuna sought refuge in the headwaters region, while the Yagua sought it at Jesuit missions; the Omagua were driven to extinction. In the nineteenth century the region was directly affected by the rise of capitalism and the industrial revolution's appetite for untapped natural resources (Camacho González 2004, Smith et al. 2004).

The region has long provided natural resources to both national and international markets, a situation that continues today. Indigenous groups (Tikuna, Yagua, Huitoto, Bora, Maijuna, Kichwa, and others) were historically relied on for labor, a practice which generated great waves of interethnic migration as indigenous workers were forcibly relocated by their bosses to different harvest areas. The region's history of natural resource harvests began with quinine (*Cinchona* sp.) and peaked during the rubber (*Hevea brasiliensis*) boom, together with a vicious onslaught of slavery and colonization that shook many Amazonian indigenous groups to the core between 1880 and 1930. The leading rubber tapping operation in the Putumayo watershed was the notorious Arana family's rubber company (*Casa Julio C. Arana y hermanos*), later The Peruvian Amazon Rubber Company (Smith et al. 2004, Chirif and Cornejo Chaparro 2009).

From 1930 to 1970 the most valuable products were rosewood (*Aniba rosaeodora*), the latex of *Manilkara bidentata* and *Couma macrocarpa*, and felid, ungulate, and reptile hides. In 1970 a trade in tropical cedar (*Cedrela odorata*) and arapaima (*Arapaima gigas*; Fig. 11A) began to develop. Residents we interviewed recalled that at that time a sawmill located in what is now the indigenous community of El Álamo processed timber from the Yaguas watershed. They also noted that in those years non-indigenous outsiders began fishing for arapaima all along the Putumayo River.

From 1980 to 2000 there was a boom in coca cultivation, which brought indigenous and non-indigenous outsiders to the region, especially from the Napo watershed. Today the extractive economy in the region is based on fish, especially arapaima and silver arawana fry (*Osteoglossum bicirrhosum*; Figs. 7G, 11B), and timber, especially cedar and *polvillo* or *azúcar huayo* (*Hymenaea courbaril*).

Most of the communities located on the southern bank of the Putumayo are of indigenous origin and have strong memories of the era of animal hides and latex. The oldest residents and founders of these towns told us that their bosses relocated them to the Yaguas River from their ancestral territories on the Cotuhé River. Following the collapse of the hides and latex market,

their bosses abandoned the region, leaving it in the hands of their former indigenous workers. Later, various indigenous residents left the Yaguas River to resettle on the Putumayo, where the communities they founded are still present today. All of these communities are less than 40 years old and most of them now have titled lands (Table 4).

Demography and infrastructure

Roughly 1,100 people live in the lower Putumayo watershed (Table 4). Thirteen indigenous communities are present in the area, ten of which received land titles between 1975 and 1995 and three which are still awaiting titling (Corbata, Huapapa, and El Álamo). The largest town is Huapapa (348 residents) and the smallest is Pesquería (8). Most residents are descendents of indigenous groups, mostly Kichwa, Yagua, Bora, Huitoto, and Tikuna, but the community of Huapapa is mostly non-indigenous. Huapapa is also an actively growing community, since job opportunities in the timber trade have prompted various families to move there from other communities, especially San Martín. A segment of the population is composed of single Colombian men who work in the timber trade (IBC 2010, INADE and PEDICP 2002).

Most communities show a semi-nuclear pattern of settlement around a soccer field and/or along a river or lake. In Remanso and El Álamo, by contrast, homes are located along concrete sidewalks and various neighborhoods are organized around soccer fields and/or plazas. In Huapapa, the largest community, houses are arranged along two streets. Most houses in the communities are made of local materials (e.g., wood, palm thatch, *tamshi* vines), while a few are of mixed building materials, including tin roofing, concrete, and nails. Houses in flooded areas are built on stilts 1–2 m above the ground (Puerto Franco, Tres Esquinas, Huapapa, Corbata, San Martín, and Puerto Nuevo).

Three communities have pre-schools (*escuela inicial*; Remanso, Huapapa, and El Álamo), 11 have elementary schools, and two have high schools (El Álamo and Remanso). Six of these schools are officially bilingual, but none of them really provides cross-cultural bilingual education, for a variety of reasons that are shared by

Table 4. Demography and representative ethnic groups on the lower Putumayo River, in the vicinity of the proposed conservation areas. Note that while all 13 communities are indigenous, three of them (El Álamo, Huapapa, and Corbata) have only been granted formal recognition as indigenous and still await the official mapping and titling of their territories. The land titles of these communities date from 1975 to 1995 (IBC 2010).

Community	Population	Total titled area (ha)	Representative ethnic group
Curinga	39	8,788	Quechua
Pesquería	8	12,004	Huitoto
Primavera	67	9,392	Peba-Yaguas
Puerto Franco	105	15,266	Huitoto
Puerto Nuevo	47	6,819	Quechua
Remanso	122	8,314	Huitoto-Bora
San Martín	55	13,354	Quechua
Santa Rosa de Cauchillo	68	9,462	Tikuna
Tres Esquinas	48	14,898	Huitoto
Betania	21	15,462	Huitoto
El Álamo	136		Yaguas
Huapapa	348		Kichwa
Corbata	46		Kichwa
TOTAL	**1,110**	**113,759**	

many indigenous communities in rural areas of the Peruvian Amazon. First, the region has seen a gradual loss of indigenous languages due to marriages between indigenous language speakers and non-speakers, marriages between speakers of different indigenous languages, and the predominance of Spanish both in homes and in the communities at large. Second, some indigenous teachers do not teach their own native languages. Finally, education in the region (as in most of rural Peruvian Amazonia) is generally poor; classes rarely start or finish as established by the official academic calendar and teachers are often absent (Chirif 2010).

Only four communities (Puerto Franco, Remanso, Huapapa, and El Álamo) have health posts, and medical supplies there are scarce. The other communities have poorly-stocked communal first aid supplies (*botiquines*) which are the responsibility of the community health coordinator. Eleven communities have functioning radios, five have rural telephone service (via the Mi Fono company) and two communities have internet access (Gilat company) that is used exclusively by the army.

It is worth mentioning that residents of these communities often prefer to visit Colombian health posts, which they consider better equipped and more helpful than clinics, health posts, and hospitals in Peru.

The communities are interconnected by a network of new and old trails and dry river portage trails linking the headwaters of one watershed to another (*varaderos*) that are mostly used in low-water months. The region is also accessible by air via floatplanes that land on rivers and lakes, but for the time being this service is only used to transport arawana fry in March and April. Most travel is by river, with canoes or boats powered by standard outboard motors or motors with a long driveshaft (locally known as *peque peques*). Commercial boats only rarely visit this relatively isolated region (every 2–4 weeks). Colombian ferries travel between Puerto Asís and Leticia (a trip that lasts 13 days), while Peruvian ferries travel either between Iquitos and San Antonio del Estrecho (more commonly) or between Iquitos and Soplín Vargas (less commonly; the trip takes ~15 days).

Most communities generate photovoltaic energy via a system implemented by an international aid program of the Italian-Peruvian Fund and PEDICP. The modules installed in each home consist of a solar panel, battery, and inverter. Communal powerlines and generators exist in Huapapa and Remanso, but they were not working during our visit for lack of an efficient system to charge residents for fuel and maintenance. None of the communities have public drinking water or basic sanitation, and most residents get their water from rivers, streams, lakes, and rainfall.

Some communities have soccer fields, thatch-roofed town meeting houses, and communal toilets. It is worth noting that some of this infrastructure was built on the residents' own initiative and organization; for example, the loggers' organization in Huapapa provided funds to build the town meeting house, pre-school (*escuela inicial*), and the stands at the soccer field.

Institutions, organizations and concentration of social and economic power

The lower Putumayo falls under the jurisdiction of the Putumayo District or Municipality, which is administered from San Antonio del Estrecho by that district's democratically elected mayor and aldermen (*regidores*). In the district's indigenous communities, the leading authorities are the chief (*cacique*), the municipal agent, and the women's representative (*la mujer líder*). Some communities also have a vice-*cacique*, a young persons' representative, and a lieutenant governor. The top authority is the *cacique*, who works jointly with the municipal agent, the authority representing the mayor.

These authorities, elected in public assemblies for two-year terms, are responsible for representing the community and defending its interests, improving infrastructure and living conditions, and organizing residents for communal jobs, festivities, and other events. During our visit we noted a lack of leadership and some overlapping duties between municipal agents and *caciques*, due to limited cooperation and a poor delineation of their respective duties. We also noted that residents were unsure of which responsibilities fell to which authorities, a problem that results in a lack of coordination between municipal authorities and

residents. The 13 indigenous communities of the lower Putumayo watershed all belong to the recently created Federation of the Indigenous Communities of the Lower Putumayo (FECOIBAP), described below in the section on social and cultural assets.

There is currently a public notary's office in the community of Remanso; Peruvian National Police stations in Curinga, Remanso, and El Álamo; a Peruvian Army base in Remanso; and a Peruvian Navy base in El Álamo.

We found several different kinds of organizations in the communities we visited. These include the 'Glass of Milk' committee, which oversees a municipal government program that provides milk and other foods to expectant mothers, children up to six years old, and the elderly; soccer clubs; and the Parents' School Association (APAFA). Some communities also feature adult literacy programs and other social programs related to the health system, such as programs that provide mothers with basic food items such as cooking oil, beans, milk, and rice (these only where health posts are operating). There are also five formal committees that oversee harvests of silver arawana, eight locally organized fishermen's committees, and nine formalized loggers' committees which receive long-term support from PEDICP (PEDICP 2007).

As mentioned above, both IBC and PEDICP have a long-term presence in the region, especially in support of projects oriented towards the conservation and sustainable management of natural resources.

Social power in the communities we visited is concentrated in extended family groups, which have a strong capacity for self-organization (Figs. 22–23). These families are typically the descendants of the communities' founders. Catholic and evangelical churches represent another concentration of social power; in these communities, evangelical churches have more followers and enjoy greater influence. Another powerful group, due to their economic strength, are the owners of the logging operations discussed in detail below, in the section on principal economic activities.

SOCIAL AND CULTURAL ASSETS

As mentioned above, these assets are sociocultural features of communities that are compatible with conservation. Identifying and working with assets facilitates the design and implementation of conservation interventions by helping involve communities in the management and protection of natural resources. In the communities of the lower Putumayo watershed we identified the following assets: 1) dynamism and capacity for organization and decision-making; 2) strong networks of family support and mechanisms of reciprocity; 3) women in important decision-making roles at the family and community levels; and 4) the communities' deep knowledge of the region and of the management and use of its natural resources (forest, water, and culture), and the intergenerational transfer of this traditional ecological knowledge.

Dynamism and capacity for organization and decision-making

In the lower Putumayo watershed we encountered dynamic communities with a great capacity for both formal and informal self-organization. For example, the region boasts various organizations related to economic activities (fishermen's and loggers' committees); organizations that look after expectant mothers, children, and the elderly (the 'Glass of Milk' program); initiatives in favor of the community (e.g., the communal dining hall in Huapapa); schools and school associations (pre-schools, elementary and high schools, evangelical and Catholic churches, APAFA); and sports clubs.

At a regional scale, FECOIBAP helps knit together the 13 communities of the lower Putumayo (11 on the Putumayo itself and two at the mouth of the Yaguas River). The federation was established in 2008 and officially recognized by the communities in late October 2010. The communities previously belonged to the Federation of the Native Communities of the Putumayo Border Region (FECONAFROPU), based in San Antonio del Estrecho; they created their own federation in order to focus attention on the communities of the lower Putumayo.

Like all indigenous federations, FECOIBAP aims to defend traditional rights, promote community development through the use and conservation of natural resources, and raise funds to improve its members' quality of life. As such, FECOIBAP and the other indigenous federations in the vicinity of the proposed conservation areas (e.g., the Federation of Indigenous Communities of the Ampiyacu River [FECONA], the Federation of Yaguas Peoples of the Orosa and Apayacu Rivers [FEPYROA], FECONAFROPU and the Federation of Maijuna Peoples [FECONAMAI]) are key organizations for helping manage joint conservation initiatives like the proposed conservation areas (see del Campo et al. 2004 and Chirif 2010 for more details on these organizations).

The members of the social team took part in FECOIBAP's first congress, which brought together authorities from the member communities to elect new leaders and define the statutes required for the federation to receive official recognition. On 31 October 2010, the entire biological and social inventory team had the opportunity to present to the congress the preliminary results of our work and open a discussion regarding the proposed conservation areas.

In the communities of the lower Putumayo we also encountered organizations involved in the management, control, and protection of natural resources. Because stocks of fish like arapaima and arawana are so important for the local economy, and because they are heavily harvested, PEDICP has been working since 2005 to implement a system of management and harvests of arapaima and arawana that aims to ensure their long-term ecological and economic sustainability by linking fishermen's organizations with research and production institutions. The program has created fishermen's committees and offered training courses, and helped formalize these committees in five communities by obtaining fishing permits from the Fisheries Ministry and fishermen's licenses from the Loreto Regional Production Office (DIREPRO-L; PEDICP 2007). At the same time, the program is encouraging all the communities to establish fishermen's committees so that as a group they can control and manage the areas where they fish and use harvest methods that do not harm fish stocks. These organizational initiatives among fishermen are extremely valuable and have great potential to successfully share knowledge between institutions and fishermen in order to maintain healthy fisheries for the long term. However, these initiatives require strengthening. There should be greater participation and involvement on the part of the

Fig. 22. Support networks in the communities of the lower Putumayo watershed.

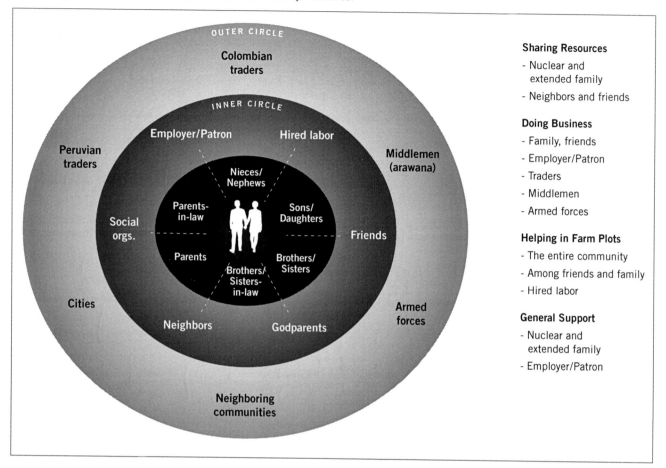

OUTER CIRCLE
Colombian traders
INNER CIRCLE

Employer/Patron   Hired labor

Nieces/Nephews

Parents-in-law   Sons/Daughters

Social orgs.   Friends

Parents   Brothers/Sisters

Brothers/Sisters-in-law

Neighbors   Godparents

Peruvian traders

Middlemen (arawana)

Cities

Armed forces

Neighboring communities

Sharing Resources
- Nuclear and extended family
- Neighbors and friends

Doing Business
- Family, friends
- Employer/Patron
- Traders
- Middlemen
- Armed forces

Helping in Farm Plots
- The entire community
- Among friends and family
- Hired labor

General Support
- Nuclear and extended family
- Employer/Patron

fishermen (both men and women), as well as a sustained commitment from outside experts to support the process, and renewed attempts to fine-tune the initiative in order to empower the fishermen.

The communities also harbor both formal and informal loggers' committees which set harvest quotas for each family and in some cases establish connections with the market, which may be a cargo boat or ferry on the river, an outfitter (*habilitador*), or a local patron. In certain cases, these committees are strong and well-organized and have succeeded in assuming some functions of the government and supporting various beneficial community initiatives. One example is the loggers' committee in Huapapa, which set the harvest quotas allowed each resident, and at the same time generated large sums of money which were invested in public works for the good of the community. Although these activities were generated with money derived from

illegal logging, the important observation is that they show the communities' capacity to self-organize and generate communal benefits. These community initiatives toward collective well-being could be encouraged towards sustainable livelihoods by involving community members in a reflection on the status of their natural resources and their aspirations for the future.

In spite of the dynamism for self-organization and decision-making in regards to natural resource use and management, those resources face both internal and external threats. We noted that both the loggers' and the fishermen's committees could benefit from more coordination, understanding, and reinforcement, since on many occasions some members of the community do not respect communal agreements and fish indiscriminately (arapaima, arawana, and other commercially valuable species), harm arawana populations (e.g., harvest fry before they are mature and thereby compromise

Fig. 23. Extended families in the native community of Puerto Franco, in the lower Putumayo watershed.

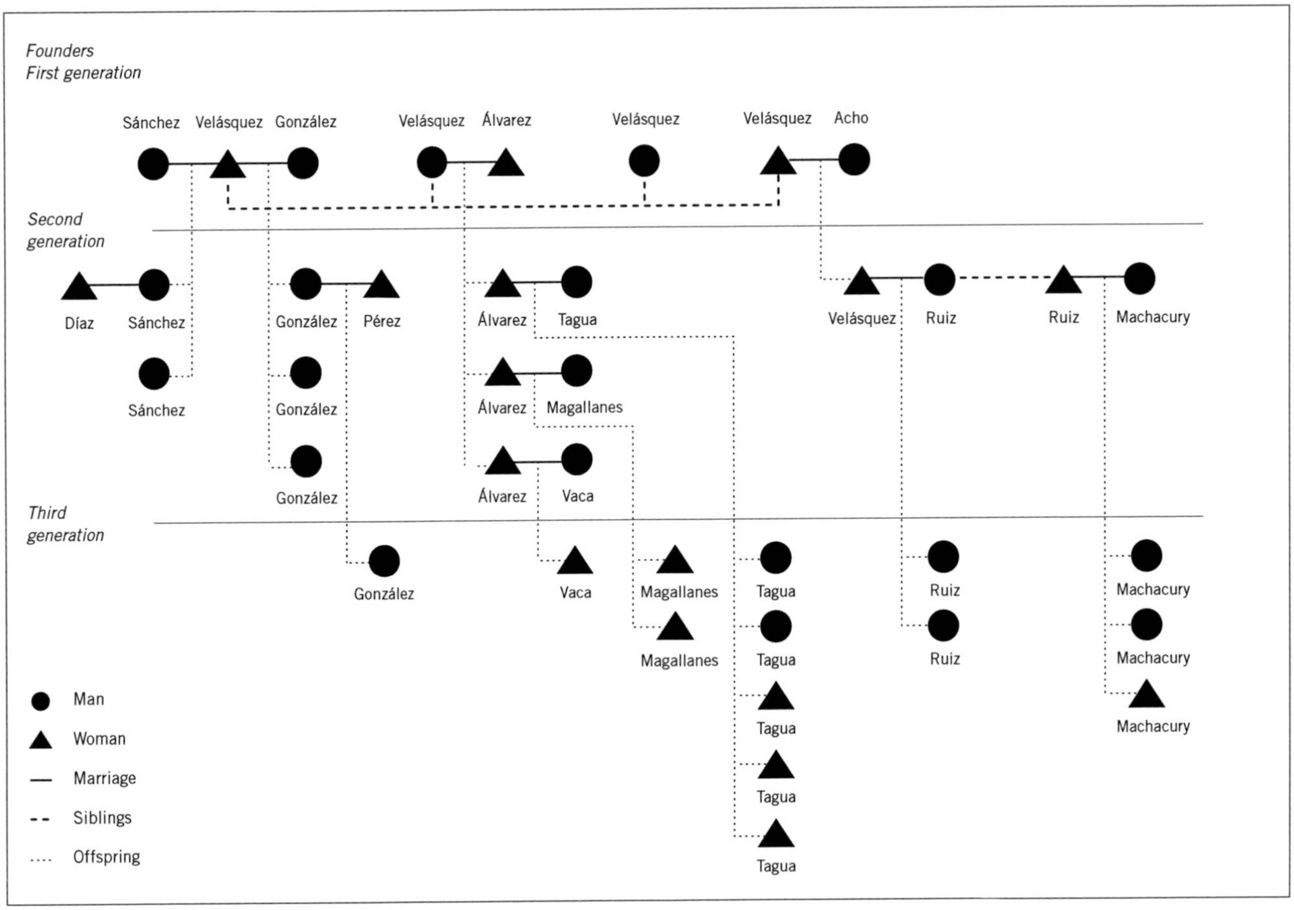

Founders
First generation

Sánchez Velásquez González   Velásquez Álvarez   Velásquez   Velásquez Acho

Second generation

Díaz Sánchez   González Pérez   Álvarez Tagua   Velásquez Ruiz   Ruiz Machacury

Sánchez   González   Álvarez Magallanes

González   Álvarez Vaca

Third generation

González   Vaca   Magallanes Tagua   Ruiz   Machacury

Magallanes Tagua   Ruiz   Machacury

Tagua   Machacury

Tagua

Tagua

● Man
▲ Woman
— Marriage
-- Siblings
.... Offspring

harvests), or extract more timber than their family is permitted. On the other hand, internal and external players (e.g., Colombian or Peruvian traders on river ferries, and local or outside logging bosses) continue to have negative impacts on local communities, including displacement, the loss of local ties, social inequity, and recent conflicts between communities over access to natural resources. In this way, these extractive economies have undermined and continue to undermine the region's natural resource stocks and their long-term sustainability.

Strong family support networks and mechanisms of reciprocity

In all the communities visited we found strong systems of cooperation and reciprocity both within and between communities, through family ties and kinship networks, marriage (nuclear and extended families), fictive-kinship

(*compadrazgo*), friendship (neighborhood), church communities, and at both endogenous and exogenous levels (Figs. 22–23). These ties of kinship, marriage, and friendship reach beyond the communities to establish links with other towns and cities. Reciprocity systems also represent a way to redistribute resources and to maintain equal rights among residents, as well as providing the support (labor) required to carry out various activities necessary for the social reproduction of families. These support networks strengthen community life and build its social fabric (Gasché and Echeverri 2004). In the three communities we visited, we found that the systems of cooperation and reciprocity revolve around two or three large extended families, which are the families that founded these communities (see an example of this in Fig. 23).

In the communities we visited we also observed the social and economic relationship of *habilitación*, a debt-peonage system involving both arawana fry and timber harvests. The *habilitación* system, according to Gasché and Echeverri (2004), is best understood in the context of reciprocity, in which the *habilitador* (or patron, or middleman) provides a valuable good (e.g., a *peque peque* motor or chainsaw), food supplies, and/or clothes as an advance. In this way the *habilitador* creates a personal relationship of trust with the laborer (*habilitado*), who is then obliged to pay for those goods in labor or products (e.g., timber or arawana fry). The relationship becomes exploitative when the material provided by the *habilitador* is overvalued and the product received by him is undervalued. In this way there are two sides to the *habilitación* system: an economic side in which the *habilitador* favors his own interests, and a social side in which the *habilitado* expresses his social interpersonal values related to reciprocity and solidarity. Unfortunately the *habilitación* system creates a social and economic dependence in the *habilitado* and puts enormous pressure on fishery and timber resources.

We also observed other forms of reciprocity in the communities, including communal work parties (e.g., cutting the grass on the soccer field, tidying up communal areas, cleaning around schools) in which most of the community participates. This system of communal work parties to keep common areas clean is especially well organized in Huapapa. The work is done on the last day of every month by able-bodied men (if men are not present, women take their place). Community members who fail to participate are fined. Likewise, parents, teachers, and students clean the Huapapa schools via communal work parties at the end of each month.

Support networks are also important for cultural activities like birthday parties, traditional festivities, and sporting events. When these events are organized, every community member contributes goods that are offered to guests visiting from other communities and shares drinks (*masato* and *chicha*) and special foods. In such a way, these parties create reciprocal links that go beyond individual communities and bind together all the communities in a network of ceremonial responsibility (Gasché and Echeverri 2004). Community residents also mentioned that these inter-communal kinship networks have facilitated the flow of information and market access, since families typically have relatives in various communities, as well as in San Antonio del Estrecho, Tarapacá, Leticia, and Iquitos, which means they can rely on relatives' help when they visit those cities on personal business.

Another common practice that we observed in the communities is the *minga*, a communal work party among families, neighbors, and friends. These *mingas* provide labor in farm plots and for other basic needs (e.g., house- or canoe-building) and can last anywhere from a couple of hours to a whole day. This communal work saves time and money and can reduce environmental impacts. We had the opportunity to participate in two *mingas*: one to harvest *shapaja* (*Attalea* sp.) leaves to roof a house in Puerto Franco and another to build a canoe for the teacher in Santa Rosa de Cauchillo. During these *mingas* we noted the patterns of cooperative work typical of various Amazonian communities, which rely on the domestic production of the *minga*'s leader, who provides manioc *masato* and food. Residents of Santa Rosa de Cauchillo told us that the previous *cacique* had established a schedule of *mingas* in which every week communal work was done on a different family's farm plot, and they regretted that such a system was no longer in place.

Some residents also noted that that on some occasions family members and/or neighbors or church members get together to fish, hunt, or harvest fruits. Likewise, friends and business partners cooperate in business ventures or to sell goods. In times of crisis (e.g., sickness or the death of a relative), resources are shared to help alleviate a family's suffering.

The strong role of women in family and communal decision-making

In the communities we visited women played a strong role in decision-making both at the family and the community level. As mentioned previously, one community authority is the women's representative. We also noticed that women in all the communities of the lower Putumayo watershed are active participants in public assemblies and in the indigenous federation, which also has a women's representative from the member communities. Likewise, we observed both in Puerto Franco and in Huapapa that the 'Glass of Milk' committee—which is led by women—plays a very important role in organizing and caring for women, men, and children. The program is organized in an especially equitable fashion in Huapapa, where all mothers (including those who are not officially signed up for the program) receive its benefits.

In communities where logging plays a more prominent role, the women told us that they sometimes work in logging camps as cooks, where they are exposed to hardship and danger for long periods in the field. When they do not accompany their husbands on logging trips, they stay at home taking care of their families on their own, which is also difficult. We consider women's participation a social asset that offers an important basis for conservation projects and for strengthening communities' organization. Women and men have different perspectives regarding natural resource management, and women play an important role in that they control and manage a broad array of natural resources to socially reproduce the household. They are responsible for managing/providing water and firewood for cooking, planting crops in farm plots, tending gardens around the houses, fishing, and looking after small farm animals. Women's perspectives thus enrich and broaden dialogue about and visions of natural resource management.

Local communities' deep knowledge of their landscape and of the management and use of its natural resources (forest, water, and culture), and the intergenerational transfer of this traditional ecological knowledge

A broad understanding of the environment was evident in all the families of the communities we visited. Residents are intimately familiar with the landscape they inhabit, as well as the location and status of its natural resources depending on changes in climate (winter, summer), hydrology (high-water, low-water), and biological cycles (flowering and fruiting times, animal fattening, fish spawning, etc.). This became obvious through our conversations and visits to farm plots, forests, and lakes during the natural resource mapping exercise, and in our discussions of the photographic guides of plants and

animals. It was also mentioned and discussed during the 'quality of life dynamic' in each of the communities we visited, where the residents scored their cultural life as 4 in Huapapa and Santa Rosa de Cauchillo and 3 in Puerto Franco (on a scale of 0 to 5; Table 5).

We noticed an especially deep knowledge of aquatic ecosystems (lakes, streams, and rivers) and their wildlife (Appendices 9 and 10). Most adults and children, both men and women, are very familiar with the reproductive biology and ecology of silver arawana and arapaima, since these are the fish species that provide the greatest economic return for their families. This knowledge and its transmission to new generations and outsiders are crucial for the long-term sustainable management of these species. We also noted great expertise in traditional, conservation-friendly agricultural methods, like diversified family farm and garden plots, and the rotation of secondary forest plots. Residents are also very experienced in the use of wild fruits and other plant parts for food and medicine (Appendix 9).

This traditional ecological knowledge is constantly transmitted from parents to children, both indigenous and non-indigenous, in the communities. We noted, for example, that children accompany their parents during daily activities like fishing, hunting, fruit and medicinal plant collecting, timber and thatch harvests for house-building, and work in farm and garden plots. Taking part in these activities teaches children about their environment and allows them to begin managing natural resources at an early age. In Santa Rosa de Cauchillo, an indigenous community whose residents are mostly Tikuna and Yagua, indigenous traditions and lifestyles are especially well preserved. Most adults and children speak Tikuna or Yagua, which are commonly used at home and in daily activities, and young adults and children make bows and arrows to play or hunt with. Residents rely heavily on non-timber forest products like plant fibers and dyes to make basic household items like hammocks, baskets, brooms, whisks, and bowls.

Our socioeconomic analysis of the natural resource income gap revealed that these families subsist to a significant degree on natural resources. In the local economy, 58% to 78% of basic needs are met by the forest via hunting, fishing, harvesting, small-scale

Table 5. Results of the 'quality of life dynamic' in the visited communities.

Community	Natural resources	Social relationships	Politics	Economy	Culture	Average
Puerto Franco	3	2.5	2.5	3	3	2.8
Santa Rosa de Cauchillo	3	3	2	3	4	3
Huapapa	3	3	3	4	4	3.4
Average	**3**	**2.8**	**2.5**	**3.3**	**3.7**	**3.1**

agriculture, handicrafts, and building materials (see the 'Forest subsidy' section below). Rivers and streams also have an obvious importance to the subsistence economy. This resource base, which provides a high quality of life, is complemented by store-bought essentials (machetes, salt, sugar, kerosene, soap, shotgun shells, clothes, school materials, etc.) and consumer goods (batteries, radios, toys, etc.). Residents of Santa Rosa de Cauchillo were the most emphatic in noting that their well-being depended on close contact with the forest, since the forest provides the environmental services and conditions they need to feed themselves and ward off disease, in addition to offering a sense of tranquility, freedom, and sharing among the community. In the exercise to quantify residents' perceptions of their lives, residents scored their quality of life between 2.8 and 3.4 on a scale of 0 to 5 (Table 5). It was common to hear residents say that living in nature and relying on the forest offered them a good life. For example, the focal group of women in Huapapa classified their quality of life as good, giving it a value of 3.4. They scored the cultural and economic components higher than other groups and maintained that hard, cooperative work among members of the community was required to improve their quality of life. Likewise, a resident of Santa Rosa de Cauchillo noted that city life was no good, because there they had to buy all of their food and continually search for employment, and they rarely earned what is needed to live well.

In summary, we found that the sociocultural assets in the lower Putumayo watershed are associated with local communities' deep environmental knowledge; the recognition of the forest's value, which supplies subsistence needs in a range of 58 to 78%; the preservation and intergenerational transmission of traditional practices of using and managing natural resources; and the maintenance of cooperative and reciprocity systems and a capacity for self-organization to manage and protect their natural resources. These assets can be used to generate knowledge and as a platform for information exchange that will help build a vision of the long-term management and conservation of the region's natural resources.

ECONOMY, RESOURCE USE, AND LANDSCAPE LINKAGES

We identified two types of economic activities in the communities we visited: a subsistence economy and an extractive economy strictly linked to the market. The subsistence economy is present in most communities and is based on the extraction of natural resources, primarily fish, timber, plant fibers, bushmeat, and small-scale slash-and-burn agriculture. Most communities also take part in the extractive economy, but at different intensities and mostly via a patron-client relationship of debt-peonage (the *habilitación* system). The extractive economy has direct links to international markets; tropical cedar and other timber species like *polvillo* or *azúcar huayo* are sold to Colombian traders and arawana fry are sold to middlemen (*habilitadores*) who sell to ornamental fish businesses in Iquitos who then export to Japan and China. By contrast, arapaima is sold to middlemen who sell the fish in Iquitos.

The forest subsidy

It is clear that both the subsistence and extractive economies are subsidized by the forest. We define the forest subsidy as the capacity of the forest, farm plots, and aquatic ecosystems to satisfy basic needs. The components we used to analyze this subsidy were: food, health, education, shelter, and other (recreation, clothing, fuel, drinks, etc.). The results differed in the three communities we visited. Huapapa showed the lowest forest subsidy percentage (58%), followed by Puerto Franco (67%) and Santa Rosa de Cauchillo (77%). We noted that Huapapa has stronger links with the market and higher intensities of fish and timber extraction. These activities provide significant income for the family economy, as well as employment opportunities for residents. In contrast, residents of Santa Rosa de Cauchillo depend on the forest to satisfy 78% of their basic needs. Due to its geographic location (on the Yaguas River, away from the Putumayo), this community has weaker links with the market, a low population density, and a large store of natural resources which allows them to satisfy their basic needs with products from the forest, lakes, and farm plots. Furthermore, it appears that residents are not very interested in accumulating possessions. In Puerto Franco and Santa Rosa de Cauchillo the link with commercial markets is weaker, but becomes more important from March to May, when arawana fry are harvested. Sales of salted fish (especially arapaima and other large fish) are low, and local people frequently participate as laborers in the timber trade, especially Tikuna residents of Santa Rosa de Cauchillo.

Food accounts for most of the forest subsidy (an average 64%), compared to just 13% for education. It is worth noting that 28% of the forest subsidy in Huapapa falls into the category 'other,' which includes fuel, transportation, recreation, and income and expenses related to logging—a reflection of the predominant economic activity in that community (Fig. 24). Thus we can conclude that the forest largely satisfies the basic daily needs of the residents of these communities, who consider their quality of life to be good. This conclusion is corroborated in the results of another exercise carried out in the communities, the 'quality of life dynamic' (Table 5).

Principal economic activities and links to the market

The subsistence economy
The most important activities in the region are slash-and-burn agriculture in diversified farm and garden plots,

fishing, non-timber forest product harvests (especially for handicrafts and house-building), hunting, and logging (IBC 2010, INADE and PEDICP 2002). There is limited cattle ranching (~100 animals) in the communities of Corbata, Curinga, and Tres Esquinas; most of the cattle belong to a single person. Agriculture typically involves 1–3 ha per family. The most commonly cultivated crops in farm plots are sweet and bitter manioc, different varieties of plantain, corn, sweet potato, pineapple, papaya, cocona, pihuayo palms, and caimito. Most households also have garden plots, where they cultivate chives and different varieties of peppers. To improve these gardens' yield, residents often plant them in wooden boxes or old canoes suspended above the ground on wooden stilts and filled with soil with abundant organic matter (Fig. 11M). This practice protects gardens against floods and grazing animals, and helps minimize plant pests. Produce from these farm plots and elevated gardens is mostly for family subsistence and rarely sold, since these communities are a long way from large towns and opportunities to sell their products are few. In some cases produce is sold to itinerant Colombian or Peruvian traders or to military bases (in communities where they occur).

All the communities manage secondary forests (locally know as *purmas*) in a way that minimizes new clearings, via a rotational system that allows the soil in farmed plots to rest for three to five years before it is used again. *Purma* management is a widely used practice in communities throughout rural Amazonia. As mentioned earlier, all the communities in the lower Putumayo watershed use *mingas* and early morning communal work (*mañaneo*) to establish and maintain farm plots. These communal work parties rely on reciprocal networks, mostly within families, thereby saving time and money and reducing impacts on the environment.

The extractive economy
The market economy in the lower Putumayo watershed and the frontier region with Colombia is largely driven by Colombian market dynamics. The most common currency in circulation is the Colombian peso and most basic goods are brought to the area by Colombian boats. This results in exorbitant prices for basic goods and

makes these products largely inaccessible. The market economy is strongly affected by the sale of timber, arawana fry, salted fish, and bushmeat.

Logging (tropical cedar and polvillo*).* Most logging is organized by Colombian patrons who provide financial and logistical advances to tree-cutters in the communities in the form of logging supplies (gasoline, motor oil, food, medicine, clothes, chainsaws, blades, chains, rope, etc.). The patrons sponsor groups of five to seven people (known as '*combos*') who locate, fell, and cut trees, and subsequently transport and deliver the timber to the patron or the person who received the advance. These groups typically spend four to six months working in the forest, during which time they produce 6,000 planks of cedar or *polvillo*. Logging is carried out in the entire Yaguas watershed, up to ~500 m into the forest from the river and its tributaries.

Timber cut in the Yaguas watershed is floated out by three routes, the most common being via El Álamo. The other routes are the Agua Negra canal (Huapapa) and the Islayo area (Primavera). During our visit the price per plank of cedar or *polvillo* varied from 6,000 to 7,000 Colombian pesos. In previous years a plank has been worth as much as 10,000 to 12,000 pesos. Workers are paid in clothes, shoes, and food supplies, but rarely in cash. Cut timber is sold to Colombian ferries, which then resell it in Puerto Leguízamo and Puerto Asís (Colombia).

During our stay in Huapapa, residents told us that there were roughly 100,000 cut cedar planks awaiting transport in the Yaguas watershed (a plank measures 2.5 x 25 x 305 cm) and at least 20 logging teams working in the forest. They estimated that standing timber stocks in the Yaguas watershed were sufficient to provide another two years of logging at current harvest rates. Several loggers mentioned that only large trees were being harvested, and many juveniles still remained. They recognized that the local logging industry of cedar and *polvillo* is illegal, and said that Colombian authorities provided permits that indicate that the cut timber comes from Colombian forests.

Arawana fry harvests. Most families in the lower Putumayo watershed take part in these March-to-May harvests, which provide the most significant income

Fig. 24. Breakdown by category of the forest subsidy in the communities visited.

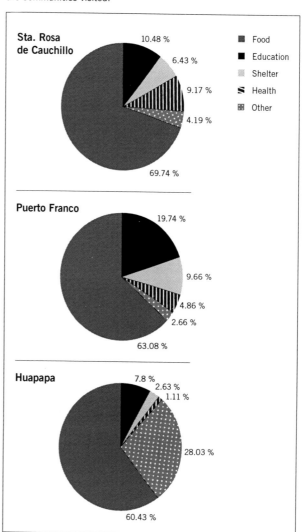

that families receive in the entire year. Fishermen fish alone and mostly at night, using boats with *peque peque* motors, an extra canoe, and plastic bags, boxes, and rubber bands to store and transport the fry. Harvested fry are typically stored in the fishermen's houses for a day and then sold to the highest bidder. Buyers often wait at the lakes to buy the fry immediately after they are caught, and then store them in temporary aquaria.

The cost per juvenile arawana varies from 1 to 3.50 Peruvian soles; the lowest prices are typically late in the season (May). Payment is in cash, or occasionally via barter. With the money they make from this fishing, fishermen buy electrical appliances, *peque peque* motors, chainsaws, and scythes, and pay their children's school expenses in advance (school supplies, uniforms, and shoes). Each week the buyers buy an average of 12,000 fry, a quantity sufficient to merit hiring a floatplane to transport them to Iquitos. These planes mostly land at Puerto Franco, Primavera, Tres Esquinas, and Huapapa (PEDICP 2007). Arawana fry are harvested in lakes on both the Colombian and Peruvian banks of the Putumayo River. Binational community agreements regulate silver arawana fishing in the Peruvian communities of San Martín Libertador and Tres Esquinas and in the Colombian community of Puerto Ezequiel.

Sales of dried, salted arapaima. This activity peaks at the beginning of low- and high-water periods (December and June, respectively), when fishermen capture arapaima with nets measuring 25–31 cm x 60 m and harpoons. The most heavily fished areas are in the Yaguas River, whose oxbow lakes are especially favored (see the Fishes chapter). Most fishermen are from Huapapa, El Álamo, Santa Rosa de Cauchillo, and Primavera. Fishing is done in three-person teams, depending on the site and the type of fishing.

In 2009 PEDICP tallied a total production of 15,545 kg of dried salted arapaima. The current price is 5 Peruvian soles/kg of fresh arapaima and 8 soles/kg of dried salted arapaima. The main market is Iquitos, and fish are rarely sold to Colombian traders. At present there are no regulations on the lower Putumayo, like a fishing ban during the spawning season, to help protect this important species. Money earned through the sale of dried, salted arapaima is typically used to buy electrical appliances or generators, *peque peque* motors, and school supplies. Fishermen also receive a small amount of money in cash.

Sales of dried, salted fish. Large catfish (*doncella* and *tigre zungaro*, among others), as well as fish like tambaqui, *paco*, peacock bass, *palometa* and other species (Appendix 9), are dried, salted and sold to Puerto Asís (Colombia) and Iquitos (Peru). This type of fishing relies on nets with a mesh size of 13–20 cm, as well as arrows and harpoons. The average price per kilogram is 4.50 Peruvian soles or 3,000 Colombian pesos.

Bushmeat (fresh, smoked, and salted). Game animals are typically hunted with shotguns, snares, and handmade spears. The most sought-after species include paca (*Cuniculus paca*), white-lipped peccary (*Tayassu pecari*), collared peccary (*Pecari tajacu*), tapir (*Tapirus terrestris*) and deer (*Mazama* spp.; Appendix 10). Meat is sold fresh, salted, or smoked at prices that vary from 3 to 6 soles/kg. The buyers are Colombian and Peruvian traders, as well as the community of El Álamo, where demand is high due to the boarding school, storekeepers, and the army and police bases.

*Sales of eggs of the six-tubercled river turtle (*Podocnemis sextuberculata*), the yellow-spotted river turtle (*P.* unifilis*) and the South American river turtle (*P.* expansa*).* Females and eggs are collected on river beaches by hand or occasionally with nets. They are sold to Peruvian and Colombian ferryboats, and occasionally in Brazilian ports. During our visit, the price for 100 yellow-spotted river turtle and six-tubercled river turtle eggs was 20 Peruvian soles and the price for 100 South American river turtle eggs was 30 soles. Adult six-tubercled river turtles cost up to 10 soles, yellow-spotted river turtles roughly 20 soles and South American river turtles more than 100 soles.

As these harvests are detrimental to turtle populations, conservation programs to incubate eggs on artificial beaches are recommended (e.g., Townsend et al. 2005). There is currently a pilot program on beaches in Huapapa and Puerto Franco that aims to promote awareness of these species and protect their populations.

Access to and harvests of natural resources

The various maps drawn up with working groups in local communities indicate that residents know their landscape very well and currently use natural resources in broad expanses of it. It is worth noting, however, that certain areas of forest are only used temporarily to harvest timber species like cedar and *polvillo*, while traditional agricultural practices (diversified crops), *purma* management, fishing, and hunting tend to be concentrated around populated areas. Residents use the uplands (unflooded areas) for agriculture, on well-drained soils with abundant organic material, both on the Peruvian and Colombian banks of the Putumayo.

In mapping workshops residents also told us that they sometimes harvest *polvillo* timber, collect arawana fry, and fish on the Colombian side of the Putumayo. We noted intimate links between the residents and their surroundings, especially with aquatic ecosystems (streams, rivers, lakes), *collpas*, timber stands, rich-soil areas for farm plots, and areas used for hunting and fishing. The residents also briefly mentioned certain mythical or sacred places in the region. In Huapapa, for example, a resident mentioned that a certain large lake is home to an immense boa constrictor, and that when people visit the lake the sky grows cloudy and the animal can be heard (Fig. 25).

Most residents have detailed knowledge of the lives and habitats of the aquatic species present in the region's rivers and lakes. They are familiar with the local distribution of arapaima, silver arawana, giant river otters (*Pteronura brasiliensis*), white caimans (*Caiman crocodilus*), black caimans (*Melanosuchus niger*) and manatees (*Trichechus inunguis*; Appendix 10). They easily mapped the distributions of cedar and *polvillo* populations, as well as those of softer woods (*lupuna, cumala, marupá,* etc.), other timber species, and palms used for house-building (Appendix 9). Hunting is an important component of residents' diet, as well as a source of small-scale commerce, and is focused on white-lipped peccary, deer, paca, and collared peccary, as well as some primates and birds (Appendix 10). Residents can identify a broad array of species, and know the locations of *collpas*, animals' distributions, etc. They are also very familiar with stands of the palms aguaje (*Mauritia flexuosa*) and huasaí (*Euterpe precatoria*).

Forest resources are typically gathered in family groups and alliances, support networks that are especially important in caring for farm plots. Similar but smaller groups work together to fish or collect arawana fry. By contrast, logging expeditions are organized by patrons and carried out in the work groups (*combos*) described above.

The most important regions on the landscape for local communities are lakes, rivers, and streams, followed by forests with stands of cedar and *polvillo*. Logging is not mechanized, which means its impact on the forest is low. In the communities we visited, we consider the impacts to forests and aquatic systems to be low. In fact, most extractive activities are concentrated within a radius of about 6 km around settlements.

Commercial logging is concentrated in the Yaguas watershed, where loggers have explored both northern (Cachimbo, Hipona, Huacachina, Grillo, Casamuel, Agua Blanca, Lupuna, Sábalo, and Yahuillo) and southern (Pava) tributaries.

It is worrisome to observe that, as in other regions of Peru, a number of other hardwood species are now beginning to be harvested in the Putumayo watershed for export. These include *azúcar huayo* (*Hymenaea* spp.), *quinilla* (*Pouteria* or *Manilkara* spp.) and *shihuahuaco* (*Dipteryx* sp.), as well as *granadillo* (*Brosimum rubescens*) and *cahuiche* (a local name for which we do not know the species). We also observed that the residents who are involved in the logging trade are largely dependent on patrons and *habilitadores*, and that most of them are young single men with no other employment opportunities.

Natural resource management techniques
<u>*Establishment of farm plots, diversified crops, and the use of secondary forests for fruit trees.*</u> In every community we noted traditional land use strategies for establishing farm plots, using soils of primary and secondary forests. Plots are cultivated with annual crops for 12 to 18 months, then left as '*purmas*' for up to six years. The soils are then considered to have recuperated their fertility (*purmas maduras*) and crops are cultivated there once more.

In Huapapa most farm plots are established on primary floodplain forest soils after the high-water months have passed. Farm plots are also established in the uplands on the Colombian side of the Putumayo. In both Puerto Franco and Santa Rosa de Cauchillo, farm plots are located on unflooded terrain. Farm plots are established by clearing the forest, gathering and burning the slash, and planting crops. Most of the work is done during family *mingas*, but in Huapapa some residents hire labor. Farm plots receive no chemical inputs (insecticides or fertilizer), keep the tallest trees standing, do not use improved seeds, and are planted with a wide diversity of food, fruit, and medicinal plants.

Fig. 25. Natural resource use of map of the communities in the lower Putumayo river basin

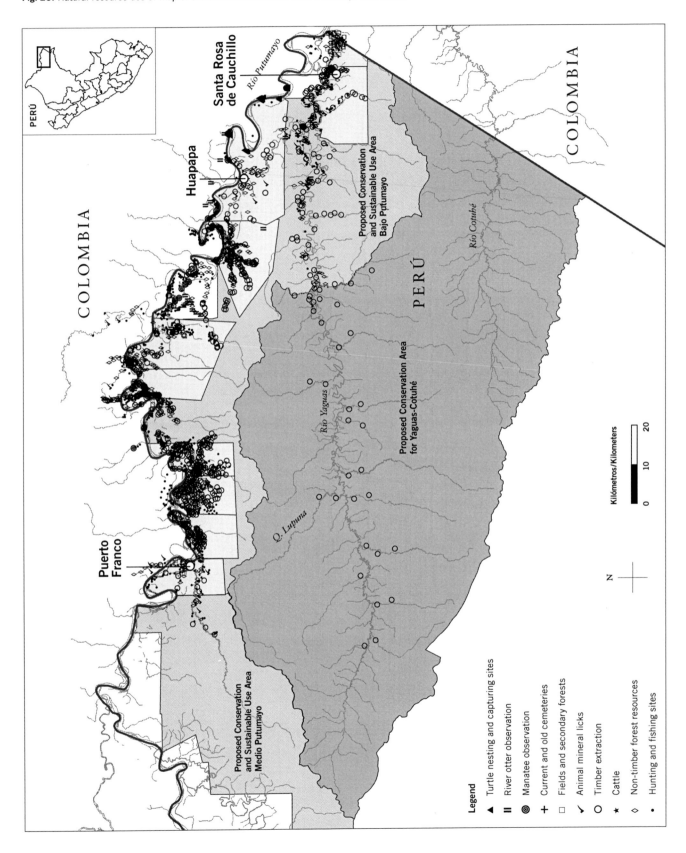

Legend

▲ Turtle nesting and capturing sites
॥ River otter observation
◎ Manatee observation
✚ Current and old cemeteries
▢ Fields and secondary forests
↘ Animal mineral licks
○ Timber extraction
✶ Cattle
◇ Non-timber forest resources
• Hunting and fishing sites

Methods to capture arapaima, arawana, other fishes, and manatees. Some of these techniques are described below:

- Tapaje _to capture arapaima_. This consists of a handmade fence built at the entrances of oxbow lakes. Fishermen use hardwoods like the palm _Iriartea deltoidea_ or _huacapu_ to build fences that stand ~1 m above water level. These fences are mostly used to capture arapaima and manatees.

- _Harpoons and arrows_. Handmade wood and metal harpoons are used to capture arapaima and manatees, while handmade arrows made of wood and the giant grass _Gynerium sagitattum_ are used to capture arawana, _doncella_, _tigre zungaro_, and other fish.

- _Special fishing nets_. These are gill nets with 8–30 cm mesh size. The nets are fixed to the bank and thrown towards the center of the lake to capture arawana, arapaima and other food fish. Hooks and line are used to capture arawana, _doncella_, peacock bass, and other fish (but not arapaima).

Arawana management. Experienced local residents are able to identify silver arawanas when they are still larvae or fry living in their parents' mouths. They use flashlights to determine the ideal capture age of larvae or fry. As mentioned previously, residents use two different techniques to capture adult arawana: arrows and shotguns. Both techniques harm and most often kill the adults, with negative consequences for the population. Gill nets are also used—the best strategy for capturing fry, since once the adult is captured and the fry are collected, the adult is returned to the water. Unfortunately, not all fishermen use this technique. Harvesting silver arawana efficiently also requires careful treatment of larvae and fry during the storage period. Several years ago, disease took a heavy toll during the storage period. Today fishermen are better equipped to avoid this problem, and have reduced mortality by using various compounds like tetracycline, furoxona and salt. They also monitor water quality and fry density in storage boxes, among other strategies to keep them alive until they can be sold.

Spears for hunting large animals. In Santa Rosa de Cauchillo spears are still used to hunt certain species, such as white-lipped peccaries and tapirs. Local residents prefer spears due to the high cost of shotgun shells and the scarcity of shotguns in the community.

THREATS

- Patron-client systems of debt peonage related to the extractive economy, which exert negative impacts on local populations, including displacement, the loss of local ties, social inequality, and recent conflicts between communities over access to natural resources. Likewise, these extractive economies compromise the abundance and long-term sustainability of natural resource stocks in the region.

- A lack of involvement in environmental issues and a lack of authority (enforcement) on the part of the military forces in the region (police and navy).

- Demand among Colombian traders for tropical cedar and, more recently, hardwoods like _polvillo_ and _charapilla_.

- A totally unregulated trade in aquatic wildlife which contributes to an ongoing overexploitation of fishery stocks.

- A possible loss of germ-plasm via the silver arawana trade to Asian markets.

- The use of substandard techniques to capture arawana fry, which kill adults.

- Indiscriminate harvests of arapaima in almost all the aquatic ecosystems of the lower Putumayo, which are reducing viable populations of the species.

- Overharvesting of yellow-spotted and South American river turtles and their eggs, and anthropogenic disturbance of their nesting and reproducing sites.

RECOMMENDATIONS

- Work with the communities of the lower Putumayo to build a joint vision of conservation and the long-term use of natural resources, respecting and working with the diversity of lifestyles in the region and the social and cultural assets of the communities.

- Make a special effort to coordinate these initiatives with the native community of Santa Rosa de Cauchillo, which is strategically located at the mouth of the Yaguas River (where both loggers and fishermen enter the watershed) and could be a strategic ally in managing the conservation areas proposed for the region. It is especially important to work with the community's assets (strong Tikuna and Yagua indigenous cultural identities, deep ties with local ecosystems, an in-depth understanding of aquatic and terrestrial ecosystems, and local conservation-friendly practices) and empower residents to take action in favor of the conservation and sustainable management of resources.

- In order to maintain the diversity of food and medicinal species used by local populations, as well as diversified forest and garden plots and conservation-friendly practices in the region, it is important to encourage older residents to pass down their knowledge of natural resources and to preserve that knowledge in documents and activities that can be incorporated into the curricula of local schools. Communities should also be encouraged to share strategies to protect and manage natural resources (e.g., reforestation with cedar, initiatives to monitor lakes, silver arawana fishing regulations).

- Validate and make use of existing participatory maps of resource use to better understand the relationship between residents and their environment, and their long-term plans for the region. These maps should also play an important role in zoning and in helping involve communities in the management and protection of future conservation areas.

- Undertake historical and cultural mapping to better understand the historical relationships between local communities and resource use.

- Strengthen existing organizations by clearly defining their roles and potential related to the conservation of natural resources and quality of life in the communities. Involve native federations in the region (and especially FECOIBAP) as local organizations that can jointly manage the proposed protected areas.

- Call attention to women's role in taking care of the household while their husbands are away for months working in logging camps. Involve women in processes to generate knowledge and exchange ideas in order to improve traditional lifestyles, understanding the various alternatives for strengthening productive capacity without compromising cultural or environmental assets.

- Encourage and strengthen existing initiatives to monitor, protect, and manage fishery stocks. Take special care to strengthen the existing fishermen's committees, especially in business administration issues, and assist them in the implementation of management plans for lakes.

- Promote and strengthen existing initiatives aimed at reforesting with timber species, especially tropical cedar.

- Evaluate regulations for tropical cedar harvests in order to implement the harvest ban.

- Establish via regional statute the dates in which arawana fry harvests are permitted and ensure that the rules are widely communicated and enforced (from 20 March to the end of May).

- Improve trading practices between the people who harvest arawana fry and the aquaria that purchase them for export.

- Recommend that the Loreto regional government review regulations for harvesting arapaima and extend the fishing ban in the Putumayo region. A fishing ban during the reproductive season of silver arawana is also recommended.

- Begin designing and implementing management plans for six-tubercled, yellow-spotted, and South American river turtles that have declining populations in the lower Putumayo.

- Seek out training opportunities with the regional government for community artisans who produce carvings, baskets, bags, *shicras*, hammocks, bracelets, and other products.

- Empower communities to choose their own pace of change, preserving diverse cultural values and practices.

- Strengthen institutional alliances in the three neighboring countries (Colombia, Peru, and Brazil) in order to standardize regulations and coordinate initiatives for the ecological and social sustainability of the region, reducing the impacts of illegal loggers and fishermen and facilitating the implementation of joint efforts to monitor and protect the region's resources.

Apéndices/Appendices

Muestras de Agua/
Water Samples

Muestras de agua recolectadas por Robert Stallard en tres sitios durante el inventario biológico rápido de las cuencas de los ríos Yaguas y Cotuhé, Loreto, Perú, del 15 al 30 de octubre de 2010. Las coordenadas geográficas usan WGS 84. Como referencia se incluyen tres muestras de agua recolectada cerca de Iquitos.

MUESTRAS DE AGUA / WATER SAMPLES

Sitio/ Site	Descripción/ Description	Muestra/ Sample	Fecha (2010)/ Date (2010)	Hora/ Time	Latitud/ Latitude (°)	Longitud/ Longitude (°)	Elevación/ Elevation (m)	Corriente/ Flow
CH T2 1060 m	Quebrada/Stream	AM100001	10/16	10:50	S 2.61097	W 71.49409	130	G
CH T2 2580 m	Quebrada/Stream	AM100002	10/16	13:30	S 2.60680	W 71.50583	145	G
CH T2 2880 m	Quebrada/Stream	AM100003	10/16	14:45	S 2.60860	W 71.50661	147	G
CH T2 3440 m	Quebrada/Stream	–	10/16	14:45	S 2.61151	W 71.50341	139	Sl
CH T2 4380 m	Quebrada/Stream	AM100004	10/16	15:15	S 2.61507	W 71.49868	132	St
CH T1 0680 m	Quebrada/Stream	–	10/17	9:50	S 2.60606	W 71.49565	135	Tr
CH T1 0800 m	Pequeña naciente en collpa/Mineral lick seep	AM100005	10/17	10:00	S 2.60425	W 71.48722	153	Tr
CH T1 2315 m	Quebrada/Stream	–	10/17	12:25	S 2.59377	W 71.49565	160	Tr
CH Helipuerto/ Heliport	Lluvia/Rain	AM100006	10/18	14:35	S 2.61071	W 71.48591	135	R
CH T2 0450 m	Quebrada/Stream	AM100007	10/18	15:30	S 2.61230	W 71.48927	123	G
CH T1 0275 m	Quebrada/Stream	AM100008	10/18	16:00	S 2.60828	W 71.48563	127	G
CH en campamento/ At the campsite	Río en campamento Choro/ River at Choro campsite	AM100009	10/18	16:30	S 2.61102	W 71.48532	128	G
CH en campamento/ At the campsite	Río en campamento Choro durante inundación/ River at Choro campsite during flood	AM100010	10/19	14:40	S 2.61102	W 71.48532	132	V
CH T4 5500 m	Quebrada Lupuna	AM100011	10/19	13:00	S 2.58972	W 71.42472		G
AC T1 0870 m	Quebrada/Stream	–	10/21	8:35	S 3.20533	W 70.90155	116	Sl
AC T1 1120 m	Quebrada/Stream	–	10/21	9:00	S 3.20829	W 70.90159	121	G
AC T1 2225 m	Quebrada/Stream	–	10/21	10:40	S 3.21776	W 70.90319	126	G
AC T1 2450 m	Quebrada/Stream	AM100012	10/21	11:15	S 3.22043	W 70.90407	132	M
AC T1 3385 m	Quebrada/Stream	–	10/21	12:45	S 3.22207	W 70.90586	121	G
AC T3 1725 m	Río Cotuhé/ Cotuhé River	AM100013	10/22	15:30	S 3.19265	W 70.91048	118	St

LEYENDA/ LEGEND

* = Los análisis de laboratorio fueron realizados en el Instituto Smithsonian de Investigaciones Tropicales, Panamá, por Robert Stallard y Félix Rodríguez. En esta tabla los valores de pH de campo son más confiables que los de laboratorio, mientras los valores de conductividad de laboratorio son más confiables que los de campo./ Laboratory analyses were carried out in Panama at the Smithsonian Tropical Research Institute by Robert Stallard and Félix Rodríguez. In this table field pH values are more reliable than lab values, while lab conductivity values are more reliable than field values.

** = Observe que los valores de conductividad y sedimentos en suspensión del río Amazonas son mucho mayores que los registrados en la región Yaguas-Cotuhé./Note the much higher values of conductivity and suspended sediments in the main stem of the Amazon, compared to those recorded in the Yaguas-Cotuhé region.

Sitios/Sites

CH = Campamento Choro/ Choro campsite

AC = Campamento Alto Cotuhé/ Alto Cotuhé campsite

CA = Campamento Cachimbo/ Cachimbo campsite

Corriente/River flow

Tr = Muy débil/Trickle

Sl = Débil/Weak

M = Moderada/Moderate

G = Buena/Good

St = Fuerte/Strong

Water samples collected by Robert Stallard at three sites during the rapid biological inventory of the Yaguas and Cotuhé watersheds, Loreto, Peru, on 15-30 October 2010. Geographic coordinates use WGS 84. Three water samples from the vicinity of Iquitos are provided for context.

Muestras de Agua/
Water Samples

Apariencia/ Appearance	Lecho/ Bed	Ancho/ Width (m)	Altura de las riberas/ Bank height (m)	Temperatura/ Temperature °C	pH en campo/ Field pH	pH en laboratorio/ Lab pH*	Conductividad en campo/ Field conductivity (µS/cm)	Conductividad en laboratorio/ Lab conductivity* (µS/cm)	Sedimento/ Sediment* (mg/L)
Tu, Y	Mu	2.0	1.0	25	5.3	5.8	9.2	14.6	18
Ts, Y	Y-Br Sa	3.5	1.5	25	5.2	5.8	10.2	9.6	28
Cl, Br	Y-Br Sa	3.0	0.5	25	5.0	5.7	5.9	6.8	5
Cl, Y	Y-Br Ga	2.5	1.0	25	–	–	8.4	–	–
Tu, Y-Br	Mu	7.0	3.0	25	5.1	5.7	8.2	8.7	10
Cl, Y	Sa, Ga, Sb	3.0	3.0	25	–	–	9.7	–	–
Cl	Bl-Y Mu	7.0	7.0	26	7.5	7.3	385	443	32
Cl	Sa, Ga, Sb	1.0	1.0	25	–	–	10.2	–	–
Cl	–	–	–	24	4.4	5.8	6.1	5.8	5
Tu, Y	Mu	3.5	1.5	25	5.3	5.7	7.4	10.1	8
Lb	Mu	2.5	1.0	25	5.8	5.7	17.1	18.2	30
Tu, Y-Br	Mu	8.0	3.0	25	5.7	5.7	8.1	8.2	13
Tu, Y-Br	Mu	8.0	3.0	25	4.3	5.5	9.3	8.0	67
Ts, Y	Y-Br Ga, Sa	15.0	3.0	25	5.3	5.5	9.1	8.4	32
Ob	Si	2.0	1.5	24	4.6	–	7.2	–	–
Ts, Ob	Si	3.0	1.0	24	4.9	–	8.2	–	–
Cl	Y-Br Ga, Sa	3.0	1.0	25	4.9	–	6.2	–	–
Cl	Y-Br Ga, Sa	2.0	1.0	25	4.7	5.5	6.0	6.2	8
Ts, Ob	Mu	4.0	1.5	25	5.3	–	9.6	–	–
Tu, Gr-Br	Gr Mu, Mg	15.0	3.0	26	5.9	5.5	14.6	15.9	20

V = Muy fuerte/Very strong

R = Rainfall/Lluvia

Apariencia del agua/
Appearance of the water

Cl = Clara/Clear

Tu = Turbia/Turbid

Ts = Algo turbia/Slightly turbid

Br = Marrón/Brown

Lb = Marrón claro/Light brown

Ob = Marrón orgánico/Organic brown

Db = Marrón oscuro/Dark brown

Gr = Gris/Gray

Y = Amarilla/Yellow

Lecho/Bed

Ba = Ramas/Branches

Ga = Grava/Gravel

Mg = Grava de lodolito/Mudstone gravel

Mu = Fango/Mud

Sa = Arena/Sand

Sb = Bloques de arenisca/Sandstone blocks

Sh = Lulita y piedritas de óxido de hierro/Shale and iron-oxide pebbles

Si = Limo y materia orgánica/Silt and organic debris

Ws = Arena blanca/White sand

Bl = Azul/Blue

Br = Marrón/Brown

Gr = Gris/Gray

Y = Amarilla/Yellow

MUESTRAS DE AGUA / WATER SAMPLES								
Sitio/ Site	Descripción/ Description	Muestra/ Sample	Fecha (2010)/ Date (2010)	Hora/ Time	Latitud/ Latitude (°)	Longitud/ Longitude (°)	Elevación/ Elevation (m)	Corriente/ Flow
AC en el campamento/ At the campsite	Quebrada en campamento AC/ Stream in AC camp	AM100014	10/23	7:10	S 3.19859	W 70.89914	116	M
AC T3 1380 m	Quebrada/Stream	–	10/23	8:30	S 3.19331	W 70.90801	117	SI
AC T3 3040 m	Quebrada/Stream	–	10/23	10:10	S 3.18798	W 70.90257	119	SI
AC T3 3840 m	Río/River	AM100015	10/23	11:00	S 3.18526	W 70.89716	123	St
AC T3 5240 m	Quebrada/Stream	–	10/23	12:35	S 3.17907	W 70.88887	128	SI
AC T3 5810 m	Quebrada/Stream	–	10/23	13:15	S 3.18137	W 70.88458	125	M
AC T3 6380 m	Quebrada/Stream	–	10/23	14:00	S 3.18539	W 70.88556	130	Tr
AC T3 7060 m	Quebrada/Stream	–	10/23	14:35	S 3.19119	W 70.88858	126	Tr
CA en el campamento/ At the campsite	Quebrada Cachimbo	AM100016	10/25	17:00	S 2.71853	W 70.52788	77	M
CA T1 1470 m	Quebrada/Stream	–	10/26	9:30	S 2.72502	W 70.52156	85	Tr
CA T2 0040 m	Quebrada/Stream	–	10/26	14:40	S 2.71900	W 70.52678	89	Tr
CA T3 5680 m	Quebrada/Stream	–	10/27	13:30	S 2.72678	W 70.53001	86	Tr
CA 8 km río arriba/ 8 km upriver	Río Yaguas/ Yaguas River	AM100017	10/28	9:00	S 2.72231	W 70.57349	76	St
CA T2 1575 m	Quebrada/Stream	AM100018	10/29	9:00	S 2.71746	W 70.51515	77	M
Allpahuayo-Mishana	Quebrada de aguas negras/ Blackwater stream	AM100019	11/6	10:30	S 3.94930	W 73.41366	134	Tr
Centro del río cerca al Nanay/ Mid-channel near the Nanay	Río Amazonas/ Amazon River	AM100020	11/7	15:00	S 3.70045	W 73.24480	96	St
Lado izquierdo cerca del Momón/ Left bank near the Momón	Río Nanay/ Nanay River	AM100021	11/7	15:30	S 3.69702	W 73.27102	94	M

LEYENDA/
LEGEND

* = Los análisis de laboratorio fueron realizados en el Instituto Smithsonian de Investigaciones Tropicales, Panamá, por Robert Stallard y Félix Rodríguez. En esta tabla los valores de pH de campo son más confiables que los de laboratorio, mientras los valores de conductividad de laboratorio son más confiables que los de campo./ Laboratory analyses were carried out in Panama at the Smithsonian Tropical Research Institute by Robert Stallard and Félix Rodríguez. In this table field pH values are more reliable than lab values, while lab conductivity values are more reliable than field values.

** = Observe que los valores de conductividad y sedimentos en suspensión del río Amazonas son mucho mayores que los registrados en la región Yaguas-Cotuhé./Note the much higher values of conductivity and suspended sediments in the main stem of the Amazon, compared to those recorded in the Yaguas-Cotuhé region.

Sitios/Sites

CH = Campamento Choro/
Choro campsite

AC = Campamento Alto Cotuhé/
Alto Cotuhé campsite

CA = Campamento Cachimbo/
Cachimbo campsite

Corriente/River flow

Tr = Muy débil/Trickle

SI = Débil/Weak

M = Moderada/Moderate

G = Buena/Good

St = Fuerte/Strong

Apariencia/ Appearance	Lecho/ Bed	Ancho/ Width (m)	Altura de las riberas/ Bank height (m)	Temperatura/ Temperature °C	pH en campo/ Field pH	pH en laboratorio/ Lab pH*	Conductividad en campo/ Field conductivity (µS/cm)	Conductividad en laboratorio/ Lab conductivity* (µS/cm)	Sedimento/ Sediment* (mg/L)
Lb	Gr Mu, Mg	15.0	3.0	25	5.2	5.5	10.5	7.0	12
Lb	Gr Mu, Mg	4.0	1.5	25	5.0	–	9.5	–	–
Lb	Gr Mu	5.0	1.5	25	–	–	10.1	–	–
Tu, Gr-Br	Gr Mu, Mg	5.0	3.0	26	5.6	5.5	12.5	13.5	12
Cl	Gr Mu	4.0	1.0	26	–	–	12.5	–	–
Cl	Gr Mu	5.0	2.5	26	–	–	12.9	–	–
Cl	Sh	1.0	0.5	26	–	–	21.1	–	–
Cl	Mu	4.0	2.0	26	–	–	17.0	–	–
Ts, Br	Gr Mu, Mg	25.0	5.0	27	5.5	5.5	17.3	12.3	22
Cl	Ba, Mu	5.0	0.5	26	5.2	–	15.0	–	–
Cl	Ba, Mu	2.0	0.5	27	5.4	–	13.0	–	–
Ts, Ob	Ba, Mu	8.0	4.5	27	5.8	–	19.7	–	–
Tu, Gr-Br	Gr Mu, Mg	50.0	5.0	27	5.8	5.6	20.1	12.7	96
Cl	Mu	8.0	3.0	26	5.8	5.7	19.2	15.0	13
Cl, Db	Ws	3.0	1.0	23	5.8	6.4	122	109	5
Tu, Y-Br	Mu, Sa, Ga	2000.0	20.0	27	5.8	6.6	262	252**	252**
Ts, Br	Mu, Sa	500.0	20.0	28	5.5	5.6	12.7	14.1	53

V = Muy fuerte/Very strong

R = Rainfall/Lluvia

Apariencia del agua/
Appearance of the water

Cl = Clara/Clear

Tu = Turbia/Turbid

Ts = Algo turbia/Slightly turbid

Br = Marrón/Brown

Lb = Marrón claro/Light brown

Ob = Marrón orgánico/Organic brown

Db = Marrón oscuro/Dark brown

Gr = Gris/Gray

Y = Amarilla/Yellow

Lecho/Bed

Ba = Ramas/Branches

Ga = Grava/Gravel

Mg = Grava de lodolito/Mudstone gravel

Mu = Fango/Mud

Sa = Arena/Sand

Sb = Bloques de arenisca/Sandstone blocks

Sh = Lulita y piedritas de óxido de hierro/Shale and iron-oxide pebbles

Si = Limo y materia orgánica/Silt and organic debris

Ws = Arena blanca/White sand

Bl = Azul/Blue

Br = Marrón/Brown

Gr = Gris/Gray

Y = Amarilla/Yellow

Plantas Vasculares/
Vascular Plants

Plantas vasculares registradas en tres sitios durante el Inventario Rápido Yaguas-Cotuhe, del 15 al 30 octubre 2010, y un sitio durante el anterior Inventario Rápido Ampiyacu, Apayacu, Yaguas, del 2 al 21 agosto de 2003, en Loreto, Perú. Compilación por Robin Foster. Colecciones, fotos, y observaciones por miembros del equipo botánico: 2010: Isau Huamantupa, Zaleth Cordero, Roosevelt García, Nigel Pitman; 2003: R. Foster, M. Ríos, N. Pitman, I. Mesones, C. Vriesendorp. Las familias son las en uso en enero, 2011 por el sitio web Tropicos del Missouri Botanical Garden.

PLANTAS VASCULARES / VASCULAR PLANTS

Nombre científico/ Scientific name	Sitio/ Site				Fuente/ Source	Colector/ Collector	Vouchers
	Choro (2010)	Alto Cotuhé (2010)	Cachimbo (2010)	Yaguas (2010)			
SPERMATOPHYTA (949)							
Acanthaceae (7)							
Aphelandra sp. nov. 1	x	x	–	–	Col	IH	14078, 14447
Aphelandra sp. nov. 2	–	x	–	–	Col	IH	14380, 14517
Aphelandra sp.	–	–	x	–	Col	IH	14381
Justicia scansilsis	x	–	–	–	Col	IH	14062
Mendoncia sp.	x	–	–	–	Obs	–	–
Pachystachys spicata	–	–	x	–	Col	IH	14735
spp.	–	x	–	–	Col	IH	14464
Achariaceae (Flacourtiaceae) (4)							
Carpotroche longifolia	–	x	x	–	Col	IH	14362, 14749
Carpotroche sp. nov.?	x	x	–	–	Col	IH	14069, 14493
Mayna grandifolia	–	x	x	–	Col	IH	14485, 14748
Mayna odorata	–	x	–	x	Fot	IH	14473
Amaryllidaceae (2)							
Crinum erubescens	–	–	–	x	Obs	–	–
Eucharis sp.	x	x	–	–	Col	IH	14196, 14394
Anacardiaceae (6)							
Anacardium giganteum	–	–	x	–	Obs	–	–
Spondias mombin	–	x	x	–	Obs	–	–
Spondias venusta	x	–	–	–	Fot	–	–
Tapirira guianensis	–	–	–	x	Col	NP	9338
Tapirira obtusa	–	x	–	–	Obs	–	–
Tapirira retusa	–	x	–	–	Obs	–	–
Anisophylleaceae (1)							
Anisophyllea guianensis	–	–	x	–	Fot	–	–
Annonaceae (35)							
Anaxagorea dolichocarpa	–	x	–	–	Col	IH	14422
Anaxagorea floribunda	–	x	–	–	Col	IH	14507
Anaxagorea phaeocarpa	–	x	–	–	Col	IH	14487
Annona ambotay	x	–	–	–	Col	IH	14084
Annona hypoglauca	x	x	x	–	Col	IH	14032, 14580, 14791
Annona spp.	–	x	x	x	Col	IH	14415, 14594, 14615, 14470
Diclinanona tessmannii	x	–	–	–	Obs	–	–
Duguetia latifolia	–	x	–	–	Col	IH	14543
Duguetia quitarensis	–	–	–	x	Col	MR	5101
Duguetia surinamensis	–	–	x	–	Col	IH	14699
Duguetia sp.	–	–	x	–	Col	IH	14813
Guatteria decurrens	x	x	x	–	Col	IH	14067, 14472, 14620
Guatteria dura	–	–	x	–	Fot	–	–
Guatteria elata	–	x	–	–	Col	IH	14567
Guatteria flabellata	–	–	x	–	Fot	–	–
Guatteria megalophylla	x	–	–	x	Col	IH	14146

Vascular plants recorded at three sites during the Yaguas-Cotuhé Rapid Inventory, from 15–30 October 2010, and one site during the earlier Ampiyacu, Apayacu, Yaguas Rapid Inventory, from 2–21 August 2003, in Loreto, Peru. Compiled by Robin Foster. Collections, photos, and observations by members of the botany team: 2010: Isau Huamantupa, Zaleth Cordero, Roosevelt García, Nigel Pitman; 2003: R. Foster, M. Ríos, N. Pitman, I. Mesones, C. Vriesendorp. The plant families are those in use in January 2011 on the website Tropicos of the Missouri Botanical Garden.

PLANTAS VASCULARES / VASCULAR PLANTS

Nombre científico/ Scientific name	Sitio/ Site				Fuente/ Source	Colector/ Collector	Vouchers
	Choro (2010)	Alto Cotuhé (2010)	Cachimbo (2010)	Yaguas (2010)			
Guatteria multivenia	–	–	x	–	Col	IH	14722
Guatteria pteropus	–	–	–	x	Col	NP	9398
Guatteria tomentosa	–	x	x	–	Fot	–	–
Guatteria spp.	x	x	–	–	Col	IH	14104, 14449
Malmea s.l. sp.	x	–	–	–	Fot	–	–
Oxandra euneura	x	–	–	–	Obs	–	–
Oxandra major	x	x	–	x	Col	IH	14314, 14498
Oxandra riedeliana	–	x	–	–	Col	IH	14440
Oxandra sphaerocarpa	–	–	–	x	Obs	–	–
Tetrameranthus laomae	–	–	–	x	Col	MR	4604
Trigynaea triplinervis	x	–	–	–	Col	IH	14182
Unonopsis elegantissima	–	–	x	–	Col	IH	14679
Unonopsis stipitata	x	x	x	–	Col	IH	14055, 14108, 14137, 14519, 14591
Unonopsis veneficiorum	–	–	x	–	Col	IH	14618, 14627
Xylopia calophylla	–	–	x	–	Col	IH	14703
Xylopia cuspidata	x	x	–	–	Col	IH	14248, 14357, 14471
Xylopia parviflora	–	x	–	–	Obs	–	–
Xylopia sp.	–	–	x	–	Col	IH	14765
sp.	x	–	–	–	Col	IH	14046
Apocynaceae (13)							
Aspidosperma rigidum	x	–	–	–	Fot	–	–
Aspidosperma spruceanum	x	–	–	–	Col	IH	14295
Aspidosperma sp.	x	x	–	–	Col	IH	14387
Couma macrocarpa	x	–	–	x	Obs	–	–
Himatanthus sucuuba	–	–	x	x	Col	NP	9792
Lacmellea peruviana	x	x	–	–	Obs	–	–
Lacmellea sp.	–	–	–	–	Fot	–	–
Odontadenia killipii	–	x	–	–	Col	IH	14588
Odontadenia puncticulosa	–	–	x	–	Col	IH	14672
Rauvolfia sprucei	–	–	–	x	Obs	–	–
Tabernaemontana sananho	–	x	–	x	Col	IH	14421
Tabernaemontana siphilitica	–	–	x	x	Col	IH	14812
Apocynaceae (Asclepiadaceae) (1)							
Matelea sp.	–	x	–	–	Col	IH	14420
Araceae (33)							
Anthurium brevipedunculatum	–	–	–	x	Fot	–	–
Anthurium clavigerum	x	–	–	x	Col	IH	14063
Anthurium croatii	x	x	–	–	Obs	–	–

LEYENDA/ LEGEND

Fuente/Source
Col = Colección/Collection
Fot = Foto/Photo
Obs = Observación/Observation

Especimen/Voucher
IH = Isau Huamantupa & Zaleth Cordero
NP = Nigel Pitman
MR = Marcos Ríos

PLANTAS VASCULARES / VASCULAR PLANTS							
Nombre científico/ Scientific name	Sitio/ Site				Fuente/ Source	Colector/ Collector	Vouchers
	Choro (2010)	Alto Cotuhé (2010)	Cachimbo (2010)	Yaguas (2010)			
Anthurium eminens	–	–	–	x	Fot	–	–
Anthurium gracile	–	x	–	x	Col	IH	14425
Anthurium kunthii	–	x	–	–	Col	IH	14576
Anthurium vittariifolium	–	x	–	–	Col	IH	14512
Anthurium spp.	x	x	x	x	Col	IH	14122, 14187, 14207, 14217, 14233, 14410, 14518, 14709
Dieffenbachia sp.	–	x	x	–	Col	IH	14475, 14761
Dracontium sp.	x	x	–	–	Fot	–	–
Heteropsis oblongifolia	–	x	–	–	Col	IH	14441
Heteropsis sp.	–	–	–	–	Obs	–	–
Homalomena sp.	–	–	–	x	Fot	–	–
Monstera dilacerata	–	–	–	x	Fot	–	–
Monstera lechleriana	–	–	–	x	Obs	–	–
Monstera obliqua	–	–	–	x	Fot	–	–
Philodendron campii	–	–	–	x	Obs	–	–
Philodendron ernestii	–	–	–	x	Obs	–	–
Philodendron exile	–	x	x	–	Fot	–	–
Philodendron fragrantissimum	x	–	–	–	Col	IH	14351
Philodendron goeldii	x	–	–	–	Fot	–	–
Philodendron herthae	x	–	–	–	Fot	–	–
Philodendron hylaeae	x	–	–	–	Col	IH	14345
Philodendron panduriforme	–	–	–	x	Obs	–	–
Philodendron tripartitum	–	–	–	x	Obs	–	–
Philodendron wittianum	–	x	–	x	Col	IH	14356
Philodendron spp.	x	x	x	x	Col	IH	14052, 14109, 14200, 14283, 14398, 14430, 14536, 14724
Rhodospatha latifolia	–	–	–	x	Obs	–	–
Rhodospatha oblongata	x	–	–	–	Col	IH	14215
Stenospermation amomifolium	x	x	–	x	Col	IH	14251, 14437, 14563
Syngonium sp.	–	–	–	x	Fot	–	–
Urospatha saggitifolia	–	x	–	x	Col	IH	14456
sp.	–	x	–	–	Col	IH	14433
Araliaceae (3)							
Dendropanax macropodus	x	–	–	–	Fot	–	–
Dendropanax sp.	x	–	–	–	Fot	–	–
Schefflera megacarpa	–	–	–	x	Col	MR	4406
Arecaceae (51)							
Aiphanes deltoidea cf.	–	–	–	x	Obs	–	–
Aiphanes ulei	x	–	–	–	Col	IH	14132
Astrocaryum chambira	–	x	–	x	Fot	–	–
Astrocaryum ciliatum	–	–	x	–	Col	IH	14700
Astrocaryum jauari	–	x	x	x	Fot	–	–

PLANTAS VASCULARES / VASCULAR PLANTS							
Nombre científico/ Scientific name	Sitio/ Site				Fuente/ Source	Colector/ Collector	Vouchers
	Choro (2010)	Alto Cotuhé (2010)	Cachimbo (2010)	Yaguas (2010)			
Astrocaryum murumuru	x	–	x	x	Obs	–	–
Attalea butyracea	–	–	–	x	Obs	–	–
Attalea insignis	x	x	–	–	Fot	–	–
Attalea maripa	–	x	x	–	Fot	–	–
Attalea microcarpa cf.	x	x	–	x	Fot	–	–
Attalea sp.	–	x	–	–	Fot	–	–
Bactris acanthocarpa cf.	x	–	–	–	Col	IH	14234
Bactris bifida	x	–	–	x	Col	IH	14168
Bactris brongniartii cf.	x	–	–	x	Col	IH	14197
Bactris corosilla cf.	–	x	–	–	Col	IH	14393
Bactris hirta	–	x	x	x	Col	IH	14642
Bactris maraja	–	x	–	x	Col	IH	14367
Bactris riparia	–	x	x	x	Fot	–	–
Bactris simplicifrons	–	–	–	x	Obs	–	–
Bactris tomentosa	–	–	–	x	Obs	–	–
Chamaedorea pauciflora	x	–	–	x	Col	IH	14178
Chamaedorea pinnatifrons	x	–	–	–	Col	IH	14204
Chelyocarpus ulei	–	x	–	x	Fot	–	–
Desmoncus giganteus	–	–	–	x	Obs	–	–
Desmoncus mitis	–	–	–	x	Fot	–	–
Desmoncus orthacanthos	–	–	–	x	Obs	–	–
Desmoncus polyacanthos	–	–	–	x	Obs	–	–
Euterpe precatoria	x	–	x	x	Fot	–	–
Geonoma aspidifolia	–	–	–	x	Fot	–	–
Geonoma brongniarti	–	–	–	x	Fot	–	–
Geonoma camana	x	–	–	–	Col	IH	14169, 14174
Geonoma deversa	–	–	x	–	Col	IH	14629, 14631
Geonoma macrostachys	x	–	–	x	Col	IH	14066, 14171, 14319
Geonoma maxima	x	–	x	x	Col	IH	14258b, 14610, 14755
Geonoma poeppigiana	x	–	–	x	Col	IH	14177
Geonoma stricta	–	x	–	x	Col	IH	14400
Geonoma spp.	x	–	x	–	Col	IH	14043, 14072, 14087, 14249, 14337, 14732, 14767
Hyospathe elegans	x	–	–	x	Col	IH	14038
Iriartea deltoidea	x	–	x	x	Fot	–	–
Iriartella setigera	–	–	x	x	Col	IH	14641
Lepidocaryum tenue	–	x	x	x	Fot	–	–
Manicaria saccifera	–	–	–	x	Fot	–	–

LEYENDA/ LEGEND

Fuente/Source
Col = Colección/Collection
Fot = Foto/Photo
Obs = Observación/Observation

Especimen/Voucher
IH = Isau Huamantupa & Zaleth Cordero
NP = Nigel Pitman
MR = Marcos Ríos

PLANTAS VASCULARES / VASCULAR PLANTS							
Nombre científico/ Scientific name	**Sitio/ Site**				**Fuente/ Source**	**Colector/ Collector**	**Vouchers**
	Choro (2010)	Alto Cotuhé (2010)	Cachimbo (2010)	Yaguas (2010)			
Mauritia flexuosa	x	x	x	x	Obs	–	–
Mauritiella aculeata	–	–	x	–	Obs	–	–
Mauritiella armata	–	–	x	x	Obs	–	–
Oenocarpus bacaba	–	–	–	x	Obs	–	–
Oenocarpus bataua	x	–	x	x	Obs	–	–
Oenocarpus mapora	–	–	x	x	Col	IH	14695
Phytelephas macrocarpa	–	–	–	x	Obs	–	–
Prestoea schultzeana	–	–	–	x	Obs	–	–
Socratea exorrhiza	–	x	x	x	Obs	–	–
Aristolochiaceae (1)							
Aristolochia sp.	–	–	–	x	Fot	–	–
Asteraceae (1)							
Piptocarpha poeppigiana	x	–	–	–	Col	IH	14073
Begoniaceae (2)							
Begonia glabra	–	–	–	x	Obs	–	–
Begonia rossmanniae	x	–	–	–	Col	IH	14300
Bignoniaceae (5)							
Callichlamys latifolia	–	–	–	x	Obs	–	–
Jacaranda copaia	–	–	–	x	Obs	–	–
Jacaranda macrocarpa	–	–	–	x	Obs	–	–
Tabebuia s.l. sp.	–	x	–	–	Obs	–	–
sp.	–	–	x	–	Col	IH	14815
Bixaceae (1)							
Bixa platycarpa	–	–	–	x	Obs	–	–
Boraginaceae (2)							
Cordia bicolor	–	–	–	x	Fot	–	–
Cordia nodosa	x	–	–	–	Col	IH	14029
Bromeliaceae (18)							
Aechmea chantinii	–	–	x	–	Col	IH	14705
Aechmea contracta	–	–	x	–	Col	IH	14826
Aechmea corymbosa	–	x	–	–	Col	IH	14481
Aechmea mertensii	–	x	–	–	Col	IH	14546
Aechmea nidularioides	x	–	–	–	Col	IH	14039
Aechmea penduliflora	x	–	–	–	Col	IH	14216
Aechmea poitaei	x	–	–	–	Col	IH	14145
Aechmea woronowii	x	–	–	–	Col	IH	14051
Aechmea sp.	–	x	–	–	Col	IH	14365
Billbergia sp.	x	–	–	–	Col	IH	14275
Bromelia tubulosa cf.	x	–	–	–	Col	IH	14229
Fosterella sp.	x	x	–	–	Col	IH	14339, 14416
Guzmania vittata	x	–	x	–	Col	IH	14285, 14645
Guzmania spp.	–	x	–	–	Col	IH	14547, 14561, 14566
Pepinia sprucei	–	–	x	–	Col	IH	14607
Pitcairnia spp.	–	x	x	–	Col	IH	14388, 14817

PLANTAS VASCULARES / VASCULAR PLANTS							
Nombre científico/ Scientific name	Sitio/ Site				Fuente/ Source	Colector/ Collector	Vouchers
	Choro (2010)	Alto Cotuhé (2010)	Cachimbo (2010)	Yaguas (2010)			
Tillandsia adpressiflora	–	x	–	–	Col	IH	14558
Burmanniaceae (1)							
Campylosiphon purpurascens	x	–	–	–	Col	IH	14272
Burseraceae (20)							
Crepidospermum prancei	–	–	x	–	Obs	–	–
Crepidospermum rhoifolium	x	–	x	x	Fot	–	–
Protium altsonii	–	x	x	–	Obs	–	–
Protium amazonicum	–	x	–	x	Col	IH	14523
Protium apiculatum	–	x	–	–	Col	IH	14527
Protium aracouchini	–	x	–	–	Obs	–	–
Protium crassipetalum	–	x	–	–	Col	IH	14531
Protium decandrum	–	–	–	x	Col	NP	9344
Protium divaricatum	x	–	x	x	Col	IH	14140a, 14318, 14593
Protium ferrugineum	–	x	–	x	Col	NP	9257
Protium gallosum	x	–	–	–	Col	IH	14210
Protium hebetatum	x	x	–	–	Col	IH	14085
Protium nodulosum	x	–	–	–	Col	IH	14306
Protium opacum	–	x	–	–	Obs	–	–
Protium sagotianum	–	–	–	x	Obs	–	–
Protium spruceanum	–	–	–	x	Col	NP	9215
Protium subserratum	–	–	–	x	Obs	–	–
Protium trifoliolatum	x	x	x	x	Col	IH	14140b, 14491, 14683
Protium unifoliatum	–	–	x	–	Col	IH	14758, 14809
Tetragastris panamensis	–	–	–	x	Col	NP	9458
Cactaceae (3)							
Epiphyllum phyllanthus	–	–	x	–	Col	IH	14630
Rhipsalis sp.	–	–	–	x	Fot	–	–
sp.	–	x	–	–	Fot	–	–
Calophyllaceae (Clusiaceae) (5)							
Calophyllum brasiliense	–	–	–	x	Col	MR	6608
Calophyllum longifolium	–	–	–	x	Obs	–	–
Caraipa valioi	–	x	–	–	Col	IH	14530
Caraipa spp.	x	x	–	–	Col	IH	14238, 14307
Marila sp.	x	–	–	–	Col	IH	14253
Capparaceae (1)							
Capparidastrum sola	–	–	x	–	Col	IH	14818
Caricaceae (1)							
Jacaratia digitata	x	–	x	x	Obs	–	–

LEYENDA/
LEGEND

Fuente/Source
Col = Colección/Collection
Fot = Foto/Photo
Obs = Observación/Observation

Especimen/Voucher
IH = Isau Huamantupa & Zaleth Cordero
NP = Nigel Pitman
MR = Marcos Ríos

PLANTAS VASCULARES / VASCULAR PLANTS							
Nombre científico/ **Scientific name**	**Sitio/** **Site**				**Fuente/** **Source**	**Colector/** **Collector**	**Vouchers**
	Choro (2010)	Alto Cotuhé (2010)	Cachimbo (2010)	Yaguas (2010)			
Caryocaraceae (2)							
Anthodiscus sp.	–	x	–	–	Obs	–	–
Caryocar amygdaliforme	x	x	–	–	Fot	–	–
Celastraceae (Hippocrateaceae) (3)							
Cheiloclinium spp.	x	–	x	–	Col	IH	14158, 14763
Salacia spp.	x	x	x	–	Col	IH	14255, 14545, 14775
sp.	–	x	–	–	Col	IH	14522
Chrysobalanaceae (10)							
Couepia chrysocalyx	x	–	x	–	Col	IH	14105
Couepia spp.	–	x	x	–	Col	IH	14461, 14776
Hirtella elongata	x	–	x	–	Fot	–	–
Hirtella rodriguesii	–	–	–	x	Col	NP	9302
Hirtella spp.	x	–	x	–	Col	IH	14154, 14256, 14276, 14635, 14712, 14799
Licania harlingii	–	–	–	x	Col	NP	9321
Licania heteromorpha	–	–	–	x	Col	NP	9320
Licania micrantha cf.	–	–	–	x	Col	NP	9395
Licania spp.	–	x	x	–	Col	IH	14406, 14811
Parinari klugii	–	–	–	x	Obs	–	–
Clusiaceae (12)							
Chrysochlamys ulei	–	x	–	–	Col	IH	14361
Chrysochlamys sp.	–	x	–	–	Col	IH	14432
Clusia spp.	x	–	x	–	Col	IH	14133, 14291, 14648, 14663, 14829, 14830
Dystovomita sp.	–	–	x	–	Col	IH	14638
Garcinia gardneriana	–	–	–	–	Obs	–	–
Garcinia intermedia	x	–	–	–	Fot	–	–
Garcinia macrophylla	–	x	x	–	Fot	–	–
Garcinia madruno	–	x	x	–	Obs	–	–
Lorostemon colombianum cf.	–	x	x	–	Col	IH	14605
Symphonia globulifera	–	x	–	x	Col	NP	9661
Tovomita weddelliana	x	x	x	–	Fot	–	–
Tovomita sp.	x	–	x	–	Col	IH	14266, 14333, 14739, 14785, 14803
Combretaceae (7)							
Buchenavia amazonia	–	–	x	–	Obs	–	–
Buchenavia oxycarpa	–	x	x	–	Col	IH	14569
Buchenavia parvifolia	x	–	–	–	Fot	–	–
Buchenavia sp.	–	x	–	–	Fot	–	–
Combretum laxum	–	–	x	–	Obs	–	–
Combretum lewellynii	–	–	x	–	Col	IH	14784
Combretum sp.	–	–	x	–	Col	IH	14708
Commelinaceae (6)							
Dichorisandra sp.	x	–	–	–	Col	IH	14201

PLANTAS VASCULARES / VASCULAR PLANTS							
Nombre científico/ Scientific name	**Sitio/ Site**				**Fuente/ Source**	**Colector/ Collector**	**Vouchers**
	Choro (2010)	Alto Cotuhé (2010)	Cachimbo (2010)	Yaguas (2010)			
Floscopa peruviana	x	–	–	–	Col	IH	14241
Floscopa sp.	x	–	–	–	Col	IH	14190
Geogenanthus ciliatus	–	x	–	–	Obs	–	–
Plowmanianthus sp.	x	–	–	–	Col	IH	14328b
spp.	–	x	–	–	Col	IH	14502, 14534
Connaraceae (2)							
Connarus sp.	–	–	–	x	Fot	–	–
Rourea spp.	x	x	–	–	Col	IH	14135, 14263, 14551
Convolvulaceae (2)							
Dicranostyles holostyla	x	–	x	–	Col	IH	14213
Maripa sp.	x	–	–	–	Col	IH	14279
Costaceae (4)							
Costus lasius	–	x	–	–	Col	IH	14413, 14501
Costus scaber	–	–	x	–	Col	IH	14655, 14747
Costus sp.	x	–	–	–	Col	IH	14054
Dimerocostus strobilaceus	–	–	x	–	Col	IH	14730
Cucurbitaceae (2)							
Fevillea cordifolia	–	–	x	–	Fot	–	–
Gurania rhizantha	–	–	x	–	Col	IH	14726
Cyclanthaceae (7)							
Asplundia spp.	x	x	–	–	Col	IH	14144, 14301, 14529
Cyclanthus bipartitus	x	x	x	–	Col	IH	14316, 14455, 14694, 14070
Cyclanthus sp. nov.	x	–	–	–	Fot	–	–
Evodianthus funifer	–	x	–	–	Col	IH	14417
Ludovia sp.	–	–	x	–	Col	IH	14686
Thoracocarpus bissectus	x	–	–	–	Fot	–	–
sp.	x	–	–	–	Col	IH	14094
Cyperaceae (9)							
Calyptrocarya bicolor	–	–	x	–	Col	IH	14666
Calyptrocarya luzuliformis cf.	x	–	–	–	Col	IH	14326
Cyperus odoratus	–	x	–	–	Col	IH	14582
Diplasia karataefolia	x	–	–	–	Col	IH	14342
Fimbristylis sp.	–	–	x	–	Obs	–	–
Hypolytrum sp.	x	–	x	–	Col	IH	14236, 14681
Rhynchospora spp.	–	x	–	–	Col	IH	14554, 14574
Scleria sp.	x	x	x	–	Col	IH	14334
spp.	–	x	–	–	Col	IH	14550, 14590, 14675, 14808

LEYENDA/
LEGEND

Fuente/Source

Col = Colección/Collection

Fot = Foto/Photo

Obs = Observación/Observation

Especimen/Voucher

IH = Isau Huamantupa & Zaleth Cordero

NP = Nigel Pitman

MR = Marcos Ríos

PLANTAS VASCULARES / VASCULAR PLANTS							
Nombre científico/ **Scientific name**	**Sitio/** **Site**				**Fuente/** **Source**	**Colector/** **Collector**	**Vouchers**
	Choro (2010)	Alto Cotuhé (2010)	Cachimbo (2010)	Yaguas (2010)			
Dichapetalaceae (3)							
Tapura amazonica	–	–	–	x	Col	MR	5209
Tapura sp.	–	x	x	–	Col	IH	14514, 14676
sp.	x	–	–	–	Col	IH	14159
Dilleniaceae (5)							
Davilla nitida	–	x	–	–	Col	IH	14549
Doliocarpus dentatus	–	–	x	–	Col	IH	14659
Doliocarpus major	–	x	–	–	Col	IH	14586
Pinzona coriacea	x	–	–	–	Col	IH	14282
Tetracera aspera cf.	–	–	x	–	Col	IH	14677
Dioscoreaceae (2)							
Dioscorea crotalarifolia	–	–	x	x	Col	IH	14806
Dioscorea sp.	x	–	–	–	Fot	–	–
Ebenaceae (3)							
Diospyros artanthifolia complex	–	–	x	–	Col	IH	14636
Diospyros cf. sp.	x	–	–	–	Col	IH	14117
Diospyros micrantha	–	x	–	–	Col	IH	14371
Elaeocarpaceae (7)							
Sloanea eichleri	x	–	–	–	Col	IH	14164
Sloanea grandiflora	–	x	x	–	Obs	–	–
Sloanea guianensis	–	–	–	x	Obs	–	–
Sloanea macrophylla	–	–	x	–	Col	IH	14623
Sloanea obtusifolia cf.	–	–	x	–	Col	IH	14646
Sloanea robusta	–	x	–	–	Col	IH	14489
Sloanea spathulata cf.	–	–	x	–	Col	IH	14632
Erythroxylaceae (2)							
Erythroxylum citrifolium cf.	x	–	–	–	Fot	–	–
Erythroxylum gracilipes	x	–	–	–	Col	IH	14277
Erythroxylum macrophyllum	–	–	x	x	Fot	–	–
Erythroxylum macrophyllum aff.	–	–	x	–	Fot	–	–
Erythroxylum shatona cf.	–	–	x	–	Fot	–	–
Erythroxylum spp.	x	–	x	–	Col	IH	14116, 14633, 14757
Euphorbiaceae (32)							
Acalypha cuneata	x	x	–	–	Col	IH	14124, 14494
Alchornea triplinervia	–	–	–	x	Obs	–	–
Alchorneopsis floribunda	–	–	–	x	Col	NP	9349
Aparisthmium cordatum	–	–	–	x	Fot	–	–
Caryodendron orinocense	x	–	–	x	Col	IH	14030
Conceveiba guianensis	x	–	–	–	Obs	–	–
Conceveiba rhytidocarpa	x	–	x	–	Col	IH	14180, 14652
Croton cuneatus	–	x	–	–	Col	IH	14571
Croton matourensis	–	x	–	–	Fot	–	–
Didymocistus chrysadenius	–	–	x	–	Col	IH	14680
Hevea brasiliensis	x	–	–	–	Obs	–	–

PLANTAS VASCULARES / VASCULAR PLANTS							
Nombre científico/ Scientific name	**Sitio/ Site**				**Fuente/ Source**	**Colector/ Collector**	**Vouchers**
	Choro (2010)	Alto Cotuhé (2010)	Cachimbo (2010)	Yaguas (2010)			
Hieronyma alchorneoides	–	x	–	–	Fot	–	–
Hieronyma macrocarpa	–	–	x	–	Obs	–	–
Hieronyma oblonga	–	–	–	x	Col	NP	9270
Hura crepitans	x	x	x	–	Obs	–	–
Mabea angularis	–	x	–	–	Fot	–	–
Mabea nitida	–	x	x	–	Obs	–	–
Mabea occidentalis	–	–	x	–	Fot	–	–
Mabea speciosa	–	x	x	–	Fot	–	–
Mabea standleyi	–	–	x	–	Fot	–	–
Mabea spp.	x	x	x	x	Col	IH	14136, 14538, 14540, 14544, 14612, 14691, 14711, 14787
Micrandra spruceana	–	x	x	x	Col	MR	584
Nealchornea yapurensis	x	–	x	x	Col	NP	9413
Omphalea diandra	x	–	–	–	Fot	–	–
Pausandra hirsuta	–	–	x	–	Col	IH	14822
Pausandra trianae	–	x	–	x	Fot	–	–
Pausandra sp. nov.	–	x	–	–	Col	IH	14392
Pseudosenefeldera inclinata	–	x	–	–	Col	IH	14525
Rhodothyrsus macrophyllus	–	x	–	–	Fot	–	–
Richeria grandis	–	–	x	–	Obs	–	–
Sapium marmieri	x	–	x	x	Obs	–	–
spp.	–	x	–	–	Col	IH	14524
Fabaceae-Caesalp. (18)							
Bauhinia guianensis	–	–	–	x	Obs	–	–
Bauhinia rutilans	x	–	–	–	Fot	–	–
Brownea grandiceps	x	x	x	–	Col	IH	14138
Campsiandra angustifolia	–	x	x	–	Col	IH	14557
Cassia spruceana cf.	x	–	–	–	Fot	–	–
Dialium guianense	–	–	–	x	Col	NP	9336
Dimorphandra sp.	–	x	–	–	Col	IH	14355
Hymenaea courbaril	x	x	–	–	Obs	–	–
Hymenaea oblongifolia	x	–	–	x	Col	NP	9337
Macrolobium acaciifolium	–	x	x	–	Fot	–	–
Macrolobium angustifolium	–	–	–	x	Col	NP	9251
Macrolobium colombianum cf.	–	–	–	x	Col	NP	9260
Macrolobium limbatum	–	–	x	–	Obs	–	–
Macrolobium sp.	–	x	–	–	Col	IH	14479
Peltogyne cf. sp.	–	–	–	x	Col	NP	9474

LEYENDA/
LEGEND

Fuente/Source

Col = Colección/Collection

Fot = Foto/Photo

Obs = Observación/Observation

Especimen/Voucher

IH = Isau Huamantupa & Zaleth Cordero

NP = Nigel Pitman

MR = Marcos Ríos

PLANTAS VASCULARES / VASCULAR PLANTS

Nombre científico/ Scientific name	Sitio/ Site				Fuente/ Source	Colector/ Collector	Vouchers
	Choro (2010)	Alto Cotuhé (2010)	Cachimbo (2010)	Yaguas (2010)			
Tachigali loretensis	x	–	–	–	Obs	–	–
Tachigali paniculata	–	–	x	–	Fot	–	–
Tachigali vaupesiana	–	x	–	–	Fot	–	–
Fabaceae-Mimos. (22)							
Calliandra trinervia	–	–	–	x	Col	MR	5606
Cedrelinga cateniformis	x	x	–	–	Obs	–	–
Inga acuminata	–	–	–	x	Obs	–	–
Inga auristellae	–	–	–	x	Obs	–	–
Inga capitata	–	–	–	x	Obs	–	–
Inga cordatoalata	–	x	–	–	Obs	–	–
Inga macrophylla cf.	–	x	–	–	Col	IH	14537
Inga marginata	–	–	–	x	Col	NP	9245
Inga spectabilis	x	–	–	–	Fot	–	–
Inga stipulacea	x	–	–	x	Fot	–	–
Inga thibaudiana	x	–	–	–	Obs	–	–
Inga venusta	x	–	–	–	Fot	–	–
Inga sp.	–	x	–	–	Col	IH	14589
Marmaroxylon basijugum	x	–	–	–	Obs	–	–
Parkia igneiflora	–	x	x	x	Col	NP	9272
Parkia nitida	x	x	x	–	Obs	–	–
Parkia velutina	x	x	x	–	Obs	–	–
Parkia sp.	–	–	x	–	Fot	–	–
Pseudopiptadenia suaveolens	–	x	–	–	Obs	–	–
Zygia juruana	–	–	x	–	Obs	–	–
Zygia sp.	–	–	x	–	Col	IH	14654
sp.	x	–	–	–	Fot	–	–
Fabaceae-Papil. (17)							
Andira sp.	–	–	–	x	Col	–	9203
Clathrotropis macrocarpa	x	x	x	x	Col	IH	14532
Dalbergia monetaria	–	–	–	x	Obs	–	–
Dipteryx sp.	–	–	–	x	Col	NP	9392
Dussia tessmanii cf.	–	–	–	x	Col	NP	9248
Erythrina poeppigiana	x	–	–	–			–
Erythrina sp.	–	–	x	–	Obs	–	–
Machaerium sp.	–	–	–	x	Fot	–	–
Ormosia sp. 1	–	–	–	–	Fot	–	–
Ormosia sp. 2	–	x	–	–	Col	IH	14486
Platymiscium sp.	–	–	–	x	Obs	–	–
Pterocarpus sp.	–	–	–	x	Col	NP	9441
Swartzia arborescens	–	–	–	x	Col	NP	9741
Swartzia klugii	x	–	–	x	Col	IH	14079, 14183
Swartzia sp. 1	x	–	–	–	Col	IH	14240
Swartzia sp. 2	x	–	–	–	Col	IH	14341
Vatairea sp.	–	–	–	x	Col	NP	9640

PLANTAS VASCULARES / VASCULAR PLANTS							
Nombre científico/ Scientific name	Sitio/ Site				Fuente/ Source	Colector/ Collector	Vouchers
	Choro (2010)	Alto Cotuhé (2010)	Cachimbo (2010)	Yaguas (2010)			
Gentianaceae (4)							
Potalia coronata	x	x	–	–	Col	IH	14041, 14396
Voyria pittieri	–	–	x	–	Col	IH	14825
Voyria spruceana	–	x	x	–	Col	IH	14824
Voyria tenella	–	–	–	x	Fot	–	–
Gesneriaceae (16)							
Besleria aggregata	–	x	–	–	Col	IH	14352
Besleria sp.	x	–	–	–	Col	IH	14218b
Codonanthe crassifolia	–	–	x	–	Col	IH	14665
Codonanthe macradenia	x	–	–	–	Col	IH	14185
Codonanthopsis sp.	–	–	–	–	Col	IH	14446
Columnea ericae	x	–	–	–	Col	IH	14297
Drymonia affinis	–	–	x	–	Col	IH	14759
Drymonia anisophylla	x	–	x	–	Fot	–	–
Drymonia coccinea	x	x	–	–	Col	IH	14292, 14466
Drymonia macrophylla	–	x	–	–	Col	IH	14439
Drymonia pendula	x	–	–	–	Col	IH	14205, 14329
Drymonia warszewicziana cf.	–	x	x	–	Fot	–	–
Nautilocalyx sp.	x	–	–	–	Col	IH	14281
Paradrymonia decurrens	–	x	–	–	Fot	–	–
sp. nov.	x	–	–	–	Col	IH	14299
spp.	x	x	x	–	Col	IH	14074, 14324, 14444, 14484, 14564, 14745
Heliconiaceae (9)							
Heliconia acuminata cf.	–	–	x	–	Col	IH	14771
Heliconia apparicioi	–	–	–	x	Fot	–	–
Heliconia cordata cf.	–	x	–	–	Col	IH	14391, 14578
Heliconia hirsuta cf.	–	x	–	–	Col	IH	14467
Heliconia juruana	x	x	x	x	Col	IH	14349, 14657
Heliconia schumanniana	–	–	x	–	Col	IH	14721
Heliconia stricta	x	–	–	x	Col	IH	14058
Heliconia velutina	x	x	–	x	Fot	–	–
Heliconia sp.	x	–	–	–	Col	IH	14059, 14235
Humiriaceae (2)							
Sacoglottis sp.	–	–	–	x	Fot	–	–
Vantanea guianensis cf.	–	–	–	x	Col	NP	9301
Hydroleacea (1)							
Hydrolea sp.			x		Fot		

LEYENDA/
LEGEND

Fuente/Source

Col = Colección/Collection

Fot = Foto/Photo

Obs = Observación/Observation

Especimen/Voucher

IH = Isau Huamantupa & Zaleth Cordero

NP = Nigel Pitman

MR = Marcos Ríos

PLANTAS VASCULARES / VASCULAR PLANTS							
Nombre científico/ **Scientific name**	**Sitio/** **Site**				**Fuente/** **Source**	**Colector/** **Collector**	**Vouchers**
	Choro (2010)	Alto Cotuhé (2010)	Cachimbo (2010)	Yaguas (2010)			
Hypericaceae (Clusiaceae) (4)							
Vismia amazonica	–	–	x	–	Obs	–	–
Vismia bemerguii	–	x	–	–	Col	IH	14369
Vismia macrophylla	–	–	–	x	Fot	–	–
Vismia spp.	x	x	x	–	Col	IH	14034, 14372, 14622, 14810
Lamiaceae (4)							
Scutellaria leucantha	x	–	–	–	Col	IH	14143
Lamiaceae (Verbenaceae)							
Aegiphila sufflava	x	–	–	–	Col	IH	14095
Vitex triflora	–	–	–	x	Obs	–	–
Vitex sp.	–	–	–	x	Col	NP	9271
Lauraceae (9)							
Anaueria brasiliensis	–	–	–	x	Col	NP	9253
Caryodaphnopsis fosteri	x	x	–	–	Obs	–	–
Caryodaphnopsis tomentosa	x	–	–	–	Fot	–	–
Endlicheria sericea cf.	–	–	–	x	Col	NP	9300
Endlicheria sp.	–	x	–	–	Col	IH	14374
Nectandra sp.	–	–	x	–	Obs	–	–
Ocotea cernua	–	–	–	x	Fot	–	–
Ocotea javitensis	–	–	–	x	Fot	–	–
spp.	x	x	x	–	Col	IH	14090, 14463, 14774
Lecythidaceae (11)							
Cariniana decandra	–	x	–	–	Obs	–	–
Couratari guianensis	x	–	–	x	Col	IH	14198
Couratari oligantha	–	x	x	–	Fot	–	–
Eschweilera albiflora	–	x	x	–	Col	IH	14570
Eschweilera bracteosa	x	–	–	–	Col	IH	14231, 14689
Eschweilera coriacea	x	–	–	x	Obs	–	–
Eschweilera gigantea	–	–	–	x	Fot	–	–
Eschweilera rufifolia cf.	–	–	–	x	Col	NP	9414
Eschweilera tessmannii cf.	–	–	–	x	Col	NP	9255
Gustavia hexapetala	–	–	–	x	Obs	–	–
Gustavia longifolia	x	–	–	–	Obs	–	–
Lepidobotryaceae (1)							
Ruptiliocarpon caracolito	x	x	x	–	Obs	–	–
Linaceae (2)							
Hebepetalum humiriifolium	–	–	x	x	Col	NP	9341
Roucheria punctata	x	–	–	x	Obs	–	–
Linderniaceae (Scrophulariaceae) (2)							
Lindernia crustacea	–	–	x	–	Obs	–	–
Lindernia sp.	–	x	–	–	Col	IH	14584
Loganiaceae (4)							
Strychnos mitscherlichii cf.	–	–	x	–	Col	IH	14685

PLANTAS VASCULARES / VASCULAR PLANTS							
Nombre científico/ Scientific name	**Sitio/ Site**				**Fuente/ Source**	**Colector/ Collector**	**Vouchers**
	Choro (2010)	Alto Cotuhé (2010)	Cachimbo (2010)	Yaguas (2010)			
Strychnos panurensis cf.	–	–	x	–	Col	IH	14728
Strychnos peckii cf.	–	–	x	–	Col	IH	14608
Strychnos sp.	–	–	x	–	Col	IH	14779
Loranthaceae (1)							
Psittacanthus sp.	–	–	x	–	Col	IH	14603
Magnoliaceae (1)							
Talauma amazonica	–	x	–	–	Fot	–	–
Malpighiaceae (4)							
Byrsonima stipulina	–	–	x	–	Obs	–	–
Byrsonima sp.	–	–	x	–	Col	IH	14611
Hiraea sp.	–	–	–	x	Fot	–	–
spp.	x	–	–	–	Col	IH	14077, 14280
Malvaceae (36)							
Malvaviscus concinnus	–	x	–	–	Col	IH	14457
Malvaceae (Bombacaceae)							
Cavanillesia umbellata	x	–	–	–	Obs	–	–
Ceiba pentandra	–	x	x	x	Obs	–	–
Matisia bracteolosa	–	–	–	x	Col	MR	5605
Matisia huallagensis	x	–	–	–	Col	IH	14209
Matisia lasiocalyx cf.	x	x	–	–	Col	IH	14211, , 14323, 14454
Matisia lomensis	x	–	x	–	Col	IH	14271, 14731, 14828
Matisia longiflora	–	–	–	x	Fot	–	–
Matisia malacocalyx	–	–	–	x	Col	NP	9210
Matisia obliquifolia	x	–	–	x	Col	IH	14160
Matisia oblongifolia	x	–	x	–	Obs	–	–
Matisia ochrocalyx cf.	–	–	x	–	Col	IH	14668
Matisia sp.	–	–	x	–	Col	IH	14823
Pachira aquatica cf.	x	–	–	x	Fot	–	–
Pachira insignis	–	–	–	x	Col	NP	9589
Quararibea amazonica	–	–	–	x	Fot	–	–
Quararibea guianensis	–	x	–	–	Col	IH	14426
Quararibea wittii	–	–	–	x	Obs	–	–
Scleronema praecox	x	–	x	x	Col	MR	7801
Malvaceae (Sterculiaceae)							
Byttneria sp.	x	–	–	–	Col	IH	14076
Herrania cuatrecasana	x	–	–	–	Col	IH	14147
Herrania nitida	–	x	x	–	Col	IH	14375
Sterculia apeibophylla	x	x	–	–	Fot	–	–
Sterculia apetala	x	–	–	–	Obs	–	–

LEYENDA/
LEGEND

Fuente/Source

Col = Colección/Collection

Fot = Foto/Photo

Obs = Observación/Observation

Especimen/Voucher

IH = Isau Huamantupa & Zaleth Cordero

NP = Nigel Pitman

MR = Marcos Ríos

PLANTAS VASCULARES / VASCULAR PLANTS

Nombre científico/ Scientific name	Sitio/ Site				Fuente/ Source	Colector/ Collector	Vouchers
	Choro (2010)	Alto Cotuhé (2010)	Cachimbo (2010)	Yaguas (2010)			
Sterculia colombiana	x	x	x	x	Col	IH	14450
Sterculia tessmannii	x	x	–	–	Obs	–	–
Theobroma cacao	–	–	–	x	Col	NP	9456
Theobroma obovatum	x	x	x	x	Col	NP	9362
Theobroma speciosum	x	–	–	x	Obs	–	–
Theobroma subincanum	–	–	x	x	Col	NP	9562
Malvaceae (Tiliaceae)							
Apeiba membranacea	x	–	–	–	Col	IH	14107
Apeiba tibourbou	x	–	x	–	Obs	–	–
Heliocarpus americanus	–	–	–	x	Obs	–	–
Lueheopsis hoehnei	x	–	–	–	Fot	–	–
Mollia lepidota	–	x	–	x	Col	IH	14585
Mollia sp.	–	x	x	–	Col	IH	14572
Marantaceae (20)							
Calathea altissima	x	–	–	x	Col	IH	14035, 14175
Calathea capitata	x	–	–	–	Col	IH	14075
Calathea contrafenestra	x	–	–	–	Fot	–	–
Calathea crotalifera	x	–	–	–	Col	IH	14131
Calathea lanata	–	x	x	–	Col	IH	14381, 14651
Calathea micans	x	–	–	–	Col	IH	14047
Calathea micans aff.	–	x	–	–	Col	IH	14368
Calathea standleyi	x	–	–	–	Col	IH	14036, 14173
Calathea sp. nov. 1	x	–	–	–	Col	IH	14258a
Calathea sp. nov. 2	x	–	–	–	Fot	–	–
Calathea sp.	x	–	x	–	Col	IH	14103, 14617, 14744
Ischnosiphon gracile cf.	–	–	–	x	Fot	–	–
Ischnosiphon hirsutus	x	–	–	–	Col	IH	14088, 14284
Ischnosiphon killipii	–	–	–	x	Obs	–	–
Ischnosiphon obliquus	x	–	–	–	Col	IH	14242
Monophyllanthe araracuara	–	–	–	x	Col	MR	6103
Monotagma juruanum	x	x	–	x	Col	IH	14134, 14311, 14535
Monotagma laxum	x	–	x	x	Col	IH	14304, 14716
Monotagma spp.	–	x	x	–	Col	IH	14382, 14505, 14719
Stromanthe stromanthoides	–	x	–	–	Col	IH	14448
Marcgraviaceae (6)							
Marcgravia caudata cf.	–	–	x	–	Col	IH	14783
Marcgravia pedunculosa	–	–	x	–	Fot	–	–
Marcgravia sprucei cf.	–	–	x	–	Col	IH	14764
Marcgravia williamsii	x	–	–	–	Fot	–	–
Marcgravia spp.	x	x	x	–	Col	IH	14092, 14165, 14438, 14621
Schwartzia cf. sp.	x	–	–	–	Col	IH	14142
Souroubea corallina	x	–	–	–	Col	IH	14114
Souroubea guianensis	x	–	–	–	Obs	–	–

PLANTAS VASCULARES / VASCULAR PLANTS							
Nombre científico/ **Scientific name**	**Sitio/** **Site**				**Fuente/** **Source**	**Colector/** **Collector**	**Vouchers**
	Choro **(2010)**	**Alto Cotuhé** **(2010)**	**Cachimbo** **(2010)**	**Yaguas** **(2010)**			
Melastomataceae (45)							
Aciotis acuminifolia	–	–	x	–	Col	IH	14789
Adelobotrys macrantha	–	x	–	–	Col	IH	14462
Adelobotrys scandens	–	–	x	–	Col	IH	14639
Adelobotrys sp. 1	x	–	–	–	Col	IH	14274
Adelobotrys sp. 2	x	–	–	–	Col	IH	14278
Bellucia grossularioides cf.	–	x	–	–	Obs	–	–
Blakea bracteata	x	–	–	–	Col	IH	14191
Clidemia epiphytica	x	–	–	–	Col	IH	14247
Clidemia hirta	x	–	–	–	Obs	–	–
Graffenrieda limbata	–	x	x	–	Col	IH	14660
Henriettea stellaris	–	x	–	–	Col	IH	14460, 14565
Leandra candelabrum	–	x	–	–	Obs	–	–
Leandra glandulifera	–	x	–	–	Fot	–	–
Leandra spp.	x	x	x	–	Col	IH	14068, 14305, 14412, 14482, 14788, 14796
Loreya ovata	–	x	x	–	Col	IH	14495, 14690
Loreya umbellata	–	–	x	–	Col	IH	14643
Maieta guianensis	x	–	–	–	Col	IH	14060
Miconia abbreviata	–	x	–	–	Fot	–	–
Miconia affinis cf.	x	x	–	–	Col	IH	14161, 14451
Miconia bubalina	–	–	–	x	Obs	–	–
Miconia chrysocalyx cf.	–	x	–	–	Col	IH	14364
Miconia fosteri	–	–	–	x	Obs	–	–
Miconia grandifolia	x	–	–	x	Col	IH	14260
Miconia lepidota cf.	x	–	–	–	Fot	–	–
Miconia nervosa	x	–	–	–	Col	IH	14254
Miconia prasina cf.	–	–	x	–	Col	IH	14595
Miconia serrulata	x	–	–	–	Obs	–	–
Miconia splendens	–	–	x	–	Col	IH	14798
Miconia tomentosa	x	–	–	x	Obs	–	–
Miconia trinervia	x	–	–	–	Obs	–	–
Miconia spp.	–	x	x	x	Col	IH	14458, 14541, 14598, 14600, 14613, 14661, 14727, 14389
Mouriri grandiflora	–	–	–	x	Obs	–	–
Mouriri myrtilloides	–	–	–	–	Obs	–	–
Mouriri spp.	–	x	–	–	Col	IH	14397, 14526
Ossaea araneifera	x	–	x	–	Col	IH	14232, 14599

LEYENDA/
LEGEND

Fuente/Source

Col = Colección/Collection

Fot = Foto/Photo

Obs = Observación/Observation

Especimen/Voucher

IH = Isau Huamantupa & Zaleth Cordero

NP = Nigel Pitman

MR = Marcos Ríos

PLANTAS VASCULARES / VASCULAR PLANTS							
Nombre científico/ Scientific name	Sitio/ Site				Fuente/ Source	Colector/ Collector	Vouchers
	Choro (2010)	Alto Cotuhé (2010)	Cachimbo (2010)	Yaguas (2010)			
Ossaea boliviensis	x	–	–	x	Col	IH	14228
Salpinga secunda	–	x	–	–	Col	IH	14424
Tococa bullifera	–	–	x	–	Obs	–	–
Tococa capitata	–	–	x	–	Col	IH	14701
Tococa caquetana	x	–	–	–	Col	IH	14188
Tococa coronata	–	x	x	–	Col	IH	14575, 14780
Tococa guianensis	–	x	–	–	Col	IH	14411, 14414
Tococa macrophysca	–	–	x	–	Col	IH	14662, 14714
Triolena amazonica	–	x	–	–	Col	IH	14452
spp.	–	x	x	–	Col	IH	14436, 14658
Meliaceae (18)							
Carapa guianensis	–	–	–	x	Obs	–	–
Cedrela odorata	x	x	–	–	Obs	–	–
Guarea cristata	–	–	–	x	Fot	–	–
Guarea fistulosa	–	x	x	–	Col	IH	14592
Guarea gomma	x	–	–	–	Col	IH	14102
Guarea grandifolia	–	–	–	x	Col	NP	9291
Guarea kunthiana	x	–	x	–	Obs	–	–
Guarea macrophylla cf.	–	–	–	x	Col	NP	9408
Guarea pterorhachis	–	–	–	x	Obs	–	–
Guarea pubescens	–	–	–	x	Col	MR	5507
Guarea spp.	x	x	x	–	Col	IH	14098, 14123, 14221, 14310, 14402, 14741, 14820
Trichilia maynasense	–	–	–	x	Obs	–	–
Trichilia poeppigii	–	x	–	–	Obs	–	–
Trichilia quadrijuga	–	–	x	x	Col	IH	14706
Trichilia rubra	–	x	–	x	Col	IH	14496
Trichilia septentrionalis	x	–	–	x	Fot	–	–
Trichilia solitudinis	–	–	–	x	Obs	–	–
Trichilia spp.	x	x	x	–	Col	IH	14225, 14293, 14427, 14483, 14521, 14692, 14737
Menispermaceae (9)							
Abuta grandifolia	x	–	–	–	Col	IH	14089
Abuta rufescens cf.	–	–	x	–	Fot	–	–
Anomospermum chloranthum	–	–	x	–	Col	IH	14769b
Cissampelos sp.	–	–	–	x	Fot	–	–
Curarea tecunarum	–	–	–	x	Obs	–	–
Odontocarya sp. 1	x	–	–	–	Col	IH	14170
Odontocarya sp. 2	–	–	x	–	Fot	–	–
Telitoxicum sp.	–	–	–	x	Fot	–	–
spp.	x	–	x	–	Col	IH	14206, 14804

PLANTAS VASCULARES / VASCULAR PLANTS							
Nombre científico/ **Scientific name**	**Sitio/** **Site**				**Fuente/** **Source**	**Colector/** **Collector**	**Vouchers**
	Choro (2010)	Alto Cotuhé (2010)	Cachimbo (2010)	Yaguas (2010)			
Monimiaceae (2)							
Mollinedia killipii	–	x	–	x	Col	IH	14386
Mollinedia ovata	–	–	–	x	Obs	–	–
Moraceae (35)							
Brosimum guianensis	–	–	–	x	Col	NP	9415
Brosimum lactescens	–	–	x	x	Col	NP	9307
Brosimum parinarioides	x	–	–	–	Obs	–	–
Brosimum potabile	–	–	–	x	Col	NP	9390
Brosimum rubescens	–	x	x	x	Col	NP	9241
Brosimum utile	x	–	–	–	Fot	–	–
Clarisia biflora	–	x	–	–	Obs	–	–
Clarisia racemosa	–	x	–	–	Obs	–	–
Ficus albert-smithii	x	x	–	–	Obs	–	–
Ficus guianensis	x	–	x	–	Obs	–	–
Ficus insipida	x	–	x	–	Obs	–	–
Ficus maxima	–	–	–	x	Obs	–	–
Ficus nymphaeifolia	–	x	–	–	Obs	–	–
Ficus paraensis	–	–	x	–	Col	IH	14614, 14814
Ficus trigona s.l.	–	x	x	–	Col	IH	14782
Ficus yoponensis	x	–	–	–	Obs	–	–
Helicostylis scabra	–	–	–	x	Col	NP	9333
Helicostylis tomentosa	–	–	–	x	Col	NP	9258
Maquira calophylla	–	–	–	x	Obs	–	–
Naucleopsis glabra	–	–	–	x	Fot	–	–
Naucleopsis imitans cf.	–	–	–	x	Col	NP	9216
Naucleopsis krukovii cf.	–	–	–	x	Col	NP	9329
Naucleopsis oblonga	–	–	x	–	Col	IH	14640
Naucleopsis ulei	–	–	–	x	Obs	–	–
Perebea guianensis	–	–	–	x	Col	NP	9410
Perebea mennegae	x	x	–	–	Col	IH	14152, 14459, 14488
Perebea mollis	–	x	–	–	Obs	–	–
Pseudolmedia laevigata	–	–	–	x	Col	NP	9284
Pseudolmedia laevis	x	–	x	x	Obs	–	–
Pseudolmedia macrophylla	–	–	–	x	Col	NP	9327
Sorocea guilleminiana	–	–	–	x	Fot	–	–
Sorocea muriculata	x	x	x	x	Col	IH	14308, 14350, 14573, 14800,
Sorocea pubivena	x	–	–	x	Col	IH	14220, 14336

LEYENDA/
LEGEND

Fuente/Source

Col = Colección/Collection

Fot = Foto/Photo

Obs = Observación/Observation

Especimen/Voucher

IH = Isau Huamantupa & Zaleth Cordero

NP = Nigel Pitman

MR = Marcos Ríos

PLANTAS VASCULARES / VASCULAR PLANTS							
Nombre científico/ Scientific name	Sitio/ Site				Fuente/ Source	Colector/ Collector	Vouchers
	Choro (2010)	Alto Cotuhé (2010)	Cachimbo (2010)	Yaguas (2010)			
Sorocea spp.	x	x	–	–	Col	IH	14048, 14100, 14139, 14478
Trymatococcus amazonicus	–	x	–	–	Obs	–	–
Myristicaceae (25)							
Compsoneura capitellata	–	–	–	x	Obs	–	–
Compsoneura sp.	–	x	x	–	Col	IH	14628
Iryanthera elliptica	x	–	–	–	Obs	–	–
Iryanthera juruensis	–	–	x	–	Col	IH	14723
Iryanthera macrophylla	–	–	x	x	Col	NP	9276
Iryanthera tessmannii cf.	–	x	–	–	Obs	–	–
Iryanthera tricornis cf.	–	–	–	x	Col	NP	9205
Iryanthera ulei	–	–	–	x	Col	MR	5106
Iryanthera spp.	–	x	x	–	Col	IH	14476, 14504, 14637
Osteophloeum platyspermum	–	x	x	x	Fot	–	–
Otoba glycycarpa	x	x	x	–	Fot	–	–
Otoba parvifolia	x	x	x	–	Obs	–	–
Virola albiflora	x	–	–	–	Obs	–	–
Virola caducifolia	–	x	–	–	Obs	–	–
Virola calophylla	–	–	x	–	Obs	–	–
Virola elongata	–	x	x	x	Fot	–	–
Virola loretensis	–	x	x	–	Fot	–	–
Virola marlenei	–	–	–	x	Col	MR	4405
Virola minutiflora	–	x	–	–	Obs	–	–
Virola mollissima	–	–	–	x	Obs	–	–
Virola multinervia	x	–	–	x	Fot	–	–
Virola pavonis	–	x	–	x	Obs	–	–
Virola sebifera	x	–	–	–	Obs	–	–
Virola surinamensis	–	–	–	x	Fot	–	–
Virola spp.	x	x	–	–	Col	IH	14267, 14407, 14577
Myrtaceae (8)							
Calyptranthes glandulosa	x	–	–	–	Fot	–	–
Calyptranthes longifolia	–	–	x	–	Fot	–	–
Calyptranthes sp. nov.	x	–	–	–	Fot	–	–
Calyptranthes spp.	x	x	x	–	Col	IH	14264, 14313, 14474, 14750
Eugenia anastomosans	x	–	–	–	Fot	–	–
Eugenia egensis	–	x	x	–	Fot	–	–
Eugenia egensis aff.	x	–	–	–	Fot	–	–
Eugenia patens	x	–	–	–	Fot	–	–
Eugenia stipitata	–	x	–	–	Fot	–	–
Eugenia subterminalis	–	x	–	–	Fot	–	–
Eugenia sp. nov.	x	–	–	–	Fot	–	–
Eugenia spp.	x	–	x	–	Col	IH	14115, 14127, 14290, 14696, 14768

PLANTAS VASCULARES / VASCULAR PLANTS							
Nombre científico/ Scientific name	**Sitio/ Site**				**Fuente/ Source**	**Colector/ Collector**	**Vouchers**
	Choro (2010)	Alto Cotuhé (2010)	Cachimbo (2010)	Yaguas (2010)			
Marliera caudata cf.	–	–	–	x	Col	NP	9305
Marliera insignis	x	–	–	–	Fot	–	–
Marliera subulata	x	–	–	–	Fot	–	–
Myrcia minutiflora	x	–	–	–	Col	IH	14101
Myrcia spp.	x	–	x	–	Col	IH	14033, 14320, 14340, 14742
Myrciaria vismeifolia	x	–	–	–	Col	IH	14261
Psidium sp.	x	–	–	–	Col	IH	14287
spp.	x	–	x	–	Col	IH	14163, 14181, 14713
Nyctaginaceae (1)							
Neea spp.	x	x	x	x	Col	IH	14061, 14091, 14093, 14166, 14179, 14328, 14330, 14332, 14428, 14499, 14555, 14795
Ochnaceae (10)							
Cespedesia spathulata	–	x	–	x	Obs	–	–
Ouratea sp. 1	x	x	x	–	Col	IH	14390
Ouratea sp. 2	–	x	–	–	Col	IH	14429
Ouratea sp. 3	–	x	–	–	Col	IH	14562
Ochnaceae (Quiinaceae)							
Froesia diffusa	x	–	–	x	Col	IH	14321
Lacunaria jenmanii	x	–	–	–	Obs	–	–
Lacunaria sp.	–	x	–	–	Col	IH	14490
Quiina paraensis	–	–	–	x	Col	NP	9512
Quiina spp.	x	–	x	–	Col	IH	14302, 14781
Touroulia guianensis cf.	x	–	–	–	Fot	–	–
Olacaceae (5)							
Dulacia candida	x	–	–	–	Col	IH	14214
Heisteria insculpta	x	–	–	–	Col	IH	14315
Heisteria spp.	–	x	x	–	Col	IH	14419, 14656
Minquartia guianensis	x	x	x	–	Col	IH	14027
Tetrastylidium peruvianum cf.	–	–	–	x	Col	NP	9227
Oleaceae (1)							
Chionanthus sp.	–	–	x	–	Fot	–	–
Onagraceae (2)							
Ludwigia sp. 1	–	x	x	–	Col	IH	14770
Ludwigia sp. 2	–	x	–	–	Col	IH	14559
Orchidaceae (13)							
Braemia vittata	x	–	–	–	Fot	–	–

LEYENDA/
LEGEND

Fuente/Source

Col = Colección/Collection

Fot = Foto/Photo

Obs = Observación/Observation

Especimen/Voucher

IH = Isau Huamantupa & Zaleth Cordero

NP = Nigel Pitman

MR = Marcos Ríos

PLANTAS VASCULARES / VASCULAR PLANTS							
Nombre científico/ **Scientific name**	**Sitio/** **Site**				**Fuente/** **Source**	**Colector/** **Collector**	**Vouchers**
	Choro (2010)	Alto Cotuhé (2010)	Cachimbo (2010)	Yaguas (2010)			
Christensonella uncata	x	–	–	–	Fot	–	–
Dichaea sp.	–	–	–	x	Obs	–	–
Epidendrum sp.	–	–	–	x	Obs	–	–
Erycina sp.	x	–	–	–	Fot	–	–
Erythrodes s.l. sp.	–	–	x	–	Fot	–	–
Maxillaria sp.	–	–	–	x	Fot	–	–
Palmorchis sp.	x	–	–	–	Fot	–	–
Panmorphia funera cf.	x	–	–	–	Fot	–	–
Rudolfiella aurantiaca	x	–	–	–	Fot	–	–
Trigonidium acuminatum	x	–	–	–	Fot	–	–
sp.	x	–	–	–	Fot	–	foto:ihuaA9146
sp.	x	–	–	–	Fot	–	foto:ihuaA9387
Oxalidaceae (3)							
Biophytum dendroides	x	–	–	–	Fot	–	–
Biophytum somnians	x	–	–	–	Col	IH	14097
Biophytum sp.	x	x	–	–	Col	IH	14468
Passifloraceae (4)							
Dilkea sp. 1	x	–	–	–	Col	IH	14141
Dilkea sp. 2	–	x	–	–	Fot	–	–
Passiflora nitida cf.	–	–	x	–	Col	IH	14802
Turnera acuta	–	–	–	x	Col	MR	5709
Phyllanthaceae (Euphorbiaceae) (1)							
Phyllanthus fluitans	–	–	x	–	Obs	–	–
Phytolaccaceae (1)							
Seguiera sp.	–	–	–	x	Obs	–	–
Picramniaceae (3)							
Picramnia latifolia	–	–	–	x	Obs	–	–
Picramnia sp. 1	x	–	–	–	Col	IH	14262
Picramnia sp. 2	–	x	–	–	Col	IH	14453
Piperaceae (8)							
Peperomia cardenasii	–	x	–	–	Fot	–	–
Peperomia macrostachya	–	–	x	x	Fot	–	–
Peperomia serpens	x	–	–	x	Col	IH	14265
Peperomia spp.	x	x	x	x	Col	IH	14184, 14405, 14423, 14506, 14508, 14601, 14644, 14704, 14760
Piper arboreum	–	–	–	x	Obs	–	–
Piper augustum	x	–	x	x	Col	IH	14080, 14112
Piper obliquum	x	x	–	x	Col	IH	14049, 14383
Piper spp.	x	x	x	x	Col	IH	14045, 14050, 14156, 14172, 14239, 14343, 14520, 14624, 14697, 14720, 14746, 14816

PLANTAS VASCULARES / VASCULAR PLANTS							
Nombre científico/ **Scientific name**	**Sitio/** **Site**				**Fuente/** **Source**	**Colector/** **Collector**	**Vouchers**
	Choro (2010)	Alto Cotuhé (2010)	Cachimbo (2010)	Yaguas (2010)			
Poaceae (5)							
Olyra loretensis	–	x	x	–	Col	IH	14379, 14762
Pariana sp.	x	x	–	x	Col	IH	14273, 14492, 14542
Paspalum sp. 1	–	x	–	–	Col	IH	14560
Paspalum sp. 2	–	–	x	–	Col	IH	14797
Pharus latifolius	x	–	x	x	Col	IH	14327, 14729
Polygalaceae (2)							
Moutabea aculeata	–	–	–	x	Fot	–	–
Polygala scleroxylon	–	–	–	x	Col	MR	4905
Polygonaceae (4)							
Coccoloba densifrons	–	x	–	x	Col	IH	14510
Symmeria paniculata	–	–	x	–	Col	IH	14778
Triplaris americana	–	–	x	–	Obs	–	–
Triplaris weigeltiana	–	–	–	x	Obs	–	–
Pontederiaceae (1)							
Pontederia rotundifolia	x	–	–	–	Col	IH	14151
Primulaceae (8)							
Primulaceae (Myrsinaceae)							
Ardisia loretensis	x	–	–	–	Col	IH	14125
Cybianthus kayapii	x	–	–	–	Col	IH	14044
Cybianthus spp.	x	x	x	–	Col	IH	14294, 14309, 14754
Stylogyne cauliflora	–	–	–	x	Col	MR	5708
Stylogyne laxiflora	–	–	x	–	Col	IH	14693
Primulaceae (Theophrastaceae)							
Clavija weberbaueri	–	–	–	x	Fot	–	–
Clavija sp. 1	x	–	–	–	Col	IH	14086, 14128
Clavija sp. 2	–	x	–	–	Col	IH	14477
Rapateaceae (3)							
Rapatea spectabilis	x	–	x	–	Col	IH	14189
Rapatea ulei	–	x	x	–	Obs	–	–
Rapatea undulata	x	–	–	–	Col	IH	14126
Rhamnaceae (2)							
Gouania sp.	–	–	–	x	Fot	–	–
Zizyphus cinnamomea	–	–	–	x	Obs	–	–
Rhizophoraceae (1)							
Cassipourea peruviana	x	–	–	–	Col	IH	14227
Rubiaceae (76)							
Agouticarpa sp.	–	–	–	x	Obs	–	–
Alibertia sp.	–	x	–	–	Fot	–	–

LEYENDA/
LEGEND

Fuente/Source

Col = Colección/Collection

Fot = Foto/Photo

Obs = Observación/Observation

Especimen/Voucher

IH = Isau Huamantupa & Zaleth Cordero

NP = Nigel Pitman

MR = Marcos Ríos

PLANTAS VASCULARES / VASCULAR PLANTS							
Nombre científico/ **Scientific name**	**Sitio/** **Site**				**Fuente/** **Source**	**Colector/** **Collector**	**Vouchers**
	Choro (2010)	Alto Cotuhé (2010)	Cachimbo (2010)	Yaguas (2010)			
Amaioua corymbosa	–	–	–	x	Obs	–	–
Amaioua guianensis cf.	–	–	–	x	Col	NP	9306
Amaioua sp. 1	–	x	x	–	Fot	–	–
Amaioua sp. 2	–	–	x	–	Col	IH	14751
Bertiera guianensis	x	–	–	–	Fot	–	–
Bothriospora corymbosa	–	–	x	x	Col	IH	14772
Calycophyllum megistocaulum	x	–	x	x	Fot	–	–
Capirona decorticans	x	x	x	–	Fot	–	–
Chomelia sp.	–	–	x	–	Col	IH	14766
Coussarea brevicaulis	–	x	–	–	Fot	–	–
Coussarea spp.	x	x	x	–	Col	IH	14119, 14431
Duroia hirsuta	–	–	–	x	Obs	–	–
Duroia saccifera	x	–	–	x	Col	MR	5304
Faramea anisocalyx	x	–	x	–	Col	IH	14674
Faramea axillaris	–	–	–	x	Obs	–	–
Faramea capillipes	–	x	x	–	Col	IH	14515, 14597
Faramea multiflora	x	–	x	–	Col	IH	14202, 14786
Faramea occidentalis cf.	x	–	–	–	Col	IH	14208
Faramea uniflora cf.	x	x	–	–	Col	IH	14246, 14376
Faramea spp.	–	x	x	–	Col	IH	14606
Ferdinandusa sp.	x	–	–	–	Fot	–	–
Genipa spruceana	–	x	x	–	Col	IH	14773
Geophila sp.	–	–	–	x	Obs	–	–
Isertia hypoleuca	–	–	–	x	Col	NP	9368
Ixora killipii	x	–	–	–	Col	IH	14322
Ixora spruceana	x	–	–	–	Col	IH	14335
Ixora ulei	–	x	–	–	Col	IH	14403
Ixora yavitensis	–	x	–	–	Col	IH	14503
Ixora sp.	x	–	–	–	Col	IH	14064
Ladenbergia amazonica cf.	–	–	–	x	Col	NP	9298
Margaritopsis cephalantha	–	x	–	–	Fot	–	–
Notopleura leucantha	x	–	–	–	Col	IH	14218a
Pagamea coriacea	–	–	x	–	Obs	–	–
Pagamea guianensis cf.	–	–	–	x	Col	NP	9275
Pagamea plicata	–	x	–	–	Col	IH	14533
Palicourea corymbifera	–	x	–	–	Fot	–	–
Palicourea guianensis	–	–	–	x	Obs	–	–
Palicourea lachnantha	x	x	–	–	Fot	–	–
Palicourea nigricans	x	x	–	x	Col	IH	14031, 14378
Palicourea subspicata	–	–	x	–	Col	IH	14702
Palicourea spp.	x	x	–	–	Col	IH	14149, 14153, 14237, 14259, 14331, 14363, 14552, 14553
Pentagonia gigantifolia	x	–	–	–	Obs	–	–

PLANTAS VASCULARES / VASCULAR PLANTS							
Nombre científico/ Scientific name	**Sitio/ Site**				**Fuente/ Source**	**Colector/ Collector**	**Vouchers**
	Choro (2010)	Alto Cotuhé (2010)	Cachimbo (2010)	Yaguas (2010)			
Pentagonia sp.	x	–	x	–	Col	IH	14347, 14756
Posoqueria latifolia	x	x	–	–	Col	IH	14511
Psychotria hoffmannseggiana	–	–	x	–	Fot	–	–
Psychotria hypochlorina	–	x	–	–	Col	IH	14401
Psychotria limitanea	x	–	–	–	Col	IH	14129
Psychotria lupulina	–	–	–	x	Obs	–	–
Psychotria micrantha	–	x	x	–	Col	IH	14434
Psychotria peruviana	–	x	x	–	Fot	–	–
Psychotria poeppigiana	x	x	–	–	Fot	–	–
Psychotria racemosa	–	–	–	x	Obs	–	–
Psychotria remota	–	x	–	x	Fot	–	–
Psychotria romolerouxii	x	x	x	–	Fot	–	–
Psychotria sacciformis	x	–	–	–	Fot	–	–
Psychotria schunkei	x	–	–	–	Col	IH	14268
Psychotria stenostachya	x	x	–	x	Col	IH	14040, 14366
Psychotria trichocephala	x	–	–	–	Col	IH	14348
Psychotria viridis	–	–	–	x	Obs	–	–
Psychotria sp. nov.	x	–	x	–	Fot	–	–
Psychotria spp.	x	x	x	x	Col	IH	14121, 14162, 14219, 14245, 14325, 14445, 14465, 14583, 14616, 14653, 14687, 14805
Randia armata s.l.	–	x	–	–	Col	IH	14443
Randia sp.	–	–	–	–	Fot	–	–
Raritebe palicoureoides	x	–	–	–	Fot	–	–
Remijia pacimonica	–	x	–	–	Col	IH	14516
Remijia sp.	–	–	x	–	Col	IH	14664
Rosenbergiodendron longiflorum	–	x	–	–	Col	IH	14480
Rosenbergiodendron sp.	–	x	–	–	Col	IH	14548
Rudgea sessiliflora	x	–	–	x	Col	IH	14083
Rudgea sp.	–	x	–	–	Col	IH	14373
Uncaria guianensis	–	–	x	x	Obs	–	–
Uncaria tomentosa	–	–	–	x	Obs	–	–
Warszewiczia coccinea	x	–	x	–	Obs	–	–
spp.	x	x	x	x	Col	IH	14155, 14288, 14377, 14556, 14650, 14667, 14673, 14673, 14769
Rutaceae (7)							
Amyris sp.	x	–	x	–	Fot	–	–
Conchocarpus toxicarius	x	–	–	–	Col	IH	14157

LEYENDA/
LEGEND

Fuente/Source

Col = Colección/Collection

Fot = Foto/Photo

Obs = Observación/Observation

Especimen/Voucher

IH = Isau Huamantupa & Zaleth Cordero

NP = Nigel Pitman

MR = Marcos Ríos

PLANTAS VASCULARES / VASCULAR PLANTS							
Nombre científico/ **Scientific name**	**Sitio/** **Site**				**Fuente/** **Source**	**Colector/** **Collector**	**Vouchers**
	Choro (2010)	Alto Cotuhé (2010)	Cachimbo (2010)	Yaguas (2010)			
Esenbeckia amazonica	x	–	x	–	Col	IH	14212
Raputia hirsuta	–	–	–	x	Col	MR	5307
Raputia ulei	–	–	x	–	Col	IH	14752
Raputiarana subsigmoidea	–	x	–	–	Col	IH	14539
Spiranthera parviflora	x	–	–	–	Col	IH	14303
Sabiaceae (2)							
Meliosma sp.	–	–	–	x	Fot	–	–
Ophiocaryon manausense	–	x	x	–	Col	IH	14604
Salicaceae (Flacourtiaceae) (9)							
Banara sp.	–	–	–	x	Fot	–	–
Casearia javitensis	–	x	–	–	Col	IH	14409
Casearia pitumba	–	–	x	–	Col	IH	14625
Casearia prunifolia	–	–	–	x	Col	MR	7804
Casearia sylvestris	x	–	–	–	Col	IH	14312
Casearia sp.	x	–	–	–	Col	IH	14099, 14224
Neoptychocarpus killipii	–	x	–	x	Col	IH	14528
Ryania speciosa	–	–	–	x	Fot	–	–
Tetrathylacium macrophyllum	–	–	–	x	Col	NP	9443
Santalaceae (Viscaceae) (1)							
Phoradendron sp.	–	x	–	–	Col	IH	14568
Sapindaceae (8)							
Cupania cinerea	x	x	–	–	Obs	–	–
Matayba sp.	–	x	–	–	Fot	–	–
Paullinia alata cf.	x	–	–	–	Col	IH	14106
Paullinia grandifolia	–	–	–	x	Obs	–	–
Paullinia rugosa	–	–	–	x	Obs	–	–
Paullinia serjaniaefolia	–	–	–	x	Fot	–	–
Paullinia spp.	–	–	x	–	Col	IH	14678, 14792
Talisia spp.	x	x	x	–	Col	IH	14148, 14418, 14710, 14738
Sapotaceae (10)							
Chrysophyllum argenteum	–	–	–	x	Fot	–	–
Ecclinusa lanceolata	x	–	–	–	Fot	–	–
Manilkara bidentata	x	–	x	–	Obs	–	–
Manilkara inundata cf.	–	x	–	–	Fot	–	–
Micropholis egensis cf.	–	–	x	–	Col	IH	14821
Micropholis venulosa	–	–	x	–	Obs	–	–
Pouteria platyphylla cf.	–	–	–	x	Col	NP	9204
Pouteria torta	x	–	x	–	Fot	–	–
Pouteria spp.	x	x	x	–	Col	IH	14619, 14682, 14793, 14827, 14296
spp.	x	x	x	–	Col	IH	14609, 14753, 14257, 14384

PLANTAS VASCULARES / VASCULAR PLANTS							
Nombre científico/ Scientific name	**Sitio/ Site**				**Fuente/ Source**	**Colector/ Collector**	**Vouchers**
	Choro (2010)	Alto Cotuhé (2010)	Cachimbo (2010)	Yaguas (2010)			
Schlegeliaceae (Bignoniaceae) (1)							
Schlegelia coccinea	–	x	x	–	Col	IH	14395, 14626
Simaroubaceae (2)							
Simaba polyphylla	x	–	–	x	Fot	–	–
Simarouba amara	x	–	x	x	Obs	–	–
Siparunaceae (Monimiaceae) (6)							
Siparuna cristata	x	–	–	–	Col	IH	14317
Siparuna decipiens	–	x	–	–	Obs	–	–
Siparuna sp. 1	x	–	–	–	Col	IH	14298
Siparuna sp. 2	–	x	–	–	Col	IH	14353
Siparuna sp. 3	–	x	–	–	Col	IH	14469
Siparuna sp. 4	–	–	x	–	Col	IH	14736
Smilacaceae (1)							
Smilax sp.	x	–	–	–	Fot	–	–
Solanaceae (4)							
Cestrum schlechtendahlii	–	–	x	–	Col	IH	14734
Markea ulei	–	x	–	–	Col	IH	14370
Solanum yanamonense	x	–	–	–	Col	IH	14082
Solanum sp.	–	–	x	–	Col	IH	14669
Staphyleaceae (1)							
Turpinia occidentalis	x	–	x	–	Obs	–	–
Stemonuraceae (Icacinaceae) (1)							
Discophora guianensis	–	–	–	x	Obs	–	–
Strelitziaceae (1)							
Phenakospermum guyannense	–	–	–	x	Fot	–	–
Tapisciaceae (Staphyleaceae) (1)							
Huertea glandulosa	–	–	–	x	Obs	–	–
Ulmaceae (1)							
Ampelocera edentula	–	–	–	x	Obs	–	–
Urticaceae (15)							
Pilea sp.	–	–	–	x	Obs	–	–
Urera baccifera	–	–	x	–	Obs	–	–
Urticaceae (Cecropiaceae)							
Cecropia latiloba	–	–	–	x	Obs	–	–
Cecropia membranacea	–	–	–	x	Obs	–	–
Cecropia sciadophylla	–	x	–	x	Obs	–	–
Coussapoa trinervia	–	x	x	–	Obs	–	–
Coussapoa villosa	–	–	–	x	Obs	–	–
Pourouma bicolor	–	–	–	x	Fot	–	–

LEYENDA/
LEGEND

Fuente/Source

Col = Colección/Collection

Fot = Foto/Photo

Obs = Observación/Observation

Especimen/Voucher

IH = Isau Huamantupa & Zaleth Cordero

NP = Nigel Pitman

MR = Marcos Ríos

PLANTAS VASCULARES / VASCULAR PLANTS							
Nombre científico/ **Scientific name**	**Sitio/** **Site**				**Fuente/** **Source**	**Colector/** **Collector**	**Vouchers**
	Choro (2010)	Alto Cotuhé (2010)	Cachimbo (2010)	Yaguas (2010)			
Pourouma cecropiifolia	–	x	x	–	Obs	–	–
Pourouma guianensis	x	x	x	–	Col	IH	14807
Pourouma herrerensis	–	x	–	–	Obs	–	–
Pourouma melinonii	x	–	–	–	Fot	–	–
Pourouma minor	x	x	x	–	Obs	–	–
Pourouma ovata	–	–	–	x	Fot	–	–
Pourouma phaeotricha	–	x	–	–	Fot	–	–
Violaceae (12)							
Amphirrhox longifolia cf.	–	x	–	–	Col	IH	14497
Gloeospermum sphaerocarpum	x	–	–	–	Col	IH	14113
Gloeospermum sp.	–	x	x	–	Col	IH	14442, 14790
Leonia crassa	–	–	–	x	Fot	–	–
Leonia glycycarpa	–	–	x	–	Col	IH	14688
Leonia racemosa	x	x	–	–	Col	IH	14056, 14346, 14513
Paypayrola grandiflora	x	–	x	x	Col	IH	14081, 14118, 14602
Rinorea lindeniana	x	–	x	x	Col	IH	14269
Rinorea racemosa	x	–	x	x	Col	IH	14150, 14634
Rinorea viridifolia	–	–	–	x	Fot	–	–
Rinorea spp.	x	x	–	–	Col	IH	14057, 14123, 14226, 14385, 14579
Rinoreocarpus ulei	x	x	x	–	Col	IH	14354
Vitaceae (1)							
Cissus erosa	–	x	–	–	Col	IH	14587
Vochysiaceae (12)							
Erisma bicolor	–	–	x	–	Obs	–	–
Erisma uncinatum	–	–	–	x	Obs	–	–
Qualea paraensis	–	–	x	x	Col	IH	14647
Qualea trichanthera	–	x	x	–	Obs	–	–
Qualea sp.	–	–	x	–	Col	IH	14707, 14715
Vochysia biloba	–	x	–	–	Col	IH	14358
Vochysia diversa cf.	–	–	x	–	Col	IH	14670
Vochysia floribunda	–	–	x	–	Col	IH	14801
Vochysia inundata	–	x	–	–	Col	IH	14359
Vochysia lomatophylla	–	x	x	–	Obs	–	–
Vochysia stafleui	–	x	–	–	Col	IH	14360
Vochysia sp. nov.?	–	–	x	–	Col	IH	14649
Zamiaceae (1)							
Zamia hymenophyllidia aff.	x	–	x	–	Fot	–	foto:ihuaC1562
Zamia ulei	x	–	–	–	Obs	–	–
Zingiberaceae (6)							
Renealmia alpinia	–	–	–	–	Obs	–	–
Renealmia breviscapa	–	–	–	x	Obs	–	–
Renealmia krukovii	x	–	–	–	Col	IH	14071, 14250

PLANTAS VASCULARES / VASCULAR PLANTS							
Nombre científico/ Scientific name	**Sitio/ Site**				**Fuente/ Source**	**Colector/ Collector**	**Vouchers**
	Choro (2010)	Alto Cotuhé (2010)	Cachimbo (2010)	Yaguas (2010)			
Renealmia thyrsoidea	x	–	–	–	Col	IH	14120
Renealmia sp. 1	–	x	–	–	Col	IH	14408
Renealmia sp. 2	x	–	–	–	Fot	–	–
(Desconocido/Unknown) (3)							
sp. 1	–	–	x	–	Col	IH	14671
sp. 2	–	–	x	–	Col	IH	14777
sp. 3	–	–	x	–	Col	IH	14794
PTERIDOPHYTA, ETC. (40)							
Adiantum cajennense cf.	–	–	x	–	Col	IH	14718
Adiantum terminatum	–	–	–	x	Fot	–	–
Adiantum tomentosum	–	–	–	x	Col	MR	6306
Adiantum sp.	–	–	x	–	Col	IH	14725
Anetium citrifolium	–	–	–	x	Obs	–	–
Asplenium angustum	x	x	–	x	Col	IH	14195, 14399
Asplenium serra	–	–	–	x	Obs	–	–
Campyloneurum sp.	–	x	–	x	Col	IH	14500
Cnemidaria sp.	x	–	–	x	Col	IH	14176
Cyathea spp.	x	x	–	x	Fot	–	fotos:ihuaA9142, ihuaA9746, ihuaB0270, ihuaC1584
Cyclodium meniscioides	x	–	–	–	Col	IH	14203
Danaea nodosa	–	–	x	x	Col	IH	14596
Didymochlaena truncatula	–	x	x	–	Obs	–	–
Diplazium sp.	–	–	–	x	Obs	–	–
Lindsaea divaricata	–	–	–	x	Col	MR	5703
Lindsaea truncata cf.	x	–	–	–	Col	IH	14222
Lindsaea ulei	–	–	–	x	Fot	–	–
Lindsaea sp.	–	x	–	–	Col	IH	14509
Lomariopsis japurensis	–	–	–	x	Obs	–	–
Lygodium sp.	–	–	x	x	Col	IH	14684
Microgramma fuscopunctata	x	–	–	–	Col	IH	14167
Microgramma megalophylla	–	x	–	x	Col	IH	14435
Microgramma percussa	x	–	–	–	Col	IH	14130
Microgramma persicariifolia	–	x	–	–	Col	IH	14581
Microgramma reptans	–	–	–	x	Fot	–	–
Microgramma tecta	x	–	–	–	Col	IH	14243
Pityrogramma calomelanos	–	–	–	x	Obs	–	–
Polybotrya sp.	–	–	–	x	Fot	–	–
Polypodium sp.	x	–	–	–	Col	IH	14037

LEYENDA/ LEGEND

Fuente/Source
Col = Colección/Collection
Fot = Foto/Photo
Obs = Observación/Observation

Especimen/Voucher
IH = Isau Huamantupa & Zaleth Cordero
NP = Nigel Pitman
MR = Marcos Ríos

PLANTAS VASCULARES / VASCULAR PLANTS							
Nombre científico/ **Scientific name**	**Sitio/** **Site**				**Fuente/** **Source**	**Colector/** **Collector**	**Vouchers**
	Choro (2010)	Alto Cotuhé (2010)	Cachimbo (2010)	Yaguas (2010)			
Polytaenium cajanense	x	–	–	–	Col	IH	14053
Saccoloma elegans	–	–	–	x	Col	MR	5700
Salpichlaena volubilis	–	–	–	x	Obs	–	–
Selaginella sp.	x	–	–	–	Col	IH	14096
Tectaria sp.	–	–	–	x	Obs	–	–
Thelypteris macrophylla	x	–	–	–	Col	IH	14186
Trichomanes carolianum	x	–	–	–	Col	IH	14230
Trichomanes diversifrons	–	–	x	–	Col	IH	14743
Trichomanes elegans	x	–	–	x	Col	IH	14289
Trichomanes macrophylla	–	–	–	x	Obs	–	–
spp.	x	x	x	x	Col	IH	14042, 14110, 14223, 14252, 14286, 14344, 14404, 14733, 14740

Resumen de las principales características de las estaciones de muestreo de peces durante el inventario biológico rápido de las cuencas de los ríos Yaguas y Cotuhé, Loreto, Perú, del 15 al 30 de octubre de 2010, por Max H. Hidalgo y Armando Ortega-Lara.

ESTACIONES DE MUESTREO DE PECES/FISH SAMPLING STATIONS							
Sitios de muestreo/ Sampling sites	Tipo de aguas/ Water type			Ambiente/ Environment		Dimensiones/ Size (m)	
	Negras/ Black	Blancas/ White	Claras/ Clear	Lénticos/ Lentic	Lóticos/ Lotic	Ancho/ Width	Profundidad/ Depth
CAMPAMENTO CHORO/CHORO CAMPSITE (15–19 de octubre de 2010/October 15–19, 2010)							
Quebrada Lobo	–	1	–	–	1	6.0	2.0
Quebrada Lupuna	–	–	1	–	1	12.0	1.5
Quebradas entre Lupuna y Quebrada T4 2750 m/ Streams between the Quebradas Lupuna and Quebrada T4 2750 m	–	–	1	–	1	1.0	0.3
Quebrada T4 2750 m	–	–	1	–	1	–	0.6
Quebrada T4 1650 m	–	–	1	–	1	–	0.3
Quebrada T3 1300 m	–	–	1	–	1	–	0.2
Aguajal/Palm swamp	1	–	–	1	–	10.0	0.1
Poza de inundación/Floodplain pool	1	–	–	1	–	8.0	0.8
Tuneles subterráneos/Underground tunnels	–	–	1	–	1	0.2	–
CAMPAMENTO ALTO COTUHÉ/ALTO COTUHÉ CAMPSITE (20–24 de octubre de 2010/October 20–24, 2010)							
Quebrada T1 1600 m	–	–	1	–	1	–	–
Cocha Motelito	1	–	–	1	–	10.0	1.0
Quebrada T3 1400 m	–	–	1	–	1	–	–
Quebrada T1 2550 m	–	–	1	–	1	–	–
Quebrada T1 3350 m	–	–	1	–	1	–	–
Quebrada Campamento Alto Cotuhé/ Stream at Alto Cotuhé campsite	–	–	1	–	1	–	–
Río Cotuhé en campamento/Cotuhé River at campsite	–	1	–	–	1	8.0	1.5
Río Cotuhé 200 m aguas abajo/ Cotuhé River 200 m downstream from campsite	–	1	–	–	1	7.0	0.7
CAMPAMENTO CACHIMBO/CACHIMBO CAMPSITE (25–30 de octubre de 2010/October 25–30, 2010)							
Cocha Águila	–	–	1	1	–	25.0	3.0
Río Yaguas playa arenosa/Sandy beach on Yaguas River	–	1	–	–	1	60.0	2.0
Río Yaguas campamento/Yaguas River at campsite	–	1	–	–	1	–	–
Quebrada inicio T1 50 m Campamento 1/ Stream at start of T1 50 m	1	–	–	–	1	3.0	0.5
Río Yaguas playa fango-arenosa/ Muddy-sandy beach on Yaguas River	–	1	–	–	1	60.0	2.0
Cocha Centro	–	–	1	1	–	45.0	1.5
Total	**4**	**6**	**13**	**5**	**18**		

Attributes of the fish sampling stations studied during the rapid biological inventory of the Yaguas and Cotuhé watersheds, Loreto, Peru, on 15–30 October 2010, by Max H. Hidalgo and Armando Ortega-Lara.

Tipo de corriente/ Current type			Tipo de substrato/ Substrate			Tipo de cauce/ Channel type		Tipo de vegetación dominante/ Dominant vegetation		
Nula/None	Lenta/Slow	Moderada/ Moderate	Limo-arcilloso/ Silt and clay	Limo-arenoso/ Silt and sand	Arenoso y con gravas finas/ Sand and fine gravel	Encajonado/ Entrenched	Con playas/ With beaches	Bosque primario/ Primary forest	Aguajal/Palm swamps	Bosque de colinas/ Upland forest
–	–	1	–	1	–	1	–	1	–	–
–	–	1	–	–	1	–	1	1	–	–
–	1	–	–	–	1	1	–	–	–	1
–	1	–	–	1	–	1	–	–	–	1
–	1	–	–	–	1	–	1	–	–	1
–	1	–	–	–	1	–	1	–	–	1
1	–	–	–	1	–	–	1	–	1	–
1	–	–	–	1	–	–	1	1	–	–
–	1	–	1	–	–	–	1	1	–	–
–	1	–	–	–	1	–	1	–	–	1
1	–	–	–	1	–	–	1	–	1	–
–	1	–	–	1	–	1	–	–	–	1
–	1	–	–	–	1	–	1	–	–	1
–	1	–	–	1	–	1	–	–	–	1
–	1	–	–	1	–	1	–	1	–	–
–	–	1	–	–	1	1	–	1	–	–
–	–	1	–	–	1	–	1	1	–	–
1	–	–	–	1	–	1	–	–	–	–
–	–	1	–	–	1	–	1	1	–	–
–	–	1	–	1	–	1	–	1	–	–
–	1	–	–	1	–	1	–	1	–	–
–	–	1	–	–	1	–	1	1	–	–
1	–	–	–	1	–	1	–	–	–	–
5	11	7	1	12	10	12	11	11	2	8

Peces/Fishes

Especies de peces registradas durante el inventario biológico rápido en los ríos Yaguas y Cotuhé, Loreto, Perú, del 15 al 30 de octubre de 2010, por Max H. Hidalgo y Armando Ortega-Lara (Choro, Alto Cotuhé y Cachimbo) y durante el inventario biológico rápido en el río Yaguas del 3 al 9 de agosto de 2003, por Max H. Hidalgo y Robinson Olivera (Yaguas).

PECES / FISHES						
Nombre científico/ Scientific name*	Nombre común en español/ Spanish common name	Registros por sitio/ Records by site				Número de individuos/Number of individuals
		Choro (2010)	Alto Cotuhé (2010)	Cachimbo (2010)	Yaguas (2003)	
MYLIOBATIFORMES (5)						
Potamotrygonidae (5)						
Paratrygon aiereba	raya	–	–	1	–	1
Potamotrygon castexi cf.	raya	–	–	–	x	–
Potamotrygon motoro	raya	1	–	1	–	2
Potamotrygon scobina cf.	raya	–	–	1	–	1
Potamotrygon sp.	raya	–	–	1	–	1
CLUPEIFORMES (3)						
Engraulidae (3)						
Amazonsprattus scintilla		–	–	1	–	1
Anchoviella alleni	mojarra/sardinita	–	–	10	x	10
Anchoviella guianensis	mojarra/sardinita	–	–	4	–	4
CHARACIFORMES (181)						
Acestrorhynchidae (2)						
Acestrorhynchus microlepis	pejezorro	–	–	5	–	5
Acestrorhynchus sp.	pejezorro	–	3	–	–	3
Anostomidae (10)						
Laemolyta taeniata	lisa	–	–	3	–	3
Leporinus agassizi aff.	lisa	–	–	1	–	1
Leporinus aripuanaensis	lisa	–	–	2	–	2
Leporinus fasciatus	lisa	–	–	3	–	3
Leporinus friderici	lisa	–	–	–	x	–
Leporinus maculatus cf.	lisa	1	1	–	–	2
Leporinus sp.	lisa	–	–	–	x	–
Rhytiodus argenteofuscus	lisa	–	–	1	–	1
Schizodon fasciatum	lisa	–	–	1	–	1
gen. no det., sp. no det.	lisa	–	–	–	x	–
Characidae (121)						
Acestrocephalus boehlkei	dentón	–	–	1	–	1
Aphyocharax alburnus	mojarra/sardinita	–	–	10	x	10
Astyanacinus moori cf.	mojarra/sardinita	–	1	–	–	1
Astyanax sp.	mojarra/sardinita	1	–	–	–	1
Bario steindachneri	mojarra/sardinita	1	1	–	–	2
Boelhkea fredcochui	tetra azul	60	–	–	–	60
Brachychalcinus nummus	mojarra/sardinita	–	2	–	–	2
Brycon cephalus	sábalo cola roja	–	1	–	–	1
Brycon melanopterum	sábalo cola negra	1	–	–	–	1
Brycon sp.	sábalo	–	–	–	x	–
Bryconamericus sp. 1	mojarra/sardinita	–	–	–	x	–
Bryconamericus sp. 2	mojarra/sardinita	–	–	–	x	–

Fish species recorded during the rapid biological inventory in the Yaguas and Cotuhé rivers, Loreto, Peru, 15–30 October 2010, by Max H. Hidalgo and Armando Ortega-Lara (Choro, Alto Cotuhé, and Cachimbo), and during the rapid biological inventory on the Yaguas River on 3–9 August 2010, by Max H. Hidalgo and Robinson Olivera (Yaguas).

Nuevos registros para el Perú o nuevas especies potenciales/ New records for Peru or potential new species	Tipo de registro/ Type of record	Usos/ Uses	
		Consumo de subsistencia/ Subsistence consumption	Pesca comercial u ornamental/Commercial or ornamental fisheries
–	obs	–	OR
–	col	–	OR
–	obs	–	OR
–	obs	–	OR
–	obs	–	OR
NR	col	–	–
–	col	–	–
–	col	–	–
–	col	–	CO
–	col	–	–
–	col	–	–
–	col	x	–
–	col	–	–
–	col	–	OR
–	col	x	CO
–	col	–	–
–	col	–	–
–	col	x	–
–	col	x	–
–	col	–	–
–	col	–	–
–	col	–	OR
–	col	–	–
–	col	–	–
–	col	–	–
–	col	–	OR
–	col	–	–
–	obs	x	CO
–	col	x	CO
–	obs	x	CO
–	col	–	–
–	col	–	–

LEYENDA/LEGEND

* = Ordenes según la clasificación de CLOFFSCA (Reis et al. 2003)/ Ordinal classification follows CLOFFSCA (Reis et al. 2003)

NR = Nuevo registro para el Perú/ New record for Peru

NS = Nuevas especies potenciales/ Potential new species to science

Tipo de registro/ Type of record

col = Colectado/Collected
obs = Observado/Observed

Pesca comercial/ Commercially fished

CO = Para consumo/For food
OR = Ornamental/ As ornamentals

PECES / FISHES						
Nombre científico/ Scientific name*	Nombre común en español/ Spanish common name	Registros por sitio/ Records by site				Número de individuos/Number of individuals
		Choro (2010)	Alto Cotuhé (2010)	Cachimbo (2010)	Yaguas (2003)	
Bryconops caudomaculatus	mojarra/sardinita	44	50	1	x	95
Bryconops inpai	mojarra/sardinita	19	–	–	–	19
Bryconops melanurus	mojarra/sardinita	–	2	8	–	10
Bryconops sp.	mojarra/sardinita	3	–	–	–	3
Chalceus macrolepidotus	san pedro	–	–	2	–	2
Charax tectifer	dentón	–	3	8	x	11
Charax sp.	dentón	10	4	–	–	14
Chryssobrycon sp.	mojarra/sardinita	1	2	–	–	3
Creagrutus cochui	mojarra/sardinita	22	–	–	–	22
Creagrutus sp.	mojarra/sardinita	–	–	4	x	4
Crenuchus spilurus	mojarra/sardinita	–	–	2	x	2
Ctenobrycon hauxwellianus	mojarra/sardinita	–	–	5	x	5
Cynopotamus sp.	dentón	–	–	–	x	–
Engraulisoma taeniatum	mojarra/sardinita	–	–	–	x	–
gen. no det., sp. no det. 1	mojarra/sardinita	–	–	2	–	2
gen. no det., sp. no det. 2	mojarra/sardinita	5	31	26	–	62
Gephyrocharax sp.	mojarra/sardinita	5	14	–	x	19
Gymnocorymbus thayeri	mojarra/sardinita	4	9	–	x	13
Hemibrycon sp.	mojarra/sardinita	2	–	–	–	2
Hemigrammus analis cf	mojarra/sardinita	–	21	6	x	27
Hemigrammus bellottii cf.	mojarra/sardinita	60	892	–	–	952
Hemigrammus hyanuary	mojarra/sardinita	1	13	9	–	23
Hemigrammus luelingi	mojarra/sardinita	13	67	–	–	80
Hemigrammus ocellifer	mojarra/sardinita	–	11	75	x	86
Hemigrammus ocellifer aff.	mojarra/sardinita	–	–	–	x	–
Hemigrammus pulcher	mojarra/sardinita	–	–	20	x	20
Hemigrammus pulcher aff. 1	mojarra/sardinita	–	–	–	x	–
Hemigrammus pulcher aff. 2	mojarra/sardinita	–	–	–	x	–
Hemigrammus rhodostomus cf.	mojarra/sardinita	–	–	80	–	80
Hemigrammus schmardae	mojarra/sardinita	–	–	102	–	102
Hemigrammus unilineatus aff.	mojarra/sardinita	–	–	–	x	–
Hemigrammus sp. 1	mojarra/sardinita	36	785	106	x	927
Hemigrammus sp. 2	mojarra/sardinita	5	64	–	x	69
Hemigrammus sp. 3	mojarra/sardinita	3	–	–	–	3
Hemigrammus sp. 4	mojarra/sardinita	–	4	–	–	4
Hemigrammus sp. 5	mojarra/sardinita	–	6	–	–	6
Hemigrammus sp. 6	mojarra/sardinita	–	–	5	–	5
Hyphessobrycon aff. *tenuis*	mojarra/sardinita	–	–	–	x	–
Hyphessobrycon agulha	mojarra/sardinita	40	–	–	–	40
Hyphessobrycon bentosi	mojarra/sardinita	–	107	75	x	182

Nuevos registros para el Perú o nuevas especies potenciales/ New records for Peru or potential new species	Tipo de registro/ Type of record	Usos/ Uses	
		Consumo de subsistencia/ Subsistence consumption	Pesca comercial u ornamental/Commercial or ornamental fisheries
–	col	–	–
–	col	–	–
–	col	–	–
–	col	–	–
–	col	–	OR
–	col	–	–
–	col	–	–
–	col	–	–
–	col	–	–
–	col	–	–
–	col	–	OR
–	col	–	OR
–	col	x	–
–	col	–	–
–	col	–	–
–	col	–	–
–	col	–	–
–	col	–	OR
–	col	–	–
–	col	–	–
–	col	–	–
–	col	–	OR
–	col	–	OR
–	col	–	OR
–	col	–	–
–	col	–	OR
–	col	–	–
–	col	–	–
NR	col	–	OR
–	col	–	–
–	col	–	–
–	col	–	–
–	col	–	–
–	col	–	–
–	col	–	–
–	col	–	–
–	col	–	–
–	col	–	OR
–	col	–	OR

PECES / FISHES						
Nombre científico/ Scientific name*	Nombre común en español/ Spanish common name	Registros por sitio/ Records by site				Número de individuos/Number of individuals
		Choro (2010)	Alto Cotuhé (2010)	Cachimbo (2010)	Yaguas (2003)	
Hyphessobrycon bentosi aff.	mojarra/sardinita	–	–	–	x	–
Hyphessobrycon copelandi	mojarra/sardinita	13	398	15	x	426
Hyphessobrycon erythrostigma	mojarra/sardinita	–	–	–	x	–
Hyphessobrycon loretoensis	mojarra/sardinita	48	60	–	–	108
Hyphessobrycon peruvianus	mojarra/sardinita	–	–	1	–	1
Hyphessobrycon sp. 1	mojarra/sardinita	–	8	–	–	8
Hyphessobrycon sp. 2	mojarra/sardinita	–	1	–	–	1
Hyphessobrycon sp. 3	mojarra/sardinita	–	–	59	–	59
Iguanodectes spilurus	mojarra/sardinita	–	4	1	–	5
Jupiaba abramoides aff.	mojarra/sardinita	2	2	–	–	4
Jupiaba anteroides cf.	mojarra/sardinita	1	–	–	–	1
Jupiaba zonata	mojarra/sardinita	109	–	3	x	112
Knodus beta 1	mojarra/sardinita	–	–	–	x	–
Knodus beta 2	mojarra/sardinita	–	–	–	x	–
Knodus beta aff.	mojarra/sardinita	–	–	–	x	–
Knodus breviceps aff. 1	mojarra/sardinita	–	–	–	x	–
Knodus breviceps aff. 2	mojarra/sardinita	–	–	–	x	–
Knodus moenkhausii aff.	mojarra/sardinita	–	–	–	x	–
Knodus sp. 1	mojarra/sardinita	75	53	33	x	161
Knodus sp. 2	mojarra/sardinita	108	76	–	x	184
Knodus sp. 3	mojarra/sardinita	98	27	–	–	125
Knodus sp. 4	mojarra/sardinita	–	66	–	–	66
Knodus sp. 5	mojarra/sardinita	–	3	–	–	3
Leptagoniates steindachneri	pez vidrio	3	1	–	x	4
Microschemobrycon geisleri	mojarra/sardinita	11	33	–	x	44
Microschemobrycon sp. 1	mojarra/sardinita	–	–	2	x	2
Microschemobrycon sp. 2	mojarra/sardinita	–	–	32	x	32
Microschemobrycon sp. 3	mojarra/sardinita	–	–	17	–	17
Moenkhausia ceros cf.	mojarra/sardinita	85	–	133	–	218
Moenkhausia chrysargyrea gr.	mojarra/sardinita	2	–	–	–	2
Moenkhausia collettii	mojarra/sardinita	14	290	114	–	418
Moenkhausia collettii aff.	mojarra/sardinita	–	–	–	x	–
Moenkhausia comma cf.	mojarra/sardinita	1	3	–	–	4
Moenkhausia cotinho	mojarra/sardinita	–	–	102	x	102
Moenkhausia cotinho aff.	mojarra/sardinita	–	–	–	x	–
Moenkhausia dichroura	mojarra/sardinita	20	–	–	x	20
Moenkhausia dichroura aff.	mojarra/sardinita	15	–	7	x	22
Moenkhausia intermedia	mojarra/sardinita	3	–	1	–	4
Moenkhausia lepidura	mojarra/sardinita	–	–	16	x	16
Moenkhausia lepidura aff.	mojarra/sardinita	–	–	15	–	15

Nuevos registros para el Perú o nuevas especies potenciales/ New records for Peru or potential new species	Tipo de registro/ Type of record	Usos/ Uses	
		Consumo de subsistencia/ Subsistence consumption	Pesca comercial u ornamental/Commercial or ornamental fisheries
–	col	–	–
–	col	–	OR
–	col	–	OR
–	col	–	OR
–	col	–	OR
–	col	–	–
–	col	–	–
–	col	–	–
–	col	–	–
–	col	–	–
–	col	–	–
–	col	–	–
–	col	–	–
–	col	–	–
–	col	–	–
–	col	–	–
–	col	–	–
–	col	–	–
–	col	–	–
–	col	–	–
–	col	–	–
–	col	–	–
–	col	–	–
–	col	–	–
–	col	–	OR
–	col	–	–
–	col	–	–
–	col	–	–
–	col	–	–
–	col	–	–
–	col	–	–
–	col	–	–
–	col	–	–
–	col	–	–
–	col	–	–
–	col	–	–
–	col	–	OR
–	col	–	OR
–	col	–	–
–	col	–	–

LEYENDA/LEGEND

* = Ordenes según la clasificación de CLOFFSCA (Reis et al. 2003)/ Ordinal classification follows CLOFFSCA (Reis et al. 2003)

NR = Nuevo registro para el Perú/ New record for Peru

NS = Nuevas especies potenciales/ Potential new species to science

Tipo de registro/
Type of record

col = Colectado/Collected
obs = Observado/Observed

Pesca comercial/
Commercially fished

CO = Para consumo/For food
OR = Ornamental/ As ornamentals

PECES / FISHES						
Nombre científico/ Scientific name*	**Nombre común en español/ Spanish common name**	**Registros por sitio/ Records by site**				**Número de individuos/Number of individuals**
		Choro (2010)	Alto Cotuhé (2010)	Cachimbo (2010)	Yaguas (2003)	
Moenkhausia melogramma aff.	mojarra/sardinita	–	–	–	x	–
Moenkhausia naponis	mojarra/sardinita	–	–	7	–	7
Moenkhausia oligolepis	mojarra/sardinita	–	5	3	x	8
Moenkhausia sp. 1	mojarra/sardinita	1	–	12	x	13
Moenkhausia sp. 2	mojarra/sardinita	–	–	46	x	46
Moenkhausia sp. 3	mojarra/sardinita	–	–	15	x	15
Myleus rubripinnis	palometa	–	–	2	–	2
Mylossoma aureum cf.	palometa	–	–	4	–	4
Mylossoma sp.	palometa	–	–	1	–	1
Odontostilbe fugitiva	mojarra/sardinita	–	–	–	x	–
Paragoniates alburnus	mojarra/sardinita	–	10	1	x	11
Phenacogaster pectinatus cf.	mojarra/sardinita	38	115	7	x	160
Phenacogaster sp. 1	mojarra/sardinita	1	1	–	–	2
Phenacogaster sp. 2	mojarra/sardinita	–	–	–	x	–
Poptella sp.	mojarra/sardinita	–	–	–	x	–
Pygocentrus nattereri	paña roja	–	–	–	x	–
Serrasalmus compressus cf.	paña	–	–	8	–	8
Serrasalmus elongatus	paña	–	–	1	–	1
Serrasalmus maculatus cf.	paña	1	5	–	–	6
Serrasalmus rhombeus	paña blanca	–	–	5	–	5
Serrasalmus spilopleura	paña negra	1	3	–	x	4
Serrasalmus sp.	paña	–	3	–	–	3
Tetragonopterus argenteus	mojarra/sardinita	–	2	14	x	16
Tetragonopterus chalceus	mojarra/sardinita	1	–	–	–	1
Thayeria oblicua	mojarra/sardinita	–	–	9	x	9
Triportheus angulatus	sardina	–	–	3	–	3
Triportheus auritus	sardina	–	3	–	–	3
Tyttocharax sp.	mojarra/sardinita	147	8	–	x	155
Xenurobrycon sp.	mojarra/sardinita	–	1	1	x	2
Chilodontidae (2)						
Caenotropus labyrinthicus	mojarra/sardinita	–	–	1	–	1
Chilodus punctatus	mojarra/sardinita	–	10	2	x	12
Crenuchidae (9)						
Characidium etheostoma	mojarra/sardinita	8	20	4	x	32
Characidium pellucidum	mojarra/sardinita	2	21	1	–	24
Characidium sp. 1	mojarra/sardinita	8	2	–	–	10
Characidium sp. 2	mojarra/sardinita	–	–	4	x	4
Characidium sp. 3	mojarra/sardinita	5	–	–	x	5
Elacocharax pulcher	mojarra/sardinita	1	–	1	x	2
Melanocharacidium dispilomma	mojarra/sardinita	–	–	12	–	12

Nuevos registros para el Perú o nuevas especies potenciales/ New records for Peru or potential new species	Tipo de registro/ Type of record	Usos/ Uses	
		Consumo de subsistencia/ Subsistence consumption	Pesca comercial u ornamental/Commercial or ornamental fisheries
–	col	–	–
–	col	–	–
–	col	–	–
–	col	–	–
–	col	–	–
–	col	–	–
–	col	x	CO/OR
–	col	x	CO
–	col	x	CO
–	col	–	–
–	col	–	–
–	col	–	–
–	col	–	–
–	col	–	–
–	col	–	–
–	col	x	CO
–	col	x	–
–	col	x	–
–	col	x	–
–	col	x	CO
–	col	x	CO
–	col	x	–
–	col	x	–
–	col	–	–
–	col	–	OR
–	col	x	CO
–	col	x	CO
–	col	–	–
–	col	–	–
–	col	–	–
–	col	–	–
–	col	–	–
–	col	–	–
NS	col	–	–
–	col	–	–
–	col	–	–
–	col	–	–
NS	col	–	–

LEYENDA/LEGEND

* = Ordenes según la clasificación de CLOFFSCA (Reis et al. 2003)/ Ordinal classification follows CLOFFSCA (Reis et al. 2003)

NR = Nuevo registro para el Perú/ New record for Peru

NS = Nuevas especies potenciales/ Potential new species to science

Tipo de registro/ Type of record

col = Colectado/Collected
obs = Observado/Observed

Pesca comercial/ Commercially fished

CO = Para consumo/For food
OR = Ornamental/ As ornamentals

PECES / FISHES						
Nombre científico/ Scientific name*	Nombre común en español/ Spanish common name	Registros por sitio/ Records by site				Número de individuos/Number of individuals
		Choro (2010)	Alto Cotuhé (2010)	Cachimbo (2010)	Yaguas (2003)	
Melanocharacidium sp.	mojarra/sardinita	11	2	–	x	13
Microcharacidium cf.	mojarra/sardinita	–	–	2	x	2
Ctenoluciidae (1)						
Boulengerella xyrekes	picudo	–	–	4	–	4
Curimatidae (16)						
Curimata aspera	ractacara	–	–	2	x	2
Curimatella alburna	chiochio	–	–	2	–	2
Curimatella dorsalis	chiochio	–	–	1	–	1
Curimatella meyeri	chiochio	–	–	16	–	16
Curimatella sp.	chiochio	–	–	1	–	1
Curimatido sp. 2	chiochio	–	–	–	x	–
Curimatopsis macrolepis	chiochio	8	17	–	–	25
Curimatopsis sp.	chiochio	–	–	102	–	102
Cyphocharax nigripinnis cf.	chiochio	–	–	3	–	3
Cyphocharax pantostictos	chiochio	15	22	–	–	37
Cyphocharax spiluropsis	chiochio	1	38	5	–	44
Cyphocharax spilurus cf.	chiochio	–	2	58	–	60
Psectrogaster rutiloides	ractacara	–	–	6	–	6
Steindachnerina dobula cf.	chiochio	–	–	36	x	36
Steindachnerina guentheri	chiochio	2	1	–	x	3
Steindachnerina planiventris	chiochio	–	–	1	–	1
Cynodontidae (2)						
Hydrolicus scomberoides	chambira	–	–	1	–	1
Rhaphiodon vulpinus	chambira/machete	1	–	1	–	2
Erythrinidae (3)						
Erythrinus erythrinus	shuyo	3	4	1	x	8
Hoplerythrinus unitaeniatus	shuyo	–	–	1	x	1
Hoplias malabaricus	fasaco/guabina	1	3	5	x	9
Gasteropelecidae (5)						
Carnegiella myersii	pechito/mañana me voy	–	–	6	–	6
Carnegiella strigata	pechito/mañana me voy	–	17	8	x	25
Gasteropelecus sternicla	pechito/mañana me voy	–	9	–	–	9
Thoracocharax securis cf.	pechito/mañana me voy	–	–	18	–	18
Thoracocharax stellatus	pechito/mañana me voy	–	–	1	x	1
Hemiodontidae (1)						
Hemiodus unimaculatus	julilla	–	–	1	x	1
Lebiasinidae (7)						
Copella vilmae cf.	mojarra/sardinita	–	1	–	–	1
Nannostomus diagrammus	mojarra/sardinita	–	–	7	–	7
Nannostomus eques	mojarra/sardinita	–	–	16	–	16

Nuevos registros para el Perú o nuevas especies potenciales/ New records for Peru or potential new species	Tipo de registro/ Type of record	Usos/ Uses	
		Consumo de subsistencia/ Subsistence consumption	Pesca comercial u ornamental/Commercial or ornamental fisheries
–	col	–	–
–	col	–	–
–	col	–	–
–	col	x	CO
–	col	x	–
–	col	x	–
–	col	–	–
–	col	–	–
–	col	–	–
–	col	–	–
–	col	–	–
NR	col	–	–
–	col	–	–
–	col	–	–
NR	col	–	–
–	col	x	–
–	col	–	CO
–	col	–	–
–	col	–	–
–	col	x	CO
–	obs	x	CO
–	col	x	–
–	col	x	–
–	col	x	CO
–	col	–	OR
–	col	–	OR
–	col	–	OR
–	col	–	OR
–	col	–	OR
–	col	x	–
–	col	–	OR
–	col	–	OR
–	col	–	OR

PECES / FISHES						
Nombre científico/ Scientific name*	Nombre común en español/ Spanish common name	Registros por sitio/ Records by site				Número de individuos/Number of individuals
		Choro (2010)	Alto Cotuhé (2010)	Cachimbo (2010)	Yaguas (2003)	
Nannostomus marginatus	mojarra/sardinita	–	4	–	–	4
Nannostomus trifasciatus	mojarra/sardinita	–	–	1	x	1
Pyrrhulina brevis	mojarra/sardinita	20	7	8	x	35
Pyrrhulina sp.	mojarra/sardinita	1	–	–	x	1
Parodontidae (1)						
Parodon sp.	lisa	–	–	–	x	–
Prochilodontidae (1)						
Semaprochilodus insignis	yaraqui/sapuara	–	–	2	–	2
OSTEOGLOSSIFORMES (2)						
Arapaimatidae (1)						
Arapaima gigas	paiche/pirarucu	–	–	–	x	–
Osteoglossum bicirrhosum	arahuana/arahuana blanca	–	–	1	x	1
GYMNOTIFORMES (23)						
Apteronotidae (2)						
Adontosternarchus clarkae cf.	macana	–	–	2	–	2
Compsaraia samueli	macana	–	–	1	–	1
Gymnotidae (6)						
Electrophorus electricus	anguila eléctrica	–	1	–	–	1
Gymnotus anguillaris cf.	macana/carapo	2	3	–	–	5
Gymnotus carapo	macana/carapo	–	–	2	–	2
Gymnotus coatesi cf.	macana/carapo	–	2	–	–	2
Gymnotus javari cf.	macana/carapo	–	1	–	–	1
Gymnotus sp.	macana/carapo	–	3	–	–	3
Hypopomidae (6)						
Brachyhypopomus sp. A	macana	1	–	–	–	1
Brachyhypopomus sp. B	macana	5	–	–	–	5
Brachyhypopomus sp. C	macana	–	3	–	–	3
Brachyhypopomus sp. D	macana	–	–	1	x	1
Hypopygus lepturus	macana	–	1	9	–	10
Steatogenys elegans	macana	–	–	4	–	4
Rhamphichthyidae (3)						
Gymnorhamphichthys hypostoma	macana	–	–	4	–	4
Gymnorhamphichthys rondoni	macana	5	1	–	–	6
Rhamphichthys sp.	macana	–	–	–	x	–
Sternopygidae (6)						
Eigenmannia nigra cf.	macana	–	2	–	–	2
Eigenmannia virescens	macana	–	–	2	–	2
Eigenmannia sp. 1	macana	–	–	131	–	131
Eigenmannia sp. 2	macana	–	–	4	–	4
Rhabdolicops sp.	macana	–	–	23	–	23

Nuevos registros para el Perú o nuevas especies potenciales/ New records for Peru or potential new species	Tipo de registro/ Type of record	Usos/ Uses	
		Consumo de subsistencia/ Subsistence consumption	Pesca comercial u ornamental/Commercial or ornamental fisheries
–	col	–	OR
–	col	–	OR
–	col	–	OR
–	col	–	OR
–	col	–	–
–	obs	x	CO/OR
–	obs	x	CO
–	obs	x	CO/OR
–	col	–	–
–	col	–	–
–	obs	–	–
–	col	–	–
–	col	–	–
–	col	–	–
–	col	–	–
–	col	–	–
–	col	–	–
–	col	–	–
–	col	–	–
–	col	–	–
–	col	–	–
–	col	–	–
–	col	–	–
–	col	–	–
NR	col	–	–
	col	–	–
–	col	–	–
–	col	–	–
–	col	–	–

PECES / FISHES						
Nombre científico/ Scientific name*	**Nombre común en español/ Spanish common name**	**Registros por sitio/ Records by site**				**Número de individuos/Number of individuals**
		Choro (2010)	Alto Cotuhé (2010)	Cachimbo (2010)	Yaguas (2003)	
Sternopygus macrurus cf.	macana	–	6	–	–	6
SILURIFORMES (88)						
Aspredinidae (3)						
Bunocephalus coracoideus	sapocunchi	2	–	–	–	2
Bunocephalus sp.	sapocunchi	3	–	–	–	3
Pterobunocephalus dolichurus cf.	sapocunchi	1	–	–	x	1
Auchenipteridae (7)						
Ageneiosus inermis	bocón/maparate	–	1	1	–	2
Ageneiosus sp.	bocón/maparate	–	–	–	x	–
Auchenipterichthys thoracatus	maparate	–	–	1	–	1
Auchenipterus sp.	maparate	–	–	5	–	5
Centromochlus perugiae	cunchinovia	14	1	–	–	15
Centromochlus sp.	cunchinovia	7	2	–	–	9
Tatia intermedia	cunchinovia	1	–	4	–	5
Callichthyidae (12)						
Callichthys callichthys	shirui	2	–	–	–	2
Corydoras ambiacus	shirui/coridora/corredora	–	–	4	–	4
Corydoras arcuatus	shirui/coridora/corredora	–	–	3	–	3
Corydoras armatus	shirui/coridora/corredora	–	–	42	–	42
Corydoras elegans	shirui/coridora/corredora	–	–	13	–	13
Corydoras fowleri	shirui/coridora/corredora	3	3	–	–	6
Corydoras ortegai	shirui/coridora/corredora	–	36	6	x	42
Corydoras pastazensis	shirui/coridora/corredora	1	2	–	x	3
Corydoras sp. 1	shirui/coridora/corredora	3	2	–	–	5
Corydoras sp. 2	shirui/coridora/corredora	–	1	–	–	1
Dianema longibarbis	shirui	–	–	21	x	21
Megalechis sp.	shirui	2	–	–	–	2
Cetopsidae (3)						
Cetopsis coecutiens	canero	–	–	3	–	3
Denticetopsis seducta	canero	2	2	–	x	4
Helogenes marmoratus	canero	–	5	–	–	5
Doradidae (7)						
Acanthodoras spinosissimus	pirillo/riquiraque	1	–	–	–	1
Agamyxis sp.	pirillo/riquiraque	–	–	1	–	1
Amblydoras nauticus	pirillo/riquiraque	–	–	4	–	4
Leptodoras sp.	pirillo	–	–	–	x	–
Physopixis lira	pirillo	–	–	1	–	1
Scorpiodoras cf.	pirillo	–	–	1	–	1
gen. no det., sp. no det.	pirillo	–	–	2	–	2

Nuevos registros para el Perú o nuevas especies potenciales/ New records for Peru or potential new species	Tipo de registro/ Type of record	Usos/ Uses	
		Consumo de subsistencia/ Subsistence consumption	Pesca comercial u ornamental/Commercial or ornamental fisheries
–	col	–	–
–	col	–	OR
–	col	–	–
–	col	–	–
–	obs	x	CO
–	col	x	–
–	col	–	–
–	col	x	–
–	col	–	–
NS	col	–	–
–	col	–	–
–	col	–	–
–	col	–	OR
–	col	–	OR
–	col	–	OR
–	col	–	OR
–	col	–	OR
–	col	–	–
–	col	–	OR
–	col	–	–
–	col	–	–
–	col	–	–
–	col	–	–
–	col	–	–
–	col	–	–
–	col	–	–
–	obs	–	–
–	col	–	–
–	col	–	–
–	col	–	–
–	col	–	–
NR	col	–	–
–	col	–	–

PECES / FISHES

Nombre científico/ Scientific name*	Nombre común en español/ Spanish common name	Registros por sitio/ Records by site				Número de individuos/Number of individuals
		Choro (2010)	Alto Cotuhé (2010)	Cachimbo (2010)	Yaguas (2003)	
Heptapteridae (8)						
Mastiglanis sp.	bagre	–	–	12	–	12
Microrhamdia sp.	bagre	2	–	–	–	2
Pariolius armilatus	bagre	10	–	–	–	10
Phenacorhamdia nigrolineata cf.	bagre	–	3	–	–	3
Pimelodella cristata	cunchi/picalon	–	–	31	–	31
Pimelodella sp. 1	cunchi/picalon	–	8	1	x	9
Pimelodella sp. 2	cunchi/picalon	–	–	1	–	1
Rhamdia sp.	cunchi	1	3	–	–	4
Loricariidae (27)						
Ancistrus hoplogenys cf.	carachama/cucha negra	–	–	13	–	13
Ancistrus temminckii cf.	carachama/cucha negra	23	13	–	–	36
Ancistrus sp. 1	carachama/cucha negra	–	3	–	–	3
Ancistrus sp. 2	carachama/cucha negra	–	–	8	–	8
Farlowella smithi aff.	carachama	–	–	–	x	–
Farlowella sp.	carachama	1	–	–	–	1
Glyptoperichthys punctatus	carachama/cucha mariposa	–	1	–	–	1
Glyptoperichthys sp.	carachama/cucha mariposa	–	–	2	–	2
Hemiodontichthys acipenserinus	carachama/shitari	–	–	7	–	7
Hypoptopoma sp. 1	carachama/otocinclo	–	7	–	–	7
Hypoptopoma sp. 2	carachama/otocinclo	–	–	1	x	1
Hypostomus cochliodon gr.	carachama	–	4	–	x	4
Hypostomus sp.	carachama	5	8	–	–	13
Lasiancistrus schomburgkii cf.	carachama	–	7	–	–	7
Limatulichthys griseus	carachama/shitari	–	–	5	x	5
Loricaria cataphracta	carachama/shitari	1	–	–	–	1
Loricaria clavipinna	carachama/shitari	–	2	–	x	2
Loricaria sp.	carachama/shitari	–	–	–	x	–
Otocinclus sp. 1	carachama/otocinclo	–	–	–	x	–
Otocinclus sp. 2	carachama/otocinclo	–	–	–	x	–
Oxyropsis wrightiana	carachama	12	–	–	x	12
Panaque maccus cf.	carachama/cucha piña	–	2	–	–	2
Rineloricaria lanceolata	carachama/shitari	7	1	–	–	8
Rineloricaria morrowi cf.	carachama/shitari	–	–	7	x	7
Rineloricaria sp. 1	carachama/shitari	1	–	–	x	1
Rineloricaria sp. 2	carachama/shitari	–	1	–	–	1
Sturisoma nigrirostrum	carachama/shitari	–	–	28	x	28
Pimelodidae (13)						
Brachyplatystoma vaillanti cf.	manitoa/bagre de pobre	–	–	1	–	1
Calophysus macropterus	mota	–	–	2	–	2

Nuevos registros para el Perú o nuevas especies potenciales/ New records for Peru or potential new species	Tipo de registro/ Type of record	Usos/ Uses	
		Consumo de subsistencia/ Subsistence consumption	Pesca comercial u ornamental/Commercial or ornamental fisheries
NR/NS	col	–	–
NR	col	–	–
–	col	–	–
–	col	–	–
–	col	–	–
–	col	x	–
–	col	x	–
–	col	x	–
–	col	–	OR
–	col	–	OR
–	col	–	–
NS	col	–	–
–	col	–	OR
–	col	–	–
–	col	x	CO
–	col	x	CO
–	col	–	–
–	col	–	–
–	col	–	–
–	col	x	CO
–	col	x	–
–	col	–	OR
–	col	–	–
–	col	–	OR
–	col	–	–
–	col	–	–
–	col	–	OR
–	col	–	OR
–	col	–	–
–	col	–	OR
–	col	–	OR
–	col	–	–
–	col	–	–
–	col	–	–
–	col	–	–
–	col	x	CO
–	obs	x	–

PECES / FISHES						
Nombre científico/ Scientific name*	**Nombre común en español/ Spanish common name**	**Registros por sitio/ Records by site**				**Número de individuos/Number of individuals**
		Choro (2010)	Alto Cotuhé (2010)	Cachimbo (2010)	Yaguas (2003)	
Cheirocerus eques	cunchi	–	–	2	–	2
Hemisorubim platyrhynchos	toa/cucharo	–	–	1	–	1
Leiarius marmoratus	ashara	–	–	1	–	1
Megalonema sp.	cunchi	–	–	–	x	–
Pimelodus blochii	cunchi	–	–	13	x	13
Pimelodus maculatus cf.	cunchi	–	2	–	–	2
Pimelodus ornatus	cunchi	1	1	1	–	3
Pimelodus tetramerus	cunchi	–	3	2	x	5
Pimelodus sp.	cunchi	–	–	–	x	–
Pinirampus pinirampu	mota	–	–	1	–	1
Pseudoplatystoma punctifer	doncella/pintadillo	1	1	3	–	5
Pseudopimelodidae (2)						
Batrochoglanis sp.	sapocunchi	1	–	–	x	1
Microglanis iheringi cf.	sapocunchi	–	22	2	–	24
Trichomycteridae (6)						
Henonemus punctatus cf.	canero	–	–	1	–	1
Ituglanis sp.	canero	1	1	–	–	2
Ochmacanthus reinhardtii	canero	–	5	21	x	26
Parastegophilus sp. 1	canero	–	–	3	–	3
Parastegophilus sp. 2	canero	–	–	7	–	7
Vandellia cirrhosa	canero	–	–	18	x	18
CYPRINODONTIFORMES (2)						
Rivulidae (2)						
Rivulus sp. 1		2	2	–	x	4
Rivulus sp. 2		34	2	–	–	36
BELONIFORNES (3)						
Belonidae (3)						
Belonion dibranchodon cf.	pez aguja	–	–	6	–	6
Potamorrhaphis guianensis	pez aguja	4	2	4	x	10
Pseudotylosurus angusticeps	pez aguja	–	–	1	x	1
SYNBRANCHIFORMES (2)						
Synbranchidae (2)						
Synbranchus marmoratus cf.	atinga	1	–	–	–	1
Synbranchus sp.	atinga	–	1	–	–	1
PERCIFORMES (28)						
Cichlidae (27)						
Acarichthys heckelii	bujurqui	–	–	4	–	4
Aequidens diadema	bujurqui	–	–	–	x	–
Aequidens tetramerus	bujurqui	–	–	–	x	–
Aequidens sp.	bujurqui	–	6	2	–	8

Nuevos registros para el Perú o nuevas especies potenciales/ New records for Peru or potential new species	Tipo de registro/ Type of record	Usos/ Uses	
		Consumo de subsistencia/ Subsistence consumption	Pesca comercial u ornamental/Commercial or ornamental fisheries
–	col	–	–
–	col	x	CO
–	col	x	CO/OR
–	col	–	–
–	col	x	CO
–	col	x	CO
–	col	x	CO/OR
–	col	x	–
–	col	x	–
–	obs	x	CO
–	obs	x	CO
NS	col	–	–
–	col	–	–
–	col	–	–
NS	col	–	–
–	col	–	–
–	col	–	–
–	col	–	–
–	col	–	–
–	col	–	–
–	col	–	–
NR	col	–	–
–	col	–	–
–	col	–	–
–	col	–	–
NS	col	–	–
–	col	–	–
–	col	–	–
–	col	x	–
–	col	–	–

LEYENDA/LEGEND

* = Ordenes según la clasificación de CLOFFSCA (Reis et al. 2003)/ Ordinal classification follows CLOFFSCA (Reis et al. 2003)

NR = Nuevo registro para el Perú/ New record for Peru

NS = Nuevas especies potenciales/ Potential new species to science

Tipo de registro/ Type of record

col = Colectado/Collected
obs = Observado/Observed

Pesca comercial/ Commercially fished

CO = Para consumo/For food
OR = Ornamental/ As ornamentals

PECES / FISHES						
Nombre científico/ Scientific name*	**Nombre común en español/ Spanish common name**	**Registros por sitio/ Records by site**				**Número de individuos/Number of individuals**
		Choro (2010)	Alto Cotuhé (2010)	Cachimbo (2010)	Yaguas (2003)	
Apistogramma agassizi	bujurqui	–	–	28	x	28
Apistogramma bitaeniata	bujurqui	–	4	–	–	4
Apistogramma cruzi	bujurqui	–	12	–	–	12
Apistogramma sp. 1	bujurqui	10	–	–	x	10
Apistogramma sp. 2	bujurqui	4	4	–	–	8
Astronotus ocellatus	acarahuazú	–	–	3	–	3
Biotodoma cupido	bujurqui	–	–	5	–	5
Bujurquina ortegai cf.	bujurqui	–	–	19	–	19
Bujurquina sp. 1	bujurqui	45	14	–	x	59
Bujurquina sp. 2	bujurqui	–	12	–	–	12
Chaetobranchus flavescens	bujurqui	–	–	15	x	15
Cichla monoculus	tucunaré/pavon	–	–	1	x	1
Crenicichla anthurus	añashua/mataguaro	4	12	–	–	16
Crenicichla anthurus aff.	añashua/mataguaro	–	3	2	–	5
Crenicichla johanna	añashua/mataguaro	1	–	–	–	1
Crenicichla wallacei aff.	añashua/mataguaro	5	–	–	–	5
Crenicichla sp.	añashua/mataguaro	–	1	1	x	2
Geophagus sp.	bujurqui	–	–	2	–	2
Hypselecara sp.	bujurqui	–	–	2	–	2
Laetacara flavilabris	bujurqui	3	4	–	x	7
Mesonauta mirificus	bujurqui	–	–	3	–	3
Mikrogeophagus altispinosus cf.	bujurqui	–	–	4	–	4
Satanoperca jurupari	bujurqui	–	1	1	–	2
Sciaenidae (1)						
Pachypops sp.		–	–	13	–	13
Total Especies/Total Species		104	123	178	131	
Total Individuos/Total Individuals		1458	3711	2220		

Nuevos registros para el Perú o nuevas especies potenciales/ New records for Peru or potential new species	Tipo de registro/ Type of record	Usos/ Uses	
		Consumo de subsistencia/ Subsistence consumption	Pesca comercial u ornamental/Commercial or ornamental fisheries
–	col	–	OR
–	col	–	OR
–	col	–	OR
–	col	–	–
–	col	–	–
–	col	x	CO/OR
–	col	–	–
–	col	x	–
–	col	x	–
–	col	x	–
–	col	x	CO
–	col	x	CO
–	col	x	–
–	col	–	–
–	col	x	–
NR	col	–	–
–	col	–	–
–	col	x	–
–	col	x	–
–	col	–	–
–	col	–	OR
NR	col	–	–
–	col	x	–
–	col	–	–
18		67	93

LEYENDA/LEGEND

* = Ordenes según la clasificación de CLOFFSCA (Reis et al. 2003)/ Ordinal classification follows CLOFFSCA (Reis et al. 2003)

NR = Nuevo registro para el Perú/ New record for Peru

NS = Nuevas especies potenciales/ Potential new species to science

Tipo de registro/ Type of record

col = Colectado/Collected
obs = Observado/Observed

Pesca comercial/ Commercially fished

CO = Para consumo/For food
OR = Ornamental/ As ornamentals

Anfibios y Reptiles/
Amphibians and Reptiles

Anfibios y reptiles observados durante el inventario biológico rápido en las cuencas de los ríos Yaguas y Cotuhé, Loreto, Perú, del 15 al 30 de octubre de 2010, por Rudolf von May y Jonh Jairo Mueses-Cisneros (campamentos Choro, Alto Cohuhé y Cachimbo), y durante el inventario biológico rápido en el río Yaguas del 3 al 9 de agosto de 2003, por Lily Rodríguez y Guillermo Knell (campamento Yaguas).

ANFIBIOS Y REPTILES / AMPHIBIANS AND REPTILES

Nombre científico/ Scientific name	Campamentos/ Campsites	Registro/ Record	Vegetación/ Vegetation	Microhábitat/ Microhabitat	Actividad/ Activity	Distribución/ Distribution	UICN/ IUCN
AMPHIBIA (75)							
ANURA (73)							
Aromobatidae (3)							
Allobates femoralis	1,2,4	col	BC	terr	D	Am	LC
Allobates trilineatus	2	IBR12		terr	D	Co, Ec, Pe	LC
Allobates sp.	3,4	aud	BC, BA	terr	D	Pe	NE
Bufonidae (9)							
Dendrophryniscus minutus	2,3,4	col	BC	terr	D	Am	LC
Rhaebo guttatus	4	col	BC	terr	N	Am	LC
Rhaebo sp.*	2	IBR12		terr	N	Co, Ec, Pe	NE
Rhinella ceratophrys	1,4	col	BC	terr	D,N	Am	LC
Rhinella dapsilis	1	col	BC	terr	N	Ec, Pe, Co, Br	LC
Rhinella margaritifera	1	col	BC, BA, VR	terr	D	Am	LC
Rhinella marina	1,2,3	col	BC	terr	N	Am	LC
Rhinella sp. 1	1,2,3,4	col	BC, BA, VR	terr	D	Co, Ec, Pe	NT
Rhinella sp. 2	1,2,4	col	BC, BA, VR	terr	D	Am	LC
Centrolenidae (2)							
Teratohyla midas	1	col	VR	capa	N	Am	LC
Hyalinobatrachium sp.	1	aud	VR	capa	N	Pe	NE
Dendrobatidae (4)							
Ameerega hahneli	1,2,3	col	BC	terr	D	Am	LC
Ameerega trivittata	2,3	IBR12, obs	BC	terr	D	Am	LC
Ranitomeya duellmani	3	col	BC	terr	D	Ec, Pe	LC
Ranitomeya ventrimaculata	1,3,4	col	BC	brom	D	Am	LC
Hylidae (27)							
Dendropsophus brevifrons	1,4	col	BA	cata	N	Am	LC
Dendropsophus marmoratus	1,2	obs	BA		N	Am	LC
Dendropsophus parviceps	1,3,4	col	BC,BA	cata	N	Am	LC
Dendropsophus triangulum	4	col	LA	capa	N	Am	LC
Hypsiboas boans	2,3,4	obs, aud	VR, LA	arbo	N	Am	LC
Hypsiboas calcaratus	1,2,3,4	col	AG, VR	cata	N	Am	LC
Hypsiboas cinerascens	1,2,4	col	AG	cata	N	Am	LC
Hypsiboas fasciatus	1,2,3,4	col	AG, VR	arbo	N	Am	LC
Hypsiboas geographicus	1,3,4	col	VR, BC	arbo	N	Am	LC
Hypsiboas lanciformis	1,2,4	col	VR, AG	arbo	N	Am	LC
Hypsiboas microderma	3,4	col	BC	arbo	N	Bra, Col, Per	LC
Hypsiboas nympha	4	col	QU	capa	N	Co, Ec, Pe	LC
Hypsiboas punctatus	2,4	col	LA	cata	N	Am	LC
Nyctimantis rugiceps	1,4	aud	BC, VR	arbo	N	Ec, Pe, Co	LC
Osteocephalus cabrerai	1,3,4	col	VR	arbo	N	Am	LC
Osteocephalus deridens	2,3,4	IBR12	BA, VR	arbo	N	Ec, Pe	LC
Osteocephalus heyeri	4	col	VR	arbo	N	Col, Pe	LC
Osteocephalus mutabor	1	col	VR	arbo	N	Ec, Pe	LC
Osteocephalus planiceps	1,3,4	col	BC, AG, VR, BA	arbo	N	Co, Ec, Pe	LC

Amphibians and reptiles observed during the rapid biological inventory in the Yaguas and Cotuhé watersheds, Loreto, Peru, on 15–30 October 2010, by Rudolf von May and Jonh Jairo Mueses-Cisneros (Choro, Alto Cotuhé, and Cachimbo campsites) and during the rapid biological inventory on the Yaguas River on 3–9 August 2003, by Lily Rodríguez and Guillermo Knell (Yaguas campsite).

ANFIBIOS Y REPTILES / AMPHIBIANS AND REPTILES

Nombre científico/ Scientific name	Campamentos/ Campsites	Registro/ Record	Vegetación/ Vegetation	Microhábitat/ Microhabitat	Actividad/ Activity	Distribución/ Distribution	UICN/ IUCN
Osteocephalus taurinus	1,2,3	col	VR	arbo	N	Am	LC
Osteocephalus yasuni	3,4	col	VR, BC	arbo	N	Ec, Pe, Co	LC
Osteocephalus sp.	1	col	VR	arbo	N	Pe	NE
Phyllomedusa bicolor	3	col	VR, BC	arbo	N	Am	LC
Phyllomedusa vaillanti	1,2	col	BC	cata	N	Am	LC
Scinax cruentommus	1,4	col	VR	cata	N	Am	LC
Scinax garbei	4	col	LA	capa	N	Am	LC
Trachycephalus resinifictrix	1,2,4	aud	BC	arbo	N	Am	LC
Leiuperidae (2)							
Edalorhina perezi	1	col	BC, BA	terr	D	Ec, Pe, Co, Br	LC
Engystomops petersi	1,2,3	col	BA, BC	terr	N	Co, Ec, Pe	LC
Leptodactylidae (7)							
Leptodactylus discodactylus	1,3,4	col	BA, AG	cata	N	Am	LC
Leptodactylus hylaedactylus	1,2	col	BA, BC, AG	cata	D,N	Am	LC
Leptodactylus lineatus	3	col	BC	cata	N	Am	LC
Leptodactylus leptodactyloides	2	IBR12			N	Am	LC
Leptodactylus pentadactylus	1,2,3,4	col	BC, VR, BA	terr	N	Am	LC
Leptodactylus petersii	1,2,3,4	col	AG, VR	cata	N	Am	LC
Leptodactylus wagneri	1,4	col	AG, VR	cata	N	Ec, Pe, Co, Br	LC

LEYENDA/ LEGEND

Campamentos/Campsites
1 = Choro (2010)
2 = Yaguas (2003)
3 = Cachimbo (2010)
4 = Alto Cotuhé (2010)

Tipo de registro/Record type
aud = Registro auditivo/Auditory
col = Colectado/Collection
obs = Observación visual/Visual
IBR12 = 2003 Inventory

Tipo de vegetación/Vegetation type
AG = Aguajales/Palm swamps
BA = Bajiales/Low areas
BC = Bosque de colina/Hill forest
VR = Vegetación ribereña/Riparian vegetation
QU = Quebrada/Along or in stream
LA = Lagos/Lakes

Actividad/Activity
D = Diurno/Diurnal
N = Nocturno/Nocturnal

Microhábitat/Microhabitat
arbo = Arborícola/Arboreal
capa = Cuerpos de agua permanentes, arborícola/Permanent water bodies, arboreal
cata = Cuerpos de agua temporales, arborícola/Temporary water bodies, arboreal
foso = Fosorial/Fossorial (underground)
sfos = Semifosorial/Semifossorial
terr = Terrestre/Terrestrial
brom = Uso de bromelias/Bromeliads
acua = Acuático/Aquatic

Distribución/Distribution
Am = Amplia en la cuenca amazónica/ Widespread in the Amazon basin
Bo = Bolivia
Br = Brasil/Brazil
Co = Colombia
Ec = Ecuador
Pe = Perú/Peru
? = Desconocido/Unknown

Categorías de la UICN/IUCN categories
EN = En peligro/Endangered
VU = Vulnerable
LC = Baja preocupación/Least concern
DD = Datos deficientes/Insufficient data
NE = No evaluado/Not evaluated
NO = No amenazada/Not threatened

* *Rhaebo* sp. corresponde a *Rhaebo glaberrimus* en la lista de Rodríguez y Knell (2004).

** *Taeniophalus brevirostris* corresponde a *Rhadinaea brevirostris* en la lista de Rodríguez y Knell (2004).

Anfibios y Reptiles/
Amphibians and Reptiles

ANFIBIOS Y REPTILES / AMPHIBIANS AND REPTILES							
Nombre científico/ Scientific name	Campamentos/ Campsites	Registro/ Record	Vegetación/ Vegetation	Microhábitat/ Microhabitat	Actividad/ Activity	Distribución/ Distribution	UICN/ IUCN
Microhylidae (3)							
Chiasmocleis bassleri	1	col	BC, BA	sfos	N	Am	LC
Synapturanus sp.	3	col	AG, VR	fos	N	Co, Pe	NE
Syncope tridactyla	4	col	BC	terr	N	Bra,Co, Pe	LC
Pipidae (1)							
Pipa pipa	1,4	col	VR	acua	N	Am	LC
Strabomantidae (15)							
Hypodactylus nigrovittatus	4	col	BC	terr	N	Ec, Pe, Co	LC
Oreobates quixensis	1,2,4	col	BC	terr	N	Am	LC
Pristimantis achuar	1	col	BC	arbo	N	Ec, Pe	LC
Pristimantis altamazonicus	2,4	col	BC	arbo	N	Ec, Pe, Co, Br	LC
Pristimantis carvalhoi	1,2	col	BC	arbo	N	Ec, Pe, Co, Br	LC
Pristimantis conspicillatus	2	col	BC	arbo	N	Ec, Pe, Co, Br	LC
Pristimantis aff. *diadematus*	1	col	BC	arbo	N	Pe	NE
Pristimantis lanthanites	1	col	BC	arbo	N	Ec, Pe, Co, Br	LC
Pristimantis malkini	1,2,4	col	BC	arbo	N	Ec, Pe, Co, Br	LC
Pristimantis padiali	1	obs	BC	arbo	N	Pe	NE
Pristimantis peruvianus	1,2,3	col	BC	arbo	N	Am	LC
Pristimantis variabilis	2	IBR12	BC	arbo	N	Ec, Pe, Co, Br	LC
Pristimantis sp. 1 *(ojo en cruz)*	1	col	BC	arbo	N	Pe	NE
Pristimantis sp. 2 *(con barras, OM)*	1	col	BC	arbo	N	Pe	NE
Strabomantis sulcatus	1	col	BC	terr	N	Ec, Pe, Co, Br	LC
CAUDATA (1)							
Plethodontidae (1)							
Bolitoglossa altamazonica	1	col	BC	arbo	N	Am	LC
GYMNOPHIONA (1)							
Caeciliidae (1)							
Oscaecilia sp.	2	IBR12		terr, foso	N	Pe	NE
REPTILIA (53)							
CROCODYLIA (3)							
Alligatoridae (2)							
Caiman crocodilus	2,3	obs	VR	capa	N	Am	LC
Melanosuchus niger	2	IBR12	LA, VR	capa	N	Am	LC
Crocodylidae (1)							
Paleosuchus trigonatus	1,3,4	obs	QU	capa	D,N	Am	LC
TESTUDINES (4)							
Chelidae (2)							
Mesoclemmys gibba	1	col	QU	capa	D,N	Am	No

ANFIBIOS Y REPTILES / AMPHIBIANS AND REPTILES							
Nombre científico/ Scientific name	Campamentos/ Campsites	Registro/ Record	Vegetación/ Vegetation	Microhábitat/ Microhabitat	Actividad/ Activity	Distribución/ Distribution	UICN/ IUCN
Chelus fimbriatus	2	IBR12	QU	capa	D,N	Am	No
Pelomedusidae (1)							
Podocnemis sextuberculata	2	IBR12	QU	capa	D,N	Co, Pe, Br	VU
Testudinidae (1)							
Chelonoidis denticulata	2,3,4	obs	BC	terr	D,N	Am	VU
SQUAMATA (46)							
Sphaerodactylidae (3)							
Gonatodes concinnatus	2	IBR12	VR,BA	arbo	D	Am	NE
Gonatodes humeralis	2,3,4	col	BC	arbo	D	Am	NE
Pseudogonatodes guianensis	2,3	col	VR,BA	terr	D	Am	NE
Phyllodactylidae (1)							
Thecadactylus solimoensis	1,4	col	BC	arbo	D	Am	NE
Gymnophthalmidae (5)							
Alopoglossus atriventris	2	IBR12	BC, BA	terr	D	Ec, Pe, Co, Br	NE
Alopoglossus sp.	1,4	col	BC, BA	terr	D	Pe	NE
Arthrosaura reticulata	1,3	col	BC	terr	D	Am	NE
Cercosaura argulus	1,2,4	col	BC, BA	terr	D	Am	NE
Potamites ecpleopus	1,2,4	col	QU	terr, capa	D	Am	NE
Polycrotidae (7)							
Anolis aff. *bombiceps*	1	col		arbo	D		NE
Anolis fuscoauratus	1,2,3	col	BC	arbo	D	Am	NE

LEYENDA/ LEGEND

Campamentos/Campsites
1 = Choro (2010)
2 = Yaguas (2003)
3 = Cachimbo (2010)
4 = Alto Cotuhé (2010)

Tipo de registro/Record type
aud = Registro auditivo/Auditory
col = Colectado/Collection
obs = Observación visual/Visual
IBR12 = 2003 Inventory

Tipo de vegetación/Vegetation type
AG = Aguajales/Palm swamps
BA = Bajiales/Low areas
BC = Bosque de colina/Hill forest
VR = Vegetación ribereña/Riparian vegetation
QU = Quebrada/Along or in stream
LA = Lagos/Lakes

Actividad/Activity
D = Diurno/Diurnal
N = Nocturno/Nocturnal

Microhábitat/Microhabitat
arbo = Arborícola/Arboreal
capa = Cuerpos de agua permanentes, arborícola/Permanent water bodies, arboreal
cata = Cuerpos de agua temporales, arborícola/Temporary water bodies, arboreal
foso = Fosorial/Fossorial (underground)
sfos = Semifosorial/Semifossorial
terr = Terrestre/Terrestrial
brom = Uso de bromelias/Bromeliads
acua = Acuático/Aquatic

Distribución/Distribution
Am = Amplia en la cuenca amazónica/ Widespread in the Amazon basin
Bo = Bolivia
Br = Brasil/Brazil
Co = Colombia
Ec = Ecuador
Pe = Perú/Peru
? = Desconocido/Unknown

Categorías de la UICN/IUCN categories
EN = En peligro/Endangered
VU = Vulnerable
LC = Baja preocupación/Least concern
DD = Datos deficientes/Insufficient data
NE = No evaluado/Not evaluated
NO = No amenazada/Not threatened

* *Rhaebo* sp. corresponde a *Rhaebo glaberrimus* en la lista de Rodríguez y Knell (2004).

** *Taeniophalus brevirostris* corresponde a *Rhadinaea brevirostris* en la lista de Rodríguez y Knell (2004).

ANFIBIOS Y REPTILES / AMPHIBIANS AND REPTILES							
Nombre científico/ Scientific name	Campamentos/ Campsites	Registro/ Record	Vegetación/ Vegetation	Microhábitat/ Microhabitat	Actividad/ Activity	Distribución/ Distribution	UICN/ IUCN
Anolis nitens	1,2,4	col	BC	arbo	D	Ec, Pe, Co, Br	NE
Anolis ortonii	2	IBR12		arbo	D	Am	NE
Anolis punctatus	1,2	col	BC	arbo	D	Am	NE
Anolis trachyderma	1,2,3,4	col	BC, BA, VR	arbo	D	Ec, Pe, Co, Br	NE
Anolis transversalis	4	col	BC	arbo	D	Am	NE
Scincidae (1)							
Mabuya nigropunctata	3	col	BC, BA	terr	D	Am	NE
Teiidae (2)							
Kentropyx pelviceps	1,2,3,4	col	BC, BA	terr	D	Am	NE
Tupinambis teguixin	3	obs	BC, BA	terr	D	Am	NE
Tropiduridae (2)							
Plica plica	1,3	obs	BC	arbo	D	Am	NE
Plica umbra	2,3	obs	BC	arbo	D	Am	NE
Boidae (1)							
Corallus hortulanus	3	obs	VR	arbo, terr	N	Am	NE
Colubridae (19)							
Atractus gaigeae	1	col	VR	terr, sfos	D,N	Ec, Pe	NE
Atractus major	1	obs	VR	terr, sfos	D,N	Am	NE
Atractus aff. *snethlageae*	2	IBR12		terr, sfos	D,N	Am	NE
Chironius fuscus	1,2,3	col	BC, BA	arbo	D	Am	NE
Clelia clelia	2	IBR12		arbo, terr	D,N	Am	NE
Drepanoides anomalus	3,4	col	VR	terr	N	Am	NE
Drymarcon corais	3	obs	VR	terr	D	Am	NE
Helicops polylepis	3	col	QU	acua	D,N	Br, Co,Pe, Bo	NE
Hydrops martii	3,4	obs	QU	acua	D,N	Ec, Pe, Co, Br	NE
Imantodes cenchoa	3,4	col	BC, VR	arbo	N	Am	NE
Leptodeira annulata	1,3,4	col	VR	terr	D,N	Am	NE
Liophis cobella	1	obs	VR	terr	D	Am	NE
Liophis reginae	3	obs	VR	terr	D	Am	NE
Oxyrhopus formosus	1	col	BC,VR	terr	N	Am	NE
Oxyrhopus melanogenys	3	obs	VR	terr	N	Am	NE
Pseudoboa coronata	3	col	VR	terr	N	Am	NE
*Taeniophallus brevirostris***	2	IBR12		terr	N	Am	NE
Xenodon rabdocephalus	3	col	VR	terr	D	Am	NE
Xenopholis scalaris	1,2	col	VR	terr	N	Am	NE
Elapidae (3)							
Micrurus langsdorffi	2,4	col	BC	fos	D,N	Am	NE
Micrurus lemniscatus	1,2,3,4	col	BC,AG	fos	D,N	Am	NE
Micrurus putumayensis cf.	3	obs	VR	fos	D,N	Co, Br, Pe	NE
Viperidae (2)							
Bothriopsis bilineata	1	col	BC	arbo	N	Am	NE
Bothrops atrox	1,4	col	BC, BA	terr	D,N	Am	NE

LEYENDA/
LEGEND

Campamentos/Campsites

1 = Choro (2010)

2 = Yaguas (2003)

3 = Cachimbo (2010)

4 = Alto Cotuhé (2010)

Tipo de registro/Record type

aud = Registro auditivo/Auditory

col = Colectado/Collection

obs = Observación visual/Visual

IBR12 = 2003 Inventory

Tipo de vegetación/Vegetation type

AG = Aguajales/Palm swamps

BA = Bajiales/Low areas

BC = Bosque de colina/Hill forest

VR = Vegetación ribereña/Riparian
vegetation

QU = Quebrada/Along or in stream

LA = Lagos/Lakes

Actividad/Activity

D = Diurno/Diurnal

N = Nocturno/Nocturnal

Microhábitat/Microhabitat

arbo = Arborícola/Arboreal

capa = Cuerpos de agua permanentes,
arborícola/Permanent water
bodies, arboreal

cata = Cuerpos de agua temporales,
arborícola/Temporary water
bodies, arboreal

foso = Fosorial/Fossorial (underground)

sfos = Semifosorial/Semifossorial

terr = Terrestre/Terrestrial

brom = Uso de bromelias/Bromeliads

acua = Acuático/Aquatic

Distribución/Distribution

Am = Amplia en la cuenca amazónica/
Widespread in the Amazon basin

Bo = Bolivia

Br = Brasil/Brazil

Co = Colombia

Ec = Ecuador

Pe = Perú/Peru

? = Desconocido/Unknown

Categorías de la UICN/IUCN categories

EN = En peligro/Endangered

VU = Vulnerable

LC = Baja preocupación/Least concern

DD = Datos deficientes/Insufficient data

NE = No evaluado/Not evaluated

NO = No amenazada/Not threatened

* *Rhaebo* sp. corresponde a *Rhaebo glaberrimus* en la lista de Rodríguez y Knell (2004).

** *Taeniophalus brevirostris* corresponde a *Rhadinaea brevirostris* en la lista de Rodríguez
y Knell (2004).

Aves observadas por Douglas F. Stotz y Juan Díaz Alván durante el inventario rápido de las cuencas de los ríos Yaguas y Cotuhé, Loreto, Perú, del 15 al 31 de octubre de 2010 (campamentos Choro, Alto Cotuhé y Cachimbo), y por Douglas F. Stotz y Tatiana Pequeño durante el inventario del río Yaguas del 3 al 9 de agosto de 2003 (campamento Yaguas).

AVES / BIRDS

Nombre científico/Scientific name	Nombre en inglés/English name	Nombre en español/Spanish name	
Tinamidae (6)			
Tinamus major	Great Tinamou	Perdiz Grande	
Tinamus guttatus	White-throated Tinamou	Perdiz de Garganta Blanca	
Crypturellus cinereus	Cinereous Tinamou	Perdiz Cenicienta	
Crypturellus undulatus	Undulated Tinamou	Perdiz Ondulada	
Crypturellus variegatus	Variegated Tinamou	Perdiz Abigarrada	
Crypturellus bartletti	Bartlett's Tinamou	Perdiz de Bartlett	
Cracidae (6)			
Penelope jacquacu	Spix's Guan	Pava de Spix	
Pipile cumanensis	Blue-throated Piping-Guan	Pava de Garganta Azul	
Ortalis guttata	Speckled Chachalaca	Chachalaca Jaspeada	
Nothocrax urumutum	Nocturnal Curassow	Paujil Nocturno	
Mitu salvini	Salvin's Curassow	Paujil de Salvin	
Mitu tuberosum	Razor-billed Curassow	Paujil Común	
Odontophoridae (1)			
Odontophorus gujanensis	Marbled Wood-Quail	Codorniz de Cara Roja	
Phalacrocoracidae (1)			
Phalacrocorax brasilianus	Neotropic Cormorant	Cormorán Neotropical	
Ardeidae (7)			
Tigrisoma lineatum	Rufescent Tiger-Heron	Pumagarza Colorada	
Agamia agami	Agami Heron	Garza de Pecho Castaño	
Cochlearius cochlearius	Boat-billed Heron	Garza Cucharón	
Zebrilus undulatus	Zigzag Heron	Garza Zebra	
Butorides striata	Striated Heron	Garcita Estriada	
Ardea cocoi	Cocoi Heron	Garza Cuca	
Ardea alba	Great Egret	Garza Grande	
Threskiornithidae (1)			
Mesembrinibis cayennensis	Green Ibis	Ibis Verde	
Cathartidae (4)			
Cathartes aura	Turkey Vulture	Gallinazo de Cabeza Roja	
Cathartes melambrotus	Greater Yellow-headed Vulture	Gallinazo de Cabeza Amarilla Mayor	
Coragyps atratus	Black Vulture	Gallinazo de Cabeza Negra	
Sarcoramphus papa	King Vulture	Gallinazo Rey	
Accipitridae (15)			
Pandion haliaetus	Osprey	Aguila Pescadora	
Chondrohierax uncinatus	Hook-billed Kite	Elanio de Pico Ganchudo	
Leptodon cayanensis	Gray-headed Kite	Elanio de Cabeza Gris	
Elanoides forficatus	Swallow-tailed Kite	Elanio Tijereta	
Harpagus bidentatus	Double-toothed Kite	Elanio Bidentado	
Ictinia plumbea	Plumbeous Kite	Elanio Plomizo	
Accipiter superciliosus	Tiny Hawk	Gavilán Enano	
Leucopternis schistaceus	Slate-colored Hawk	Gavilán Pizarroso	
Leucopternis albicollis	White Hawk	Gavilán Blanco	
Buteogallus urubitinga	Great Black-Hawk	Gavilán Negro	
Buteo magnirostris	Roadside Hawk	Aguilucho Caminero	

Birds observed by Douglas F. Stotz and Juan Díaz Alván during the rapid inventory of the Yaguas and Cotuhé watersheds, Loreto, Peru, on 15–31 October 2010 (Choro, Alto Cotuhé, and Cachimbo campsites), and by Douglas F. Stotz and Tatiana Pequeño during the rapid inventory of the Yaguas River on 3–9 August 2003 (Yaguas campsite).

Campamento/Campsite				Hábitats/Habitats
Choro (2010)	Yaguas (2003)	Alto Cotuhé (2010)	Cachimbo (2010)	
F	F	F	F	M
U	R	R	R	Btf
F	C	F	F	Bin, Btf
R	C	R	F	Brb, Bin
R	–	–	–	Bc
–	–	–	R	Brb
F	F	F	U	M
U	F	U	F	Bin, Brb
–	–	U	–	Brb
R	–	R	–	Btf
U	F	–	–	Btf
–	–	R	U	Bin, Btf
U	R	U	F	Bin, Btf
–	–	–	R	R
R	R	R	R	Ag, R
R	–	R	R	Ag, Bin
–	R	–	–	R
U	–	–	–	Bin
–	R	–	R	R
–	–	–	U	R
–	–	–	R	R
–	U	–	R	R
R	U	–	R	A
R	F	U	U	A
–	F	U	U	A
R	U	U	–	A
–	–	–	R	R
–	–	R	–	Ag
–	–	R	R	Bin, Brb
R	–	R	–	A
–	R	R	R	Bin, Brb
–	F	R	R	A
–	–	R	–	Btf
–	–	–	R	Bin
–	R	–	–	Btf
R	–	–	–	Ag
–	U	–	U	R

LEYENDA/LEGEND

Abundancia/Abundance

R = Raro (uno o dos registros)/ Rare (one or two records)

U = No común (menos que diariamente)/Uncommon (less than daily)

F = Poco común (<10 individuos/ día en hábitat propicio)/ Fairly common (<10 individuals/ day in proper habitat)

C = Común (diariamente >10 en hábitat propicio)/Common (daily >10 in proper habitat)

X = Registrado durante el inventario pero estatus incierto/Registered during the inventory but status uncertain

Hábitats/Habitats

Bin = Bosques inundados estacionalmente/Seasonally flooded forests

Btf = Bosques de tierra firme/ Terra firme forests

Bc = Bosques de colinas de suelos pobres/Hill forest on poor soils

Brb = Bosque de terrazas de río/ River bluff forests

R = Ríos, quebradas, cochas y sus márgenes/Rivers, streams, lakes and their margins

A = Aire/Overhead

Ag = Aguajales/Palm swamps

M = Hábitats múltiples (3+)/ Multiple (3+) habitats

AVES / BIRDS			
Nombre científico/Scientific name	**Nombre en inglés/English name**	**Nombre en español/Spanish name**	
Buteo platypterus	Broad-winged Hawk	Aguilucho de Ala Ancha	
Buteo nitidus	Gray Hawk	Gavilán Gris	
Spizaetus tyrannus	Black Hawk-Eagle	Águila Negra	
Spizaetus ornatus	Ornate Hawk-Eagle	Águila Penachuda	
Falconidae (6)			
Herpetotheres cachinnans	Laughing Falcon	Halcón Reidor	
Micrastur gilvicollis	Lined Forest-Falcon	Halcón Montés de Ojo Blanco	
Micrastur mirandollei	Slaty-backed Forest-Falcon	Halcón Montés de Dorso Gris	
Ibycter americanus	Red-throated Caracara	Caracara de Vientre Blanco	
Daptrius ater	Black Caracara	Caracara Negro	
Falco rufigularis	Bat Falcon	Halcón Caza Murciélagos	
Psophiidae (1)			
Psophia crepitans	Gray-winged Trumpeter	Trompetero de Ala Gris	
Rallidae (1)			
Aramides cajanea	Gray-necked Wood-Rail	Rascón Montés de Cuello Gris	
Heliornithidae (1)			
Heliornis fulica	Sungrebe	Ave de Sol Americano	
Eurypygidae (1)			
Eurypyga helias	Sunbittern	Tigana	
Laridae (1)			
Sternula superciliaris	Yellow-billed Tern	Gaviotín de Pico Amarillo	
Columbidae (5)			
Patagioenas cayennensis	Pale-vented Pigeon	Paloma Colorada	
Patagioenas plumbea	Plumbeous Pigeon	Paloma Plomiza	
Patagioenas subvinacea	Ruddy Pigeon	Paloma Rojiza	
Leptotila rufaxilla	Gray-fronted Dove	Paloma de Frente Gris	
Geotrygon montana	Ruddy Quail-Dove	Paloma-Perdiz Rojiza	
Psittacidae (16)			
Ara ararauna	Blue-and-yellow Macaw	Guacamayo Azul y Amarillo	
Ara macao	Scarlet Macaw	Guacamayo Escarlata	
Ara chloropterus	Red-and-green Macaw	Guacamayo Rojo y Verde	
Ara severus	Chestnut-fronted Macaw	Guacamayo de Frente Castaña	
Orthopsittaca manilata	Red-bellied Macaw	Guacamayo de Vientre Rojo	
Aratinga weddellii	Dusky-headed Parakeet	Cotorra de Cabeza Oscura	
Pyrrhura melanura	Maroon-tailed Parakeet	Perico de Cola Marron	
Forpus sclateri	Dusky-billed Parrotlet	Periquito de Pico Oscuro	
Brotogeris cyanoptera	Cobalt-winged Parakeet	Perico de Ala Cobalto	
Touit purpurata	Sapphire-rumped Parrotlet	Periquito de Lomo Safiro	
Pionites melanocephala	Black-headed Parrot	Loro de Cabeza Negra	
Pyrilia barrabandi	Orange-cheeked Parrot	Loro de Mejilla Naranja	
Graydidascalus brachyurus	Short-tailed Parrot	Loro de Cola Corta	
Pionus menstruus	Blue-headed Parrot	Loro de Cabeza Azul	
Amazona ochrocephala	Yellow-crowned Parrot	Loro de Corona Amarilla	
Amazona farinosa	Mealy Parrot	Loro Harinoso	

Campamento/Campsite				Hábitats/Habitats
Choro (2010)	Yaguas (2003)	Alto Cotuhé (2010)	Cachimbo (2010)	
U	–	–	r	A
R	–	–	–	A
R	–	R	U	A
R	U	–	R	A
–	F	R	R	Bin
R	R	–	–	Btf
R	–	–	–	Bin
F	F	F	U	Btf, Bin
U	F	R	U	Brb
R	–	R	–	Btf
U	F	U	U	Bin
–	R	–	R	Bin
R	R	R	R	R
–	–	–	R	Bin
–	–	–	R	R
–	–	–	R	Brb
C	C	F	C	M
U	C	F	F	Bin, Brb
F	C	F	F	Bin, Brb
F	U	U	–	Btf
F	C	F	R	A, Ag
F	R	U	F	A
R	U	R	F	A
R	F	R	U	A
–	C	–	C	A, Brb
–	–	–	R	Brb
C	C	F	U	Btf, Bin
R	R	R	U	Brb
F	C	C	F	M
–	R	R	–	Btf
U	C	F	F	Btf, Brb
F	F	F	F	Btf, Brb
–	R	–	–	A
–	C	R	F	A
–	–	U	U	Brb, Bin
U	F	F	R	Btf, Brb

LEYENDA/LEGEND

Abundancia/Abundance

R = Raro (uno o dos registros)/
Rare (one or two records)

U = No común (menos que
diariamente)/Uncommon
(less than daily)

F = Poco común (<10 individuos/
día en hábitat propicio)/
Fairly common (<10 individuals/
day in proper habitat)

C = Común (diariamente >10 en
hábitat propicio)/Common
(daily >10 in proper habitat)

X = Registrado durante el inventario
pero estatus incierto/Registered
during the inventory but status
uncertain

Hábitats/Habitats

Bin = Bosques inundados
estacionalmente/Seasonally
flooded forests

Btf = Bosques de tierra firme/
Terra firme forests

Bc = Bosques de colinas de suelos
pobres/Hill forest on poor soils

Brb = Bosque de terrazas de río/
River bluff forests

R = Ríos, quebradas, cochas y sus
márgenes/Rivers, streams, lakes
and their margins

A = Aire/Overhead

Ag = Aguajales/Palm swamps

M = Hábitats múltiples (3+)/
Multiple (3+) habitats

AVES / BIRDS

Nombre científico/Scientific name	Nombre en inglés/English name	Nombre en español/Spanish name	
Opisthocomidae (1)			
Opisthocomus hoazin	Hoatzin	Hoazín	
Cuculidae (6)			
Piaya cayana	Squirrel Cuckoo	Cuco Ardilla	
Piaya melanogaster	Black-bellied Cuckoo	Cuco de Vientre Negro	
Coccyzus americanus	Yellow-billed Cuckoo	Cuclillo de Pico Amarillo	
Crotophaga major	Greater Ani	Garrapatero Mayor	
Crotophaga ani	Smooth-billed Ani	Garrapatero de Pico Liso	
Dromococcyx phasianellus	Pheasant Cuckoo	Cuco Faisán	
Strigidae (8)			
Megascops choliba	Tropical Screech-Owl	Lechuza Tropical	
Megascops watsonii	Tawny-bellied Screech-Owl	Lechuza de Vientre Leonado	
Lophostrix cristata	Crested Owl	Búho Penachudo	
Pulsatrix perspicillata	Spectacled Owl	Búho de Anteojos	
Ciccaba virgata	Mottled Owl	Búho Café	
Ciccaba huhula	Black-banded Owl	Búho Negro Bandeado	
Glaucidium hardyi	Amazonian Pygmy-Owl	Lechucita Amazónica	
Glaucidium brasilianum	Ferruginous Pygmy-Owl	Lechucita Ferruginosa	
Nyctibiidae (2)			
Nyctibius grandis	Great Potoo	Nictibio Grande	
Nyctibius griseus	Common Potoo	Nictibio Común	
Caprimulgidae (3)			
Chordeiles minor	Common Nighthawk	Chotacabras Migratorio	
Lurocalis semitorquatus	Short-tailed Nighthawk	Chotacabras de Cola Corta	
Nyctidromus albicollis	Common Pauraque	Chotacabras Común	
Apodidae (4)			
Streptoprocne zonaris	White-collared Swift	Vencejo de Collar Blanco	
Chaetura cinereiventris	Gray-rumped Swift	Vencejo de Lomo Gris	
Chaetura brachyura	Short-tailed Swift	Vencejo de Cola Corta	
Tachornis squamata	Fork-tailed Palm-Swift	Vencejo Tijereta de Palmeras	
Trochilidae (15)			
Topaza pyra	Fiery Topaz	Topacio de Fuego	
Florisuga mellivora	White-necked Jacobin	Colibrí de Nuca Blanca	
Glaucis hirsuta	Rufous-breasted Hermit	Ermitaño de Pecho Canela	
Threnetes leucurus	Pale-tailed Barbthroat	Ermitaño de Cola Pálida	
Phaethornis ruber	Reddish Hermit	Ermitaño Rojizo	
Phaethornis hispidus	White-bearded Hermit	Ermitaño de Barba Blanca	
Phaethornis bourcieri	Straight-billed Hermit	Ermitaño de Pico Recto	
Phaethornis superciliosus	Long-tailed Hermit	Ermitaño Piquigrande*	
Heliothryx aurita	Black-eared Fairy	Colibrí-Hada de Oreja Negra	
Heliodoxa schreibersii	Black-throated Brilliant	Brillante de Garganta Negra	
Heliodoxa aurescens	Gould's Jewelfront	Brillante de Pecho Castaño	
Heliomaster longirostris	Long-billed Starthroat	Colibrí de Pico Grande	
Campylopterus largipennis	Gray-breasted Sabrewing	Ala-de-Sable de Pecho Gris	
Thalurania furcata	Fork-tailed Woodnymph	Ninfa de Cola Ahorquillada	

Campamento/Campsite				Hábitats/Habitats
Choro (2010)	Yaguas (2003)	Alto Cotuhé (2010)	Cachimbo (2010)	
–	C	–	F	R
F	C	F	F	M
R	U	–	–	Btf
–	–	R	–	Bin
–	F	U	U	R
–	R	–	–	R
–	F	–	U	Bin, Brb
–	F	U	R	Brb
U	C	F	F	Btf, Brb
U	U	R	R	Btf
R	–	–	R	Brb
–	R	–	–	Btf
R	–	–	–	Btf
–	U	–	–	Btf, Brb
–	–	R	F	Brb
–	R	–	R	Brb
U	U	F	F	Bin, Brb
–	–	U	U	A
R	R	–	–	A
–	F	–	F	Brb
R	–	–	R	A
C	C	U	F	A
U	–	F	U	A
–	C	C	F	A, Ag
–	R	R	–	Ag
U	R	U	R	M
–	R	–	R	Bin
U	R	R	R	Bin, Brb
U	R	U	U	Btf, Bin
–	U	R	U	Bin
U	–	U	U	Btf, Bin
R	R	R	R	Btf, Bc
–	R	–	R	Brb
R	R	U	–	Btf, Ag
U	–	–	–	Btf, Bin
R	–	R	–	Brb
R	R	R	–	Btf, Bin
F	F	F	F	M

LEYENDA/LEGEND

Abundancia/Abundance

R = Raro (uno o dos registros)/
Rare (one or two records)

U = No común (menos que diariamente)/Uncommon (less than daily)

F = Poco común (<10 individuos/ día en hábitat propicio)/ Fairly common (<10 individuals/ day in proper habitat)

C = Común (diariamente >10 en hábitat propicio)/Common (daily >10 in proper habitat)

X = Registrado durante el inventario pero estatus incierto/Registered during the inventory but status uncertain

Hábitats/Habitats

Bin = Bosques inundados estacionalmente/Seasonally flooded forests

Btf = Bosques de tierra firme/ Terra firme forests

Bc = Bosques de colinas de suelos pobres/Hill forest on poor soils

Brb = Bosque de terrazas de río/ River bluff forests

R = Ríos, quebradas, cochas y sus márgenes/Rivers, streams, lakes and their margins

A = Aire/Overhead

Ag = Aguajales/Palm swamps

M = Hábitats múltiples (3+)/ Multiple (3+) habitats

AVES / BIRDS			
Nombre científico/Scientific name	**Nombre en inglés/English name**	**Nombre en español/Spanish name**	
Amazilia fimbriata	Glittering-throated Emerald	Colibrí de Garganta Brillante	
Trogonidae (7)			
Pharomachrus pavoninus	Pavonine Quetzal	Quetzal Pavonino	
Trogon melanurus	Black-tailed Trogon	Trogón de Cola Negra	
Trogon viridis	White-tailed Trogon	Trogón de Cola Blanca	
Trogon violaceus	Violaceous Trogon	Trogón Violáceo	
Trogon curucui	Blue-crowned Trogon	Trogón de Corona Azul	
Trogon rufus	Black-throated Trogon	Trogón de Garganta Negra	
Trogon collaris	Collared Trogon	Trogón Acollarado	
Alcedinidae (5)			
Megaceryle torquata	Ringed Kingfisher	Martín Pescador Grande	
Chloroceryle amazona	Amazon Kingfisher	Martín Pescador Amazónico	
Chloroceryle americana	Green Kingfisher	Martín Pescador Verde	
Chloroceryle inda	Green-and-rufous Kingfisher	Martín Pescador Verde y Rufo	
Chloroceryle aenea	American Pygmy Kingfisher	Martín Pescador Pigmeo	
Momotidae (2)			
Baryphthengus martii	Rufous Motmot	Relojero Rufo	
Momotus momota	Blue-crowned Motmot	Relojero de Corona Azul	
Galbulidae (5)			
Galbula albirostris	Yellow-billed Jacamar	Jacamar de Pico Amarillo	
Galbula tombacea	White-chinned Jacamar	Jacamar de Barbillo Blanco	
Galbula chalcothorax	Purplish Jacamar	Jacamar Púrpureo	
Galbula dea	Paradise Jacamar	Jacamar del Paraíso	
Jacamerops aureus	Great Jacamar	Jacamar Grande	
Bucconidae (10)			
Notharchus hyperrhynchus	White-necked Puffbird	Buco de Cuello Blanco	
Notharchus tectus	Pied Puffbird	Buco Pinto	
Bucco macrodactylus	Chestnut-capped Puffbird	Buco de Gorro Castaño	
Bucco tamatia	Spotted Puffbird	Buco Moteado	
Bucco capensis	Collared Puffbird	Buco Acollarado	
Malacoptila fusca	White-chested Puffbird	Buco de Pecho Blanco	
Nonnula rubecula	Rusty-breasted Nunlet	Monjita de Pecho Rojizo	
Monasa nigrifrons	Black-fronted Nunbird	Monja de Frente Negra	
Monasa morphoeus	White-fronted Nunbird	Monja de Frente Blanca	
Chelidoptera tenebrosa	Swallow-wing	Buco Golondrina	
Capitonidae (3)			
Capito aurovirens	Scarlet-crowned Barbet	Barbudo de Corona Escarlata	
Capito auratus	Gilded Barbet	Barbudo Brilloso	
Eubucco richardsoni	Lemon-throated Barbet	Barbudo de Garganta Limón	
Ramphastidae (7)			
Ramphastos tucanus	White-throated Toucan	Tucán de Garganta Blanca	
Ramphastos vitellinus	Channel-billed Toucan	Tucán de Pico Acanalado	
Selenidera reinwardtii	Golden-collared Toucanet	Tucancillo de Collar Dorado	
Pteroglossus inscriptus	Lettered Aracari	Arasari Letreado	
Pteroglossus castanotis	Chestnut-eared Aracari	Arasari de Oreja Castaña	

Campamento/Campsite				Hábitats/Habitats
Choro (2010)	Yaguas (2003)	Alto Cotuhé (2010)	Cachimbo (2010)	
–	–	–	R	Brb
R	R	R	–	Btf
U	F	F	F	Bin, Btf
C	F	F	U	Btf, Brb
U	F	U	F	Brb, Btf
U	F	–	R	Bin
F	R	F	U	Btf, Brb
R	F	U	F	Bin, Brb
–	–	–	R	R
–	R	–	R	R
–	R	–	R	R
R	–	R	U	R, Bin
R	R	R	R	Bin
U	R	U	U	Btf, Brb
–	F	U	R	Bin, Brb
U	U	U	R	Btf
R	–	R	F	Brb
U	–	R	–	Btf
U	R	–	–	Btf
F	F	R	U	Bin
R	R	R	R	Btf
–	–	R	–	Btf
–	–	–	R	Brb
R	–	R	R	Bin
U	R	U	R	Btf
R	U	R	–	Btf
U	–	R	R	Bin
–	C	F	C	Bin, Brb
F	R	F	U	Btf, Bin
–	–	–	F	Brb
–	R	–	U	Bin
C	C	C	C	M
F	F	F	F	M
F	C	C	F	M
F	C	F	F	M
F	F	F	U	M
–	R	–	–	Brb
R	–	R	–	Bin

LEYENDA/LEGEND

Abundancia/Abundance

R = Raro (uno o dos registros)/
Rare (one or two records)

U = No común (menos que
diariamente)/Uncommon
(less than daily)

F = Poco común (<10 individuos/
día en hábitat propicio)/
Fairly common (<10 individuals/
day in proper habitat)

C = Común (diariamente >10 en
hábitat propicio)/Common
(daily >10 in proper habitat)

X = Registrado durante el inventario
pero estatus incierto/Registered
during the inventory but status
uncertain

Hábitats/Habitats

Bin = Bosques inundados
estacionalmente/Seasonally
flooded forests

Btf = Bosques de tierra firme/
Terra firme forests

Bc = Bosques de colinas de suelos
pobres/Hill forest on poor soils

Brb = Bosque de terrazas de río/
River bluff forests

R = Ríos, quebradas, cochas y sus
márgenes/Rivers, streams, lakes
and their margins

A = Aire/Overhead

Ag = Aguajales/Palm swamps

M = Hábitats múltiples (3+)/
Multiple (3+) habitats

AVES / BIRDS		
Nombre científico/Scientific name	**Nombre en inglés/English name**	**Nombre en español/Spanish name**
Pteroglossus pluricinctus	Many-banded Aracari	Arasari Multibandeado
Pteroglossus azara	Ivory-billed Aracari	Arasari de Pico Marfil
Picidae (13)		
Melanerpes cruentatus	Yellow-tufted Woodpecker	Carpintero de Penacho Amarillo
Veniliornis passerinus	Little Woodpecker	Carpintero Chico
Veniliornis affinis	Red-stained Woodpecker	Carpintero Teñido de Rojo
Piculus flavigula	Yellow-throated Woodpecker	Carpintero de Garganta Amarillo
Piculus chrysochloros	Golden-green Woodpecker	Carpintero Verde y Dorado
Colaptes punctigula	Spot-breasted Woodpecker	Carpintero de Pecho Punteado
Celeus grammicus	Scale-breasted Woodpecker	Carpintero de Pecho Escamoso
Celeus elegans	Chestnut Woodpecker	Carpintero Castaño
Celeus flavus	Cream-colored Woodpecker	Carpintero Crema
Celeus torquatus	Ringed Woodpecker	Carpintero Anillado
Dryocopus lineatus	Lineated Woodpecker	Carpintero Lineado
Campephilus rubricollis	Red-necked Woodpecker	Carpintero de Cuello Rojo
Campephilus melanoleucos	Crimson-crested Woodpecker	Carpintero de Cresta Roja
Furnariidae (35)		
Sclerurus rufigularis	Short-billed Leaftosser	Tira-hoja de Pico Corto
Sclerurus caudacutus	Black-tailed Leaftosser	Tira-hoja de Cola Negra
Synallaxis rutilans	Ruddy Spinetail	Coliespina Rojizo
Synallaxis gujanensis	Plain-crowned Spinetail	Coliespina de Corona Parda
Cranioleuca gutturata	Speckled Spinetail	Coliespina Jaspeada
Berlepschia rikeri	Point-tailed Palmcreeper	Trepador de Palmeras
Ancistrops strigilatus	Chestnut-winged Hookbill	Pico-gancho de Ala Castaña
Hyloctistes subulatus	Striped Woodhaunter	Rondabosque Rayado
Philydor erythrocercum	Rufous-rumped Foliage-gleaner	Limpia Follaje de Lomo Rufo
Philydor erythropterum	Chestnut-winged Foliage-gleaner	Limpia Follaje de Ala Castaña
Philydor pyrrhodes	Cinnamon-rumped Foliage-gleaner	Limpia Follaje de Lomo Canela
Automolus ochrolaemus	Buff-throated Foliage-gleaner	Hoja-Rasquero de Garganta Anteada
Automolus infuscatus	Olive-backed Foliage-gleaner	Hoja-Rasquero de Dorso Olivo
Automolus rufipileatus	Chestnut-crowned Foliage-gleaner	Hoja-Rasquero de Corona Castaña
Xenops milleri	Rufous-tailed Xenops	Pico-Lezna de Cola Rufa
Xenops tenuirostris	Slender-billed Xenops	Pico-Lezna de Pico Fino
Xenops minutus	Plain Xenops	Pico-Lezna Simple
Certhiasomus stictolaema	Spot-throated Woodcreeper	Trepador de Garganta Punteada
Dendrocincla fuliginosa	Plain-brown Woodcreeper	Trepador Pardo
Dendrocincla merula	White-chinned Woodcreeper	Trepador de Barbilla Blanca
Sittasomus griseicapillus	Olivaceous Woodcreeper	Trepador Oliváceo
Deconychura longicauda	Long-tailed Woodcreeper	Trepador de Cola Negra
Glyphorynchus spirurus	Wedge-billed Woodcreeper	Trepador Pico de Cuña
Nasica longirostris	Long-billed Woodcreeper	Trepador de Pico Largo
Dendrexetastes rufigula	Cinnamon-throated Woodcreeper	Trepador de Garganta Canela
Xiphocolaptes promeropirhynchus	Strong-billed Woodcreeper	Trepador de Pico Fuerte
Dendrocolaptes certhia	Barred Woodcreeper	Trepador Barrado Amazónico
Dendrocolaptes picumnus	Black-banded Woodcreeper	Trepador de Vientre Bandeado

Campamento/Campsite				Hábitats/Habitats
Choro (2010)	Yaguas (2003)	Alto Cotuhé (2010)	Cachimbo (2010)	
–	U	R	R	Brb
–	U	U	–	Bin, Brb
F	C	F	F	M
–	R	–	–	Brb
F	U	R	R	Btf, Bin
U	R	R	R	Btf, Brb
R	F	–	–	Btf
–	R	–	–	Brb
F	F	F	U	Btf, Bin
U	R	R	R	Btf, Brb
R	F	U	R	Bin
–	R	R	R	Brb
–	F	R	U	Brb
U	F	F	U	Btf
U	C	F	F	Bin, Brb
R	–	U	–	Btf
–	R	–	–	Btf
–	–	–	R	Bc
–	R	–	–	Bin
R	R	R	R	Bin
F	–	R	R	Ag
R	U	U	U	Btf, Bin
U	R	R	–	M
R	R	R	–	Btf
R	R	–	–	Btf
R	–	R	U	Bin
F	F	F	F	Bin, Brb
U	U	U	–	Btf
–	–	R	R	Bin
R	–	R	–	Btf
–	–	–	R	Brb
U	R	U	U	M
R	–	–	–	Btf
U	F	U	U	Btf, Bin
R	R	–	–	Btf
U	R	U	–	Bin
R	U	–	–	Bc, Btf
F	C	F	F	M
F	C	F	F	Bin, Brb
F	C	F	F	Brb, Bin
R	R	–	–	Btf
R	U	R	U	Btf, Bin
–	R	–	R	Bin

LEYENDA/LEGEND

Abundancia/Abundance

R = Raro (uno o dos registros)/
Rare (one or two records)

U = No común (menos que
diariamente)/Uncommon
(less than daily)

F = Poco común (<10 individuos/
día en hábitat propicio)/
Fairly common (<10 individuals/
day in proper habitat)

C = Común (diariamente >10 en
hábitat propicio)/Common
(daily >10 in proper habitat)

X = Registrado durante el inventario
pero estatus incierto/Registered
during the inventory but status
uncertain

Hábitats/Habitats

Bin = Bosques inundados
estacionalmente/Seasonally
flooded forests

Btf = Bosques de tierra firme/
Terra firme forests

Bc = Bosques de colinas de suelos
pobres/Hill forest on poor soils

Brb = Bosque de terrazas de río/
River bluff forests

R = Ríos, quebradas, cochas y sus
márgenes/Rivers, streams, lakes
and their margins

A = Aire/Overhead

Ag = Aguajales/Palm swamps

M = Hábitats múltiples (3+)/
Multiple (3+) habitats

AVES / BIRDS		
Nombre científico/Scientific name	Nombre en inglés/English name	Nombre en español/Spanish name
Dendroplex picus	Straight-billed Woodcreeper	Trepador de Pico Recto
Xiphorhynchus obsoletus	Striped Woodcreeper	Trepador Listado
Xiphorhynchus ocellatus	Ocellated Woodcreeper	Trepador Ocelado
Xiphorhynchus elegans	Elegant Woodcreeper	Trepador Elegante
Xiphorhynchus guttatus	Buff-throated Woodcreeper	Trepador de Garganta Anteada
Lepidocolaptes albolineatus	Lineated Woodcreeper	Trepador Lineado
Campylorhamphus procurvoides	Curve-billed Scythebill	Pico-Guadaña de Pico Curvo
Thamnophilidae (46)		
Cymbilaimus lineatus	Fasciated Antshrike	Batará Lineado
Frederickena fulva	Fulvous Antshrike	Batará Ondulado
Taraba major	Great Antshrike	Batará Grande
Thamnophilus schistaceus	Plain-winged Antshrike	Batará de Ala Llana
Thamnophilus murinus	Mouse-colored Antshrike	Batará Murino
Thamnophilus amazonicus	Amazonian Antshrike	Batará Amazónico
Megastictus margaritatus	Pearly Antshrike	Batará Perlado
Neoctantes niger	Black Bushbird	Arbustero Negro
Thamnomanes ardesiacus	Dusky-throated Antshrike	Batará de Garganta Oscura
Thamnomanes caesius	Cinereous Antshrike	Batará Cinéreo
Pygiptila stellaris	Spot-winged Antshrike	Batará de Ala Moteada
Epinecrophylla haematonota	Stipple-throated Antwren	Hormiguerito de Garganta Punteada
Epinecrophylla erythrura	Rufous-tailed Antwren	Hormiguerito de Cola Rufa
Myrmotherula brachyura	Pygmy Antwren	Hormiguerito Pigmeo
Myrmotherula ignota	Moustached Antwren	Hormiguerito Bigotudo
Myrmotherula multostriata	Amazonian Streaked-Antwren	Hormiguerito-Rayado Amazónico
Myrmotherula hauxwelli	Plain-throated Antwren	Hormiguerito de Garganta Llana
Myrmotherula axillaris	White-flanked Antwren	Hormiguerito de Flanco Blanco
Myrmotherula longipennis	Long-winged Antwren	Hormiguerito de Ala Larga
Myrmotherula menetriesii	Gray Antwren	Hormiguerito Gris
Dichrozona cincta	Banded Antbird	Hormiguerito Bandeado
Herpsilochmus dugandi	Dugand's Antwren	Hormiguerito de Dugand
Herpsilochmus sp. nov.	Antwren	Hormiguerito
Hypocnemis peruviana	Peruvian Warbling-Antbird	Hormiguero Peruano
Hypocnemis hypoxantha	Yellow-browed Antbird	Hormiguero de Ceja Amarillo
Terenura spodioptila	Ash-winged Antwren	Hormiguero de Ala Ceniza
Cercomacra cinerascens	Gray Antbird	Hormiguero Gris
Cercomacra serva	Black Antbird	Hormiguero Negro
Myrmoborus myotherinus	Black-faced Antbird	Hormiguero de Cara Negra
Hypocnemoides melanopogon	Black-chinned Antbird	Hormiguero de Barbillo Negro
Sclateria naevia	Silvered Antbird	Hormiguero Plateado
Percnostola rufifrons	Black-headed Antbird	Hormiguero de Cabeza Negra
Schistocichla schistacea	Slate-colored Antbird	Hormiguero Pizarroso
Schistocichla leucostigma	Spot-winged Antbird	Hormiguero de Ala Moteada
Myrmeciza atrothorax	Black-throated Antbird	Hormiguero de Garganta Negro
Myrmeciza melanoceps	White-shouldered Antbird	Hormiguero de Hombro Blanco
Myrmeciza hyperythra	Plumbeous Antbird	Hormiguero Plomizo

Campamento/Campsite				Hábitats/Habitats
Choro (2010)	Yaguas (2003)	Alto Cotuhé (2010)	Cachimbo (2010)	
–	–	–	F	Brb
–	F	F	F	Bin, Brb
R	–	R	R	Btf
F	F	F	F	M
C	C	C	F	M
U	R	R	–	Btf, Bc
R	–	–	R	Btf
F	U	F	F	M
U	R	U	R	Btf
–	F	F	F	Brb, Bin
F	C	F	U	Bin, Btf
F	U	F	F	M
–	–	–	R	Bin
R	–	–	–	Bc
–	–	R	–	Bin
C	C	F	U	Btf, Bin
C	C	C	C	M
U	F	F	F	M
R	–	R	–	Btf
F	–	R	–	Btf, Bin
F	C	F	C	M
F	F	F	F	Bin, Brb
R	F	U	F	Brb, Bin
U	R	F	–	Btf
F	C	F	C	M
U	R	R	–	Btf
F	F	F	F	M
–	R	–	–	Btf
F	R	F	U	Brf, Brb
U	–	U	R	Bc
F	F	F	F	M
F	U	F	F	Btf, Bin
F	R	–	–	Btf
F	F	F	C	Bin, Btf
U	R	F	–	Bin
F	F	U	F	Btf, Bin
R	–	–	U	Bin
–	U	U	U	Bin
U	–	R	R	Bc
U	–	R	–	Btf
U	U	F	U	Bin
–	R	–	R	Brb
–	C	F	F	Bin
R	–	–	R	Bin

LEYENDA/LEGEND

Abundancia/Abundance

R = Raro (uno o dos registros)/
Rare (one or two records)

U = No común (menos que
diariamente)/Uncommon
(less than daily)

F = Poco común (<10 individuos/
día en hábitat propicio)/
Fairly common (<10 individuals/
day in proper habitat)

C = Común (diariamente >10 en
hábitat propicio)/Common
(daily >10 in proper habitat)

X = Registrado durante el inventario
pero estatus incierto/Registered
during the inventory but status
uncertain

Hábitats/Habitats

Bin = Bosques inundados
estacionalmente/Seasonally
flooded forests

Btf = Bosques de tierra firme/
Terra firme forests

Bc = Bosques de colinas de suelos
pobres/Hill forest on poor soils

Brb = Bosque de terrazas de río/
River bluff forests

R = Ríos, quebradas, cochas y sus
márgenes/Rivers, streams, lakes
and their margins

A = Aire/Overhead

Ag = Aguajales/Palm swamps

M = Hábitats múltiples (3+)/
Multiple (3+) habitats

AVES / BIRDS

Nombre científico/Scientific name	Nombre en inglés/English name	Nombre en español/Spanish name	
Myrmeciza fortis	Sooty Antbird	Hormiguero Tiznado	
Pithys albifrons	White-plumed Antbird	Hormiguero de Plumón Blanco	
Gymnopithys leucaspis	Bicolored Antbird	Hormiguero Bicolor	
Rhegmatorhina melanosticta	Hairy-crested Antbird	Hormiguero de Cresta Canosa	
Hylophylax naevius	Spot-backed Antbird	Hormiguero de Dorso Moteado	
Hylophylax punctulatus	Dot-backed Antbird	Hormiguero de Dorso Punteado	
Willisornis poecilinotus	Scale-backed Antbird	Hormiguero de Dorso Escamoso	
Phlegopsis nigromaculata	Black-spotted Bare-eye	Ojo-Pelado Moteado de Negro	
Phlegopsis erythroptera	Reddish-winged Bare-eye	Ojo-Pelado de Ala Rojiza	
Formicariidae (3)			
Formicarius colma	Rufous-capped Antthrush	Gallito-Hormiguero de Gorro Rufo	
Formicarius analis	Black-faced Antthrush	Gallito-Hormiguero de Cara Negra	
Chamaeza nobilis	Noble Antthrush	Rasconzuelo Estriado	
Grallariidae (4)			
Grallaria varia	Variegated Antpitta	Tororoi Variegado	
Grallaria dignissima	Ochre-striped Antpitta	Tororoi Ocre Listado	
Hylopezus macularius	Spotted Antpitta	Tororoi Moteado	
Myrmothera campanisona	Thrush-like Antpitta	Tororoi Campanero	
Conopophagidae (1)			
Conopophaga aurita	Chestnut-belted Gnateater	Jejenero de Faja Castaña	
Rhinocryptidae (1)			
Liosceles thoracicus	Rusty-belted Tapaculo	Tapaculo de Faja Rojiza	
Tyrannidae (45)			
Tyrannulus elatus	Yellow-crowned Tyrannulet	Moscareta de Corona Amarilla	
Myiopagis gaimardii	Forest Elaenia	Fío-fío de la Selva	
Myiopagis caniceps	Gray Elaenia	Fío-fío Gris	
Ornithion inerme	White-lored Tyrannulet	Moscareta de Lores Blancos	
Camptostoma obsoletum	Sothern Beardless-Tyrannulet	Mosquerito Silbador	
Corythopis torquata	Ringed Antpipit	Coritopis Anillado	
Zimmerius gracilipes	Slender-footed Tyrannulet	Moscareta de Pata Delgada	
Mionectes oleagineus	Ochre-bellied Flycatcher	Mosquerito de Vientre Ocráceo	
Myiornis ecaudatus	Short-tailed Pygmy-Tyrant	Tirano-Pigmeo de Cola Corta	
Lophotriccus vitiosus	Double-banded Pygmy-Tyrant	Tirano-Pigmeo de Doble Banda	
Lophotriccus galeatus	Helmeted Pygmy-Tyrant	Tirano-Pigmeo de Casquete	
Hemitriccus iohannis	Johannes' Tody-Tyrant	Tirano-Todi de Johannes	
Poecilotriccus capitalis	Black-and-white Tody-Flycatcher	Espatulilla Negra y Blanca	
Poecilotriccus latirostris	Rusty-fronted Tody-Flycatcher	Espatulilla de Frente Rojiza	
Todirostrum chrysocrotaphum	Yellow-browed Tody-Flycatcher	Espatulilla de Ceja Amarilla	
Cnipodectes subbrunneus	Brownish Twistwing	Alitorcido Pardusco	
Rhynchocyclus olivaceus	Olivaceous Flatbill	Pico-Plano Oliváceo	
Tolmomyias assimilis	Yellow-marginated Flycatcher	Pico-Ancho de Ala Amarilla	
Tolmomyias poliocephalus	Gray-crowned Flycatcher	Pico-Ancho de Corona Gris	
Tolmomyias flaviventris	Yellow-breasted Flycatcher	Pico-Ancho de Pecho Amarillo	
Platyrinchus coronatus	Golden-crowned Spadebill	Pico-Chato de Corona Dorada	
Onychorhynchus coronatus	Royal Flycatcher	Mosquero Real	

Campamento/Campsite				Hábitats/Habitats
Choro (2010)	Yaguas (2003)	Alto Cotuhé (2010)	Cachimbo (2010)	
F	R	U	R	Btf, Bin
U	U	U	–	Btf
U	F	F	U	Btf, Bin
–	F	R	–	Bin
F	R	U	F	Bin
R	–	R	R	Bin
F	U	F	F	Btf, Bin
–	–	R	F	Bin, Btf
R	U	R	–	Btf
U	R	F	R	Btf, Bin
F	–	F	R	Bin, Btf
U	–	U	–	Bin
U	–	R	–	Btf
F	U	U	–	Bin
–	–	–	F	Bin
F	C	F	F	Bin, Btf
U	–	–	–	Btf
F	F	F	U	Btf, Bin
U	C	F	F	Bin, Brb
F	F	F	F	Btf, Brb
U	R	U	R	Btf, Brb
U	R	U	R	Btf, Bin
–	–	F	U	Brb
U	U	R	–	Btf
F	F	F	U	Btf, Bin
F	F	F	–	Btf
R	U	U	U	Bin, Brb
F	C	F	F	M
U	–	R	U	Bc
–	R	–	–	Bin
R	–	–	–	Bin
–	–	R	–	Brb
–	–	R	–	Bin
U	R	R	–	Btf, Bin
–	R	–	–	Btf
U	F	U	–	Btf
F	F	F	F	M
–	F	F	F	Brb
U	–	–	–	Btf
R	–	R	–	Btf

AVES / BIRDS		
Nombre científico/Scientific name	**Nombre en inglés/English name**	**Nombre en español/Spanish name**
Myiobius barbatus	Sulphur-rumped Flycatcher	Mosquerito de Lomo Azufrado
Terenotriccus erythrurus	Ruddy-tailed Flycatcher	Mosquerito de Cola Rojiza
Neopipo cinnamomea	Cinnamon Manakin-Tyrant	Neopipo Acanelado
Lathrotriccus euleri	Euler's Flycatcher	Mosquerito de Euler
Contopus virens	Eastern Wood-Pewee	Pibí Oriental
Ochthornis littoralis	Drab Water Tyrant	Tirano de Agua Arenisco
Legatus leucophaius	Piratic Flycatcher	Mosquero Pirata
Myiozetetes similis	Social Flycatcher	Mosquero Social
Myiozetetes granadensis	Gray-capped Flycatcher	Mosquero de Gorro Gris
Myiozetetes luteiventris	Dusky-chested Flycatcher	Mosquero de Pecho Oscuro
Pitangus sulphuratus	Great Kiskadee	Bienteveo Grande
Pitangus lictor	Lesser Kiskadee	Bienteveo Menor
Conopias parvus	Yellow-throated Flycatcher	Mosquero de Garganta Amarilla
Myiodynastes maculatus	Streaked Flycatcher	Mosquero Rayado
Tyrannopsis sulphurea	Sulphury Flycatcher	Mosquero Azufrado
Empidonomus aurantioatrocristatus	Crowned Slaty Flycatcher	Mosquero-Pizarroso Coronado
Tyrannus melancholicus	Tropical Kingbird	Tirano Tropical
Rhytipterna simplex	Grayish Mourner	Plañidero Grisáceo
Myiarchus tuberculifer	Dusky-capped Flycatcher	Copetón de Cresta Oscura
Myiarchus ferox	Short-crested Flycatcher	Copetón de Cresta Corta
Ramphotrigon ruficauda	Rufous-tailed Flatbill	Pico-Plano de Cola Rufa
Attila citriniventris	Citron-bellied Attila	Atila de Vientre Citrino
Attila spadiceus	Bright-rumped Attila	Atila Polimorfo
Cotingidae (6)		
Phoenicircus nigricollis	Black-necked Red-Cotinga	Cotinga Roja de Cuello Negro
Querula purpurata	Purple-throated Fruitcrow	Cuervo Frutero de Garganta Púrpura
Cotinga maynana	Plum-throated Cotinga	Cotinga de Garganta Morada
Cotinga cayana	Spangled Cotinga	Cotinga Lentejuelada
Lipaugus vociferans	Screaming Piha	Piha Gritona
Gymnoderus foetidus	Bare-necked Fruitcrow	Cuervo Frutero de Cuello Pelado
Pipridae (9)		
Tyranneutes stolzmanni	Dwarf Tyrant-Manakin	Tirano Saltarín Enano
Machaeropterus regulus	Striped Manakin	Saltarín Rayado
Lepidothrix coronata	Blue-crowned Manakin	Saltarín de Corona Azúl
Manacus manacus	White-bearded Manakin	Saltarín de Barba Blanca
Chiroxiphia pareola	Blue-backed Manakin	Saltarín de Dorso Azul
Heterocercus aurantiivertex	Orange-crowned Manakin	Saltarín de Corona Naranja
Pipra pipra	White-crowned Manakin	Saltarín de Corona Blanca
Pipra filicauda	Wire-tailed Manakin	Saltarín Cola-de-Alambre
Pipra erythrocephala	Golden-headed Manakin	Saltarín de Cabeza Dorada
Tityridae (11)		
Tityra cayana	Black-tailed Tityra	Titira de Cola Negra
Tityra semifasciata	Masked Tityra	Titira Enmascarada
Schiffornis major	Greater Manakin	Schiffornis de Várzea
Schiffornis turdina	Thrush-like Manakin	Schiffornis Pardo

Campamento/Campsite				Hábitats/Habitats
Choro (2010)	Yaguas (2003)	Alto Cotuhé (2010)	Cachimbo (2010)	
–	–	R	–	Btf
U	U	U	U	Btf, Brb
–	–	–	R	Bc
R	U	U	R	Bin
–	–	R	R	Btf, Brb
–	U	–	U	R
R	R	R	F	Brb, Bin
R	F	R	F	Brb, Ag
–	–	F	–	Brb
U	R	F	U	Btf, Brb
–	F	R	F	Brb
–	U	F	F	R
U	U	F	–	Btf, Bc
–	R	–	–	Btf
–	–	U	–	Bin, Ag
R	F	–	R	Brb
–	F	–	F	Brb
F	F	F	F	Btf, Bin
–	–	R	R	Btf, Bin
–	U	R	U	Brb
R	U	U	U	Btf, Bin
F	F	F	U	Btf, Bin
U	F	–	–	Bin, Btf
U	U	U	U	Btf, Bin
U	F	F	F	Btf, Bin
–	–	–	R	Brb
–	–	–	U	Brb
C	C	C	F	Btf, Bin
–	R	R	R	Brb
C	C	F	F	Btf, Bin
F	R	U	R	Btf, Bin
F	F	F	F	Btf, Bin
–	–	U	–	Ag
F	U	–	R	Btf
–	–	–	R	Bin
U	U	–	–	Btf
–	C	F	U	Bin
F	C	F	F	Btf, Bin
U	U	R	U	Btf, Brb
–	U	R	R	Brb
–	C	–	U	Bin
R	F	–	U	Bc, Btf

LEYENDA/LEGEND

Abundancia/Abundance

R = Raro (uno o dos registros)/
Rare (one or two records)

U = No común (menos que
diariamente)/Uncommon
(less than daily)

F = Poco común (<10 individuos/
día en hábitat propicio)/
Fairly common (<10 individuals/
day in proper habitat)

C = Común (diariamente >10 en
hábitat propicio)/Common
(daily >10 in proper habitat)

X = Registrado durante el inventario
pero estatus incierto/Registered
during the inventory but status
uncertain

Hábitats/Habitats

Bin = Bosques inundados
estacionalmente/Seasonally
flooded forests

Btf = Bosques de tierra firme/
Terra firme forests

Bc = Bosques de colinas de suelos
pobres/Hill forest on poor soils

Brb = Bosque de terrazas de río/
River bluff forests

R = Ríos, quebradas, cochas y sus
márgenes/Rivers, streams, lakes
and their margins

A = Aire/Overhead

Ag = Aguajales/Palm swamps

M = Hábitats múltiples (3+)/
Multiple (3+) habitats

AVES / BIRDS			
Nombre científico/Scientific name	**Nombre en inglés/English name**	**Nombre en español/Spanish name**	
Laniocera hypopyrra	Cinereous Mourner	Plañidero Cinéreo	
Iodopleura isabellae	White-browed Purpletuft	Iodopleura de Ceja Blanca	
Pachyramphus castaneus	Chestnut-crowned Becard	Cabezón de Corona Castaña	
Pachyramphus polychopterus	White-winged Becard	Cabezón de Ala Blanca	
Pachyramphus marginatus	Black-capped Becard	Cabezón de Gorro Negro	
Pachyramphus minor	Pink-throated Becard	Cabezón de Garganta Rosada	
Piprites chloris	Wing-barred Manakin	Piprites de Ala Barrada	
Vireonidae (4)			
Vireo olivaceus	Red-eyed Vireo	Víreo de Ojo Rojo	
Hylophilus thoracicus	Lemon-chested Greenlet	Verdillo de Pecho Limón	
Hylophilus hypoxanthus	Dusky-capped Greenlet	Verdillo de Gorro Oscuro	
Hylophilus ochraceiceps	Tawny-crowned Greenlet	Verdillo de Corona Leonada	
Corvidae (1)			
Cyanocorax violaceus	Violaceous Jay	Urraca Violácea	
Hirundinidae (7)			
Atticora fasciata	White-banded Swallow	Golondrina de Faja Blanca	
Atticora tibialis	White-thighed Swallow	Golondrina de Muslo Blanco	
Stelgidopteryx ruficollis	Southern Rough-winged Swallow	Golondrina Ala-Rasposa Sureña	
Progne tapera	Brown-chested Martin	Martín de Pecho Pardo	
Progne chalybea	Gray-breasted Martin	Martín de Pecho Gris	
Tachycineta albiventer	White-winged Swallow	Golondrina de Ala Blanca	
Hirundo rustica	Barn Swallow	Golondrina Tijereta	
Troglodytidae (4)			
Microcerculus marginatus	Southern Nightingale-Wren	Cucarachero de Pecho Escamoso	
Campylorhynchus turdinus	Thrush-like Wren	Cucarachero Zorzal	
Pheugopedius coraya	Coraya Wren	Cucarachero Coraya	
Cyphorhinus arada	Musician Wren	Cucarachero Musical	
Sylviidae (1)			
Microbates collaris	Collared Gnatwren	Solterillo Acollarado	
Turdidae (2)			
Turdus lawrencii	Lawrence's Thrush	Zorzal de Lawrence	
Turdus albicollis	White-necked Thrush	Zorzal de Cuello Blanco	
Thraupidae (29)			
Paroaria gularis	Red-capped Cardinal	Cardenal de Gorro Rojo	
Cissopis leveriana	Magpie Tanager	Tangara Urraca	
Eucometis penicillata	Gray-headed Tanager	Tangara de Cabeza Gris	
Tachyphonus cristatus	Flame-crested Tanager	Tangara Cresta de Fuego	
Tachyphonus surinamus	Fulvous-crested Tanager	Tangara Cresta Leonada	
Lanio fulvus	Fulvous Shrike-Tanager	Tangara Leonada	
Ramphocelus nigrogularis	Masked Crimson Tanager	Tangara Carmesí Enmascarada	
Ramphocelus carbo	Silver-beaked Tanager	Tangara de Pico Plateado	
Thraupis episcopus	Blue-gray Tanager	Tangara Azuleja	
Thraupis palmarum	Palm Tanager	Tangara de Palmeras	
Tangara nigrocincta	Masked Tanager	Tangara Enmascarada	
Tangara xanthogastra	Yellow-bellied Tanager	Tangara de Vientre Amarillo	

Campamento/Campsite				Hábitats/Habitats
Choro (2010)	Yaguas (2003)	Alto Cotuhé (2010)	Cachimbo (2010)	
U	U	R	–	Btf
U	–	R	–	Btf, Brb
–	–	R	–	Brb
R	R	R	U	Brb, Bin
U	R	U	U	Btf, Brb
R	–	U	R	Btf, Bin
F	F	F	U	Btf, Bin
R	–	U	R	Btf, Brb
F	U	F	F	Bin
F	C	F	F	Btf, Bin
F	–	U	R	Btf
–	R	–	–	Bin
–	F	–	F	R
–	R	–	–	A
–	R	R	R	R
R	–	–	–	R
–	F	–	R	R
–	R	–	F	R
–	–	–	R	R
U	U	U	U	Btf, Bin
R	C	U	F	Bin, Brb
F	F	C	C	Bin, Btf
–	–	–	U	Bin
–	–	R	–	Btf
F	U	U	F	Bin
R	R	R	R	Btf, Bin
–	R	–	U	R
–	–	R	–	Brb
–	–	R	–	Bin
R	U	U	R	Btf, Brb
U	–	–	U	Btf, Bin
F	–	U	–	Btf
–	F	F	U	Brb
R	U	F	F	Brb
–	–	–	R	Brb
–	R	U	R	Brb, Ag
–	–	R	–	Brb
–	R	F	R	Brb, Btf

LEYENDA/LEGEND

Abundancia/Abundance

R = Raro (uno o dos registros)/ Rare (one or two records)

U = No común (menos que diariamente)/Uncommon (less than daily)

F = Poco común (<10 individuos/ día en hábitat propicio)/ Fairly common (<10 individuals/ day in proper habitat)

C = Común (diariamente >10 en hábitat propicio)/Common (daily >10 in proper habitat)

X = Registrado durante el inventario pero estatus incierto/Registered during the inventory but status uncertain

Hábitats/Habitats

Bin = Bosques inundados estacionalmente/Seasonally flooded forests

Btf = Bosques de tierra firme/ Terra firme forests

Bc = Bosques de colinas de suelos pobres/Hill forest on poor soils

Brb = Bosque de terrazas de río/ River bluff forests

R = Ríos, quebradas, cochas y sus márgenes/Rivers, streams, lakes and their margins

A = Aire/Overhead

Ag = Aguajales/Palm swamps

M = Hábitats múltiples (3+)/ Multiple (3+) habitats

AVES / BIRDS		
Nombre científico/Scientific name	Nombre en inglés/English name	Nombre en español/Spanish name
Tangara mexicana	Turquoise Tanager	Tangara Turquesa
Tangara chilensis	Paradise Tanager	Tangara del Paraíso
Tangara velia	Opal-rumped Tanager	Tangara de Lomo Opalino
Tangara callophrys	Opal-crowned Tanager	Tangara de Corona Opalina
Tangara gyrola	Bay-headed Tanager	Tangara de Cabeza Baya
Tangara schrankii	Green-and-gold Tanager	Tangara Verde y Dorada
Tersina viridis	Swallow Tanager	Azulejo Golondrina
Dacnis albiventris	White-bellied Dacnis	Dacnis de Vientre Blanco
Dacnis lineata	Black-faced Dacnis	Dacnis de Cara Negra
Dacnis flaviventer	Yellow-bellied Dacnis	Dacnis de Vientre Amarillo
Dacnis cayana	Blue Dacnis	Dacnis Azul
Cyanerpes nitidus	Short-billed Honeycreeper	Mielero de Pico Corto
Cyanerpes caeruleus	Purple Honeycreeper	Mielero Púrpura
Chlorophanes spiza	Green Honeycreeper	Mielero Verde
Hemithraupis flavicollis	Yellow-backed Tanager	Tangara de Dorso Amarillo
Saltator grossus	Slate-colored Grosbeak	Pico Grueso de Pico Rojo
Saltator maximus	Buff-throated Saltator	Saltador de Garganta Anteada
Cardinalidae (3)		
Piranga rubra	Summer Tanager	Piranga Roja
Habia rubica	Red-crowned Ant-Tanager	Tangara-Hormiguera de Corona Roja
Cyanocompsa cyanoides	Blue-black Grosbeak	Pico Grueso Negro Azulado
Parulidae (2)		
Wilsonia canadensis	Canada Warbler	Reinita de Canada
Phaeothlypis fulvicauda	Buff-rumped Warbler	Reinita de Lomo Anteado
Icteridae (11)		
Psarocolius angustifrons	Russet-backed Oropendola	Oropéndola de Dorso Bermejo
Psarocolius viridis	Green Oropendola	Oropéndola Verde
Psarocolius decumanus	Crested Oropendola	Oropéndola Crestada
Psarocolius bifasciatus	Olive Oropendola	Oropéndola Olivo
Clypicterus oseryi	Casqued Oropendola	Oropéndola de Casquete
Ocyalus latirostris	Band-tailed Oropendola	Oropéndola de Cola Bandeada
Cacicus solitarius	Solitary Black Cacique	Cacique Solitario
Cacicus cela	Yellow-rumped Cacique	Cacique de Lomo Amarillo
Icterus cayanensis	Epaulet Oriole	Bolsero de Hombro Pintado
Molothrus oryzivorus	Giant Cowbird	Tordo Gigante
Molothrus bonariensis	Shiny Cowbird	Tordo Brilloso
Fringillidae (4)		
Euphonia chrysopasta	White-lored Euphonia	Eufonia de Vientre Dorado
Euphonia minuta	White-vented Euphonia	Eufonia de Subcaudales Blancas
Euphonia xanthogaster	Orange-bellied Euphonia	Eufonia de Vientre Naranja
Euphonia rufiventris	Rufous-bellied Euphonia	Eufonia de Vientre Rufo
Total Especies/Total species		

Campamento/Campsite				Hábitats/Habitats
Choro (2010)	Yaguas (2003)	Alto Cotuhé (2010)	Cachimbo (2010)	
–	R	U	–	Brb
U	F	F	F	M
R	R	R	U	Btf, Brb
R	U	R	F	Btf, Brb
R	–	R	–	Btf
U	F	F	F	M
R	–	–	–	Brb
R	–	–	–	Bc
–	U	–	U	Brb
R	R	–	U	Bin, Brb
U	–	R	R	M
U	–	R	R	Btf, Brb
U	U	F	F	M
U	U	F	F	M
U	U	–	R	Btf, Brb
F	U	R	U	Btf, Bin
–	R	U	R	Bin
–	–	–	R	Brb
F	R	–	–	Btf
U	–	R	R	Bin
–	–	–	R	Bin
F	U	F	–	Bin
R	–	–	–	Brb
–	R	–	–	Btf
–	–	U	–	Brb
U	C	–	R	Btf, Brb
–	U	R	–	Brb
–	–	R	–	Bin
–	U	R	–	Bin
U	C	F	F	M
R	R	U	R	Brb
–	–	R	–	Brb
–	–	R	–	Brb
R	F	U	U	Btf, Brb
–	–	R	R	Brb
F	F	F	F	M
F	C	F	F	M
254	**271**	**277**	**275**	

LEYENDA/LEGEND

Abundancia/Abundance

R = Raro (uno o dos registros)/
Rare (one or two records)

U = No común (menos que
diariamente)/Uncommon
(less than daily)

F = Poco común (<10 individuos/
día en hábitat propicio)/
Fairly common (<10 individuals/
day in proper habitat)

C = Común (diariamente >10 en
hábitat propicio)/Common
(daily >10 in proper habitat)

X = Registrado durante el inventario
pero estatus incierto/Registered
during the inventory but status
uncertain

Hábitats/Habitats

Bin = Bosques inundados
estacionalmente/Seasonally
flooded forests

Btf = Bosques de tierra firme/
Terra firme forests

Bc = Bosques de colinas de suelos
pobres/Hill forest on poor soils

Brb = Bosque de terrazas de río/
River bluff forests

R = Ríos, quebradas, cochas y sus
márgenes/Rivers, streams, lakes
and their margins

A = Aire/Overhead

Ag = Aguajales/Palm swamps

M = Hábitats múltiples (3+)/
Multiple (3+) habitats

**Mamíferos Medianos
y Grandes/Large and
Medium-Sized Mammals**

Mamíferos registrados por Olga Montenegro y Luis Moya Ibañez durante el inventario rápido de las cuencas de los ríos Yaguas y Cotuhé, Loreto, Perú, del 15 al 30 de octubre de 2010 (campamentos Choro, Alto Cotuhé y Cachimbo), y durante el inventario rápido en el río Yaguas del 3 al 9 de agosto de 2003, por Olga Montenegro y Mario Escobedo (campamento Yaguas).

MAMÍFEROS MEDIANOS Y GRANDES/LARGE AND MEDIUM-SIZED MAMMALS						
Nombre científico/ Scientific name	Nombre indígena/ Indigenous name			Nombre en castellano/ Spanish common name	Nombre en inglés/ English common name	
	Yagua	Huitoto	Tikuna			
DIDELPHIMORPHIA (4)						
Didelphidae (4)						
Didelphis marsupialis	Uanknañu	Uiyi	–	Zorra	Common opossum	
Marmosa murina	–	Yigiro	–	Zorra pequeña	Mouse opossum	
Marmosa sp.	–	–		Zorra pequeña	Mouse opossum	
Philander andersoni	–	–	–	Zorra	Four-eyed opossum	
CINGULATA (3)						
Dasypodidae (3)						
Dasypus novemcinctus	Manató	–	Sho/shina	Carachupa	Nine-banded armadillo	
Dasypus sp.	Manató	–	–	Carachupa	Armadillo	
Priodontes maximus	Arpúe	–	Tu/rueno	Carachupa mama	Giant armadillo	
PILOSA (3)						
Bradypodidae (1)						
Bradypus variegatus	–	–	–	Perezoso de tres dedos	Three-toed sloth	
Myrmecophagidae (2)						
Myrmecophaga tridactyla	Anutio	Ereño	–	Oso hormiguero	Giant anteater	
Tamandua tetradactyla	Zukio	Doboyi	Shiwi	Oso hormiguero	Southern tamandua	
PRIMATES (12)						
Cebidae (6)						
Saguinus nigricollis	–	Jiziki	–	Pichico negro	Black-mantled tamarin	
Saguinus fuscicollis	Raboñé	Aiki	Ya/rih	Pichico común	Saddleback tamarin	
Callithrix pygmaea	–	Zumiki	Shiriri	Leoncito	Pygmy marmoset	
Cebus apella	Senekio	Jitijoma	–	Machín negro	Brown capuchin	
Cebus albifrons	Uatá	Joma	Tou	Machín blanco	White-fronted capuchin	
Saimiri sciureus	Múllo	Tiyi	Toh'n	Fraile	Squirrel monkey	
Atelidae (2)						
Lagothrix lagotricha	Cashúno	–	Ome	Mono choro	Woolly monkey	
Alouatta seniculus	Canná	Íu	Ñee	Mono coto, aullador	Red howler monkey	
Aotidae (1)						
Aotus vociferans	–	Jimoki	Jane	Musmuqui	Owl monkey	
Pitheciidae (3)						
Callicebus cupreus	–	–	Duare	Tocón rojo	Red titi monkey	
Callicebus torquatus	Nókóó	Nemo aiki	Tú	Tocón negro	Yellow-handed titi monkey	
Pithecia monachus	Uasha	Jidobe	Poh/wi	Huapo negro	Monk saki monkey	
RODENTIA (10)						
Sciuridae (3)						
Microsciurus sp.	Nesú	Nópi	–	Ardilla pequeña	Small squirrel	
Sciurus igniventris	Macaítío	Kikigno	–	Ardilla roja	N. Amazon red squirrel	
Sciurus sp.	–	–	–	Ardilla	Squirrel	
Echimyidae (2)						
Mesomys hispidus	–	Jitiraiko	–	Rata espinosa, cono-cono	Spiny tree rat	

Mammals recorded by Olga Montenegro and Luis Moya Ibañez during the rapid biological inventory of the Yaguas and Cotuhé watersheds, Loreto, Peru, on 15–30 October 2010 (Choro, Alto Cotuhé, and Cachimbo campsites), and during the rapid biological inventory of the Yaguas River on 3–9 August 2003, by Olga Montenegro and Mario Escobedo (Yaguas campsite).

Mamíferos Medianos y Grandes/Large and Medium-Sized Mammals

Registros en los campamentos/Records in campsites				Estado de conservación/Conservation status		
Choro (2010)	Alto Cotuhé (2010)	Cachimbo (2010)	Yaguas (2003)	UICN/IUCN	CITES	En el Perú/In Peru (DS 034-2004)
–	–	A	–	LC	–	–
–	A	–	–	–	–	–
–	A	CT	–	–	–	–
–	–	CT	–	LC	–	–
–	–	–	C,H	LC	–	–
C	C	C	–	LC	–	–
C	C	C	C	VU	I	VU
–	R	–	–	LC	II	–
–	–	–	H	VU	II	VU
–	–	A	–	LC	–	–
A	A	A	A	LC	II	–
A	A	–	A	LC	II	–
–	–	A	A	LC	II	–
–	–	A	A	LC	II	–
A	A	–	A	LC	II	–
A	A	A	A	LC	II	–
A	A	A	A	VU	II	VU
A,V	V	A,V	A	LC	II	NT
A,V	V	V	–	LC	II	–
A	–	–	–	LC	II	–
V	A,V	A,V	A	LC	II	VU
A	A	A	A	LC	II	–
–	–	–	A	–	–	–
–	A	A	A	LC	–	–
A	–	–	–	–	–	–
–	–	A	–	LC	–	–

LEYENDA/LEGEND

* = Nomenclatura usada por Pacheco et al. (2009), según los últimos avances en la taxonomía del grupo./Nomenclature follows Pacheco et al. (2009), based on recent taxonomic work in the group.

Categorías de la UICN/IUCN categories

EN = En peligro/Endangered
VU = Vulnerable
NT = Casi amenazado/Near threatened
DD = Datos deficientes/Insufficient data
LC = Baja preocupación/Least concern

Registros/Records

A = Avistamientos directos/Direct sightings
C = Cuevas/Burrows
V = Vocalizaciones/Vocalizations
H = Huellas/Tracks
R = Otros rastros (rasguños en árboles, heces, signos de alimentación, etc.)/Other signs (scratched trees, scat, feeding evidence, etc.)
CT = Captura en video o fotografía, con cámaras trampa/Camera trap record

MAMÍFEROS MEDIANOS Y GRANDES/LARGE AND MEDIUM-SIZED MAMMALS					
Nombre científico/ Scientific name	Nombre indígena/ Indigenous name			Nombre en castellano/ Spanish common name	Nombre en inglés/ English common name
	Yagua	Huitoto	Tikuna		
Proechimys sp.	Ilipye	Eékonie	–	Sachacui, rata espinosa	Spiny rat
Erethizontidae (1)					
Coendou sp.				Cashacushillo, puerco espín	
Caviidae (1)					
Hydrochoerus hydrochaeris	Capiéra	Meréjaño	Copiwara	Ronsoco, yulo	Capybara
Dasyproctidae (2)					
Dasyprocta fuliginosa	Móto	–	Shigu	Añuje	Black agouti
Myoprocta pratti	Mokóze	Okáima	–	Punchana	Green agouti
Cuniculidae (1)					
Cuniculus paca	Úaño	Ime	–	Majáz	Paca
CARNIVORA (9)					
Felidae (4)					
Leopardus pardalis	Canóo	Jirako	–	Tigrillo, ocelote	Ocelot
Leopardus tigrinus				Tigrillo pequeño	Oncilla
Panthera onca	Amara nebí	Jáanayari	Áih´	Otorongo, jaguar	Jaguar
Puma concolor	–	Edoko	Ai/shih´	Puma, león	Puma
Mustelidae (3)					
Eira barbara	Záno	Égai	–	Manco	Tayra
Lontra longicaudis	Janái	Iye jiko	–	Nutria	Otter
Pteronura brasiliensis	–	Pimonajico	–	Lobo de río	Giant otter
Procyonidae (2)					
Nasua nasua	–	Nimaido	–	Achuni	Coati
Potos flavus	Rámue	Kuita	–	Chosna	Kinkajou
PERISSODACTYLA (1)					
Tapiridae (1)					
Tapirus terrestris	Nechá	Zuruma	–	Sachavaca	Lowland tapir
ARTIODACTYLA (4)					
Tayassuidae (2)					
Pecari tajacu	Juté	Éimoi	–	Sajino	Collared peccary
Tayassu pecari	Áunn	Mero	Nuh´	Huangana	White-lipped peccary
Cervidae (2)					
Mazama americana	Janare	–	–	Venado rojo	Red brocket deer
*Mazama nemorivaga**	Uirinó	–	Kowú	Venado gris	Gray brocket deer
CETACEA (2)					
Cetacea (2)					
Delphinidae (1)					
Sotalia fluviatilis	–	Jidiamana	–	Delfín gris	Gray river dolphin
Platanistidae (1)					
Inia geoffrensis	–	Jiamana	Oma/sha	Delfín rosado	Pink river dolphin

Registros en los campamentos/ Records in campsites				Estado de conservación/ Conservation status		
Choro (2010)	Alto Cotuhé (2010)	Cachimbo (2010)	Yaguas (2003)	UICN/IUCN	CITES	En el Perú/ In Peru (DS 034-2004)
–	A	–	–	–	–	–
–	R	R	–	–	–	–
–	–	A	A	LC	–	–
–	A	A	A	LC	–	–
–	A	A	–	–	–	–
A, H	CT	A	H	LC	III	–
–	–	–	R	VU	I	–
–	A	–	–	VU	–	–
–	H	H	H,R	NT	I	NT
–	–	A,H,R	–	LC	II	NT
–	–	A	A	LC	III	–
A	–	–	A	DD	I	–
A	A	A,R	–	EN	I	EN
A,H	A	A	–	LC	–	–
–	–	A	A	LC	III	–
A,H	H	H	A,H	VU	II	VU
A, H	A.H	H	A,H	NT	II	–
H	A,H	H	A,H	LC	II	–
A,H	A	CT	A,H	DD	–	–
–	A, CT	–	–	LC	–	–
–	–	A	A	DD	I	–
–	–	A	A	DD	II	–

LEYENDA/LEGEND

* = Nomenclatura usada por Pacheco et al. (2009), según los últimos avances en la taxonomía del grupo./ Nomenclature follows Pacheco et al. (2009), based on recent taxonomic work in the group.

Categorías de la UICN/ IUCN categories

EN = En peligro/Endangered

VU = Vulnerable

NT = Casi amenazado/ Near threatened

DD = Datos deficientes/ Insufficient data

LC = Baja preocupación/ Least concern

Registros/Records

A = Avistamientos directos/ Direct sightings

C = Cuevas/Burrows

V = Vocalizaciones/Vocalizations

H = Huellas/Tracks

R = Otros rastros (rasguños en árboles, heces, signos de alimentación, etc.)/Other signs (scratched trees, scat, feeding evidence, etc.)

CT = Captura en video o fotografía, con cámaras trampa/Camera trap record

Murciélagos registrados por Olga Montenegro y Luis Moya Ibañez del 15 al 30 de octubre de 2010 durante el inventario rápido de las cuencas de los rios Yaguas y Cotuhé, Loreto, Perú.

MURCIÉLAGOS / BATS			
Nombre científico/ **Scientific name***	**Nombre en castellano/** **Spanish name**	**Nombre en inglés/** **English name**	
CHIROPTERA (23)			
Phyllostomidae (20)			
Phyllostominae (5)			
Lophostoma silvicolum	Murciélago de orejas redondondas de garganta blanca	White-throated Round-eared Bat	
Micronycteris megalotis	Murciélago orejudo común	Little Big-eared Bat	
Phyllostomus elongatus	Murciélago de hoja de lanza alargado	Lesser Spear-nosed Bat	
Phyllostomus hastatus	Murciélago de hoja de lanza mayor	Greater Spear-nosed Bat	
Trachops cirrhosus	Murciélago verrucoso, come-sapos	Fringe-lipped Bat	
Stenodermatinae (10)			
Artibeus glaucus	Murciélago frutero plateado	Silver Fruit-eating Bat	
Artibeus lituratus	Murcielaguito frugívoro mayor	Great Fruit-eating Bat	
Artibeus obscurus	Murcielaguito frugívoro negro	Dark Fruit-eating Bat	
Artibeus planirostris	Murciélago frutero de rosto plano	Flat-faced Fruit-eating Bat	
Uroderma magnirostrum	Murciélago amarillento constructor de toldos	Brown Tent-making Bat	
Vampyressa thyone	Murciélago de orejas amarillas ecuatoriano	Northern Little Yellow-eared Bat	
Sturnira lilium	Murciélago de charreteras amarillas	Little Yellow-shouldered Bat	
Sturnira ludovici	Murciélago de charreteras amarillas de altura	Highland Yellow-shouldered Bat	
Sturnira magna	Murciélago de hombros amarillos grande	Greater Yellow-shouldered Bat	
Sturnira tildae	Murciélago de charreteras rojizas	Tilda Yellow-shouldered Bat	
Glossophaginae (1)			
Anoura caudifer	Murciélago longirostro menor	Tailed Tailless Bat	
Carollinae (4)			
Carollia brevicauda	Murciélago frutero colicorto	Silky Short-tailed Bat	
Carollia castanea	Murciélago frutero castaño	Chestnut Short-tailed Bat	
Carollia perspicillata	Murciélago frutero común	Seba's Short-tailed Bat	
Rhinophylla pumilio	Murciélago pequeño frutero común	Dwarf Little Fruit Bat	
Emballonuridae (1)			
Rhynchonycteris naso	Murcielaguito narigudo	Proboscis Bat	
Vespertilionidae (2)			
Myotis nigricans	Murciélago negruzco común	Black Myotis	
Myotis sp.			

Bats recorded by Olga Montenegro and Luis Moya Ibañez on 15–30 October 2010 during the rapid inventory of the Yaguas and Cotuhé watersheds, Loreto, Peru.

Campamentos/Campsites				Estado de conservación/Conservation status
Choro (2010)	Alto Cotuhé (2010)	Cachimbo (2010)	Yaguas (2003)	UICN/IUCN
–	2	–	–	LC
4	–	–	–	LC
1	–	–	6	LC
–	2	–	–	LC
–	–	–	1	LC
–	–	–	1	LC
–	–	1	–	LC
–	1	–	–	LC
–	8	–	–	LC
–	1	–	–	LC
1	–	–	–	LC
–	–	1	–	LC
–	–	–	1	LC
1	–	–	–	LC
–	–	6	–	LC
–	–	–	1	LC
1	–	–	–	LC
1	1	–	3	LC
2	–	1	6	LC
–	2	1	–	LC
–	–	1	–	LC
–	–	1	–	LC
–	–	–	1	LC

LEYENDA/LEGEND

* = Se sigue la taxonomía de Wilson y Reeder (2005), excepto para *A. planirostris*, que aquí se considera especie válida, siguiendo a Lim et al. (2004), Redondo et al. (2008) y Pacheco et al. (2009)./ Taxonomy follows Wilson and Reeder (2005), except in the case of *A. planirostris*, which we follow Lim et al. (2004), Redondo et al. (2008), and Pacheco et al. (2009) in considering a valid species.

Categorías de la UICN/IUCN categories

LC = Baja preocupación/Least concern

Principales Plantas Utilizadas/ Commonly Used Plants

Plantas útiles identificadas durante el inventario social rápido de las comunidades nativas de Puerto Franco y Huapapa (en la orilla sur del río Putumayo) y Santa Rosa de Cauchillo (en la desembocadura del río Yaguas), en Loreto, Perú, del 15 de octubre al 8 de noviembre de 2010, por Diana Alvira, Mario Pariona, Ricardo Pinedo Marín, Manuel Ramírez Santana y Ana Rosa Sáenz.

PRINCIPALES PLANTAS UTILIZADAS / COMMONLY USED PLANTS

Nombre común/ Common name	Familia/ Family	Nombre científico/ Scientific name
Achapa, tornillo	Fabaceae-Mimos.	*Cedrelinga cateniformis*
Aguaje	Arecaceae	*Mauritia flexuosa*
Almendra	Caryocaraceae	*Caryocar glabrum*
Andiroba	Meliaceae	*Carapa guianensis*
Azúcar huayo	Fabaceae-Caesalp.	*Hymenaea courbaril*
Cacao del monte blanco	Malvaceae	*Theobroma obovatum*
Cacao del monte rojo	Malvaceae	*Theobroma subincanum*
Caimitillo de tahuampa	Sapotaceae	*Micropholis guyanensis*
Caimito de monte	Sapotaceae	*Pouteria caimito*
Carahuasca	Annonaceae	*Guatteria* sp.
Casha pona	Arecaceae	*Socratea exorrhiza*
Casho caspi	Anacardiaceae	*Anacardium giganteum*
Castaña de monte	Desconocida/Unknown	Desconocido/Unknown
Cedro	Meliaceae	*Cedrela odorata*
Chambira	Arecaceae	*Astrocaryum chambira*
Charapilla	Fabaceae-Caesalp.	*Hymenaea oblongifolia*
Charichuelo	Clusiaceae	*Garcinia madruno*
Chicle huayo	Apocynaceae	*Lacmellea peruviana*
Cumaceba	Fabaceae-Papil.	*Swartzia polyphylla*
Cumala	Myristicaceae	*Virola* sp.
Cumalilla	Myristicaceae	*Iryanthera* sp.
Granadilla de monte	Passifloraceae	*Passiflora vitifolia*
Huacapú	Olacaceae	*Minquartia guianensis*
Huacapurana	Fabaceae-Caesalp.	*Campsiandra angustifolia*
Huacrapona	Arecaceae	*Iriartea deltoidea*
Huasaí	Arecaceae	*Euterpe precatoria*
Huito	Rubiaceae	*Genipa americana*
Irapay	Arecaceae	*Lepidocaryum tenue*
Izpintana	Annonaceae	*Duguetia* sp.
Lagarto caspi	Calophyllaceae	*Calophyllum longifolium*
Marupá	Simaroubaceae	*Simarouba amara*
Mazarandua	Sapotaceae	*Manilkara bidentata*
Metohuayo	Euphorbiaceae	*Caryodendron orinocense*
Moena	Lauraceae	*Ocotea* sp.
Moquete de tigre	Desconocida/Unknown	Desconocido/Unknown
Nijilla	Arecaceae	*Bactris* sp.
Palizangre	Moraceae	*Brosimum rubescens*
Parinari	Chrysobalanaceae	*Couepia chrysocalyx*
Shapaja	Arecaceae	*Attalea butyracea*
Shapaja	Arecaceae	*Attalea insignis*
Shapajilla	Arecaceae	*Attalea tessmannii*
Shimbillo grande	Fabaceae-Mimos.	*Inga gracilifolia*
Shimbillo, bacaba grande	Fabaceae-Mimos.	*Inga* spp.
Tamshi	Araceae	*Heteropsis* sp.

Useful plants identified during a rapid social inventory of the native communities Puerto Franco and Huapapa (on the south bank of the Putumayo River) and Santa Rosa de Cauchillo (at the mouth of the Yaguas River), in Loreto, Peru, carried out on 15 October–8 November 2010 by Diana Alvira, Mario Pariona, Ricardo Pinedo Marín, Manuel Ramírez Santana, and Ana Rosa Sáenz.

Parte de la planta usada/ Plant part used	Uso Alimenticio/ Used for food	Madera para construcción/Used for construction	Uso comercial/ Sold commercially
madera/timber	–	X	X
frutos/fruits	X	–	–
semillas/seeds	X	X	–
madera/timber	–	X	X
frutos y madera/fruits and timber	X	X	X
frutos y semillas/fruits and seeds	X	–	–
frutos y semillas/fruits and seeds	X	–	–
frutos/fruits	X	–	–
frutos/fruits	X	–	–
madera/timber	–	X	–
madera/timber	–	X	–
madera/timber	–	X	–
semillas/seeds	X	–	–
madera/timber	–	X	X
frutos y fibras/fruits and fibers	X	X	–
semillas/seeds	X	–	–
frutos/fruits	X	–	–
frutos/fruits	X	–	–
madera/timber	–	X	–
frutos y madera/fruits and timber	X	–	X
frutos/fruits	X	–	–
frutos/fruits	X	–	–
madera/timber	–	X	–
corteza y madera/bark and timber	X	–	X
madera/timber	–	X	–
frutos/fruits	X	–	–
frutos/fruits	X	–	–
hojas/leaves	–	X	–
madera/timber	–	X	–
madera/timber	–	X	–
madera/timber	–	X	–
frutos/fruits	X	–	X
frutos/fruits	X	–	–
madera/timber	–	X	–
frutos/fruits	X	–	–
frutos/fruits	X	–	–
madera/timber	–	X	–
frutos/fruits	X	–	–
frutos/fruits	X	X	–
hojas/leaves	X	X	–
frutos/fruits	X	–	–
frutos/fruits	–	–	–
frutos/fruits	X	–	–
fibras/fibers	–	X	–

PRINCIPALES PLANTAS UTILIZADAS / COMMONLY USED PLANTS

Nombre común/ Common name	Familia/ Family	Nombre científico/ Scientific name	
Tortuga caspi	Annonaceae	*Duguetia quitarensis*	
Ubos	Anacardiaceae	*Spondias mombin*	
Ungurahui	Arecaceae	*Oenocarpus bataua*	
Uvilla de monte	Urticaceae	*Pourouma guianensis*	
Yarina	Arecaceae	*Phytelephas macrocarpa*	

Parte de la planta usada/ Plant part used	Uso Alimenticio/ Used for food	Madera para construcción/Used for construction	Uso comercial/ Sold commercially
madera/timber	–	x	–
frutos/fruits	x	–	–
frutos/fruits	x	–	–
frutos/fruits	x	–	–
semillas y hojas/seeds and leaves	x	x	–

**Principales Animales
Consumidos y Comercializados/
Commonly Hunted or
Sold Animals**

Animales consumidos o comercializados identificados durante el inventario social rápido de las comunidades nativas de Puerto Franco y Huapapa (en la orilla sur del río Putumayo) y Santa Rosa de Cauchillo (en la desembocadura del río Yaguas), en Loreto, Perú, del 15 de octubre al 8 de noviembre de 2010, por Diana Alvira, Mario Pariona, Ricardo Pinedo Marín, Manuel Ramírez Santana y Ana Rosa Sáenz.

PRINCIPALES ANIMALES CONSUMIDOS / COMMONLY HUNTED OR SOLD ANIMALS				
Nombre común local/ Locally used common name	Nombre científico/ Scientific name	Uso alimenticio/ Used for food	Ornamental	Comercial/ Sold commercially
PECES/FISH				
Acarahuazú	*Astronotus ocellatus*	X	–	–
Arahuana	*Osteoglossum bicirrhosum*	X	X	X
Bacalao	*Pellona castelneana*	X	–	–
Boquichico	*Prochilodus nigricans*	X	–	–
Bujurqui Juan viejo	*Geophagus* sp.	X	–	–
Carachama	*Liposarcus pardalis*	X	–	–
Chambira	*Rhaphiodon vulpinus*	X	–	–
Corvina	*Plagioscion* sp.	X	–	–
Doncella	*Pseudoplatystoma punctifer*	X	–	X
Dorado	*Brachyplatystoma rousseauxii*	X	–	X
Dormilón	*Hoplias malabaricus*	X	–	–
Gamitana	*Colossoma macropomum*	X	–	X
Lisa	*Leporinus* sp.	X	–	–
Maparate	*Hypophthalmus edentatus*	X	–	–
Paco	*Piaractus brachypomus*	X	–	X
Paiche	*Arapaima gigas*	X	–	X
Palometa	*Mylossoma* sp.	X	–	–
Picalón, cunchi	*Pimelodus* sp.	X	–	–
Sábalo cola negra	*Brycon melanopterum*	X	–	X
Sábalo cola roja	*Brycon cephalus*	X	–	X
Sardina	*Triportheus* sp.	X	–	–
Tigre zúngaro	*Pseudoplatystoma tigrinum*	X	–	X
Tucunaré	*Cichla monoculus*	X	–	X
Yaraqui	*Semaprochilodus insignis*	X	–	–
Yulilla	*Hemiodus* sp.	X	–	–
REPTILES				
Charapa	*Podocnemis expansa*	X	–	X
Lagarto blanco	*Caiman crocodilus*	X	–	–
Lagarto negro	*Melanosuchus niger*	X	–	–
Taricaya	*Podocnemis unifilis*	X	–	X
AVES/BIRDS				
Gavilán chorero	*Harpia harpyja*	X	–	–
Guacamayo rojo	*Ara macao*	X	X	–
Manacaraco	*Ortalis guttata*	X	–	–
Montete	*Nothocrax urumutum*	X	–	–
Paujil	*Mitu tuberosum*	X	X	–
Pava de monte	*Pipile cumanensis*	X	–	–
Perdiz grande	*Tinamus major*	X	–	–
Pucacunga	*Penelope jacquacu*	X	X	–
Trompetero	*Psophia crepitans*	X	X	–
Tucán	*Ramphastos* sp.	X	X	–

Commonly hunted or traded animals identified during a rapid social inventory of the native communities Puerto Franco and Huapapa (on the south bank of the Putumayo River) and Santa Rosa de Cauchillo (at the mouth of the Yaguas River), in Loreto, Peru, carried out on 15 October–8 November 2010 by Diana Alvira, Mario Pariona, Ricardo Pinedo Marín, Manuel Ramírez Santana, and Ana Rosa Sáenz.

PRINCIPALES ANIMALES CONSUMIDOS / COMMONLY HUNTED OR SOLD ANIMALS				
Nombre común local/ Locally used common name	Nombre científico/ Scientific name	Uso alimenticio/ Used for food	Ornamental	Comercial/ Sold commercially
MAMÍFEROS/MAMMALS				
Achuni	*Nasua nasua*	X	–	–
Añuje	*Dasyprocta fuliginosa*	X	X	–
Carachupa	*Dasypus novemcinctus*	X	–	–
Carachupa mama	*Priodontes maximus*	X	–	–
Coto mono	*Alouatta seniculus*	X	X	–
Huangana	*Tayassu pecari*	X	–	X
Majáz	*Cuniculus paca*	X	X	X
Mono blanco	*Cebus albifrons*	X	X	–
Mono choro	*Lagothrix lagotricha*	X	X	–
Sachavaca	*Tapirus terrestris*	X	–	X
Sajino	*Pecari tajacu*	X	–	X
Venado	*Mazama americana*	X	–	X

Agudelo Córdoba, E., J. C. Alonso González y L. A. Moya Ibañez, eds. 2006. *Perspectivas para el ordenamiento de la pesca y la acuicultura en el área de integración fronteriza colombo-peruana*. Instituto Amazónico de Investigaciones Científicas (SINCHI) e Instituto Nacional de Desarrollo (INADE), Bogotá. 100 pp.

Alberico M., J. Hernández-Camacho, A. Cadena y Y. Muñoz-Saba. 2000. Mamíferos (Synapsida: Theria) de Colombia. Biota Colombiana 1(1):43–75.

Álvarez A., J., and B. M. Whitney. 2003. New distributional records of birds from white-sand forests of the northern Peruvian Amazon, with implications for the biogeography of northern South America. Condor 105:552–566.

Álvarez, J., J. Montoya, N. Shany y/and R. García-Villacorta. 2010. *Loreto: El bosque y su gente/Loreto: The rainforest and its people*. Proyecto Apoyo al PROCREL y/and Gráfica Biblos, Lima.

Alverson, W. S., C. Vriesendorp, Á. del Campo, D. K. Moskovits, D. F. Stotz, M. García Donayre y/and L. A. Borbor L., eds. 2008. *Ecuador, Perú: Cuyabeno-Güeppí*. Rapid Biological and Social Inventories Report 20. The Field Museum, Chicago.

Andriesse, J. P. 1988. *Nature and management of tropical peat soils*. Food and Agriculture Organization of the United Nations, Rome.

Aquino, R., and F. Encarnación. 1994. Primates of Peru. Primate Report 40:1–127.

Aquino R., R. E. Bodmer y J. G. Gil. 2001. *Mamíferos de la cuenca del río Samiria: Ecología poblacional y sustentabilidad de la caza*. Impresión Rosegraf S.R.L., Lima.

Aquino R., T. Pacheco y M. Vásquez. 2007. Evaluación y valorización económica de la fauna silvestre en el río Algodón, Amazonía peruana. Revista Peruana de Biología 14(2):187–192.

Aquino R., W. Terrones, F. Cornejo, and E. W. Heymann. 2008. Geographic distribution and possible taxonomic distinction of *Callicebus torquatus* populations (Pitheciidae: Primates) in Peruvian Amazonia. American Journal of Primatology 70:1181–1186.

Asner, G. P., G. V. N. Powell, J. Mascaro, D. E. Knapp, J. K. Clark, J. Jacobson, T. Kennedy-Bowdoin, A. Balaji, G. Paez-Acosta, E. Victoria, L. Secada, M. Valqui, and R. F. Hughes. 2010. High-resolution forest carbon stocks and emissions in the Amazon. Proceedings of the National Academy of Sciences of the United States of America. Available online at *www.pnas.org/cgi/doi/10.1073/pnas.1004875107*

Barbosa de Souza, M., y/and C. Rivera G. 2006. Anfibios y reptiles/Amphibians and reptiles. Pp. 83–86 y/and 182–185 en/in C. Vriesendorp, T. S. Schulenberg, W. S. Alverson, D. K. Moskovits, y/and J.-I. Rojas Moscoso, eds. *Perú: Sierra del Divisor*. Rapid Biological Inventories Report 17. The Field Museum, Chicago.

Barreto Silva, J. S., A. J. Duque Montoya, D. Cárdenas-López y F. H. Hurtado. 2010. Variación florística de especies arbóreas a escala local en un bosque de tierra firme en la Amazonia colombiana. Acta Amazónica 40(1):179–188.

Barthem, R., and M. Goulding. 1997. *The catfish connection*. Columbia University Press, New York.

Bass, M. S., M. Finer, C. N. Jenkins, H. Kreft, D. F. Cisneros-Heredia, S. F. McCracken, N. C. A. Pitman, P. H. English, K. Swing, G. Villa, A. Di Fiore, C. C. Voigt, and T. H. Kunz. 2010. Global conservation significance of Ecuador's Yasuní National Park. PLoS ONE 5(1):e8767. Available at *www.plosone.org*

Bedoya, M. 1999. Patrones de cacería en una comunidad indígena Ticuna en la Amazonía colombiana. Pp. 71–75 en T. Fang, O. Montenegro y R. Bodmer, eds. *Manejo y conservación de fauna silvestre en América Latina*. Instituto de Ecología, La Paz.

Bicknell, J., and C. A. Peres. 2010. Vertebrate population responses to reduced-impact logging in a neotropical forest. Forest Ecology and Management 259(12):2267–2275.

BirdLife International. 2010. Important Bird Areas factsheet: Parque Nacional Natural Amacayacu (*www.birdlife.org*, accessed on 10 December 2010). Birdlife International, Cambridge.

Bockmann, F. A. 1998. Análise filogenética da família Heptapteridae (Teleostei: Ostariophysi, Siluriformes) e redefenição de seus gêneros. Ph.D. dissertation. Universidade de São Paulo, São Paulo. 599 pp.

Bodmer, R. E., P. Puertas, L. Moya y T. Fang. 1994. Estado de las poblaciones de mamíferos en la Amazonía peruana: En el camino de la extinción. Boletín de Lima 88:33–42.

Bravo, A., y/and R. Borman. 2008. Mamíferos/Mammals. Pp. 105–110 y/and 229–234 en/in W. S. Alverson, C. Vriesendorp, Á. del Campo, D. K. Moskovits, D. F. Stotz, M. García Donayre y/and L. A. Borbor L., eds. *Ecuador, Perú: Cuyabeno-Güeppí*. Rapid Biological and Social Inventories Report 20. The Field Museum, Chicago.

Bravo, A. 2010. Mamíferos/Mammals. Pp. 90–96 y/and 205–211 en/in M. P. Gilmore, C. Vriesendorp, W. S. Alverson, Á. del Campo, R. von May, C. López Wong y/and S. Ríos Ochoa, eds. *Perú: Maijuna*. Rapid Biological and Social Inventories Report 22. The Field Museum, Chicago.

Caldas-Aristizabal, J. P., E. Castro-González, V. Puentes, M. Rueda, C. Lasso, L. O. Duarte, M. Grijalba-Bendeck, F. Gómez, A. F. Navia, P. A. Mejía-Falla, S. Bessudo, M. C. Diazgranados y L. A. Zapata Padilla, eds. 2010. *Plan de acción nacional para la conservación y manejo de tiburones, rayas y quimeras de Colombia (PAN-Tiburones Colombia)*. Instituto Colombiano Agropecuario, Secretaria Agricultura y Pesca San Andrés Isla, Ministerio de Ambiente, Vivienda y Desarrollo Territorial, Instituto de Investigaciones Marinas y Costeras, Instituto Alexander Von Humboldt, Universidad del Magdalena, Universidad Jorge Tadeo Lozano, Pontificia Universidad Javeriana, Fundación SQUALUS, Fundación Malpelo y otros Ecosistemas Marinos, Conservación Internacional, WWF Colombia. Editorial Produmedios, Bogotá. 70 pp.

Camacho González, H. A. 2004. Impacto del poblamiento sobre los grupos indígenas del trapecio amazónico colombiano. Pp. 91–115 en D. Ochoa y C. A. Guio, eds. *Control social y coordinación: Un camino hacia la sostenibilidad amazónica. Caso maderas del Trapecio Amazónico*. Defensoría del Pueblo, Universidad Nacional de Colombia, CORPOAMAZONIA, Unidad de Parques, Bogotá.

Capparella, A. P. 1987. Effects of riverine barriers on genetic differentiation of Amazonian forest undergrowth birds. Ph.D. dissertation. Louisiana State University, Baton Rouge.

Cárdenas-López, D., Z. Cordero-P., N. R. Salinas, S. Suárez Suárez, A. Zuluaga-Tróchez, J. S. Barreto Silva, J. C. Arias García, N. Castaño Arboleda, A. J. Duque Montoya y S. Sua Tunjano. (en prensa). Composición florística de diez hectáreas de la parcela permanente Amacayacu, Amazonía colombiana. Colombia Amazónica.

Cárdenas López, D., R. López Camacho y L. E. Acosta Muñoz. 2004. *Experiencia piloto de zonificación forestal en el corregimiento de Tarapacá (Amazonas)*. Instituto Amazónico de Investigaciones Científicas (SINCHI), Bogotá. 144 pp.

Catenazzi, A., y/and M. Bustamante. 2007. Anfibios y reptiles/ Amphibians and reptiles. Pp. 62–67 en/in C. Vriesendorp, J. A. Álvarez, N. Barbagelata, W. S. Alverson, y/and D. K. Moskovits, eds. *Perú: Nanay-Mazán-Arabela*. Rapid Biological Inventories Report 18. The Field Museum, Chicago.

Charvet-Almeida, P., M. L. Góes de Araújo, and M. Pinto de Almeida. 2005. Reproductive aspects of freshwater stingrays (Chondrichthyes: Potamotrygonidae) in the Brazilian Amazon basin. Journal of Northwest Atlantic Fishery Science 35:165–171.

Chirif, A. 2010. Panorama social regional/Social overview of the region. Pp. 96–112 y/and 211–226 en/in M. P. Gilmore, C. Vriesendorp, W. S. Alverson, Á. del Campo, R. von May, y/and C. Lopez Wong, eds. 2010. *Perú: Maijuna*. Rapid Biological and Social Inventories Report 22. The Field Museum, Chicago.

Chirif, A., y M. Cornejo Chaparro. 2009. *Imaginario e imágenes de la época del caucho: Los sucesos del Putumayo*. Tarea Asociación Gráfica Educativa, Lima.

CITES. 2010. CITES species database (*www.cites.org*, accessed 20 December 2010). The Convention on International Trade in Endangered Species of Wild Fauna and Flora, Geneva.

Cocroft, R., V. R. Morales, and R. W. McDiarmid. 2001. *Frogs of Tambopata, Peru*. Macaulay Lab of Natural Sounds, Cornell Laboratory of Ornithology, Ithaca.

Colwell, R. K. 2005. EstimatesS: Statistical estimation of species richness and shared species from samples. Version 7.5. (Available online at *purl.oclc.org/estimates*). University of Connecticut, Storrs.

Contreras, V., G. Gagliardi-Urrutia, M. Guerrero, J. Ruiz, A. Suárez, R. Toyama y P. J. Venegas. 2010. Anfibios y reptiles. Informe para el Curso de Inventarios Rápidos en el Centro de Investigación Jenaro Herrera. The Field Museum, Chicago.

del Campo, H., M. Pariona, y/and R. Piana. 2004. El paisaje social: Organizaciones e instituciones en el área de la zona reservada propuesta/The social landscape: Organizations and institutions in the vicinity of the proposed reserved zone. Pp. 101–108 y/and 182–188 en/in N. Pitman, R. Chase Smith, C. Vriesendorp, D. Moskovits, R. Piana, G. Knell y/and T. Wachter, eds. *Perú: Ampiyacu, Apayacu, Yaguas, Medio Putumayo*. Rapid Biological Inventories Report 12. The Field Museum, Chicago.

Dixon, J., and P. Soini. 1986. *The reptiles of the upper Amazon Basin, Iquitos region, Peru*. Milwaukee Public Museum, Milwaukee.

Dourojeanni, M., A. Barandiarán y D. Dourojeanni. 2009. *Amazonía peruana en 2021: Explotación de recursos naturales e infraestructuras: ¿Qué está pasando? ¿Qué es lo que significan para el futuro?* ProNaturaleza, Fundación Peruana para la Conservación de la Naturaleza, Lima. 162 pp.

Duellman, W. E., and J. R. Mendelson III. 1995. Amphibians and reptiles from northern Departamento de Loreto, Peru: Taxonomy and biogeography. University of Kansas Science Bulletin 10, Lawrence.

Duivenvoorden, J. F. 1996. Patterns of tree species richness in rain forests of the middle Caqueta area, Colombia, NW Amazonia. Biotropica 28:142–158.

Dumont, J. F. 1993. Lake patterns as related to neotectonics in subsiding basins: The example of the Ucamara Depression, Peru. Tectonophysics 222:69–78.

Duque, A., J. F. Phillips, P. von Hildebrand, C. A. Posada, A. Prieto, A. Rudas, M. Suescún, and P. Stevenson. 2009. Distance decay of tree species similarity in protected areas on terra firme forests in Colombian Amazonia. Biotropica 41(5):599–607.

Eisenberg, J. F., and K. H. Redford. 1999. *Mammals of the Neotropics. The Central Neotropics Vol 3. Ecuador, Peru, Bolivia, Brazil.* The University of Chicago Press, Chicago. 609 pp.

Emmons, L., y F. Feer. 1999. *Mamíferos de los bosques húmedos de América tropical: Una guía de campo.* Editorial F.A.N., Santa Cruz de la Sierra.

Encarnación, F. 1985. Introducción a la flora y vegetación de la Amazonía Peruana: Estado actual de los estudios, medio natural y ensayo de una clave de determinación de las formaciones vegetales en la llanura amazónica. Candollea 40:237–252.

Encarnación, F., N. Castro y P. De Rham. 1990. Observaciones sobre primates no humanos en el río Yubineto (Río Putumayo), Loreto, Perú. Pp. 68–79 in N. E. Castro Rodríguez, ed. *La primatología en el Perú: Investigaciones primatológicas (1973–1985).* Imprenta Propaceb, Lima.

Etter, A., y P. J. Botero. 1990. Efectos de procesos climáticos y geomorfológicos en la dinámica del bosque húmedo tropical de la Amazonía colombiana. Colombia Amazónica 4(2):7–21.

Faivovich, F., J. Moravec, D. F. Cisneros-Heredia, and J. Köhler. 2006. A new species of the *Hypsiboas benitezi* group from the western Amazon basin (Amphibia: Anura: Hylidae). Herpetologica 62:96–108.

Fang, T., R. E. Bodmer, P. Puertas, P. Mayor, P. Pérez, R. Acero y D. Hayman. 2008. *Certificación de pieles de pecaríes (Tayassu tajacu y T. pecari) en la Amazonía peruana: Una estrategia para la conservación y manejo de fauna silvestre en la Amazonía peruana.* Wildlife Conservation Society, DICE, University of Kent, Darwin Initiative, INRENA, Fundamazonía, Lima. 203 pp.

Fine, P. V. A., R. García-Villacorta, N. C. A. Pitman, I. Mesones, and S. W. Kembel. 2010. A floristic study of the white-sand forests of Peru. Annals of the Missouri Botanical Garden 97(3):283–305.

Finer, M., C. N. Jenkins, S. L. Pimm, B. Keane, and C. Ross. 2008. Future of the western Amazon: Threats from oil and gas projects and policy solutions. PLoS ONE 3: e2932. Available at *www.plosone.org*

Finer, M., and M. Orta-Martínez. 2010. A second hydrocarbon boom threatens the Peruvian Amazon: Trends, projections, and policy implications. Environmental Research Letters 5:014012. Available at *iopscience.iop.org/1748-9326*

Foster, M. S., and J. W. Terborgh. 1998. Impacts of a rare storm event on an Amazonian forest. Biotropica 30:470–474.

Frost, D. 2010. Amphibian species of the world: An online reference. Version 5.4. (*research.amnh.org/herpetology/amphibia/index.php*, accessed 1 December 2010). American Museum of Natural History, New York.

Fuller, M. R., W. S. Seegar, and L. S. Schueck. 1998. Routes and travel rates of migrating peregrine falcons *Falco peregrinus* and Swainson's hawks *Buteo swainsoni* in the Western Hemisphere. Journal of Avian Biology 29:433–440.

Funk, W. C., and D. C. Canatella. 2009. A new, large species of *Chiasmocleis* Méhelÿ 1904 (Anura: Microhylidae) from the Iquitos region, Amazonian Peru. Zootaxa 2247:37–50.

Galvis, G., J. I. Mojica, S. R. Duque, C. Castellanos, P. Sanchez-Duarte, M. Arce, Á. Gutierrez, L. F. Jiménez, M. Santos, S. Vejarano-Rivadeneira, F. Arbeláez, E. Prieto y M. Leiva. 2006. *Peces del Medio Amazonas—Región de Leticia.* Serie de Guías Tropicales de Campo No. 5. Conservación Internacional/Editorial Panamericana, Formas e Impresos, Bogotá.

García-Villacorta, R., M. Ahuite y M. Olórtegui. 2003. Clasificación de bosques sobre arena blanca de la Zona Reservada Allpahuayo-Mishana. Folia Amazónica 14(1):17–33.

García-Villacorta, R., N. Dávila, R. Foster, I. Huamantupa y/and C. Vriesendorp. 2010. Vegetación y flora/Vegetation and flora. Pp. 58–65 y/and 176–182 en/in M. P. Gilmore, C. Vriesendorp, W. S. Alverson, Á. del Campo, R. von May, C. López Wong y/and S. Ríos Ochoa, eds. *Perú: Maijuna.* Rapid Biological and Social Inventories Report 22. The Field Museum, Chicago.

Gasché, J., y J. A. Echeverri. 2004. Hacia una sociología de las sociedades bosquesinas. Pp.165–181 en D. Ochoa y C. A. Guio, eds. *Control social y coordinación: Un camino hacia la sostenibilidad amazónica. Caso maderas del Trapecio Amazónico.* Defensoría del Pueblo, Universidad Nacional de Colombia, CORPOAMAZONIA, Unidad de Parques, Bogotá.

Gentry, A. H. 1988a. Changes in plant community diversity and floristic composition on environmental and geographical gradients. Annals of the Missouri Botanical Garden 75(1):1–34.

Gentry, A. H. 1988b. Tree species richness of upper Amazonian forest. Proceedings of the National Academy of Sciences of the USA 85(1):156–159.

Gilmore, M. P., C. Vriesendorp, W. S. Alverson, Á. del Campo, R. von May, C. Lopez Wong y/and S. Ríos Ochoa, eds. 2010. *Perú: Maijuna.* Rapid Biological and Social Inventories Report 22. The Field Museum, Chicago. 328 pp.

Glaser, P. H. 1987. The ecology of patterned boreal peatlands of northern Minnesota: A community profile. Biological Report No. 85(7.14). U.S. Fish and Wildlife Service, Washington, D.C.

Glaser, P. H., G. A. Wheeler, E. Gorham, and H. E. Wright, Jr. 1981. The patterned mires of the Red Lake Peatland, northern Minnesota: Vegetation, water, chemistry, and landforms. Journal of Ecology 69(2):575–599.

GOM (Grupos Organizados de Manejo). 2005. *Plan de manejo para el aprovechamiento de "taricaya" (*Podocnemis unifilis*) en la cuenca del Yanayacu Pucate, Reserva Nacional Pacaya Samiria*. Grupos Organizados de Manejo, Iquitos. 48 pp.

Gordo, M., G. Knell, y/and D. E. R. Gonzáles. 2006. Anfibios y reptiles/Amphibians and reptiles. Pp. 83–88 y/and 191–196 en/ in C. Vriesendorp, N. Pitman, J. I. Rojas, B. A. Pawlak, L. Rivera C., L. Calixto, M. Vela C., y/and P. Fasabi R., eds. *Perú: Matsés*. Rapid Biological Inventories Report 16. The Field Museum, Chicago.

Grández, C., A. García, A. Duque y J. Duivenvoorden. 1999. La composición florística de los bosques en las cuencas de los ríos Ampiyacu y Yaguasyacu (Amazonía peruana). Pp. 163–176 in J. Duivenvoorden, H. Balslev, J. Cavalier, C. Grandez, H. Tuomisto y R. Valencia, eds. *Evaluación de recursos vegetales no maderables en la Amazonía noroccidental*. Institute for Biodiversity and Ecosystem Management (IBED)-Paleo-ActuoEcology, Universidad de Amsterdam, Holanda.

Heyer, W. R., M. A. Donnelly, R. W. McDiarmid, L. A. C. Hayek, and M. S. Foster, eds. 1994. *Measuring and monitoring biological diversity: Standard methods for amphibians*. Smithsonian Institution Press, Washington D.C.

Hidalgo, M. H., y/and R. Olivera. 2004. Peces/Fishes. Pp. 62–67 y/and 148–152 en/in N. Pitman, R. C. Smith, C. Vriesendorp, D. Moskovits, R. Piana, G. Knell, y/and T. Watcher, eds. *Perú: Ampiyacu, Apayacu, Yaguas, Medio Putumayo*. Rapid Biological Inventories Report 12. The Field Museum, Chicago.

Hidalgo, M. H., y/and M. Velásquez. 2006. Peces/Fishes. Pp. 74–83 y/and 184–191 en/in C. Vriesendorp, N. Pitman, J. I. Rojas, B. A. Pawlak, L. Rivera C., L. Calixto, M. Vela C., y/and P. Fasabi R., eds. *Perú: Matsés*. Rapid Biological Inventories Report 16. The Field Museum, Chicago.

Hidalgo, M. H., y/and J. F. Rivadeneira-R. 2008. Peces/Fishes. Pp. 83–89 y/and 209–215 en/in W. S. Alverson, C. Vriesendorp, Á. del Campo, D. K. Moskovits, D. F. Stotz, M. García Donayre, y/and L. A. Borbor L., eds. *Ecuador, Perú: Cuyabeno-Güeppí*. Rapid Biological and Social Inventories Report 20. The Field Museum, Chicago.

Hidalgo, M. H., y/and I. Sipión 2010. Peces/Fishes. Pp. 66–73 y/ and 183–190 en/in M. P. Gilmore, C. Vriesendorp, W. S. Alverson, Á. del Campo, R. von May, C. López Wong y/and S. Ríos Ochoa, eds. *Perú: Maijuna*. Rapid Biological and Social Inventories Report 22. The Field Museum, Chicago.

Hilty, S. L., and W. L. Brown. 1986. *A guide to the birds of Colombia*. Princeton University Press, Princeton.

Honorio, E. N., T. R. Pennignton, L. A. Freitas, G. Nebel y T. R. Baker. 2008. Análisis de la composición florística de los bosques de Jenaro Herrera, Loreto, Perú. Revista Peruana de Biología 15(1):53–60.

Hoorn, C. 1994. An environmental reconstruction of the palaeo-Amazon River system (Middle-Late Miocene, NW Amazonia). Palaeogeography Palaeoclimatology Palaeoecology 112(3–4):187–238.

Hoorn, C., F. P. Wesselingh, H. ter Steege, M. A. Bermudez, A. Mora, J. Sevink, I. Sanmartín, A. Sanchez-Meseguer, C. L. Anderson, J. P. Figueredo, C. Jaramillo, D. Riff, F. R. Negri, H. Hooghiemstra, J. Lundberg, T. Stadler, T. Särkinen, and A. Antonelli. 2010. Amazonia through time: Andean uplift, climate change, landscape evolution, and biodiversity. Science 330:927–931.

IBC (Instituto del Bien Común). 2010. Borrador del expediente técnico de la propuesta de creación del Área Natural Protegida Yaguas. Instituto del Bien Común, Iquitos.

INADE, APODESA y PEDICP. 1995. *Zonificación ambiental del ámbito de influencia del Proyecto Especial Binacional Desarrollo Integral de la Cuenca del Río Putumayo, Sectores Gueppí-Pantoja, Eré-Campuya y Yaguas*. Instituto Nacional de Desarrollo (INADE), APODESA y Proyecto Especial Binacional Desarrollo Integral de la Cuenca del Río Putumayo (PEDICP), Lima.

INADE y PEDICP. 2002. *Propuesta de la zonificación ecológica-económica del sector Yaguas-Atacuari*. Instituto Nacional de Desarrollo (INADE) y Proyecto Especial Binacional Desarrollo Integral de la Cuenca del Río Putumayo (PEDICP), Iquitos.

INCODER. 2010. Instituto Colombiano de Desarrollo Rural (INCODER).

INRENA. 2004. Categorización de especies de fauna amenazadas. Decreto Supremo No. 034-2004-AG (*www.inrena.gob.pe* y pp. 276853–276855 en *El Peruano*, 22 de setiembre de 2004). Instituto Nacional de Recursos Naturales (INRENA), Lima.

Isler, M. L., J. Álvarez A., P. R. Isler, and B. M. Whitney. 2001. A new species of *Percnostola* antbird (Passeriformes: Thamnophilidae) from Amazonian Peru, and an analysis of species limits within *Percnostola rufifrons*. Wilson Bulletin 113:164–176.

IUCN. 2010. Red List Categories and Criteria, version 3.1. (*www.iucnredlist.org/technical-documents/categories-and-criteria/2001-categories-criteria*, accessed 6 November 2010). The World Conservation Union, Species Survival Commission, Cambridge.

Jenkins, C. N., and L. Joppa. 2009. Expansion of the global terrestrial protected area system. Biological Conservation 142:2166–2174.

Johnsson, M. J., R. F. Stallard, and R. H. Meade. 1988. First-cycle quartz arenites in the Orinoco River Basin, Venezuela and Colombia. Journal of Geology 96(3):263–277.

Kalliola, R., y M. Puhakka. 1993. Geografía de la selva baja peruana. Pp. 9–21 en R. Kalliola, M. Puhakka, y W. Danjoy, eds. *Amazonía peruana: Vegetación humeda tropical en el llano subandino*. Proyecto Amazonía, Universidad de Turku, Jyväskylä, Finlandia.

Kelsey, M., P. Cotton, A. Tye, and H. Tye. Unpublished manuscript. The birds of Amacayacu National Park, Colombia: An annotated checklist.

Killeen, T. J. 2007. *A perfect storm in the Amazonian wilderness: Development and conservation in the context of the Initiative for the Integration of the Regional Infrastructure of South America (IIRSA)*. Advances in Applied Biodiversity Science 7:1–99.

Klammer, G. 1984. The relief of the extra-Andean Amazon basin. Pp. 47–83 in H. Sioli, ed. *The Amazon: Limnology and landscape ecology of a mighty tropical river and its basin*. Dr. W. Junk Publishers, The Hague.

Kvist, L. P., and G. Nebel. 2001. A review of Peruvian floodplain forests: Ecosystems, inhabitants, and resource use. Forest Ecology and Management 150(1–2):3–26.

Lähteenoja, O., and K. H. Roucoux. 2010. Inception, history and development of peatlands in the Amazon Basin. PAGES News 18(1):140–145.

Lähteenoja, O., K. Ruokolainen, L. Schulman, and J. Álvarez. 2009a. Amazonian floodplains harbour minerotrophic and ombrotrophic peatlands. Catena 79:140–145.

Lähteenoja, O., K. Ruokolainen, L. Schulman, and M. Oinonen. 2009b. Amazonian peatlands: An ignored C sink and potential source. Global Change Biology 15:2311–2320.

Lambert, T. D., J. R. Malcolm, and B. L. Zimmerman. 2005. Effects of mahogany (*Swietenia macrophylla*) logging on small mammal communities, habitat structure, and seed predation in the southeastern Amazon Basin. Forest Ecology and Management 206(1–3):381–398.

Lasso Alcalá, C. A., J. S. Usma Oviedo, F. Villa, M. T. Sierra-Quintero, A. Ortega-Lara, L. M. Mesa, M. A. Patiño, O. M. Lasso-Alcalá, K. González-Oropesa, M. P. Quiceno, A. Ferrer y C. F. Suárez. 2009. Peces de la Estrella Fluvial Inírida: Ríos Guaviare, Inirida, Atabapo y Orinoco, Orinoquía colombiana. Biota Colombiana 10(1&2):89–122.

Latrubesse, E. M., M. Cozzuol, S. A. F. da Silva-Caminha, C. A. Rigsby, M. L. Absy, and C. Jaramillo. 2010. The Late Miocene paleogeography of the Amazon basin and the evolution of the Amazon River system. Earth Science Reviews 99:99–124.

Lehr, E., A. Catenazzi, and D. Rodríguez. 2009. A new species of *Pristimantis* (Anura: Strabomantidae) from the Amazonian lowlands of northern Peru (Region Loreto and San Martín). Zootaxa 1990:30–40.

Leite, F. P. R. 2006. Palinologia da formação Solimões, Neógeno da basia do Solimões, Estado do Amazonas, Brasil: Implicações paleoambientais e bioestratigráficas. Ph.D. dissertation, Universidade de Brasília, Brasília.

Leite, F. P. R., E. M. Guimarães, E. L. Dantas, and D. Aparecido do Carmo. Unpublished manuscript. Miocene-Pliocene palynology, mineralogy and isotope geochemistry of the Solimões Formation, Iquitos Arch, Brazil.

Lewis, S. L., P. M. Brando, O. L. Phillips, G. M. F. van der Heijden, and D. Nepstad. 2011. The 2010 Amazon drought. Nature 331:554.

Lim, B. K., M. D. Engstrom, T. E. Lee, Jr., J. C. Patton, and J. W. Bickham. 2004. Molecular differentiation of large species of fruit-eating bats (*Artibeus*) and phylogenetic relationships based on the cytochrome b gene. Acta Chiropterologica 6:1–12.

Lopes, M., and S. F. Ferrari. 2000. Effects of human colonization on the abundance and diversity of mammals in eastern Brazilian Amazon. Conservation Biology 14(6):1658–1665.

Lynch, J. D. 2002. A new species of the genus *Osteocephalus* (Hylidae: Anura) from the western Amazon. Revista de la Academia Colombiana de Ciencias Exactas, Físicas y Naturales 26:289–292.

Lynch, J. D. 2005. Discovery of the richest frog fauna in the world: An exploration of the forests to the north of Leticia. Revista de la Academia Colombiana de Ciencias Exactas, Físicas y Naturales 29:581–588.

Mäki, S., y R. Kalliola. 1998. Mapa geoecológico de la región de Iquitos, Perú. Anexado a R. Kalliola y S. Flores-Paitán, eds. *Geoecología y desarrollo amazónico: Estudio integrado en la zona de Iquitos, Perú*. Annales Universitatis Turkuensis Ser. A II 114. Universidad de Turku, Turku.

Malhi, Y., J. T. Roberts, R. A. Betts, T. J. Killeen, W. Li, and C. A. Nobre. 2008. Climate change, deforestation and the fate of the Amazon. Science 319:169–172.

Marengo, J. A. 1998. Climatología de la zona de Iquitos. Pp. 35–57 en R. Kalliola y S. Flores-Paitán, eds. *Geoecología y desarrollo amazónico: Estudio integrado en la zona de Iquitos, Perú*. Annales Universitatis Turkuensis Ser. A II 114. Universidad de Turku, Turku.

Marengo, J. A., C. A. Nobre, J. Tomasella, M. D. Oyama, G. Sampaio de Oliveira, R. de Oliveira, H. Camargo, L. M. Alves, and I. F. Brown. 2008. The drought of Amazonia in 2005. Journal of Climate 21:495–516.

Márquez, R., I. De La Riva, J. Bosch y E. Matheu, eds. 2002. *Guía sonora de las ranas y sapos de Bolivia/Sounds of frogs and toads of Bolivia*. Alosa, Barcelona.

Meade, R. H. 2007. Transcontinental moving and storage: The Orinoco and Amazon Rivers transfer the Andes to the Atlantic. Pp. 45–63 in A. Gupta, ed. *Large rivers: Geomorphology and management*. John Wiley and Sons, Chichester.

Menin, M., A. P. Lima, W. E. Magnusson, and F. Waldez. 2007. Topographic and edaphic effects on the distribution of terrestrially reproducing anurans in Central Amazonia: Mesoscale spatial patterns. Journal of Tropical Ecology 23:539–547.

Mesa, E. 2002. *Evaluación ecológica rápida de la mastofauna silvestre en las cabeceras del Quebradón el Ayo, Amazonia colombiana. Informe final.* Conservación Internacional, Bogotá. 45 pp.

Miller, K. G., M. A. Kominz, J. V. Browning, J. D. Wright, G. S. Mountain, M. E. Katz, P. J. Sugarman, B. S. Cramer, N. Christie-Blick, and S. F. Pekar. 2005. The Phanerozoic record of global sea-level change. Science 310:1293–1298.

Monteferri, B., y D. Coll, eds. 2009. *Conservación privada y comunitaria en los países amazónicos.* Sociedad Peruana de Derecho Ambiental, Lima. 302 pp.

Montenegro, O. 2004. Natural licks as keystone resources for wildlife and people in Amazonia. Ph.D. dissertation. University of Florida, Gainesville.

Montenegro, O. 2007. Mamíferos terrestres del sur de la Amazonia colombiana. Pp. 134–141 en S. L. Ruiz, E. Sánchez, E. Tabares, A. Prieto, J. C. Arias, R. Gómez, D. Castellanos, P. García y L. Rodríguez, eds. *Diversidad biológica y cultural del sur de la Amazonia colombiana - Diagnóstico.* CORPOAMAZONIA, Instituto Humboldt, Instituto Sinchi, UAESPNN, Bogotá. 636 pp.

Montenegro, O., y/and M. Escobedo. 2004. Mamíferos/Mammals. Pp. 80–88 y/and 164–171 en/in N. Pitman, R. C. Smith, C. Vriesendorp, D. Moskovits, R. Piana, G. Knell, y/and T. Wachter, eds. 2004. *Perú: Ampiyacu, Apayacu, Yaguas, Medio Putumayo.* Rapid Biological Inventories Report 12. The Field Museum, Chicago.

Moravec, J., I. Arista Tuanama, P. E. Pérez, and E. Lehr. 2009. A new species of *Scinax* (Anura: Hylidae) from the area of Iquitos, Amazonian Peru. South American Journal of Herpetology 4:9–16.

Munn, C., and J. Terborgh. 1979. Multi-species territoriality in neotropical foraging flocks. Condor 81:338–347.

Munsell Color Company. 1954. Soil color charts. Munsell Color Company, Baltimore.

Navarro, J. F., y J. Muñoz. 2000. Manual de huellas de algunos mamíferos terrestres de Colombia. Multimpresos, Medellín.

Nelson, B. W., V. Kapos, J. B. Adams, W. J. Oliveira, O. P. G. Braun, and I. L. Doamaral. 1994. Forest disturbance by large blowdowns in the Brazilian Amazon. Ecology 75(3):853–858.

Nepstad, D. C. 2007. *Los círculos viciosos de la Amazonía: Sequía y fuego en el invernadero.* World Wildlife Fund International, Gland.

Oliveira, P. J. C., G. P. Asner, D. E. Knapp, A. Almeyda, R. Galván-Gildemeister, S. Keene, R. F. Raybin, and R. C. Smith. 2007. Land-use allocation protects the Peruvian Amazon. Science 317(5842):1233–1236.

Ortega, H., M. Hidalgo, y/and G. Bertiz. 2003. Peces/Fishes Pp. 59–63, 143–146, 220–243 en/in N. Pitman, C. Vriesendorp, y/and D. Moskovits, eds. *Perú: Yavarí.* Rapid Biological Inventories Report 11. The Field Museum, Chicago.

Ortega, H., J. I. Mojica, J. C. Alonso y M. Hidalgo. 2006. Listado de los peces de la cuenca del río Putumayo en su sector colombo-peruano. Biota Colombiana 7(1):95–112.

Ortega, H., and M. Hidalgo. 2008. Freshwater fishes and aquatic habitats in Peru: Current knowledge and conservation. Aquatic Ecosystem Health and Management 11(3):257–271.

Pacheco, T., R. Rojas y M. Vásquez, eds. 2006. *Inventario forestal de la cuenca baja del Río Algodón, Río Putumayo, Perú.* Instituto Nacional de Desarrollo (INADE), Proyecto Especial Binacional de Desarrollo Integral de la Cuenca del Río Putumayo (PEDICP), y Dirección de Recursos Naturales y Medio Ambiente (DRNMA), Iquitos. 266 pp.

Pacheco, V., R. Cadenillas, E. Salas, C. Tello y H. Zeballos. 2009. Diversidad y endemismo de los mamíferos del Perú. Revista Peruana de Biología 16(1):5–32.

Page, S. E., J. O. Rieley, and C. J. Banks. 2010. Global and regional importance of the tropical peatland carbon pool. Global Change Biology 16:1–21.

Page, S. E., F. Siegert, J. O. Rieley, H. D. V. Boehm, A. Jaya, and S. H. Limin. 2002. The amount of carbon released from peat and forest fires in Indonesia during 1997. Nature 420:61–65.

PEDICP. 2007. Plan de manejo pesquero de las especies paiche (*Arapaima gigas*) y arahuana (*Osteoglossum bicirrosum*) en los sectores medio y bajo Putumayo 2008–2012. Instituto Nacional de Desarrollo (INADE), Proyecto Especial Binacional Desarrollo Integral de la Cuenca del Río Putumayo (PEDICP) y Dirección Regional de la Producción (DIREPRO-L), Iquitos. 61 pp.

Peña, M. A., D. Cárdenas y A. Duque. 2010. Distribución de especies y su relación con la variación ambiental y espacial a escala local en un bosque de tierra firme en la Amazonía colombiana. Actualidades Biológicas 32(92):41–51.

Peres, C. A., and E. Palacios. 2007. Basin-wide effects of game harvest on vertebrate population densities in Amazonian forests: Implications for animal-mediated seed dispersal. Biotropica 39:304–315.

Pitman, N. C. A., J. Terborgh, M. R. Silman, and P. Núñez V. 1999. Tree species distributions in an upper Amazonian forest. Ecology 80:2651–2661.

Pitman, N. C. A., J. W. Terborgh, M. R. Silman, P. Núñez V., D. A. Neill, C. E. Cerón, W. A. Palacios, and M. Aulestia. 2001. Dominance and distribution of tree species in upper Amazonian terra firme forests. Ecology 82:2101–2117.

Pitman, N., R. C. Smith, C. Vriesendorp, D. Moskovits, R. Piana, G. Knell, y/and T. Wachter, eds. 2004. *Perú: Ampiyacu, Apayacu, Yaguas, Medio Putumayo*. Rapid Biological Inventories Report 12. The Field Museum, Chicago.

Pitman N. C. A., H. Mogollón, N. Davila, M. Ríos, R. García-Villacorta, J. Guevara, T. R. Baker, A. Monteagudo, O. Phillips, R. Vásquez-Martínez, M. Ahuite, M. Aulestia, D. Cárdenas, C. E. Cerón, P.-A. Loizeau, D. A. Neill, P. Núñez V., W. A. Palacios, R. Spichiger, and E. Valderrama. 2008. Tree community change across 700 km of lowland Amazonian forest from the Andean foothills to Brazil. Biotropica 40:525–535.

Poulin, M., C. Denis, L. Rochefort, and A. Desrochers. 2002. From satellite imagery to peatland vegetation diversity: How reliable are habitat maps? Conservation Ecology 6(2):16. Available online at *www.consecol.org/vol6/iss2/art16*

Puertas, P. 1999. Hunting effort analysis in northern Peru: The case of the Reserva Comunal Tamshiyacu-Tahuayo. Master's thesis. University of Florida, Gainesville.

Räsänen, M., A. Linna, G. Irion, L. R. Hernani, R. V. Huaman y F. Wesselingh. 1998. Geología y geoformas de la zona de Iquitos. Pp. 59–137 en R. Kalliola y S. Flores-Paitán, eds. *Geoecología y desarrollo amazónico: Estudio integrado en la zona de Iquitos, Perú*. Annales Universitatis Turkuensis Ser. A II 114. Universidad de Turku, Turku.

Read, M. 2000. *Frogs of the Ecuadorian Amazon: A guide to their calls*. Compact Disc. Morley Read Productions, Fowey, Cornwall.

Redondo, R. A. F., L. P. S. Brina, R. F. Silva, A. D. Ditchfield, and F. R. Santos. 2008. Molecular systematics of the genus *Artibeus* (Chiroptera: Phyllostomidae). Molecular Phylogenetics and Evolution 49:44–58.

Rivera, C., y P. Soini. 2002. Herpetofauna de Allpahuayo-Mishana: la herpetofauna de la Zona Reservada Allpahuayo-Mishana, Amazonía norperuana. Recursos Naturales 1:143–151.

Roddaz, M., P. Baby, S. Brusset, W. Hermoza, and J. Darrozes. 2005. Forebulge dynamics and environmental control in western Amazonia: The case study of the arch of Iquitos (Peru). Tectonophysics 339:87–108.

Rodríguez, L. O., and W. E. Duellman. 1994. A guide to the frogs of the Iquitos Region, Amazonian Peru. University of Kansas Museum of Natural History Special Publications 22:1–80.

Rodríguez, L. O., and K. R. Young. 2000. Biological diversity of Peru: Determining priority areas for conservation. Ambio 29(6):329–337.

Rodríguez, L. O., J. Pérez Z., y/and H. B. Shaffer. 2001. Anfibios y reptiles/Amphibians and reptiles. Pp. 69–75 y/and 141–146 en/in W. S. Alverson, L. O. Rodríguez, y/and D. K. Moskovits, eds. *Perú: Biabo Cordillera Azul*. Rapid Biological Inventories Report 2. The Field Museum, Chicago.

Rodríguez, L., y/and G. Knell. 2003. Anfibios y reptiles/Amphibians and reptiles. Pp. 63–67 y/and 147–150 en/in N. Pitman, C. Vriesendorp, y/and D. Moskovits, eds. *Perú: Yavarí*. Rapid Biological Inventories Report 11. The Field Museum, Chicago.

Rodríguez, L., y/and G. Knell. 2004. Anfibios y reptiles/Amphibians and reptiles. Pp. 67–70 y 152–155 en/in N. Pitman, R. C. Smith, C. Vriesendorp, D. Moskovits, R. Piana, G. Knell, y/and T. Watcher, eds. *Perú: Ampiyacu, Apayacu, Yaguas, Medio Putumayo*. Rapid Biological Inventories Report 12. The Field Museum, Chicago.

Rosa, R., y M. R. de Carvalho. 2007. Classe Chondrichthyes, Ordem Rajiformes, Família Potamotrygonidae. Pp.17–18 in P. Buckup, N. Menezes y M. Ghazzi, eds. *Catálogo das especies de peixes de agua doce do Brasil*. Serie Livros 23. Museu Nacional Universidade Federal do Rio de Janeiro, Rio de Janeiro.

Rudas, A., y A. Prieto. 2005. *Flórula del Parque Nacional Natural Amacayacu, Amazonas, Colombia*. Monographs in Systematic Botany from the Missouri Botanical Garden. Volume 99.

Ruíz, G. 2005. *Estudio de la cadena productiva de peces ornamentales provenientes de la región Loreto en el Perú*. Proyecto BIODAMAZ, Instituto de Investigaciones de la Amazonía Peruana, Iquitos. 91 pp.

Ruokolainen, K., y H. Tuomisto. 1998. Vegetación natural del área de Iquitos. Pp. 253–344 en R. Kalliola y S. Flores Paitán, eds. *Geoecología y desarrollo amazónico: Estudio integrado de la zona de Iquitos, Perú*. Annales Universitatis Turkuensis Ser. A II 114. Universidad de Turku, Turku.

Ruokolainen, K., L. Schulman, and H. Tuomisto. 2001. On Amazon peatlands. International Mire Conservation Group Newsletter 4:8–10.

Savage, J. M. 1955. Descriptions of new colubrid snakes, genus *Atractus*, from Ecuador. Proceedings of the Biological Society of Washington 68:11–20.

Schulenberg, T. S., and T. A. Parker III. 1997. A new species of tyrant-flycatcher (Tyrannidae: Tolmomyias) from the western Amazon basin. Ornithological Monographs 48:723–731.

Schulenberg, T. S., D. F. Stotz, D. F. Lane, J. P. O'Neill, and T. A. Parker III. 2010. *Birds of Peru: Revised and updated edition*. Princeton University Press, Princeton. 664 pp.

Schulman, L., K. Ruokolainen, and H. Tuomisto. 1999. Parameters for global ecosystem models. Nature 399:535–536.

Smith, R. C., M. Benavides y M. Pariona. 2004. Protegiendo las cabeceras: Una iniciativa indígena para la conservación de la biodiversidad/Protecting the headwaters: An indigenous peoples' initiative for biodiversity conservation. Pp. 96–100 y/and 178–182 en/in N. Pitman, R. C. Smith, C. Vriesendorp, D. Moskovits, R. Piana, G. Knell, y/and T. Wachter, eds. *Perú: Ampiyacu, Apayacu, Yaguas, Medio Putumayo*. Rapid Biological Inventories Report 12. The Field Museum, Chicago.

Soini, P. 1998. *Un manual para el manejo de quelonios acuáticos en la Amazonía peruana (charapa, taricaya y cupiso)*. Instituto de Investigaciones de la Amazonía Peruana, Iquitos.

Stallard, R. F. 1985. River chemistry, geology, geomorphology, and soils in the Amazon and Orinoco basins. Pp. 293–316 in J. I. Drever, ed. *The chemistry of weathering*. NATO ASI Series C: Mathematical and Physical Sciences. D. Reidel Publishing, Dordrecht.

Stallard, R. F. 1988. Weathering and erosion in the humid tropics. Pages 225–246 in A. Lerman and M. Meybeck, eds. *Physical and chemical weathering in geochemical cycles*. NATO ASI Series C: Mathematical and Physical Sciences 251. Kluwer Academic Publishers, Dordrecht.

Stallard, R. F. 2006. Procesos del paisaje: Geología, hidrología y suelos/Landscape processes: Geology, hydrology, and soils. Pp. 57–63 y/and 170–176 en/in C. Vriesendorp, N. Pitman, J.-I. Rojas Moscoso, L. Rivera Chávez, L. Calixto Méndez, M. Vela Collantes, y/and P. Fasabi Rimachi, eds. *Perú: Matsés*. Rapid Biological Inventories Report 16. The Field Museum, Chicago.

Stallard, R. F. 2007. Geología, hidrología y suelos/Geology, hydrology, and soils. Pp. 44–50 y/and 114–119 en/in C. Vriesendorp, J. Álvarez A., N. Barbagellata, W. S. Alverson, y/and D. K. Moskovits, eds. *Perú: Nanay-Mazán-Arabela*. Rapid Biological Inventories Report 18. The Field Museum, Chicago.

Stallard, R. F., and J. M. Edmond. 1983. Geochemistry of the Amazon 2. The influence of geology and weathering environment on the dissolved-load. Journal of Geophysical Research-Oceans and Atmospheres 88:9671–9688.

Stallard, R. F., and J. M. Edmond. 1987. Geochemistry of the Amazon 3. Weathering chemistry and limits to dissolved inputs. Journal of Geophysical Research-Oceans 92:8293–8302.

Stallard, R. F., L. Koehnken, and M. J. Johnsson. 1991. Weathering processes and the composition of inorganic material transported through the Orinoco River system, Venezuela and Colombia. Geoderma 51(1–4):133–165.

Stotz, D. F. 1993. Geographic variation in species composition of mixed species flocks in lowland humid forest in Brazil. Papéis Avulsos de Zoologia 38:61–75.

Stotz, D. F., y/and J. Diaz Alván. 2010. Aves/Birds. Pp. 81–90 y/and 197–205 en/in M. P. Gilmore, C. Vriesendorp, W. S. Alverson, Á. del Campo, R. von May, C. López Wong y/and S. Ríos Ochoa, eds. *Perú: Maijuna*. Rapid Biological and Social Inventories Report 22. The Field Museum, Chicago.

Stotz, D. F., y/and P. Mena Valenzuela. 2008. Aves/Birds. Pp. 96–105 y/and 222–229 en/in W. S. Alverson, C. Vriesendorp, Á. del Campo, D. K. Moskovits, D. F. Stotz, M. García Donayre y/and L. A. Borbor L., eds. *Ecuador, Perú: Cuyabeno-Güeppí*. Rapid Biological and Social Inventories Report 20. The Field Museum, Chicago.

Stotz, D. F., y/and T. Pequeño. 2004. Aves/Birds. Pp. 70–80 y/and 155–164 en/in N. Pitman, R. C. Smith, C. Vriesendorp, D. Moskovits, R. Piana, G. Knell, y/and T. Wachter, eds. *Perú: Ampiyacu, Apayacu, Yaguas, Medio Putumayo*. Rapid Biological Inventories Report 12. The Field Museum, Chicago.

ter Steege, H., N. Pitman, D. Sabatier, H. Castellanos, P. Van der Hout, D. C. Daly, M. Silveira, O. Phillips, R. Vasquez, T. Van Andel, J. Duivenvoorden, A. A. De Oliveira, R. Ek, R. Lilwah, R. Thomas, J. Van Essen, C. Baider, P. Maas, S. Mori, J. Terborgh, P. N. Vargas, H. Mogollon, and W. Morawetz. 2003. A spatial model of tree alpha-diversity and tree density for the Amazon. Biodiversity and Conservation 12:2255–2277.

ter Steege, H., N. C. A. Pitman, O. L. Phillips, J. Chave, D. Sabatier, A. Duque, J. F. Molino, M. F. Prevost, R. Spichiger, H. Castellanos, P. von Hildebrand, and R. Vasquez. 2006. Continental-scale patterns of canopy tree composition and function across Amazonia. Nature 443:444–447.

Tirira, D. 2007. *Mamíferos del Ecuador: Guía de campo*. Publicación Especial 6. Ediciones Murciélago Blanco, Quito.

Townsend, W. R., A. Borman, and L. Yiyoguaje Mendua. 2005. Cofán indians' monitoring of freshwater turtles in Zábalo, Ecuador. Biodiversity and Conservation 14:2743–2755.

Uetz, P. 2010. The reptile database (*www.reptile-database.org*, accessed 3 December 2010).

Vásquez-Martínez, R. 1997. *Flórula de las Reservas Biológicas de Iquitos, Perú: Allpahuayo-Mishana, Explornapo Camp, Explorama Lodge*. Monographs in Systematic Botany from the Missouri Botanical Garden 63:1–1046.

Vélez-Rodríguez, C. M. 1995. Estudio taxonómico del grupo *Bufo typhonius* (Amphibia: Anura: Bufonidae) en Colombia. Thesis. Universidad Nacional de Colombia, Bogotá.

Vermeij, G. J., and F. P. Wesselingh. 2002. Neogastropod molluscs from the Miocene of western Amazonia, with comments on marine to freshwater transitions in molluscs. Journal of Paleontology 76(2):265–270.

Vicentini, A. 2007. *Pagamea* Aubl. (Rubiaceae): From species to processes, building the bridge. Ph.D. dissertation. University of Missouri-St. Louis, St. Louis.

Vogt, R. 2009. *Tortugas amazónicas*. Asociación para la Conservación de la Cuenca Amazónica/Amazon Conservation Association, Lima.

Vonhof, H. B., F. P. Wesselingh, R. J. G. Kaandorp, G. R. Davies, J. E. Van Hinte, J. Guerrero, M. Rasanen, L. Romero-Pittman, and A. Ranzi. 2003. Paleogeography of Miocene western Amazonia: Isotopic composition of molluscan shells constrains the influence of marine incursions. Geological Society of America Bulletin 115:983–993.

von May, R., y/and P. J. Venegas. 2010. Anfibios y reptiles/ Amphibians and reptiles. Pp. 74–81 y/and 190–197 en/in M. P. Gilmore, C. Vriesendorp, W. S. Alverson, Á. del Campo, R. von May, C. López Wong, y/and S. Ríos Ochoa, eds. *Perú: Maijuna*. Rapid Biological and Social Inventories Report 22. The Field Museum, Chicago.

Vriesendorp, C., N. Pitman, R. Foster, I. Mesones, and M. Ríos. 2004. Plants/Plantas. Pp. 54–61 y/and 141–147 in/en N. Pitman, R. C. Smith, C. Vriesendorp, D. Moskovits, R. Piana, G. Knell, y/and T. Wachter, eds. *Perú: Ampiyacu, Apayacu, Yaguas, Medio Putumayo*. Rapid Biological Inventories Report 12. The Field Museum, Chicago.

Vriesendorp, C., N. Pitman, J. I. Rojas M., B. A. Pawlak, L. Rivera C., L. Calixto M., M. Vela C., y/and P. Fasabi R., eds. 2006. *Perú: Matsés*. Rapid Biological Inventories Report 16. The Field Museum, Chicago.

Vriesendorp, C., W. S. Alverson, N. Dávila, S. Descanse, R. Foster, J. López, L. C. Lucitante, W. Palacios y/and O. Vásquez. 2008. Flora y vegetación/Flora and vegetation. Pp. 75–83 y/and 202–209 en/in W. S. Alverson, C. Vriesendorp, Á. del Campo, D. K. Moskovits, D. F. Stotz, M. García Donayre, y/and L. A. Borbor L., eds. E*cuador, Perú: Cuyabeno-Güeppí*. Rapid Biological and Social Inventories Report 20. The Field Museum, Chicago.

Wali, A., M. Pariona, T. Torres, D. Ramírez, y/and A. Sandoval. 2008. Comunidades humanas visitadas: Fortalezas sociales y uso de recursos/Human communities visited: Social assets and use of resources. Pp. 111–121 y/and 234–245 en/in W. S. Alverson, C. Vriesendorp, Á. Del Campo, D. K. Moskovits, D. F. Stotz, M. García Donayre, y/and L. A. Borbor L., eds. *Ecuador, Perú: Cuyabeno-Güeppí*. Rapid Biological Inventories Report 20. The Field Museum, Chicago.

Winkler, P. 1980. Observations on acidity in continental and in marine atmospheric aerosols and in precipitation. Journal of Geophysical Research 85(C8):4481–4486.

Yáñez-Muñoz, M., y/and P. J. Venegas. 2008. Apéndice/Appendix 6: Anfibios y reptiles/Amphibians and reptiles. Pp. 308–313 en/in W. S. Alverson, C. Vriesendorp, Á. del Campo, D. K. Moskovits, D. F. Stotz, M. García Donayre, y/and L. A. Borbor L., eds. *Ecuador, Perú: Cuyabeno-Güeppí*. Rapid Biological and Social Inventories Report 20. The Field Museum, Chicago.

Alverson, W. S., D. K. Moskovits, y/and J. M. Shopland, eds. 2000. Bolivia: Pando, Río Tahuamanu. Rapid Biological Inventories **Report 01**. The Field Museum, Chicago.

Alverson, W. S., L. O. Rodríguez, y/and D. K. Moskovits, eds. 2001. Perú: Biabo Cordillera Azul. Rapid Biological Inventories **Report 02**. The Field Museum, Chicago.

Pitman, N., D. K. Moskovits, W. S. Alverson, y/and R. Borman A., eds. 2002. Ecuador: Serranías Cofán-Bermejo, Sinangoe. Rapid Biological Inventories **Report 03**. The Field Museum, Chicago.

Stotz, D. F., E. J. Harris, D. K. Moskovits, K. Hao, S. Yi, and G. W. Adelmann, eds. 2003. China: Yunnan, Southern Gaoligongshan. Rapid Biological Inventories **Report 04**. The Field Museum, Chicago.

Alverson, W. S., ed. 2003. Bolivia: Pando, Madre de Dios. Rapid Biological Inventories **Report 05**. The Field Museum, Chicago.

Alverson, W. S., D. K. Moskovits, y/and I. C. Halm, eds. 2003. Bolivia: Pando, Federico Román. Rapid Biological Inventories **Report 06**. The Field Museum, Chicago.

Kirkconnell P., A., D. F. Stotz, y/and J. M. Shopland, eds. 2005. Cuba: Península de Zapata. Rapid Biological Inventories **Report 07**. The Field Museum, Chicago.

Díaz, L. M., W. S. Alverson, A. Barreto V., y/and T. Wachter, eds. 2006. Cuba: Camagüey, Sierra de Cubitas. Rapid Biological Inventories **Report 08**. The Field Museum, Chicago.

Maceira F., D., A. Fong G., y/and W. S. Alverson, eds. 2006. Cuba: Pico Mogote. Rapid Biological Inventories **Report 09**. The Field Museum, Chicago.

Fong G., A., D. Maceira F., W. S. Alverson, y/and J. M. Shopland, eds. 2005. Cuba: Siboney-Juticí. Rapid Biological Inventories **Report 10**. The Field Museum, Chicago.

Pitman, N., C. Vriesendorp, y/and D. Moskovits, eds. 2003. Perú: Yavarí. Rapid Biological Inventories **Report 11**. The Field Museum, Chicago.

Pitman, N., R. C. Smith, C. Vriesendorp, D. Moskovits, R. Piana, G. Knell, y/and T. Wachter, eds. 2004. Perú: Ampiyacu, Apayacu, Yaguas, Medio Putumayo. Rapid Biological Inventories **Report 12**. The Field Museum, Chicago.

Maceira F., D., A. Fong G., W. S. Alverson, y/and T. Wachter, eds. 2005. Cuba: Parque Nacional La Bayamesa. Rapid Biological Inventories **Report 13**. The Field Museum, Chicago.

Fong G., A., D. Maceira F., W. S. Alverson, y/and T. Wachter, eds. 2005. Cuba: Parque Nacional "Alejandro de Humboldt." Rapid Biological Inventories **Report 14**. The Field Museum, Chicago.

Vriesendorp, C., L. Rivera Chávez, D. Moskovits, y/and J. Shopland, eds. 2004. Perú: Megantoni. Rapid Biological Inventories **Report 15**. The Field Museum, Chicago.

Vriesendorp, C., N. Pitman, J. I. Rojas M., B. A. Pawlak, L. Rivera C., L. Calixto M., M. Vela C., y/and P. Fasabi R., eds. 2006. Perú: Matsés. Rapid Biological Inventories **Report 16**. The Field Museum, Chicago.

Vriesendorp, C., T. S. Schulenberg, W. S. Alverson, D. K. Moskovits, y/and J.-I. Rojas Moscoso, eds. 2006. Perú: Sierra del Divisor. Rapid Biological Inventories **Report 17**. The Field Museum, Chicago.

Vriesendorp, C., J. A. Álvarez, N. Barbagelata, W. S. Alverson, y/and D. K. Moskovits, eds. 2007. Perú: Nanay-Mazán-Arabela. Rapid Biological Inventories **Report 18**. The Field Museum, Chicago.

Borman, R., C. Vriesendorp, W. S. Alverson, D. K. Moskovits, D. F. Stotz, y/and Á. del Campo, eds. 2007. Ecuador: Territorio Cofan Dureno. Rapid Biological Inventories **Report 19**. The Field Museum, Chicago.

Alverson, W. S., C. Vriesendorp, Á. del Campo, D. K. Moskovits, D. F. Stotz, Miryan García Donayre, y/and Luis A. Borbor L., eds. 2008. Ecuador, Perú: Cuyabeno-Güeppí. Rapid Biological and Social Inventories **Report 20**. The Field Museum, Chicago.

Vriesendorp, C., W. S. Alverson, Á. del Campo, D. F. Stotz, D. K. Moskovits, S. Fuentes C., B. Coronel T., y/and E. P. Anderson, eds. 2009. Ecuador: Cabeceras Cofanes-Chingual. Rapid Biological and Social Inventories **Report 21**. The Field Museum, Chicago.

Gilmore, M. P., C. Vriesendorp, W. S. Alverson, Á. del Campo, R. von May, C. López Wong, y/and S. Ríos Ochoa, eds. 2010. Perú: Maijuna. Rapid Biological and Social Inventories **Report 22**. The Field Museum, Chicago.

Pitman, N., C. Vriesendorp, D. K. Moskovits, R. von May, D. Alvira, T. Wachter, D. F. Stotz, y/and Á. del Campo, eds. 2011. Perú: Yaguas-Cotuhé. Rapid Biological and Social Inventories **Report 23**. The Field Museum, Chicago.